U0231808

北京大学现代数学丛书

PEKING UNIVERSITY SERIES IN CONTEMPORARY MATHEMATICS

沿Ricci流的Sobolev不等式及热核

张 旗 编著

傅小勇 张 旗 译

图书在版编目(CIP)数据

沿 Ricci 流的 Sobolev 不等式及热核/张旗编著；傅小勇，张旗译. —北京：北京大学出版社，2013. 9

(北京大学现代数学丛书)

ISBN 978-7-301-22158-7

Ⅰ. ①沿… Ⅱ. ①张… ②傅… Ⅲ. ①泛函分析-应用-不等式 ②泛函分析-应用-流形 Ⅳ. ①O17 ②O189.3

中国版本图书馆 CIP 数据核字(2013)第 028381 号

书　　名：沿 Ricci 流的 Sobolev 不等式及热核

著作责任者：张　旗　编著
傅小勇　张　旗　译

责 任 编 辑：潘丽娜

标 准 书 号：ISBN 978-7-301-22158-7/O·0916

出 版 发 行：北京大学出版社

地　　址：北京市海淀区成府路 205 号　100871

网　　址：http://www.pup.cn

新 浪 微 博：@北京大学出版社

电 子 信 箱：zpup@pup.pku.edu.cn

电　　话：邮购部 62752015　发行部 62750672　编辑部 62752021
出版部 62754962

印 刷 者：北京大学印刷厂

经 销 者：新华书店

965 毫米×1300 毫米　16 开本　26.25 印张　430 千字
2013 年 9 月第 1 版　2013 年 9 月第 1 次印刷

定　　价：92.00 元

序

经过近 20 年的发展, 中国数学取得了长足的进步。中国在数学后备人才培养和学术交流等方面做出了不少突出的成绩, 成为国际数学界不可忽视的力量。每年, 全国各大高校、科研院所举办的各类数学暑期学校、讲座、讨论班, 既有基础数学知识的讲授, 也有最新国际前沿研究的介绍, 受到师生、学者的热烈欢迎。这些学术活动不仅帮助广大师生、科研人员进一步夯实数学基础, 也为他们提供了一个扩展视野、接触数学前沿的绝佳机会, 对中国现代数学的发展起到了重要的推动作用。

在中央政府和北京大学的支持下, 北京国际数学研究中心于 2005 年成立。北京国际数学研究中心借助自身的独特优势, 每年邀请众多国际一流数学家前来参加或主持学术活动, 在国内外产生了广泛影响。北京国际数学研究中心与北京大学数学科学学院密切合作, 每年通过"特别数学讲座"、教育部"拔尖人才"计划等形式, 邀请国际著名数学家前来做系列报告, 讲授基础课程, 与师生互动交流, 反响热烈。2009 年, 北京国际数学研究中心启动"研究生数学基础强化班", 在全国各大高校挑选优秀研究生和高年级本科生到北京大学进行一个学期的集中学习, 这亦是我们人才培养的一个新的尝试。目前, 已有不少"强化班"的学生取得了前往世界著名院校学习的机会。毋庸置疑, 北京大学数学学科在学术交流和人才培养方面取得了很多卓有成效的经验, 做出了令人瞩目的成绩。

"北京大学现代数学丛书"主要面向数学及相关应用领域的高年级本科生、研究生以及科研人员, 以北京大学优秀数学讲座、暑期学校、"研究生数学基础强化班"等广受师生好评的项目活动的相应讲义为基础内容, 同时也吸收了其他高校的优秀素材。我们希望“北京大学现代数学丛书”能帮助青年学生和科研人员更好地打实数学基础, 更深刻地理解数学前沿问题, 进而更有效地提高研究能力。

田　刚

2012 年 10 月 10 日

北京大学镜春园

内容简介

本书主要讲解 Sobolev 不等式及其在研究流形，特别是 Ricci 流时的应用。其目的之一是提供 Riemann 流形上的几何分析的一个引论；另一个目的是以 Sobolev 不等式及热核估计为工具来研究 Ricci 流，特别是在有手术的情形。这个研究课题近来得到很多人的关注。

本书首先在欧氏空间，Riemann 流形，特别是 Ricci 流这几种背景下介绍 Sobolev 不等式。然后给出一些应用，这包括热核估计，Perelman W 熵，手术下 Sobolev 不等式，3 维 Ricci 流的强非坍塌性质，即手术下 Hamilton 小圈猜想的证明。运用这些工具，我们来描述 Poincaré 猜想的一种证明，它对 Perelman 的首创证明给出了一定的简化和澄清。

本书作者尽力以简明的方式陈述其主要的结果和证明方法，希望这些内容对一般 Ricci 流及相关问题的研究起到一点帮助。

本书英文版 Sobolev Inequalities, Heat Kernels under Ricci Flow, and the Poincaré Conjecture 已由美国 CRC/Taylor&Francis 出版社于 2011 年正式出版。本书由傅小勇教授校对。

前　言

我们首先在几种情形下证明 Sobolev 不等式: 欧氏空间, Riemann 流形, 特别是 Ricci 流情形。然后给出它们的一些应用, 包括: 热核估计, Perelman W 熵, 含手术的 Sobolev 不等式, 3 维 Ricci 流的强非坍塌性质, 即含手术的 Hamilton 小圈猜想的证明。运用这些工具, 我们描述了 Poincaré 猜想的一种证明, 它对 Perelman 的首创证明给出一定的简化和澄清。本书受益于 Perelman 的文章, [P1], [P2], [P3], 以及下述作者的工作: 周培能等 [Cetc], 周培能, 吕鹏和倪磊 [CLN], 曹怀东和朱熹平 [CZ], Kleiner 和 Lott[KL], Morgan 和田刚 [MT], 陶哲轩 [Tao] 以及 Hamilton。

本书是根据作者在北京大学 (2008) 和南京大学 (2009) 暑期讨论课程写成。我十分感谢田刚教授和蒋美跃教授的邀请及北京大学、南京大学数学学院的热情招待。非常荣幸能在这两个既古老, 又现代, 更日新月异的大都市工作。感谢以下几位教授对这个课程的关心和建议: 曹建国, 曹小东, 戴波, 史宇光, 许兴旺, 尹慧成, 朱小华。我还应提到参加暑期课程的同学和老师以及数学学院余, 吴, 金三位秘书的帮助。

周培能和倪磊教授于 2005 年邀请我参加在 San Diego 的几何分析会议。他们因此把我引入 Ricci 流的研究。此书的中文版由田刚教授建议北京大学出版社出版, 英文版受 Sunil Nair 博士邀请, 由 CRC 出版社出版。在此书的写作过程中, 我得到了许多教授的鼓励和帮助。他们是: 曹怀东, 曹建国, 曹小东, 陈秀雄, 关波, Nicola Garofalo, 韩青, Emmanuel Hebey, 雷震, 李俊方, John Lott, 吕鹏, 路志勤, Murugiah Muraleetharan, 庆杰, Yanir Rubinstein, Philippe Souplet, 王斌, 山田澄生 (Sumio Yamada), 赵忠信, 郑宇, 朱熹平。此书的第二章和第四章曾在加州大学 Riverside 分校作为教材。感谢 Jennifer Burke 和匡世龙同学做的笔记。

傅小勇副教授对本书作了校对, 翻译了 2—6 章并改正了原稿的许多错误。感谢黎俊彬同学为将翻译稿录入电脑所付出的辛勤劳动。

没有这些老师的帮助, 我个人无法完成此书。

本人从以下工作中学到很多知识: 周培能等 [Cetc], 周培能, 吕鹏和倪磊 [CLN], 曹怀东和朱熹平 [CZ], Kleiner 和 Lott [KL], Morgan 和田刚 [MT], 陶哲轩 [Tao] 和 Perelman [P1], [P2]。在此对这些作者表示感谢。

我将此书献给家人: 伟, 睿, 薇薇, Misha, 父母。

目　录

第一章　引　　言

本书主要讲解 Sobolev 不等式及其在研究流形, 特别是 Ricci 流时的应用. 其目的之一是提供 Riemann 流形上的几何分析的一个引论; 另一个目的是以 Sobolev 不等式及热核估计为工具来研究 Ricci 流, 特别是在有手术的情形. 这个研究课题近来得到很多人的关注. 作者尽力以简明的方式陈述其主要的结果和证明方法.

简单而言, Sobolev 不等式 (或嵌入) 是说: 如果某函数的导数在一定意义下可积, 如 L^p 等, 则该函数本身有更好的可积性. 它位于现代分析的基础, 比如, Sobolev 不等式是研究偏微分方程的重要工具. 这是因为解微分方程的目的就是要用积分除掉导数, 从而解出未知函数. 另一方面, Sobolev 不等式也可以引出有趣的偏微分方程. 它还可以揭示底空间或底流形的有用信息.

本书分为三部分. 第一部分是第二章, 其中我们介绍欧氏空间中基本的 Sobolev 不等式, 包括: 当 $p \in [1, n)$, $p = n$ 和 $p > n$ 时, $W^{1,p}(\mathbf{R}^n)$ 分别嵌入到 $L^{np/(n-p)}$, Orlicz 和 C^α 空间的定理. 我们还要讨论相关的 Poincaré 不等式和对数 Sobolev 不等式. 这些内容全可以在标准教科书中找到, 例如, [GT], [Maz], [Ad], [LL]. 读者只需了解一点实分析即可读懂.

第二部分为第三、四章. 我们解读紧或非紧 Riemann 流形上的 Sobolev 嵌入, 此处的流形, 其上的度量是固定的. 我们将证明 Sobolev 嵌入和几个相关结果: 对数 Sobolev 不等式, 热核估计, Poincaré 不等式和体积加倍性质, Harnack 不等式等. 我们还要从 Sobolev 不等式推出某种几何性质: 体积非坍塌性, 等周不等式. 这部分内容是从 [Heb2] 和 [Sal] 引用而来, 读者需要了解一些 Riemann 几何知识. 在第三章, 我们对 Riemann 几何的一些基本概念, 以及和 Ricci 流有密切关系的结果给予简要描述.

第三部分从第五章开始. 在此我们先刻画 Hamilton Ricci 流的几

个基本结果. 从第六章开始, 将介绍关于 Poincaré 猜想的研究.

从 Perelman 的原创文章 [P1], [P2], [P3] 以及曹怀东和朱熹平 [CZ], Kleiner 和 Lott [KL], Morgan 和田刚 [MT], 陶哲轩 [Tao2], [Tao] 等人的工作, 我们知道 Poincaré 猜想的证明有两个主要难点: 其一是证明光滑 Ricci 流和含手术的 Ricci 流的非坍塌性; 其二是关于古代 κ 解的向后极限的分类. 运用这两个结果和一个巧妙的伸缩手段, Perelman 证明了 3 维 Ricci 流的奇异部分具有简单拓扑结构, 即标准邻域. 由此推出 Ricci 流可以通过有限次手术延续到任意有限时刻. Perelman ([P3]) 又证明: 如果初始流形是单连通的, 则 Ricci 流会在某一有限时刻消失 (参见 [CM]). 因此, 该初始流形同胚于 $\mathbf{S}^3$. 这正是著名的 Poincaré 猜想.

除了运用 R. Hamilton 的工作, Perelman 在证明中引入了几种单调量作为主要的新工具, 其中包括 W 熵, 约化体积以及约化距离. 在 [P1] 中, Perelman 首先用 W 熵证明了光滑 Ricci 流在有限时间的非坍塌性, 即光滑情形的 Hamilton 小圈猜想. 该结果是 Ricci 流研究的重大突破. 然而他从此不再启用 W 熵, 转而利用约化体积 (距离) 证明手术情形下弱非坍塌性和上面提到的关于古代 κ 解的向后极限的分类. 约化距离是一种用数量曲率加权的时空距离, 一般情况下, 它不是一个光滑的或正的函数. 可是 Perelman 发现约化距离和体积奇迹般地满足一些微分不等式和方程. 但是这些微分不等式和方程严格证明比较烦琐、艰深.

在本书第三部分, 我们将从 W 熵的单调性推出沿 Ricci 流的一致 Sobolev 不等式, 并给出几个应用, 其中包括光滑和含手术的 Ricci 流的强非坍塌性, 以及古代 κ 解的向后极限的分类. 基于 W 熵, Sobolev 嵌入和热核估计, 我们将描述 Poincaré 猜想的一种简化证明. 它可以不用约化距离和体积, 而这两个概念对 Perelman 的原创证明是本质的. 尽管这里的证明仍然在 Perelman 的框架之中, 但它容易看懂, 因为 Sobolev 不等式和热核估计为数学工作者所熟悉. Ricci 流的 Sobolev 不等式本身对研究流形上的微分方程有独立的意义. 另外, 由于该方法相对简单, 我们相信它对研究 Ricci 流的其他问题也有帮助, 比如, 手术情形下的 Hamilton 小圈猜想的证明 (见第八章). 对 Kähler Ricci 流的应用已被几位作者发现 (见 6.2 节).

应当指出, 约化距离和体积对几何化猜想的证明还是必要的. 我们需要用它们来证明 Perelman 的非坍塌定理 II 的手术情形, 即 [P2] 命题 6.3(a). 在 6.3 节, 我们给出该结果的非手术情形的简单证明.

现在, 我们对六至九章的内容作一简介. 在第六章, 我们阐明 Perelman W 熵就是对数 Sobolev 不等式中各项的一种组合. 一族 W 熵的单调性导出沿光滑 Ricci 流的某种一致 Sobolev 不等式. 根据已知结果, 参见 Carron [Ca] 或 Akutagawa [Ak], Ricci 流的非坍塌性只是一致 Sobolev 不等式的推论. 在 6.3 节, 我们首次发表关于光滑 Ricci 流的两个新结果, 它们与 Poincaré 猜想的证明没有关系. 其一是具有临界指标的一致 Sobolev 不等式; 其二是局部的一致 Sobolev 不等式. 后者可推出光滑情形的 Perelman 非坍塌定理 II [P1]. 6.4 和 6.5 节分别取材于文章 [KZ] 和 [Z1]. 前者给出共轭热方程正解的微分 Harnack 不等式; 后者证明了共轭热方程基本解的上界.

在第七章, 我们介绍 Perelman 关于 3 维古代 κ 解的向后极限的分类, 以及 3 维 Ricci 流的标准邻域定理. 在 7.2 节, 我们研究 3 维古代 κ 解上的共轭热方程. 该节的主要目的是证明共轭热方程基本解 (热核) 的上界. 利用这个上界和热核的 W 熵, 我们在 7.3 节给出 3 维古代 k 解的向后极限的分类的另一个证明. 陶哲轩 [Tao] 曾提到这个分类结果是否能用 W 熵来证明.

在第八章基于第六章的 Sobolev 嵌入, 受 [P2] 和 [KL] 最后一节的启发, 我们证明不依赖手术个数的一致 Sobolev 不等式. 它的一个推论就是含手术的 Ricci 流的强非坍塌性, 这也首次证明了手术情形的 3 维 Hamilton 小圈猜想. 在此之前, 光滑情形的小圈猜想是由 Perelman [P1] 通过 W 熵的单调性证明的. 但在手术情形, Perelman 仅证明了该猜想的较弱的版本 [P2]. 8.2 节的任务是研究在锥状流形上, W 熵对应的极小化方程的特征值的大小. 我们证明：对数 Sobolev 不等式的最佳常数经过一次手术的变化要小于流形体积的变化. 证明过程简明易懂, 并不需要约化距离和体积. 相比弱非坍塌性, 强非坍塌性的优点在于它的条件只加在一个时刻而不是一段时间, 因此绕开了由短时间里的许多手术可能引起的麻烦. 本章主要引用 [Z4].

在第九章, 我们利用强非坍塌性证明 Perelman 的含手术的 Ricci 流的存在性定理. 该证明与 Perelman 的证明在逻辑和技巧上有所不同. 例如, 引理 9.1.1 的证明. 该引理描述手术截面附近的流形沿 Ricci 流的演变, 由它可证明在有限时间里只有有限个手术. 这里的证明和 [P2] 中的引理 4.5 的证明很不一样. 原因之一是我们未能理解 Perelman 的证明, 它好像需要进一步说明; 另外, 这里的证明只需要关于非紧 Ricci 流的初等唯一性定理.

由以上结果, 以及有限时间灭绝定理 (见 [P3] 或 [CM]), 便最终完成 Poincaré 猜想的证明.

前面提到, 本书的部分内容与 Poincaré 猜想的证明无关. 一个有经验的工作者可以从 5.4 节开始, 然后读 6.1 节和 6.2 节, 再读七、八、九章.

在七、八、九章, 因时间和篇幅所限, 我们仅对一些关键的, 或新的结果给予详细证明, 其中包括手术情形的强非坍塌性和手术情形的标准邻域定理; 其他结果, 如果其证明和 Perelman 的文章类似, 将给予概述. 写进本书的结果和引用文献仅代表作者的个人兴趣, 如果漏掉重要文献, 敬请原谅. 由于作者水平有限, 本书必定包含很多疏漏. 请各位读者指正, 可将建议和指正寄往 qizhang@math.ucr.edu.

第二章　欧氏空间中的 Sobolev 不等式

在本章, 我们将定义 Sobolev 空间 $W^{k,p}(D)$, 其中 D 是 $\mathbf{R}^n$ 中的区域, k 是正整数, $p \geqslant 1$, 进而证明一个基本嵌入定理, 将并介绍与此密切相关的 Poincaré 不等式.

§2.1　弱导数和 Sobolev 空间 $W^{k,p}(D), D \subset \mathbf{R}^n$

设 D 是 $\mathbf{R}^n$ 中区域, u 是 D 中局部可积函数, $\alpha = (\alpha_1, \cdots, \alpha_n)$ 是由非负整数构成的 n 元数组, 记号 D^α 表示微分算子 $\partial_{x_1}^{\alpha_1} \cdots \partial_{x_n}^{\alpha_n}$.

定义 2.1.1　设函数 $v \in L^1_{loc}(D)$, 如果

$$\int_D v\phi dx = (-1)^{|\alpha|} \int_D u D^\alpha \phi dx$$

对所有 $\phi \in C_0^\infty(D)$ 成立, 其中 $|\alpha| = \alpha_1 + \cdots + \alpha_n$, 则称 v 为 u 的 α **次弱导数**.

定义 2.1.2　对 $p \geqslant 1$ 及非负整数 k, 把赋予了范数

$$\|u\| = \|u\|_{k,p} = \Big(\int_D \sum_{|\alpha| \leqslant k} |D^\alpha u|^p dx \Big)^{1/p}$$

的空间 $W^{k,p}(D) \equiv L^p(D) \cap \{u \mid D^\alpha u \in L^p(D),\ |\alpha| \leqslant k\}$, 称为 **Sobolev 空间**, 而把空间 $W_0^{k,p}(D)$ 定义为 $C_0^\infty(D)$ 按上述范数完备化.

通常, $W^{k,p}(D)$ 中的函数不一定光滑, 甚至不一定连续. 例如, $u(x) = \ln(1/|x|)$ 就属于 $W^{1,2}(B(0,1))$, 其中 $B(0,1)$ 是 $\mathbf{R}^3$ 中以原点为心, 半径为 1 的球. 因此, 在研究这些弱可微函数时, 重要的是知道它们可被光滑函数逼近.

下面的命题给出了第一个逼近结果：任何 L^p 函数都是一光滑函数列的 L^p 极限.

命题 2.1.1　设 $u \in L^p(\mathbf{R}^n)$, $1 \leqslant p < \infty$. 任给 $\varepsilon > 0$, 令

$$u_\varepsilon(x) = \eta_\varepsilon * u(x) = \int_{\mathbf{R}^n} \eta_\varepsilon(x-y) u(y) dy,$$

其中 $\eta_\varepsilon(\cdot)=\varepsilon^{-n}\eta(\cdot/\varepsilon)$, η 是 $C_0^\infty(B(0,1))$ 中的非负函数, 且满足

$$\int_{\mathbf{R}^n}\eta(x)dx=1.$$

则 $u_\varepsilon\in C^\infty(\mathbf{R}^n)\cap L^p(\mathbf{R}^n)$, 并且当 $\varepsilon\to 0$ 时, $\|u_\varepsilon-u\|_p\to 0$.

证明 求导只求在光滑函数 η 上, 因此 u_ε 光滑. 由 Hölder 不等式, 可得

$$|u_\varepsilon(x)|\leqslant\Big(\int_{\mathbf{R}^n}\eta_\varepsilon(x-y)dy\Big)^{(p-1)/p}\Big(\int_{\mathbf{R}^n}\eta_\varepsilon(x-y)|u(y)|^p dy\Big)^{1/p}.$$

将上面不等式两边 p 次方再积分, 注意到 η_ε 的积分为 1, 可知

$$\|u_\varepsilon\|_p\leqslant\|u\|_p.$$

因此, $u_\varepsilon\in C^\infty(\mathbf{R}^n)\cap L^p(\mathbf{R}^n)$.

接下来选取一个具有紧支集的连续函数 w, 使得 $\|u-w\|_p<\delta$, δ 是任意正数, 则

$$\begin{aligned}|w_\varepsilon(x)-w(x)|&\leqslant\int_{\mathbf{R}^n}\eta_\varepsilon(x-y)|w(y)-w(x)|dy\\&\leqslant\varepsilon^{-n}\|\eta\|_\infty\int_{B(x,\varepsilon)}|w(x)-w(y)|dy.\end{aligned}$$

由于 w 连续, 且具有紧支集, 可知当 ε 充分小时, 有

$$\|w_\varepsilon-w\|_p<\delta.$$

因此,

$$\begin{aligned}\|u_\varepsilon-u\|_p&\leqslant\|u-w\|_p+\|w_\varepsilon-w\|_p+\|w_\varepsilon-u_\varepsilon\|_p\\&\leqslant 2\|u-w\|_p+\|w_\varepsilon-w\|_p<3\delta.\end{aligned}$$

□

注解 2.1.1 一般地, 在上述命题中, 可选

$$\eta(x)=\begin{cases}ce^{-1/(1-|x|^2)}, & |x|\leqslant 1,\\ 0, & |x|>1,\end{cases}$$

其中 c 是使得 η 的积分为 1 的常数.

下面的命题说明：$W^{k,p}(D)$ 中的函数可用在 D 内光滑的函数按 $W^{k,p}$ 范数逼近. 注意, 这里的范数比命题 2.1.1 中的 L^p 范数更强.

命题 2.1.2 空间 $\{u \in C^\infty(D) \mid \|u\|_{k,p} < \infty\}$ 在 $W^{k,p}(D)$ 中稠密.

证明 为证明此命题, 我们需要一个称作单位分解的标准结果 (证明可见 [Zi] p53): 设 $\mathbf{J}$ 是 $\mathbf{R}^n$ 中的一族开集, 这些开集的并包含集合 D, 则存在一属于 $C_0^\infty(\mathbf{R}^n)$ 的非负函数列 $\{\phi_i\}$, 满足 $0 \leqslant \phi_i \leqslant 1$, 且

(i) 对每个 ϕ_i, 存在 $U \in \mathbf{J}$, 使得 $\mathrm{supp}\phi_i \subset U$;

(ii) 对任何紧集 $K \subset D$, $\{\phi_i\}$ 中仅有有限个函数的支集与 K 相交非空;

(iii) 对每个 $x \in D$, $\sum\limits_{i\geqslant 1} \phi_i(x) = 1$.

回到命题的证明. 设 $\Omega_i (i = 1, 2, \cdots)$ 是 D 的一开子集列, 且它们的并是 D, 而集合 $\{\Omega_i - \bar{\Omega}_{i-1}\}$ 是 D 的一个开覆盖. 令 $\{\phi_i\}$ 是从属于这个开覆盖的单位分解, 且 $\mathrm{supp}\phi_i \subset \Omega_i - \bar{\Omega}_{i-1}$.

设 $u \in W^{k,p}(D)$, $\varepsilon > 0$. 任给 $i \geqslant 1$, 由命题 2.1.1, 可找到 $\varepsilon_i > 0$, 使得 $\mathrm{supp}(\phi_i u)_{\varepsilon_i} \subset \Omega_i - \bar{\Omega}_{i-1}$, 并且 $\|(\phi_i u)_{\varepsilon_i} - \phi_i u\|_{k,p} < \varepsilon 2^{-i}$. 定义

$$v = \sum_{i\geqslant 1} (\phi_i u)_{\varepsilon_i},$$

则由于任给 $x \in D$, 上式右端是有限和, 故 $v \in C^\infty(D)$. 且由 Minkowski 不等式, 可得

$$\|u - v\|_{k,p} \leqslant \sum_{i\geqslant 1} \|(\phi_i u)_{\varepsilon_i} - \phi_i u\|_{k,p} < \sum_{i\geqslant 1} \varepsilon 2^{-i} = \varepsilon.$$

□

注解 2.1.2 通常 $W^{k,p}(D)$ 中的函数不能用 $C^\infty(\bar{D})$ 中的函数逼近, 必须对区域 D 加更多的条件. 可参见 [Ad] 定理 3.18.

§2.2 $W_0^{1,p}(D)$ 的主要嵌入定理

定理 2.2.1(Sobolev 嵌入定理) 设 Ω 是 $\mathbf{R}^n$ 中的区域, 则

$$W_0^{1,p}(\Omega) \hookrightarrow \begin{cases} L^{\frac{np}{n-p}}(\Omega), & 1 \leqslant p < n, \\ L^{\varphi(t)}(\Omega), & p = n, \varphi(t) = \exp(|t|^{p/(p-1)}) - 1,\ \Omega \text{ 有界}, \\ C^{1-\frac{n}{p}}(\Omega), & p > n, \end{cases} \tag{2.2.1}$$

并且存在常数 $C = C_{(n,p)}$, 使得对任意 $u \in W_0^{1,p}(\Omega)$, 成立

$$\begin{cases} \|u\|_{np/(n-p)} \leqslant C\|Du\|_p, & p < n, \\ \sup\limits_{\Omega} |u| \leqslant C|\Omega|^{1/n-1/p}\|Du\|_p, & p > n. \end{cases} \tag{2.2.2}$$

注解 2.2.1 对 $p = n$ 的情形, 通常称 $L^{\varphi(t)}(\Omega)$ 为 Orlicz **空间**, 其中 $\varphi(t) = \exp(|t|^{p/(p-1)}) - 1$. Orlicz 空间中的函数 u 满足

$$\int_\Omega [\exp(|u(x)|^{p/(p-1)}) - 1]dx < \infty.$$

证明 我们将定理的证明分成三个部分. 第一部分的证明是 $1 \leqslant p<n$ 的情形. 首先考虑 $p=1$, 对 $C_0^1(\Omega)$ 中的函数建立估计: $W_0^{1,1}(\Omega) \hookrightarrow L^{\frac{n}{n-1}}(\Omega)$. 记 $x = (x_1, x_2, \cdots, x_n) \in \mathbf{R}^n$, 则对任意 $i(1 \leqslant i \leqslant n)$, 有

$$\begin{aligned} u(x) &= \int_{-\infty}^{x_i} \partial_i u(x_1, \cdots, x_{i-1}, s, x_{i+1}, \cdots, x_n)ds \\ \Rightarrow \quad u(x) &\leqslant \int_{-\infty}^{+\infty} |\partial_i u(x_1, \cdots, x_{i-1}, x_i, x_{i+1}, \cdots, x_n)|dx_i \\ \Rightarrow \quad |u(x)|^{n/(n-1)} &\leqslant \left(\prod_{i=1}^n \int_{\mathbf{R}} |\partial_i u|dx_i\right)^{1/(n-1)}. \end{aligned}$$

这里及此后, $\partial_i = \partial_{x_i}$. 将上述最后一个不等式对 $x_i(i = 1, \cdots, n)$ 作累次积分并用广义 Hölder 不等式 (指数取为 $p_1 = p_2 = \cdots = p_{n-1} = n-1$) 便得所要的估计. 为说明想法, 我们对 $n = 3$ 给出详细计算. 先对 x_1 积分, 得

$$\begin{aligned} \int_{\mathbf{R}} |u(x)|^{3/2}dx_1 \leqslant & \left(\int_{\mathbf{R}} |\partial_1 u(x_1, x_2, x_3)|dx_1\right)^{1/2} \\ & \cdot \int_{\mathbf{R}} \left[\left(\int_{\mathbf{R}} |\partial_2 u(x_1, x_2, x_3)|dx_2\right)\right. \\ & \left.\cdot \left(\int_{\mathbf{R}} |\partial_3 u(x_1, x_2, x_3)|dx_3\right)\right]^{1/2} dx_1 \\ \leqslant & \left(\int_{\mathbf{R}} |\partial_1 u(x_1, x_2, x_3)|dx_1\right)^{1/2} \\ & \cdot \left(\int_{\mathbf{R}}\int_{\mathbf{R}} |\partial_2 u(x_1, x_2, x_3)|dx_1 dx_2\right)^{1/2} \\ & \cdot \left(\int_{\mathbf{R}}\int_{\mathbf{R}} |\partial_3 u(x_1, x_2, x_3)|dx_1 dx_3\right)^{1/2}, \end{aligned}$$

其中, 最后一个不等式用到 $\int f^{\frac{1}{2}}g^{\frac{1}{2}} \leqslant \left(\int f\right)^{\frac{1}{2}}\left(\int g\right)^{\frac{1}{2}}$.

再将上述不等式对 x_2 积分, 得

$$\begin{aligned}
&\int_{\mathbf{R}}\int_{\mathbf{R}} |u(x)|^{3/2}dx_1dx_2\\
&\quad\leqslant \Big(\int_{\mathbf{R}}\int_{\mathbf{R}} |\partial_2 u(x_1,x_2,x_3)|dx_1dx_2\Big)^{1/2}\\
&\quad\quad\cdot\int_{\mathbf{R}}\Big[\Big(\int_{\mathbf{R}} |\partial_1 u(x_1,x_2,x_3)|dx_1\Big)\Big(\int_{\mathbf{R}}\int_{\mathbf{R}} |\partial_3 u(x_1,x_2,x_3)|dx_1dx_3\Big)\Big]^{1/2}dx_2\\
&\quad\leqslant \Big(\int_{\mathbf{R}}\int_{\mathbf{R}} |\partial_2 u(x_1,x_2,x_3)|dx_1dx_2\Big)^{1/2}\\
&\quad\quad\cdot\Big(\int_{\mathbf{R}}\int_{\mathbf{R}} |\partial_1 u(x_1,x_2,x_3)|dx_1dx_2\Big)^{1/2}\\
&\quad\quad\cdot\Big(\int_{\mathbf{R}}\int_{\mathbf{R}}\int_{\mathbf{R}} |\partial_3 u(x_1,x_2,x_3)|dx_1dx_2dx_3\Big)^{1/2}.
\end{aligned}$$

最后将上述不等式对 x_3 积分, 得

$$\begin{aligned}
\int_{\mathbf{R}^3} |u(x)|^{3/2}dx \leqslant&\Big(\int_{\mathbf{R}}\int_{\mathbf{R}}\int_{\mathbf{R}} |\partial_3 u(x_1,x_2,x_3)|dx_1dx_2dx_3\Big)^{1/2}\\
&\cdot\Big[\int_{\mathbf{R}}\Big(\int_{\mathbf{R}}\int_{\mathbf{R}} |\partial_2 u(x_1,x_2,x_3)|dx_1dx_2\Big)\\
&\cdot\Big(\int_{\mathbf{R}}\int_{\mathbf{R}} |\partial_1 u(x_1,x_2,x_3)|dx_1dx_2\Big)^{1/2}dx_3\Big].
\end{aligned}$$

因此,

$$\begin{aligned}
\int_{\mathbf{R}^3} |u(x)|^{3/2}dx \leqslant&\Big(\int_{\mathbf{R}}\int_{\mathbf{R}}\int_{\mathbf{R}} |\partial_3 u(x_1,x_2,x_3)|dx_1dx_2dx_3\Big)^{1/2}\\
&\cdot\Big(\int_{\mathbf{R}}\int_{\mathbf{R}}\int_{\mathbf{R}} |\partial_2 u(x_1,x_2,x_3)|dx_1dx_2dx_3\Big)^{1/2}\\
&\cdot\Big(\int_{\mathbf{R}}\int_{\mathbf{R}}\int_{\mathbf{R}} |\partial_1 u(x_1,x_2,x_3)|dx_1dx_2dx_3\Big)^{1/2}\\
\leqslant&\Big(\int_{\mathbf{R}}\int_{\mathbf{R}}\int_{\mathbf{R}} \frac{|\partial_1 u|+|\partial_2 u|+|\partial_3 u|}{3}dx_1dx_2dx_3\Big)^{3/2}\\
\leqslant&\Big(\int_{\mathbf{R}}\int_{\mathbf{R}}\int_{\mathbf{R}} \sqrt{\frac{|\partial_1 u|^2+|\partial_2 u|^2+|\partial_3 u|^2}{3}}dx_1dx_2dx_3\Big)^{3/2}\\
=&3^{-\frac{3}{4}}\Big(\int_{\mathbf{R}^3} |\nabla u(x)|dx\Big)^{\frac{3}{2}},
\end{aligned}$$

其中用到不等式 $(abc)^{\frac{1}{3}} \leqslant \frac{a+b+c}{3} \leqslant \sqrt{\frac{a^2+b^2+c^2}{3}}$, 从而

$$\|u\|_{\frac{3}{2}} = \Big(\int_{\mathbf{R}^3} |u(x)|^{3/2}dx\Big)^{2/3} \leqslant \frac{1}{\sqrt{3}}\Big(\int_{\mathbf{R}^3} |\nabla u(x)|dx\Big).$$

一般地, 由归纳法得

$$\|u\|_{\frac{n}{n-1}} \leqslant \left(\prod_{i=1}^{n}\int_{\Omega} |\partial_i u|dx\right)^{\frac{1}{n}} \leqslant \frac{1}{n}\int_{\Omega}\sum_{i=1}^{n}|\partial_i u|dx \leqslant \frac{1}{\sqrt{n}}\|\nabla u\|_1,$$

即

$$\|u\|_{\frac{n}{n-1}} \leqslant \frac{1}{\sqrt{n}}\|\nabla u\|_1. \tag{2.2.3}$$

从而, 对 $p=1$ 的情况, 证明了定理. 对其他的 p 值, 论证如下.

用 $|u|^\gamma$ 取代 (2.2.3) 中的 u, 则对 $\gamma > 1$, 有

$$\begin{aligned} \||u|^\gamma\|_{\frac{n}{n-1}} &\leqslant \frac{\gamma}{\sqrt{n}}\int_{\Omega}|u|^{\gamma-1}|\nabla u|dx \\ &\leqslant \frac{\gamma}{\sqrt{n}}\||u|^{\gamma-1}\|_{p'}\cdot\|\nabla u\|_p, \quad p' = \frac{p}{p-1}. \end{aligned} \tag{2.2.4}$$

因此, 对 $p < n$, 可取 γ 满足

$$\frac{n\gamma}{n-1} = \frac{(\gamma-1)p}{p-1} \quad \Rightarrow \quad \gamma = \frac{(n-1)p}{n-p} > 1.$$

由此得结论

$$\|u\|_{\frac{np}{n-p}} \leqslant \frac{\gamma}{\sqrt{n}}\|\nabla u\|_p.$$

至此, 对 $p \in [1,n)$, u 是 C^1 函数证明了定理. 对一般的 u, 由命题 2.1.2 可得. □

关于 $p=n$ 情形的证明, 所给证明属于 Yudovich [Yu] 和 Trudinger [Tr1]. 我们需要一些引理.

引理 2.2.1 设 $u \in W_0^{1,1}(\Omega)$, 则

$$u(x) = \frac{1}{n\omega_n}\int_{\Omega}\sum_{i=1}^{n}\frac{(x_i-y_i)\partial_i u(y)}{|x-y|^n}dy$$

在 Ω 内几乎处处成立, 其中 ω_n 是 $\mathbf{R}^n$ 中单位球的体积.

证明 设 $u\in C_0^1(\Omega)$, 并对 u 作零延拓 (将 u 延拓成在 Ω 外为零), 则任给 $\omega\in\mathbf{S}^{n-1}$, $|\omega|=1$, 有

$$u(x)=-\int_0^\infty \partial_r u(x+r\omega)dr. \tag{2.2.5}$$

注意到

$$u(x)=\frac{1}{n\omega_n}\int_{\mathbf{S}^{n-1}}u(x)d\omega,$$

将 (2.2.5) 代入上式右端, 得

$$u(x)=\frac{1}{n\omega_n}\int_{\mathbf{S}^{n-1}}\Big(-\int_0^\infty \partial_r u(x+r\omega)dr\Big)d\omega. \tag{2.2.6}$$

记 $y=x+r\omega$, 则 $r=|x-y|$, $\omega=\dfrac{x-y}{|x-y|}$, 由此可得

$$\partial_r u(x+r\omega)=\sum_{i=1}^n\frac{(y_i-x_i)\partial_i u(y)}{|x-y|}.$$

将上式代入 (2.2.6), 得

$$\begin{aligned}u(x)&=-\frac{1}{n\omega_n}\int_\Omega\Big(\sum_{i=1}^n\frac{(y_i-x_i)\partial_i u(y)}{|x-y|^n}\Big)dy\\&=\frac{1}{n\omega_n}\int_\Omega\frac{(x-y)\nabla u(y)}{|x-y|^n}dy.\end{aligned} \tag{2.2.7}$$

□

注解 2.2.2 有另一种推导上述公式的方法. 对光滑可积函数 f, 称积分 $\displaystyle\int_\Omega\Gamma(y-x)f(y)dy$ 为具有密度 f 的牛顿位势. 此处, $\Gamma=\dfrac{c_n}{|x-y|^{n-2}}$ 是 Laplace 算子的基本解. 利用分部积分得

$$u(x)=-\int_\Omega\Gamma(y-x)\Delta u(y)dy=\int_\Omega\nabla_y\Gamma(y-x)\nabla u(y)dy.$$

引理 2.2.2 设 Ω 是 $\mathbf{R}^n$ 中的有界区域, $\mu\in(0,1]$. 用 Riesz 位势定义 $L^p(\Omega)$ 上的算子 V_μ, 即

$$(V_\mu f)(x)=\int_\Omega|x-y|^{n(\mu-1)}f(y)dy,$$

则对任意满足

$$0 \leqslant \delta = \delta(p,q) = \frac{1}{p} - \frac{1}{q} < \mu$$

的 $p \leqslant q \leqslant \infty$, V_μ 是将 $L^p(\Omega)$ 映到 $L^q(\Omega)$ 的连续算子 (由此可知 V_μ 是有界算子); 并且, 对任意 $f \in L^p(\Omega)$, 有

$$\|V_\mu f\|_q \leqslant \left(\frac{1-\delta}{\mu-\delta}\right)^{1-\delta} \omega_n^{1-\mu} |\Omega|^{\mu-\delta} \|f\|_p.$$

证明引理之前, 需要引述积分的 Young 不等式. 关于 Young 不等式的更多信息, 可参阅 Lieb 和 Loss 的涉及最佳常数的最新论述 [LL].

命题 2.2.1 设 $f \in L^q(\mathbf{R}^n)$, $k \in L^r(\mathbf{R}^n)$, $\frac{1}{q} + \frac{1}{r} > 1$, 则函数

$$(k * f)(x) = \int_{\mathbf{R}^n} k(x-y) f(y) dy$$

对几乎所有的 x 都有定义, 且

$$\|k * f\|_q \leqslant \|k\|_r \|f\|_p, \quad \text{其中} \quad \frac{1}{q} = \frac{1}{p} + \frac{1}{r} - 1.$$

注解 2.2.3 对 $r = q, p = 1$ 这一特殊情形, 不等式 $\|(k * f)\|_q \leqslant \|k\|_q \|f\|_1$ 可用 Minkowski 积分不等式证明, 即对任意 $1 \leqslant q \leqslant \infty$, 有

$$\left[\int_{\mathbf{R}^n} \left(\int_{\mathbf{R}^n} |k(x-y)| dy\right)^q dx\right]^{\frac{1}{q}} \leqslant \int_{\mathbf{R}^n} \left(\int_{\mathbf{R}^n} |k(x-y)|^q dx\right)^{\frac{1}{q}} dy.$$

记 $|f(y)|dy = d\omega(y)$, 则

$$\begin{aligned}
\left[\int_{\mathbf{R}^n} \left(\int_{\mathbf{R}^n} |k(x-y)| d\omega(y)\right)^q dx\right]^{\frac{1}{q}} &\leqslant \int_{\mathbf{R}^n} \left(\int_{\mathbf{R}^n} |k(x-y)|^q dx\right)^{\frac{1}{q}} d\omega(y) \\
&\leqslant \int_{\mathbf{R}^n} \left(\int_{\mathbf{R}^n} |k(x-y)|^q dx\right)^{\frac{1}{q}} |f(y)| dy \\
&\leqslant \int_{\mathbf{R}^n} \|k\|_q |f(y)| dy = \|k\|_q \|f\|_1.
\end{aligned}$$

注解 2.2.4 对 $p = q = 2, r = 1$ 这一更特殊的情形, 不等式 $\|k * f\|_2 \leqslant \|k\|_2 \|f\|_1$ 可直接用下面的两种方法证明:

(i)
$$
\begin{aligned}
&\int_{\mathbf{R}^n}\Big(\int_{\mathbf{R}^n}k(x-y)f(y)dy\Big)^2dx\\
&\leqslant\int_{\mathbf{R}^n}\Big(\int_{\mathbf{R}^n}|k(x-y)||f(y)|^{\frac12}|f(y)|^{\frac12}dy\Big)^2dx\\
&\leqslant\int_{\mathbf{R}^n}\Big(\int_{\mathbf{R}^n}|k|^2|f|dy\Big)\Big(\int_{\mathbf{R}^n}|f|dy\Big)dx\\
&\leqslant\|f\|_1\int_{\mathbf{R}^n}\Big(\int_{\mathbf{R}^n}|k|^2|f|dy\Big)dx\\
&\leqslant\|f\|_1\int_{\mathbf{R}^n}\Big(\int_{\mathbf{R}^n}|k|^2dx\Big)|f|dy\\
&\leqslant\|f\|_1^2\|k\|_2^2.
\end{aligned}
$$

(ii)
$$
\begin{aligned}
&\Big|\int_{\mathbf{R}^n}\Big(\int_{\mathbf{R}^n}k(x-y)f(y)dy\Big)\varphi(x)dx\Big|\\
&\leqslant\int_{\mathbf{R}^n}\Big(\int_{\mathbf{R}^n}|k(x-y)\varphi(x)|dx\Big)|f(y)|dy\\
&\leqslant\Big(\sup_y\int_{\mathbf{R}^n}|k(x-y)\varphi(x)|dx\Big)\int_{\mathbf{R}^n}|f(y)|dy\\
&\leqslant\Big(\sup_y\|k\|_2\|\varphi\|_2\Big)\|f\|_1\\
&\leqslant\|k\|_2\|\varphi\|_2\|f\|_1\ (\forall\varphi\in L^2(\mathbf{R}^n)).\\
&\Rightarrow\|k*f\|_2\leqslant\|k\|_2\|f\|_1.
\end{aligned}
$$

引理 2.2.2 的证明 记

$$h=|x-y|^{n(\mu-1)}.$$

选取 $r\geqslant1$, 使得

$$\frac1r=1+\frac1q-\frac1p\qquad\Rightarrow\qquad\frac1r+\frac1p=1+\frac1q,$$

则由

$$\frac rq+\frac{r(p-1)}{p}=r\Big(\frac1q+1-\frac1p\Big)=\frac rr=1,\quad\frac pq+p\delta=p\Big(\frac1q+\frac1p-\frac1q\Big)=1$$

知下式成立:

$$|hf| = \left(|h|^{\frac{r}{q}}|f|^{\frac{p}{q}}\right)|h|^{\frac{r(p-1)}{p}}|f|^{p\delta}.$$

接下来我们用 Hölder 不等式 (实质上是重证 Young 不等式) 或用 Young 不等式来处理 $\|h*f\|_q$.

(i) 取三个分量为 $\left(q, \dfrac{p}{p-1}, \dfrac{1}{\delta}\right)$, 这里

$$\frac{1}{q}+\frac{p-1}{p}+\delta=\frac{1}{q}+\frac{p-1}{p}+\left(\frac{1}{p}-\frac{1}{q}\right)=1,$$

应用广义 Hölder 不等式得

$$\begin{aligned}\int_{\mathbf{R}^n} h(x-y)|f(y)|dy \leqslant & \left[\int_{\mathbf{R}^n}\left(h(x-y)^{\frac{r}{q}}|f(y)|^{\frac{p}{q}}\right)^q dy\right]^{\frac{1}{q}}\\ &\cdot\left[\int_{\mathbf{R}^n}\left(h(x-y)^{\frac{r(p-1)}{p}}\right)^{\frac{p}{p-1}}dy\right]^{\frac{p-1}{p}}\\ &\cdot\left[\int_{\mathbf{R}^n}\left(|f(y)|^{p\delta}\right)^{\frac{1}{\delta}}dy\right]^{\delta}.\end{aligned}$$

因此,

$$\begin{aligned}\|h*f\|_q^q = & \left\|\int_{\mathbf{R}^n}|h(x-y)f(y)|dy\right\|_q^q \leqslant \left(\int_{\mathbf{R}^n}|f(y)|^p dy\right)^{q\delta}\\ &\cdot\int_{\mathbf{R}^n}\left(\int_{\mathbf{R}^n}h^r(x-y)|f(y)|^p dy\right)\cdot\left(\int_{\mathbf{R}^n}h^r(x-y)dy\right)^{\frac{q(p-1)}{p}}dx\\ &\leqslant \|f\|_p^{pq\delta}\cdot\sup_{x\in\Omega}\left(\int_{\mathbf{R}^n}h^r(x-y)dy\right)^{\frac{q(p-1)}{p}}\cdot\int_{\mathbf{R}^n}\int_{\mathbf{R}^n}h^r(x-y)|f(y)|^p dydx\\ &\leqslant \|f\|_p^{pq\delta}\cdot\sup_{x\in\Omega}\left(\int_{\mathbf{R}^n}h^r(x-y)dy\right)^{\frac{q(p-1)}{p}}\cdot\|f\|_p^p\cdot\sup_{x\in\Omega}\left(\int_{\mathbf{R}^n}h^r(x-y)dy\right)\\ &= \|f\|_p^{pq\delta+p}\cdot\sup_{x\in\Omega}\left(\int_{\mathbf{R}^n}h^r(x-y)dy\right)^{\frac{q(p-1)}{p}+1}\\ &= \|f\|_p^q\cdot\|h\|_r^q\ \left(\text{因为} p(q\delta+1)=p\frac{q}{p}=q, q\left(1-\frac{1}{p}+\frac{1}{q}\right)=\frac{q}{r}\right),\end{aligned}$$

即

$$\|h*f\|_q \leqslant \|f\|_p\cdot\|h\|_r.$$

(ii) 另一种方法, 直接用 Young 不等式, 注意到 $\dfrac{1}{q}=\dfrac{1}{r}+\dfrac{1}{p}-1$, 有

$$\|V_\mu f\|_q=\|h*f\|_q=\|\int_\Omega hfdy\|_q\leqslant\|h\|_r\|f\|_p.$$

为完成引理的证明, 只需证 $\|h\|_r\leqslant\left(\dfrac{1-\delta}{\mu-\delta}\right)^{1-\delta}\omega_n^{1-\mu}|\Omega|^{\mu-\delta}$. 考虑区域 Ω 的对称化, 取 $R>0$, 使得以 x 为心, R 为半径的球 $B_R(x)$ 与 Ω 有相同的体积, 即 $|\Omega|=|B_R(x)|=\omega_nR^n$, 则 $|\Omega-B_R(x)|=|B_R(x)-\Omega|$. 利用

$$\begin{cases}|x-y|^{nr(\mu-1)}\leqslant R^{nr(\mu-1)}, & \text{当} y\in\Omega-B_R(x), 0<\mu<1;\\ |x-y|^{nr(\mu-1)}\geqslant R^{nr(\mu-1)}, & \text{当} y\in B_R(x)\cap\Omega, 0<\mu<1.\end{cases}$$

我们有

$$\begin{aligned}\int_\Omega h^r(x-y)dy&=\int_{\Omega-B_R(x)}|x-y|^{nr(\mu-1)}dy+\int_{B_R(x)\cap\Omega}h^r(x-y)dy\\&\leqslant\int_{\Omega-B_R(x)}R^{nr(\mu-1)}dy+\int_{B_R(x)\bigcap\Omega}h^r(x-y)dy\\&\leqslant R^{nr(\mu-1)}|\Omega-B_R(x)|+\int_{B_R(x)\cap\Omega}h^r(x-y)dy\\&=R^{nr(\mu-1)}|B_R(x)-\Omega|+\int_{B_R(x)\cap\Omega}h^r(x-y)dy\\&\leqslant\int_{B_R(x)-\Omega}|x-y|^{nr(\mu-1)}dy+\int_{B_R(x)\cap\Omega}|x-y|^{nr(\mu-1)}dy\\&=\int_{B_R(x)}|x-y|^{nr(\mu-1)}dy,\end{aligned}$$

即

$$\begin{aligned}\|h\|_r^r=\int_\Omega h^r(x-y)dy&\leqslant\int_{B_R(x)}|x-y|^{nr(\mu-1)}dy\\&\leqslant\int_0^R\int_{\mathbf{S}^{n-1}}r^{nr\mu-nr}r^{n-1}d\omega dr\\&\leqslant\frac{n\omega_n}{n(r\mu-r+1)}R^{n(r\mu-r+1)}\ \left(\text{因为}\int_{\mathbf{S}^{n-1}}d\omega=n\omega_n\right)\end{aligned}$$

$$\leqslant \frac{\omega_n^{r(1-\mu)}}{r\mu-r+1}|\Omega|^{r\mu-r+1} \text{ (因为}|\Omega|=|B_R(x)|=\omega_n R^n)$$
$$\leqslant\Big(\frac{1}{r(\mu-\delta)}\Big)^{r(1-\delta)}\omega_n^{r(1-\mu)}|\Omega|^{r(\mu-\delta)} \Big(\text{因为}1-\delta=\frac{1}{r}\Rightarrow r(1-\delta)=1\Big).$$

因此

$$\|h\|_r\leqslant\Big(\frac{1-\delta}{\mu-\delta}\Big)^{1-\delta}\omega_n^{1-\mu}|\Omega|^{\mu-\delta} \quad \Big(\text{由于 }\frac{1-\delta}{\mu-\delta}=\frac{1}{r(\mu-\delta)}\Big). \qquad \square$$

注解 2.2.5 我们对熟知区域 Ω, 把具有性质 $|B_R(0)|=|\Omega|$ 的球 $B_R(0)$ 称为 Ω 的**对称重排**. 类似地, 对在无穷远处消失得足够快的可积函数 $f:\mathbf{R}^n\to\mathbf{R}$, 可按下述方式定义它的递减对称重排 f^*: 设 D 是测度有限的可测集, D^* 为 D 的以 0 为中心的对称重排, 令 χ_D 为 D 的特征函数, 则定义 χ_D 的**递减对称重排**为

$$\chi_D^*\equiv\chi_{D^*}.$$

对 f, 它的**递减对称重排**定义为

$$f^*(x)=\int_0^\infty\chi^*_{\{|f|>t\}}dt.$$

我们仅以 Riesz 重排不等式为例. 给定三个非负函数 $f,g,h\in C_0^\infty(\mathbf{R}^n)$, 成立不等式

$$\begin{aligned}I(f,g,h)&\equiv\int_{\mathbf{R}^{2n}}f(x)g(x-y)h(y)dxdy\\&\leqslant\int_{\mathbf{R}^{2n}}f^*(x)g^*(x-y)h^*(y)dxdy\equiv I(f^*,g^*,h^*),\end{aligned}$$

其中 f^*,g^*,h^* 是 f,g,h 的对称重排.

这个不等式的证明可以参考 [LL], 有许多涉及对称重排的有趣性质, 其中有些性质在确定 Sobolev 不等式的最佳常数时可以用到. 这个论题的简短讨论见 2.4 节.

引理 2.2.3 设 $f\in L^p(\Omega)$, $g(x)=V_{\frac{1}{p}}f=\int_\Omega|x-y|^{n(\frac{1}{p}-1)}f(y)dy$, 则存在仅依赖于 n,p 的常数 c_1,c_2, 使得

$$\int_\Omega\exp\Big(\frac{g}{c_1\|f\|_p}\Big)^{p'}dx\leqslant c_2|\Omega|, \quad \text{其中 } p'=\frac{p}{p-1}.$$

证明 取 $\mu = \dfrac{1}{p}$, 由上述引理 2.2.2 知, 对任意 $q \geqslant p$, 有

$$\|g\|_q = \|V_{\frac{1}{p}} f\|_q \leqslant \left[q\Big(1 - \frac{1}{p} + \frac{1}{q}\Big)\right]^{1-\frac{1}{p}+\frac{1}{q}} \omega_n^{1-\frac{1}{p}} |\Omega|^{\frac{1}{q}} \|f\|_p$$

$$\Rightarrow \int_\Omega |g|^q dx \leqslant q^{q-\frac{q}{p}+1} \omega_n^{q-\frac{q}{p}} |\Omega| \|f\|_p^q \ \Big(\text{因为} 0 < 1 - \frac{1}{p} + \frac{1}{q} \leqslant 1\Big).$$

对任意 $q \geqslant p-1$, 有 $p'q = \dfrac{qp}{p-1} \geqslant p$, 用 $p'q$ 取代上面不等式中的 q, 得

$$\int_\Omega |g|^{p'q} dx \leqslant (p'q)(p'q\omega_n \|f\|_p^{p'})^q |\Omega|, \tag{2.2.8}$$

其中, 我们用到 $p'q - \dfrac{p'q}{p} + 1 = p'q\Big(1 - \dfrac{1}{p}\Big) + 1 = q + 1.$

在上面不等式中, 继续取 $q = [p], [p+1], \cdots, k, \cdots$, 对任意 $k \geqslant [p]$, 有

$$\int_\Omega |g|^{p'k} dx \leqslant (p'k)(p'k\omega_n \|f\|_p^{p'})^k |\Omega|.$$

再由指数函数的 Taylor 展式, 可知

$$\begin{aligned}\int_\Omega \exp\Big(\frac{g}{c_1\|f\|_p}\Big)^{p'} dx &= \int_\Omega \sum_{k=0}^{[p]-1} \frac{1}{k!}\Big(\frac{g}{c_1\|f\|_p}\Big)^{p'k} dx \\ &\quad + \int_\Omega \sum_{k=[p]}^{\infty} \frac{1}{k!}\Big(\frac{g}{c_1\|f\|_p}\Big)^{p'k} dx \\ &\overset{\text{记为}}{=\!=} (\mathrm{I}) + (\mathrm{II}).\end{aligned}$$

为了处理第一部分 (I), 我们可用 Hölder 不等式将函数的幂次至少提高到 $[p]$, 另一项是 $|\Omega|$ 的分数次幂, 由 $|\Omega|$ 控制. 关键是处理第二部分 (II).

由不等式 (2.2.8), 对 $k \geqslant [p]$, 有

$$\int_\Omega \frac{1}{k!}\Big(\frac{g}{c_1\|f\|_p}\Big)^{p'k} dx \leqslant (p'k)\frac{k^k}{k!}\Big(\frac{p'\omega_n}{c_1^{p'}}\Big)^k |\Omega|.$$

而由 Stirling 近似公式, 对充分大的整数 k, 有 $\dfrac{k^k}{k!}\sqrt{2\pi k} \approx \mathrm{e}^k$, 则

$$\int_\Omega \frac{1}{k!}\Big(\frac{g}{c_1\|f\|_p}\Big)^{p'k} dx \leqslant (p'\sqrt{k})\Big(\frac{\mathrm{e}p'\omega_n}{c_1^{p'}}\Big)^k |\Omega|.$$

选充分大的 c_1, 使得 $\frac{\mathrm{e}p'\omega_n}{c_1^{p'}}<1$, 于是级数一致收敛, 从而第二部分 (II) 可由常数 $c_2|\Omega|$ 控制. 这样就完成了引理的证明. □

现在证明主要嵌入定理的临界情形, 即 $p=n$ 的情形. 它表明 $W_0^{1,n}(\Omega)$ 几乎 (但不完全) 嵌入到 $L^\infty(\Omega)$. 一个例子是定义在 $B(0,\mathrm{e})\subset\mathbf{R}^n(n\geqslant 2)$ 上的 $u=\ln\ln|x|$. 为明晰起见, 我们把它挑选出来作为一个新的定理.

定理 2.2.2 设 $u\in W_0^{1,n}(\Omega)$, 则存在仅依赖于 n 的常数 c_1, c_2, 使得

$$\int_\Omega \exp\left(\frac{|u|}{c_1\|\nabla u\|_n}\right)^{\frac{n}{n-1}}dx\leqslant c_2|\Omega|.$$

证明 由 (2.2.7),

$$\begin{aligned}u(x)&=\frac{1}{n\omega_n}\int_\Omega\frac{(x-y)\nabla u(y)}{|x-y|^n}dy\\ \Rightarrow\quad |u(x)|&\leqslant\frac{1}{n\omega_n}\int_\Omega|x-y|^{n(\frac{1}{n}-1)}|\nabla u(y)|dy\\ &=\frac{1}{n\omega_n}V_{\frac{1}{n}}|\nabla u|\quad\Big(\text{这里 }\mu=\frac{1}{n}\Big).\end{aligned}$$

对任意 $q\geqslant n$,

$$\Rightarrow\quad \|u\|_q\leqslant\frac{1}{n\omega_n}\|V_{\frac{1}{n}}|\nabla u|\|_q\leqslant\left(\frac{1-\delta}{1/n-\delta}\right)^{1-\delta}\omega_n^{1-\frac{1}{n}}|\Omega|^{\frac{1}{n}-\delta}\|\nabla u\|_n<\infty.$$

进而, 由 $p=n$, $p'=\frac{n}{n-1}$ 及上述引理 2.2.3, 可得

$$\int_\Omega\exp\left(\frac{|u|}{c_1\|\nabla u\|_n}\right)^{\frac{n}{n-1}}dx\leqslant\int_\Omega\exp\left(\frac{V_{\frac{1}{n}}|\nabla u|}{n\omega_n c_1\|\nabla u\|_n}\right)^{\frac{n}{n-1}}dx\leqslant c_2|\Omega|.$$

这样就对临界情形 $p=n$ 证明了定理. □

对 $p>n$ 的情形, 定理 2.2.1 的证明属于 C. Morrey. 先给出下面的引理.

引理 2.2.4 设 $\Omega\subset\mathbf{R}^n$ 是凸区域, $u\in W^{1,2}(\Omega)$, 则

$$|u(x)-\bar{u}_\Omega|\leqslant\frac{d^n}{n|\Omega|}\int_\Omega|x-y|^{1-n}\ |\nabla u(y)|dy,$$

这里 $\bar{u}_\Omega$ 是 u 在 Ω 中的平均, d 是 Ω 的直径.

证明 类似于引理 2.2.1 的证明. 只要注意到, 对 $x, y \in \Omega$, 成立

$$u(x) - u(y) = -\int_0^{|x-y|} \partial_r u(x + r\omega) dr,$$

其中 $\omega = (y-x)/|y-x|$. 对 $\omega \in \mathbf{S}^{n-1}$ 积分便得引理. □

定理 2.2.1 中在 $p > n$ 的情形下, 2.2.1 中证明只需几行便可完成. 设 $u \in W_0^{1,p}(\Omega)$, $p > n$. 对任意球 $B_R = B(x_0, R)$, $x_0 \in \Omega$ 且 $R > 0$, 如有必要, 在 Ω 外令 $u = 0$, 将 u 延拓到 $B(x_0, R)$ 上. 由引理 2.2.4 知

$$|u(x) - \bar{u}_{B_R}| \leqslant \frac{(2R)^n}{n|B_R|} \int_{B_R} |x-y|^{1-n} \, |\nabla u(y)| dy.$$

根据 Hölder 不等式, 有

$$\begin{aligned} |u(x) - \bar{u}_{B_R}| &\leqslant \frac{2^n}{n\omega_n} \Big(\int_{B_R} |x-y|^{(1-n)p/(p-1)} dy \Big)^{(p-1)/p} \, \|\nabla u\|_p \\ &\leqslant c_{n,p} R^{1-(n/p)} \|\nabla u\|_p. \end{aligned}$$

因此, 对所有 $x, y \in B_R$, 成立

$$|u(x) - u(y)| \leqslant c_{n,p} R^{1-(n/p)} \|\nabla u\|_p.$$

这就完成了定理 2.2.1 的证明. □

临界情形 $p = n$ 的嵌入可以改进. 在 [Mo2] 中, J. Moser 证明了下面定理:

定理 2.2.3 设 α 是任何不超过 $n|S^{n-1}|^{1/(n-1)}$ 的正数. 对任意有界区域 $\Omega \subset \mathbf{R}^n$, 存在正常数 $c = c(n, \alpha)$, 使得

$$\int_\Omega \exp\Big(\alpha(|u(x)|/\|\nabla u\|_n)^{n/(n-1)}\Big) dx \leqslant c|\Omega|$$

对所有 $u \in C_0^\infty(\Omega)$ 成立.

另一方面, 如果 $\alpha > n|S^{n-1}|^{1/(n-1)}$, 则

$$\sup\Big\{ \int_\Omega \exp\Big(\alpha|u(x)|^{n/(n-1)}\Big) dx \Big| u \in C_0^\infty(\Omega), \|\nabla u\|_n = 1 \Big\} = \infty.$$

另一本质上类似的不等式是 Onofri 不等式 ([On]):

定理 2.2.4 对每个 $u \in C^\infty(\mathbf{S}^2)$, 有

$$\frac{1}{4\pi}\int_{\mathbf{S}^2} \mathrm{e}^{2u} d\mu \leqslant \exp\Big(\frac{1}{4\pi}\int_{\mathbf{S}^2}(|\nabla u|^2 + 2u)d\mu\Big),$$

其中等号成立当且仅当 $\mathrm{e}^{2u}g$ 有常曲率. 此处 g 是 $\mathbf{S}^2$ 上的标准度量, $d\mu$ 是 $\mathbf{S}^2$ 上的标准体积形式.

这些临界嵌入结果以及它们的推广在诸如共形几何和复几何中找到了应用. 有关最近的进展, 读者可参考 [DiTi], [LZ], [Ru2] 及 [Ru3]. 后三篇文章也包含与定理 2.2.4 类似的一些结果的新的简化证明.

§2.3 Poincaré 不等式和对数 Sobolev 不等式

本节我们介绍带权的 Poincaré 不等式, 它看上去类似于 Sobolev 不等式, 但比 Sobolev 不等式弱. 这是因为函数的可积性没有因其梯度的可积性而增加. 然而, 我们将在下面章节看到, 在外围空间的度量球满足体积加倍的条件下, 即使非加权的 Poincaré 不等式实际上也蕴涵 Sobolev 不等式. 这个结果属于 Saloff-Coste[Sal2] 和 Grigoryan, [Gr2].

定理 2.3.1 令 η 为 $\mathbf{R}^n$ 上的非负连续函数. 假设 η 有紧支集 Ω, $\displaystyle\int_\Omega \eta dx = 1$, 且对所有 $k \geqslant 0$, 上水平集 $\{\eta \geqslant k\}$ 是凸集. 记 r 为 Ω 的直径, $L = \displaystyle\int_\Omega u\eta dx$, 则对所有 $u \in W^{1,p}(\Omega)$, $p \geqslant 1$, 存在常数 $C = C(n) > 0$, 使得

$$\int_\Omega |u - L|^p \eta dx \leqslant C(n)\|\eta\|_\infty r^{n+p}\int_\Omega |\nabla u|^p \eta dx.$$

证明 由 Jensen 不等式, 得

$$\begin{aligned}\int_\Omega |u - L|^p \eta dx &= \int_\Omega \Big|\int_\Omega (u(x) - u(y))\eta(y)dy\Big|^p \eta(x)dx \\ &\leqslant \int_\Omega\int_\Omega |u(x) - u(y)|^p \eta(x)\eta(y)dydx. \qquad (2.3.1)\end{aligned}$$

取 $x, y \in \Omega$, 则 $|x - y| \leqslant r$, 且

$$|u(x)-u(y)|^p = \Big|\int_0^1 \nabla u(x+s(y-x))\cdot(y-x)ds\Big|^p$$
$$\leqslant r^p\int_0^1 |\nabla u(x+s(y-x))|^p ds.$$

在关于 η 的凸性假设中, 取 $k=\min\{\eta(x),\eta(y)\}$, 则 x,y 在上水平集 $\{\eta\geqslant k\}$ 中, 且对任何 $s\in[0,1]$, $x+s(y-x)$ 也在上水平集中. 从而,

$$\eta(x+s(y-x))\geqslant\min\{\eta(x),\eta(y)\}.$$

故

$$|u(x)-u(y)|^p\leqslant r^p\int_0^1|\nabla u(x+s(y-x))|^p\eta(x+s(y-x))ds(\min\{\eta(x),\eta(y)\})^{-1}.$$

这表明

$$|u(x)-u(y)|^p\eta(x)\eta(y)\leqslant r^p\sup(\eta)\int_0^1|\nabla u(x+s(y-x))|^p\eta(x+s(y-x))ds.$$

令 $z=y-x$, 对上述不等式 x 和 y 积分, 得

$$\begin{aligned}
&\int_\Omega\int_\Omega|u(x)-u(y)|^p\eta(x)\eta(y)dxdy\\
&\leqslant r^p\sup(\eta)\int_0^1\int_{|z|\leqslant r}\int_\Omega|\nabla u(x+sz)|^p\eta(x+sz)dxdzds\\
&\leqslant r^p\sup(\eta)\int_{|z|\leqslant r}\int_\Omega|\nabla u(x)|^p\eta(x)dxdz\\
&=C(n)r^{n+p}\sup(\eta)\int_\Omega|\nabla u(x)|^p\eta(x)dx.
\end{aligned}$$

将上式代入 (2.3.1) 的右端就完成了定理的证明. □

下面的对数 Sobolev 不等式是看上去比 Sobolev 不等式弱的另一不等式.

定理 2.3.2 对所有满足 $\|v\|_2=1$ 的 $v\in W^{1,2}(\mathbf{R}^n)$ 及所有的 $\varepsilon>0$, 存在常数 $C=C(n)$, 使得

$$\int v^2\ln v^2d\mu\leqslant\varepsilon^2\int|\nabla v|^2d\mu-\frac{n}{2}\ln\varepsilon^2+C(n).$$

此定理的原始证明可在 [Gro] 中找到. 在第四章第 2 节的定理 4.2.1 中, 给出了上述定理的一个由标准 Sobolev 不等式导出的简短证明. 另一方面, 上述对数 Sobolev 不等式实际上蕴涵标准 Sobolev 不等式. 在下面的第四章, 我们将讨论这个事实.

§2.4 最佳常数和 Sobolev 不等式的极值函数

Sobolev 不等式：对 $u \in W^{1,p}(\mathbf{R}^n)$, $1 \leqslant p < n$, 成立不等式

$$\|u\|_{np/(n-p)} \leqslant C(n,p)\|\nabla u\|_p.$$

上述 Sobolev 不等式可改述成

$$\inf\{\|\nabla u\|_p \mid \|u\|_{np/(n-p)} = 1, u \in W^{1,p}(\mathbf{R}^n)\} = C^{-1}(n,p) > 0. \quad (2.4.1)$$

由此产生两个重要问题：

问题 1 下确界是多少?

问题 2 下确界是否由某些函数取到?

Talenti [Tal] 考虑过这些问题, 他证明了

$$C(n,p) = \frac{1}{\sqrt{n\pi}}\Big(\frac{p-1}{n-p}\Big)^{1-(1/p)}\Big[\frac{\Gamma(1+(n/2))\Gamma(n)}{\Gamma(n/p)\Gamma(1+n-(n/p))}\Big]^{1/n}.$$

证明的基本想法是, 先证明极值由径向对称函数取到, 然后求解径向对称函数满足的常微分方程. 事实上, 令 $u \in W^{1,p}(\mathbf{R}^n)$, u^* 是 u 的递减对称重排, 则对所有 $p \in [0,\infty)$, 成立

$$\|\nabla u\|_p \geqslant \|\nabla u^*\|_p, \quad \|u\|_p = \|u^*\|_p.$$

因此, 如果 (2.4.1) 中的下确界由函数 u 取到, 则 u 必为关于某点径向对称的函数. 接下来的任务是找出这样的极值函数. 细节可参考 [Tal].

我们以讨论极小化子满足的方程来结束本节. 泛函

$$I(u) = \int |\nabla u|^2 dx$$

在 u 处的导数是线性泛函, 即

$$DI(\phi) = \frac{d}{dt}\Big|_{t=0}\int |\nabla(u+t\phi)|^2 dx = \int 2\nabla u \nabla\phi dx,$$

其中 $\phi \in W^{1,2}(\mathbf{R}^n)$. 泛函 $J(u) = \int u^{2n/(n-2)} dx$ 在 u 处的导数是

$$DJ(\phi) = \frac{2n}{n-2} \int u^{(n+2)/(n-2)} \phi dx.$$

由 Lagrange 乘子法, 在极小值 u 处, 对所有 $\phi \in W^{1,2}(\mathbf{R}^n)$, 成立

$$DI(\phi) = cDJ(\phi),$$

即

$$\int 2\nabla u \nabla \phi dx = c\frac{2n}{n-2} \int u^{(n+2)/(n-2)} \phi dx.$$

因此 u 满足方程

$$\Delta u + \lambda u^{(n+2)/(n-2)} = 0,$$

其中 λ 是正常数.

在 20 世纪八九十年代, 几位数学家最终证明了这个方程的所有正解关于某点对称, 文献 [GNN] 在附加某些条件下给出了定理的证明, 而 [ChLi] 给出了不附加任何假设的简短证明. 在 2 维情形, 类似的结果对相应的极小化子方程也成立 ([ChLi]). 证明依赖于所谓的移动平面法, 移动平面法是线性椭圆方程极值原理的灵活运用.

对临界情形 $p = n$, 关于最佳常数和极值函数也可提出类似的问题. 不过对它们的理解远不及人意. 在 [CC] 中可找到一个有趣的片断结果.

第三章 Riemann 几何基础

§3.1 Riemann 流形, 联络, Riemann 度量

Riemann 几何是数学中的一个庞大的研究领域, 它要用几本书才能彻底讲清楚. 关于 Riemann 几何以及更一般的微分几何, 已经有很多不同层次和类型的书. 在 MathSciNet 网站上, 快速搜索题目为 "Riemannian geometry"(Riemannian 几何) 的书, 会有 80 个结果出现, 而题目为 "Differential geometry"(微分几何) 的书, 则有 497 个结果.

这一章的目的仅仅是介绍一些与 Ricci 流研究紧密相关的记号和概念. 作为本章的主要参考文献, 我们只提几本最近出版的书以及这些书中与此最相关的参考文献: [BSSG], [CwLx] [Cha2], [GHL], [Jo], [Pet], [SY].

一个 n 维拓扑流形是一个 Hausdorff 拓扑空间, 这空间中的每个点都含在同胚于 $\mathbf{R}^n$ 的某个开集的邻域中.

定义 3.1.1(光滑流形) n 维**光滑**或 C^∞ **流形** M 是按下述方式定义的带有光滑局部坐标卡集的拓扑流形:

(i) 每个坐标卡是一个配对 (U, ϕ), 其中 U 是 M 中的开集, 而 ϕ 是从 U 到 $\mathbf{R}^n$ 中开集的同胚;

(ii) M 是坐标卡集中的所有开集 U 的并;

(iii) 对任何两个坐标卡 (U_i, ϕ_i), $i = 1, 2$, 下面的函数是 C^∞ 的,

$$\phi_1 \circ \phi_2^{-1} : \phi_2(U_1 \cap U_2) \to \phi_1(U_1 \cap U_2);$$

(iv) 坐标卡集是具有上述性质 (i)—(iii) 的最大者. 把最大坐标卡集称为**微分结构**.

定义 3.1.2(图册和可定向流形) 光滑流形 M 的一个**图册**是一族使得 $\{U_i | i \in I\}$ 是 M 的开覆盖的坐标卡 $\{(U_i, \phi_i), | i \in I\}$, 其中 I 是指标集.

光滑流形 M 的图册 $\{(U_i,\phi_i)|i\in I\}$ 称为**可定向的**, 如果所有坐标卡转换函数 $\phi_i\circ\phi_j^{-1}(i,j\in I)$ 的 Jacobi 行列式为正; 光滑流形称为**可定向的**, 如果它容许可定向的图册.

定义 3.1.3 (切空间) 令 M 为光滑流形, $c:\mathbf{R}\to M$ 为使得 $c(0)=m$ 的光滑曲线, 其中 m 是 M 上的点. 令 U 为点 m 的邻域, 而 $f:U\to\mathbf{R}$ 为光滑函数. c 在 m 处的切向量是 m 处沿 c 的**方向微分算子**, 记为 D_c 或 $c'(t)$, 定义为

$$D_c(f)=\frac{d}{dt}f(c(t))|_{t=0}.$$

m 处的所有切向量形成的线性空间称为 m 处的**切空间**, 记做 $T_m(M)$ 或 T_mM.

定义 3.1.4($T_m(M)$ 的典范基) 令 (U,ϕ) 为 $m\in M$ 附近的局部坐标卡, 则**切向量** $\dfrac{\partial}{\partial x^i}\in T_m(M)$ 定义为:

$$\frac{\partial}{\partial x^i}f=\frac{\partial}{\partial x^i}(f\circ\phi^{-1})(x^1,\cdots,x^n)|_{\phi(m)},\quad 对所有\ f\in C^\infty(U),$$

这里 $f\circ\phi^{-1}$ 是定义域在 $\mathbf{R}^n$ 中的光滑函数, 而 $(x^1,\cdots,x^n)$ 是 $\mathbf{R}^n$ 中的欧氏坐标.

切向量 $\left\{\dfrac{\partial}{\partial x^i},\ i=1,\cdots,n\right\}$ 是 $T_m(M)$ 的典范基.

定义 3.1.5(切丛) 对于光滑流形 M, 配备下述 $2n$ 维光滑流形结构的集合

$$T(M)\equiv\bigcup_{m\in M}T_m(M)=\{(m,v)\ |m\in M,v\in T_m(M)\}$$

称为 M 的**切丛**.

令 (U,ϕ) 是 $m\in M$ 附近的局部坐标卡, 对 $v\in T_m(M)$, 定义映射

$$\psi(v)=(\phi(m),\phi_*(v)),$$

这里 $\phi_*(v)$ 是 $\mathbf{R}^n$ 中的切向量, 定义为

$$\phi_*(v)(h)=v(h\circ\phi),\quad 对所有\ h\in C^\infty(\mathbf{R}^n),$$

则配对

$$\left(\bigcup_{m\in U} T_m(M), \psi\right)$$

是 $T(M)$ 的局部坐标.

注解 3.1.1 根据定义, 对于局部基 $\left\{\dfrac{\partial}{\partial x^i}\right\}$, 我们有

$$\phi_*\Big(\frac{\partial}{\partial x^i}\Big)(h) = \frac{\partial}{\partial x^i}(h\circ\phi) = \frac{\partial}{\partial x^i}(h\circ\phi\circ\phi^{-1}) = \frac{\partial}{\partial x^i}(h).$$

这里最后一项不过是 $\mathbf{R}^n$ 中沿 x^i 方向的偏导数. 因此, 在 $T_m(M)$ 和 $\mathbf{R}^n$ 的典范局部坐标系下, 映射 ψ 的形式是

$$\psi\Big(m, a_i\frac{\partial}{\partial x^i}\Big|_m\Big) = (\phi(m), a_1, \cdots, a_n).$$

定义 3.1.6(余切丛) 对于光滑流形 M 和 $m\in M$, $T_m(M)$ 的对偶空间称为 m 处的**余切空间**, 记做 $T_m(M)^*$, 它是 $T_m(M)$ 上的所有有界线性泛函形成的空间. 配备下述 $2n$ 维光滑流形结构的集合

$$T(M)^* \equiv \bigcup_{m\in M} T_m(M)^* = \{(m,\eta)|m\in M, \eta\in T_m(M)^*\},$$

称为 M 的**余切丛**.

令 (U,ϕ) 为 $m\in M$ 附近的局部坐标卡. 对 $\eta\in T_m(M)^*$, 定义

$$\psi(\eta) = (\phi(m), \phi^*(\eta)),$$

这里 $\phi^*(\eta)$ 是 $\mathbf{R}^n$ 的余切向量, 定义为

$$\phi^*(\eta)(\phi_*(v)) = \eta(v), \quad 对所有\ v\in T_m(M),$$

则配对

$$\left(\bigcup_{m\in U} T_m(M)^*, \psi\right)$$

是 $T(M)^*$ 的局部坐标卡.

$T(M)^*$ 的典范局部坐标是 $\{dx^i\}$, 其中

$$dx^i\Big(\frac{\partial}{\partial x_j}\Big) = \delta^i_j = \begin{cases} 1, & 当\ i=j, \\ 0, & 当\ i\neq j. \end{cases}$$

定义 3.1.7((p,q) 型张量) 令 M 为光滑流形, $m\in M$. 一个协变次数为 p 且反变次数为 q 的**张量** (或简称 (p,q) **型张量**) 是

$$\underbrace{T_m(M)\times\cdots\times T_m(M)}_{p}\times\underbrace{T_m(M)^*\times\cdots\times T_m(M)^*}_{q}$$

上的一个 (p,q) 线性型 (有界线性泛函). 所有上述 (p,q) 型张量所成的空间记做 $T_p^q(T_m(M))$.

$T_p^q(T_m(M))$ 的一个典范局部坐标为

$$\left\{dx^{i_1}\otimes\cdots\otimes dx^{i_p}\otimes\frac{\partial}{\partial x^{j_1}}\otimes\cdots\otimes\frac{\partial}{\partial x^{j_q}}\right\}_{i_1,\cdots,i_p,j_1,\cdots,j_q},$$

这里 $\otimes$ 是**张量积**, 通常定义为

$$u\otimes v(x,y)=u(x)v(y),$$

其中 x,y 分别是向量空间 V 和 W 中的元素, 而 u,v 分别是对偶空间 V^* 和 W^* 中的元素.

所有 $T_p^q(T_m(M))(m\in M)$ 的无交并, 记做 $T_p^q(M)$. 按与切丛或余切丛定义中同样的方式配以自然的光滑流形结构, 称为 T_p^q **型张量丛**.

$T_p^q(M)$ 的光滑截面称为 (p,q) **张量场**.

注解 3.1.2 令 (U,ϕ) 和 (U,ψ) 为 M 的分别联系着局部坐标系 $\{x^i\}$ 和 $\{y^i\}$ 的两个局部坐标卡. 令 η 为 U 上的 (p,q) 张量场, 它的局部表示分别为

$$\eta=T_{i_1\cdots i_p}^{j_1\cdots j_q}dx^{i_1}\otimes\cdots\otimes dx^{i_p}\otimes\frac{\partial}{\partial x^{j_1}}\otimes\cdots\otimes\frac{\partial}{\partial x^{j_q}},$$

$$\eta=\tilde{T}_{i_1\cdots i_p}^{j_1\cdots j_q}dy^{i_1}\otimes\cdots\otimes dy^{i_p}\otimes\frac{\partial}{\partial y^{j_1}}\otimes\cdots\otimes\frac{\partial}{\partial y^{j_q}},$$

则

$$\tilde{T}_{i_1\cdots i_p}^{j_1\cdots j_q}=T_{k_1\cdots k_p}^{l_1\cdots l_q}\frac{\partial x^{k_1}}{\partial y^{i_1}}\cdots\frac{\partial x^{k_p}}{\partial y^{i_p}}\frac{\partial y^{j_1}}{\partial x^{l_1}}\cdots\frac{\partial y^{j_q}}{\partial x^{l_q}}.$$

令 ϕ 为从光滑流形 M 到光滑流形 N 的 C^1 映射, 下面定义 ϕ 的导数及其诱导的流形 M 和 N 上的向量场或张量场间的映射.

定义 3.1.8(映射的导数, 推前, 拉回, 微分同胚的微分)

(1) ϕ 在 $m \in M$ 处的导数, 记做 $D\phi(m)$ 或 ϕ_*, 是如下给出的 $T_m(M)$ 和 $T_{\phi(m)}(N)$ 间的线性映射: 对所有 $X \in T_m(M)$ 和所有定义在 $\phi(m)$ 邻域内的光滑函数 f,

$$D\phi(m)(X)f = X(f \circ \phi).$$

$D\phi(m)(X)$ 称为 X 经 ϕ 的**推前**.

(2) $(p,0)$ 型张量经 ϕ 的**拉回** $\phi^* : T_p^0(T_{\phi(m)}(N)) \to T_p^0(T_m(M))$ 是如下给出的线性映射: 对所有 $\beta \in T_p^0(T_{\phi(m)}(N))$ 和 $X_i \in T_m(M)(i = 1, \cdots, p)$,

$$(\phi^*\beta)(X_1, \cdots, X_p) = \beta(\phi_* X_1, \cdots, \phi_* X_p).$$

(3) 进一步假设 ϕ 是微分同胚, 则拉回 $\phi^* : T_{\phi(m)}(N) \to T_m(M)$ 定义为 ϕ_*^{-1}, 即对所有 $Y \in T_{\phi(m)}(N)$, 成立

$$\phi^*(Y) \equiv \phi_*^{-1}(Y),$$

一般地, 由 (2), (3), 应用法则 $\phi^*(\alpha \otimes \beta) = \phi^*(\alpha) \otimes \phi^*(\beta)$ 可定义 ϕ 在 (p,q) 型张量上的拉回或微分 $\phi^* : T_p^q(T_{\phi(m)}(N)) \to T_p^q(T_m(M))$.

接下来的三个定义引进微分形式 (它们是反对称 (斜对称) 的协变张量) 以及作用在外微分式上的外导数的概念. 由此, 微分形式空间配备了有趣的代数结构. 另一方面, 这些概念也来源于积分理论. 为此, 我们回忆在 $\mathbf{R}^2$ 中有界光滑区域 D 上的 Green **积分定理**: 令 P, Q 是 $\bar{D}$ 上的光滑函数, 则

$$\int_{\partial D} (Pdx + Qdy) = \int_D (\partial_x Q - \partial_y P) dxdy.$$

上式中, 量 $Pdx + Qdy$, $(\partial_x Q - \partial_y P)dxdy$ 可分别看做将在下面定义的 $\mathbf{R}^2$ 上的微分 1-形式和微分 2-形式. 此外, 后者可被认为是前者的外微分.

使用微分形式最便于给出不依赖于坐标的积分定义. 这对研究流形上的分析至关重要.

定义 3.1.9(反对称化算子, 外积) 令 V 是向量空间, V^* 是它的对偶 (即 V 上的有界线性泛函空间). 令 k 为正整数, 对元素 $f \in \otimes^k V^*$, 定义**反对称多重线性泛函**为

$$(\mathrm{Ant}f)(v_1, \cdots, v_k) = \frac{1}{k!}\sum_p \mathrm{sign}(p) f(v_{p(1)}, \cdots, v_{p(k)}),$$

其中求和是对所有 $\{v_1, \cdots, v_k\} \subset V$ 的置换 p 而取的.

$\otimes^k V^*$ 中所有反对称元素形成的空间记做 $\wedge^k V^*$.

$f \in \wedge^i V^*$ 和 $g \in \wedge^j V^*$ 的**外积**是 $\wedge^{i+j} V^*$ 中的元素, 定义为

$$f \wedge g = \frac{(i+j)!}{i!j!}\mathrm{Ant}(f \otimes g).$$

例 (1) 若 $f, g \in V^*$, 则对于 $u, v \in V$, 成立

$$(f \wedge g)(u, v) = f(u)g(v) - f(v)g(u).$$

(2) 令 $dx^1, \cdots, dx^n$ 为 V^* 的基, 给定 $w^i = a^i_j dx^j \in V^* (i = 1, 2, \cdots, n)$, 则

$$w^1 \wedge \cdots \wedge w^n = \det(a^i_j) dx^1 \wedge \cdots \wedge dx^n. \tag{3.1.1}$$

至于证明, 只要注意到

$$w^1 \wedge \cdots \wedge w^n = a^1_{j_1} \cdots a^n_{j_n} dx^{j_1} \wedge \cdots \wedge dx^{j_n}.$$

由反对称性

$$\begin{aligned} w^1 \wedge \cdots \wedge w^n &= \mathrm{sign}(j_1, \cdots, j_n) a^1_{j_1} \cdots a^n_{j_n} dx^1 \wedge \cdots \wedge dx^n \\ &= \det(a^i_j) dx^1 \wedge \cdots \wedge dx^n. \end{aligned}$$

(3) 令 $w^1, \cdots, w^k \in V^*$, $v_1, \cdots, v_k \in V$, 则

$$w^1 \wedge \cdots \wedge w^k (v_1, \cdots, v_k) = \det(w^i(v_j)).$$

证明是归纳法的一个简单练习.

习题 3.1.1 证明上面的断言 (3).

定义 3.1.10(微分形式, 向量场) 光滑流形 M 上的余切丛 $T(M)^*$ 的截面是一个连续映射 $f: M \to T(M)^*$, 满足对所有 M 中的 m, $\pi(f(m)) = m$. 这里 π 是从 $T(M)^*$ 到 M 的投影映射, 它将 $T_m(M)$ 中的所有元素映到 m.

M 上的光滑函数称为 0-**形式**.

余切丛 $T(M)^*$ 的截面称为 1-**形式**.

切丛 $T(M)$ 的截面称为**向量场**.

令 q 为正整数, $T(M)$ 上反对称 q 线性泛函所形成的纤维丛 $\wedge^q T(M)^*$ 的截面称为 q-**形式**.

$\wedge^q T(M)^*$ 的典范局部基是

$$\{dx^{i_1} \wedge \cdots \wedge dx^{i_q} \mid i_1 < \cdots < i_q\}.$$

微分形式理论由 E. Cartan 所发展, 他提供了不依赖于坐标的微分和积分方法.

定义 3.1.11(外微分) **外微分**是从 $\wedge^q T(M)^*$ 到 $\wedge^{q+1} T(M)^*$ 的线性映射, 它按下述方式归纳地定义:

(i) 令 $f \in C^\infty(M)$, 则对所有 M 上的向量场 X,

$$df(X) = X(f);$$

(ii) 令 $\eta \in \wedge^q T(M)^*$ 在局部坐标卡 (U, ϕ) 的表达式为

$$\eta = \Sigma_{i_1 < \cdots < i_q} \eta_{i_1 \cdots i_q} dx^{i_1} \wedge \cdots \wedge dx^{i_q},$$

则

$$d\eta = \Sigma_{i_1 < \cdots < i_q} d\eta_{i_1 \cdots i_q} \wedge dx^{i_1} \wedge \cdots \wedge dx^{i_q}.$$

注解 3.1.3 容易看出, 在局部坐标卡 (U, ϕ) , $\phi = (x^1, \cdots, x^n)$ 下,

$$df = \Sigma_i \frac{\partial f}{\partial x^i} dx^i, \tag{3.1.2}$$

其中 $\dfrac{\partial f}{\partial x^i}$ 由定义 3.1.4 给出.

接下来我们解释怎样在微分流形上对微分形式进行积分. 我们强调, 即使流形没有配备度量, 这个积分概念也有明确定义的.

定义 3.1.12(微分形式的积分) 设 M 为可定向的光滑流形, (U, ϕ), $\phi(m) = (x^1(m), \cdots, x^n(m))(m \in U)$, 为局部坐标卡, 令 w 为 M 上的 n-形式, 且存在 U 上的光滑函数 f, 使得

$$w|_U = f dx^1 \wedge \cdots \wedge dx^n.$$

这里 $dx^i\Big(\dfrac{\partial}{\partial x^j}\Big) = \delta^i_j$, 即 $\{dx^i\}$ 为余切空间的典范基. 定义 w 在 U 上

的**积分**为

$$\int_U w = \int_{\phi(U)} f \circ \phi^{-1} dx^1 \cdots dx^n.$$

设 $\{(U_i, \phi_i)\}$ 为 M 的一族局部坐标卡, 使得 $\{(U_i, h_i)\}$ 是 M 的单位分解, 则定义 w 在 M 上的**积分**为

$$\int_M w = \sum_i \int_M h_i w = \sum_i \int_{U_i} h_i w.$$

注解 3.1.4 我们需要证明上述积分不依赖于局部坐标卡及单位分解的选取, 这是要用到形式的反对称性的地方. 令 (U, ψ), $\psi = (y^1, \cdots, y^n)$ 为另一局部坐标卡, 这些 $y^i (i = 1, \cdots, n)$ 是 M 上的光滑函数. 因此, 由公式 (3.1.2) 知

$$dx^i = \sum_j \frac{\partial x^i}{\partial y^j} dy^j,$$

这里 $\dfrac{\partial x^i}{\partial y^j}$ 的含义还是 $\dfrac{\partial x^i \circ \psi^{-1}}{\partial y^j}$. 然而, 它们被看成是 M 上的函数, 而不是 $\psi(U) \subset \mathbf{R}^n$ 上的函数. 更确切地说, 对 $m \in M$,

$$\left.\frac{\partial x^i}{\partial y^j}\right|_m = \left.\frac{\partial x^i \circ \psi^{-1}}{\partial y^j}\right|_p, \text{ 其中 } \psi(m) = p.$$

因此, 定义 3.1.12 中的 n-形式可写为

$$w|_U = f \ \frac{\partial x^1}{\partial y^{j_1}} dy^{j_1} \wedge \cdots \wedge \frac{\partial x^n}{\partial y^{j_n}} dy^{j_n}.$$

根据 (3.1.1), 我们有

$$w|_U = f \det\Big(\frac{\partial x^i}{\partial y^j}\Big) dy^1 \wedge \cdots \wedge dy^n.$$

由上述定义, 在局部坐标卡 (U, ψ) 中,

$$\int_U w = \int_{\psi(U)} f \circ \psi^{-1} \det\Big(\frac{\partial x^i}{\partial y^j}\Big) dy^1 \cdots dy^n.$$

这就回到欧氏空间中通常的变量替换公式. 然而有一个观念上

的细微变化, 这里函数 $\det\Big(\frac{\partial x^i}{\partial y^j}\Big)$ 经由定义 $\frac{\partial x^i}{\partial y^j} = \frac{\partial x^i \circ \psi^{-1}}{\partial y^j}$ 被看成是 $\psi(U) \subset \mathbf{R}^n$ 上的函数. 如果我们写下 $y = (y^1, \cdots, y^n)$ 以及 $x = (x^1, \cdots, x^n)$, 则由于 $\phi^{-1}(x)$ 和 $\psi^{-1}(y)$ 为 M 中的同一点, 显然有

$$y = \psi \circ \phi^{-1}(x).$$

因此,

$$\begin{aligned}\int_U w &= \int_{\psi(U)} f \circ \psi^{-1} \det\Big(\frac{\partial x^i}{\partial y^j}\Big) dy^1 \cdots dy^n \\ &= \int_{\psi(U)} f \circ \psi^{-1}(y) \det\Big(\frac{\partial x^i \circ \psi^{-1}(y)}{\partial y^j}\Big) dy^1 \cdots dy^n \\ &\quad (\text{这里 } x = \phi \circ \psi^{-1}(y)) \\ &= \int_{\psi(U)} f \circ \psi^{-1}(y) \det\Big(\frac{\partial x}{\partial y}\Big) dy^1 \cdots dy^n \\ &= \int_{\phi(U)} f \circ \psi^{-1}(\psi \circ \phi^{-1}(x)) dx^1 \cdots dx^n \\ &\quad (\text{欧氏情形的 Jacobi 公式}) \\ &= \int_U f dx^1 \wedge \cdots \wedge dx^n.\end{aligned}$$

由此可证明, 这样定义的积分不依赖于局部坐标卡 (坐标) 的选取. 我们将细节留作习题.

习题 3.1.2 证明定义 3.1.12 中定义的积分不依赖于流形的局部坐标卡的选取.

接下来的概念称为向量场或更一般的张量场的协变导数, 它是欧氏情形中方向导数的推广. 张量场的协变导数仍然是张量场, 它必须满足注解 3.1.2 中的坐标变换公式. 在流形的情形, 仅简单地用欧氏方向导数公式不会产生张量.

定义 3.1.13(协变导数, 联络) 令 $\Gamma(M)$ 为光滑流形 M 上的可微向量场空间, $T(M)$ 为切丛, 联络 ∇ 是一个映射, 即

$$\nabla : T(M) \times \Gamma(M) \to T(M),$$

满足下列条件:

(i) 对 $m \in M$, $X \in T_m(M)$, $Y \in \Gamma(M)$, $\nabla(X,Y) \in T_m(M)$;

(ii) ∇ 是双线性的;

(iii) 对任何可微函数 $f: M \to \mathbf{R}$,

$$\nabla(X, fY) = X(f)Y + f\nabla(X,Y);$$

(iv) 对任何 $X, Y \in \Gamma(M)$, 如果对某一正整数 k, X 属于 C^k, Y 属于 C^{k+1}, 则 $\nabla(X,Y)$ 属于 C^k.

$Y \in \Gamma(M)$ 关于 $X \in T(M)$ 的**协变导数**, 记做 $\nabla_X Y$, 定义为 $\nabla(X,Y)$.

令 η 为可微 1-形式, η 关于 X 的**协变导数**定义为: 对所有可微向量场 $Y \in \Gamma(M)$,

$$(\nabla_X \eta)(Y) = X(\eta(Y)) - \eta(\nabla_X Y).$$

一般地, 令 T 为 (p,q) 型可微张量场, 并令 $X_1, \cdots, X_p$ 和 $\eta_1, \cdots, \eta_q$ 分别为可微向量场和可微 1- 形式, 则 T 关于 X 的**协变导数**定义为

$$\begin{aligned}(\nabla_X T)(X_1, \cdots, X_p, \eta_1, \cdots, \eta_q) &= X(T(X_1, \cdots, X_p, \eta_1, \cdots, \eta_q)) \\ &\quad - T(\nabla_X X_1, X_2, \cdots, X_p, \eta_1, \cdots, \eta_q) - \cdots \\ &\quad - T(X_1, X_2, \cdots, X_p, \eta_1, \cdots, \eta_{q-1}, \nabla_X \eta_q)).\end{aligned}$$

通过上述公式, ∇T 可看做是 $(p+1,q)$ 型张量场, 即

$$(\nabla T)(X, X_1, \cdots, X_p, \eta_1, \cdots, \eta_q) \equiv (\nabla_X T)(X_1, \cdots, X_p, \eta_1, \cdots, \eta_q).$$

注解 3.1.5 上述定义背后的动机是微分的 Leibnitz 法则. 项 $X(T(X_1, \cdots, X_p, \eta_1, \cdots, \eta_q))$ 不过是数量函数 $T(X_1, \cdots, X_p, \eta_1, \cdots, \eta_q)$ 沿 X 方向的方向导数.

定义 3.1.14 (Riemann 流形) Riemann **流形**是配备 Riemann 度量的光滑流形. Riemann 度量是正定的光滑 $(2,0)$ 型对称张量场, 也被称做向量场的内积.

定理 3.1.1 (Riemann 几何基本定理) 存在满足下述条件的唯一 Riemann 联络 ∇:

(i) ∇ 是定义 3.1.13 中所给出的联络;

(ii) ∇ 是**无挠**的, 即对所有可微的 $X, Y \in \Gamma(M)$,

$$\nabla_X Y - \nabla_Y X = [X, Y];$$

(iii) 令 g 是 Riemann 度量, 则对所有可微的 $X, Y, Z \in \Gamma(M)$,

$$Z(g(X,Y)) = g(\nabla_Z X, Y) + g(X, \nabla_Z Y).$$

证明 令 $X, Y, Z \in \Gamma(M)$, 由条件 (iii), 有

$$\begin{aligned} X(g(Y,Z)) &= g(\nabla_X Y, Z) + g(Y, \nabla_X Z), \\ Y(g(Z,X)) &= g(\nabla_Y Z, X) + g(Z, \nabla_Y X), \\ Z(g(X,Y)) &= g(\nabla_Z X, Y) + g(X, \nabla_Z Y). \end{aligned}$$

将前两式相加再减去最后一个等式, 并利用条件 (ii), 得

$$\begin{aligned} 2g(\nabla_X Y, Z) =& X(g(Y,Z)) + Y(g(Z,X)) - Z(g(X,Y)) \\ & - g([X,Y],Z) + g([X,Z],Y) + g([Y,Z],X). \end{aligned}$$

因此, 协变导数由 g 唯一决定. □

条件 (iii) 表示 g 是**平行**的, 即 g 关于任何切向量的协变导数为 0. 这显然可从定义 3.1.13 的最后一个公式通过取 $T = g$ 推出.

在局部坐标系下计算协变微分通常是便利的. 下面我们列出一些局部坐标系下有关协变导数的有用公式.

命题 3.1.1(Riemann 联络的局部公式, Christoffel 符号) 令 (U, ϕ) 为点 $m \in M$ 附近的局部坐标卡, $\dfrac{\partial}{\partial x^i}(i = 1, \cdots, n)$ 为 $T_m(M)$ 的局部基, 则

$$\nabla_{\frac{\partial}{\partial x^j}} \frac{\partial}{\partial x^k} = \sum_i \Gamma^i_{jk} \frac{\partial}{\partial x^i},$$

其中

$$\Gamma^i_{jk} = \sum_l \frac{1}{2} g^{il} (\partial_j g_{kl} + \partial_k g_{lj} - \partial_l g_{jk}) \tag{3.1.3}$$

称为 Christoffel **符号**. 这里 $\partial_j g_{kl} \equiv \dfrac{\partial}{\partial x^j} g_{kl}$, $\partial_k g_{lj} \equiv \dfrac{\partial}{\partial x^k} g_{lj}, \partial_l g_{jk} =$

$\frac{\partial}{\partial x^e} g_{jk}$, 而 (g^{il}) 是 (g_{il}) 的逆.

令 $T = T^{j_1\cdots j_q}_{i_1\cdots i_p} dx^{i_1} \otimes \cdots \otimes dx^{i_p} \otimes \frac{\partial}{\partial x^{j_1}} \otimes \cdots \otimes \frac{\partial}{\partial x^{j_q}}$ 为 (p,q) 型光滑张量, 则

$$\nabla_{\frac{\partial}{\partial x^k}} T = T^{j_1\cdots j_q}_{i_1\cdots i_p,k} dx^{i_1} \otimes \cdots \otimes dx^{i_p} \otimes \frac{\partial}{\partial x^{j_1}} \otimes \cdots \otimes \frac{\partial}{\partial x^{j_q}}, \tag{3.1.4}$$

其中

$$T^{j_1\cdots j_q}_{i_1\cdots i_p,k} = \frac{\partial T^{j_1\cdots j_q}_{i_1\cdots i_p}}{\partial x^k} - \sum_{r=1}^{p} \Gamma^l_{i_r k} T^{j_1\cdots j_q}_{i_1\cdots i_{r-1} l i_{r+1}\cdots i_p} + \sum_{s=1}^{q} \Gamma^{j_s}_{lk} T^{j_1\cdots j_{s-1} l j_{s+1}\cdots j_q}_{i_1\cdots i_p}.$$

证明 Christoffel 符号的上述公式 (3.1.3) 是 Riemann 几何基本定理的直接推论. 只需要注意 Lie 导数

$$\left[\frac{\partial}{\partial x^j}, \frac{\partial}{\partial x^k}\right] = 0.$$

公式 (3.1.4) 可由定义 3.1.13 的条件 (iv) 得到. □

注解 3.1.6 记号 $T^{j_1\cdots j_q}_{i_1\cdots i_p,k}$ 代表张量 $\nabla_{\frac{\partial}{\partial x^k}} T$ 的 $\{i_1\cdots i_p, j_1\cdots j_q\}$ 分量, 它不是张量 T 的相应分量关于 x^k 的导数. 然而在局部坐标系 (见下面定义 3.4.6) 中的原点, $\Gamma^i_{jk} = 0$. 因此, 在该原点, 上述这两个量相等.

微分同胚和向量场是微分几何和拓扑中的重要对象. 流形 M 上的光滑向量场通过微分方程

$$\frac{d\phi_t(p)}{dt} = X(\phi_t(p)), \quad p \in M \tag{3.1.5}$$

产生一单参数微分同胚族 ϕ_t. 这里, 像通常一样, $\frac{d\phi_t(p)}{dt}$ 被视为曲线 $c = c(t) = \phi_t(p)$ 在点 $\phi_t(p)$ 处的切向量. 人们自然想了解在 ϕ_t 下, 向量或张量场怎样变化. 这可由一个称做 Lie 导数的张量场的微分算子所描述.

定义 3.1.15 (Lie 导数) 令 α 为 M 上的光滑张量场, α 关于 X 的 Lie **导数**是张量场

$$L_X \alpha \equiv \lim_{h\to 0} \frac{\phi_h^* \alpha - \alpha}{h} = \left.\frac{d\phi_h^* \alpha}{dh}\right|_{h=0}.$$

这里, $\dfrac{d\phi_t(p)}{dt}=X(\phi_t(p))$, $t>0$, $\phi_0(p)=p\in M$, ϕ_h^* 是定义 3.1.8 中定义的 ϕ_h 的微分, 它作用在张量场 α 上.

下面给出一个简单而有用的命题.

命题 3.1.2 令 ϕ_t 和 η_s 分别为由光滑向量场 X,Y 产生的单参数微分同胚族, 即对 $p,q\in M$,

$$\frac{d\phi_t(p)}{dt}=X(\phi_t(p)),\qquad \frac{d\eta_s(q)}{ds}=Y(\eta_s(q)).$$

则 $\psi_s\equiv\phi_t\circ\eta_s\circ\phi_{-t}$ 是由 $(\phi_t)_*Y$ 生成的单参数微分同胚族.

证明 选取光滑函数 $f\in C^\infty(M)$. 对一点 $p\in M$, 反复应用下面的公式 (3.1.6), 则有

$$\begin{aligned}\frac{d\psi_s(p)}{ds}(f)&=\frac{d}{ds}f(\psi_s(p))=\frac{d}{ds}f(\phi_t\circ\eta_s\circ\phi_{-t}(p))\\&=\frac{d}{ds}(f\circ\phi_t)(\eta_s(\phi_{-t}(p)))=\frac{d}{ds}(\eta_s(\phi_{-t}(p)))(f\circ\phi_t)\\&=Y(\eta_s(\phi_{-t}(p)))(f\circ\phi_t).\end{aligned}$$

另一方面, 由定义 3.1.8,

$$((\phi_t)_*Y)(\psi_s(p))f=Y(\phi_{-t}(\psi_s)(p))(f\circ\phi_t)=Y(\eta_s(\phi_{-t}(p)))(f\circ\phi_t),$$

因此,

$$\frac{d\psi_s(p)}{ds}=((\phi_t)_*Y)(\psi_s(p)).$$

这就证明了命题. □

实际计算 Lie 导数的方法由下面的命题给出.

命题 3.1.3 (i) 对于 $f\in C^\infty(M)$, $L_Xf=X(f)$.

(ii) 对光滑向量场 Y, $L_XY=[X,Y]=XY-YX$.

(iii) 对于 $(p,0)$ 型张量 α,

$$\begin{aligned}(L_X\alpha)(X_1,\cdots,X_p)=&X(\alpha(X_1,\cdots,X_p))\\&-\sum_{i=1}^{p}\alpha(X_1,\cdots,X_{i-1},[X,X_i],X_{i+1},\cdots,X_p).\end{aligned}$$

(iv) 对于 $(p,0)$ 型张量 α, 令 $D_X\alpha$ 为 α 关于 X 的协变导数, 则

$$\begin{aligned}(L_X\alpha)(X_1,\cdots,X_p)=&(D_X\alpha)(X_1,\cdots,X_p)\\&+\sum_{i=1}^{p}\alpha(X_1,\cdots,X_{i-1},D_{X_i}X,X_{i+1},\cdots,X_p).\end{aligned}$$

证明 (i) 可直接由 Lie 导数的定义 3.1.15 得到.

(ii) 在证明过程中, 我们需要用到光滑曲线 $c=c(s)$ 的切向量的一个简单公式. 对所有 M 上的光滑函数 f,

$$\frac{dc(s)}{ds}(f)=\frac{d}{ds}(f(c(s))). \tag{3.1.6}$$

令 ϕ_t 和 η_s 分别为由 X 和 Y 生成的单参数微分同胚族, 即对于 $p,q\in M$,

$$\frac{d\phi_t(p)}{dt}=X(\phi_t(p)),\quad \frac{d\eta_s(q)}{ds}=Y(\eta_s(q)).$$

根据上述定义, 有

$$\begin{aligned}L_XY&=\lim_{t\to 0}\frac{\phi_t^*Y-Y}{t}=\lim_{t\to 0}\frac{(\phi_t)_*^{-1}Y-Y}{t}=\lim_{t\to 0}\frac{(\phi_{-t})_*Y-Y}{t}\\&=-\lim_{t\to 0}\frac{(\phi_t)_*Y-Y}{t}.\end{aligned}$$

这里, 我们用到定义 3.1.8 中定义的 ϕ_t^*、向量场的拉回以及半群性质 $(\phi_t)^{-1}=\phi_{-t}$.

由于 p 是 M 上的任意点, 我们可以只对 $s=0$ 证明结果. 利用命题 3.1.2 计算 $t=0$ 处的导数, 得

$$\begin{aligned}\frac{d((\phi_t)_*Y)(p)f}{dt}&=\frac{d}{dt}\frac{d}{ds}f(\phi_t\circ\eta_s\circ\phi_{-t}(p))=\frac{d}{ds}\frac{d}{dt}f(\phi_t\circ\eta_s\circ\phi_{-t}(p))\\&=\frac{d}{ds}\lim_{t\to 0}\left[\frac{f(\phi_t\circ\eta_s\circ\phi_{-t}(p))-f(\eta_s\circ\phi_{-t}(p))}{t}\right.\\&\quad\left.+\frac{f(\eta_s\circ\phi_{-t}(p))-f(\eta_s(p))}{t}\right]\\&=\frac{d}{ds}\lim_{t\to 0}\frac{[f(\phi_t\circ\eta_s)-f(\eta_s)]\circ\phi_{-t}(p)}{t}\\&\quad+\frac{d}{ds}\lim_{t\to 0}\frac{f(\eta_s\circ\phi_{-t}(p))-f(\eta_s(p))}{t}.\end{aligned}$$

因此, 在 $t=0$ 处,

$$\begin{aligned}\frac{d((\phi_t)_*Y)(p)f}{dt} &= \frac{d}{ds}\lim_{t\to 0}\frac{[f(\phi_t\circ\eta_s)-f(\eta_s)](p)}{t}\\ &\quad+\frac{d}{ds}\lim_{t\to 0}\frac{f(\eta_s\circ\phi_{-t}(p))-f(\eta_s(p))}{t}\\ &=\frac{d}{ds}\frac{d}{dt}f(\phi_t\circ\eta_s(p))+\frac{d}{ds}\frac{d}{dt}f(\eta_s\circ\phi_{-t}(p))\\ &\xlongequal{\text{记为}} \mathrm{I}+\mathrm{II}.\end{aligned}$$

这里我们用了 ϕ_0 是恒同映射的事实.

再根据 (3.1.6), 在 $s=t=0$ 处,

$$\begin{aligned}\mathrm{I}&=\frac{d}{ds}\frac{d}{dt}f(\phi_t\circ\eta_s(p))=\frac{d}{ds}\frac{d\phi_t(\eta_s(p))}{dt}f=\frac{d}{ds}X(\phi_t(\eta_s(p)))f\\ &=\frac{d}{ds}X(\eta_s(p))f=Y|_{\eta_s(p)}(X(f))=Y|_p(X(f)).\end{aligned}$$

类似地, 当 $s=t=0$ 时,

$$\begin{aligned}\mathrm{II}&=\frac{d}{dt}\frac{d}{ds}f(\eta_s\circ\phi_{-t}(p))=-\frac{d}{dt}\frac{d}{ds}f(\eta_s\circ\phi_t(p))=-\frac{d}{dt}\frac{d(\eta_s(\phi_t(p))}{ds}f\\ &=-\frac{d}{dt}Y(\eta_s(\phi_t(p)))f=-\frac{d}{dt}Y(\phi_t(p))f=-X(p)(Y(f)).\end{aligned}$$

所以

$$(L_XY)(p)=-\frac{d((\phi_t)_*Y)(p)}{dt}=[X,Y](p).$$

这就证明了 (ii).

(iii) 由 (ii) 及定义 3.1.8 (3) 容易得出. 实际上, 对于点 $m\in M$ 及 $t=0$,

$$\begin{aligned}(L_X\alpha)(m)(X_1,\cdots,X_p)&=\frac{d[\phi_t^*\alpha(m)(X_1,\cdots,X_p)]}{dt}\\ &=\frac{d}{dt}[\alpha(\phi_t(m))((\phi_t)_*X_1,\cdots,(\phi_t)_*X_p)]\\ &=\frac{d}{dt}[\alpha(\phi_t(m))(X_1,\cdots,X_p)]\\ &\quad+\sum_{i=1}^{p}\alpha(m)(X_1,\cdots,X_{i-1},\frac{d}{dt}((\phi_t)_*X_i),X_{i+1},\cdots,X_p)\end{aligned}$$

$$
\begin{aligned}
&= X(m)(\alpha(X_1, \cdots, X_p)) \\
&\quad - \sum_{i=1}^{p} \alpha(m)(X_1, \cdots, X_{i-1}, L_X X_i, X_{i+1}, \cdots, X_p).
\end{aligned}
$$

(iv) 由 (iii), 协变导数公式

$$
\begin{aligned}
X(\alpha(X_1, \cdots, X_p)) =& (D_X\alpha)(X_1, \cdots, X_p) \\
& + \sum_{i=1}^{p} \alpha(m)(X_1, \cdots, X_{i-1}, D_X X_i, X_{i+1}, \cdots, X_p)
\end{aligned}
$$

及无挠条件

$$
D_X X_i - D_{X_i} X = [X, X_i]
$$

可推出, 参见定义 3.1.13 和定理 3.1.1. □

有时, 我们需要处理的 Lie 导数涉及依赖于时间的向量场及与此相联系的单参数微分同胚族. 例如, 这种需要出现在 Ricci 流的研究中. 下面的事实将在 5.4 节讨论 Ricci 孤立子的时候用到.

命题 3.1.4 令 $X = X(t)(t > 0)$ 为 M 上的一族光滑依赖于时间 t 的光滑向量场, 与 $X(t)$ 相联系的微分同胚族记为 $\phi_{t,s}$, 亦即

$$
\begin{cases}
\dfrac{d\phi_{t,s}(p)}{dt} = X(t)(\phi_{t,s}(p)), \quad t > s \geqslant 0, \\
\phi_{s,s}(p) = p, \quad p \in M,
\end{cases}
$$

则下面的结论为真:

(i) 如果 α 是 M 上的光滑向量场, 则

$$
L_{X(t)}\alpha = \lim_{h\to 0} \frac{\phi_{h+t,t}^*\alpha - \alpha}{h};
$$

(ii) $\dfrac{d}{dt}(\phi_{t,0}^*\alpha) = \phi_{t,0}^*(L_{X(t)}\alpha)$.

注解 3.1.7 如果不致引起混淆, 可以将 $\phi_{t,0}$ 写成 ϕ_t.

证明 (i) 根据定义 3.1.15,

$$
L_{X(t)}\alpha = \lim_{h\to 0} \frac{\eta_h^*\alpha - \alpha}{h},
$$

其中 η_h 是 t 固定时, $X(t)$ 生成的单参数微分同胚族, 即 $\frac{d}{dh}\eta_h = X(t)(\eta_h)$. 因此, 我们只需要证明

$$\lim_{h\to 0}\frac{\phi_{h+t,t}^*\alpha - \eta_h^*\alpha}{h} = 0.$$

这等价于证明: 对任何光滑向量场 Z,

$$\lim_{h\to 0}\frac{(\phi_{h+t,t})_*Z - (\eta_h)_*Z}{h} = 0.$$

当选取 M 上的光滑函数 f 时, 则有

$$\lim_{h\to 0}\frac{(\phi_{h+t,t})_*Z - (\eta_h)_*Z}{h}f = Z\Big(\lim_{h\to 0}\frac{f\circ\phi_{h+t,t} - f\circ\eta_h}{h}\Big).$$

因此, 只要证明

$$\lim_{h\to 0}\frac{f\circ\phi_{h+t,t} - f\circ\eta_h}{h} = 0. \tag{3.1.7}$$

根据定义, 对于点 $p\in M$,

$$\frac{d}{dt}(f\circ\phi_{t,s}(p)) = \frac{d\phi_{t,s}(p)}{dt}f = X(t)(\phi_{t,s}(p))f,$$

因此,

$$f\circ\phi_{h+t,t}(p) = f(p) + \int_0^h X(t+l)(\phi_{t+l,t}(p))f dl.$$

同样,

$$f\circ\eta_h(p) = f(p) + \int_0^h X(t)(\eta_l(p))f dl.$$

把上面两个恒等式代入 (3.1.7) 左端, 得

$$\begin{aligned}&\lim_{h\to 0}\frac{f\circ\phi_{h+t,t}(p) - f\circ\eta_h(p)}{h}\\ &\quad = \lim_{h\to 0}\frac{1}{h}\int_0^h [X(t+l)(\phi_{t+l,t}(p)) - X(t)(\eta_l(p))]f dl = 0.\end{aligned}$$

这就证明了 (3.1.7), 由此可得结论 (i).

(ii) 根据半群性质 $\phi_{h+t,0} = \phi_{h+t,t} \circ \phi_{t,0}$, 有

$$\begin{aligned}\frac{d}{dt}\phi_{t,0}^*\alpha &= \lim_{h\to 0}\frac{\phi_{h+t,0}^*\alpha - \phi_{t,0}^*\alpha}{h}\\ &= \lim_{h\to 0}\frac{(\phi_{h+t,t}\circ\phi_{t,0})^*\alpha - \phi_{t,0}^*\alpha}{h} = \lim_{h\to 0}\frac{\phi_{t,0}^*\circ\phi_{h+t,t}^*\alpha - \phi_{t,0}^*\alpha}{h}\\ &= \phi_{t,0}^*\Big(\lim_{h\to 0}\frac{\phi_{h+t,t}^*\alpha - \alpha}{h}\Big) = \phi_{t,0}^*(L_{X(t)}\alpha).\end{aligned}$$

最后一步是根据 (i), 因此结论 (ii) 为真. □

注解 3.1.8 令 α 是 Riemann 流形 M 上的 $(p,0)$ 型张量场, X 为 M 上的向量场, ϕ 为 M 上的微分同胚, 则

$$\phi^*(L_X\alpha) = L_{\phi_*^{-1}X}\phi^*\alpha.$$

习题 3.1.3 证明注解 3.1.8 中的公式.

§3.2 二阶协变导数, 交换求导顺序的公式, 曲率

现在我们来定义二阶协变导数. 令 X, Y 和 Z 为 M 上的向量场, 根据定义 3.1.13, ∇Z 是 $(1,1)$ 型张量场, 满足

$$(\nabla Z)(Y) = \nabla_Y Z,$$

因此,

$$\nabla_X[(\nabla Z)(Y)] = \nabla_X(\nabla_Y Z).$$

微分应该服从 Leibnitz 法则, 因此我们要求

$$(\nabla_X(\nabla Z))(Y) + (\nabla Z)(\nabla_X Y) = \nabla_X(\nabla_Y Z),$$

即

$$(\nabla_X(\nabla Z))(Y) = \nabla_X(\nabla_Y Z) - (\nabla Z)(\nabla_X Y) = \nabla_X(\nabla_Y Z) - \nabla_{\nabla_X Y}Z,$$

上式左边给出的是向量场的二阶协变导数.

定义 3.2.1(二阶协变导数, 函数的 Hessian) 令 Z 是 M 上的光滑向量场, 则 Z 的**二阶协变导数**是如下定义的 $(2,1)$ 型张量场, 记做 $\nabla^2 Z$: 对所有光滑向量场 X 和 Y,

$$\nabla^2_{X,Y}Z \equiv (\nabla_X(\nabla Z))(Y) = \nabla_X(\nabla_Y Z) - \nabla_{\nabla_X Y}Z.$$

一般地, 令 T 为光滑的 (p,q) 型张量场, 则它的二阶协变导数是 $(p+2,q)$ 型张量场, 记做 $\nabla^2 T$, 定义为: 对所有光滑向量场 X 和 Y,

$$\nabla^2 T(X,Y) = \nabla^2_{X,Y} T = (\nabla_X(\nabla T))(Y) = \nabla_X(\nabla_Y T) - \nabla_{\nabla_X Y} T.$$

特别地, 如果 T 是光滑的数值函数 f, 则 $\nabla^2 f$ 称为 f 的 Hessian.

注解 3.2.1 重要的是认识二阶协变导数 $\nabla^2_{X,Y}T$ 和累次协变导数 $\nabla_X(\nabla_Y T)$ 之间的关系. 从上面的定义知, 这两者相差 $\nabla_X(\nabla_Y T)$. 但是, 若令 $\{x^1,\cdots,x^n\}$ 为法坐标系 (定义 3.4.6), 记 $X_i = \dfrac{\partial}{\partial x^i}$, 则在 p 点处, $\nabla_{X_i} X_j = 0 (i,j=1,\cdots,n)$, 因此 $\nabla^2_{X_i,X_j} T = \nabla_{X_i}(\nabla_{X_j} T)$. 有时用记号 $T_{,i}$ 表示 $\nabla_{X_i} T$. 在 p 处, 用记号 $T_{,ji}$ 表示二阶协变导数, 其中

$$T_{,ji} \equiv \nabla^2_{X_i,X_j} T = (T_{,j})_{,i}.$$

注意, 在记号 $T_{,ji}$ 中, i 和 j 的顺序颠倒过来, 这意味着先沿 x^j 方向再沿 x^i 方向求微分.

例 对光滑函数 $f: M \to \mathbf{R}$, f 的 Hessian 是 $(2,0)$ 型张量场, 在局部坐标系中,

$$\nabla^2 f = f_{,ij} dx^i \otimes dx^j,$$

其中

$$f_{,ij} = \frac{\partial}{\partial x^i}\left(\frac{\partial f}{\partial x^j}\right) - \Gamma^k_{ij} \frac{\partial f}{\partial x^k}.$$

向量场的二阶协变导数通常不再关于 X 和 Y 对称, 量度二阶协变导数不对称程度的量称为**曲率**.

定义 3.2.2(曲率张量) Riemann **曲率张量**是 $(3,1)$ 型张量场, 定义为: 对所有向量场 X, Y 和 Z,

$$\begin{aligned} R(X,Y)Z &\equiv \nabla^2_{X,Y} Z - \nabla^2_{Y,X} Z \\ &= \nabla_X(\nabla_Y Z) - \nabla_Y(\nabla_X Z) - \nabla_{[X,Y]} Z. \end{aligned}$$

等价地, 曲率张量也可通过下述定义写为 $(4,0)$ 型张量: 对所有光滑向量场 X, Y, Z 和 W,

$$R(X,Y,Z,W) = g(R(X,Y)Z,W) \equiv < R(X,Y)Z, W > . \tag{3.2.1}$$

注解 3.2.2 这不是定义 $(4,0)$ 型张量的唯一方式, 也可用下述定义:

$$R(X,Y,Z,W)=g(R(X,Y)W,Z). \tag{3.2.2}$$

注意, W 和 Z 的顺序颠倒过来, 从而按这种方式定义的 $(4,0)$ 型张量和 (3.2.1) 比较相差一个符号.

注解 3.2.3 按上面的定义方式 (3.2.1), 利用 Riemann 度量可以转换张量的协变和反变分量. 在局部坐标系中, 这相当于升高或降低张量的指标. 通常没有必要重命名张量, 因为转化会从局部坐标系中的指标变化或讨论的方式 (向量场或 1- 形式) 反映出来.

注解 3.2.4 在局部坐标系 $\{x^1,\cdots,x^n\}$ 中, 我们可将 $(3,1)$ 型曲率张量的分量写成 R_{ijk}^l, 它的定义为

$$R\Big(\frac{\partial}{\partial x^i},\frac{\partial}{\partial x^j}\Big)\frac{\partial}{\partial x^k}=\sum_l R_{ijk}^l\frac{\partial}{\partial x^l}.$$

其显式表达为

$$R_{ijk}^l=\partial_i\Gamma_{jk}^l-\partial_j\Gamma_{ik}^l+\Gamma_{jk}^p\Gamma_{ip}^l-\Gamma_{ik}^p\Gamma_{jp}^l. \tag{3.2.3}$$

由 (3.2.1) 式给出的 $(4,0)$ 型曲率张量的分量可写为 R_{ijkl}, 其中

$$R_{ijkl}=<R\Big(\frac{\partial}{\partial x^i},\frac{\partial}{\partial x^j}\Big)\frac{\partial}{\partial x^k},\frac{\partial}{\partial x^l}>=\sum_h g_{hl}R_{ijk}^h. \tag{3.2.4}$$

注意, 上指标被下降为第 4 个下指标. 在有些文章中, 例如, [Ha1], [CZ], 上指标被下降为第 3 个指标, 它对应于公式 (3.2.2). 这个约定在计算中产生不同的符号.

我们刚刚看到: 当 Z 是向量场时, 量 $\nabla^2_{X,Y}Z-\nabla^2_{Y,X}Z$ 导致曲率张量. 我们有兴趣弄清楚当 Z 被换为 (p,q) 型张量 T 后会出现什么结论? 事实上, 我们有下面重要的结果.

命题 3.2.1 (Ricci 恒等式或交换求导顺序的公式) 给定一光滑 (p,q) 型张量场 T 以及光滑向量场 X 和 Y, 则成立

$$\nabla^2_{X,Y}T-\nabla^2_{Y,X}T=\nabla_X(\nabla_YT)-\nabla_Y(\nabla_XT)-\nabla_{[X,Y]}T.$$

在局部坐标系 $\{x^1,\cdots,x^n\}$ 下, 上式化为

$$\begin{aligned}T^{l_1\cdots l_q}_{k_1\cdots k_p,ji}-T^{l_1\cdots l_q}_{k_1\cdots k_p,ij}&\equiv\nabla^2_{i,j}T^{l_1\cdots l_q}_{k_1\cdots k_p}-\nabla^2_{j,i}T^{l_1\cdots l_q}_{k_1\cdots k_p}\\&=-\sum_{h=1}^{p}R^r_{ijk_h}T^{l_1\cdots l_q}_{k_1\cdots k_{h-1}rk_{h+1}\cdots k_p}+\sum_{h=1}^{q}R^{l_h}_{ijs}T^{l_1\cdots l_{h-1}sl_{h+1}\cdots l_q}_{k_1\cdots k_p}.\end{aligned}$$

这里记号 $T^{l_1\cdots l_q}_{k_1\cdots k_p,ij}$ 代表注解 3.2.1 中, 张量 $\nabla^2_{\frac{\partial}{\partial x^j},\frac{\partial}{\partial x^i}}T$ 的 $\{k_1\cdots k_p, l_1\cdots l_q\}$ 分量.

证明 所述的第一个公式是张量场的二阶协变导数的定义 3.2.1 的直接推论.

为证明第二个公式, 注意到, T 能写为 p 个 1-形式和 q 个向量场的张量积. 因此, 只有 T 是 1-形式的证明需要特别处理, 而剩下的一般公式的证明由乘积法则得出.

令 T 为 1-形式, Z 为向量场, 则 $T(Z)$ 为数值函数. 因此, 由 Lebnitz 法则得

$$X(T(Z))=(\nabla_XT)(Z)+T(\nabla_XZ),$$

且

$$\begin{aligned}Y(X(T(Z)))=&(\nabla_Y(\nabla_XT))(Z)+(\nabla_XT)(\nabla_YZ)\\&+(\nabla_YT)(\nabla_XZ)+T(\nabla_Y(\nabla_XZ)).\end{aligned}$$

互换 X 和 Y, 上式变为

$$\begin{aligned}X(Y(T(Z)))=&(\nabla_X(\nabla_YT))(Z)+(\nabla_YT)(\nabla_XZ)\\&+(\nabla_XT)(\nabla_YZ)+T(\nabla_X(\nabla_YZ)).\end{aligned}$$

取上面两等式的差, 得

$$\begin{aligned}Y(X(T(Z)))-X(Y(T(Z)))=&(\nabla_Y(\nabla_XT))(Z)-(\nabla_X(\nabla_YT))(Z)\\&+T(\nabla_Y(\nabla_XZ))-T(\nabla_X(\nabla_YZ)).\end{aligned}$$

把等式右边的前两项移到左边, 整理得

$$(\nabla_X(\nabla_YT))(Z)-(\nabla_Y(\nabla_XT))(Z)-[X,Y](T(Z))$$

$$= T(\nabla_Y(\nabla_X Z)) - T(\nabla_X(\nabla_Y Z)).$$

由于

$$[X,Y](T(Z)) = (\nabla_{[X,Y]}T)(Z) + T(\nabla_{[X,Y]}Z),$$

把上式代入前式, 变为

$$\begin{aligned}(\nabla_X(\nabla_Y T))(Z) - (\nabla_Y(\nabla_X T))(Z) - (\nabla_{[X,Y]}T)(Z)\\ = T(\nabla_Y(\nabla_X Z)) - T(\nabla_X(\nabla_Y Z) + T(\nabla_{[X,Y]}Z)).\end{aligned}$$

根据定义 3.2.2, 这蕴涵

$$(\nabla^2_{X,Y}T - \nabla^2_{Y,X}T)(Z) = -T(R(X,Y)Z).$$

接下来, 在局部坐标系中, 令 $T = T_m dx^m$, 以及 $X = \dfrac{\partial}{\partial x^i}, Y = \dfrac{\partial}{\partial x^j}$ 和 $Z = \dfrac{\partial}{\partial x^k}$, 则

$$\begin{aligned}(\nabla^2_{X,Y}T - \nabla^2_{Y,X}T)(Z) &= -T_m dx^m(R(X,Y)Z)\\ &= -T_m dx^m\left(R^l_{ijk}\frac{\partial}{\partial x_l}\right) = -R^m_{ijk}T_m,\end{aligned}$$

即

$$T_{k,ji} - T_{k,ij} = -R^m_{ijk}T_m.$$

这里 $T_{k,ij}$ 代表张量 $\nabla^2_{Y,X}T$ 的第 k 个分量. □

曲率张量满足一些对称性及反对称性. 下面的恒等式 (ii) 和 (iv) 通常分别称为**第一、第二** Bianchi **恒等式**.

命题 3.2.2 对 $X,Y,Z,T,U \in \Gamma(M)$, 成立

(i) $R(X,Y,Z,T) = -R(Y,X,Z,T) = -R(X,Y,T,Z)$;

(ii) $R(X,Y,Z,T) + R(Y,Z,X,T) + R(Z,X,Y,T) = 0$;

(iii) $R(X,Y,Z,T) = R(Z,T,X,Y)$;

(iv) $(\nabla_X R)(Y,Z,T,U) + (\nabla_Y R)(Z,X,T,U) + (\nabla_Z R)(X,Y,T,U) = 0$ (轮换 X,Y,Z).

证明 (i) 到 (iii) 的证明可根据定义作为简单的代数练习. 因此, 我们只给出 (iv) 的证明.

按照定义 3.1.13, $(4,0)$ 型张量 R 的协变导数 $\nabla_X R$ 由下式给出:

$$\begin{aligned}(\nabla_X R)(Y,Z,T,U) =& X < R(Y,Z)T,\ U > - < R(Y,Z)T,\ \nabla_X U > \\ & - < R(Y,Z)\nabla_X T,\ U > - < R(\nabla_X Y, Z)T, U > \\ & - < R(Y, \nabla_X Z)T,\ U > . \end{aligned} \tag{3.2.5}$$

这里及以后, $< \cdot, \cdot > \equiv g(\cdot, \cdot)$. 由于 $\nabla_X g = 0$, 我们知

$$X < R(Y,Z)T,\ U > = < \nabla_X (R(Y,Z)T),\ U > + < R(Y,Z)T,\ \nabla_X U > .$$

因此, (3.2.5) 等式右边的前两项合并为一项, 由此得

$$\begin{aligned}(\nabla_X R)(Y,Z,T,U) =& < \nabla_X (R(Y,Z)T),\ U > \\ & - < R(Y,Z)\nabla_X T,\ U > - < R(\nabla_X Y, Z)T,\ U > \\ & - < R(Y, \nabla_X Z)T,\ U > . \end{aligned} \tag{3.2.6}$$

在 (3.2.6) 中轮换 X, Y, Z, 得

$$\begin{aligned}(\nabla_Y R)(Z,X,T,U) =& < \nabla_Y (R(Z,X)T),\ U > \\ & - < R(Z,X)\nabla_Y T,\ U > - < R(\nabla_Y Z, X)T,\ U > \\ & - < R(Z, \nabla_Y X)T,\ U >, \end{aligned} \tag{3.2.7}$$

$$\begin{aligned}(\nabla_Z R)(X,Y,T,U) =& < \nabla_Z (R(X,Y)T),\ U > \\ & - < R(X,Y)\nabla_Z T,\ U > - < R(\nabla_Z X, Y)T,\ U > \\ & - < R(X, \nabla_Z Y)T,\ U > . \end{aligned} \tag{3.2.8}$$

将 (3.2.6), (3.2.7) 和 (3.2.8) 相加, 得

$$\begin{aligned}&(\nabla_X R)(Y,Z,T,U) + (\nabla_Y R)(Z,X,T,U) + (\nabla_Z R)(X,Y,T,U) \\ &\xlongequal{\text{记为}} T_1 - T_2 - T_3. \end{aligned} \tag{3.2.9}$$

这里 T_1 是形如 $< \nabla_X (R(Y,Z)T),\ U >$ 的三项的和, 即

$$\begin{aligned} T_1 =& < \nabla_X (R(Y,Z)T) + \nabla_Y (R(Z,X)T) + \nabla_Z (R(X,Y)T),\ U > \\ \xlongequal{\text{记为}} & < \mathrm{I}, U > . \end{aligned} \tag{3.2.10}$$

T_2 是包含 T 的协变导数的三项的和, 即

$$T_2 = < (R(Y,Z)\nabla_X T) + (R(Z,X)\nabla_Y T) + (R(X,Y)\nabla_Z T),\ U > \\ \equiv < \mathrm{II}, U > . \tag{3.2.11}$$

T_3 是只在 $R(\cdot,\cdot)$ 内部自变量位置出现协变导数的项的和, 即

$$T_3 = < R(\nabla_X Y, Z)T + R(Z, \nabla_Y X)T,\ U > \\ + < R(\nabla_Y Z, X)T + R(X, \nabla_Z Y)T,\ U > \\ + < R(\nabla_Z X, Y)T + R(Y, \nabla_X Z)T, U > . \tag{3.2.12}$$

利用 Riemann 联络无挠的性质, 有

$$R(\nabla_X Y, Z)T + R(Z, \nabla_Y X)T = R(\nabla_X Y - \nabla_Y X, Z)T = R([X,Y], Z)T,$$

依此类推, (3.2.12) 化为

$$T_3 = < R([X,Y],Z)T + R([Y,Z],X)T + R([Z,X],Y)T, U > \\ \xlongequal{\text{记为}} < \mathrm{III}, U > . \tag{3.2.13}$$

如果能够证明 I = II + III, 则证明就完成了. 首先计算 I. 根据曲率张量的定义, 即

$$R(Y,Z)T = \nabla_Y \nabla_Z T - \nabla_Z \nabla_Y T - \nabla_{[Y,Z]} T,$$

则有

$$\nabla_X (R(Y,Z)T) = \nabla_X \nabla_Y \nabla_Z T - \nabla_X \nabla_Z \nabla_Y T - \nabla_X \nabla_{[Y,Z]} T.$$

类似地,

$$\nabla_Y (R(Z,X)T) = \nabla_Y \nabla_Z \nabla_X T - \nabla_Y \nabla_X \nabla_Z T - \nabla_Y \nabla_{[Z,X]} T,$$
$$\nabla_Z (R(X,Y)T) = \nabla_Z \nabla_X \nabla_Y T - \nabla_Z \nabla_Y \nabla_X T - \nabla_Z \nabla_{[X,Y]} T.$$

将最后三个恒等式加在一起, 并将含 $\nabla_X T$, $\nabla_Y T$ 和 $\nabla_Z T$ 的项两两合并, 得

$$\begin{aligned} \mathrm{I} =& \nabla_X (R(Y,Z)T) + \nabla_Y (R(Z,X)T) + \nabla_Z (R(X,Y)T) \\ =& (\nabla_X \nabla_Y - \nabla_Y \nabla_X)\nabla_Z T + (\nabla_Y \nabla_Z - \nabla_Z \nabla_Y)\nabla_X T \\ & + (\nabla_Z \nabla_X - \nabla_X \nabla_Z)\nabla_Y T - \nabla_X \nabla_{[Y,Z]} T - \nabla_Y \nabla_{[Z,X]} T - \nabla_Z \nabla_{[X,Y]} T \\ =& R(X,Y)\nabla_Z T + \nabla_{[X,Y]} \nabla_Z T + R(Y,Z)\nabla_X T \\ & + \nabla_{[Y,Z]} \nabla_X T + R(Z,X)\nabla_Y T + \nabla_{[Z,X]} \nabla_Y T \\ & - \nabla_X \nabla_{[Y,Z]} T - \nabla_Y \nabla_{[Z,X]} T - \nabla_Z \nabla_{[X,Y]} T. \end{aligned}$$

重组同类项, 得

$$
\begin{aligned}
&\nabla_X(R(Y,Z)T)+\nabla_Y(R(Z,X)T)+\nabla_Z(R(X,Y)T)\\
&\quad=R(X,Y)\nabla_Z T+R(Y,Z)\nabla_X T+R(Z,X)\nabla_Y T\\
&\qquad+(\nabla_{[X,Y]}\nabla_Z-\nabla_Z\nabla_{[X,Y]})T+(\nabla_{[Y,Z]}\nabla_X-\nabla_X\nabla_{[Y,Z]})T\\
&\qquad+(\nabla_{[Z,X]}\nabla_Y-\nabla_Y\nabla_{[Z,X]})T. \qquad (3.2.14)
\end{aligned}
$$

再由曲率张量的定义, 知

$$(\nabla_{[X,Y]}\nabla_Z-\nabla_Z\nabla_{[X,Y]})T=R([X,Y],Z)T+\nabla_{[[X,Y],Z]}T.$$

类似地,

$$(\nabla_{[Y,Z]}\nabla_X-\nabla_X\nabla_{[Y,Z]})T=R([Y,Z],X)T+\nabla_{[[Y,Z],X]}T,$$

$$(\nabla_{[Z,X]}\nabla_Y-\nabla_Y\nabla_{[Z,X]})T=R([Z,X],Y)T+\nabla_{[[Z,X],Y]}T.$$

注意到, 最后三个等式的左边三项恰好是等式 (3.2.14) 右边的第 4, 5, 6 项. 因此,

$$
\begin{aligned}
\mathrm{I}=&\nabla_X(R(Y,Z)T)+\nabla_Y(R(Z,X)T)+\nabla_Z(R(X,Y)T)\\
=&R(X,Y)\nabla_Z T+R(Y,Z)\nabla_X T+R(Z,X)\nabla_Y T\\
&+R([X,Y],Z)T+R([Y,Z],X)T+R([Z,X],Y)T\\
=&\mathrm{II}+\mathrm{III}. \qquad (3.2.15)
\end{aligned}
$$

这里我们用了 Jacobi 恒等式: $[[X,Y],Z]+[[Y,Z],X]+[[Z,X],Y]=0$.

根据 (3.2.15), (3.2.10), (3.2.11) 和 (3.2.13), 知

$$T_1=T_2+T_3.$$

由此, 根据 (3.2.9), 证明了第二 Bianchi 恒等式. □

曲率张量通常不容易处理, 特别是在高维时, 而处理曲率张量的迹, 即所谓的 Ricci 曲率 (张量) 往往很方便. Ricci 曲率可看成是 $(2,0)$ 型张量, 它的迹称为数量曲率. 曲率张量的分量导致截面曲率的概念. 因而, 我们有下面的定义.

定义 3.2.3(Ricci 曲率, 数量曲率和截面曲率) $(2,0)$ 型 Ricci **曲率张量**是曲率张量的迹, 即对任意 $X,Y\in T_p(M)$,

$$\mathrm{Ric}(X,Y)=\mathrm{Trace}(\cdot\to R(\cdot,X)Y)=\sum_{i=1}^{n}R(e_i,X,Y,e_i),$$

其中 $\{e_i\}$ 是 $T_p(M)$ 的单位正交基.

数量曲率 R 是 Ricci 曲率的迹, 即

$$R=\sum_{j=1}^{n}Ric(e_j,e_j).$$

由 X,Y 张成的平面 $E\subset T_p(M)$ 称为切空间的**截面**. 对应于 E 的**截面曲率**为

$$\sec(E)=\sec(X,Y)=\frac{R(X,Y,Y,X)}{g(X,X)g(Y,Y)-g(X,Y)^2}.$$

注解 3.2.5 在局部坐标系下, Ricci 曲率和数量曲率分别为

$$R_{ij}=R^k_{kij}=-g^{kl}R_{ikjl},\quad R=g^{ij}R_{ij}=g^{ij}g^{kl}R_{kijl}=-g^{ij}g^{kl}R_{ikjl}.$$

由 (3.2.3), 则有

$$R_{ij}=\partial_k\Gamma^k_{ij}-\partial_i\Gamma^k_{kj}+\Gamma^k_{kp}\Gamma^p_{ij}-\Gamma^k_{ip}\Gamma^p_{kj}. \tag{3.2.16}$$

注解 3.2.6 曲率张量有丰富的结构. 例如, 它可分为三部分的和: 第一部分完全由数量曲率确定, 第二部分由 Ricci 曲率确定, 最后一部分称为 Weyl **张量**. 在 3 维或以下维数，Weyl 张量为零 (参见 [CLN] 第一章), 从而在 3 维时, 曲率张量完全由 Ricci 曲率确定. 这一事实使得 3 维的 Ricci 流相当特别.

下面的缩并两次的第二 Bianchi 恒等式在 Ricci 流的研究中特别有用. 它在局部坐标下可写为

命题 3.2.3 $2g^{ij}\nabla_iR_{jk}=\nabla_kR.$

证明 在局部坐标系下, 第二 Bianchi 恒等式可写为

$$\nabla_iR_{jklm}+\nabla_jR_{kilm}+\nabla_kR_{ijlm}=0.$$

上式乘以 $g^{im}g^{jl}$, 并利用度量矩阵的逆的协变导数为零, 得

$$g^{im}\nabla_i(g^{jl}R_{jklm}) + g^{jl}\nabla_j(g^{im}R_{kilm}) + \nabla_k(g^{im}g^{jl}R_{ijlm}) = 0.$$

根据 Ricci 曲率和数量曲率的定义, 有

$$g^{im}g^{jl}R_{ijlm} = R, \quad g^{jl}R_{jklm} = -R_{km}, \quad g^{im}R_{kilm} = -R_{kl}.$$

因此,

$$g^{im}\nabla_i R_{km} + g^{jl}\nabla_j R_{kl} - \nabla_k R = 0.$$

重排指标便得所要的恒等式. □

§3.3 流形上常见的微分算子

下面我们介绍 Riemann 流形上的梯度、散度以及 Laplace 算子. 正如欧氏情形一样, 它们或许是使用最广泛的三个微分算子.

首先, 我们定义数值函数 $f: M \to \mathbf{R}$ 的梯度, 历史上, 这是一个让人困惑的概念. 初看起来, 把 f 的梯度定义为 f 的协变导数似乎是合理的. f 的协变导数是 $(1,0)$ 型张量, 即 1- 形式 df. 因此, 如果 X 是向量场, 则

$$\nabla_X f = X(f) = df(X),$$

这里 ∇_X 代表协变导数, 而 df 被当做是 1- 形式, 即切空间上的线性泛函. 然而, 在欧氏框架内, 传统上函数的梯度是向量场. 我们记得, $\mathbf{R}^n$ 上光滑函数 f 的梯度定义为: 对 $\mathbf{R}^n$ 上所有光滑向量场 X,

$$< \mathrm{grad}\ f, X >= X(f),$$

这里, 括号 $< \cdot,\cdot >$ 代表欧氏内积.

为了遵从这一欧氏传统, 需通过 Riemann 度量将 df 移植到切空间.

定义 3.3.1(数值函数的梯度) 光滑数值函数 $f: M \to \mathbf{R}$ 的**梯度**是一向量场, 记做 ∇f, 即 $(0,1)$ 型张量场, 它使得

$$g(\nabla f, X) = X(f) = df(X)$$

对 M 上所有的光滑向量场 X 成立.

大多数人遵从传统, 仍用 ∇f 记 f 的梯度, 这应该不会与协变导数相混淆.

在局部坐标系下, 计算梯度的公式经常要用到. 令 (U,ϕ) 为 M 的局部坐标卡, 且 $\phi(m)=(x^1(m),\cdots,x^n(m))$, $m\in U$. 对 U 上的光滑数值函数 f, 有

$$\nabla f = g^{ij}\frac{\partial f\circ\phi^{-1}}{\partial x^j}\frac{\partial}{\partial x^i}. \tag{3.3.1}$$

公式 (3.3.1) 的证明直接根据定义 3.3.1. 事实上, 假设 $\nabla f = c^i\dfrac{\partial}{\partial x^i}$, 令 $X = l^i\dfrac{\partial}{\partial x^i}$ 为任一光滑向量场. 根据定义 3.3.1, 有

$$g_{ij}c^il^j = l^j\frac{\partial(f\circ\phi^{-1})}{\partial x^j}.$$

由于 l^j 是任意的, 这蕴涵

$$g_{ij}c^i = \frac{\partial(f\circ\phi^{-1})}{\partial x^j}.$$

上面等式的两边同乘以 g^{kj}, 并求和得

$$c^i = g^{ij}\frac{\partial(f\circ\phi^{-1})}{\partial x^j}.$$

这就给出了 Δf 的局部公式.

这个局部公式有时写成简短的形式, 即

$$\nabla f = g^{ij}f_j\partial_i, \tag{3.3.2}$$

这便于做繁重的计算. 显然 f_j 代表 $\dfrac{\partial(f\circ\phi^{-1})}{\partial x^j}$, 而 ∂_i 代表 $\dfrac{\partial}{\partial x^i}$.

定义 3.3.2(张量的散度)

(i) Riemann 流形上的 C^1 向量场 X 的**散度**是标量

$$\text{div } X = \text{trace}(\nabla X) \equiv \sum_{i=1}^n g(\nabla_{e_i}X, e_i),$$

其中 ∇ 是 X 的协变导数, $\{e_i\}$ 是切空间的单位正交基.

(ii) Riemann 流形上的 (p,q) 型 C^1 张量场 T 的**散度**是下面给出的 $(p,q-1)$ 型张量:

$$(\text{div } T)(X_1,\cdots,X_p,\eta_1,\cdots,\eta_{q-1}) = \text{trace}(\nabla T)$$

$$= \sum_{i=1}^{n} g(\nabla_{e_i} T(X_1, \cdots, X_p, \eta_1, \cdots, \eta_{q-1}), e_i),$$

其中 $\nabla_{e_i} T(X_1, \cdots, X_p, \eta_1, \cdots, \eta_{q-1})$ 是向量场.

注解 3.3.1 $\nabla_{e_i} T(X_1, \cdots, X_p, \eta_1, \cdots, \eta_{q-1})$ 为向量场的原因是: $\nabla_{e_i} T$ 是 (p, q) 型张量, 它是 p 个 1-形式和 q 个向量场的直和的线性组合, 作用在 p 个向量场和 $(q-1)$ 个 1-形式后, $\nabla_{e_i} T$ 只剩下一个分量, 此即向量场.

在局部坐标系下, 向量场的散度取下面的形式: 对 C^1 向量场 $X = \xi^i \dfrac{\partial}{\partial x^i}$,

$$\mathrm{div} X = \frac{1}{\sqrt{g}} \frac{\partial}{\partial x^i} (\sqrt{g} \xi^i), \tag{3.3.3}$$

其中 $\sqrt{g} \equiv \sqrt{\det(g_{ij})}$.

下面给出这一公式 (3.3.3) 的简短证明. 根据定义, ∇X 是下面给出的 $(1, 1)$ 型张量:

$$\nabla X = \Big(\frac{\partial \xi^i}{\partial x^j} + \xi^k \Gamma^i_{kj} \Big) \frac{\partial}{\partial x^i} \otimes dx^j .$$

$(1, 1)$ 型张量 T^i_j 的迹就是 T^i_i, 因此,

$$\mathrm{div} X = \frac{\partial \xi^i}{\partial x^i} + \xi^k \Gamma^i_{ki}.$$

根据 Christoffel 符号的局部公式 (3.1.3), 则有

$$\Gamma^i_{ki} = \frac{1}{2} g^{ij} \frac{\partial g_{ij}}{\partial x^k} = \frac{1}{\sqrt{g}} \frac{\partial \sqrt{g}}{\partial x^k}. \tag{3.3.4}$$

这表明,

$$\mathrm{div} X = \frac{\partial \xi^i}{\partial x^i} + \xi^k \frac{1}{\sqrt{g}} \frac{\partial \sqrt{g}}{\partial x^k},$$

由此可得所要的公式 (3.3.3).

作为 $\mathbf{R}^n$ 上 Laplace 算子的推广, 下面介绍作用在流形 M 上的数值函数的 Laplace 算子. 它是几何分析中重要的二阶算子.

定义 3.3.3(数值函数的 Laplace-Beltrami 算子) 令 u 为 M 上的 C^2 数值函数, 则 Laplace-Beltrami **算子**定义为

$$\Delta u = \operatorname{div}(\nabla u).$$

根据梯度和散度的计算, 在局部坐标系中, 成立

$$\Delta u = \frac{1}{\sqrt{g}} \frac{\partial}{\partial x^i}\Big(\sqrt{g}\, g^{ij} \frac{\partial u}{\partial x^j}\Big). \tag{3.3.5}$$

Δu 也是定义 3.2.1 给出的 u 的 Hessian 的迹. 回想 u 的 Hessian 是下面给出的 $(2,0)$ 型张量:

$$(\text{Hess } u)(X,Y) = \nabla^2_{X,Y} u = \nabla_X(\nabla_Y u) - (\nabla_X Y)u.$$

因此, 在局部坐标系 (U,ϕ), $\phi = (x^1, \cdots, x^n)$ 中,

$$(\text{Hess } u)_{ij} = (\text{Hess } u)\Big(\frac{\partial}{\partial x^i}, \frac{\partial}{\partial x^j}\Big) = \frac{\partial}{\partial x^j}\Big(\frac{\partial u}{\partial x^i}\Big) - \Gamma^k_{ij}\frac{\partial u}{\partial x^k}.$$

由于 $(2,0)$ 型张量 T_{ij} 的迹是 $g^{il}T_{li}$, 因此,

$$\text{trace}(\text{Hess } u) = g^{il}\Big[\frac{\partial}{\partial x^i}\Big(\frac{\partial u}{\partial x^l}\Big) - \Gamma^k_{li}\frac{\partial u}{\partial x^k}\Big].$$

为看出它等于 Δu, 我们回忆

$$\frac{\partial g_{ij}}{\partial x^k} = g_{il}\Gamma^l_{jk} + g_{jl}\Gamma^l_{ik}.$$

这不过是 Riemann 几何基本定理中公式 (iii) 的局部形式, 它代表度量张量 g 的协变导数为零. 由于 (g^{ij}) 是 (g_{ij}) 的逆, 因此,

$$g^{ih}g_{hj} = \delta^i_j.$$

将上面这个恒等式对 x^k 求导, 并通过简单地变换指标, 可以证明

$$\frac{\partial g^{ij}}{\partial x^k} = -g^{il}\Gamma^j_{lk} - g^{jl}\Gamma^i_{lk}. \tag{3.3.6}$$

从 (3.3.4) 和 (3.3.5), 知

$$\Delta u = g^{ij}\frac{\partial^2 u}{\partial x^i \partial x^j} + \frac{\partial g^{ij}}{\partial x^i}\frac{\partial u}{\partial x^j} + g^{ij}\Gamma_{il}^l \frac{\partial u}{\partial x^j}.$$

在 (3.3.6) 中取 $k = i$ 并求和, 然后将所得的和代入上面 Δu 的表达式中, 便得

$$\Delta u = g^{ij}\frac{\partial^2 u}{\partial x^i \partial x^j} - g^{il}\Gamma_{li}^k \frac{\partial u}{\partial x^k} = \mathrm{trace}(\mathrm{Hess}\ u). \tag{3.3.7}$$

§3.4 测地线, 指数映射, 单射半径, Jacobi 场, 指标形式

本节我们要给出测地线的概念, 有两种途径定义测地线. 一种是将测地线视为欧氏空间中的直线按下述意义的推广: 欧氏空间中, 直线的切向量是常向量, 即切向量场沿直线的导数为零; 另一种途径是将测地线看做局部距离最短的曲线.

定义 3.4.1 (沿曲线的向量场的协变导数) 令 $c = c(t)$ 为 M 上的 C^1 曲线, 而 $X = X(c(t))$ 为沿曲线 c 的 C^1 向量场. 固定 t, 令 $V_1, \cdots, V_n$ 为在 $c(t)$ 的开邻域 U 中的 C^1 向量场, 满足: 对每个 $p \in U$, $V_1(p), \cdots, V_n(p)$ 构成切空间 $T_p(M)$ 的一组基. 假设

$$X(c(t)) = \sum_{i=1}^n \xi^i(t) V_i(c(t)),$$

则沿曲线 c 的向量场 X 的**协变导数**为

$$\nabla_{c'(t)} X(c(t)) \equiv \dot{\xi}^i(t) V_i(c(t)) + \xi^i(t) \nabla_{c'(t)} V_i|_{c(t)}.$$

显然, 此定义不依赖于基 $\{V_i\}$ 的选取. 如果曲线 $c = c(t)$ 的切向量 $c'(t)$ 可延拓为定义在 $c = c(t)$ 的邻域内的向量场 Y, 则上述 $\nabla_{c'(t)} X(c(t))$ 的定义和 $\nabla_Y X$ 限制在 $c = c(t)$ 上一致. 但是, 这种延拓并不总是可能.

定义 3.4.2 (测地线) 令 (M, g) 为 Riemann 流形, 而 ∇ 为 Riemann 联络. M 上的参数曲线 $c = c(t)$ 称为**测地线**, 如果 $\nabla_{c'} c' = 0$.

注意, 测地线的切向量的长度为常数, 即 $|c'(t)| = \sqrt{g(c'(t), c'(t))}$ 为常数. 事实上, 对 $f = f(c(t)) \equiv g(c'(t), c'(t))$, 有

$$\frac{d}{dt} f(c(t)) = \nabla_{c'(t)}[g(c'(t)), c'(t))] = 2g(\nabla_{c'(t)} c'(t), c'(t))) = 0.$$

这里, 我们用了 Leibnitz 法则和 $\nabla g = 0$ 的事实.

接下来, 我们介绍熟知的局部坐标系下的测地线方程. 令 (U, ϕ) 为 M 的局部坐标卡, 使得 $\phi = (\phi_1, \cdots, \phi_n)$ 为从 $U \subset M$ 到 $\mathbf{R}^n$ 中区域的局部微分同胚. 令 $c = c(t)$ 为 U 中曲线, 则

$$c(t) = \phi^{-1}(x^1(t), \cdots, x^n(t)),$$

其中 $(x^1(t), \cdots, x^n(t))$ 为 $\phi(U) \subset \mathbf{R}^n$ 中曲线的参数方程. 通常认为 $c = c(t)$ 在 ϕ 下的像与 $c = c(t)$ 本身相同. 注意, $x^i(t) = \phi_i(c(t))$, 局部坐标系下的测地线方程实际上是关于 x^i 的方程组.

令 $f : U \to \mathbf{R}$ 为光滑函数, 根据定义 3.1.3, 有

$$\begin{aligned}
c'(t)(f) &= \frac{d}{dt}(f \circ \phi^{-1})(x^1(t), \cdots, x^n(t)) \text{ (欧氏导数)} \\
&= \frac{\partial (f \circ \phi^{-1})}{\partial x^i} \dot{x}^i(t) \text{ (欧氏链法则)} \\
&= \frac{\partial f}{\partial x^i} \dot{x}^i(t) \text{ (定义 3.1.4)},
\end{aligned}$$

因此,

$$c'(t) = \dot{x}^i(t) \frac{\partial}{\partial x^i}.$$

接下来我们根据协变导数的定义计算

$$\begin{aligned}
\nabla_{c'(t)} c'(t) &= \nabla_{c'(t)} (\dot{x}^i(t) \frac{\partial}{\partial x^i}) \\
&= \frac{d^2 x^i(t)}{dt^2} \frac{\partial}{\partial x^i} + \dot{x}^i(t) \nabla_{c'(t)} \frac{\partial}{\partial x^i}.
\end{aligned}$$

如果 $c = c(t)$ 为测地线, 则 $\nabla_{c'(t)} c'(t) = 0$. 从而 x^i 满足微分方程组

$$\frac{d^2 x^i}{dt^2} + \Gamma^i_{jk}(c(t)) \frac{dx^j}{dt} \frac{dx^k}{dt} = 0. \tag{3.4.1}$$

根据标准的常微分方程理论, 方程组 (3.4.1) 有短时间局部解. 也容易看出, 测地线是弧长第一变分的临界点. 在下面的命题 3.4.1 中, 我们将讨论弧长第一变分.

在多变量微积分中, 适当的坐标系, 例如, 直角坐标系和球坐标系, 扮演重要角色, 因为它们可将复杂的计算和表达式简化. 对于微分几何, 由于人们处理的对象很复杂, 找到合适的局部坐标尤为重要.

首先, 让我们利用测地线引进称做指数映射的自然局部坐标. 上面给出的测地线方程 (3.4.1) 是一个二阶二次非线性常微分方程组. 由于流形是光滑的, 方程的系数 Γ_{ij}^k 也是光滑的. 根据标准的常微分方程理论知, 对于任何点 $p \in M$ 和向量 $v \in T_p(M)$, 存在唯一的测地线 $c = c(t)$, $t \in [0, t_0]$, 使得 $c(0) = p$ 且 $c'(0) = v$. 这里, $t_0 > 0$ 可能依赖于 p 和 v. 如果 $t_0 < \infty$, 则考虑曲线

$$l(t) = c(t_0 t).$$

显然, $l(0) = c(0) = p$ 且 $l'(0) = t_0 c'(0) = t_0 v$. 此外, 曲线 l 对于 $t \in [0, 1]$ 有确切的定义, 且

$$\nabla_{l'(t)} l'(t) = t_0^2 \nabla_{c'(s)} c'(s) = 0, \text{ 其中 } s = t_0 t.$$

因此 l 至少是在时间段 $[0, 1]$ 上存在的测地线, 满足 $l(0) = p$, $l'(0) = t_0 v$. 注意, v 是 $T_p(M)$ 上的任意向量. 根据常微分方程的理论, 不难证明, 存在满足下述性质的极大开集 $D \subset T_p(M)$:

(i) $0 \in D$;

(ii) 对所有 $v \in D$, 存在唯一的测地线 l, 使得 $l(0) = p$, $l'(0) = v$;

(iii) l 至少在时间段 $[0, 1]$ 上存在.

接下来我们要给出

定义 3.4.3(指数映射) 给定 $p \in M$, **指数映射** $\exp_p$ 是由

$$\exp_p(v) = l(1)$$

给出的, 从 $D \subset T_p(M)$ 到 M 映射, 其中 l 是满足 $l(0) = p$ 且 $l'(0) = v$ 的测地线.

注解 3.4.1 $\exp_p$ 是在零切向量的某个邻域上的局部微分同胚.

根据反函数定理, 只需证明 $\exp_p$ 在 $0 \in T_p(M)$ 处的导数 $D\exp_p$ 非奇异. 我们将证明 $D\exp_p$ 在 0 处实际上是恒同映射.

为证明这个事实, 我们回忆从一个光滑流形 M_1 到另一个光滑流形 M_2 的光滑映射 F 的导数的定义. F 在 $m_1 \in M_1$ 处的导数是从 $T_{m_1}(M_1)$ 到 $T_{F(m_1)}(M_2)$ 的线性映射, 使得

$$b'(0) = DF_{m_1} a'(0),$$

这里, $a = a(\tau)$ 是 M_1 上任一满足 $a(0) = m_1$ 的光滑曲线, 而 $b = b(\tau)$ 是 a 在 F 下的像, 即 $b(\tau) = F(a(\tau))$. 注意, 这个定义只不过在重新叙述链法则.

接下来我们取 $M_1 = T_p(M)$, $M_2 = M$ 以及定义域为 $D \subset T_p(M)$ 的 $F = \exp_p$. 选取任意 $v \in D$, 令 $a = \tau v$, 则 $b = b(\tau) = \exp_p(\tau v)$, 根据上面关于流形间光滑映射的导数定义, 有

$$\frac{d}{d\tau} \exp_p(\tau v)\big|_{\tau=0} = (D\exp_p)\big|_0 v.$$

由定义 3.4.3, 对于 $\tau \in [0,1]$,

$$\exp_p(\tau v) = c_\tau(1),$$

其中 $c = c_\tau(t)$ 为测地线, 满足 $c_\tau(0) = p$ 和 $c'_\tau(0) = \tau v$, 这里的导数是关于 t 求导. 由测地线方程局部解的唯一性, 我们知

$$c_\tau(t) = l(\tau t),$$

其中 $l = l(t)$ 是满足 $l(0) = p$, $l'(0) = v$ 的测地线. 因此,

$$\exp_p(\tau v) = c_\tau(1) = l(\tau), \tag{3.4.2}$$

即 $\exp_p(\tau v)$ 不过是从 p 出发, 初始切向量等于 v 的测地线, 从而

$$\frac{d}{d\tau} \exp_p(\tau v)\big|_{\tau=0} = v.$$

这表明 $v = (D\exp_p)\big|_0 v$. 由于 v 是包含 0 的区域 D 中的任意向量, 因此 $(D\exp_p)|_0$ 为恒同映射.

指数映射 $\exp_p$ 是切空间 $T_p(M)$ 到流形 M 的自然局部微分同胚. 一般地, 我们当然不能期望 $\exp_p$ 为整体微分同胚. 下面称为单射半径的概念度量了 $\exp_p$ 仍为微分同胚的程度.

定义 3.4.4 (单射半径) $p \in M$ 处的**单射半径**, 定义为 $T_p(M)$ 中以 0(切向量) 为心, 且使得 $\exp_p$ 在其上是微分同胚的最大开球的半径, 记做 $\mathrm{inj}(p)$.

$\mathrm{inj}(p)$ 对所有 $p \in M$ 的下确界, 称为整个流形 M 的**单射半径**, 记做 $\mathrm{Inj}(M)$.

与之密切相关的概念称为共轭点.

定义 3.4.5 (共轭点) 令 $p \in M$, $\exp_p:\ T_p(M) \to M$ 为指数映射. 称点 $x \in M$ 为 p 的**共轭点**, 如果 x 是 $\exp_p$ 的奇异值. 即存在 $v \in T_p(M)$, 使得 $x = \exp_p(v)$ 且线性映射 $D\exp_p: T_v(T_p(M)) \to T_x(M)$ 奇异.

单射半径和共轭点的知识对于理解流形的结构和研究 Ricci 流是重要的. 我们将在下面的 3.6 节介绍有关单射半径下界的一些结果.

在微分几何中, 许多对象, 例如, 联络, 曲率等, 牵涉相当复杂的表达式. 因此, 利用有效的局部坐标系以简化记号和运算非常重要. 下面给出一个最有用的坐标系.

定义 3.4.6(局部法坐标系) 令 $p \in M$, $\exp_p$ 为定义在 $D \subset T_p(M)$ 上的指数映射. 令 $\{e_1, \cdots, e_n\}$ 为 $T_p(M)$ 的单位正交基, 即 $g|_p(e_i, e_j) = \delta_{ij}$. 给定 $v = y^i e_i \in T_p(M)$ 定义

$$J(v) = (y^1, \cdots, y^n),$$

则映射 $\phi \equiv J \circ \exp_p^{-1}$ 为将 $U \equiv \exp_p(D)$ 映到 $\mathbf{R}^n$ 的局部微分同胚.

局部坐标卡 (U, ϕ) 称为 p 点附近的**局部法坐标系**.

注解 3.4.2 在局部法坐标系下, 在点 p (其坐标为 $y = (y^1, \cdots, y^n) = 0$) 处满足:

(i) $g_{ij} = g\left(\dfrac{\partial}{\partial y^i}, \dfrac{\partial}{\partial y^j}\right) = \delta_{ij}$;

(ii) $\Gamma^i_{jk} = 0$.

(i) 的证明尽管很短, 但需要小心概念. 令 f 为 M 上的光滑函数. 根据定义 3.4.6,

$$\begin{aligned}\frac{\partial f}{\partial y^i} &= \frac{\partial(f \circ \phi^{-1})}{\partial y^i} = \frac{\partial(f \circ \exp_p \circ J^{-1})(y^1, \cdots, y^n)}{\partial y^i} \\ &= \frac{\partial[f \circ \exp_p(y^1 e_1 + \cdots + y^n e_n)]}{\partial y^i}.\end{aligned}$$

因此, 在 p $(y = 0)$ 处, 有

$$\frac{\partial f}{\partial y^i} = \left.\frac{d[f \circ \exp_p(se_i)]}{ds}\right|_{s=0} = \left.\frac{d\exp_p(se_i)}{ds}\right|_{s=0} f = e_i f.$$

这里只是用了曲线切向量的定义, 即 $c'(s)f=[f\circ c(s)]'$. 因为 f 任意, 故 $\dfrac{\partial}{\partial y^i}=e_i$ 为已选定的 $T_p(M)$ 的单位正交基. 因此, 我们已证明

$$g_{ij}=g\Big(\frac{\partial}{\partial y^i},\frac{\partial}{\partial y^j}\Big)=\delta_{ij}.$$

为证明断言 (ii), 取 $v=y^ie_i\in T_p(M)$, 则 $c=c(t)=\exp_p(tv)$ 在局部上为测地线, 满足 $c(0)=p$ 且 $c'(0)=v$. 在局部法坐标系下, $c=c(t)$ 的参数方程为

$$\phi(c)=\phi(c(t))=J\circ\exp_p^{-1}(c(t))=J\circ\exp_p^{-1}(\exp_p(tv))=t(y^1,\cdots,y^n).$$

因此 $x^i\equiv ty^i$ 满足测地线方程 (3.4.1), 而这蕴涵

$$\Gamma^i_{jk}(\exp(tv))y^jy^k=0.$$

注意到, 如果 $t\neq 0$, 这个方程并不意味着 $\Gamma^i_{jk}(\exp(tv))=0$. 这是因为, 对 $\{y^i\}$ 的不同选取, 点 $\exp(tv)$ 可以不同. 但是, 通过取 $t=0$ 和任意的 y^i, 上述同一方程蕴涵 $\Gamma^i_{jk}(p)=0$. 这就证明了断言 (ii).

在介绍完有关测地线的这些方程和计算后, 让我们用更为直观的观点讨论测地线, 即把它看做局部距离最小的曲线. 下面我们先回想曲线长度的概念.

定义 3.4.7 (曲线的长度 (弧长)) 令 $c=c(s)$, $s\in[a,b]\subset\mathbf{R}$ 为 Riemann 流形 M 上的分段 C^1 曲线, 则**曲线 c 的长度**(**弧长**) 为

$$|c|=\int_a^b\sqrt{g(c'(s),c'(s))}ds.$$

与之紧密相关的概念是曲线的能量.

定义 3.4.8(曲线的能量) 令 $c=c(s)(s\in[a,b]\subset\mathbf{R})$ 为 Riemann 流形 M 上的分段 C^1 曲线, 则**曲线 c 的能量**为

$$e(c)=\frac{1}{2}\int_a^b g(c'(s),c'(s))ds.$$

定义 3.4.9 (曲线的变分) 光滑曲线 $c:[a,b]\to M$ 的**变分**是将 $[a,b]\times(-\varepsilon,\varepsilon)(\varepsilon>0)$ 映到 M 的二元光滑函数 B, 其中 B 满足 $B(s,0)=c(s)$. 曲线 $B(\cdot,t)$ 在 (s,t) 处的切向量记为 ∂_sB; 曲线 $B(s,\cdot)$ 在 (s,t) 处的切向量记为 ∂_tB; 对任何固定的 t, 曲线 $s\to B(s,t)$ 记做 c_t.

命题 3.4.1 令 $B(s,t)=c_t(s)$ 为曲线 $c=c(s)$ 的变分, 则在 $t=0$ 处,

$$\frac{d}{dt}e(c_t)=g(\partial_t B,c'(s))\big|_{s=a}^{s=b}-\int_a^b g(\partial_t B,\nabla_{c_t'(s)}c_t'(s))ds,$$

$$\frac{d}{dt}l(c_t)=\frac{b-a}{l}\Big(g(\partial_t B,c'(s))\big|_{s=a}^{s=b}-\int_a^b g(\partial_t B,\nabla_{c_t'(s)}c_t'(s))ds\Big).$$

这里, l 是曲线 $c=c(s)$ 在 $[a,b]$ 上的长度.

证明 我们只给出第一个公式的证明, 而将第二个公式的证明留作习题.

我们从

$$\frac{d}{dt}e(c_t)=\frac{1}{2}\frac{d}{dt}\int_a^b g(c_t'(s),c_t'(s))ds$$

出发. 在下面的计算中, 我们将用 Riemann 流形上的向量场的协变导数的性质. 但是, $c_t'(s)$ 和 $\partial_t B$ 都不是 M 上的向量场, 它们通常只在低维子集内有定义. 然而, 利用和定义 3.4.1 类似的思想, Riemann 几何基本定理中的法则仍能适用, 因此,

$$\begin{aligned}\frac{d}{dt}e(c_t)&=\frac{1}{2}\int_a^b \partial_t[g(c_t'(s),c_t'(s))]ds=\int_a^b g(\nabla_{\partial_t B}c_t'(s),c_t'(s))ds\\&=\int_a^b g(\nabla_{\partial_t B}\partial_s B,\partial_s B)ds=\int_a^b g(\nabla_{\partial_s B}\partial_t B,\partial_s B)ds\\&=\int_a^b \partial_s[g(\partial_t B,\partial_s B)]ds-\int_a^b g(\partial_t B,\nabla_{\partial_s B}\partial_s B)ds.\end{aligned}$$

这里我们用了恒等式 (Riemann 几何基本定理中的无挠条件)

$$\nabla_{\partial_s B}\partial_t B-\nabla_{\partial_t B}\partial_s B=[\partial_s B,\partial_t B]=0. \tag{3.4.3}$$

由于 $\partial_s B=c_t'(s)$, 从而命题获证. □

从弧长的第一变分公式 (命题 3.4.1 的第二个公式) 知, 连接两点 $p,q\in M$ 的距离最短的曲线一定是测地线. 如果 p,q 位于足够小的邻域内, 连接这两点且位于此邻域内的测地线也是距离最短的. 然而, 如果 p,q 不靠近, 情况就可能不一样. 有趣的是在临界的情形, 即那些最远的点, 测地线越过它们之后就不再是距离最短的. 这些点形成所谓的割迹, 描述如下:

定义 3.4.10 (割迹) 令 M 为完备流形 (参见定义 3.4.14), $p \in M$ 且 $v \in T_p(M)$, $\|v\| = 1$. 记 $c_v(t) = \exp_p(tv)$ 为满足 $c_v(0) = p, c_v'(0) = v$ 的测地线, 定义

$$l_v = \sup\{t > 0 \,|c_v \text{ 在 } [0,t] \text{ 距离最短}\},$$

则 p 的**割迹**是集合 $\{\exp(l_v v) | v \in T_p(M), \|v\| = 1, l_v < +\infty\}$. 割迹中的每个点都被称为**割点**.

接下来我们考虑第二变分公式.

命题 3.4.2 给定长度为 l 的以弧长为参数的测地线 $c = c(s)$, 令 $B(s,t,u) = c_{t,u}(s)$ 为双参数光滑变分, 即 B 是从 $[0,l] \times (-\varepsilon, \varepsilon) \times (-\delta, \delta)$ 到 M 的光滑映射, 且 $B(s,0,0) = c(s)$, 则在 $t = u = 0$ 处,

$$\begin{aligned}\frac{\partial^2}{\partial u \partial t} e(c_{t,u}) =& g(\nabla_{\partial_u B} \partial_t B, c'(s))\Big|_{s=0}^{s=l} \\ &+ \int_0^l \left[g(\nabla_{c'(s)} \partial_t B, \nabla_{c'(s)} \partial_u B) + R(\partial_u B, c'(s), \partial_t B, c'(s))\right] ds,\end{aligned}$$

以及

$$\begin{aligned}\frac{\partial^2}{\partial u \partial t} l(c_{t,u}) =& g(\nabla_{\partial_u B} \partial_t B, c'(s))\Big|_{s=0}^{s=l} \\ &+ \int_0^l \left[g(\nabla_{c'(s)} \partial_t B, \nabla_{c'(s)} \partial_u B) + R(\partial_u B, c'(s), \partial_t B, c'(s))\right] ds \\ &- \int_0^l g(c'(s), \nabla_{c'(s)} \partial_t B) g(c'(s), \nabla_{c'(s)} \partial_u B) ds.\end{aligned}$$

证明 由第一变分公式的证明知,

$$\frac{1}{2} \frac{\partial}{\partial t} g(\partial_s B, \partial_s B) = g(\nabla_{\partial_s B} \partial_t B, \partial_s B).$$

因此,

$$\frac{1}{2} \frac{\partial^2}{\partial u \partial t} g(\partial_s B, \partial_s B) = g(\nabla_{\partial_u B} \nabla_{\partial_s B} \partial_t B, \partial_s B) + g(\nabla_{\partial_s B} \partial_t B, \nabla_{\partial_u B} \partial_s B).$$

根据 (3.4.3) 和曲率张量的定义 3.2.2, 上式化为

$$\begin{aligned}\frac{1}{2} \frac{\partial^2}{\partial u \partial t} g(\partial_s B, \partial_s B) =& g(\nabla_{\partial_s B} \nabla_{\partial_u B} \partial_t B, \partial_s B) \\ &+ R(\partial_u B, \partial_s B, \partial_t B, \partial_s B) + g(\nabla_{\partial_s B} \partial_t B, \nabla_{\partial_s B} \partial_u B).\end{aligned}$$

如果 $t=u=0$, 则 $\partial_s B=c'(s)$, 且由 $c=c(s)$ 为测地线知,

$$\nabla_{\partial_s B}\partial_s B=0.$$

因此,

$$\begin{aligned}\frac{\partial}{\partial s}g(\nabla_{\partial_u B}\partial_t B,\partial_s B)&=g(\nabla_{\partial_s B}\nabla_{\partial_u B}\partial_t B,\partial_s B)+g(\nabla_{\partial_u B}\partial_t B,\nabla_{\partial_s B}\partial_s B)\\&=g(\nabla_{\partial_s B}\nabla_{\partial_u B}\partial_t B,\partial_s B).\end{aligned}$$

于是,

$$\begin{aligned}\frac{1}{2}\frac{\partial^2}{\partial u\partial t}g(\partial_s B,\partial_s B)=&\frac{\partial}{\partial s}g(\nabla_{\partial_u B}\partial_t B,\partial_s B)\\&+R(\partial_u B,\partial_s B,\partial_t B,\partial_s B)+g(\nabla_{\partial_s B}\partial_t B,\nabla_{\partial_s B}\partial_u B).\end{aligned}$$

积分上式, 便得命题中的第一个公式.

第二个公式可类似地证明. □

习题 3.4.1　证明命题 3.4.2 中的第二个公式.

在能量和弧长的第二变分公式中, 主项是

$$\mathrm{I}\xlongequal{\text{记为}}\int_0^l\left[g(\nabla_{c'(s)}\partial_t B,\nabla_{c'(s)}\partial_u B)+R(\partial_u B,c'(s),\partial_t B,c'(s))\right]ds.$$

记 $X=\partial_t B$, $Y=\partial_u B$, 则上式化为

$$\mathrm{I}=\int_0^l\left[g(\nabla_{c'(s)}X,\nabla_{c'(s)}Y)+R(Y,c'(s),X,c'(s))\right]ds.$$

如果将能量或弧长看做是曲线的泛函, 则 I 可看成是泛函的 Hessian, 它扮演着与函数的 Hessian 相类似的角色.

定义 3.4.11 (指标形式)　令 $c=c(s)$ 是长度为 L 的以弧长为参数的测地线, 则如下定义的双线性型

$$\begin{aligned}I(X,Y)&=\int_0^L[g(X',Y')+g(X,R(c',Y)c')]ds\\&=\int_0^L[g(X',Y')+R(X,c',Y,c')]ds\end{aligned}$$

称为 c 的**指标形式**. 这里, X 和 Y 是沿 $c=c(s)$ 的向量场, 而 X',Y' 分别是 X,Y 沿 $c'(s)$ 的协变导数.

注意到,

$$g(\nabla_{c'(s)}X, \nabla_{c'(s)}Y) = \frac{\partial}{\partial s}g(X, \nabla_{c'(s)}Y) - g(X, \nabla_{c'(s)}\nabla_{c'(s)}Y),$$

把上式代入 c 的指标形式, 得

$$I(X,Y)=g(X,\nabla_{c'(s)}Y)|_0^L-\int_0^L[g(X,\nabla_{c'(s)}\nabla_{c'(s)}Y)+R(Y,c'(s))c'(s)]ds. \tag{3.4.4}$$

此公式引出了下面的定义.

定义 3.4.12 (Jacobi 场) 沿测地线 $c(s)$ 的 Jacobi **场** $J(t)$ 是沿 c 的向量场, 满足二阶方程

$$J''(t) + R(J(t), c'(t))c'(t) = 0,$$

其中 $J''(t) \equiv \nabla_{c'(t)}\nabla_{c'(t)}J(t)$, 而 R 是曲率张量.

注解 3.4.3 根据公式 (3.4.4), 如果其中一个向量场为 Jacobi 场, 则指标形式由端点处的信息决定. 即如果 Y 是 Jacobi 场, 则

$$I(X,Y) = g(X, \nabla_{c'(s)}Y)|_0^L. \tag{3.4.5}$$

这个性质使得利用 Jacobi 场可简化许多表达式, 例如, 体积形式, Laplace 算子等. 基本的体积比较定理就是按这种方式推导出的, 稍后, 我们将详细讨论.

Jacobi 场的另一重要性质是它们描述了指数映射的导数. 更确切地说, 我们有

命题 3.4.3 令 $u, v \in T_p(M)$, $p \in M$, c 为测地线 $\exp_p(sv)$, 则

$$D\exp_p\big|_{sv}(su) = Y(s),$$

其中 Y 是沿 $c = c(s)$ 的 Jacobi 场, 满足 $Y(0) = 0$ 以及 $Y'(0) = u$.

证明 回想: $\exp_p$ 将 $T_p(M)$ 中的球映到 M, 因此 $D\exp_p\big|_{sv}$ 是从 $T_{sv}(T_p(M))$ 到 $T_{\exp_p(sv)}(M)$ 的映射. 由于 $T_p(M)$ 是线性空间, 故 $T_{sv}(T_p(M))$ 和 $T_p(M)$ 同构. 因此没有必要区分这两个空间中的向量.

对于充分小的数 s 和 t, 考虑变分

$$B(s,t) = \exp_p(sv + stu),$$

则由链法则可得

$$\frac{\partial B}{\partial t} = D\exp_p\big|_{sv+stu}(su).$$

定义向量场 $Y = Y(s)$ 为 $\dfrac{\partial B}{\partial t}(s,t)$ 在 $t=0$ 处的值, 根据定义 3.4.1,

$$Y'(s) = \nabla_{c'(s)}(D\exp_p\big|_{sv}(su)) = D\exp_p|_{sv}(u) + s\nabla_{c'(s)}D(\exp_p|_{sv}(u)).$$

由于 Y 显然满足初值条件 $Y(0) = 0$ 及 $Y'(0) = u$, 因此我们只需证明 Y 是 Jacobi 场. 事实上,

$$\begin{aligned}\nabla_{c'(s)}\nabla_{c'(s)}Y(s) &= \nabla_{c'(s)}\nabla_{Y(s)}c'(s)\\ &= \nabla_{Y(s)}\nabla_{c'(s)}c'(s) + R(c'(s),Y(s))c'(s)\\ &= -R(Y(s),c'(s))c'(s).\end{aligned}$$

这里我们用到 c 是测地线, 因此 $\nabla_{c'(s)}c'(s) = 0$. □

下面的两个命题是 Jacobi 场的两个直接应用.

命题 3.4.4 令 p, q 为完备流形 M (参见定义 3.4.14) 上由测地线 c 连接的两点, 满足 $c(a) = p$, $c(b) = q$, 且 $b > a$. 则 q 是 p 的共轭点, 当且仅当存在沿 c 的非平凡 Jacobi 场, 使得 $J(a) = J(b) = 0$.

证明 *必要性* 假设 $v \in T_p(M)$ 满足 $q = \exp_p v$. 如果 p, q 共轭, 则根据定义 3.4.5, 存在 $\xi \in T_v(T_p(M))$, 使得 $D\exp_p|_v(\xi) = 0$. 定义 M 上的一族曲线

$$\beta(s,t) = \exp_p(s(v + t\xi)),$$

则由命题 3.4.3 的证明知, 向量场

$$Y(s) = \frac{\partial \beta}{\partial t}(s,0)$$

是沿曲线 $c = c(s) = \exp_p(sv)$ 的 Jacobi 场, 根据链法则,

$$Y(s) = \frac{\partial \beta}{\partial t}(s,0) = D\exp_p|_{sv}(s\xi).$$

由假设, 显然我们有 $Y(0)=0$, $Y(1)=D\exp_p|_v(\xi)=0$. 但 $Y'(0)=D\exp_p|_0(\xi)=\xi$, 因此 Y 非平凡. 这证明了命题的必要性.

充分性 假设存在沿 $c=\exp_p(sv)$ 的非平凡 Jacobi 场, 使得 $J(0)=0$ 且 $J(1)=0$, 则 $J'(0)\neq 0$. 定义 $\beta(s,t)=\exp_p(s(v+tJ'(0)))$. 还是根据命题 3.4.3 的证明知, $J(s)=\dfrac{\partial\beta}{\partial t}(s,t)|_{t=0}$ 且

$$D\exp_p|_v J'(0)=J(1)=0.$$

这表明 $q=c(1)$ 是 p 的共轭点. □

Jacobi 场的另一个应用是它们能刻画局部法坐标系及与之相关的测地球坐标系, 这简化了许多计算.

令 $B(p,r)\subset M$ 是以 p 为心, r 为半径的测地球, 即

$$B(p,r)=\{\exp_p(sv)|s\in[0,r],v\in T_p(M),\|v\|=1\}.$$

假设这个球和 p 的割迹不相交. 根据下面的命题 3.6.2 第 (3) 部分, 指数映射的逆映射 $\exp_p^{-1}$ 存在且是 $B(p,r)$ 上的局部坐标映射. 令 $\{e_1,\cdots,e_n\}$ 为 $T_p(M)$ 的单位正交基, $B(p,r)$ 中的每个点 q 在这个坐标卡中都能表为坐标 $\{x^1,\cdots,x^n\}$, 即 $q=\exp_p(x^1e_1+\cdots+x^ne_n)$. 由定义 3.4.6 知, $\{x^1,\cdots,x^n\}$ 为 q 的局部法坐标系.

定义 3.4.13 (测地球坐标) 令 $\{x^1,\cdots,x^n\}$ 为 q 的局部法坐标, 则 $(x^1,\cdots,x^n)$ 在 $\mathbf{R}^n$ 的球坐标系中的坐标 $(v,s)\in\mathbf{S}^{n-1}\times[0,\infty)$ 称为 q 的**测地球坐标**.

命题 3.4.5 令 $q=\exp_p(sv)\in B(p,r)$, 且 $B(p,r)$ 和 p 的割迹不相交. 这里 v 是 $T_p(M)$ 中的单位向量且 $s>0$. 令 $(x^1,\cdots,x^n)$ 为 q 的局部法坐标, 则有

$$\frac{\partial}{\partial x^i}|_q=\frac{1}{s}Y_i(s),$$

其中 Y_i 是沿曲线 $c=c(t)=\exp_p(tv)$ 的 Jacobi 场, 满足 $Y_i(0)=0$ 及 $Y_i'(0)=e_i$, $i=1,\cdots,n$.

证明 对任何固定的 $s\in[0,r]$, 令 $q=\exp_p(sv)$. 根据命题 3.6.2 (iii), 球 $B(p,r)$ 不包含 p 的任何共轭点, 因此 $D\exp_p|_{sv}$ 非奇异, 从而

$$\{D\exp_p|_{sv}(e_1),\cdots,D\exp_p|_{sv}(e_{n-1}),D\exp_p|_{sv}(e_n)\}$$

是 $T_q(M)$ 的一组基. 事实上, 它不是别的, 正是局部基 $\left\{\frac{\partial}{\partial x^1}, \cdots, \frac{\partial}{\partial x^n}\right\}$. 根据定义, 需要验证, 对任何 $B(p,r)$ 上的光滑函数 f,

$$\left.\frac{\partial f}{\partial x^i}\right|_q = \left[\left.\frac{d}{dl}\right|_{l=0} \exp_p(sv + le_i)\right] f = [D\exp_p|_{sv}(e_i)]f.$$

令 $c = c(t)$ 为测地线 $\exp_p(tv)$. 根据命题 3.4.3,

$$D\exp_p\big|_{sv}(se_i) = Y_i(s),$$

其中 Y_i 是沿 $c = c(t)$ 的 Jacobi 场, 满足 $Y_i(0) = 0$ 和 $Y_i'(0) = e_i$, $i = 1, \cdots, n$. 因此,

$$\left\{\left.\frac{\partial}{\partial x_1}\right|_q, \cdots, \left.\frac{\partial}{\partial x_n}\right|_q\right\} = \left\{\frac{1}{s}Y_1(s), \cdots, \frac{1}{s}Y_n(s)\right\}$$

为 $T_q(M)$ 的典范基. □

在讨论过指数映射的一些局部性质后, 我们转向完备流形的概念, 它是基于指数映射的整体性质.

定义 3.4.14 如果 Riemann 流形上的任何测地线可延拓为定义在整个实轴上的测地线, 则称此流形是**测地完备**的.

下面的定理, 称为 Hopf-Rinow 定理, 给出了测地完备流形的有用的描述.

定理 3.4.1(Hopf-Rinow 定理) 下面有关 Riemann 流形 (M,g) 的陈述等价:

(i) 令 d 为由 g 定义的距离函数, 即对于 $p, q \in M$,

$$d(p,q) = \inf\{\text{连接 } p, q \text{ 的光滑曲线的长度}\}.$$

M 是关于 d 的完备度量空间.

(ii) 对某个点 $p \in M$, 指数映射 $\exp_p$ 定义在整个 $T_p(M)$ 上.

(iii) 对任何点 $q \in M$, 指数映射 $\exp_q$ 定义在整个 $T_q(M)$ 上.

(iv) M 是测地完备的.

而且, 上面陈述 (i)—(iv) 的任何一个都蕴涵:

(v) M 中的任何两点都能用最短测地线连接, 即长度等于两点间距离的测地线.

注解 3.4.4 根据这个定理, 人们通常称测地完备流形为**完备流形**.

在证明定理之前, 我们叙述两个和证明有关的引理. 其中之一是 Gauss 引理, 这个引理至少有两个证明, 这里我们将采用利用 Jacobi 场的证明. 下面的记号将在引理的证明中用到. 令 $p \in M$, 对 $r > 0$, 定义 $B_0(0,r) = \{v \in T_p(M) | \|v\| < r\}$, 并且 $B(p,r)$ 是 M 中的度量球, 即 $B(p,r) = \{x \in M | d(x,p) < r\}$.

引理 3.4.1 (Gauss 引理) 令 $u, v \in T_p(M)$ 且 $c = c(s)$ 为测地线 $\exp_p(sv)$, 则

$$g_{c(s)}(D\exp_p|_{sv}v, D\exp_p|_{sv}u) = g_p(v,u). \tag{3.4.6}$$

特别地, $c'(s)$ 正交于以 p 为心, 以 $d(c(s),p)$ 为半径的光滑测地球面. 即在测地球面光滑的前提下, $c'(s)$ 正交于

$$\{\exp_p(d(c(s),p)v) | v \in T_p(M),\ \|v\| = 1\}.$$

证明 由链法则, 有 $c'(s) = D\exp_p|_{sv}v$. 根据命题 3.4.3, 亦知

$$D\exp_p|_{sv}u = \frac{1}{s}Y(s),$$

其中 $Y(s)$ 是沿 $c = c(s)$ 的 Jacobi 场, 满足 $Y(0) = 0$ 及 $Y'(0) = u$. 因此,

$$h(s) \equiv g_{c(s)}(D\exp_p|_{sv}v, D\exp_p|_{sv}u) = g_{c(s)}(c'(s), \frac{1}{s}Y(s)).$$

由于 $Y(s)$ 是 Jacobi 场, 而 $c = c(s)$ 是测地线, 我们有

$$\begin{aligned}[sh(s)]'' &= \frac{\partial^2}{\partial s^2} g_{c(s)}(c'(s), Y(s)) \\ &= g_{c(s)}(c'(s), Y''(s)) = -R(Y, c', c', c') = 0.\end{aligned}$$

因此, $h(s)$ 为常数. 利用 $Y(0) = 0$ 知, 当 $s \to 0$ 时,

$$\frac{1}{s}Y(s) \to Y'(0) = \nabla_{c'(s)}Y(s)|_{s=0} = u.$$

这表明 $h(s)=h(0)=g_p(v,u)$, (3.4.6) 获证.

最后, 利用了 $T_p(M)$ 和 $T_{sv}(T_p(M))$ 的等价性知, 对于与 $T_p(M)$ 中以 0 为心, s 为半径的球面 $\partial B_0(0,s)$ 相切的任何向量 $u\in T_{sv}(T_p(M))$, 就有 $g_p(v,u)=0$. 由此根据刚证明的公式 (3.4.6), 便知 $c'(s)$ 和测地球面正交. □

引理 3.4.2 (1) 对任意点 $p\in M$, 存在 $\varepsilon>0$, 使得 $\exp_p$ 是从球 $B_0(0,\varepsilon)\subset T_p(M)$ 到度量球

$$B(p,\varepsilon)=\{x\in M|d(x,p)<\varepsilon\}\subset M$$

的微分同胚, 即

$$\exp_p(B_0(0,\varepsilon))=B(p,\varepsilon).$$

而且, 对任何单位切向量 $v\in T_p(M)$, 测地线 $c(s)=\exp_p(sv)(s\in[0,\varepsilon])$ 是最短测地线.

(2) 对任意 $q\in B(p,\varepsilon)^c$, 其中 ε 如 (1) 所述, 存在 $p_1\in\partial B(p,\varepsilon)$, 使得

$$d(p,q)=d(p,p_1)+d(p_1,q)=\varepsilon+d(p_1,q).$$

证明 (1) 取 ε 足够小, 使得 $\exp_p$ 为 $B_0(0,\varepsilon)$ 上的微分同胚. 设点 $p_1\in\exp_p(\partial B_0(0,\varepsilon))$, 则存在 $T_p(M)$ 中的单位向量 v, 使得 $p_1=\exp_p(\varepsilon v)$. 我们将证明 $d(p,p_1)=\varepsilon$, 即 $p_1\in\partial B(p,\varepsilon)$, 且测地线 $c(s)=\exp_p(sv)(s\in[0,\varepsilon])$ 为最短测地线.

令 $\sigma=\sigma(s)(s\in[0,a],\ a>0)$ 为连接 p 和 p_1 的光滑曲线. 首先我们假设对所有 $s\in[0,a]$, σ 停留在 $\exp_p(B_0(0,\varepsilon))$ 内, 则存在函数 $r:[0,a]\to[0,\infty)$ 及单位向量 $v(s)\in T_p(M)$, 使得

$$\sigma(s)=\exp_p(r(s)v(s)).$$

根据链法则, 则有

$$\sigma'(s)=r'(s)D\exp_p|_{r(s)v(s)}v(s)+r(s)D\exp_p|_{r(s)v(s)}v'(s).$$

这里, 由于 $v(s)$ 被看做是欧氏空间中的向量, 因此 $v'(s)$ 就是 $\dfrac{d}{ds}v(s)$. 又由于 $v(s)$ 是单位向量, 根据 Gauss 引理, 有

$$g(D\exp_p|_{r(s)v(s)}v(s),D\exp_p|_{r(s)v(s)}v(s))=g|_p(v(s),v(s))=1.$$

上式两边对 s 求导得, $g_p(v(s),v'(s))=0$. 再用 Gauss 引理, 有

$$g(D\exp_p|_{r(s)v(s)}v(s),D\exp_p|_{r(s)v(s)}v'(s))=g|_p(v(s),v'(s))=0.$$

所以,

$$\begin{aligned}g(\sigma'(s),\sigma'(s))=&|r'(s)|^2+r^2(s)g(D\exp_p|_{r(s)v(s)}v'(s),D\exp_p|_{r(s)v(s)}v'(s))\\ \geqslant&|r'(s)|^2.\end{aligned}$$

这表明,

$$L(\sigma)=\int_0^a\sqrt{g(\sigma'(s),\sigma'(s))}ds\geqslant|\int_0^a r'(s)ds|=r(a)-r(0)=\varepsilon.$$

注意到, 由于$r(s)v(s)$充分靠近 $T_p(M)$ 的原点, 因此 $D\exp_p|_{r(s)v(s)}$ 非奇异, 从而上式中等号成立当且仅当 $v'(s)=0$, 这意味着 σ 的长度的下确界是 ε, 且若 σ 的长度是 ε, 则有 $\sigma(s)=\exp_p(sv(0))$, 即 σ 是测地线. 令 σ 为这样的测地线, 由于 $\exp_p$ 是 $B_0(0,\varepsilon)$ 上的微分同胚, 且 $\exp_p(r(a)v(0))=\exp_p(\varepsilon v)=p_1$, 故 $r(a)v(0)=\varepsilon v$. 因此, σ 就是证明开始时的测地线 c.

如果 σ 跑出 $\exp_p(B_0(0,\varepsilon))$, 则它在某点处穿过边界. 由上面的论证, 它的长度大于 ε. 无论如何, 我们证明了 $d(p,p_1)=\varepsilon$, 且 $c=\exp_p(sv)(s\in[0,\varepsilon])$ 距离最短. 我们也证明了 $\exp_p(\partial B_0(0,\varepsilon))\subset\partial B(p,\varepsilon)$. 当 ε 被任何更小的正数取代时, 这一包含关系显然也成立. 由此得结论

$$\exp_p(B_0(0,\varepsilon))\subset B(p,\varepsilon).$$

为完成证明, 我们只需要证明反向包含关系成立. 选取点 $q\in[\exp_p(B_0(0,\varepsilon))]^c$. 令 $\sigma=\sigma(s)(s\in[0,a],\ a>0)$ 为连接 p,q 的光滑曲线, 则存在数 $\alpha\in(0,a]$, 使得点 $\sigma(\alpha)\in\exp_p(\partial B_0(0,\varepsilon))$. 在前面, 我们已证明 $L(\sigma|_0^\alpha)\geqslant\varepsilon$, 因此,

$$L(\sigma|_0^a)\geqslant\varepsilon+L(\sigma|_\alpha^a).$$

对所有连接 p,q 的光滑曲线取极小, 上述不等式化为

$$d(p,q)\geqslant\varepsilon+d(p_1,q)\geqslant\varepsilon. \tag{3.4.7}$$

这里 p_1 是 $\exp_p(\partial B_0(0,\varepsilon))$ 上的某个点, p_1 的存在性由 $\exp_p(\partial B_0(0,\varepsilon))$ 的紧性保证. 因此,

$$[\exp_p(B_0(0,\varepsilon))]^c \subset B(p,\varepsilon)^c,$$

于是,

$$\exp_p(B_0(0,\varepsilon)) = B(p,\varepsilon).$$

(2) 由 (3.4.7) 及结论 $\partial\exp_p(B_0(0,\varepsilon)) = \partial B(p,\varepsilon)$ 可直接得到. □

现在开始 Hopf-Rinow 定理的证明, 主要的工作是证明 (i)—(iv) 其中之一蕴涵 (v). 一旦这点获证, 其余的证明就很常规. 显然, (iii) 等价于 (iv), 而 (iii) 蕴涵 (ii). 证明的顺序是:

$$\text{(iii)} \to \text{(v)}, \quad \text{(iii)} \to \text{(ii)} \to \text{(i)} \to \text{(iii)}.$$

定理 3.4.1 的证明 (iii)→(v).

假设对任何 $p\in M$, $\exp_p$ 定义在整个 $T_p(M)$ 上. 选取两点 $p,q\in M$, 令 $\varepsilon>0$ 充分小. 根据引理 3.4.2 的第 (2) 部分, 存在 $p_1\in\partial B(p,\varepsilon)$, 使得

$$d(p,q) = d(p,p_1) + d(p_1,q).$$

再根据引理 3.4.2 的第 (1) 部分, 存在单位向量 $v\in T_p(M)$, 使得 $p_1=\exp_p(\varepsilon v)$. 根据假设, $c(t)=\exp_p(tv)$ 对所有 $t>0$ 有定义. 令

$$I=\{t>0 | t+d(c(t),q)=d(p,q)\}, \quad T=\sup(I\cap[0,d(p,q)]).$$

如果我们能证明 $T=d(p,q)$, 则

$$d(p,q)\leqslant d(p,c(T))+d(c(T),q)\leqslant L(c|_0^T)+d(c(T),q)=T+d(c(T),q)=d(p,q).$$

从而, $d(c(T),q)=0$, 且 $d(p,c(T))=T$. 因此 c 是连接 p 和 q 的最短测地线.

我们用反证法证明 $T=d(p,q)$. 假设 $T<d(p,q)$, 应用引理 3.4.2 的第 (1) 部分于点 $c(T)$ 和 q 知, 存在 $\varepsilon>0$ 和 $p_2\in\partial B(c(T),\varepsilon)$, 使得

$$\varepsilon + d(p_2,q) = d(c(T),q).$$

由 T 的定义知, $T+d(c(T),q)=d(p,q)$, 所以,

$$\varepsilon + d(p_2,q) = d(p,q) - T.$$

这蕴涵,

$$\begin{aligned} d(p,q) &\leqslant d(p,p_2)+d(p_2,q) \\ &\leqslant d(p,c(T))+d(c(T),p_2)+d(p_2,q) \\ &\leqslant T+\varepsilon+d(p_2,q)=d(p,q). \end{aligned} \tag{3.4.8}$$

从而, 这里的所有不等式均为等式. 特别地,

$$d(p,p_2)=d(p,c(T))+d(c(T),p_2)=T+\varepsilon.$$

令 $\gamma:[0,\varepsilon]$ 为连接 $c(T)$ 和 p_2 的最小测地线, 则拼接起来的曲线 $c_1\equiv c|_0^T\cup\gamma|_0^\varepsilon$ 至少是长度为 $T+\varepsilon$ 的分段光滑曲线. 由于这条曲线是距离最短的曲线, 因此距离的第一变分公式蕴涵 c_1 是光滑测地线. 注意到, c 和 c_1 在一开区间上重合, 则测地线方程的解的唯一性说明, c_1 是 $c|_0^T$ 的延拓, 即 $c_1=\exp_p(tv)(t\in[0,T+\varepsilon])$. 此外,

$$p_2=\exp_p((T+\varepsilon)v)=c(T+\varepsilon).$$

已证 c_1 是连接 p 和 p_2 的最短测地线, 因此, c_1 的任一段都是最短测地线. 显然, 当 ε 被任何 $\varepsilon_1\in[0,\varepsilon]$ 取代时, (3.4.8) 都成立. 所以,

$$T+\varepsilon_1+d(c(T+\varepsilon_1),q)=d(p,q),\quad \varepsilon_1\in[0,\varepsilon].$$

这和 T 的定义矛盾. 至此已证 (iii) 蕴涵 (v).

(iii) $\to$ (ii) $\to$ (i).

由于 (ii) 是 (iii) 的特殊情形, 我们只需证 (ii) 蕴涵 (i), 即如果对某个 $p\in M$, $\exp_p$ 定义在整个 $T_p(M)$ 上, 则 M 是完备度量空间.

令 $\{q_j\}$ 是 Cauchy 列, 根据 (v) (它是 (iii) 的推论), 存在单位向量列 $\{v_j\}\subset T_p(M)$, 使得 $q_j=\exp_p(d(p,q_j)v_j)(j=1,2,\cdots)$. 由于 $T_p(M)$ 的单位球面为紧, 故 $\{v_j\}$ 有一子序列收敛到单位向量 $w\in T_p(M)$. 又因为 $|d(p,q_j)-d(p,q_k)|\leqslant d(q_j,q_k)$, 我们知, $\{d(p,q_j)\}$ 为一实 Cauchy 列. q_j 可看成从 p 出发, 初始速度为 v_j 的测地线上的点. 假设当 $j\to\infty$ 时, $d(p,q_j)\to r$, 则由测地线方程的有限时间解对初值的连续依赖性知, $q_j\to\exp_p(rw)$. 因此, M 是完备度量空间.

(i) $\to$ (iii).

假设 M 是完备度量空间. 取 $p\in M$ 及 $v\in T_p(M)$, 令 T 为使 $\exp_p(tv)$ 有定义的 t 的上确界. 假设 T 有限, 则选序列 $\{t_i\}$, 使得当

$i \to \infty$ 时, $t_i \to T$, 于是序列 $\{\exp_p(t_i v)\}$ 为 M 中的 Cauchy 列. 令 q 为此序列的极限, 根据测地线方程, 以 q 为初始点, 可将 $\exp_p(tv)$ 光滑地延拓到 T 之外, 这表明 $T=\infty$. 从而完成了 Hopf-Rinow 定理的证明. □

在几何分析中, 常需要计算距离函数的 Laplacian. 利用 Jacobi 场, 可将距离函数的二阶微分转换为指标形式, 而后者牵涉流形曲率的积分表达式, 这显然有重要的含义. 例如, 如果曲率有一定的界, 则可得距离函数的 Laplacian 的界, 这种结果被称为 Laplacian 比较定理. 人们还可以类似地推导出体积比较结果, 这将在下节中介绍.

命题 3.4.6 设 M 为 n 维完备 Riemann 流形, 对 $p, x \in M$, 令 $r=r(x)=d(x,p)$ 为距离函数, $c:[0,a]\to M$ 是以弧长为参数的连接 p 和 x 的测地线. 假设 c 与 p 的割迹不相交, 令 $\{e_1,\cdots,e_{n-1},c'(0)\}$ 为 $T_p(M)$ 的单位正交基, 而 $\{e_1(s),\cdots,e_{n-1}(s),c'(s)\}$ 是 e_i 沿 c 的平行移动. 对 $i=1,\cdots,n-1$, 令 X_i 为沿 c 的 Jacobi 场, 满足 $X_i(0)=0$, $X_i(a)=e_i(a)$ (根据下面的注解 3.4.5, 存在这样的 Jacobi 场), 则下面的恒等式成立:

$$\Delta r(x)=\sum_{i=1}^{n-1}\int_0^{d(x,p)}(|X_i'|^2+R(c'(s),X_i,c'(s),X_i))ds=\sum_{i=1}^{n-1}I(X_i,X_i), \tag{3.4.9}$$

其中 $X_i'(s)=\nabla_{c'(s)}X_i(s)$, I 是指标形式;

$$\Delta r(x)=\partial_s|_{s=a}\sqrt{\det(g(X_i,X_j))},\quad a=d(x,p); \tag{3.4.10}$$

$$\Delta r(x)=\frac{n-1}{r}+\partial_s|_{s=a}\ln\sqrt{\det g_e}. \tag{3.4.11}$$

这里 $(g(X_i,X_j))$ 为 $n\times n$ 矩阵, $X_1,\cdots,X_{n-1}$ 为上述 Jacobi 场, 而 $X_n=c'(s)$, 并且 $\det g_e$ 为在法坐标系的典范基下度量矩阵 $g\Big(\dfrac{\partial}{\partial x^i},\dfrac{\partial}{\partial x^j}\Big)$ 的行列式.

证明 为简单起见, 记 X_n 为 $c'(s)$. 根据 (3.3.7) 和函数梯度的定义知, 在点 x 处,

$$\begin{aligned}\Delta r&=\mathrm{trace}(\mathrm{Hess}\ r)=X_iX_ir-(\nabla_{X_i}X_i)r\\&=X_i<X_i,\mathrm{grad}\ r>-<\nabla_{X_i}X_i,\mathrm{grad}\ r>\end{aligned}$$

$$=< X_i, \nabla_{X_i} \frac{\partial}{\partial r} > . \quad \left(\text{由于 grad } r = \frac{\partial}{\partial r}\right)$$

这里及以后, 除非另外说明, 所有项都从 $i=1$ 到 $i=n$ 求和. 注意, 在点 x 的邻域内, 可将 X_i 延拓为向量场, 使得 $\left[X_i, \frac{\partial}{\partial r}\right]=0$. 因此, 根据 Riemann 几何基本定理, 我们有

$$\begin{aligned}\Delta r &=< X_i, \nabla_{\frac{\partial}{\partial r}} X_i >=< X_i, \nabla_{c'(a)} X_i > \\ &= \int_0^{d(x,p)} \frac{d}{ds} < X_i, \nabla_{c'(s)} X_i > ds \\ &= \int_0^{d(x,p)} \left(< \nabla_{c'(s)} X_i, \nabla_{c'(s)} X_i > + < X_i, \nabla_{c'(s)} \nabla_{c'(s)} X_i >\right) ds.\end{aligned}$$

由于 $X_n = c'(s)$, 因此, 由 c 是测地线知, $\nabla_{c'(s)} X_n = 0$. 所以

$$\Delta r = \sum_{i=1}^{n-1} \int_0^{d(x,p)} \left(< \nabla_{c'(s)} X_i, \nabla_{c'(s)} X_i > + < X_i, \nabla_{c'(s)} \nabla_{c'(s)} X_i >\right) ds.$$

由于 $X_i (i=1,\cdots,n-1)$ 为 Jacobi 场, 根据定义 3.4.12, 有

$$\nabla_{c'(s)} \nabla_{c'(s)} X_i + R(X_i, c'(s)) c'(s) = 0.$$

综合最后两个等式, 便完成了第一个恒等式 (3.4.9) 的证明.

接下来, 我们证明第二个恒等式 (3.4.10). 记 $n \times n$ 矩阵

$$(g(X_i, X_j)) \equiv B.$$

计算得

$$\begin{aligned}\partial_s \sqrt{\det B} &= \frac{1}{2} (\det B)^{-1/2} \partial_s \det B \\ &= \frac{1}{2} (\det B)^{1/2} \text{trace } (B' B^{-1}).\end{aligned}$$

这里 $B' = (\partial_s g(X_i, X_j))$. 当 $s=a$ 时, 根据 X_i 的构造知, 矩阵 B 是单位阵, 从而

$$\partial_s|_{s=a} \sqrt{\det B} = \frac{1}{2} \text{trace} B' = \sum_{i=1}^{n} g(X_i'(a), X_i(a)).$$

注意 $X_n = c'(s)$, 因而 $g(X_n'(a), X_n(a)) = 0$. 对 $i = 1, \cdots, n-1$, X_i 是 Jacobi 场, 因此, $g(X_i'(a), X_i(a)) = I(X_i(a), X_i(a))$ (参见 (3.4.5)). 再由公式 (3.4.9) 知

$$\Delta r(x) = \partial_s|_{s=a}\sqrt{\det B}.$$

这是关于 Δr 的第二个恒等式.

最后, 我们证明涉及 Δr 的最后一个等式 3.4.11. 令 $Z_i = Z_i(s)(i = 1, \cdots, n-1)$ 为同一曲线 c 的使得 $Z_i(0) = 0$ 和 $Z_i'(0) = e_i$ 的 Jacobi 场. 我们断言：存在常数矩阵 (b_{ij}), 使得 $X_i(s) = b_{ij}Z_j(s)$. 这是因为, X_i 和 Z_i 所满足的 Jacobi 场方程是二阶线性, 如果有 (b_{ij}) 使得 $X_i'(0) = b_{ij}Z_j'(0)$, 则两 Jacobi 场 $X_i(s)$ 和 $b_{ij}Z_j(s)$ 将有同样的初值及同样的初始导数, 因而它们必定处处相同. 以 $A(s)$ 记 $n\times n$ 矩阵 $(g(Z_i(s), Z_j(s)))$, 其中 $Z_i(i = 1, \cdots, n-1)$ 为上述 Jacobi 场, 而 $Z_n(s) = c'(s)$, 则存在常数矩阵 P, 使得

$$B(s) = (g(X_i, X_j)) = PA(s).$$

注意到,

$$\begin{aligned}\partial_s \det B &= \det B \operatorname{trace}(B'B^{-1}) = \det B \operatorname{trace}(PA'A^{-1}P^{-1}) \\ &= \det B \operatorname{trace}(A'A^{-1}).\end{aligned}$$

当 $s = a$ 时, 我们有 $\det B = 1$. 所以,

$$\partial_s \det B = \frac{\det A \operatorname{trace}(A'A^{-1})}{\det A} = \frac{\partial_s \det A}{\det A}.$$

从而

$$\partial_s\sqrt{\det B} = \frac{\partial_s\sqrt{\det A}}{\sqrt{\det A}}.$$

根据命题 3.4.5, 对 $i = 1, \cdots, n-1$, $Z_i(s) = s\dfrac{\partial}{\partial x^i}$, 并且 $Z_n(s) = c'(s)$. 这里 $\left\{\dfrac{\partial}{\partial x^1}, \cdots, \dfrac{\partial}{\partial x^{n-1}}, c'(s)\right\}$ 为法坐标系下 $T_{c(s)}(M)$ 的典范基. 因而,

$$\sqrt{\det A} = s^{n-1}\sqrt{\det g_e}.$$

这表明, 对 $r=a$,

$$\Delta r(x)=\partial_s|_{s=a}\sqrt{\det B}=\frac{\partial_s\sqrt{\det A}}{\sqrt{\det A}}=\frac{n-1}{r}+\partial_s|_{s=a}\ln\sqrt{\det g_e}.$$

这就证明了 (3.4.11). □

注解 3.4.5 Jacobi 场 $X_i(i=1,\cdots,n)$ 存在且可由 $X_i(s)=\dfrac{\partial\beta}{\partial t}(s,t)|_{t=0}$显式表示, 其中 $\beta(s,t)=\exp_p(sc'(0)+stv_i)$, 而 $v_i\in T_p(M)$ 满足

$$D\exp_p|_{ac'(0)}(av_i)=e_i(a).$$

事实上, 在命题 3.4.3 的证明中已经表明 $\dfrac{\partial\beta}{\partial t}(s,0)$ 为沿曲线 c 的 Jacobi 场, 而 $X_i(0)=0$, 且 $X_i(a)=D\exp_p|_{ac'(0)}(av_i)=e_i(a)$.

下面的定理说的是指标形式在沿最短测地线的 Jacobi 场上取得最小值.

定理 3.4.2 令 $c:[0,a]\to M$ 为最短测地线, 即 c 不与 $c(0)$ 的割迹相交. 如果 Y 为 Jacobi 场, X 为在 c 的端点处取值与 Y 相同的沿 c 的向量场, 则 $I(X,X)\geqslant I(Y,Y)$.

证明 注意到, $X-Y$ 在 c 的端点处为零, 而 c 的距离最短. 根据距离的第二变分公式 (命题 3.4.2), 有

$$I(X-Y,X-Y)\geqslant 0.$$

如同 (3.4.4) 的证明中一样应用分部积分, 容易验证 $I(Y,Y)=g(Y',Y)|_0^a$, 而

$$I(X,Y)=g(Y',X)|_0^a=I(Y,X).$$

所以 $I(X,Y)=I(Y,Y)$, 且

$$I(X,X)-I(Y,Y)=I(X-Y,X-Y)\geqslant 0.$$

□

下一个结果, 常被称为指标基本定理, 说的是不包含共轭点的测地线也满足定理 3.4.2 的结论. 和定理 3.4.2 不同的是, 没有假设测地线是最短的. 这个定理的直接推论是: 不包含共轭点的测地线在所有和它充分接近的曲线中长度最短.

定理 3.4.3 (指标基本定理) 令 $c:[0,a]\to M$ 为连接点 p 和 q 的测地线. 假设 c 不包含 p 的任何共轭点. 如果 Y 是 Jacobi 场, 而 X 是沿 c 的满足 $Y(0)=X(0)=0$ 且 $Y(a)=X(a)$ 的向量场, 则 $I(X,X)\geqslant I(Y,Y)$, 且等号成立当且仅当 $X=Y$.

证明 取 $T_q(M)$ 的一组基 $\{v_1,\cdots,v_n\}$. 根据注解 3.4.5 知, 存在沿 c 的 Jacobi 场 $Y_i(i=1,\cdots,n)$, 使得 $Y_i(0)=0$ 及 $Y_i(a)=v_i$. 由沿 c 不存在共轭点的假设知, Y_i 是唯一的. 这里我们用到 Jacobi 场是线性的这一事实.

接下来取沿 c 的 Jacobi 场 Y 和向量场 X, 使得 $Y(0)=X(0)=0$ 且 $Y(a)=X(a)$, 则存在常数 b_i 和函数 $f_i(i=1,\cdots,n)$, 使得

$$Y(s)=\sum_{i=1}^n b_iY_i(s),\quad X(s)=\sum_{i=1}^n f_i(s)Y_i(s),\quad f_i(a)=b_i.$$

由于 Y_i 是 Jacobi 场, 公式 (3.4.5) 表明

$$I(Y,Y)=\sum_{i,j=1}^n b_ib_jg(Y_i'(a),Y_j(a)).$$

下面计算

$$\begin{aligned}I(X,X)&=\int_0^a[g(X',X')+R(X,c',X,c')]ds\\&=\int_0^a\sum_{i,j=1}^n f_if_jg(Y_i'(s),Y_j'(s))ds\\&\quad+\int_0^a\sum_{i,j=1}^n f_i'f_j'g(Y_i(s),Y_j(s))ds\\&\quad+2\int_0^a\sum_{i,j=1}^n f_i'f_jg(Y_i'(s),Y_j(s))ds\\&\quad+\int_0^a\sum_{i,j=1}^n f_if_jR(Y_i(s),c'(s),Y_j(s),c'(s))ds.\end{aligned}\tag{3.4.12}$$

这里, 我们用到等式 $g(Y_i'(s),Y_j(s))=g(Y_i(s),Y_j'(s))$, 它容易通过求微分获得验证. 上述计算的第 2 等号右边的第一个积分满足

$$\begin{aligned}
&\int_0^a \sum_{i,j=1}^n f_i f_j g(Y_i'(s), Y_j'(s))ds \\
&\quad = \int_0^a \sum_{i,j=1}^n f_i f_j [\partial_s g(Y_i'(s), Y_j(s)) - g(Y_i''(s), Y_j(s))]ds \\
&\quad = \sum_{i,j=1}^n f_i(a) f_j(a) g(Y_i'(a), Y_j(a)) - 2\int_0^a \sum_{i,j=1}^n f_i' f_j g(Y_i'(s), Y_j(s))ds \\
&\qquad + \int_0^a \sum_{i,j=1}^n f_i f_j R(Y_i(s), c'(s), c'(s), Y_j(s))ds,
\end{aligned}$$

其中又用到 Jacobi 场方程和 $g(Y_i'(s), Y_j(s)) = g(Y_i(s), Y_j'(s))$. 将其代入 (3.4.12), 我们看到除两项外其余全部相互抵消, 从而得

$$\begin{aligned}
I(X,X) = &\sum_{i,j=1}^n f_i(a) f_j(a) g(Y_i'(a), Y_j(a)) \\
&+ \int_0^a \sum_{i,j=1}^n f_i' f_j' g(Y_i(s), Y_j(s))ds \geqslant I(Y,Y).
\end{aligned}$$

上式等号成立当且仅当 $\sum\limits_{i=1}^n f_i'(s) Y_i(s) \equiv 0$, 即 $f_i(s) = f_i(a) = b_i$, 或者说, $X = Y$. □

§3.5 积分和体积比较

下面我们定义 Riemann 流形上的典范测度. 这相当于选取典范体积元, 或相当于为积分选取一适当的权.

定义 3.5.1(典范体积元和 Riemann 积分) 令 M 为配备 Riemann 度量 g 的可定向 Riemann 流形. 令 (U, ϕ), $\phi = (x^1, \cdots, x^n)$ 为局部坐标卡, 则 U 上的**典范体积元**为

$$d\mu = \sqrt{\det(g_{ij})} dx^1 \wedge \cdots \wedge dx^n.$$

令 h 为 M 上的光滑函数, 则 h 在 U 上的 Riemann **积分**为

$$\int_U h d\mu \equiv \int_U h \sqrt{\det(g_{ij})} dx^1 \wedge \cdots \wedge dx^n.$$

在整个流形上的 Riemann 积分可通过 Riemann 积分的局部定义和单位分解来定义.

注解 3.5.1 (1) 上述定义中的 Riemann 积分是在定义 3.1.12 中给出的形式 $h\sqrt{\det(g_{ij})}dx^1\wedge\cdots\wedge dx^n$ 的积分, 其定义为

$$\int_U h\sqrt{\det(g_{ij})}dx^1\wedge\cdots\wedge dx^n=\int_{\phi(U)}\left(h\sqrt{\det(g_{ij})}\right)\circ\phi^{-1}dx^1\cdots dx^n.$$

(2) 出现在典范体积元定义中的函数 $\sqrt{\det(g_{ij})}$, 使得诸如 Green 公式等的积分公式成立. 事实上, 令 u, v 为紧 Riemann 流形 M 上的两个光滑函数, 则

$$\int_M v\Delta u\,d\mu=-\int_M \nabla v\nabla u\,d\mu,\quad \text{其中 } \nabla v\nabla u\equiv g(\nabla v,\nabla u).$$

理解这个公式的一种方式是看 Δ 和 $d\mu$ 的局部公式. 令 (U,ϕ) 为上述定义中的局部坐标卡, 由 (3.3.5) 知, 对于 $\sqrt{g}\equiv\sqrt{\det(g_{ij})}$, 有

$$\Delta u=\frac{1}{\sqrt{g}}\frac{\partial}{\partial x^i}\Big(\sqrt{g}\,g^{ij}\frac{\partial u}{\partial x^j}\Big).$$

从而

$$\int_U v\Delta ud\mu=\int_{\phi(U)}v\circ\phi^{-1}\frac{1}{\sqrt{g}}\frac{\partial}{\partial x^i}\Big(\sqrt{g}g^{ij}\frac{\partial(u\circ\phi^{-1})}{\partial x^j}\Big)\sqrt{\det(g_{ij})}dx^1\cdots dx^n.$$

这里, 我们用了约定 $\dfrac{\partial u}{\partial x^j}=\dfrac{\partial u\circ\phi^{-1}}{\partial x^j}$ (参见定义 3.1.4), 而等号右边的函数 $\sqrt{g}$ 和 g^{ij} 分别被看成是 $\sqrt{g}\circ\phi^{-1}$ 和 $g^{ij}\circ\phi^{-1}$, 因此它们是欧氏区域 $\phi(U)$ 上的函数.

注意到, 来自 Δu 的因子 $\dfrac{1}{\sqrt{g}}$ 和来自$d\mu$ 的因子 $\sqrt{\det(g_{ij})}$ 相互抵消, 所以,

$$\int_U v\Delta u\,d\mu=\int_{\phi(U)}v\circ\phi^{-1}\frac{\partial}{\partial x^i}\Big(\sqrt{g}\,g^{ij}\frac{\partial(u\circ\phi^{-1})}{\partial x^j}\Big)dx^1\cdots dx^n.$$

如果 v 在 U 的边界上为零, 则利用欧氏空间上的分部积分知

$$\int_U v\Delta u\,d\mu=-\int_{\phi(U)}\frac{\partial}{\partial x^i}(v\circ\phi^{-1})\Big(\sqrt{g}\,g^{ij}\frac{\partial(u\circ\phi^{-1})}{\partial x^j}\Big)dx^1\cdots dx^n.$$

根据 (3.3.2) 中 ∇u 的局部公式, 得

$$\int_U v\Delta u\ d\mu = -\int_U \nabla v \nabla u\ d\mu.$$

通常函数 v 在边界 ∂U 上可能不为零, 但这不会使证明变长很多. 令 $\{(U_i, \phi_i)\}$ 为一族局部坐标卡, $\{(U_i, h_i)\}$ 为 M 的单位分解. 由于 M 为紧 Riemann 流形, 故局部坐标卡族是有限族. 所以,

$$\int_M v\Delta u d\mu = \sum_i \int_{U_i} h_i v \Delta u d\mu.$$

由于 h_i 为单位分解函数, 故函数 $h_i v$ 在 ∂U_i 为零, 从而,

$$\begin{aligned}\int_M v\Delta u d\mu &= -\sum_i \int_{U_i} \nabla(h_i v)\nabla u d\mu \\ &= -\sum_i \int_{U_i} h_i \nabla v \nabla u d\mu - \sum_i \int_{U_i} v \nabla h_i \nabla u d\mu.\end{aligned}$$

又由于 $\sum_i h_i = 1$, 故

$$\int_M v\Delta u\ d\mu = -\int_M \nabla v \nabla u d\mu.$$

拥有一个计算流形体积的公式很重要. 当测地球不和其球心的割迹相交时, 我们能用指数映射及相关的 Jacobi 场构造出这样一个公式. 下面的公式牵涉 Jacobi 场, 似乎使事情变得更糟. 然而, Jacobi 场满足的微分方程使这个公式变得有用.

命题 3.5.1 令 M 为完备 Riemann 流形. 假设球 $B(p,r)$ 不和 p 的割迹相交. 对每个单位向量 $v \in T_p(M)$, 令 $\{e_1, \cdots, e_{n-1}, v\}$ 为 $T_p(M)$ 的单位正交基, 则

$$|B(p,r)| = \int_{\mathbf{S}^{n-1}} \int_0^r \sqrt{\det(g(Y_i(s), Y_j(s))} ds dv.$$

这里, Y_i 是沿 $c = c(t) = \exp_p(tv)$ 的 Jacobi 场, 满足 $Y_i(0) = 0$ 且 $Y_i'(0) = e_i (i = 1, \cdots, (n-1))$, 而 dv 是 $T_p(M)$ 中单位球面 $\mathbf{S}^{n-1}$ 的典范体积元.

证明 由于 $B(p,r)$ 和 p 的割迹不相交, 我们用指数映射的逆映射 $\exp_p^{-1}$ 作为体积元定义中的局部坐标映射 ϕ. 令 $\{e_1,\cdots,e_{n-1},v\}$ 为 $T_p(M)$ 的单位正交基, $B(p,r)$ 中的每个点 m 在这个坐标卡中的坐标为 $\{x^1,\cdots,x^n\}$, 即 $m=\exp_p(x^1e_1+\cdots+x^{n-1}e_{n-1}+x^nv)$. 对任何固定的 $s\in[0,r]$, 令 $q=\exp_p(sv)$, 则由命题 3.6.2 (iii) 知, 点 q 不是 p 的共轭点. 从而 $D\exp_p|_{sv}$ 非奇异, 且

$$\{D\exp_p|_{sv}e_1,\cdots,D\exp_p|_{sv}e_{n-1},D\exp_p|_{sv}v\}$$

是 $T_q(M)$ 的一组基. 事实上, 它不是别的, 正是局部基 $\left\{\frac{\partial}{\partial x^1},\cdots,\frac{\partial}{\partial x^n}\right\}$. 根据定义, 只需要验证, 对任何 $B(p,r)$ 上的光滑函数 f, 成立

$$\frac{\partial f}{\partial x^i}\Big|_q=\left(\frac{d}{dl}\Big|_{l=0}\exp_p(sv+le_i)\right)f=(D\exp_p|_{sv}e_i)\,f.$$

令 $c=c(s)$ 为测地线 $\exp_p(sv)$. 根据命题 3.4.3,

$$D\exp_p\big|_{sv}(se_i)=Y_i(s),$$

其中 Y_i 是沿 $c=c(t)$ 的 Jacobi 场, 满足 $Y_i(0)=0$ 且 $Y_i'(0)=e_i$, $i=1,\cdots,(n-1)$. 又根据链法则知, $D\exp_p|_{sv}v=c'(s)$, 从而,

$$\left\{\frac{\partial}{\partial x^1}\Big|_q,\cdots,\frac{\partial}{\partial x^n}\Big|_q\right\}=\left\{\frac{1}{s}Y_1(s),\cdots,\frac{1}{s}Y_{n-1}(s),c'(s)\right\}$$

是 $T_q(M)$ 的典范基. 在由 $\exp_p^{-1}$ 产生的局部坐标卡中, q 在测地球坐标系中的坐标是 (v,s), 其中 v 被看成 $\mathbf{S}^{n-1}$ 中的元素. 所以在这个坐标卡下, 在 q 点的体积元为

$$d\mu=\sqrt{\det\left(g\left(\frac{\partial}{\partial x^i},\frac{\partial}{\partial x^j}\right)\right)}dx^1\cdots dx^n=\sqrt{\det(g(Y_i(s),Y_j(s))}dsdv,$$

其中 dv 是 $T_p(M)$ 中的单位球面 $\mathbf{S}^{n-1}$ 的典范体积元. 积分后便得

$$|B(p,r)|=\int_{\mathbf{S}^{n-1}}\int_0^r\sqrt{\det(g(Y_i(s),Y_j(s))}dsdv. \qquad \square$$

注解 3.5.2 函数 $J(v,s)\equiv\sqrt{\det(g(Y_i(s),Y_j(s))}$ 常被称为在测地球坐标系中的体积元.

习题 3.5.1 令 M 为完备 Riemann 流形, $p \in M$. 证明割迹 C_p 的测度为零, 且 $M - C_p$ 是星形域.

例 在配备标准平坦度量的 $\mathbf{R}^n$ 中, $J(v,s) = s^{n-1}$; 在配备标准度量的 $\mathbf{S}^n$ 中, $J(v,s) = (\sin s)^{n-1}$; 而在截面曲率为 -1 的双曲空间 $\mathbf{H}^n$ 中, $J(v,s) = (\sinh s)^{n-1}$.

在处理复杂流形时, 要显式地计算出诸如体积等几何量或许是不可能的, 所以人们要将这些几何量与典范流形上对应的量相比较. 三个基本的典范流形是: 欧氏空间 $\mathbf{R}^n$, n 维球面 $\mathbf{S}^n$ 和双曲空间 $\mathbf{H}^n$. 它们的截面曲率分别为常数零, 正常数和负常数. 如果曲率有适当的界, 则根据体积比较定理, 典范流形上的测地球的体积能作为复杂流形上的测地球的体积的界. 下面定理 3.5.1 的情形 (i) 最初由 Bishop 在附加某些限制条件下得到, 当前的形式属于 Gromov; 情形 (ii) 属于 Gunther.

定理 3.5.1 (经典体积比较定理) 令 M 为完备 Riemann 流形, $B(p,r)$ 是以 p 为心, r 为半径的球. 在具有常截曲率 k 的空间形式 $M_{0,k}$ 中, 半径为 r 的球的体积表示为 $V^k(r)$.

(i) (Bishop-Gromov) 如果在 $B(p,r)$ 中 $Ric \geqslant (n-1)kg$, 则

$$|B(p,r)| \leqslant V^k(r).$$

进而, 令 $J(v,s)$ 和 $J_k(s)$ 分别为 M 和 $M_{0,k}$ 在测地球坐标系下的体积元, 则比值 $\dfrac{J(v,s)}{J_k(s)}$ 是 s 的非增函数. 而且比值 $\dfrac{|B(p,r)|}{V^k(r)}$ 是 r 的非增函数.

(ii) (Gunther) 球 $B(p,r)$ 与 p 的割迹不相交, 如果 $B(p,r)$ 中的截面曲率小于或等于 k, 则

$$|B(p,r)| \geqslant V^k(r).$$

证明 (i) 我们将用指数映射 $\exp_p$ 的逆映射作为体积元定义 (定义 3.5.1) 中的局部坐标卡, 这要求计算 M 上的体积元到切空间的拉回, 计算工具是 Jacobi 场. 对任何 $x \in B(p,r)$, 令 v 为 $T_p(M)$ 中的单位切向量, 使得 $x = \exp_p(av)$, 其中 $a = d(p,x)$. 令 $\{e_1, \cdots, e_{n-1}, v\}$ 为 $T_p(M)$ 的单位正交基, $\{e_1(s), \cdots, e_{n-1}(s), c'(s)\}$ 为 $T_{c(s)}M$ 的单位

正交基, 其中 $e_i(s)$ 是 e_i 沿 $c=\exp_p(sv)$ 的平行移动, $s\in[0,a]$. 对 $i=1,\cdots,n-1$, 以 Y_i 记沿 c 的满足 $Y_i(0)=0$, $Y_i'(0)=e_i$ 的 Jacobi 场. 根据命题 3.5.1,

$$|B(p,r)|=\int_{\mathbf{S}^{n-1}}\int_0^r\sqrt{\det(g(Y_i(s),Y_j(s))}dsdv.$$

因此, 需要计算函数

$$J(v,s)=\sqrt{\det(g(Y_i(s),Y_j(s))}.$$

由于 Y_i 是 Jacobi 场, 所以成立

$$\frac{d^2}{ds^2}g(c'(s),Y_i(s))=g(c'(s),Y_i''(s))=-g(c'(s),R(Y_i(s),c'(s))c'(s))=0.$$

又 $g(c'(0),Y_i(0))=0$, 且

$$\frac{d}{ds}g(c'(s),Y_i(s))|_{s=0}=g(c'(0),Y_i'(0))=g(c'(0),e_i)=0.$$

因此 $Y_i(s)$ 总与 $c'(s)$ 正交, 于是存在数值函数 $a_{ji}(s)$, 使得

$$Y_i(s)=\sum_{j=1}^{n-1}a_{ji}(s)e_j(s).$$

这表明 $g(Y_i(s),Y_j(s))=\sum_{k=1}^{n-1}a_{ki}(s)a_{kj}(s)$. 所以,

$$J(v,s)=\det A(s),$$

其中 $A(s)\equiv(a_{ij}(s))$. 再用 Y_i 是 Jacobi 场的事实, 得

$$\begin{aligned}\sum_{j=1}^{n-1}a_{ji}''(s)e_j(s)&=Y_i''(s)=-R(Y_i(s),c'(s))c'(s)\\&=-\sum_{k=1}^{n-1}a_{ki}(s)R(e_k(s),c'(s))c'(s).\end{aligned}$$

由此得

$$a_{ji}''(s)=-\sum_{k=1}^{n-1}\rho_{kj}a_{ki}(s),$$

其中

$$\rho_{kj} \equiv < R(e_k(s), c'(s))c'(s), e_j(s) > . \tag{3.5.1}$$

根据线性代数知识, 容易验证

$$\partial_s J(v,s) = \partial_s \det A = \det A \operatorname{trace}(A'A^{-1}) = J(v,s)\operatorname{trace}(A'A^{-1}),$$

其中 $A' \equiv \partial_s A$. 为便于计算, 我们用记号 $B = A'A^{-1}$, 则

$$\partial_s J(v,s) = J(v,s)\operatorname{trace}B.$$

上式两边再对 s 微分, 得

$$\begin{aligned}\partial_s^2 J(v,s) &= \partial_s J(v,s)\operatorname{trace}B + J(v,s)\partial_s \operatorname{trace}B \\ &= J(v,s)(\operatorname{trace}B)^2 + J(v,s)\partial_s \operatorname{trace}B.\end{aligned} \tag{3.5.2}$$

下面计算 $\partial_s \operatorname{trace}B$. 记 $A = (a_{ij})$ 和 $A^{-1} = (n_{ij})$. 以 “$'$” 记 “∂_s” 并且省略明显的求和符号, 通过计算得

$$\partial_s \operatorname{trace}B = (n_{ik}a'_{ki})' = n'_{ik}a'_{ki} + n_{ik}a''_{ki}.$$

根据 (3.5.1), 上式化为

$$\begin{aligned}\partial_s \operatorname{trace}B &= (n_{ik}a'_{ki})' = n'_{ik}a'_{ki} - n_{ik}\rho_{lk}a_{li} \\ &= n'_{ik}a'_{ki} - \rho_{kk} = n'_{ik}a'_{ki} - Ric(c'(s), c'(s)),\end{aligned}$$

这里用到 ρ_{lk} 的定义公式 (3.5.1). 由微分恒等式 $n_{il}a_{lk} = \delta_{ik}$, 容易看出,

$$n'_{ik}a'_{ki} = -n_{il}a'_{lm}n_{mk}a'_{ki} = -\operatorname{trace}B^2.$$

因此,

$$\partial_s \operatorname{trace}B = -\operatorname{trace}B^2 - Ric(c'(s), c'(s)).$$

将其代入 (3.5.2), 得

$$\partial_s^2 J(v,s) = J(v,s)(\operatorname{trace}B)^2 - J(v,s)(\operatorname{trace}B^2 + Ric(c'(s), c'(s))).$$

记 $\Phi = J^{1/(n-1)}(v,s)$, 则得公式

$$\partial_s^2 \Phi = \frac{1}{n-1}\Big[\frac{1}{n-1}(\operatorname{trace}B)^2 - \operatorname{trace}B^2\Big]\Phi - \frac{1}{n-1}\Phi Ric(c'(s), c'(s)).$$

由于 B 是 $(n-1)\times(n-1)$ 矩阵, 故 $\dfrac{1}{n-1}(\mathrm{trace}B)^2-\mathrm{trace}B^2\leqslant 0$ (此不等式容易通过将矩阵化为三角阵得到验证). 所以,

$$\partial_s^2\Phi\leqslant-\frac{1}{n-1}\Phi Ric(c'(s),c'(s)).$$

根据假设 $Ric\geqslant(n-1)kg$, 我们得不等式

$$\partial_s^2\Phi\leqslant-k\Phi. \tag{3.5.3}$$

定义正函数 $\Phi_0:\mathbf{R}\to\mathbf{R}$ 如下:

$$\Phi_0(s)=\begin{cases}\sinh(\sqrt{-k}s), & k<0;\\ s, & k=0;\\ \sin(\sqrt{k}s), & k>0.\end{cases} \tag{3.5.4}$$

则根据常微分方程的 Sturm-Liouville 定理知,

$$\frac{\Phi(s)}{\Phi_0(s)}$$

是 s 的非增函数. 事实上, 可以直接验证其单调性. 注意到, Φ_0 满足等式 $\Phi_0''(s)+k\Phi_0(s)=0$. Φ 和 Φ_0 两者除 $s=0$ 外均为正. 根据 (3.5.3),

$$(\Phi'\Phi_0-\Phi\Phi_0')'=\Phi''\Phi_0-\Phi\Phi_0''\leqslant 0.$$

又 $(\Phi'\Phi_0-\Phi\Phi_0')(0)=0$. 从而, 对 $s\geqslant 0$,

$$(\Phi'\Phi_0-\Phi\Phi_0')(s)\leqslant 0. \tag{3.5.5}$$

所以对 $s>0$,

$$\left(\frac{\Phi}{\Phi_0}\right)'=\frac{\Phi'\Phi_0-\Phi\Phi_0'}{\Phi_0^2}\leqslant 0.$$

由于 $J(v,s)=\Phi^{n-1}$ 是 M 在测地球坐标系下的体积元, 而 $J_k(s)\equiv\Phi_0^{n-1}(s)$ 是具有常曲率 k 的空间形式在测地球坐标系下的体积元. 因此, 我们证明了 $\dfrac{J(v,s)}{J_k(s)}$ 是 s 的非增函数.

容易看出,

$$\lim_{s\to 0}J(v,s)/J_k(s)=1.$$

由此以及 $J(v,s)/J_k(s)$ 非增的事实, 根据命题 3.5.1, 即得 (i) 中体积比较的断言.

(i) 中的最后一个断言, 即

$$|B(p,r)|/V^k(r)$$

非增的证明, 可以先通过写出表达式

$$\frac{|B(p,r)|}{V^k(r)}=\frac{\displaystyle\int_0^r\int_{\mathbf{S}^{n-1}}J(v,s)dvds}{\displaystyle\int_0^r\int_{\mathbf{S}^{n-1}}J_k(s)dvds},$$

然后将这个比值对 r 微分并利用由 (3.5.5) 推出的性质

$$J'(v,s)J_0(s)-J(v,s)J_0'(s)\leqslant 0$$

得到.

(ii) 令 $x\in B(p,r)$ 如第 (i) 部分. 显然只需在 r 小于空间形式的直径的假设下证明 $|B(p,r)|\geqslant V^k(r)$. 否则, 若 r 比直径大, 则 $M_{0,k}$ 的体积 $V^k(r)$ 变为常数, 而 $|B(p,r)|$ 不会变小.

根据命题 3.4.6, 对于 $i=1,\cdots,n-1$, 令 X_i 为满足 $X_i(0)=0$, $X_i(a)=e_i(a)$ 的沿 c 的 Jacobi 场, 则下面的恒等式成立

$$\begin{aligned}\partial_s|_{s=a}\ln(s^{n-1}\sqrt{\det g_e})&=\Delta r(x)\\&=\sum_{i=1}^{n-1}\int_0^{d(x,p)}(|X_i'|^2+R(X,X_i,X,X_i))ds,\end{aligned}$$

其中 $X_i'(s)=\nabla_{c'(s)}X_i(s)$, $X=c'(s)$, 又 $\det g_e$ 为在法坐标系的典范基下度量矩阵 $g\Big(\dfrac{\partial}{\partial x^i},\dfrac{\partial}{\partial x^j}\Big)$ 的行列式, $a=d(x,p)$. 利用截曲率的上界, 得

$$\partial_s|_{s=a}\ln(s^{n-1}\sqrt{\det g_e})\geqslant\sum_{i=1}^{n-1}\int_0^{d(x,p)}(|X_i'|^2-k|X_i|^2)ds.$$

令

$$X_i(s)=\sum_{j=1}^{n-1}\xi_{ij}(s)e_j(s),$$

则由 $e_j(s)$ 是单位正交平行向量场, 有

$$\partial_s|_{s=a}\ln(s^{n-1}\sqrt{\det g_e}) \geqslant \sum_{i=1}^{n-1}\int_0^{d(x,p)}\sum_{j=1}^{n-1}(|\xi'_{ij}(s)|^2 - k|\xi_{ij}(s)|^2)ds. \tag{3.5.6}$$

接下来在配备度量 g_0 和距离 d_0 的空间形式 $M_{0,k}$ 中固定一点 m_0. 取点 $m \in M_{0,k}$, 使得 $d_0(m_0, m) = a$. 令 $c_0 = c_0(s)$ 为连接 m_0 和 m 的最短测地线. 参照 $e_i(s)$, 定义 $E_{0,i}(s)(i = 1, \cdots, n-1)$ 为沿 c_0 的平行向量场, 使得 $\{E_{0,1}(s), \cdots, E_{0,n-1}(s), c'_0(s)\}$ 构成 $T_{c_0(s)}M_{0,k}$ 的单位正交基. 现定义沿 $c_0 = c_0(s)$ 的向量场

$$X_{0,i}(s) = \sum_{j=1}^{n-1}\xi_{ij}(s)E_{0,j}(s).$$

它可看成是 $X_i(s)$ 在空间形式上的参照物, 则 (3.5.6) 化为

$$\partial_s|_{s=a}\ln(s^{n-1}\sqrt{\det g_e}) \geqslant \sum_{i=1}^{n-1}\int_0^{d(x,p)}(|X'_{0,i}(s)|^2 - k|X_{0,i}(s)|^2)ds,$$

其中现在的模是关于 $M_{0,k}$ 上的度量 g_0 而取.

由 X_i 的构造方式知, $X_i(0) = 0$ 且 $X_i(a) = e_i(a)$, 所以, $\xi_{ij}(0) = 0$ 且 $\xi_{ij}(a) = \delta_{ij}$. 从而, $X_{0,i}(0) = 0$ 且 $X_{0,i}(a) = E_{0,i}(a)$. 令 $J_{0,i}$ 是沿 $c_0 = c_0(s)$ 的 Jacobi 场, 满足 $J_{0,i}(0) = 0$ 及 $J_{0,i}(a) = E_{0,i}(a)$, 则显然

$$J_{0,i}(s) = \frac{\Phi_0(s)}{\Phi_0(a)}E_{0,i}(s),$$

其中 Φ_0 的定义如 (3.5.4). 注意到, 由于 $a \leqslant r$ 小于 $M_{0,k}$ 的直径, 故从 m_0 到 m 的曲线 $c_0 = c_0(s)$ 为最短测地线. 应用指标定理 3.4.2, 推得

$$\begin{aligned}\partial_s|_{s=a}\ln(s^{n-1}\sqrt{\det g_e}) &\geqslant \sum_{i=1}^{n-1}\int_0^{d(x,p)}(|J'_{0,i}(s)|^2 - k|J_{0,i}(s)|^2)ds \\ &= \sum_{i=1}^{n-1}\int_0^{d(x,p)}[(\Phi'_0(s)/\Phi_0(a))^2 - k(\Phi_0(s)/\Phi_0(a))^2]ds \\ &= \partial_s|_{s=a}\ln\Phi_0^{n-1}. \text{ (根据 (3.5.4))}\end{aligned}$$

由于 $x = c(a)$, 有

$$a^{n-1}\sqrt{\det g_e|_x} \geqslant \Phi_0^{n-1}(a).$$

所以,

$$\int_0^r \int_{S^{n-1}} a^{n-1}\sqrt{\det g_e(v,a)}dvda \geqslant \int_0^r \int_{S^{n-1}} \Phi_0^{n-1}(a)dvda,$$

其中 dv 还是 $\mathbf{S}^{n-1}$ 上的体积元. 因此, $|B(x,r)| \geqslant V_r^k$. □

我们以讨论 Jacobi 场的 Rauch 比较定理结束本节. 像通常一样, 对于沿测地线的 Jacobi 场 $J(t)$, 我们用记号

$$\|J(t)\| \equiv \sqrt{g_{c(t)}(J(t),J(t))}, \quad J'(t) = \nabla_{c'(t)}J(t).$$

定理 3.5.2(Rauch 比较定理) 令 M 为完备流形, $c:[0,\infty) \to M$ 为测地线. 假设 $J = J(t)$ 为沿 c 的 Jacobi 场, 满足初值条件 $J(0) = 0$, $g(J'(0), c'(0)) = 0$, 且 $\|J'(0)\| = 1 = \|c'(0)\|$. 令 sec 为 M 的截面曲率, 而 K 为正常数, 则下面结论为真:

(i) 如果 $sec \leqslant 0$, 则 $\|J(t)\| \geqslant t$;

(ii) 如果 $sec \leqslant -K$, 则 $\|J(t)\| \geqslant \dfrac{e^{\sqrt{K}t} - e^{-\sqrt{K}t}}{2\sqrt{K}}$;

(iii) 如果 $sec \leqslant K$, 则 $\|J(t)\| \geqslant \dfrac{\sin(\sqrt{K}t)}{\sqrt{K}}$.

证明 我们只给出 (i) 的证明, (ii) 和 (iii) 的证明与此类似作为习题.

记 $f(t) = \|J(t)\|$. 利用 Jacobi 场方程, 直接计算表明

$$\begin{aligned}
f''(t) &= \Big(\frac{g(J,J')}{\|J\|}\Big)' = \frac{(g(J,J'))'\|J\| - g(J,J')\|J\|'}{\|J\|^2} \\
&= -\frac{g(R(J,c')c',J)}{\|J\|^2}f(t) + \frac{1}{\|J\|^3}(\|J\|^2\|J'\|^2 - g(J,J')^2) \\
&\geqslant -\frac{g(R(J,c')c',J)}{\|J\|^2}f(t).
\end{aligned}$$

根据对 J 的初值的假设及 Jacobi 场方程, 容易看出 $J(t)$ 和 $c'(t)$

正交. 因此, $\dfrac{g(R(J,c')c',J)}{\|J\|^2}$ 为 c' 和 J 张成的切平面的截面曲率. 根据假设 $sec \leqslant 0$, 得

$$f''(t) \geqslant 0.$$

注意到, $f(0) = \sqrt{g(J(0),J(0))} = 0$, 又

$$f'(0) = \lim_{t\to 0^+} \frac{f(t)}{t} = \lim_{t\to 0^+} \sqrt{g(\frac{J(t)}{t}, \frac{J(t)}{t})} = \|J'(0)\| = 1.$$

故 $f(t) \geqslant t$. □

习题 3.5.2 证明定理 3.5.2 的 (ii) 和 (iii).

Rauch 比较定理有各种各样的推广和改进, 它们在 Riemann 几何中扮演重要角色.

§3.6 关于共轭点, 割迹和单射半径的进一步知识

我们在这节介绍一些关于共轭点, 割迹以及单射半径下界的有用结果. 它们不仅对整体微分几何有用, 而且是本书后面研究 Ricci 流的基础.

命题 3.6.1 令 M 为完备 Riemann 流形, $c(s) = \exp_p(sv)(s > 0)$ 为单位速度的测地线, 即 $g_p(v,v) = 1$.

(i) 假设 $q = \exp_p(s_0 v)$ 为 p 的共轭点, 则对任何 $\varepsilon > 0$, 曲线 $c = c(s)(s \in [0, s_0 + \varepsilon])$ 不再是极短测地线.

(ii) 假设沿 $c = c(s)(s \in [0, s_0])$ 没有共轭点, 则对任何按 C^0 拓扑与 $c = c(s)$ 充分接近, 且使得 $\sigma(0) = p$ 及 $\sigma(s_0) = q$ 的分段光滑曲线 σ, 有

$$L(\sigma) \geqslant L(c).$$

等号成立当且仅当 σ 和 c 为同一曲线.

证明 (i) 记 $s_0 + \varepsilon$ 为 s_1, 我们将构造一连接 p 和 $c(s_1)$ 的曲线, 它的长度小于 s_1. 由于 $q = c(s_0)$ 与 p 共轭, 根据命题 3.4.4, 存在沿 c 的非平凡 Jacobi 场 $Y = Y(s)(s \in [0, s_0])$, 使得 $Y(0) = 0$ 且 $Y(s_0) = 0$. 由于 $Y(s)$ 和 $c'(s)$ 正交的分量也是 Jacobi 场, 因此我们就取与测地线正交的 Jacobi 场 $Y(s)$.

取一沿 c 的平行向量场 $P=P(s)$, 使得 $P(s_0)=-Y'(s_0)$, 由于 Y 非平凡, 因此它不为零. 令 $\theta:[0,s_1]\to[0,1]$ 为使得 $\theta(0)=\theta(s_1)=0$, $\theta(s_0)=1$ 的光滑函数. 对于 λ, 定义沿 c 的分段光滑向量场

$$Z=Z(s)=\begin{cases} Y(s)+\lambda\theta(s)P(s), & s\in[0,s_0],\\ \lambda\theta(s)P(s), & s\in[s_0,s_1].\end{cases}$$

最后定义 $c=c(s)$ 的变分

$$B(s,t)=\exp_{c(s)}(tZ(s)),$$

则 $B(s,0)=c(s)$, $B(0,t)=p$, 且 $B(s_1,t)=c(s_1)$. 又

$$\partial_t|_{t=0}B(s,t)=D\exp_{c(s)}|_0 Z(s)=Z(s).$$

记曲线 $B(s,t)(s\in[0,s_1])$ 的长度为 $L(t)$, 容易验证 $g(P(s),c'(s))=0$, 由此可得 $g(Z(s),c'(s))=0$. 对 s 微分知, $g(Z'(s),c'(s))=0$, 这里 $Z'(s)$ 意为 $\nabla_{c'(s)}Z(s)$. 根据命题 3.4.2 的第二变分公式, 知

$$\begin{aligned}\left.\frac{d^2L(t)}{dt^2}\right|_{t=0} &= I(Z,Z)\\ &= \int_0^{s_0}[|Y'|^2+R(Y,c',Y,c')]ds\\ &\quad +2\lambda\int_0^{s_0}[g(Y',(\theta P)')+R(Y,c',\theta P,c')]ds+\lambda^2 I(\theta P,\theta P)\\ &\xlongequal{\text{记为}} T_1+T_2+T_3.\end{aligned}$$

由于 Y 是在端点处为零的 Jacobi 场, 故 $T_1=0$. 注意到,

$$\partial_s g(Y',\theta P)=g(Y'',\theta P)+g(Y',(\theta P)'),$$

$$g(Y'',\theta P)+R(Y,c',c',\theta P)=0.$$

利用这两个恒等式及分部积分得

$$T_2=2\lambda g(Y'(s),\theta P(s))|_0^{s_0}=-2\lambda|Y'(s_0)|^2.$$

所以, 当 λ 接近于 0 时,

$$\left.\frac{d^2L(t)}{dt^2}\right|_{t=0} = -2\lambda|Y'(s_0)|^2 + \lambda^2 I(\theta P, \theta P) < 0.$$

这表明测地线 $c = c(s)(s \in [0, s_1] = [0, s_0 + \varepsilon])$ 不是最短测地线.

(ii) 这是定理 3.4.3 (指标基本定理) 的直接推论. 事实上, 取 $Y = 0$ 作为指标基本定理中的 Jacobi 场, 则对任何沿 c 且在端点处为零的非平凡向量场, 应用命题 3.4.2 推得

$$\frac{d^2}{dt^2}L(c_t)|_{t=0} = I(X_1, X_1) > 0.$$

这里 $c_t = c(s,t) = \exp_{c(s)}(tX(s))$ 为由 X 产生的变分, 而 $X_1(s)$ 为 $X(s)$ 正交于 $c'(s)$ 的分量. 由于 X 任意, 故测地线 $c = c(s)$ 的任何小变分不可能距离最短. □

命题 3.6.2 令 M 为完备 Riemann 流形, $c(s) = \exp_p(sv)(s > 0)$ 为单位速度的测地线. 假设 $q = c(s_0)$ 是 $p \in M$ 的割迹中的一点, 则

(i) q 是 p 的共轭点, 或

(ii) 存在另一连接 p 和 q 的测地线, 使得

$$L(\sigma) = L(c|_{[0,s_0]}) = d(p,q);$$

(iii) 反过来, 如果 (i) 和 (ii) 其中之一成立, 则 q 在 p 的割迹内;

(iv) p 点的单射半径 inj_p 等于 p 到其割迹的距离.

证明 取一正数序列 $\{\varepsilon_i\}$, 使当 $i \to \infty$ 时, $\varepsilon_i \to 0$. 令 $\sigma_i = \sigma_i(s)(s \in [0, s_0 + \varepsilon_i])$ 为连接 p 和 $c(s_0 + \varepsilon_i)$ 的以弧长为参数的最短测地线. 由于 q 在割迹中, 根据定义, 曲线 $c = c(s)(s \in [0, s_0 + \varepsilon_i])$ 不是距离最短, 因此,

$$d(p, c(s_0 + \varepsilon_i)) = L(\sigma_i) < s_0 + \varepsilon_i.$$

根据三角不等式, 又有

$$s_0 - \varepsilon_i \leqslant L(\sigma_i).$$

由于 σ_i 为测地线, 故存在单位向量 $u_i \in T_p(M)$, 使得 $\sigma_i(s) = \exp_p(su_i)$. 序列 $\{u_i\}$ 是 $T_p(M)$ 中的单位球面 $\mathbf{S}^{n-1}$ 的子集, 因此存在

一子序列, 仍记为 $\{u_i\}$, 收敛到单位向量 $u \in T_p(M)$. 由此得, σ_i 按 C^0 拓扑收敛到连接 p 和 q 的测地线 $\sigma = \exp_p(su)$.

若 $u \neq v$, 则 σ 和 c 是两条连接 p 和 q 的不同的测地线. 又由于 $\varepsilon_i \to 0$, 根据前段的论证知, $L(\sigma_i) \to s_0$. 因此情形 (ii) 成立.

若 $u = v$, 则 σ 和 c 是同一曲线, 所以, 对于大的 i, σ_i 按 C^0 拓扑充分接近曲线 $c = c(s)(s \in [0, s_0 + \varepsilon_i])$. 如果 $q = c(s_0)$ 不是 p 的共轭点, 则由连续性, 对于大的 i, 点 $c(s)(s \in [s_0, s_0 + \varepsilon_i])$ 也不是 p 的共轭点, 由命题 3.6.1 (i) 不难看出, 整条曲线 $c|_{[0,s_0+\varepsilon_i]}$ 不包含 p 的共轭点. 根据命题 3.6.1 (ii) 知

$$L(\sigma_i|_{[0,s_0+\varepsilon_i]}) \geqslant L(c|_{[0,s_0+\varepsilon_i]}).$$

由于 $c|_{[0,s_0+\varepsilon_i]}$ 不是最短测地线, 故 σ_i 不能是连接 p 和 $c(s_0 + \varepsilon_i)$ 的最短测地线. 这和 σ_i 的定义矛盾, 因此 q 是 p 的共轭点, 即 (i) 成立.

接下来证明 (iii). 假设 q 是 p 沿测地线的共轭点, 则命题 3.6.1 (i) 表明 q 是割点. 现假设存在另一连接 p 和 q 的测地线 σ, 使得

$$L(\sigma) = L(c|_{[0,s_0]}) = d(p, q).$$

令 $c = \exp_p(sv)(v \in T_p(M))$ 为某个单位向量. 对于充分小的 $a > 0$, 记点 $\exp((s_0 + a)v)$ 为 q_1, 并假设 $q_1 \in \sigma$. 由于点 q 和 q_1 非常接近, 故只有一条最短测地线连接它们. 从而延拓后的曲线 $c|_{[0,s_0+a]}$ 和 σ 有重叠. 从而 $C \cup \sigma$ 为闭测地线, 因此曲线 $c : [0, s_0 + a] \to M$ 不是距离最短. 原因是可通过 σ 到 q_1, 而这比 $s_0 + a$ 短. 另一方面, 如果 q_1 不是 σ 上的点, 则曲线 $\sigma \cup c|_{[s_0,s_0+a]}$ 是连接 p 和 q_1 的非光滑曲线, 其长度为 $s_0 + a$. 由于此曲线非光滑, 它不可能是距离最短, 所以 $d(p, q_1) < s_0 + a = L(c|_{[0,s_0+a]})$. 这表明 $c : [0, s_0 + a] \to M$ 仍然不是距离最短, 从而 q 是割点. 这就证明了 (iii).

最后, 我们证明 (iv). 记 p 的割迹为 Cut_p. 如果 Cut_p 为紧, 取 $q \in Cut_p$, 使得 $d(p, q)$ 为 p 与 Cut_p 间的距离. 根据此命题的第 (iii) 部分, 对任何比 q 距 p 更近的点 q_1, 存在唯一的连接 p 和 q_1 的最短测地线. 因而 $\exp_p$ 在球 $\{v \in T_p(M) | \|v\| < d(p, q)\}$ 上是嵌入, 所以 p 点的单射半径 inj_p 等于 $d(p, q)$. 如果 Cut_p 非紧, 则可选割迹之外的点 q_1, 使得 $d(p, q_1)$ 和 $d(p, Cut_p)$ 任意接近. 按紧情形同样的方式可得结论. □

命题中的情形 (i) 和 (ii) 并不互相包含. 命题第 (ii) 部分中的两测地线通常可能不能形成光滑的闭测地线. 然而, 在 q 是 p 的割迹中最靠近 p 的情形, 如果 p 和 q 彼此不相互共轭, 则能形成一光滑闭测地线.

命题 3.6.3(单射半径和闭测地线) 令 M 为完备 Riemann 流形. 对于 $p \in M$, 假设 q 是 p 的割迹中离 p 最近的点, 则存在两种情形:

(i) q 是 p 的沿着连接 p 和 q 的最短测地线的共轭点;

(ii) 存在连接 p 和 q 的闭测地线, 其长度为 $d(p,q)$.

证明 假设 (i) 不成立, 即 q 不是 p 的沿任何最短测地线的共轭点. 由于 q 在 p 的割迹中, 根据前一命题 3.6.2, 存在两条连接点 p 和 q 的测地线 c 和 σ, 使得 $L(\sigma) = L(c) = d(p,q)$. 我们需要证明 $c \cup \sigma$ 形成一闭测地线. 通过伸缩度量, 可假定 $d(p,q) = 1$. 将 c 和 σ 均弧长参数化, 使得它们是从 $[0,1]$ 到 M 的函数, 满足 $c(0) = \sigma(0) = p$ 且 $c(1) = \sigma(1) = q$. 为证明 $c \cup \sigma$ 在 q 处的光滑性, 只需证明 $c'(1) = -\sigma'(1)$.

假设 $c'(1) \neq -\sigma'(1)$, 则存在向量 $w \in T_q(M)$, 使得 $g(w, c'(1)) < 0$ 并且 $g(w, \sigma'(1)) < 0$. 对于充分小的 $t > 0$, 记 $q(t) = \exp_q(tw)$. 我们断言, 存在两条连接 p 和 $q(t)$ 的测地线 $c_t : [0,1] \to M$ 和 $\sigma_t : [0,1] \to M$. 这个断言是反函数定理的结论. 实际上, 由于 q 不是 p 的共轭点, 而 $\exp_p c'(0) = q$, 故 $D\exp_p|_{c'(0)}$ 非奇异. 根据反函数的定义, 在 $c'(0)$ 的小邻域内存在 $v_1 = v_1(t) \in T_p(M)$, 使得 $\exp_p(v_1) = q(t)$, 所以可将 $\exp_p(sv_1)(s \in [0,1])$ 视为测地线 $c_t = c_t(s)$. 另一测地线 σ_t 可通过将上述论证中 $c'(0)$ 换为 $\sigma'(0)$ 类似地得到.

从而, 函数 $c = c(s,t) \equiv c_t(s)(s \in [0,1])$ 为测地线 $c = c(s)$ 的光滑变分, 满足 $c(s,0) = c(s)$. 按照通常计算测地线长度的第一变分公式的方法可得

$$
\begin{aligned}
\frac{d}{dt}L(c(\cdot,t)) &= \frac{1}{2}\int_0^1 \frac{\partial_t g(\partial_s c(s,t), \partial_s c(s,t))}{\|\partial_s c(s,t)\|} ds \\
&= \int_0^1 \frac{g(\nabla_t \nabla_s c(s,t), \partial_s c(s,t))}{\|\partial_s c(s,t)\|} ds \\
&= \int_0^1 \frac{g(\nabla_s \nabla_t c(s,t), \partial_s c(s,t))}{\|\partial_s c(s,t)\|} ds
\end{aligned}
$$

$$= \int_0^1 \frac{\partial_s g(\partial_t c(s,t), \partial_s c(s,t))}{\|\partial_s c(s,t)\|} ds,$$

这里 $\nabla_s = \nabla_{\partial_s c(s,t)}$, $\nabla_t = \nabla_{\partial_t c(s,t)}$, 而 $\partial_s c(s,t)$ 和 $\partial_t c(s,t)$ 分别是 $c(\cdot,t)$ 和 $c(s,\cdot)$ 的切向量, 并且 $\nabla_s c(s,t) = \partial_s c(s,t)$.

当 $t = 0$ 时, 由于 $c = c(s) = c(s,0)$ 以弧长为参数, 我们有 $\|\partial_s c(s,t)\| = 1$. 又因为 $c(0,t)$ 保持不动, 故 $\partial_t c(s,t)|_{s=0,t=0} = 0$. 由此得

$$\frac{d}{dt} L(c(\cdot,t))|_{t=0} = g(\partial_t c(s,t), \partial_s c(s,t))|_{s=1,t=0}.$$

注意到, $c(1,t) = q(t) = \exp_q(tw)$, 故有

$$\frac{d}{dt} L(c(\cdot,t))|_{t=0} = g(w, c'(1)) < 0.$$

同样,

$$\frac{d}{dt} L(\sigma(\cdot,t))|_{t=0} = g(w, \sigma'(1)) < 0.$$

因此, 对充分小的 $t > 0$, c_t 和 σ_t 的长度严格小于 1. 由假设 $c_t(1) = \sigma_t(1) = q(t)$, 我们知 $q(t)$ 不是 p 的割点.

如果 $L(c_t) = L(\sigma_t) = d(p, q(t))$, 则由命题 3.6.2 (iii), $q(t)$ 必为割点, 产生矛盾. 如果 $L(c_t)$ 或 $L(\sigma_t)$ 严格大于 $d(p, q(t))$, 则较长的测地线不再是距离最短, 但其长度小于 1, 这与 $d(p, Cut_p) = d(p, q) = 1$ 矛盾. 这个矛盾证明了 $c \cup \sigma$ 为光滑闭测地线. □

以下属于 Klingenberg 的定理, 这个定理提供了对截面曲率有上界的流形给出了单射半径的下界.

令 M 为具备度量 g 的 Riemann 流形, 引进记号

$$l(M,g) = \inf\{L(\sigma) | \sigma : \mathbf{S}^1 \to M, \sigma\text{是一条测地线}, \sigma'(0) \neq 0\}.$$

这不是别的, 正是 M 上闭测地线长度的下界.

定理 3.6.1 (Klingenberg 定理) 假设 M 是紧 Riemann 流形, 其截面曲率以正常数 K_0 为上界, 则其单射半径有下界, 为

$$\text{inj}(M,g) \geqslant \min\left\{\frac{\pi}{\sqrt{K_0}}, \frac{1}{2} l(M,g)\right\}.$$

证明 由于 M 紧, 故可找到一点 $p \in M$, 使得 p 点的单射半径等于整个流形的单射半径. 令 q 为 p 的割迹中最接近 p 的点. 根据命题 3.6.2 (iv), p 点的单射半径 inj_p 等于 $d(p,q)$.

根据命题 3.6.3, 有两种可能性: 一种是 p 和 q 由一长度为两倍 $d(p,q)$ 的闭测地线连接, 此时 $\text{inj}_p \geqslant \frac{1}{2}l(M,g)$; 另一种是 p 和 q 沿最短测地线 σ 共轭. 令 $\sigma = \sigma(t)$ 以弧长为参数. 根据 Rauch 比较定理 (定理 3.5.2), 截面曲率有上界及命题 3.4.4 知, 对 $t \in \left[0, \frac{\pi}{\sqrt{K_0}}\right)$, p 的共轭点不可能出现. 因此 $\text{inj}_p = d(p,q) \geqslant \frac{\pi}{\sqrt{K_0}}$. □

以此定理为基础, 能够证明下述单射半径的局部下界, 它在 Ricci 流的研究中经常用到.

定理 3.6.2(Cheeger-Gromov-Taylor[CGT] 和 Cheng-Li-Yau[CLY]) 令 $B(x_0, 4r_0)(r_0 \in (0,\infty))$ 为 n 维完备流形 (M,g) 中的测地球. 假设 $B(x_0, 4r_0)$ 中的截面曲率 sec 满足

$$\lambda \leqslant sec \leqslant \Lambda,$$

其中 λ 和 Λ 为两常数, 则对任何满足

$$r \leqslant \min\left\{r_0, \frac{\pi}{4\sqrt{\max\{\Lambda, 0\}}}\right\}$$

的正常数 r, 成立

$$\text{inj}(M, x_0) \geqslant r\frac{|B(x_0,r)|}{|B(x_0,r)| + V_\lambda^n(2r)},$$

其中 $V_\lambda^n(2r)$ 是具有常截曲率 λ 的 n 维单连通空间形式中的半径为 $2r$ 的测地球的体积.

证明(概要) 如同 [CZ] 中定理 4.2.2 的证明一样. 根据上述 Klingenberg 定理 (定理 3.6.1),

$$l \equiv l_M(x_0) \geqslant 2r\frac{|B(x_0,r)|}{|B(x_0,r)| + V_\lambda^n(2r)},$$

这里 $l_M(x_0)$ 为通过 x_0 的最短测地闭路. 取定理叙述中的数 r, 使得 $r \geqslant l$. 考虑球 $B(x_0, 4r)$ 和指数映射

$$\exp_{x_0} : \tilde{B}(0,4r)(\subset T_{x_0}(M)) \to B(x_0,4r).$$

通过给 $\tilde{B}(0,4r)$ 配置以拉回度量 $\tilde{g}=\exp_{x_0}^* g$ 知, $\exp_{x_0}$ 为从 $\tilde{B}(0,4r)$ 到 $B(x_0,4r)$ 的局部等距. 令 $p_1=0,p_2,\cdots,p_k$ 为 x_0 在 $\tilde{B}(0,r)$ 的原像. 利用下述 Whitehead 引理知, $k-1\geqslant 2[r/l]$, 且球 $\tilde{B}(p_i,r)$ 中任何两个的交的测度为零. 根据经典体积比较定理, 我们有

$$k|B(x_0,r)|\leqslant \left|\bigcup_{i=1}^{k}\tilde{B}(p_i,r)\right|\leqslant |\tilde{B}(0,2r)|\leqslant V_\lambda^n(2r).$$

从而,

$$l\geqslant 2r/(k+1)\geqslant 2r|B(x_0,r)|/(|B(x_0,r)|+V_\lambda^n(2r)). \qquad \square$$

习题 3.6.1 填补定理 3.6.2 的证明细节.

下面介绍上述定理在证明过程中用到的 Whitehead 引理.

引理 3.6.1 (Whitehead 引理) 令 (M,g)为截面曲率以 1 为上界的完备 Riemann 流形. 假设 $x\in M$ 且 $0<r<\dfrac{1}{2}\min\{\pi,\mathrm{inj}(M)\}$, 则

(i) 球 $B(x,r)$ 是测地凸的, 即对任何 $y,z\in B(x,r)$, 存在唯一连接 y 和 z, 且落在 $B(x,r)$ 中的最短测地线;

(ii) 对任何 $\{x_1,\cdots,x_k\}\subset B(x,r)$, 存在唯一的重心 $y\in B(x,r)$, 即

$$\sum_{i=1}^{k}\exp_y^{-1}x_i=0.$$

引理的证明, 可参见 [CE] 103 页.

§3.7 Bochner-Weitzenbock 型公式

Bochner-Weitzenbock 型公式是命题 3.2.1 中 Ricci 恒等式的推广, 它们提供了流形上各种微分算子的联系. 我们在本节讨论几个例子.

命题 3.7.1 (Bochner 公式) 令 u 为流形 (M,g) 上的光滑函数, 则

$$\frac{1}{2}\Delta|\nabla u|^2=|\nabla\nabla u|^2+<\nabla\Delta u,\nabla u>+Ric(\nabla u,\nabla u).$$

证明 在法坐标系中计算是方便的. 用 u_i, u_{ij}, u_{ijk} 分别表示 u 的一阶, 二阶, 三阶协变导数. 已知 $du = u_i dx^i$, $u_i = \dfrac{\partial u}{\partial x^i}$, 而 $\nabla u = g^{ij}\dfrac{\partial u}{\partial x^j}\dfrac{\partial}{\partial x^i} = u^i\dfrac{\partial}{\partial x^i}$, 其中 $u^i = g^{ij}u_j$. 因此,

$$|\nabla u|^2 = g_{ij}u^i u^j = g^{ij}u_i u_j = u_i^2.$$

接下来计算

$$\begin{aligned}
\frac{1}{2}\Delta(|\nabla u|^2) &= \frac{1}{2}(u_i^2)_{jj} \\
&= (u_i u_{ij})_j = (u_i u_{ji})_j = u_{ij}u_{ij} + u_i u_{jij}\ (\text{由于 } u_{ij} = u_{ji}) \\
&= u_{ij}u_{ij} + u_i(u_{jji} - R^s_{jij}u_s) \\
&= u_{ij}u_{ij} + u_i u_{jji} - R^s_{jij}u_i u_s \\
&= u_{ij}u_{ij} + u_i u_{jji} - R^s_{jij}g_{il}u^l g_{sk}u^k \\
&= u_{ij}u_{ij} + u_i u_{jji} - R_{jijk}g_{il}u^l u^k \\
&= u_{ij}u_{ij} + u_i u_{jji} + R_{ljjk}u^l u^k \\
&= |\nabla\nabla u|^2 + <\nabla\Delta u, \nabla u> + Ric(\nabla u, \nabla u),
\end{aligned}$$

其中, 为从第二行得到第三行, 我们将命题 3.2.1 中的 Ricci 恒等式用于 $(1,0)$ 型张量 u_j. □

作用于数值函数的 Laplace-Beltrami 算子可推广到作用在张量上的算子. 然而, 至少有两种导致 Laplace 算子不同的推广方式.

定义 3.7.1(作用在张量上的 Laplace 算子)

(i) 作用在张量上的**迹** Laplace **算子**. 令 T 为流形 M 上的光滑 (p,q) 型张量场, 则迹 Laplace 算子是二阶算子, 定义为

$$\Delta T = \mathrm{div}\nabla T = \mathrm{trace}_g\nabla^2 T = \sum_{i=1}^n \nabla^2_{e_i,e_i}T,$$

其中 $\{e_1,\cdots,e_n\}$ 为单位正交标架.

(ii) 作用在形式上的 Hodge-Laplace **算子**. 令 T 为光滑 p-形式, 即 M 上的反对称 $(p,0)$ 型张量场, 则 Hodge-Laplace 算子是二阶算子, 定义为

$$\Delta_d T = -(d\delta + \delta d)T,$$

其中 δ 为下面定义 3.7.2 中所定义的外导数的伴随算子.

注解 3.7.1 上面定义中的等式

$$\mathrm{trace}_g \nabla^2 T = \sum_{i=1}^n \nabla^2_{e_i,e_i} T$$

需要给出一些说明. 根据定义 3.2.1 知, $\nabla^2 T$ 是 $(p+2,q)$ 型张量, 在局部法坐标系中可写为

$$\nabla^2 T(X_1,\cdots,X_p,\eta_1,\cdots,\eta_q) = T_{ij}dx^i \otimes dx^j,$$

这里 $X_l(l=1,\cdots,p),\eta_m(m=1,\cdots,q)$ 分别为向量场和 1-形式. 由于 e_i 是 dx^i 的对偶, 所以有

$$\mathrm{trace}_g \nabla^2 T = g^{ij}T_{ij} = \sum_{i=1}^n T_{ii} = \sum_{i=1}^n \nabla^2 T(e_i,e_i) = \sum_{i=1}^n \nabla^2_{e_i,e_i} T.$$

定义 3.7.2 对两个 p- 形式 $\alpha = \alpha_{i_1\cdots i_p} dx^{i_1} \wedge \cdots \wedge dx^{x_p}$ 和 $\beta = \beta_{j_1\cdots j_p} dx^{j_1} \wedge \cdots \wedge dx^{j_p}$, 其**内积**是数值

$$<\alpha,\beta>= p!g^{i_1j_1}\cdots g^{i_pj_p}\alpha_{i_1\cdots i_p}\beta_{j_1\cdots j_p}.$$

其 L^2 **内积**定义为

$$<\alpha,\beta>_{L^2}= p!\int_M g^{i_1j_1}\cdots g^{i_pj_p}\alpha_{i_1\cdots i_p}\beta_{j_1\cdots j_p}d\mu = \int_M <\alpha,\beta> d\mu.$$

算子 δ 为外导数在 L^2 内积下的伴随, 即对任何 p- 形式 α 和 $(p-1)$- 形式 η,

$$<d\eta,\alpha>_{L^2}=<\eta,\delta\alpha>_{L^2}.$$

注解 3.7.2 容易验证 δ 算子有两个等价形式:

(i) $\delta\alpha = -p\mathrm{div}\alpha$, 即

$$(\delta\alpha)_{i_1\cdots i_{p-1}} = -pg^{jk}\nabla_j\alpha_{ki_1\cdots i_{p-1}};$$

(ii) $\delta\alpha = (-1)^{np+n+1} {*d*}\alpha$, 其中 $*$ 是将 $\Lambda^pT^*(M)$ 映到 $\Lambda^{n-p}T^*(M)$ 的 Hodge **星算子**, 定义为

$$\alpha \wedge *\eta =<\alpha,\eta> d\mu.$$

迹 Laplace 算子和 Hodge-Laplace 算子作用在数值函数上与 Laplace-Beltrami 算子相同, 而它们作用在 1- 形式上的关系为

命题 3.7.2 令 α 为 M 上的光滑 1-形式, $Ric(\alpha)$ 为光滑 1-形式, 其定义为, 对所有光滑向量场 X,

$$Ric(\alpha)(X) = Ric(\alpha^*, X),$$

其中 α^* 为向量场, 满足对所有光滑向量场 X, 成立

$$g(\alpha^*, X) = \alpha(X),$$

则

$$\Delta_d \alpha = \Delta\alpha - Ric(\alpha).$$

证明 我们将从头开始给出定理的详细证明, 用以 p 点为心的法坐标系 $\{x^1, \cdots, x^n\}$ 计算.

令 $\alpha = a_i dx^i$ 为 p 点邻域内的 1-形式, 则根据命题 3.1.1, 有

$$\nabla\alpha = a_{i,k} dx^k \otimes dx^i, \tag{3.7.1}$$

其中 $a_{i,k} = \dfrac{\partial a_i}{\partial x^k} - \Gamma_{ik}^l a_l$. 按照前面的注解 3.7.2,

$$d\delta\alpha = -d\ \mathrm{trace}\nabla\alpha = -d(g^{ik}a_{i,k}) = -\frac{\partial g^{ik}}{\partial x^l} a_{i,k} dx^l - g^{ik}\frac{\partial a_{i,k}}{\partial x^l} dx^l.$$

由于在中心 p 处, $\dfrac{\partial g^{ik}}{\partial x^l} = 0$, 故在 p 处, 有

$$d\delta\alpha = -g^{ik}\frac{\partial a_{i,k}}{\partial x^l} dx^l. \tag{3.7.2}$$

我们需要找出此式与 α 的二阶协变导数的关系. 由定义 3.2.1, 对任何光滑向量场 X 和 Y,

$$\nabla^2_{X,Y}\alpha = \nabla_X(\nabla_Y\alpha) - \nabla_{\nabla_X Y}\alpha.$$

取 $X = \dfrac{\partial}{\partial x^k}$ 和 $Y = \dfrac{\partial}{\partial x^l}$. 由于在 p 点处, $\nabla_X Y = 0$, 故有

$$\nabla^2_{X,Y}\alpha = \nabla_X(\nabla_Y\alpha).$$

根据 (3.7.1),

$$\nabla_Y\alpha = \left(\frac{\partial a_i}{\partial x^l} - \Gamma_{il}^m a_m\right) dx^i.$$

对上面的恒等式再用 (3.7.1), 则在 p 点处有

$$\nabla_X(\nabla_Y \alpha) = \frac{\partial}{\partial x^k}\left(\frac{\partial a_i}{\partial x^l} - \Gamma^m_{il} a_m\right) dx^i = \frac{\partial a_{i,l}}{\partial x^k} dx^i,$$

即在 p 点处, 有

$$\nabla^2 \alpha = \frac{\partial a_{i,l}}{\partial x^k} dx^k \otimes dx^l \otimes dx^i.$$

由于按定义 $\nabla^2 \alpha = a_{i,lk} dx^k \otimes dx^l \otimes dx^i$, 我们推出

$$\frac{\partial a_{i,l}}{\partial x^k} = a_{i,lk}. \tag{3.7.3}$$

将此恒等式代入 (3.7.2), 我们可得公式

$$d\delta\alpha = -g^{ik} a_{i,kl} dx^l. \tag{3.7.4}$$

接下来, 我们计算 $\delta d\alpha$. 注意到,

$$\begin{aligned} d\alpha &= \frac{\partial a_i}{\partial x^l} dx^l \wedge dx^i = \frac{\partial a_i}{\partial x^l}(dx^l \otimes dx^i - dx^i \otimes dx^l) \\ &= \left(\frac{\partial a_i}{\partial x^l} - \Gamma^m_{il} a_m\right)(dx^l \otimes dx^i - dx^i \otimes dx^l). \end{aligned}$$

这里, 为得到最后一个恒等式, 我们用到对称性 $\Gamma^m_{ij} = \Gamma^m_{ji}$. 上式记为

$$d\alpha = a_{i,l}(dx^l \otimes dx^i - dx^i \otimes dx^l).$$

应用局部导数公式 (3.1.4) 于 $(2,0)$ 型张量 $d\alpha$ 得, 在 p 处,

$$\nabla d\alpha = \frac{\partial a_{i,l}}{\partial x^k} dx^k \otimes dx^l \otimes dx^i - \frac{\partial a_{i,l}}{\partial x^k} dx^k \otimes dx^i \otimes dx^l.$$

这里我们用了在 p 处, 所有涉及 Christoffel 符号的项都为零的事实, 所以,

$$\delta d\alpha = -\mathrm{trace}\, \nabla d\alpha = -g^{kl}\frac{\partial a_{i,l}}{\partial x^k} dx^i + g^{ki}\frac{\partial a_{i,l}}{\partial x^k} dx^l.$$

交换上式右边第一项的指标 i 和 l, 并利用 (3.7.3), 得

$$\begin{aligned} \delta d\alpha &= -g^{ki}\frac{\partial a_{l,i}}{\partial x^k} dx^l + g^{ki}\frac{\partial a_{i,l}}{\partial x^k} dx^l \\ &= -g^{ki} a_{l,ik} dx^l + g^{ki} a_{i,lk} dx^l. \end{aligned} \tag{3.7.5}$$

把 (3.7.5) 和 (3.7.4) 相加得

$$\begin{aligned} d\delta\alpha + \delta d\alpha &= -g^{ik}a_{i,kl}dx^l - g^{ki}a_{l,ik}dx^l + g^{ki}a_{i,lk}dx^l \\ &= -g^{ik}(a_{i,kl} - a_{i,lk})dx^l - g^{ki}a_{l,ik}dx^l. \end{aligned}$$

由命题 3.2.1 中的 Ricci 恒等式, 知

$$\begin{aligned} \Delta_d\alpha &= g^{ik}(a_{i,kl} - a_{i,lk})dx^l + g^{ki}a_{l,ik}dx^l = -g^{ik}R^m_{lki}a_m dx^l + \Delta\alpha \\ &= -g^{ik}R^m_{lki}g_{rm}a^r dx^l + \Delta\alpha \quad (\text{这里 } a^r = g^{rm}a_m) \\ &= -g^{ik}R_{lkir}a^r dx^l + \Delta\alpha \\ &= \Delta\alpha - R_{lr}a^r dx^l = \Delta\alpha - Ric(\alpha). \end{aligned}$$

□

第四章　流形上的 Sobolev 不等式及相关结果

本章我们介绍 Riemann 流形上的 Sobolev 不等式, 对数 Sobolev 不等式, 抛物 Harnack 不等式以及和它们有关的一些不等式. 下面是这一章要用到的一些记号. 除非另外说明, 用 M 表示赋予了度量 g 的紧 Riemann 流形; $d(x,y)$, $d\mu$ 分别表示距离和体积元; $B(x,r)$, $|B(x,r)|$ 分别表示以 x 为心, r 为半径的测地球和它的体积; ∇ 表示函数相对于度量 g 的梯度.

§4.1　基本 Sobolev 不等式

紧流形上的基本 Sobolev 不等式在书 [Heb2] 中有叙述, 我们就从它开始.

定理 4.1.1　设 (M,g) 是 n 维紧致光滑流形, 则对任何 $p\in[1,n)$, $W^{1,p}(M)\subset L^{np/(n-p)}(M)$, 即存在 $A=A(M)>0$, 使得对所有 $u\in W^{1,p}(M)$, 成立

$$\Big(\int_M u^{np/(n-p)}d\mu\Big)^{(n-p)/np}\leqslant A\Big(\int_M|\nabla u|^p d\mu\Big)^{1/p}+A\Big(\int_M|u|^p d\mu\Big)^{1/p}.$$

证明　由通常的逼近法, 只需对光滑函数证明定理. 首先证明 $p=1$ 的情形.

由 M 紧知, M 可用有限个坐标卡 $(\Omega_m,\phi_m)(m=1,\cdots,N)$ 覆盖, 且对任何 m, (Ω_m,ϕ_m) 上的局部度量 $(g_{ij}^{(m)})$ 满足

$$\frac{1}{2}(\delta_{ij})\leqslant(g_{ij}^{(m)})\leqslant 2(\delta_{ij}).$$

令 $\{\eta_m\}$ 是从属于上述坐标卡的光滑单位分解, 即$\eta_m\in C_0^\infty(\Omega_m)$, 且 $\sum\limits_{m=1}^{N}\eta_m=1$.在每个坐标卡 Ω_m 中, 体积元 $d\mu$ 可表为

$$d\mu=\sqrt{\det(g_{ij}^{(m)})}dx,$$

其中 dx 是 $\mathbf{R}^n$ 的体积元.

对任何 $u \in C^\infty(M)$ 以及 $m = 1, 2, \cdots, N$, 有

$$\left(\int_M |\eta_m u|^{n/(n-1)} d\mu\right)^{(n-1)/n} \leqslant \left(2^{n/2} \int_{\mathbf{R}^n} |(\eta_m u)\circ\phi_m^{-1}(x)|^{n/(n-1)} dx\right)^{(n-1)/n}.$$

根据欧氏空间的 Sobolev 不等式 (定理 2.2.1), 我们有

$$\left(\int_M |\eta_m u|^{n/(n-1)} d\mu\right)^{(n-1)/n} \leqslant c_n \int_{\mathbf{R}^n} |\nabla_e((\eta_m u)\circ\phi_m^{-1}(x))| dx, \quad (4.1.1)$$

这里 ∇_e 表示欧氏梯度.

在局部坐标下,

$$\begin{aligned}|\nabla(\eta_m u)|^2 &= g_{ij} g^{ik} \partial_k(\eta_m u \circ \phi_m^{-1}) g^{jl} \partial_l(\eta_m u \circ \phi_m^{-1}) \\ &= g^{kl} \partial_k(\eta_m u \circ \phi_m^{-1}) \partial_l(\eta_m u \circ \phi_m^{-1}) \\ &\geqslant \frac{1}{2} |\nabla_e(\eta_m u \circ \phi_m^{-1})|^2.\end{aligned}$$

最后一步是根据 g_{ij} 在每个坐标卡中的大小尺度的假设.将上式代入 (4.1.1) 的右端, 得

$$\left(\int_M |\eta_m u|^{n/(n-1)} d\mu\right)^{(n-1)/n} \leqslant c c_n \int_M |\nabla(\eta_m u)| d\mu. \quad (4.1.2)$$

将 (4.1.2) 对所有 m 求和并用 Minkowski 不等式，得

$$\begin{aligned}\left(\int_M |u|^{n/(n-1)} d\mu\right)^{(n-1)/n} &\leqslant \sum_{m=1}^N \left(\int_M |\eta_m u|^{n/(n-1)} d\mu\right)^{(n-1)/n} \\ &\leqslant c c_n \sum_{m=1}^N \int_M |\nabla(\eta_m u)| d\mu \\ &= c c_n \int_M |\nabla u| d\mu + c c_n \left(\max \sum_{m=1}^N |\nabla \eta_m|\right) \int_M |u| d\mu.\end{aligned}$$

这就证明了, 当 $p = 1$ 时, 定理成立.

对 $p \in (1, n)$, 只需将 $p = 1$ 的情形用于函数 $|u|^{p(n-1)/(n-p)}$. □

下面的定理说明 Sobolev 嵌入蕴涵非坍塌性. 它属于 Akutagawa [Ak] 和 Carron [Ca](参见 [Heb2] 中引理 2.2).

定理 4.1.2 设(M,g)是n维完备光滑 Riemann流形, $W^{1,p}(M)\hookrightarrow L^q(M), p\in[1,n), q=\dfrac{np}{n-p}$, 即存在常数 A, 使得对任何 $u\in W^{1,p}(M)$,

$$\|u\|_q\leqslant A(\|\nabla u\|_p+\|u\|_p),$$

则

$$|B(x,r)|\geqslant\min\left\{\frac{1}{2A},\frac{r}{2^{\frac{n+2p}{p}}A}\right\}^n.$$

证明 取 $u\in W^{1,p}(M)$, 使得在 $M-B(x,r)$ 上, $u=0$. 由 Hölder 不等式,

$$\begin{aligned}
&\|u\|_p\leqslant|B(x,r)|^{\frac{1}{n}}\|u\|_q\leqslant|B(x,r)|^{\frac{1}{n}}A(\|\nabla u\|_p+\|u\|_p)\\
\Rightarrow\quad&\|u\|_p-|B(x,r)|^{\frac{1}{n}}A\|u\|_p\leqslant|B(x,r)|^{\frac{1}{n}}A\|\nabla u\|_p\\
\Rightarrow\quad&1-|B(x,r)|^{\frac{1}{n}}A\leqslant|B(x,r)|^{\frac{1}{n}}A\frac{\|\nabla u\|_p}{\|u\|_p}\\
\Rightarrow\quad&\frac{1}{|B(x,r)|^{\frac{1}{n}}}-A\leqslant A\frac{\|\nabla u\|_p}{\|u\|_p}.
\end{aligned}$$

下面分两种情形讨论:

情形 (i), 若 $|B(x,r)|^{\frac{1}{n}}\geqslant\dfrac{1}{2A}$, 则定理获证.

情形 (ii), 如果 $|B(x,r)|^{\frac{1}{n}}\leqslant\dfrac{1}{2A}$, 则有 $A\leqslant\dfrac{1}{2|B(x,r)|^{\frac{1}{n}}}$. 代入上面的不等式, 推出

$$\frac{1}{2|B(x,r)|^{\frac{1}{n}}}\leqslant A\frac{\|\nabla u\|_p}{\|u\|_p}. \tag{4.1.3}$$

对任何使 $d(y)=d(y,x)$ 在 y 处可微的固定点 $x\in M$, 取

$$u(y)=\begin{cases}r-d(y,x), & \text{当}d(x,y)\leqslant r,\\ 0, & \text{其他}.\end{cases}$$

由于 u 是 Lipschitz 函数, 且 $|\nabla u|=|\nabla d|=1$ a.e., 因此, 下面不等式成立:

$$\begin{aligned}
&\|\nabla u\|_p\leqslant\left(\int_{B(x,r)}1\,dv\right)^{\frac{1}{p}}=|B(x,r)|^{\frac{1}{p}},\\
&\|u\|_p=\left(\int_{B(x,r)}|u|^p\,dv\right)^{\frac{1}{p}}\geqslant\left(\int_{B(x,r/2)}|u|^p\,dv\right)^{\frac{1}{p}}.
\end{aligned}$$

注意到, 对任何 $y \in B(x,r/2)$, $d(x,y) \leqslant \frac{r}{2}$, $u(y) = r - d(x,y) \geqslant \dfrac{r}{2}$, 则

$$\|u\|_p \geqslant \Big(\int_{B(x,r/2)} \Big(\frac{r}{2}\Big)^p dv\Big)^{\frac{1}{p}} = \frac{r}{2} \cdot |B\Big(x, \frac{r}{2}\Big)|^{\frac{1}{p}}.$$

将上面的两个关于 $\|\nabla u\|p$ 和 $\|u\|p$ 的估计式代入 (4.1.3) 可得, 对任意使得 $B(x,r) \subseteq M$, $B(x,r) \neq M$ 的 $r>0$, 有

$$\frac{1}{2|B(x,r)|^{\frac{1}{n}}} \leqslant A\,\frac{|B(x,r)|^{\frac{1}{p}}}{\frac{r}{2}\cdot |B(x,r/2)|^{\frac{1}{p}}} \Rightarrow |B(x,r)| \geqslant \Big(\frac{r}{4A}\Big)^{\frac{np}{n+p}} \cdot |B(x,r/2)|^{\frac{n}{n+p}}.$$

接下来用归纳法. 对固定的使得$B(x,R) \subseteq M$, $B(x,R) \neq M$的$R>0$, 有

$$\begin{aligned}
&|B(x,R)| \geqslant \Big(\frac{R}{4A}\Big)^{\frac{np}{n+p}} \cdot |B(x,R/2)|^{\frac{n}{n+p}},\\
&|B(x,R/2)| \geqslant \Big(\frac{R/2}{4A}\Big)^{\frac{np}{n+p}} \cdot |B(x,R/2^2)|^{\frac{n}{n+p}},\\
&\cdots\cdots\cdots\cdots\\
&|B(x,R|2^{m-1})| \geqslant \Big(\frac{R}{2A}\Big)^{p\alpha(m)} \cdot \Big(\frac{1}{2}\Big)^{p\beta(m)} \cdot |B\Big(x, \frac{R}{2^m}\Big)|^{\gamma(m)},
\end{aligned} \tag{4.1.4}$$

其中

$$\begin{cases}
\alpha(m) = \displaystyle\sum_{i=1}^{m} \Big(\frac{n}{n+p}\Big)^i \ \to\ \frac{\dfrac{n}{n+p}}{1-\dfrac{n}{n+p}} = \frac{n}{p},\ \text{当} m \to \infty;\\
\beta(m) = \displaystyle\sum_{i=1}^{m} i \cdot \Big(\frac{n}{n+p}\Big)^i \ \to\ \frac{\dfrac{n}{n+p}}{\Big(1-\dfrac{n}{n+p}\Big)^2} = \frac{n(n+p)}{p^2},\ \text{当} m \to \infty;\\
\gamma(m) = \Big(\dfrac{n}{n+p}\Big)^m.
\end{cases}$$

当 m 充分大时, $\Big|B\Big(x, \dfrac{R}{2^m}\Big)\Big|$ 相当于欧氏空间中相应球的体积.事实上 (可参见 [GHL]), 令 R_g 为数量曲率, 则

$$|B(x,r)|_g = \omega_n r^n \Big(1 - \frac{R_g(x)}{6(n+2)} r + o(r^2)\Big) \geqslant \frac{\omega_n r^n}{2}$$

$$\Rightarrow \quad \left|B\Big(x,\frac{R}{2^m}\Big)\right| \geqslant \frac{\omega_n}{2}\Big(\frac{R}{2^m}\Big)^n$$

$$\Rightarrow \quad \left|B\Big(x,\frac{R}{2^m}\Big)\right|^{\gamma(m)} \geqslant \Big(\frac{\omega_n}{2}\cdot 2^{-mn}\cdot R^n\Big)^{\left(\frac{n}{n+p}\right)^m}$$

$$= \Big(\frac{\omega_n}{2}\Big)^{\left(\frac{n}{n+p}\right)^m}\cdot 2^{-mn\left(\frac{n}{n+p}\right)^m}\cdot R^{n\left(\frac{n}{n+p}\right)^m} \to 1, \text{ 当 } m\to\infty.$$

另外注意到, 当 $m\to\infty$ 时,

$$p\,\alpha(m)\to n, \quad p\,\beta(m)\to \frac{n^2+np}{p}.$$

代入 (4.1.4) 式得

$$|B(x,R)| \geqslant \Big(\frac{R}{2A}\Big)^n\cdot\Big(\frac{1}{2}\Big)^{\frac{n^2+np}{p}}\cdot 1 = \Big(\frac{R}{2^{\frac{n+2p}{p}}A}\Big)^n.$$

从而定理获证. □

在很多情形, 需要找出 Sobolev 不等式中的最佳常数.一个例子是在紧流形上预给常数量曲率的 Yamabe 问题. Yamabe[Ya], Trudinger [Tr2] 研究过这些问题, 最终由 Aubin [Au2] 和 Schoen [Sc] 解决. 下面的定理属于 T. Aubin [Au].

定理 4.1.3 设 (M,g) 是 n 维紧致光滑 Riemann 流形,则对任意 $\varepsilon>0$ 和任意 $p\in[1,n)$, 存在常数 B, 使得对任意 $u\in W^{1,p}(M)$,

$$\Big(\int_M u^{np/(n-p)}d\mu\Big)^{(n-p)/n} \leqslant (K(n,p)^p+\varepsilon)\int_M|\nabla u|^p d\mu + B\int_M |u|^p d\mu,$$

其中 $K(n,p)$ 是 $\mathbf{R}^n$ 上 Sobolev 不等式的最佳常数.

注解 4.1.1 Aubin 证明了常数 B 依赖于 ε, 单射半径和截面曲率的界. 而 Hebey[Heb1] 证明可选取 B 仅依赖于 ε, 单射半径和 Ricci曲率的下界. 在 $p=2$ 的情形, Hebey 和 Vaugon [HV] 将上述定理改进成定理 4.1.4 的形式, 但常数 B 还依赖于曲率张量的导数.

证明 证明几乎和定理 4.1.1 的证明一样.唯一的改变是选取坐标卡 (Ω_m,ϕ_m) $(m=1,\cdots,N)$, 使得对任意 m, 度量 $(g_{ij}^{(m)})$ 在 (Ω_m,ϕ_m) 中的局部形式满足

$$(1-\lambda\varepsilon)(\delta_{ij})\leqslant(g_{ij}^{(m)})\leqslant(1+\lambda\eta\varepsilon)(\delta_{ij}),$$

其中 $\lambda>0$ 充分小. □

定理 4.1.4　设 (M,g) 为 n 维紧致光滑 Riemann 流形,则存在常数 B, 使得对任何 $u\in W^{1,2}(M)$,

$$\left(\int_M u^{2n/(n-2)}d\mu\right)^{(n-2)/n}\leqslant K(n,2)^2\int_M|\nabla u|^2d\mu+B\int_M|u|^2d\mu,$$

其中 $K(n,2)$ 是 $\mathbf{R}^n$ 上 Sobolev 不等式的最佳常数.

证明　这里只给出证明的概要, 在 [Heb2] 的第七章可找到技术性细节.

只要证明存在充分大的 $\alpha>0$, 使得对所有 $u\in W^{1,2}(M)$, $u\neq0$, 成立

$$I_\alpha(u)\equiv\frac{\displaystyle\int_M|\nabla u|^2d\mu+\alpha\int_M u^2d\mu}{\left(\displaystyle\int_M|u|^{2n/(n-2)}d\mu\right)^{(n-2)/n}}\geqslant\frac{1}{K(n,2)^2}.$$

用反证法. 假设结论不对, 则对任何 $\alpha>0$,

$$\inf_{0\neq u\in W^{1,2}(M)}I_\alpha(u)<\frac{1}{K(n,2)^2}.$$

泛函 $I_\alpha(u)$ 的极小化子满足 Euler-Lagrange 方程, 即

$$\Delta u_\alpha-\alpha u_\alpha+\lambda_\alpha u_\alpha^{(n+2)/(n-2)}=0,$$

其中 $\lambda_\alpha\in(0,K(n,2)^{-2})$, $\displaystyle\int_M u_\alpha^{2n/(n-2)}d\mu=1$. 再用 blow-up论证法证明, 对充分大的 α, 上述方程没有解. 这就得到矛盾. □

§4.2　Sobolev, 对数 Sobolev 不等式, 热核的上界和 Nash 不等式

我们从热核的概念开始.

定义 4.2.1(热核)　**热核** G 定义在 $M\times(0,\infty)$ 上, 它是热方程

$$\Delta u-\partial_t u=0 \tag{4.2.1}$$

的基本解, 其中 Δ 是 Laplace-Beltrami 算子.

定义 G 的一个方法是要求：对任何固定的 $y \in M$,

$$\begin{cases} \Delta G(x,t;y) - \partial_t G(x,t;y) = 0, \quad x \in M, t > 0, \\ G(x,0;y) = \delta(x,y), \end{cases} \tag{4.2.2}$$

其中 Δ 作用在变量 x 上, $\delta = \delta(x,y)$ 是 Dirac 函数.

当 M 是紧 Riemann 流形或是某些非紧 Riemann 流形时, G 在 $t > 0$ 是光滑的. 关于这点和其他一些关于热核的基本性质, 可参见 [Da].

类似地, 可定义区域 $D \subset M$ 上满足一定边界条件的热核. 例如, D 上的 Dirichlet **热核** G 满足

$$\begin{cases} \Delta_y G(y,t,z) - \partial_t G(y,t,z) = 0, \quad y, z \in D, t > 0, \\ G(y,t,z) = 0, \quad y \in \partial D, z \in D, t > 0, \\ G(y,0,z) = \delta(y,z). \end{cases} \tag{4.2.3}$$

如果 ∂D 足够光滑, 譬如说 C^1, 则也可以定义 Neumann **热核** G, 如下：

$$\begin{cases} \Delta_y G(y,t,z) - \partial_t G(y,t,z) = 0, \quad y, z \in D, t > 0, \\ \dfrac{\partial G(y,t,z)}{\partial n_y} = 0, \quad y \in \partial D, z \in D, t > 0, \\ G(y,0,z) = \delta(y,z), \end{cases} \tag{4.2.4}$$

其中 n_y 是 ∂D 在 y 处的单位外法向量.

本节的第一个定理建立了 Sobolev 不等式和许多其他不等式的等价性. 它综合 E. B. Davies, L. Gross 和 J. Nash 等人所做的工作.

定理 4.2.1 设 M 是 n 维紧致无边 Riemann 流形, $n \geqslant 3$,则在相差一常数的意义下, 下述不等式等价:

(I) Sobolev 不等式:存在正常数 A, B, 使得对所有 $v \in W^{1,2}(M)$,

$$\left(\int_M v^{2n/(n-2)} d\mu\right)^{(n-2)/n} \leqslant A \int_M |\nabla v|^2 d\mu + B \int_M v^2 d\mu;$$

(II) 对数 Sobolev 不等式: 对所有满足 $\|v\|_2 = 1$ 的 $v \in W^{1,2}(M)$,

$$\int_M v^2 \ln v^2 \, d\mu \leqslant \varepsilon^2 \int_M |\nabla v|^2 d\mu - \frac{n}{2} \ln \varepsilon^2 + BA^{-1}\varepsilon^2 + \frac{n}{2} \ln \frac{nA}{2\mathrm{e}};$$

(III) 热核的上界: 对所有 $t > 0$,

$$G(x,t;y) \leqslant \frac{(nA)^{\frac{n}{2}}}{t^{n/2}} \mathrm{e}^{A^{-1}B\,t};$$

(IV) Nash 不等式: 对所有 $v \in W^{1,2}(M)$,

$$\|v\|_2^{2+\frac{4}{n}} \leqslant \left(A\|\nabla v\|_2^2 + B\|v\|_2^2\right) \|v\|_1^{\frac{4}{n}}.$$

更确切地说, 下述关系成立:

(I) Sobolev 不等式 $\Rightarrow$ (II) 对数 Sobolev 不等式 $\Rightarrow$(III) 热核的上界 $\Rightarrow$ (I) Sobolev 不等式, 其中 A, B 分别用 const.A 和 const.B 代替;

(I) Sobolev 不等式 $\Rightarrow$ (IV) Nash 不等式 $\Rightarrow$ (III)热核的上界.

最后, 当 $v \in W_0^{1,2}(D)$, D 是 M 中的 Lipschistz 区域时, 结论仍成立.

证明 (I)$\Rightarrow$(II) 的证明: Sobolev**不等式**$\Rightarrow$**对数**Sobolev**不等式**.

证明可利用 Jensen 不等式很快得到, 假定 Sobolev 不等式为: 对所有 $v \in W^{1,2}(M)$,

$$\left(\int_M v^{2n/(n-2)} d\mu\right)^{(n-2)/n} \leqslant A\int_M |\nabla v|^2 d\mu + B\int_M v^2 d\mu.$$

给定使 $\|v\|_2 = 1$ 的 $v \in W^{1,2}(M)$, 引入测度

$$dw(x) = v^2(x)\, d\mu(x),$$

则

$$\int_M v^2\, d\mu = 1 \Rightarrow \int_M dw = 1.$$

注意到, $\ln\varphi$ 是 φ 的凹函数, 因此可取 $\varphi = v^{q-2}$, $q = \dfrac{2n}{n-2}$, 并应用 Jensen不等式

$$\int_M \ln\varphi\, dw \leqslant \ln\int_M \varphi\, dw,$$

得

$$\begin{aligned}
&\int_M (\ln v^{q-2})v^2\,d\mu \leqslant \ln\int_M v^{q-2}v^2\,d\mu = \ln\|v\|_q^q\\
\Rightarrow &\int_M v^2\ln v\,d\mu \leqslant \frac{q}{q-2}\ln\|v\|_q \qquad \left(\text{这里}\frac{q}{q-2}=\frac{n}{2}\right)\\
\Rightarrow &\int_M v^2\ln v^2\,d\mu \leqslant \frac{n}{2}\ln\|v\|_q^2\\
&\qquad\qquad \leqslant \frac{n}{2}\ln\Big(A\|\nabla v\|_2^2+B\|v\|_2^2\Big)\\
&\qquad\qquad \leqslant \frac{n}{2}\ln\Big(A\|\nabla v\|_2^2+B\Big). \qquad \Big(\text{这里}\|v\|_2=1\Big)
\end{aligned}$$

上述不等式中的最后一个式子可用初等不等式来估计, 即对所有 $\sigma>0$,

$$\ln x \leqslant \sigma x - 1 - \ln\sigma.$$

上述不等式成立是因为: 对于 $f(x)\equiv\sigma x - lnx - 1 - \ln\sigma$, 有 $f(1/\sigma)=f'(1/\sigma)=0$, 且 $f''(x)>0$, $f(0^+)=+\infty$, $f(+\infty)=+\infty$. 因此,

$$\int_M v^2\ln v^2\,d\mu\leqslant\frac{n}{2}\ln\Big(A\|\nabla v\|_2^2+B\Big)\leqslant\frac{n\,\sigma}{2}(A\|\nabla v\|_2^2+B)-\frac{n}{2}(1+\ln\sigma),$$

即

$$\int_M v^2\ln v^2\,d\mu \leqslant \frac{n\,\sigma\,A}{2}\int_M|\nabla v|^2 d\mu + \frac{n\,\sigma\,B}{2} - \frac{n}{2}(1+\ln\sigma).$$

取 $\varepsilon^2 = n\sigma A/2$, 上述不等式化为

$$\int_M v^2\ln v^2\,d\mu \leqslant \varepsilon^2\int_M|\nabla v|^2 d\mu - \frac{n}{2}\ln\varepsilon^2 + BA^{-1}\varepsilon^2 + \frac{n}{2}\ln\frac{nA}{2\mathrm{e}}. \quad (4.2.5)$$

(II)⇒(III) 的证明: **对数Sobolev不等式⇒热核的上界**(属于 Davies [Da]).

设 $u=u(x,t)$ 是热方程的光滑解, 则

$$u(x,t)=\int_M G(x,t;y)u(y,0)\,d\mu(y),$$

其中 G 是热核. 注意到,

$$\sup_{u\neq 0}\frac{\|u(\cdot,t)\|_\infty}{\|u(\cdot,0)\|_1}=\sup_{x,y}G(x,t;y).$$

对任何固定的 $T, t \in [0,T]$, 考虑范数 $\|u(\cdot,t)\|_{p(t)}$, 我们希望 $p(t)$ 关于 t 不减, 且 $p(0)=1, p(T)=\infty$. 例如, 可取

$$p(t) = \frac{T}{T-t} \quad \Rightarrow \quad p(0)=1,\, p(T)=\infty.$$

令 $u=u(x,t)$ 是热方程的正解, 我们要估计

$$\ln \|u\|_{p(t)} = \ln \Big(\int_M |u|^{p(t)} d\mu \Big)^{1/p(t)}$$

对时间的导数, 这样做的动机是

$$\int_0^T \frac{\partial}{\partial t} \ln \|u\|_{p(t)}\, dt = \ln \frac{\|u(\cdot,T)\|_\infty}{\|u(\cdot,0)\|_1}.$$

通过直接计算可知

$$\begin{aligned}
\partial_t \|u\|_{p(t)} &= \partial_t \Big(\int_M |u|^{p(t)} d\mu \Big)^{\frac{1}{p(t)}} \\
&= -\|u\|_{p(t)} \cdot \frac{p'(t)}{p^2(t)} \cdot \ln \Big(\|u\|_{p(t)}^{p(t)} \Big) \\
&\quad + \frac{\|u\|_{p(t)}^{1-p(t)}}{p(t)} \Big(p'(t) \int_M u^{p(t)} \ln u \, d\mu + p(t) \int_M u^{p(t)-1} (\Delta u)\, d\mu \Big).
\end{aligned}$$

对上式两边同乘以 $p^2(t)\|u\|_{p(t)}^{p(t)}$, 并对含 Δu 的项分部积分, 得

$$\begin{aligned}
p^2(t)\|u\|_{p(t)}^{p(t)}\, \partial_t \|u\|_{p(t)} = &-p'(t)\|u\|_{p(t)}^{1+p(t)} \ln \Big(\|u\|_{p(t)}^{p(t)} \Big) \\
&+ p(t)\, p'(t) \|u\|_{p(t)} \int_M u^{p(t)} \ln u \, d\mu \\
&- p^2(t)(p(t)-1)\|u\|_{p(t)} \int_M u^{p(t)-2} |\nabla u|^2 \, d\mu.
\end{aligned}$$

进而, 两边同除以 $\|u\|_{p(t)}$, 得

$$\begin{aligned}
p^2(t)\|u\|_{p(t)}^{p(t)}\, \partial_t (\ln \|u\|_{p(t)}) = &-p'(t)\|u\|_{p(t)}^{p(t)} \ln \Big(\|u\|_{p(t)}^{p(t)} \Big) \\
&+ p(t)\, p'(t) \int_M u^{p(t)} \ln u \, d\mu \\
&- 4(p(t)-1) \int_M |\nabla (u^{p(t)/2})|^2 \, d\mu. \qquad (4.2.6)
\end{aligned}$$

记 $v=\dfrac{u^{p(t)/2}(x,t)}{\|u^{p(t)/2}\|_2}$, 则

$$v^2=\frac{u^{p(t)}}{\|u\|_{p(t)}^{p(t)}},\quad \|v\|_2=1,\quad \ln v^2=\ln u^{p(t)}-\ln\left(\|u\|_{p(t)}^{p(t)}\right),$$

因此,

$$\begin{aligned}p'(t)\int_M v^2\ln v^2d\mu&=p'(t)\int_M\frac{u^{p(t)}}{\|u\|_{p(t)}^{p(t)}}\left(\ln u^{p(t)}-\ln\left(\|u\|_{p(t)}^{p(t)}\right)\right)d\mu\\&=\frac{p(t)p'(t)}{\|u\|_{p(t)}^{p(t)}}\int_M u^{p(t)}\ln u\,d\mu-p'(t)\ln\left(\|u\|_{p(t)}^{p(t)}\right).\end{aligned}$$

将等式 (4.2.6) 的右端代入 v, 得

$$p^2(t)\partial_t\left(\ln\|u\|_{p(t)}\right)=p'(t)\left(\int_M v^2\ln v^2d\mu-\frac{4(p(t)-1)}{p'(t)}\int_M|\nabla v|^2\,d\mu\right).$$

对照对数 Sobolev 不等式 (4.2.5), 我们取

$$\varepsilon^2=\frac{4(p(t)-1)}{p'(t)}=\frac{4t(T-t)}{T}\leqslant T,$$

则应用 (4.2.5), 得

$$p^2(t)\partial_t(\ln\|u\|_{p(t)})\leqslant p'(t)\left(-\frac{n}{2}\ln\frac{4t(T-t)}{T}+BA^{-1}\frac{4t(T-t)}{T}+\frac{n}{2}\ln\frac{nA}{2\mathrm{e}}\right),$$

注意到, $\dfrac{p'(t)}{p^2(t)}=\dfrac{1}{T}$, 将其代入上述不等式, 得

$$\partial_t\ln\left(\|u\|_{p(t)}\right)\leqslant\frac{1}{T}\left(-\frac{n}{2}\ln\frac{t(T-t)}{T}+\frac{B}{A}T+\frac{n}{2}\ln\frac{nA}{8\mathrm{e}}\right).$$

上述不等式两边对 t 从 0 积到 T, 得

$$\begin{aligned}\ln\left(\frac{\|u(x,T)\|_{p(T)}}{\|u(x,0)\|_{p(0)}}\right)&\leqslant-\frac{1}{T}\int_0^T\frac{n}{2}\ln\frac{t(T-t)}{T}\,dt+\frac{B}{A}T+\frac{n}{2}\ln\frac{nA}{8\mathrm{e}}\\&=-\frac{n}{2}\ln T+n+\frac{B}{A}T+\frac{n}{2}\ln\frac{nA}{8\mathrm{e}}.\end{aligned}$$

由 $p(T)=\infty$, $p(0)=1$, 有

$$\|u(x,T)\|_\infty \leqslant \|u(x,0)\|_1 \frac{\exp\left(\frac{B}{A}T+n+\frac{n}{2}\ln\frac{nA}{8\mathrm{e}}\right)}{T^{n/2}}.$$

又

$$u(x,T)=\int_M G(x,T;y)u(y,0)d\mu(y),$$

故

$$G(x,T,y)\leqslant\left(\frac{nA\mathrm{e}}{8}\right)^{n/2}\mathrm{e}^n\,\frac{\exp\left(A^{-1}B\,T\right)}{T^{n/2}}.$$

由于 $\mathrm{e}^2/8\leqslant 1$, 所以我们得到了热核的界.

(I) $\Rightarrow$ (IV) 的证明: Sobolev**不等式**$\Rightarrow$ Nash**不等式**.

Nash 不等式只不过是内插于 Hölder 不等式和 Sobolev不等式之间的一个不等式, 但它给出了得到热核上界的最快途径. Nash不等式也有最佳常数的问题, 参见 Carlen 和 Loss[CaLo].

假设

$$\|v\|^2_{2n/(n-2)}\leqslant A\|\nabla v\|_2^2+B\|v\|_2^2,$$

利用 Hölder 不等式, 通过直接计算知

$$\begin{aligned}\int_M v^2\,d\mu&=\int_M v^{2-\frac{4}{n+2}}\,v^{\frac{4}{n+2}}\,d\mu=\int_M v^{\frac{2n}{n+2}}v^{\frac{4}{n+2}}\,d\mu\\&\leqslant\left(\int_M v^{\frac{2n}{n+2}p'}\,d\mu\right)^{\frac{1}{p'}}\left(\int_M v^{\frac{4p}{n+2}}\,d\mu\right)^{\frac{1}{p}}.\end{aligned}$$

选取 $p=\dfrac{n+2}{4}$, $p'=\dfrac{n+2}{n-2}$, 则

$$\begin{aligned}&\int_M v^2\,dx\leqslant\left(\int_M v^{\frac{2n}{n-2}}\,d\mu\right)^{\frac{n-2}{n+2}}\left(\int_M |v|\,d\mu\right)^{\frac{4}{n+2}}\\\Rightarrow\quad&\|v\|_2^{2+\frac{4}{n}}\leqslant\left(\int_M v^{\frac{2n}{n-2}}\,d\mu\right)^{\frac{n-2}{n}}\left(\int_M |v|\,d\mu\right)^{\frac{4}{n}}.\end{aligned}$$

因此, 对于任意 $v\in W^{1,2}(M)$,

$$\|v\|_2^{2+\frac{4}{n}}\leqslant\left(A\|\nabla v\|_2^2+B\|v\|_2^2\right)\|v\|_1^{\frac{4}{n}}. \tag{4.2.7}$$

这就是要证的 Nash 不等式.

(IV) ⇒ (III) 的证明: Nash**不等式**⇒**热核的上界**.

假设 (4.2.7) 成立. 令 $G = G(x,t;y)$ 为热核, 对任何固定的 $y \in M$, 定义

$$v = v(x,t) = G(x,t;y).$$

我们有

$$\frac{\partial}{\partial t}\Big(\int_M v^2(x,t)\,d\mu\Big) = \int_M 2v\,v_t\,d\mu = \int_M 2v\,\Delta v\,d\mu = -2\int_M |\nabla v|^2\,d\mu.$$

另外, 由 Nash 不等式 (4.2.7) 以及 $\|v\|_1 = 1$, 有

$$\begin{aligned}\|v\|_2^{2+\frac{4}{n}} &\leqslant \Big(A\|\nabla v\|_2^2 + B\,\|v\|_2^2\Big)\\ \Rightarrow -\|\nabla v\|_2^2 &\leqslant -\frac{1}{A}\|v\|_2^{2+\frac{4}{n}} + \frac{B}{A}\,\|v\|_2^2.\end{aligned}$$

综合上面两个估计, 我们得

$$\frac{\partial}{\partial t}\Big(\int_M v^2(x,t)\,d\mu\Big) \leqslant -\alpha\|v\|_2^{2+\frac{4}{n}} + \beta\,\|v\|_2^2,$$

其中 $\alpha = \dfrac{2}{A}$, $\beta = \dfrac{2B}{A}$. 记

$$f(t) = \int_M v^2(x,t)\,d\mu, \quad g(t) = \mathrm{e}^{-\beta t} f(t),$$

则

$$\begin{aligned}&\frac{\partial}{\partial t}f(t) \leqslant -\alpha(\,f(t)\,)^{1+\frac{2}{n}} + \beta\,f(t)\\ \Rightarrow\quad &\frac{\partial}{\partial t}g(t) = -\beta\mathrm{e}^{-\beta t}f(t) + \mathrm{e}^{-\beta t}f'(t)\\ &\qquad\qquad \leqslant -\beta\mathrm{e}^{-\beta t}\,f(t) + \mathrm{e}^{-\beta t}\,\beta\,f(t) - \alpha\mathrm{e}^{-\beta t}(\,f(t)\,)^{1+\frac{2}{n}}\\ \Rightarrow\quad &\frac{\partial}{\partial s}g(s) \leqslant -\alpha\mathrm{e}^{\frac{2\beta s}{n}}\,(\,g(s)\,)^{1+\frac{2}{n}}, \quad s \in (0,t].\end{aligned}$$

将上式两边对 s 从 $\frac{t}{2}$ 积到 t, 得

$$\begin{aligned}
&-\frac{n}{2}\Big[\big(g(s)\big)^{-\frac{2}{n}}\Big]_{s=\frac{t}{2}}^{s=t} \leqslant -\frac{n\alpha}{2\beta}\Big(\mathrm{e}^{\frac{2\beta t}{n}}-\mathrm{e}^{\frac{\beta t}{n}}\Big)\\
\Rightarrow\quad &\frac{n}{2}\,\mathrm{e}^{\frac{2\beta t}{n}}[\,f(t)\,]^{-\frac{2}{n}} \geqslant \frac{n\alpha}{2\,\beta}\Big(\mathrm{e}^{\frac{2\beta t}{n}}-\mathrm{e}^{\frac{\beta t}{n}}\Big)\\
\Rightarrow\quad &\mathrm{e}^{\frac{\beta t}{n}}[\,f(t)\,]^{-\frac{2}{n}} \geqslant \frac{\alpha}{\beta}\Big(\mathrm{e}^{\frac{\beta t}{n}}-1\Big) \geqslant \frac{\alpha}{\beta}\cdot\frac{\beta\,t}{n}=\frac{t\alpha}{n}\\
\Rightarrow\quad &f(t)\leqslant \frac{(n/\alpha)^{\frac{n}{2}}}{t^{n/2}}\,\mathrm{e}^{(\beta\,t)/2},
\end{aligned}\tag{4.2.8}$$

即

$$\int_M G(x,t;y)\,G(x,t;y)\,d\mu(y)\leqslant \frac{(n/\alpha)^{\frac{n}{2}}}{t^{n/2}}\,\mathrm{e}^{(\beta\,t)/2}.$$

注意到, $G(x,t;y)$ 关于 x,y 对称, 从而,

$$\int_M G(x,t;y)\,G(y,t;x)\,d\mu(y)\leqslant \frac{(n/\alpha)^{\frac{n}{2}}}{t^{n/2}}\,\mathrm{e}^{(\beta\,t)/2}.$$

由再生性质, 对任何固定的 $x\in M$,

$$G(x,2t;x)=\int_M G(x,t;y)\,G(y,t;x)\,d\mu(y)\leqslant \frac{(n/\alpha)^{\frac{n}{2}}}{t^{n/2}}\,\mathrm{e}^{(\beta\,t)/2}.$$

进而,

$$\begin{aligned}
G(x,t;y)&=\int_M G(x,t/2;z)\,G(z,t/2;y)\,d\mu(z)\\
&\leqslant\Big(\int_M G^2(x,t/2;z)\,d\mu(z)\Big)^{1/2}\cdot\Big(\int_M G^2(z,t/2;y)\,d\mu(z)\Big)^{1/2}\\
&=(G(x,t;x))^{1/2}\cdot(G(y,t;y))^{1/2}\\
&\leqslant \frac{(2n/\alpha)^{\frac{n}{2}}}{t^{n/2}}\,\mathrm{e}^{(\beta\,t)/2}.
\end{aligned}$$

亦即有热核的上界估计,

$$G(x,t;y)\leqslant \frac{(2n/\alpha)^{\frac{n}{2}}}{t^{n/2}}\,\mathrm{e}^{(\beta\,t)/2}.$$

已知 $\alpha=2/A$, $\beta=2B/A$, 代入上式得

$$G(x,t;y)\leqslant \frac{(nA)^{\frac{n}{2}}}{t^{n/2}}\,\mathrm{e}^{A^{-1}B\,t}.$$

当t比较大时, 上面得到的热核的上界可以改进. 事实上, 由 (4.2.8) 中的第三个不等式得, 对于 $t \geqslant 1$,

$$f(t)=G(x,2t;x)\leqslant \frac{\mathrm{e}^{(\beta t)/2}}{(\mathrm{e}^{\beta t/n}-1)^{n/2}}(\beta/\alpha)^{n/2}\leqslant \frac{\mathrm{e}^{B/A}}{(\mathrm{e}^{2B/(nA)}-1)^{n/2}}B^{n/2}.$$

仿照上面的论证, 我们得到, 存在正常数 $C=C(A,B)$, 使得

$$G(x,t;y)\leqslant \min\left\{\frac{(nA)^{\frac{n}{2}}}{t^{n/2}}\mathrm{e}^{A^{-1}Bt}, C(A,B)\right\} \tag{4.2.9}$$

成立.

(III) $\Rightarrow$ (I) 的证明: **热核的上界$\Rightarrow$Sobolev不等式**.

此部分的假设是: 存在 $c_1, c_2>0$, 使得对所有 $x,y\in M$ 以及 $t>0$, 成立

$$G(x,t;y)\leqslant \frac{c_1}{t^{n/2}}\mathrm{e}^{c_2 t}$$

例如, 可像 (III) 中一样, 取 $c_1=(nA)^{n/2}$ 和 $c_2=A^{-1}B$.

我们仿照 [Da] 中的论述. 令 $H=H(x,t;y)$ 是方程

$$\Delta u-c_2u-\partial_t u=0$$

的热核. 由 $G(x,t;y)\leqslant c_1\mathrm{e}^{c_2t}/t^{n/2}$, 知

$$H(x,t;y)=\mathrm{e}^{-c_2t}G(x,t;y)\leqslant \frac{c_1}{t^{n/2}}.$$

此外,

$$\int_M H(x,t;y)d\mu(y)\leqslant \int_M G(x,t;y)d\mu(y)=1.$$

因此, 对所有 $f\in L^2(M)$,

$$\begin{aligned}\|H*f\|_\infty &= \sup_{x\in M}\left|\int_M H(x,t;y)f(y)d\mu(y)\right|\\ &\leqslant \sup_{x\in M}\left(\int_M H^2(x,t;y)d\mu(y)\right)^{1/2}\cdot\|f\|_2\\ &\leqslant \frac{\sqrt{c_1}}{t^{n/4}}\int_M H(x,t,y)d\mu(y)\cdot\|f\|_2\\ &\leqslant \frac{\sqrt{c_1}}{t^{n/4}}\|f\|_2.\end{aligned}$$

类似地, 由 Hölder 不等式, 对所有 $q \in [1, n)$ 和 $q' = q/(q-1)$, 下式成立:

$$\|H * f\|_\infty \leqslant \sup_{x \in M} \left(\int_M H^{q'}(x, t, y) d\mu(y) \right)^{1/q'} \cdot \|f\|_q \leqslant \frac{c_1^{1/q}}{t^{n/(2q)}} \|f\|_q. \tag{4.2.10}$$

考虑积分算子

$$L \equiv (\sqrt{-\Delta + c_2})^{-1}. \tag{4.2.11}$$

由于 Δ 是自伴算子, 由特征函数展开 (Laplace 变换), 我们有下面的重要关系式: 对任意 $f \in C_0^\infty(M)$,

$$\begin{aligned}(Lf)(x) &= \Gamma(1/2)^{-1} \int_0^\infty t^{-1/2} (\mathrm{e}^{(\Delta - c_2)t} f)(x, t) dt \\ &= \Gamma(1/2)^{-1} \int_0^\infty t^{-1/2} (H * f)(x, t) dt,\end{aligned}$$

这里 $\mathrm{e}^{(\Delta - c_2)t} f$ 是 $H * f$ 的半群记号.

固定 $T > 0$, 记

$$Lf \equiv L_1 f + L_2 f,$$

其中

$$\begin{aligned}(L_1 f)(x) &= \Gamma(1/2)^{-1} \int_0^T t^{-1/2} (H * f)(x, t) dt, \\ (L_2 f)(x) &= \Gamma(1/2)^{-1} \int_T^\infty t^{-1/2} (H * f)(x, t) dt.\end{aligned}$$

对任何 $\lambda > 0$, 注意到,

$$\Big|\{x \mid |(Lf)(x)| \geqslant \lambda\}\Big| \leqslant \Big|\{x \mid |(L_1 f)(x)| \geqslant \lambda/2\}\Big| + \Big|\{x \mid |(L_2 f)(x)| > \lambda/2\}\Big|. \tag{4.2.12}$$

由 (4.2.10) 和 $L_2 f$ 的定义, 知

$$\|L_2 f\|_\infty \leqslant c_1^{1/q} \int_T^\infty t^{-1/2 - n/(2q)} \|f\|_q dt = c c_1^{1/q} T^{1/2 - n/(2q)} \|f\|_q.$$

现在选取 T, 使得

$$\frac{\lambda}{2} = c c_1^{1/q} T^{1/2 - n/(2q)} \|f\|_q, \tag{4.2.13}$$

则由于集合

$$\{x \mid |(L_2 f)(x)| > \lambda/2\}$$

是空集, (4.2.12) 变成

$$\Big|\{x \mid |(Lf)(x)| \geqslant \lambda\}\Big| \leqslant \Big|\{x \mid |(L_1)f(x)| \geqslant \lambda/2\}\Big|.$$

从而,

$$\begin{aligned}\Big|\{x \mid |(Lf)(x)| \geqslant \lambda\}\Big| &\leqslant \Big|\{x \mid |(L_1 f)(x)| \geqslant \lambda/2\}\Big| \\ &\leqslant (\lambda/2)^{-q} \int_M |(L_1 f)(x)|^q d\mu(x).\end{aligned}$$

由 Minkowski 不等式和 Young 不等式, 可得

$$\begin{aligned}\|L_1 f\|_q &\leqslant \Gamma(1/2)^{-1} \int_0^T t^{-1/2} \|H * f(\cdot, t)\|_q dt \\ &\leqslant \Gamma(1/2)^{-1} \int_0^T t^{-1/2} \sup_{x \in M} \|H(x,t;\cdot)\|_1 \cdot \ \|f\|_q dt \\ &\leqslant c T^{1/2} \|f\|_q.\end{aligned}$$

这表明,

$$\Big|\{x \mid |(Lf)(x)| \geqslant \lambda\}\Big| \leqslant c(\lambda/2)^{-q} T^{q/2} \|f\|_q^q.$$

由 (4.2.13) 中 T 的选取知, 这等价于

$$\Big|\{x \mid |(Lf)(x)| \geqslant \lambda\}\Big| \leqslant c(c_1)^{q/(n-q)} \lambda^{-r} \|f\|_q^r,$$

其中 $r = qn/(n-q)$. 因此对所有 $q \in [1, n)$, L是将 L^q 空间映入弱 L^r 空间的线性算子. 由 Marcinkiewicz 内插引理知, L 是从 L^2 到 L^p 的有界算子, 其中 $p = 2n/(n-2)$(取 $q = 2$).即对所有 $u \in C_0^\infty(M)$,

$$\|Lu\|_p \leqslant c(c_1)^{1/n} \|u\|_2. \tag{4.2.14}$$

令 $v = Lu$, 则 $u = L^{-1}v$, 且

$$\begin{aligned}\|u\|_2^2 &= < L^{-1}v, L^{-1}v > = < L^{-2}v, v > \\ &= < -\Delta v + c_2 v, v > = \int_M (|\nabla v|^2 + c_2 v^2) d\mu.\end{aligned}$$

将其代入 (4.2.14), 我们得到 Sobolev 不等式

$$\|v\|_p^2 \leqslant \text{const.}(c_1)^{2/n}(\|\nabla v\|_2^2 + c_2\|v\|_2^2).$$

如果像 (III) 中一样, 取 $c_1 = (nA)^{n/2}$, $c_2 = A^{-1}B$, 则 Sobolev 不等式有所断言的常数, 即

$$\|v\|_p^2 \leqslant \text{const.}A\|\nabla v\|_2^2 + \text{const.}B\|v\|_2^2.$$

这就对 M 是紧致无边的情形证明了定理, 逐字重复上面的论证, 可得定理的最后一个断言 (Dirichlet 情形下的结果). □

下面我们解释由 A. Grigoryan [Gr2] 和 L. Saloff-Coste [Sal2] 在 1990 年代各自独立得到的结果：Sobolev不等式等价于 Poincaré 不等式和体积加倍性质,也等价于热方程正解的抛物 Harnack 不等式.这些结果也可视做上述定理 4.2.1 的局部形式.

给定完备连通非紧 Riemann 流形 M, 把以 $x \in M$ 为心, $r > 0$ 为半径的测地球记做 $B(x,r)$, $\text{Vol}(B(x,r))$ 记做 $|B(x,r)|$.我们有下面的定义.

定义 4.2.1 如上假定. 如果存在常数 $d_0 > 0$, 使得对任意 $x \in M$, $r > 0$, 成立

$$|B(x,2r)| \leqslant d_0\,|B(x,r)|, \tag{4.2.15}$$

则称 M 满足**体积加倍性质**.

定义 4.2.2 假定同上. 如果存在常数 $c_p > 0$, 使得对任何 $f \in C^\infty(M)$, $x \in M, r > 0$, 成立不等式

$$\int_{B(x,r)} |f(y) - f_r(x)|^p\,d\mu(y) \leqslant c_p\,r^p \int_{B(x,2r)} |\nabla f(y)|^p\,d\mu(y), \tag{4.2.16}$$

则称**弱**L^p-Poincaré**不等式**在 M 上成立, 其中

$$f_r(x) = \frac{\displaystyle\int_{B(x,r)} f(y)\,d\mu(y)}{|B(x,r)|}.$$

特别地, 对于 $p=2$ 的情形, 上述不等式 (4.2.16) 称为**弱L^2-Poincaré不等式**, 即

$$\int_{B(x,r)} |f(y)-f_r(x)|^2\, d\mu(y) \leqslant P_2\, r^2 \int_{B(x,2r)} |\nabla f(y)|^2\, d\mu(y), \qquad (4.2.17)$$

其中 P_2 是正常数.

注解 4.2.1 在 Poincaré 不等式之前的 "弱" 字反映了下面的事实: 在不等式 (4.2.17) 右端的球的半径是左端的球的半径的两倍. 在欧氏情形, 更强形式的 Poincaré 不等式成立, 即在不等式两边, 球的半径相同.

体积加倍性质实际上有几个含义, 我们把它们概括如下:

注解 4.2.2 在任何有体积加倍性质的完备度量空间上, 下面的不等式成立:

(i) 如果 $y\in B(x,r)$, 则

$$0<\frac{1}{d_0}\leqslant \frac{|B(y,r)|}{|B(x,r)|}\leqslant d_0. \qquad (4.2.18)$$

这是因为

$$B(y,r)\subseteq B(x,2r)\Rightarrow |B(y,r)|\leqslant |B(x,2r)|\leqslant d_0\,|B(x,r)|.$$

(ii) 对任何 $r>s>0$,

$$|B(x,r)|\leqslant d_0\left(\frac{r}{s}\right)^{\log_2 d_0}|B(x,s)|.$$

事实上, 存在某个 $i\in \mathbf{Z}^+$, 使得 $r\in[\,2^{i-1}s, 2^i s\,]$, 因而,

$$|B(x,r)|\leqslant |B(x,2^i s)|\leqslant d_0^i|B(x,s)|.$$

而 $\dfrac{r}{s}\geqslant 2^{i-1}$, 则 $i\leqslant 1+\log_2\dfrac{r}{s}$. 由此, 上述不等式可变为

$$|B(x,r)|\leqslant d_0\cdot d_0^{\log_2 \frac{r}{s}}\,|B(x,s)| = d_0\cdot 2^{(\log_2 d_0)\log_2 \frac{r}{s}}\,|B(x,s)|,$$

整理得

$$|B(x,r)|\leqslant d_0\cdot\left(\frac{r}{s}\right)^{\log_2 d_0}|B(x,s)|.$$

(iii) 对任何 $r > s > 0$, 如果 $x \in B(y, r)$, 则

$$\frac{|B(y,r)|}{|B(x,s)|} = \frac{|B(y,r)|}{|B(x,r)|} \cdot \frac{|B(x,r)|}{|B(x,s)|} \leqslant d_0^2 \cdot (\frac{r}{s})^{\log_2 d_0}. \tag{4.2.19}$$

进而, 如果 $B(y,r) \bigcap B(x,s) \neq \varnothing$, 则 $x \in B(y, r+2s)$, 因此,

$$\frac{|B(y,r)|}{|B(x,s)|} \leqslant \frac{|B(y,r+2s)|}{|B(x,s)|} \leqslant d_0^2 \cdot \Big(\frac{r+2s}{s}\Big)^{\log_2 d_0}. \tag{4.2.20}$$

下面的定理表明, 体积加倍性质 (4.2.15) 和弱 L^2–Poincaré不等式 (4.2.17) 蕴涵一族球上的 Sobolev 不等式.

定理 4.2.2 设 M 为 n 维完备非紧连通 Riemann 流形. 假设在 M 上成立体积加倍性质和弱 L^2–Poincaré不等式, 则下面的 Nash 不等式成立: 令 $\nu = \log_2 d_0$, 其中 d_0 是 (4.2.15) 中的常数,则对于任何 $f \in C_0^\infty(B(x,r))$, 有

$$\|f\|_2^{2+\frac{4}{\nu}} \leqslant \frac{C_0\, r^2}{|B(x,r)|^{\frac{2}{\nu}}} \Big(\|\nabla f\|_2^2 + r^{-2}\|f\|_2^2\Big) \|f\|_1^{\frac{4}{\nu}}.$$

这里常数 $C_0 > 0$ 只依赖于 d_0, P_2(分别为体积加倍性质和弱 L^2–Poincaré 不等式中的常数).

如果 $\nu > 2$, 则下述 Sobolev 不等式成立: 对于任何 $f \in C_0^\infty(B(x,r))$, 有

$$\Big(\int_M |f|^{2\nu/(\nu-2)} d\mu\Big)^{(\nu-2)/\nu} \leqslant C_s |B(x,r)|^{-2/\nu} r^2 \int_M (|\nabla f|^2 + r^{-2} f^2) d\mu.$$

这里常数 C_s 只依赖于 d_0, P_2.

如果 $\nu \leqslant 2$, 则下述 Sobolev 不等式成立: 任给 $p > 2$, 存在常数 $C = C(p, d_0, P_2)$, 使得对于任何 $f \in C_0^\infty(B(x,r))$, 有

$$\Big(\int_M |f|^{2p/(p-2)} d\mu\Big)^{(p-2)/p} \leqslant C(p, d_0, P_2) |B(x,r)|^{-2/\nu} r^2 \int_M (|\nabla f|^2 + r^{-2} f^2) d\mu.$$

上面定理的证明需要下面两个引理 (引理 4.2.1 和 4.2.2).

引理 4.2.1 对任何 $f \in C_0^\infty(B(y,r))$ 及任何 $0 < s \leqslant r < \infty$, 存在仅依赖于 d_0 的常数 c_3, 使得

$$\|f_s\|_2 \leqslant \frac{c_3}{\sqrt{|B(y,r)|}} \Big(\frac{r}{s}\Big)^{\frac{1}{2}\log_2 d_0} \|f\|_1,$$

其中

$$f_s(x) \equiv \frac{1}{|B(x,s)|}\int_{B(x,s)} f(z)d\mu(z)$$

是 f 在球 $B(x,s)$ 上的平均.

证明 首先注意到, 如果 $B(x,s)\bigcap B(y,r)=\varnothing$, 则对任何 $f\in C_0^\infty(B(y,r))$, 有

$$f_s(x)=\frac{1}{|B(x,s)|}\int_{B(x,s)} f(z)\,d\mu(z)=0.$$

因此, 可假定 $B(x,s)\bigcap B(y,r)\neq\varnothing$.

利用 (4.2.18), 我们得到

$$\begin{aligned}
\|f_s\|_1 &= \int_M |f_s(x)|\,d\mu(x) \leqslant \int_M \frac{\int_{B(x,s)}|f(z)|\,d\mu(z)}{|B(x,s)|}\,d\mu(x)\\
&= \int_M \Big(\int_{B(z,s)} \frac{1}{|B(x,s)|}\,d\mu(x)\Big)\,|f(z)|\,d\mu(z)\\
&\leqslant \int_M \Big(\int_{B(z,s)} \frac{d_0}{|B(z,s)|}\,d\mu(x)\Big)\,|f(z)|\,d\mu(z)\\
&= d_0\,\|f\|_1,
\end{aligned}$$

即

$$\|f_s\|_1 \leqslant d_0\,\|f\|_1.$$

而利用 (4.2.20), 得到

$$\begin{aligned}
|f_s(x)| &\leqslant \frac{1}{|B(x,s)|}\int_{B(x,s)}|f(z)|\,d\mu(z)\\
&\leqslant \frac{1}{|B(y,r)|}\cdot\frac{|B(y,r)|}{|B(x,s)|}\int_{B(y,r)}|f(z)|\,d\mu(z)\\
&\leqslant \frac{d_0^2\cdot(\frac{r+2s}{s})^{\log_2 d_0}}{|B(y,r)|}\int_{B(y,r)}|f(z)|\,d\mu(z)\\
&\leqslant \frac{d_0^2\cdot 3^{\log_2 d_0}\cdot(\frac{r}{s})^{\log_2 d_0}}{|B(y,r)|}\int_{B(y,r)}|f(z)|\,d\mu(z),
\end{aligned}$$

其中用到 $f \in C_0^\infty(B(y,r))$. 因此,

$$\|f_s\|_\infty \leqslant \frac{c_3 \cdot \left(\frac{r}{s}\right)^{\log_2 d_0}}{|B(y,r)|}\|f\|_1.$$

从而,

$$\|f_s\|_2 \leqslant \|f_s\|_\infty^{1/2} \cdot \|f_s\|_1^{1/2} \leqslant \frac{c_3}{\sqrt{|B(y,r)|}}\left(\frac{r}{s}\right)^{\frac{1}{2}\log_2 d_0}\|f\|_1.$$

□

注解 4.2.3 在欧氏空间 $\mathbf{R}^n$ 中, 体积加倍性质中的常数 $d_0 = 2^n$.因此, 对于任何 $f \in C_0^\infty(B(y,r))$,

$$\|f_s\|_2 \leqslant \frac{c_3}{\sqrt{|B(y,r)|}}\left(\frac{r}{s}\right)^{\frac{n}{2}}\|f\|_1 = \left(\frac{c_3}{s^{n/2}}\right)\|f\|_1.$$

□

引理 4.2.2 假设体积加倍性质 (4.2.15) 和弱 L^2–Poincaré不等式 (4.2.17) 在 M 上成立, 则存在只依赖于 d_0(4.2.15 中的常数) 和 P_2((4.2.17) 中的常数) 的常数 $\delta > 0$, 使得对任何 $f \in C_0^\infty(M)$, $s > 0$, 成立

$$\|f - f_s\|_2 \leqslant \delta\, s\,\|\nabla f\|_2,$$

其中 f_s 在引理 4.2.1 中给出.

证明 首先注意到, 存在一球族 $\{B(x_j, s/2), j \in J\}$, 使得当 $i \neq j$ 时,

$$B(x_i, s/2)\bigcap B(x_j, s/2) = \varnothing,$$

并且

$$M = \bigcup_{j\in J} 2B_j,$$

其中 $2B_j = B(x_j, s)$, 对其他 $k > 0$, 以 kB_j 记球 $B(x_j, ks/2)$.

体积加倍性质蕴涵对任何 $p \in M$, 覆盖重数 (相互重叠的球的个数)

$$N_p \equiv \#\{j \in J \mid p \in 8B_j = B(x_j, 4s)\} \tag{4.2.21}$$

有一个仅依赖于体积加倍常数 d_0 的一致上界. 事实上,对所有在上述球族中包含点 p 的球 $B(x_j,4s)$, 成立 $B(x_j,s/2)\subset B(p,4s+s/2)$. 由于球 $B(x_j,s/2)(j\in J)$ 互不相交, 故有

$$\begin{aligned}|B(p,8s)| &\geqslant \sum_{\{j:\,p\in B(x_j,4s)\}}|B(x_j,\frac{s}{2})| \geqslant \sum_{\{j:\,p\in B(x_j,4s)\}} c_4\,|B(p,8s)|\\ &= c_4\,|B(p,8s)|\,N_p,\end{aligned}$$

其中 c_4 是 d_0 的幂. 从而 N_p 有一致上界.

由计算, 知

$$\begin{aligned}\|f-f_s\|_2^2 &\leqslant \sum_{j\in J}\int_{2B_j}|f(x)-f_s(x)|^2\,d\mu(x)\\ &=\sum_{j\in J}\int_{2B_j}|f(x)-f_{4B_j}+f_{4B_j}-f_s(x)|^2\,d\mu(x)\\ &\leqslant 2\sum_{j\in J}\int_{2B_j}|f(x)-f_{4B_j}|^2\,d\mu(x)\\ &\quad+2\sum_{j\in J}\int_{2B_j}|f_{4B_j}-f_s(x)|^2\,d\mu(x)\\ &\overset{\text{记为}}{=\!=}\mathrm{I}+\mathrm{II},\end{aligned}$$

其中 f_{4B_j} 是 f 在球 $4B_j=B(x_j,2s)$ 上的平均.

下面分别对 I 和 II 进行估计:

$$\begin{aligned}\mathrm{I} &= 2\sum_{j\in J}\int_{2B_j}|f(x)-f_{4B_j}|^2\,d\mu(x)\\ &\leqslant 2\sum_{j\in J}\int_{4B_j}|f(x)-f_{4B_j}|^2\,d\mu(x)\\ &\leqslant 8\,P_2\,s^2\sum_{j\in J}\int_{8B_j}|\nabla f(x)|^2\,d\mu(x).\end{aligned}$$

(根据弱 L^2–Poincaré 不等式 (4.2.17));

$$
\begin{aligned}
\mathrm{II} &= 2\sum_{j\in J}\int_{2B_j} |f_{4B_j} - f_s(x)|^2\, d\mu(x) \\
&= 2\sum_{j\in J}\int_{2B_j} \Big(f_{4B_j} - \frac{1}{|B(x,s)|}\int_{B(x,s)} f(z)\, d\mu(z)\Big)^2\, d\mu(x) \\
&= 2\sum_{j\in J}\int_{2B_j} \frac{1}{|B(x,s)|^2}\Big(\int_{B(x,s)} (f_{4B_j} - f(z))\, d\mu(z)\Big)^2\, d\mu(x).
\end{aligned}
$$

对上式右端内部的积分应用 Hölder 不等式, 得

$$
\begin{aligned}
\mathrm{II} &\leqslant 2\sum_{j\in J}\int_{2B_j} \frac{1}{|B(x,s)|^2}\Big(\int_{B(x,s)} 1^2\, d\mu(z)\Big) \\
&\quad \cdot \Big(\int_{B(x,s)} (f_{4B_j} - f(z))^2\, d\mu(z)\Big)\, d\mu(x) \\
&\leqslant 2\sum_{j\in J}\int_{4B_j} \frac{1}{|B(x,s)|}\Big(\int_{4B_j} (f(z) - f_{4B_j})^2\, d\mu(z)\Big)\, d\mu(x) \\
&\leqslant 2\sum_{j\in J}\int_{4B_j} \frac{P_2\,(2s)^2}{|B(x,s)|}\Big(\int_{8B_j} |\nabla f(z)|^2\, d\mu(z)\Big)\, d\mu(x).
\end{aligned}
$$

这里最后一个不等式, 我们又用到 (4.2.17). 进而, 由于 $x \in B(x_j, 2s)$, 可用不等式 (4.2.19) 说明

$$
\begin{aligned}
\mathrm{II} &\leqslant 8\, P_2\, s^2 \sum_{j\in J}\Big(\int_{8B_j} |\nabla f(z)|^2\, d\mu(z)\Big)\int_{B(x_j,2s)} \frac{1}{|B(x,s)|}\, d\mu(x) \\
&\leqslant 8\, P_2\, s^2 \sum_{j\in J}\Big(\int_{8B_j} |\nabla f(z)|^2\, d\mu(z)\Big)\int_{B(x_j,2s)} \frac{d_0^2\left(\dfrac{2s}{s}\right)^{\log_2 d_0}}{|B(x_j,2s)|}\, d\mu(x) \\
&\leqslant 8\, d_0^3\, P_2\, s^2 \sum_{j\in J}\int_{8B_j} |\nabla f(z)|^2\, d\mu(z).
\end{aligned}
$$

综合上述 I 和 II 的估计, 我们得

$$
\begin{aligned}
\|f - f_s\|_2^2 &\leqslant 8(1 + d_0^3)\, P_2\, s^2 \sum_{j\in J}\int_{8B_j} |\nabla f(z)|^2\, d\mu(z) \\
&\leqslant 8(1 + d_0^3)\, P_2\, s^2\, N_p \int_M |\nabla f(z)|^2\, d\mu(z),
\end{aligned}
$$

这里 N_p 是只依赖于 d_0 的 (4.2.21) 中的覆盖重数.

记 $\delta = [8(1+d_0^3)\ P_2 N_p]^{1/2}$, 则

$$\|f - f_s\|_2 \leqslant \delta\, s\, \|\nabla f\|_2. \qquad \square$$

现在证明定理 4.2.2.

定理 4.2.2 的证明 先证 Nash 不等式. 由前面两个引理 (引理 4.2.1 和 4.2.2) 知, 当 $0 < s \leqslant r$ 时,

$$\begin{aligned}\|f\|_2 &\leqslant \|f - f_s\|_2 + \|f_s\|_2\\ &\leqslant \delta\, s\, \|\nabla f\|_2 + \frac{c_3}{\sqrt{|B(x,r)|}}\left(\frac{r}{s}\right)^{\frac{1}{2}\log_2 d_0}\|f\|_1.\end{aligned}$$

因此, 对所有 $s > 0$, 我们有

$$\|f\|_2 \leqslant \delta\, s\, (\|\nabla f\|_2 + r^{-1}\|f\|_2) + \frac{c_3}{\sqrt{|B(x,r)|}}\left(\frac{r}{s}\right)^{\frac{1}{2}\log_2 d_0}\|f\|_1.$$

注意到, 上面不等式左边的 $\|f\|_2$ 不依赖于 s, 故右边对 s 取极小, 得

$$\|f\|_2^{2+(4/\nu)} \leqslant C(d_0, P_2)|B(x,r)|^{-2/\nu} r^2 (\|\nabla f\|_2^2 + r^{-2}\|f\|_2^2)\ \|f\|_1^{4/\nu}.$$

这里 $\nu = \log_2 d_0$. 这就是所要证的 Nash 不等式.

再证 Sobolev 不等式. 考虑在 (4.2.3) 中定义的 $B(x,r)$ 上的 Dirichlet 热核 $G = G(y,t;z)$. 仿照全空间情形的证明 (定理 4.2.1), 可知上述 Nash不等式导出 G 的上界. 唯一的差别是用 Nash不等式中的常数 ν 取代维数 n, 即

$$G(x,t;y) \leqslant C\frac{A^{\nu/2}}{t^{\nu/2}}\mathrm{e}^{A^{-1}Bt},$$

其中

$$A = C(d_0, P_2)|B(x,r)|^{-2/\nu} r^2, \quad B = C(d_0, P_2)|B(x,r)|^{-2/\nu}.$$

如果 $\nu > 2$, 则定理 4.2.1 中的 Davies 的论证 ((III)⇒(I)) 又表明 Sobolev 不等式成立. 即对所有 $v \in C^1(M)$,

$$\begin{aligned}\left(\int_M |v|^{2\nu/(\nu-2)} d\mu\right)^{(\nu-2)/\nu} \leqslant & S(d_0, P_2)|B(x,r)|^{-2/\nu} r^2\\ & \cdot \int_M (|\nabla v|^2 + r^{-2} v^2) d\mu,\end{aligned}$$

其中 $S(d_0, P_2)$ 是只与 d_0, P_2 有关的正常数.

如果 $\nu \leqslant 2$, 则对任何 $p > 2$, 可放大 d_0, 使得 $\ln d_0 = p$.于是存在依赖于 p, P_2 的常数 a_1, 使得

$$G(x,t;y) \leqslant a_1 \frac{A^{p/2}}{t^{p/2}} \mathrm{e}^{A^{-1}Bt}.$$

利用和上面 $\nu > 2$ 的情形同样的论证, 我们有

$$\begin{aligned}\left(\int_M |v|^{2p/(p-2)} d\mu\right)^{(p-2)/p} \leqslant & C(p,d_0,P_2)|B(x,r)|^{-2/\nu} r^2 \\ & \cdot \int_M (|\nabla v|^2 + r^{-2}v^2) d\mu.\end{aligned}$$

这样就完成了定理 4.2.2 的证明. □

§4.3 Sobolev 不等式和等周不等式

在平面 $\mathbf{R}^2$ 上, 具有固定面积 (比如说 π) 的所有有界光滑区域中, 单位圆盘有最小的周长 2π. 这个事实早已得知.另一种陈述这个事实的方式是: 对所有有界光滑区域 $\Omega \subset \mathbf{R}^2$, 成立

$$\frac{|\partial\Omega|}{|\Omega|^{1/2}} \geqslant 2\sqrt{\pi}.$$

等号成立当且仅当 Ω 是圆盘. 这个不等式被称为 $\mathbf{R}^2$ 上的**等周不等式**. 各种背景下的等周不等式的研究是一个活跃的研究课题, 有兴趣的读者可参考 [Cha], 书中介绍了处理这一问题的很好的方式.

本节我们要证明一个基本定理, 它断言: 在 Riemann 流形上, 等周不等式等价于 L^1–Sobolev 不等式.

给定 Riemann 流形 M, 我们先来定义等周常数和 L^1–Sobolev 常数.

定义 4.3.1 Riemann 流形 M 的**等周常数**定义为

$$I \equiv \inf_{\Omega} \frac{|\partial\Omega|}{|\Omega|^{(n-1)/n}},$$

其中 Ω 取遍 M 上具有 C^1 边界的有界真子域. M 的 L^1–Sobolev常数定义为

$$S \equiv \inf_{u\neq 0} \frac{\|\nabla u\|_1}{\|u\|_{n/(n-1)}},$$

其中 u 取遍 M 上有紧支集的光滑函数类 $C_c^\infty(M)$.

Federer-Fleming 和 Maz'ya 各自独立地证明了下面的定理 4.3.1.

定理 4.3.1 等周常数等于 L^1–Sobolev 常数.

证明 令 Ω 是 M 中具有 C^1 边界的有界域. 对充分小的 ε, 引进函数

$$u_\varepsilon(x) = \begin{cases} 1, & x\in\Omega, \\ 1-\varepsilon^{-1}d(x,\partial\Omega), & x\in\Omega^c, \text{且} d(x,\partial\Omega)<\varepsilon, \\ 0, & x\in\Omega^c, \text{且} d(x,\partial\Omega)\geqslant\varepsilon. \end{cases}$$

显然, u_ε 是 Lipschitz 函数, 且满足

$$\lim_{\varepsilon\to 0}\|\nabla u_\varepsilon\|_1 = |\partial\Omega|,$$

$$\lim_{\varepsilon\to 0}\|u_\varepsilon\|_{n/(n-1)} = |\Omega|^{(n-1)/n}.$$

因此,

$$I = \inf_\Omega \frac{|\partial\Omega|}{|\Omega|^{(n-1)/n}} = \inf_\Omega \lim_{\varepsilon\to 0} \frac{\|\nabla u_\varepsilon\|_1}{\|u_\varepsilon\|_{n/(n-1)}} \geqslant S.$$

注意到, 由于 u_ε 通常不是 C^∞ 的, 因此, u_ε 可能不是如 L^1–Sobolev常数定义 4.3.1 中所述的函数. 然而, 通过用一列光滑函数逼近 u_ε 可使论证严密化.

下面我们要证 $I\leqslant S$, 即对任何 $u\in C_c^\infty(M)$, 成立

$$I\,\|u\|_{n/(n-1)} \leqslant \|\nabla u\|_1. \tag{4.3.1}$$

对任何 $u\in C_c^\infty(M)$ 以及 $t\geqslant 0$, 考虑集合

$$\Omega(t) = \{x|u(x)|>t\}, \qquad L(t) = \partial\Omega(t).$$

由 Coarea 公式 (可参见 [Zi] 中的定理 2.7.1), 知

$$\int_M |\nabla u| d\mu = \int_0^\infty |L(t)| dt \geqslant I \int_0^\infty |\Omega(t)|^{(n-1)/n} dt.$$

此外

$$\int_M |u|^{n/(n-1)} d\mu = \frac{n}{n-1} \int_0^\infty t^{1/(n-1)} |\Omega(t)| dt.$$

因此, 证明 (4.3.1) 化为证明下面的不等式:

$$\left(\frac{n}{n-1} \int_0^\infty t^{1/(n-1)} |\Omega(t)| dt\right)^{(n-1)/n} \leqslant \int_0^\infty |\Omega(t)|^{(n-1)/n} dt. \quad (4.3.2)$$

为证明这个不等式, 考虑函数

$$F(s) \equiv \left(\frac{n}{n-1} \int_0^s t^{1/(n-1)} |\Omega(t)| dt\right)^{(n-1)/n}, \quad G(s) \equiv \int_0^s |\Omega(t)|^{(n-1)/n} dt.$$

通过直接计算和 $|\Omega(t)|$ 是 t 的非增函数这个事实, 知

$$F'(s) \leqslant G'(s), \quad s \geqslant 0.$$

由此以及 $F(0) = G(0) = 0$ 知, $F(\infty) \leqslant G(\infty)$,因此, (4.3.2) 获证, 从而 $I \leqslant S$. □

注意, 对所有 $u \in C_c^\infty$, 由 L^1–Sobolev 不等式

$$\|u\|_{n/(n-1)} \leqslant c_1 \|\nabla u\|_1$$

容易推出 L^2–Sobolev 不等式

$$\|u\|_{2n/(n-2)} \leqslant c_2 \|\nabla u\|_2.$$

因此, 如果 M 的等周常数为正, 则上述 L^2–Sobolev 不等式在 M 上成立. 但通常等周常数可以是 0.

习题 4.3.1 证明 L^1–Sobolev 不等式蕴涵 L^2–Sobolev 不等式.

接下来, 我们讨论 Sobolev 不等式和 Faber-Krahn 不等式的关系, 后者也可视做一类等周不等式. 这次涉及的量是体积和区域的第一特征值.

设 $\Omega \subset M$ 为边界光滑的仿紧区域, 则其第一特征值为

$$\lambda(\Omega)=\inf_{0\neq u\in C_0^\infty(\Omega)}\frac{\displaystyle\int_\Omega|\nabla u|^2d\mu}{\displaystyle\int_\Omega u^2d\mu}.\tag{4.3.3}$$

定理 4.3.2 设 M 是维数 $n\geqslant 3$ 的 Riemann 流形, 则 L^2–Sobolev不等式, 即对所有 $u\in C_c^\infty(M)$,

$$\|u\|_{2n/(n-2)}\leqslant s_2\|\nabla u\|_2,$$

等价于 Faber-Krahn 不等式, 即对所有边界光滑的仿紧区域 Ω,

$$\lambda(\Omega)\geqslant k|\Omega|^{-2/n},$$

其中 s_2 和 k 是正常数.

证明 先证明一个方向的蕴涵关系: L^2–Sobolev 不等式蕴涵 Faber-krahn 不等式. 这个证明非常简单. 假设 L^2–Sobolev 不等式成立.令 u 为对应于 $\lambda(\Omega)$ 的规范化特征函数, 则

$$\Delta u+\lambda(\Omega)u=0,\qquad \|u\|_{L^2(\Omega)}=1.$$

通过在 Ω 外赋予 0 值, 可认为 u 是 M 上有紧支集的弱可微函数.应用 L^2–Sobolev 不等式以及分部积分, 我们有

$$\|u\|_{2n/(n-2)}^2\leqslant s_2^2\|\nabla u\|_2^2=s_2^2\|u\Delta u\|_1=s_2^2\lambda(\Omega)\|u\|_2^2=s_2^2\lambda(\Omega).$$

再应用 Hölder 不等式

$$1=\|u\|_2^2\leqslant\|u\|_{2n/(n-2)}^2|\Omega|^{2/n},$$

结合上面两个不等式, 我们得 $k=s_2^{-2}$ 的 Faber-Krahn 不等式

$$\lambda(\Omega)\geqslant s_2^{-2}|\Omega|^{-2/n}.$$

接下来我们证明另一个方向的蕴涵关系: Faber-Krahn 不等式蕴涵 L^2–Sobolev 不等式. 实际上, 我们将先证明在整个流形 M 上热核 $G=G(x,t;y)$ 的上界, 由此及定理 4.2.1 可推得 L^2–Sobolev 不等式.

固定 y, 令 $u=u(x,t)=G(x,t;y)$. 考虑积分

$$I(t)\equiv\int_M u^2(x,t)d\mu.$$

利用分部积分, 有

$$I'(t) = 2\int_M uu_t d\mu = -2\int_M |\nabla u|^2(x,t)d\mu. \tag{4.3.4}$$

对任何正常数 s, 我们有

$$u^2 \leqslant (u-s)_+^2 + 2su.$$

因此,

$$I(t) \leqslant \int_M (u-s)_+^2 d\mu + \int_M 2sud\mu.$$

对固定的 $s, t > 0$, 考虑区域

$$D(s,t) \equiv \{x \mid x \in M, u(x,t) > s\}$$

以及它的第一特征值

$$\lambda(D(s,t)) = \inf_{0 \neq v \in C_0^\infty(D(s,t))} \frac{\|\nabla v\|_2^2}{\|v\|_2^2}.$$

取 $v = (u-s)_+$, 得

$$I(t) \leqslant \lambda(D(s,t))^{-1} \int_M |\nabla(u-s)_+|^2 d\mu + 2s,$$

即

$$I(t) \leqslant \lambda(D(s,t))^{-1} \int_M |\nabla u|^2 d\mu + 2s. \tag{4.3.5}$$

这里, 我们用到了性质 $\int_M ud\mu = 1$, 这个性质也表明

$$|D(s,t)| \leqslant s^{-1}.$$

则由 Faber-Krahn 不等式, 知

$$\lambda(D(s,t)) \geqslant k|D(s,t)|^{-2/n} \geqslant ks^{2/n}.$$

如果 $D(s,t)$ 不仿紧, 我们可用一系列仿紧域去逼近它, 由此及 (4.3.5) 知,

$$I(t) \leqslant k^{-1}s^{-2/n} \int_M |\nabla u|^2 d\mu + 2s.$$

极小化上式右端, 得

$$I(t) \leqslant c(n)k^{-n/(n+2)}\Big(\int_M |\nabla u|^2 d\mu\Big)^{n/(n+2)}$$

由此及 (4.3.4), 得

$$I'(t) \leqslant -c(n)k\ I(t)^{(n+2)/n}.$$

对上式两端从 $t/2$ 积到 t, 得

$$I(t) \leqslant \frac{c(n,k)}{t^{n/2}}, \quad t>0.$$

就像定理 4.2.1 中 Nash 不等式的证明一样, 由热核的再生性质知

$$G(x,t,y) \leqslant \frac{c(n,k)}{t^{n/2}}, \quad t>0,$$

这里 $c(n,k)$ 的值或许改变. 如先前指出, L^2–Sobolev不等式可从定理 4.2.1 推出. □

§4.4 抛物 Harnack 不等式

我们将仿照 [Sal] 中的论述, 在满足体积加倍性质和弱 L^2–Poincaré 不等式的流形上证明热方程解的下述 Harnack 不等式. 这个结果是 $\mathbf{R}^n$ 上具有有界系数的散度型二阶抛物方程的 Moser Harnack不等式 [Mo1] 的推广. 为简单起见, 我们只考虑热方程.

定理 4.4.1 (Harnack 不等式) 设 M 是 n 维完备非紧连通 Riemann 流形, 则体积加倍性质 (4.2.15) 和弱 L^2–Poincaré不等式 (4.2.17) 合起来等价于下述 Harnack 不等式:

令 u 是热方程在 $Q = B(x_0,r)\times[t_0-r^2,t_0]$ 上的正解, 则 u 满足

$$\sup_{Q_-} u \leqslant C_H \inf_{Q_+} u,$$

其中 $Q_- = B(x,\delta r)\times[t_0-\eta r^2, t_0-\rho r^2]$; $Q_+ = B(x,\delta r)\times[t_0-\varepsilon r^2, t_0]$, $0<\varepsilon<\rho<\eta<1$, $0<\delta<1$; C_H 是正常数, 依赖于 $\varepsilon,\eta,\delta,\rho$ 以及体积加倍性质和弱 L^2–Poincaré 不等式中的常数 d_0, P_2.

注解 4.4.1 Q_- 和 Q_+ 在时间方向上的间隔是必须的, 当 ρ 趋于 ε 时, 常数 C_H 可变为无穷.

证明 先证: (D)+(WP)**蕴涵**Harnack**不等式.**

这里 (D) 代表体积加倍性质, (WP) 代表弱 L^2–Poincaré 不等式. 证明过程分为四步.

第一步 说明 (D)+(WP) 蕴涵热方程解的均值不等式.

从上节我们知道, (D) 和 (WP) 合起来蕴涵 Sobolev 不等式. 由此, 利用 Moser迭代可得 L^2 均值不等式. 具体细节如下:

令 u 是热方程 $\Delta u - \partial_t u = 0$ 在区域

$$Q_{\sigma r}(x,t) \equiv \{(y,s) \mid y \in M, t-(\sigma r)^2 \leqslant s \leqslant t,\ d(y,x) \leqslant \sigma r\}$$

上的正解, 这里 $r>0, 1 \leqslant \sigma \leqslant 2$. 任给 $p \geqslant 1$, 显然有

$$\Delta u^p - \partial_t u^p \geqslant 0. \tag{4.4.1}$$

令 $\phi : [0,\infty) \to [0,1]$ 为满足下述性质的光滑函数:

$$|\phi'| \leqslant 2/((\sigma-1)r), \quad \phi' \leqslant 0,$$

且

$$\phi(e) = \begin{cases} 1, & 当 0 \leqslant l \leqslant r 时, \\ 0, & 当 l \geqslant \sigma r 时. \end{cases}$$

而令 $\eta : [0,\infty) \to [0,1]$ 为满足下述性质的光滑函数:

$$|\eta'| \leqslant 2/((\sigma-1)r)^2, \quad \eta' \geqslant 0, \quad \eta \geqslant 0,$$

且

$$y(s) = \begin{cases} 1, & t-r^2 \leqslant s \leqslant t, \\ 0, & s \leqslant t-(\sigma r)^2. \end{cases}$$

定义 $\psi = \psi(y,s) = \psi(d(x,y))\eta(s)$. 记 $w = u^p$ 并以试验函数 $w\psi^2$ 作用在 (4.4.1) 上, 得

$$\int_{Q_{\sigma r}(x,t)} \nabla(w\psi^2)\nabla w d\mu(y)ds \leqslant -\int_{Q_{\sigma r}(x,t)} (\partial_s w)w\psi^2 d\mu(y)ds. \tag{4.4.2}$$

通过直接计算, 可得 (4.4.2) 的左端为

$$\int_{Q_{\sigma r}(x,t)} \nabla(w\psi^2)\nabla w d\mu(y)ds = \int_{Q_{\sigma r}(x,t)} |\nabla(w\psi)|^2 d\mu(y)ds - \int_{Q_{\sigma r}(x,t)} |\nabla\psi|^2 w^2 d\mu(y)ds. \tag{4.4.3}$$

而 (4.4.2) 的右端为

$$-\int_{Q_{\sigma r}(x,t)} (\partial_s w) w\psi^2 d\mu(y)ds = \int_{Q_{\sigma r}(x,t)} w^2\psi\partial_s\psi d\mu(y)ds - \frac{1}{2}\int_{Q_{\sigma r}(x,t)} (w\psi)^2|_{s=t} d\mu(y).$$

综合以上三式, 得

$$\int_{Q_{\sigma r}(x,t)} |\nabla(w\psi)|^2 d\mu(y)ds + \frac{1}{2}\int_{Q_{\sigma r}(x,t)} (w\psi)^2|_{s=t} d\mu(y) \leqslant \frac{c}{(\sigma-1)^2 r^2}\int_{Q_{\sigma r}(x,t)} w^2 d\mu(y)ds. \tag{4.4.4}$$

由 Hölder 不等式知, 对任何固定的 $\nu > 2$,

$$\int_{Q_{\sigma r}(x,t)} (\psi w)^{2(1+(2/\nu))} d\mu(y) \leqslant \left(\int_{Q_{\sigma r}(x,t)} (\psi w)^{2\nu/(\nu-2)} d\mu(y)\right)^{(\nu-2)/\nu} \left(\int_{Q_{\sigma r}(x,t)} (\psi w)^2 d\mu(y)\right)^{2/\nu}. \tag{4.4.5}$$

而由定理 4.2.2 知, 下述 Sobolev 嵌入成立: 对常数 $S = S(d_0, P_2)$ 以及 $\nu > 2$,

$$\left(\int_{Q_{\sigma r}(x,t)} (\psi w)^{2\nu/(\nu-2)} d\mu(y)\right)^{(\nu-2)/\nu} \leqslant \frac{S\sigma^2 r^2}{|B(x,\sigma r)|^{2/\nu}}\int_{Q_{\sigma r}(x,t)} [|\nabla(\psi w)|^2 + r^{-2}(\psi w)^2] d\mu(y).$$

因此, 对 $s \in [t-(\sigma r)^2, t]$ 和 $\psi w = \psi w(y,s)$, 有

$$\begin{aligned}&\left(\int_{Q_{\sigma r}(x,t)} (\psi w)^{2\nu/(\nu-2)} d\mu(y)\right)^{(\nu-2)/\nu} \\ &\quad \leqslant \frac{S\sigma^2 r^2}{|B(x,\sigma r)|^{2/\nu}} \int_{Q_{\sigma r}(x,t)} [|\nabla(\psi w)|^2 + r^{-2}(\psi w)^2] d\mu(y).\end{aligned} \tag{4.4.6}$$

将 (4.4.5) 和 (4.4.6) 代入 (4.4.4), 便得估计式

$$\int_{Q_r(x,t)} w^{2\theta} d\mu(y) ds \leqslant \frac{Sr^2}{|B(x,\sigma r)|^{2/\nu}} \left(\frac{1}{(\sigma-1)^2 r^2} \int_{Q_{\sigma r}(x,t)} w^2 d\mu(y) ds\right)^{\theta}, \tag{4.4.7}$$

其中 $\theta = 1 + (2/\nu)$.这个不等式 (4.4.7) 常被称为**反向**Hölder**不等式**.

接下来, 我们利用 (4.4.7) 作 Moser 迭代, 参数选为 $\sigma_0 = 2, \sigma_i = 2 - \sum_{j=1}^{i} 2^{-j}$ 以及 $p_i = \theta^i$.利用体积加倍性质, 可得 L^2 均值不等式

$$\sup_{Q_{r/2}(x,t)} u^2 \leqslant \frac{C(S,d_0)}{r^2|B(x,r)|} \int_{Q_r(x,t)} u^2 d\mu(y) ds.$$

由一个通用技巧 (可参见 [**LS**]) 知, L^2 均值不等式蕴涵 L^p(对任意 $p>0$) 均值不等式, 即存在常数 $C = C(S,d_0,p)$, 使得

$$\sup_{Q_{r/2}(x,t)} u^p \leqslant \frac{C(S,d_0,p)}{r^2|B(x,r)|} \int_{Q_r(x,t)} u^p d\mu(y) ds. \tag{4.4.8}$$

第二步 $\ln u^{-1}$ 和 $\ln u$ 的弱 L^1 范数的上界估计.

设 u 是热方程在区域 $B(x_0,r)\times[t-r^2,t]$ 上的正上解, 即 $\Delta u - \partial_t u \leqslant 0$. 对于数 $\delta, \rho \in (0,1)$, 记

$$R_+ = B(x_0,\delta r) \times [t_0 - \rho r^2, t_0], \quad R_- = B(x_0,\delta r) \times [t_0 - r^2, t_0 - \rho r^2].$$

我们将证明: 存在正常数 $c_0 = c_0(\delta,\rho,d_0,P_2)$ 和下面 (4.4.14) 中给出的依赖于 u 的常数 a, 使得对所有 $\lambda > 0$, 有

$$\begin{aligned}|\{(x,t)\in R_+ \mid \ln u^{-1} > \lambda + a\}| &\leqslant c_0 \lambda^{-1} |B(x_0,r)| r^2, \\ |\{(x,t)\in R_- \mid \ln u > \lambda - a\}| &\leqslant c_0 \lambda^{-1} |B(x_0,r)| r^2.\end{aligned} \tag{4.4.9}$$

我们将只证明第一个不等式的证明，因为第二个不等式的证明类似. 记 $w=-\ln u$.由 u 是上解，直接计算表明

$$\Delta w-\partial_t w-|\nabla w|^2\geqslant 0. \tag{4.4.10}$$

考虑如下定义的函数 $\lambda:[0,1]\to[0,1]$,

$$\lambda(s)=\begin{cases}1, & s\in[0,\delta],\\ \dfrac{1-s}{1-\delta}, & s\in[\delta,1].\end{cases}$$

取 $\phi=\phi(x)=\lambda(d(x_0,x)/r)$，并用 ϕ^2 作为 (4.4.10) 中的试验函数，我们有

$$\begin{aligned}\frac{d}{dt}\int_M w\phi^2 d\mu(x)&\leqslant\int_M(\Delta w)\phi^2 d\mu(x)-\int_M|\nabla w|^2\phi^2 d\mu(x)\\&=-2\int_M\phi\nabla w\nabla\phi d\mu(x)-\int_M|\nabla w|^2\phi^2 d\mu(x)\\&\leqslant-\frac{1}{2}\int_M|\nabla w|^2\phi^2 d\mu(x)+2\int_M|\nabla\phi|^2 d\mu(x).\end{aligned}$$

因此,

$$\frac{d}{dt}\int_M w\phi^2 d\mu(x)+\frac{1}{2}\int_M|\nabla w|^2\phi^2 d\mu(x)\leqslant\frac{2}{[(1-\delta)r]^2}\,|B(x_0,r)|.$$

接着，在上面不等式中用下述加权 Poincaré 不等式:

$$\int_M|w-\bar{w}_\phi|^2\phi^2 d\mu(x)\leqslant C_\delta(d_0,P_2)r^2\int_M|\nabla w|^2\phi^2 d\mu(x), \tag{4.4.11}$$

其中

$$\bar{w}_\phi=\int_M w\phi^2 d\mu(x)\Big/\int_M\phi^2 d\mu(x).$$

(4.4.11) 的证明将在本节末作为命题 4.4.1 的证明的一部分，我们有

$$\frac{d}{dt}\int_M w\phi^2 d\mu(x)+(C_\delta r^2)^{-1}\int_M|w-\bar{w}_\phi|^2\phi^2 d\mu(x)\leqslant\frac{2}{[(1-\delta)r]^2}\,|B(x_0,r)|.$$

由于对固定的 $\delta\in(0,1)$, $\int_M\phi^2 d\mu(x)$ 相当于 $|B(x_0,r)|$，故上式可化为

$$\frac{d}{dt}\bar{w}_\phi+(C_\delta r^2|B(x_0,r)|)^{-1}\int_M|w-\bar{w}_\phi|^2\phi^2 d\mu(x)\leqslant\frac{C}{[(1-\delta)r]^2}.$$

为简单起见, 记

$$V_1 = C_\delta r^2 |B(x_0, r)|, \quad V_2 = \frac{C}{[(1-\delta)r]^2}.$$

因此, 上面不等式化为

$$\frac{d}{dt}\bar{w}_\phi + V_1^{-1}\int_M |w - \bar{w}_\phi|^2 \phi^2 d\mu(x) \leqslant V_2. \tag{4.4.12}$$

固定 $t_1 = t_0 - \rho r^2$, 令

$$w_1(x,t) = w(x,t) - V_2(t - t_1), \quad \bar{w}_{\phi,1} = \bar{w}_\phi - V_2(t - t_1),$$

则由 (4.4.12) 知, w_1, $\bar{w}_{\phi,1}$ 满足不等式

$$\frac{d}{dt}\bar{w}_{\phi,1} + V_1^{-1}\int_M |w_1 - \bar{w}_{\phi,1}|^2 \phi^2 d\mu(x) \leqslant 0. \tag{4.4.13}$$

这里

$$\bar{w}_{\phi,1} = \int_M w_1 \phi^2 d\mu(x) \Big/ \int_M \phi^2 d\mu(x)$$

是 $w_1(\cdot, t)$ 的 ϕ^2- 权平均.

令

$$a = \bar{w}_{\phi,1}(t_1), \tag{4.4.14}$$

对给定的 $\lambda > 0$ 和 $t \in [t_0 - r^2, t_0]$, 指定区域

$$D_t^+(\lambda) = \{x \in B(x_0, \delta r) \mid w_1(x,t) > a + \lambda\},$$

$$D_t^-(\lambda) = \{x \in B(x_0, \delta r) \mid w_1(x,t) < a - \lambda\}.$$

下面分两种情形考虑:

情形 1 $t > t_1 = t_0 - \rho r^2$, 且 $x \in D_t^+(\lambda)$.

利用 $a = \bar{w}_{\phi,1}(t_1)$ 和 $\bar{w}_{\phi,1}(t)$ 是 t 的减函数这个事实 (由 (4.4.13)), 有

$$w_1(x,t) - \bar{w}_{\phi,1}(t) \geqslant a + \lambda - \bar{w}_{\phi,1}(t) \geqslant \lambda. \tag{4.4.15}$$

接下来我们将 (4.4.13) 中的积分化为只在 $D_t^+(\lambda)$ 上积分, 这样便得

$$\frac{d}{dt}\bar{w}_{\phi,1}(t) + V_1^{-1}|\lambda + a - \bar{w}_{\phi,1}(t)|^2 \, |D_t^+(\lambda)| \leqslant 0.$$

记

$$f(t)=\bar{w}_{\phi,1}(t)-(\lambda+a),$$

上述不等式化为

$$f'(t)+V_1^{-1}|D_t^+(\lambda)|f^2(t)\leqslant 0.$$

就像我们早先在应用 Nash 不等式时看到的一样, 这种有二次非线性项的常微分不等式通常会给出有用的信息. 事实上, 对上述不等式从 t_1 积到 t_0, 得

$$V_1\Big(\frac{1}{f(t_0)}-\frac{1}{f(t_1)}\Big)\geqslant\int_{t_1}^{t_0}|D_t^+(\lambda)|dt.$$

由

$$f(t_1)=\bar{w}_{\phi,1}(t_1)-(\lambda+a)=-\lambda,$$

且当 $t\geqslant t_1$ 时, $f(t)\leqslant 0$. 因此, 上面不等式蕴涵

$$\Big|\{(x,t)\in R_+\mid w_1(x,t)>\lambda+a\}\Big|\leqslant V_1\lambda^{-1}.$$

由

$$w_1=w-V_2(t-t_1)=-\ln u-V_2(t-t_1),$$

便得到 (4.4.9) 中的第一个不等式

$$\Big|\{(x,t)\in R_+\mid\ \ln u^{-1}>\lambda+a\}\Big|\leqslant c_0\lambda^{-1}|B(x_0,r)|r^2.$$

这里用到 $V_2(t-t_1)\leqslant C\rho/(1-\delta)^2$, 而由定义, $\rho/(1-\delta)^2$ 为常数.

情形 2　$t\leqslant t_1=t_0-\rho r^2$, 且 $x\in D_t^-(\lambda)$.

在此情形, 就像情形 1 一样, 我们有

$$w_1(x,t)-\bar{w}_{\phi,1}(t)\leqslant a-\lambda-\bar{w}_{\phi,1}(t)\leqslant-\lambda. \tag{4.4.16}$$

可用同样的方法得到 (4.4.9) 中的第二个不等式. 这便完成了第二步的证明.

第三步　证明下述与函数的 L^p 模有关的插值问题.

引理 4.4.1 设 R_σ ($\sigma \in (0,1]$) 是 $M \times \mathbf{R}$ 中的可测集, 满足当 $\sigma' \leqslant \sigma$ 时, $R_{\sigma'} \subset R_\sigma$. 令 $m, k, \delta \in \left[\frac{1}{2}, 1\right]$ 及 $p_1 < p_0 \leqslant \infty$ 为正常数.

假设 f 是满足下面两个假设的正可测函数:

(i) 反向 Hölder 不等式, 即对所有满足 $\frac{1}{2} \leqslant \delta \leqslant \sigma' \leqslant \sigma \leqslant 1$ 和 $0 < p \leqslant p_1 < p_0$ 的 σ, σ', p, 有

$$\|f\|_{p_0, R_{\sigma'}} \leqslant K\left[(\sigma - \sigma')^{-m}|R_1|^{-1}\right]^{(1/p)-(1/p_0)} \|f\|_{p, R_\sigma};$$

(ii) 弱 L^1 模有上界, 即对所有 $\lambda > 0$,

$$\left|\{(x,t) \in R_1 \mid \ln f > \lambda\}\right| \leqslant K\left|R_1\right|\lambda^{-1}.$$

则存在只依赖于 m, δ 以及 $(1/p_1) - (1/p_0)$ 的下界的正常数 ξ, 使得

$$\|f\|_{p_0, R_\delta} \leqslant |R_1|^{1/p_0} \mathrm{e}^{\xi(1+K^3)}.$$

证明 不失一般性, 取 $|R_1| = 1$. 对 $\sigma \in [\delta, 1]$, 令

$$\psi = \psi(\sigma) = \ln(\|f\|_{p_0, R_\sigma}). \tag{4.4.17}$$

固定 σ, 按 $\ln f > \psi(\sigma)/2$ 是否成立, 将 R_σ 分成两个集合. 由 Hölder 不等式, 我们有

$$\|f\|_{p, R_\sigma} \leqslant \|f\|_{p_0, R_\sigma} \left|\{(x,t) \in R_\sigma | \ln f > \psi(\sigma)/2\}\right|^{(1/p)-(1/p_0)} + \mathrm{e}^{\psi(\sigma)/2}.$$

由假设 (ii), 表明

$$\|f\|_{p, R_\sigma} \leqslant \mathrm{e}^{\psi(\sigma)}\left(\frac{2K}{\psi(\sigma)}\right)^{(1/p)-(1/p_0)} + \mathrm{e}^{\psi(\sigma)/2}. \tag{4.4.18}$$

如果 $\|f\|_{p_0, R_\sigma} \leqslant \mathrm{e}^{2K}$, 则无所欲证. 因此, 我们假定

$$\|f\|_{p_0, R_\sigma} > \mathrm{e}^{2K}, \quad 即 \quad \psi(\sigma) > 2K.$$

在此情形, 可选 p(小于 p_0), 使得

$$\mathrm{e}^{\psi(\sigma)}\left(\frac{2K}{\psi(\sigma)}\right)^{(1/p)-(1/p_0)} = \mathrm{e}^{\psi(\sigma)/2}. \tag{4.4.19}$$

因此, (4.4.18) 化为

$$\|f\|_{p,R_\sigma} \leqslant 2\mathrm{e}^{\psi(\sigma)/2}. \tag{4.4.20}$$

由此及假设 (i)(反向 Hölder 不等式), 得

$$\begin{aligned}\psi(\sigma') &= \ln\|f\|_{p_0,R_{\sigma'}} \\ &\leqslant \ln\left((K(\sigma-\sigma')^{-m})^{(1/p)-(1/p_0)}\ \|f\|_{p,R_\sigma}\right) \\ &\leqslant \ln\left(2(K(\sigma-\sigma')^{-m})^{(1/p)-(1/p_0)}\ \mathrm{e}^{\psi(\sigma)/2}\right).\end{aligned}$$

即对所有 $\delta \leqslant \sigma' < \sigma \leqslant 1$, 成立

$$\psi(\sigma') \leqslant \frac{1}{2}\psi(\sigma) + \left(\frac{1}{p} - \frac{1}{p_0}\right)\ln(K(\sigma-\sigma')^{-m}) + \ln 2.$$

从 (4.4.19), 解得

$$\frac{1}{p} - \frac{1}{p_0} = \frac{\psi(\sigma)}{2\ln(\psi(\sigma)/(2K))}.$$

从而, 对所有 $\delta \leqslant \sigma' < \sigma \leqslant 1$, 成立

$$\psi(\sigma') \leqslant \frac{1}{2}\psi(\sigma) + \frac{\psi(\sigma)}{2\ln(\psi(\sigma)/(2K))}\ln(K(\sigma-\sigma')^{-m}) + \ln 2.$$

如果

$$\psi(\sigma) \geqslant 2K^3(\sigma-\sigma')^{-2m},$$

则表明

$$\psi(\sigma') \leqslant \frac{3}{4}\psi(\sigma) + 2.$$

由于 $\sigma - \sigma' < 1$, 因此总有

$$\psi(\sigma') \leqslant \frac{3}{4}\psi(\sigma) + 2(K^3+1)(\sigma-\sigma')^{-2m}. \tag{4.4.21}$$

通过简单的迭代知, 存在 $c > 0$, 使得

$$\ln\|f\|_{p_0,R_\delta} \equiv \psi(\delta) \leqslant c(1-\delta)^{-2m}(1+K^3).$$

至此便完成了引理的证明. □

第四步 证明 Harnack 不等式.

回忆: u 是在 $Q = B(x_0, r) \times [t_0 - r^2, t_0]$ 上的正解.我们想用 u 在 $Q_+ = B(x_0, \delta r) \times [t_0 - \varepsilon r^2, t_0]$ 上的下确界来控制其在 $Q_- = B(x_0, \delta r) \times [t_0 - \eta r^2, t_0 - \rho r^2]$ 上的上确界. 为此构造两族含于 Q 的抛物方体, 使得其中一族是 Q_+ 的扩张, 另一族是 Q_- 的扩张. 说得更准确些, 对 $\sigma \in [\delta, 1]$, 令

$$Q_{+,\sigma} = B(x_0, \sigma r) \times [t_0 - l_1(\sigma)\varepsilon r^2, t_0],$$

$$Q_{-,\sigma} = B(x_0, \sigma r) \times [t_0 - l_2(\sigma)\eta r^2, t_0 - \rho r^2],$$

这里 l_1 和 l_2 是两个线性函数, 且分别满足 $l_1(\delta) = 1$ 和 $l_1(1)\varepsilon = \rho$; $l_2(\delta) = 1$ 和 $l_2(1)\eta = 1$.

令 a 为 (4.4.9) 中的常数, 则由 (4.4.9) 知, 函数 $f = \mathrm{e}^a u$ 在 $Q_{-,\sigma}$ 中弱 L^1 有界, 同时也满足反向 Hölder不等式 (4.4.7). 因此, 引理 4.4.1 表明, 存在常数 $p_0 > 0$, 使得

$$\mathrm{e}^a \|u\|_{p_0, Q_{-,(1+\delta)/2}} \leqslant (r^2 |B(x_0, r)|)^{1/p_0} \mathrm{e}^{\xi(1+K^3)}.$$

类似地, 选 p_0 为无穷大, 并在 $Q_{+,\sigma}$ 上对函数 $\mathrm{e}^{-a}u^{-1}$ 应用引理 4.4.1, 得

$$\mathrm{e}^{-a} \sup_{Q_+} u^{-1} \leqslant \mathrm{e}^{\xi(1+K^3)}.$$

综合上述两个不等式以及第一步中的均值不等式 (4.4.8)(在方体 $Q_{-,(1+\delta)/2}$ 上应用均值不等式), 得

$$\sup_{Q_-} u \leqslant C\mathrm{e}^{2\xi(1+K^3)} \inf_{Q_+} u.$$

因此, 除去加权的 L^2–Poincaré不等式 (命题 4.4.1) 外, 我们已证明了 Harnack 不等式.

再证: Harnack**不等式蕴涵**(D)+(WP).

首先证明 Harnack 不等式蕴涵测地球的体积加倍性质. 固定 $x \in M$, 令 $G = G(x, t; y)$ 为热核, 即 G 为 M 上热方程的基本解. 取 $r > 0$ 和 $y \in B(x, r)$, 将 Harnack 不等式用于大小为 r 的方体上, 得

$$G(x, r^2; x) \leqslant CG(x, 2r^2; y).$$

在 $B(x,r)$ 上, 将上式对 y 积分, 得

$$|B(x,r)|G(x,r^2;x) \leqslant C\int_M G(x,2r^2;y)d\mu(y) = C,$$

即

$$G(x,r^2;x) \leqslant \frac{C}{|B(x,r)|}. \tag{4.4.22}$$

实际上, $G(x,r^2;x)$ 也有一个类似的下界, 证明如下.

考虑函数

$$u = u(z,s) = \int_{B(x,r)} G(z,s;y)d\mu(y).$$

它是热方程的解, 且对所有 $z \in B(x,r)$, $u(z,0)=1$.因此, 我们能通过令 $u(z,s)=1$, 其中 $z \in B(x,r)$, $s<0$, 将 u 延拓到 $s<0$.延拓后的 u 是热方程在 $B(x,r)\times(-\infty,\infty)$ 上的正解.在大小与 r 相当, 顶点适当选取的方体上用两次 Harnack 不等式, 我们得到

$$\begin{aligned}1 = u(x,-r^2/4) \leqslant Cu(x,r^2/2) &= C\int_{B(x,r)} G(x,r^2/2;y)d\mu(y)\\ &\leqslant C^2\int_{B(x,r)} G(x,r^2;x)d\mu(y) = C^2|B(x,r)|\ G(x,r^2;x).\end{aligned}$$

由此及 (4.4.22) 知, 热核在对角线上有上下界, 即

$$\frac{1}{C^2|B(x,r)|} \leqslant G(x,r^2;x) \leqslant \frac{C}{|B(x,r)|}, \tag{4.4.23}$$

其中 C 是 Harnack 不等式中的常数. 再由 Harnack 不等式得

$$\frac{1}{C^2|B(x,r)|} \leqslant G(x,r^2;x) \leqslant CG(x,4r^2;x) \leqslant \frac{C^2}{|B(x,2r)|}.$$

从而,

$$|B(x,2r)| \leqslant C^4|B(x,r)|.$$

这就是体积加倍性质.

最后, 我们将采用 [KS] 中的方法证明 Harnack 不等式蕴涵弱 L^2-Poincaré 不等式, 该方法在 [Sal2] 中有介绍.

取测地球 $B(x,r)$. 令 $P=P(y,t;z)$ 为 $B(x,r)$ 上适合 Neumann边界条件的热核. 如同 (4.4.23) 的证明一样, 由 Harnack不等式知, 对所有 $y,z\in B(x,r/2)$, 有

$$P(y,r^2;z)\geqslant \frac{C}{|B(x,r)|}.$$

现取 $B(x,r)$ 上的光滑函数 f, 定义

$$u(y,t)=(P*f)(y,t)=\int_{B(x,r)}P(y,t;z)f(z)d\mu(z),$$

则 $u(y,t)$ 是热方程在 $B(x,r)$ 上的适合 Neumann 边界条件的解.由 P 的下界估计, 我们有

$$[P*(f-u(y,r^2))^2](y,r^2)\geqslant \frac{C}{|B(x,r)|}\int_{B(x,r/2)}|f(z)-u(y,r^2)|^2d\mu(z).$$

令 $f_{B(x,r/2)}$ 为 f 在 $B(x,r/2)$ 上的平均, 则

$$(P*(f-u(y,r^2))^2)(y,r^2)\geqslant \frac{C}{|B(x,r)|}\int_{B(x,r/2)}|f(z)-f_{B(x,r/2)}|^2d\mu(z).$$

将上式在 $B(x,r/2)$ 上积分, 并用刚证明过的测地球的体积加倍性质, 得

$$\int_{B(x,r/2)}(P*(f-u(y,r^2))^2)(y,r^2)d\mu(y)\geqslant C\int_{B(x,r/2)}|f(z)-f_{B(x,r/2)}|^2d\mu(z). \tag{4.4.24}$$

接下来求上面不等式 (4.4.24) 左端的上界, 我们有

$$\begin{aligned}&\int_{B(x,r/2)}(P*(f-u(y,r^2))^2)(y,r^2)d\mu(y)\\&=\int_{B(x,r/2)}\int_{B(x,r)}P(y,r^2;z)(f(z)-u(y,r^2))^2d\mu(z)d\mu(y)\\&\leqslant\int_{B(x,r)}\int_{B(x,r)}P(y,r^2;z)[f^2(z)-2f(z)u(y,r^2)+u^2(y,r^2)]d\mu(z)d\mu(y).\end{aligned}$$

利用 $\int_{B(x,r)}P(y,r^2;z)d\mu(z)=1$ 及 $\int_{B(x,r)}P(y,r^2;z)f(z)d\mu(z)=u(y,r^2)$,

可将上述不等式转换为

$$\begin{aligned}
&\int_{B(x,r/2)}(P*(f-u(y,r^2))^2)(y,r^2)d\mu(y)\\
&\leqslant \int_{B(x,r)} f^2(z)d\mu(z)-\int_{B(x,r)} u^2(z,r^2)d\mu(z)\\
&=-\int_0^{r^2}\partial_s\int_{B(x,r)} u^2(z,s)d\mu(z)ds\\
&=2\int_0^{r^2}\int_{B(x,r)}|\nabla u(z,s)|^2 d\mu(z)ds.\ (\text{通过分部积分})
\end{aligned}$$

注意到,

$$\begin{aligned}
\partial_s\int_{B(x,r)}|\nabla u(z,s)|^2 d\mu(z)&=2\int_{B(x,r)}\nabla u(z,s)\nabla\Delta u(z,s)d\mu(z)\\
&=-2\int_{B(x,r)}|\Delta u(z,s)|^2 d\mu(z)\leqslant 0.
\end{aligned}$$

因此,

$$\int_{B(x,r/2)}(P*(f-u(y,r^2))^2)(y,r^2)d\mu(y)\leqslant 2r^2\int_{B(x,r)}|\nabla f(z)|^2 d\mu(z).$$

将其代入 (4.4.24), 得

$$\int_{B(x,r/2)}|f(z)-f_{B(x,r/2)}|^2 d\mu(z)\leqslant Cr^2\int_{B(x,r)}|\nabla f(z)|^2 d\mu(z).$$

这就是所要的弱 L^2–Poincaré 不等式. □

接下来的命题 4.4.1 表明: 体积加倍性质及弱 L^2–Poincaré不等式蕴涵加权 L^2–Poincaré 不等式. 而加权 L^2–Poincaré 不等式是证明上一定理 4.4.1 中抛物 Harnack 不等式的关键.

为简单起见, 我们选取的权函数相对于一固定点径向对称. 对更一般的权函数, 参见 [Sal] 中的定理 5.3.4.

命题 4.4.1 设 $\lambda:[0,1]\to[0,1]$ 满足

$$\lambda(s)=\begin{cases}1, & s\in[0,\delta],\\ \left(\dfrac{1-s}{1-\delta}\right)^m, & s\in[\delta,1],\end{cases}$$

这里 $m>0$ 为一常数. 对 $x_0, x \in M$ 以及 $r>0$, 定义 $\phi=\phi(x)=\lambda(d(x_0,x)/r)$. 假设 M 满足体积加倍性质 (4.2.15), 且带参数 κ 的弱 L^2–Poincaré不等式在 M 上成立, 即存在常数 $\kappa>1$ 及 $c_\kappa>0$, 使得对任何 $f \in C^\infty(B(x,kr))$, 成立

$$\int_{B(x,r)} |f(y) - f_{B(x,r)}|^2 d\mu(y) \leqslant P_\kappa r^2 \int_{B(x,\kappa r)} |\nabla f(y)|^2 d\mu(y), \quad x \in M, r>0, \tag{4.4.25}$$

这里

$$f_{B(x,r)} = |B(x,r)|^{-1} \int_{B(x,r)} f(y) d\mu(y).$$

则对任何 $f \in C^\infty(B(x_0,r))$, 存在 $C=C(\delta,m,d_0,P_\kappa)$, 使得

$$\int_{B(x_0,r)} |f-\bar{f}_\phi|^2 \phi d\mu \leqslant Cr^2 \int_{B(x_0,r)} |\nabla f|^2 \phi d\mu,$$

其中

$$\bar{f}_\phi = \int_{B(x_0,r)} f\phi d\mu \bigg/ \int_{B(x_0,r)} \phi d\mu.$$

证明 D. Jerison[Je] 证明此命题的思想是: 用 Whitney 型覆盖并将积分表示为覆盖球上的积分的和. 我们只描述关键部分, 而将许多细节留作练习. 完整的证明可在 [Sal] 的 5.3 节找到.证明分成四步.

第一步 我们证明: 如果带参数 κ 的弱 L^2-Poincaré 不等式 (4.4.25) 成立, 则实际上用任何常数 $\tau>1$ 取代 κ, 它仍成立.因此, 在接下来的证明中, 总可在 (4.4.25) 中取 $\kappa=2$, 即我们总假定 (4.2.17) 成立.

当 $\tau \geqslant \kappa$ 时, 上述断言显然成立, 而对 $\tau \in (1,\kappa)$ 的情形留作练习.

习题 4.4.1 证明: 假设体积加倍性质 (4.2.15) 和带参数 κ 的 L^2–Poincaré不等式在 M 上成立, 则对任何 $\tau \in (1,\kappa]$, 存在正常数 $c=c(\tau,d_0,c_\kappa)$, 使得对所有 $f \in C^\infty(B(x,\tau r))$, $r>0$, 成立

$$\int_{B(x,r)} |f(y) - f_{B(x,r)}(x)|^2 d\mu(y) \leqslant c r^2 \int_{B(x,\tau r)} |\nabla f(y)|^2 d\mu(y).$$

证明思想是用 Vitali 型覆盖, 参见 [Sal] 中的引理 5.3.1.

第二步 Whitney 型覆盖.

固定球 $E \equiv B(x_0, r)$, 则存在一个由球 B 组成的集合 $\mathbf{F}$, 满足下述性质:

(i) $\mathbf{F}$ 中的球互不相交;

(ii) $E \subset \cup_{B\in\mathbf{F}} 2B$. 这里及此后, 对正数 λ, 记号 λB 代表和 B 有相同的中心, 但半径是 B 的半径的 λ 倍的球;

(iii) 对任何球 $B \in \mathbf{F}$, B 的半径, 记为 $r(B)$, 满足

$$r(B) = 10^{-3} d(B, \partial E), \quad 10^3 B \subset E;$$

(iv) 存在仅依赖于 d_0 的正常数 K, 使得

$$\sup_{x\in E} \text{Cardinal}\{B \in \mathbf{F} \mid x \in 100B\} \leqslant K.$$

习题 4.4.2 证明上述 Whitney 型覆盖存在.

第三步 中央球和子集 $F(B)$ 的概念.

设 $\mathbf{F}$ 是 E 的覆盖, 满足第二步中的性质 (i)–(ii), 则存在球 $B^0 \in \mathbf{F}$, 使得 $2B^0$ 包含 E 的中心 x_0. 球 B^0 称为 **$\mathbf{F}$中央球**, 并用 x_B 记 B^0 的中心.

给定中心为 x_B 的球 $B \in \mathbf{F}$, 令 γ_B 为连接 x_0 和 x_B 的最小测地线, 则我们能找到 $\mathbf{F}$ 的有限子族

$$\mathbf{F}(B) = \{B^0, \cdots, B^{l(B)}\},$$

使得 $B^{l(B)} = B$, 且

$$2\bar{B}^i \cap 2\bar{B}^{i+1} \neq \varnothing, \quad 2B^i \cap \gamma_B \neq \varnothing, \quad i = 0, \cdots, l(B).$$

习题 4.4.3 证明下述三个性质:

(i) 对任何 $B \in \mathbf{F}$, 有

$$d(\gamma_B, \partial E) \geqslant \frac{1}{2} d(B, \partial E) = 500 r(B);$$

(ii) 对任何 $B \in \mathbf{F}$ 和 $\mathbf{F}(B)$ 中任何两个相连的球 B^i, B^{i+1}, 有

$$1.01^{-1} r(B^i) \leqslant r(B^{i+1}) \leqslant 1.01 r(B^i),$$

$$B^{i+1} \subset 4B^i,$$

$$|4B^i \cap 4B^{i+1}| \geqslant c \max\{|B^i|, |B^{i+1}|\};$$

(iii) 对任何 $B \in \mathbf{F}$ 及球 $A \in \mathbf{F}(B)$, $B \subset 10^4 A$.

显然, 上述三个性质在 $\mathbf{R}^n$ 中成立. 关键是证明在测地球满足体积加倍性质的一般度量空间中, 它们也成立.详细证明参见 [Sal] 中的引理 5.3.6, 5.3.7 和 5.3.8.

利用这个习题, 我们能证明下述断言, 它控制了 f 在 $\mathbf{F}(B)$ 中相连球上的平均值的差: 在命题 4.4.1 的假设下, 存在正常数 C, 使得对任何球 $B \in \mathbf{F}$ 和任何相连两球 $B^i, B^{i+1} \in \mathbf{F}(B)$, 有

$$|f_{4B^i} - f_{4B^{i+1}}| \leqslant C \frac{r(B^i)}{|B^i|^{1/2}} \Big(\int_{32B^i} |\nabla f|^2 d\mu \Big)^{1/2}.$$

事实上, 由于

$$\begin{aligned}
&|4B^i \cap 4B^{i+1}|^{1/2} |f_{4B^i} - f_{4B^{i+1}}| \\
&\quad = \Big(\int_{4B^i \cap 4B^{i+1}} |f_{4B^i} - f_{4B^{i+1}}|^2 d\mu \Big)^{1/2} \\
&\quad \leqslant \Big(\int_{4B^i \cap 4B^{i+1}} |f - f_{4B^i}|^2 d\mu \Big)^{1/2} + \Big(\int_{4B^i \cap 4B^{i+1}} |f - f_{4B^{i+1}}|^2 d\mu \Big)^{1/2} \\
&\quad \leqslant \Big(\int_{4B^i} |f - f_{4B^i}|^2 d\mu \Big)^{1/2} + \Big(\int_{4B^{i+1}} |f - f_{4B^{i+1}}|^2 d\mu \Big)^{1/2} \\
&\quad \leqslant C r(B^i) \Big(\int_{8B^i} |\nabla f|^2 d\mu \Big)^{1/2} + C r(B^{i+1}) \Big(\int_{8B^{i+1}} |\nabla f|^2 d\mu \Big)^{1/2}.
\end{aligned}$$

这里, 最后一步是因为弱 L^2–Poincaré 不等式 (4.2.17).因此, 由习题 4.4.3 中的 (ii) 知上述断言成立.

第四步 令 $\mathbf{F}$ 为第二步中构造的 $E = B(x_0, r)$ 的 Whitney型覆盖. 由 $\mathbf{F}$ 的构造知, $E \subset \cup_{B \in \mathbf{F}} 2B$, 且 $\operatorname{supp} \phi \subset E$. 因此, 可用 Minkowski 不等式推得

$$\begin{aligned}
\int_E |f - f_{4B^0}|^2 \phi d\mu &\leqslant \sum_{B \in \mathbf{F}} \int_{2B} |f - f_{4B^0}|^2 \phi d\mu \\
&\leqslant 2^2 \sum_{B \in \mathbf{F}} \int_{4B} (|f - f_{4B}|^2 + |f_{4B} - f_{4B^0}|^2) \phi d\mu.
\end{aligned}$$

这里及以后的证明中, B^0 代表覆盖的中央球. 因此,

$$\int_E |f - f_{4B^0}|^2 \phi d\mu \leqslant 2^2 \sum_{B\in\mathbf{F}} \int_{4B} |f - f_{4B}|^2 \phi d\mu \\ + 2^2 \sum_{B\in\mathbf{F}} |f_{4B} - f_{4B^0}|^2 \phi(4B) \equiv T_1 + T_2. \tag{4.4.26}$$

这里及以后

$$\phi(S) \equiv \int_S \phi d\mu, \quad S \subset M.$$

我们可按下述方式确定 T_1 的界. 由第二步中的性质 (iii) 知, 权 ϕ 满足

$$\sup_{x\in B} \phi \leqslant C \inf_{x\in B} \phi, \quad B \in \mathbf{F}.$$

因此, 弱 L^2–Poincaré 不等式 (4.2.17) 蕴涵

$$\int_{4B} |f - f_{4B}|^2 \phi d\mu \leqslant CP_2 r(4B)^2 \int_{8B} |\nabla f|^2 \phi d\mu.$$

注意, 由 $\mathbf{F}$ 的构造知, $8B \subset E$, 且 $\{8B \mid B \in \mathbf{F}\}$ 中相互重叠的球的个数有界, 故

$$T_1 \leqslant CP_2 \sum_{B\in\mathbf{F}} r(4B)^2 \int_{8B} |\nabla f|^2 \phi d\mu \leqslant CP_2 r^2 \int_E |\nabla f|^2 \phi d\mu. \tag{4.4.27}$$

剩下来要确定 T_2 的界. 由体积加倍性质 (4.2.15) 和 ϕ 的定义知, 存在 $C_1 = C_1(\phi, d_0)$, 使得

$$T_2 = 2^2 \sum_{B\in\mathbf{F}} |f_{4B} - f_{4B^0}|^2 \phi(4B) \leqslant C_1 \sum_{B\in\mathbf{F}} \int_M |f_{4B} - f_{4B^0}|^2 \frac{\phi(B)}{|B|} \chi_B d\mu. \tag{4.4.28}$$

固定 $B \in \mathbf{F}$, 令 $\mathbf{F}(B) = \{B^0, \cdots, B^{l(B)}\}$ 为第三步中定义的子族, 满足 B^0 是中央球, $B^{l(B)} = B$, 则

$$|f_{4B} - f_{4B^0}| \Big(\frac{\phi(B)}{|B|}\Big)^{1/2} \leqslant \sum_{i=0}^{l(B)-1} |f_{4B^i} - f_{4B^{i+1}}| \Big(\frac{\phi(B)}{|B|}\Big)^{1/2}.$$

由第三步中的断言及下述容易验证的事实:

$$\frac{\phi(B)}{|B|} \leqslant C_2 \phi(x), \quad x \in 32B^i, i = 0, \cdots, l(B),$$

得

$$|f_{4B} - f_{4B^0}|\Big(\frac{\phi(B)}{|B|}\Big)^{1/2} \leqslant C_3 \sum_{i=0}^{l(B)-1} \frac{r(B^i)}{|B^i|^{1/2}}\Big(\int_{32B^i} |\nabla f|^2 \phi d\mu\Big)^{1/2}.$$

由第三步中的性质 (iii) 知, 对任何 $B^i \in \mathbf{F}(B)$, 球 B 含于 $10^4 B^i$. 因此,

$$|f_{4B}-f_{4B^0}|\Big(\frac{\phi(B)}{|B|}\Big)^{1/2}\chi_B \leqslant C_3 \sum_{A\in\mathbf{F}} \frac{r(A)}{|A|^{1/2}}\Big(\int_{32A} |\nabla f|^2 \phi d\mu\Big)^{1/2} \chi_{10^4 A}\, \chi_B.$$

由此及 $\mathbf{F}$ 中的球彼此不交, 知

$$\sum_{B\in\mathbf{F}} |f_{4B}-f_{4B^0}|^2 \frac{\phi(B)}{|B|}\chi_B \leqslant C_3 \Big[\sum_{A\in\mathbf{F}} \frac{r(A)}{|A|^{1/2}}\Big(\int_{32A} |\nabla f|^2 \phi d\mu\Big)^{1/2} \chi_{10^4 A}\Big]^2.$$

将其代入 (4.4.28), 得

$$\begin{aligned} T_2 &\leqslant C_1 \int_M \sum_{B\in\mathbf{F}} |f_{4B} - f_{4B^0}|^2 \frac{\phi(B)}{|B|} \chi_B d\mu \\ &\leqslant C_4 \int_M \Big[\sum_{A\in\mathbf{F}} \frac{r(A)}{|A|^{1/2}}\Big(\int_{32A} |\nabla f|^2 \phi d\mu\Big)^{1/2} \chi_{10^4 A}\Big]^2 d\mu \\ &\equiv C_4 \int_M \Big(\sum_{A\in\mathbf{F}} J_A\, \chi_{10^4 A}\Big)^2 d\mu, \end{aligned}$$

其中, 为简单起见, 我们使用记号

$$J_A \equiv \frac{r(A)}{|A|^{1/2}}\Big(\int_{32A} |\nabla f|^2 \phi d\mu\Big)^{1/2}. \tag{4.4.29}$$

现在要去掉 $\chi_{10^4 A}$ 中的因子 10^4. 注意到,

$$\begin{aligned} T_2^{1/2} &\leqslant C_4^{1/2} \sup_{\|\rho\|_2=1} \int_M \sum_{A\in\mathbf{F}} J_A\, \chi_{10^4 A} |\rho| d\mu = C_4^{1/2} \sup_{\|\rho\|_2=1} \sum_{A\in\mathbf{F}} J_A \int_{10^4 A} |\rho| d\mu \\ &= C_4^{1/2} \sup_{\|\rho\|_2=1} \sum_{A\in\mathbf{F}} J_A |10^4 A| \frac{1}{|10^4 A|} \int_{10^4 A} |\rho| d\mu \\ &\leqslant C_5 \sup_{\|\rho\|_2=1} \sum_{A\in\mathbf{F}} J_A |A| \frac{1}{|10^4 A|} \int_{10^4 A} |\rho| d\mu, \end{aligned}$$

其中, 我们又用了体积加倍性质. 注意到, 又由于对每个 $x \in A$, 成立

$$\frac{1}{|10^4 A|}\int_{10^4 A}|\rho|d\mu \leqslant \frac{1}{|10^4 A|}\int_{B(x,10^5 r(A))}|\rho|d\mu \leqslant CM\rho(x),$$

其中 $M\rho$ 是通常的 ρ 的极大函数, 即

$$M\rho(x)=\sup_{r>0}\frac{1}{|B(x,r)|}\int_{B(x,r)}|\rho(y)|d\mu(y).$$

因此,

$$\frac{1}{|10^4 A|}\int_{10^4 A}|\rho|d\mu \leqslant \frac{C}{|A|}\int_A M\rho(x)d\mu.$$

这表明,

$$\begin{aligned} T_2^{1/2} &\leqslant CC_5 \sup_{\|\rho\|_2=1}\sum_{A\in\mathbf{F}} J_A\int_A M\rho(x)d\mu \\ &= CC_5 \sup_{\|\rho\|_2=1}\int\sum_{A\in\mathbf{F}} J_A\chi_A M\rho(x)d\mu \\ &\leqslant CC_5 \sup_{\|\rho\|_2=1}\|\sum_{A\in\mathbf{F}} J_A\chi_A\|_2\,\|M\rho\|_2. \end{aligned}$$

故

$$\begin{aligned} T_2 &\leqslant C_6 \sup_{\|\rho\|_2=1}\sum_{A\in\mathbf{F}}\|J_A\chi_A\|_2^2\,\|\rho\|_2^2 \\ &= C_6\sum_{A\in\mathbf{F}} J_A^2|A|. \end{aligned} \tag{4.4.30}$$

这里, 我们用到了 $A\in\mathbf{F}$ 互不相交这个事实以及下述的极大函数的性质:

设 M 是完备度量空间, 满足体积加倍性质, 即对所有 $x \in M$, $r>0$, 有

$$|B(x,2r)| \leqslant d_0|B(x,r)|.$$

则对所有 $f\in C_0^\infty(M)$, 存在正常数 $c=c(d_0,p)$, 使得

$$\|Mf\|_p \leqslant c\|f\|_p, \quad 1<p\leqslant\infty.$$

习题 4.4.4 证明上述极大函数的性质.

由 (4.4.29) 和 (4.4.30), 得

$$T_2 \leqslant C_6 r^2\sum_{A\in\mathbf{F}}\int_{32A}|\nabla f|^2\phi d\mu \leqslant C_7 r^2\int_E|\nabla f|^2\phi d\mu,$$

其中我们用了第二步中的性质 (iii) 和 (iv).

综合上面这个不等式及 (4.4.27), (4.4.26), 知

$$\int_E |f - f_{4B^0}|^2 \phi d\mu \leqslant C_8 r^2 \int_E |\nabla f|^2 \phi d\mu.$$

最终可得

$$\int_E |f - \bar{f}_\phi|^2 \phi d\mu \leqslant \int_E |f - f_{4B^0}|^2 \phi d\mu \leqslant C_8 r^2 \int_E |\nabla f|^2 \phi d\mu.$$

这就证明了命题 4.4.1. □

注解 4.4.2 上述结果有 L^p-形式, 证明与此相同.

习题 4.4.5 叙述并证明命题 4.4.1 的 L^p-形式.

§4.5 抛物方程的极大值原理

极大值原理在椭圆和抛物方程的研究中扮演重要的角色.我们先证明非紧流形上热方程的一个基本的极大值原理,它首先出现在 Karp-Li[KaLi] 和 Grigoryan[Gr2] 中.

定理 4.5.1 设 u 是热方程在 $M \times [0,T)$ 上的光滑下解, 即 $\Delta u - \partial_t u \geqslant 0$, 其中 M 是无边非紧 Riemann 流形, 且 $T > 0$.假设对某个 $\alpha > 0$, 有

$$\int_0^T \int_M \mathrm{e}^{-\alpha d^2(x,o)} u^2(x,t) d\mu(x) dt < \infty,$$

其中 $o \in M$, 且 $d(x,o)$ 是 x 和 o 之间的 Riemann 距离. 若 $u(x,0) \leqslant 0$, 则在 $M \times [0,T)$ 上, $u \leqslant 0$.

证明 对某个 $\tau > T$, 定义

$$h(x,t) = -\frac{d^2(x,o)}{4(2\tau - t)}.$$

容易验证

$$|\nabla h|^2 + \partial_t h = 0 \quad \text{a.e.}.$$

令 $\phi_s(\cdot)$ 为截断函数, 满足 $0 \leqslant \phi_s \leqslant 1$; $\phi_s(x) = 1$, $x \in B(o,s)$; $\text{supp}\ \phi_s \subset B(o,s+1)$; 且 $|\nabla \phi_s| \leqslant 2$.

用试验函数 $\phi_s^2 \mathrm{e}^h u_+$ 作用在 $\Delta u - \partial_t u \geqslant 0$ 上, 得

$$\int_0^T \int_M \mathrm{e}^h \Big[\phi_s^2 \ |\nabla u_+|^2 + 2 < \nabla \phi_s, \nabla u_+ > (\phi_s u_+) \\ + (\phi_s^2 u_+) < \nabla h, \nabla u_+ > \Big] d\mu dt \\ + \frac{1}{2} \int_0^T \int_M \phi_s^2 \mathrm{e}^h \partial_t u_+^2 d\mu dt \leqslant 0.$$

对上述不等式左端的第二, 三项用 Cauchy-Schwarz 不等式, 得

$$\int_0^T \int_M \mathrm{e}^h (-2|\nabla \phi_s|^2 u_+^2 - \frac{1}{2} \phi_s^2 u_+^2 \ |\nabla h|^2) d\mu dt \\ - \frac{1}{2} \int_0^T \int_M \phi_s^2 \mathrm{e}^h (u_+^2) \partial_t h d\mu dt + \frac{1}{2} \int_M \phi_s^2 \mathrm{e}^h u_+^2 |_0^T \leqslant 0.$$

这表明,

$$\int_M \phi_s^2 \mathrm{e}^h u_+^2 (x, T) d\mu \leqslant 4 \int_0^T \int_M \mathrm{e}^h u_+^2 |\nabla \phi_s|^2 d\mu dt.$$

若 T 充分小, 则可取 $2\tau - T$ 充分小, 从而上述积分有限. 注意到, 上式右端在 $[B(o, s+1) - B(o, s)] \times [0, T]$ 上积分, 令 $s \to \infty$, 我们断定 $u_+ = 0$. 对任意 T, 只需重复上述过程. □

注解 4.5.1 通常解的增长条件是必须的. 下面是属于 Tychonov 给出的经典反例.

令

$$u(x, t) = \sum_{i=0}^{\infty} f^{(i)}(t) \frac{x^{2i}}{(2i)!},$$

其中 $x \in \mathbf{R}$, $t \geqslant 0$, 且

$$f(t) = \begin{cases} \mathrm{e}^{-t^{-2}}, & t > 0, \\ 0, & t = 0. \end{cases}$$

则容易验证 u 是热方程在 $\mathbf{R} \times (0, \infty)$ 上的非平凡解, 但是 $u(x, 0) = 0$.

习题 4.5.1 验证上述 u 是热方程的非平凡解.

下面的结果是张量的极大值原理, 常被说成是 Hamilton 的弱极大值原理.这个结果的更强形式也属于 Hamilton, 将在下面的 5.2 节讨论.

设 M 是 n 维紧流形, $g=g(t)$ 是 $M\times[0,T]$ 上的一族光滑度量.令 V 是 M 上的向量丛, 其上赋予不依赖于时间的度量 $h_{\alpha\beta}$ 和与 $h_{\alpha\beta}$ 相容的联络 $\nabla(t)=\{\Gamma_{i\beta}^{\alpha}\}$(即对任意 M 上的切向量 X, $\nabla_X h=0$). 令 σ 为 V 在 M 上的 C^∞ 截面. 定义 Laplace 算子为

$$\Delta\sigma=g^{ij}(x,t)\nabla_i\nabla_j\sigma,$$

其中 $\nabla_i\nabla_j\sigma\equiv\nabla_{ij}^2\sigma$ 为 σ 的二阶协变导数. 上述 Laplace 算子可看做是由度量 $g(t)$ 和联络 $\nabla(t)$ 确定, 并作用在张量上的迹 Laplace 算子.

定理 4.5.2 (Hamilton 弱极大值原理) 设 $M_{\alpha\beta}$ 是 V 上的一族光滑双线性型,

$N_{\alpha\beta}=N_{\alpha\beta}(J,h)$ 是通过将 $J\equiv(M_{\eta\xi})$ 与度量 $h=(h_{\eta\xi})$ 缩并而得的 J 的多项式, 其中 J,h 中的 η,ξ 是求和指标. 令 u^i 是 M 上的有界向量场, 假设对任何 $x\in M$ 和 $v\in V_x$(向量丛 V 在 x 处的纤维) 成立下述关系: 当 $M_{\alpha\beta}v^\alpha=0$ 时, $N_{\alpha\beta}v^\alpha v^\beta\geqslant 0$.

若 $M_{\alpha\beta}$ 在 $M\times[0,T]$ 上按下述方程演化:

$$\partial_t M_{\alpha\beta}=\Delta M_{\alpha\beta}+u^i\nabla_i M_{\alpha\beta}+N_{\alpha\beta}. \tag{4.5.1}$$

且在 $t=0$ 时, $(M_{\alpha\beta})\geqslant 0$, 其中 Δ 是由度量 $g(t)$ 和联络 $\nabla(t)$ 确定, 并作用在张量上的迹 Laplace 算子. 则对所有 $t\in(0,T]$, $(M_{\alpha\beta})\geqslant 0$.

证明 令 $\varepsilon>0$ 和 $A>0$ 为待定常数. 考虑双线性型

$$\tilde{M}_{\alpha\beta}=M_{\alpha\beta}+\varepsilon \mathrm{e}^{tA}h_{\alpha\beta}.$$

则当 $t=0$ 时, 由 $(M_{\alpha\beta})\geqslant 0$ 知, $(\tilde{M}_{\alpha\beta})\geqslant 0$.我们断言: 对一固定的充分大的数 A 和所有充分小的 ε, $(\tilde{M}_{\alpha\beta})>0$ 对所有 $t\in(0,T]$ 成立.

假设断言不真, 则存在任意小的 $\varepsilon>0$, 以及点 $x_0\in M$ 和单位向量 $v\in V_{x_0}$, 使得

$$\tilde{M}_{\alpha\beta}(x_0,t_0)v^\alpha=0.$$

这里的单位向量相对于度量 h 而言, 而 t_0 选为使上式成立的第一时刻.在度量 $g(t_0)$ 下, 利用沿从 x_0 出发的测地线的平行移动将 v 延拓成 x_0 邻域内的光滑向量场,仍用 v 表示这个向量场. 记

$$F(x,t)=\tilde{M}_{\alpha\beta}(x,t)v^\alpha v^\beta=M_{\alpha\beta}v^\alpha v^\beta+\varepsilon\mathrm{e}^{At}h_{\alpha\beta}v^\alpha v^\beta=M_{\alpha\beta}v^\alpha v^\beta+\varepsilon\mathrm{e}^{At}.$$

按照我们的选择, 有 $F(x_0,t_0)=0$, 而当 $t<t_0$ 时, $F(x,t)\geqslant 0$ 且对任何 $x\in M$, $F(x,t_0)\geqslant 0$. 因此, 在时空点 (x_0,t_0) 上,

$$\partial_t F\leqslant 0,\quad \Delta F\geqslant 0.$$

这里 Δ 是 M 上相对于度量 g 的 Laplace-Beltrami 算子. 因此, 在时空点 (x_0,t_0) 处, 有

$$\begin{aligned}0\geqslant \partial_t F&=\partial_t(M_{\alpha\beta}v^\alpha v^\beta+\varepsilon \mathrm{e}^{At})\\&=\Delta(\tilde{M}_{\alpha\beta}v^\alpha v^\beta)+u^i\nabla_i(\tilde{M}_{\alpha\beta}v^\alpha v^\beta)+N_{\alpha\beta}(J,h)v^\alpha v^\beta+\varepsilon A\mathrm{e}^{At_0}\\&\geqslant N_{\alpha\beta}(J,h)v^\alpha v^\beta+\varepsilon A\mathrm{e}^{At_0}.\end{aligned}\tag{4.5.2}$$

这里, 我们用了 v 是平行的事实以及在 (x_0,t_0) 处 $\nabla_i(\tilde{M}_{\alpha\beta}v^\alpha v^\beta)=\nabla_i F=0$.

注意到, 对 $\tilde{J}\equiv J+\varepsilon\mathrm{e}^{At}h=(M_{\alpha\beta})+\varepsilon\mathrm{e}^{At}(h_{\alpha\beta})$, 有

$$\begin{aligned}N_{\alpha\beta}(J,h)v^a v^\beta&=N_{\alpha\beta}(\tilde{J}-\varepsilon\mathrm{e}^{At}h,h)v^a v^\beta\\&\geqslant N_{\alpha\beta}(\tilde{J},h)v^a v^\beta-C\sum_{k=1}^m\varepsilon^k\mathrm{e}^{kAt},\end{aligned}$$

其中 m 是多项式 $(N_{\alpha\beta})$ 的最高阶数. 由于在 (x_0,t_0) 处, $\tilde{M}_{\alpha\beta}v^\alpha=0$, 故由假设知,

$$N_{\alpha\beta}(\tilde{J},h)v^a v^\beta\geqslant 0.$$

这蕴涵在 (x_0,t_0) 处, 成立

$$N_{\alpha\beta}(J,h)v^a v^\beta\geqslant -C\sum_{k=1}^m\varepsilon^k\mathrm{e}^{kAt},$$

这里常数 C 依赖于 $M_{\alpha\beta}$ 的界. 将上述不等式代入 (4.5.2), 得

$$C\sum_{k=1}^m\varepsilon^k\mathrm{e}^{kAt_0}\geqslant\varepsilon A\mathrm{e}^{At_0}.$$

但对固定的充分大的数 A 及充分小的 ε, 这是不可能的, 从而, 我们证明了断言. 令 $\varepsilon\to 0$, 便完成了定理的证明. □

习题 4.5.2 陈述并证明定理 4.5.2 的非紧形式.

§4.6 热方程的梯度估计

本节我们介绍流形上热方程 $\Delta u - \partial_t u = 0$ 的几个梯度估计, 它们取自下述作者的工作: 李伟光和丘成桐 [LY], R. Hamilton [Ha5] 以及 Souplet 和张旗 [SZ]. 这些梯度估计可视做微分 Harnack 不等式, 因此, 它们也紧密联系于 Sobolev 不等式. 不同于前面 4.4 节的 Harnack不等式, 这些梯度估计由极大值原理推出. 证明的思路是: 证明某此涉及热方程正解的梯度的量满足另一个线性或非线性的抛物方程, 而对后者可用极大值原理. 例如, 非线性项有正确的符号就是这种情形. 李伟光和丘成桐的梯度估计已由 Hamilton 推广到矩阵形式以及沿 Ricci流的数量曲率的梯度估计. 第 9 章中 Perelman对共轭热方程解的梯度估计本质上类似于此.

1986年李伟光和丘成桐 [LY] 在证明其他结果的同时证明了下述著名的估计.

定理(李伟光和丘成桐 [LY]) 设 M 是维数 $n \geqslant 2$ 的完备流形, 满足 $\text{Ricci}(M) \geqslant -K$, $K \geqslant 0$. 假设 u 是热方程

$$\Delta u - \partial_t u = 0$$

在 $B(x_0, R) \times [t_0 - T, t_0] \subset M \times [t_0 - T, t_0]$ 上的正解, 则对任何 $\alpha \in (0,1)$, 存在常数 $c = c(n, \alpha)$, 使得

$$\alpha \frac{|\nabla u|^2}{u^2} - \frac{u_t}{u} \leqslant \frac{c}{R^2} + \frac{c}{T} + cK$$

在 $B(x_0, R/2) \times [t_0 - T/2, t_0]$ 上成立.

此外, 如果 M 有非负 Ricci 曲率, 且 u 是热方程在 $M \times (0, T]$ 上的正解, 则在 $(x,t) \in M \times (0, T]$ 处, 有

$$\frac{|\nabla u|^2}{u^2} - \frac{u_t}{u} \leqslant \frac{c_n}{t}.$$

我们指出, 对 $\mathbf{R}^n$ 上的多孔介质方程和热方程，类似的估计也出现在 Aronson和 Bénilan 的论文 [AB] 中.

注意到, 即使在 Ricci 曲率非负的情形, 由于有参数 $\alpha < 1$, 第一个局部估计和第二个整体估计也不完全相配.我们不打算介绍 [LY] 中的

原始证明, 而是提供一个稍微不同的局部 Li-Yau估计. 我们在此证明, 在相差一个低阶项的意义下, α 可取为 1, 因而整体和局部估计真正吻合.定理的简短证明基于修改 [Ha5] 中的想法和 [LY] 中的截断方法.

定理 4.6.1([Z1]) 设 $B(x_0,R)$ 是维数 $n\geqslant 2$ 的 Riemann 流形 M 上的测地球, 满足 $\mathrm{Ricci}|_{B(x_0,R)}\geqslant -K$, $K\geqslant 0$. 假设 u 是热方程在 $Q\equiv B(x_0,R)\times[t_0-T,t_0]$ 上的任何正解, 则

$$\frac{|\nabla u|^2}{u^2}-\frac{u_t}{u}\leqslant\frac{c_n}{R^2}+\frac{c_n}{T}+c_nK+c_n\sqrt{K}\sup_Q\frac{|\nabla u|}{u}$$

在 $B(x_0,R/2)\times[t_0-T/2,t_0]$ 上成立,其中 c_n 仅依赖于维数 n.

证明 在局部坐标下, 通过直接计算 (参见 [Ha5]), 我们有

$$(\Delta-\partial_t)\Big(\frac{|\nabla u|^2}{u}\Big)=\frac{2}{u}\Big|\partial_i\partial_j u-\frac{\partial_i u\partial_j u}{u}\Big|^2+2R_{ij}\frac{\partial_i u\partial_j u}{u}.$$

由不等式

$$\Big|\partial_i\partial_j u-\frac{\partial_i u\partial_j u}{u}\Big|^2\geqslant\frac{1}{n}\Big(\Delta u-\frac{|\nabla u|^2}{u}\Big)^2,$$

可得

$$(\Delta-\partial_t)\Big(\frac{|\nabla u|^2}{u}\Big)\geqslant\frac{2}{nu}\Big(\Delta u-\frac{|\nabla u|^2}{u}\Big)^2+2R_{ij}\frac{\partial_i u\partial_j u}{u}.$$

由 Δu 也是热方程的解, 知

$$(\Delta-\partial_t)\Big(-\Delta u+\frac{|\nabla u|^2}{u}\Big)\geqslant\frac{2}{nu}\Big(\Delta u-\frac{|\nabla u|^2}{u}\Big)^2-2K\frac{|\nabla u|^2}{u}.$$

记

$$H=-\Delta u+\frac{|\nabla u|^2}{u}=\frac{|\nabla u|^2}{u}-u_t,$$

则 H 满足

$$(\Delta-\partial_t)H\geqslant\frac{2}{nu}H^2-2K\frac{|\nabla u|^2}{u}. \tag{4.6.1}$$

现定义

$$Y=H/u=\frac{|\nabla u|^2}{u^2}-\frac{\partial_t u}{u}=-\Delta\ln u.$$

由上述关于 H 的不等式 (4.6.1), 通过计算可得

$$(\Delta-\partial_t)Y+2\frac{\nabla u}{u}\nabla Y\geqslant\frac{2}{n}Y^2-2K\frac{|\nabla u|^2}{u^2}.\tag{4.6.2}$$

现在我们可用李伟光和丘成桐的截断函数想法来导出所要的界. 唯一可能引起困难的地方是 Y 可能改变符号, 但事实证明它并不碍事.下面给出细节. 令 $\psi=\psi(x,t)$ 是支于 $Q_{R,T}\equiv B(x_0,R)\times[t_0-T,t_0]$ 上的光滑截断函数, 满足下述性质:

(i) $\psi=\psi(d(x,x_0),t)\equiv\psi(r,t)$, 且在 $Q_{R/2,T/4}$ 上, $\psi(x,t)=1$, $0\leqslant\psi\leqslant 1$;

(ii) ψ 是空间变量的径向减函数;

(iii) 当 $0<a<1$ 时, $\dfrac{|\partial_r\psi|}{\psi^a}\leqslant\dfrac{C_a}{R}$, $\dfrac{|\partial_r^2\psi|}{\psi^a}\leqslant\dfrac{C_a}{R^2}$;

(iv) $\dfrac{|\partial_t\psi|}{\psi^{1/2}}\leqslant\dfrac{C}{T}$,

则由 (4.6.2) 并通过直接计算可得

$$\begin{aligned}&\Delta(\psi Y)-(\psi Y)_t-2\frac{\nabla\psi}{\psi}\cdot\nabla(\psi Y)+2\frac{\nabla u}{u}\cdot\nabla(\psi Y)\\&\qquad-2\nabla\psi\cdot\frac{\nabla u}{u}Y+2\psi K\frac{|\nabla u|^2}{u^2}\\&\qquad\geqslant\frac{2}{n}\psi Y^2+(\Delta\psi)Y-2\frac{|\nabla\psi|^2}{\psi}Y-\psi_tY\\&\qquad=\frac{2}{n}\psi Y^2-2\frac{|\nabla\psi|^2}{\psi}Y+\left[\partial_r^2\psi+(n-1)\frac{\partial_r\psi}{r}+\partial_r\psi\partial_r\ln\sqrt{g}\right]Y-\psi_tY.\end{aligned}\tag{4.6.3}$$

假设在 (y,s) 处, 函数 ψY 达到最大值. 如果最大值非正, 则无所欲证. 因此, 我们假定最大值为正. 则 (4.6.3) 表明

$$\begin{aligned}&2\psi K\frac{|\nabla u|^2}{u^2}+2\frac{|\nabla\psi|^2}{\psi}Y+2|\nabla\psi|\frac{|\nabla u|}{u}Y\\&\qquad\geqslant\frac{2}{n}\psi Y^2+\left[\partial_r^2\psi+(n-1)\frac{\partial_r\psi}{r}+\partial_r\psi\partial_r\ln\sqrt{g}\right]Y-\psi_tY.\end{aligned}$$

上式中, 只有一项

$$(\partial_r\psi\partial_r\ln\sqrt{g})Y$$

需要我们仔细处理. 注意到, $-C/R \leqslant \partial_r\psi/\psi^a \leqslant 0$, $\partial_r \ln\sqrt{g} \leqslant \sqrt{K}$, 且 $Y(y,s)>0$, 因此, 在 (y,s) 处,

$$
\begin{aligned}
&2\psi K\frac{|\nabla u|^2}{u^2}+2\frac{|\nabla\psi|^2}{\psi}Y+2|\nabla\psi|\frac{|\nabla u|}{u}Y\\
&\geqslant \frac{2}{n}\psi Y^2+\left[\partial_r^2\psi+(n-1)\frac{\partial_r\psi}{r}\right]Y-C\sqrt{K}\psi^a Y/R-\psi_t Y.
\end{aligned}
$$

在涉及 Y 的一次项的那些项里, 将 Y 写成 $Y=\sqrt{1/\psi}\sqrt{\psi}Y$, 并用 Young 不等式得, 在 (y,s) 处,

$$
\psi Y^2=\psi\left(\frac{|\nabla u|^2}{u^2}-\frac{u_t}{u}\right)^2 \leqslant \left(\frac{c_n}{R^4}+\frac{c_n}{T^2}+c_nK^2\right)+c_nK\frac{|\nabla u|^2}{u^2}.
$$

由于在 $Q_{R/2,T/2}$ 上, $\psi=1$, 因此, 在 $Q_{R/2,T/2}$内, 成立

$$
\frac{|\nabla u|^2}{u^2}-\frac{u_t}{u}\leqslant \frac{c_n}{R^2}+\frac{c_n}{T}+c_nK+c_n\sqrt{K}\sup_{Q_{R,T}}\frac{|\nabla u|}{u}. \qquad \square
$$

此类抛物梯度估计来源于椭圆型梯度估计.

定理(郑绍远和丘成桐 [CY]) 设 M 是维数 $n\geqslant 2$ 的完备流形, 满足 $\mathrm{Ricci}(M)\geqslant -K$ $(K\geqslant 0)$. 假设 u 是测地球 $B(x_0,R)\subset M$ 上的任何正调和函数, 则在 $B(x_0,R/2)$ 上, 成立

$$
\frac{|\nabla u|}{u}\leqslant \frac{c_n}{R}+c_n\sqrt{K}, \tag{4.6.4}
$$

其中 c_n 仅依赖于维数 n.

显然, 当 u 与时间无关时, 上述 Li-Yau(李伟光和丘成桐) 估计化为 Cheng-Yao(郑绍远和丘成桐) 估计.另一方面, 对于热方程依赖于时间的解, 熟知 Cheng-Yau型椭圆梯度估计一般不可能成立. 这可从 $\mathbf{R}^n$ 上热方程的基本解 $u(x,t)=\mathrm{e}^{-|x|^2/4t}/(4\pi t)^{n/2}$ 这个简单例子看出. 抛物 Harnack不等式也表现出同样的现象:在时空一给定点处的温度不超过以后时刻的温度.

但是, R.Hamilton 证明了下述与有界解的椭圆型估计有关的定理.

定理(Hamilton [Ha5]) 设 M 是紧致无边流形, 满足 $\mathrm{Ricci}(M)\geqslant -k(k\geqslant 0)$. 设 u 是热方程的光滑正解, 且对所有 $(x,t)\in M\times(0,\infty)$, 成立 $u\leqslant M$, 则

$$\frac{|\nabla u|^2}{u^2} \leqslant \left(\frac{1}{t}+2k\right)\ln\frac{M}{u}. \tag{4.6.5}$$

证明参见定理 6.5.1, 其中证明了上述不等式在 Ricci流情形下的一种形式.

我们期待 Hamilton 估计有如 Cheng-Yau 和 Li-Yau 估计那样的非紧或局部形式是非常理想的.但是下面的注 4.6.1 中的例子表明, Hamilton估计的非紧形式即使在 $\mathbf{R}^n$ 中的情形也是错的.这种情形和容易得到非紧形式的 Cheng-Yau 及 Li-Yau 不等式形成鲜明对比.

然而, 我们在下面的定理 4.6.2 中证明: 对于非紧流形, 在插入一必要的对数修正项后, Cheng-Yau椭圆型估计实际上对热方程也成立. 这个对数修正项的幂次比 Hamilton定理中的稍大. 但是此估计对非紧流形成立, 且和 Cheng-Yau估计一样有局部形式. 这个结果似乎在预料之外, 因为即使对非紧流形, 它也能比较没有时间延迟的即时温度分布, 而不管边界行为 (参见注解 4.6.1). 在某些情形, 我们的估计甚至对任何正解 (不管有界还是无界) 都成立. 此结果即使对 $\mathbf{R}^n$ 或紧流形似乎也是新的.

下面是定理的表述.

定理 4.6.2 ([SZ]) 设 M 是维数 $n\geqslant 2$ 的 Riemann 流形, 满足

$$\mathrm{Ricci}(M)\geqslant -k, \quad k\geqslant 0.$$

设 u 是热方程在 $Q_{R,T}\equiv B(x_0,R)\times[t_0-T,t_0]\subset M\times(-\infty,\infty)$ 上的任何正解, 且在 $Q_{R,T}$ 上, $u\leqslant M$, 则存在只依赖于维数 n 的常数 c, 使得在 $Q_{R/2,T/2}$ 上, 成立

$$\frac{|\nabla u(x,t)|}{u(x,t)} \leqslant c\left(\frac{1}{R}+\frac{1}{T^{1/2}}+\sqrt{k}\right)\left(1+\ln\frac{M}{u(x,t)}\right). \tag{4.6.6}$$

此外, 若 M 有非负 Ricci 曲率, 且 u 是热方程在 $M\times(0,\infty)$ 上的任何正解, 则存在只依赖于维数 n 的常数 c_1, c_2, 成立使得对所有 $x\in M$ 和 $t>0$, 成立

$$\frac{|\nabla u(x,t)|}{u(x,t)} \leqslant c_1\frac{1}{t^{1/2}}\left(c_2+\ln\frac{u(x,2t)}{u(x,t)}\right). \tag{4.6.7}$$

定理的一个直接应用是下述与时间有关的 Liouville 定理. 它推广了丘成桐的著名的正调和函数的 Liouville 定理: 在具有非负 Ricci曲率

的非紧流形上的任何正调和函数是常数. 人们倾向于期望 Liouville定理对热方程的正古代解仍成立. 然而, 下面的简单例子表明, 这个期望不对. 对 $x \in \mathbf{R}$, 令 $u = \mathrm{e}^{x+t}$, 显然, u 是热方程在 $\mathbf{R}$ 上的正古代解, 且不为常数. 但是, 下面定理 4.6.3 表明, 在适当的增长条件下, Liouville 定理对热方程的正古代解依然成立. 此外, 由上面的例子知, 在空间方向的增长条件是精确的.

定理 4.6.3 ([SZ]) 设 M 为 Ricci 曲率非负的完备非紧流形, 则下面结论成立:

(i) 设 u 为热方程的正古代解, 即对某个 $T \geqslant 0$, 解定义在 $M \times (-\infty, T)$ 上. 假设在无穷远附近, $u(x,t) = \mathrm{e}^{o(d(x)+\sqrt{|t|})}$, 则 u 为常数.

(ii) 设 u 为热方程的古代解, 在无穷远附近, 满足

$$u(x,t) = o\big([d(x) + \sqrt{|t|}]\big),$$

则 u 为常数.

注意, 由例子 $u = x$ 知, 定理 4.6.3(ii) 中的增长条件在空间方向也是精确的.

注解 4.6.1 下面我们举例说明上述定理对非完备或非紧流形是精确的.这令人惊奇, 因为它表明紧致情形的 Hamilton估计对非紧或非完备流形通常是错的. 最近, 在 [Ko] 中, Hamilton的估计被推广到某些非紧流形上热方程的有界解.

对 $a > 0$, 考虑 $u = \mathrm{e}^{ax+a^2t}$. 显然, u 是热方程在 $Q = [1,3] \times [1,2] \subset \mathbf{R} \times (-\infty, \infty)$ 上的正解. 此外, $\nabla u(2,2)/u(2,2) = a$, 且 $M = \sup_Q u = \mathrm{e}^{3a+2a^2}$, 从而 $\ln(M/u(2,2)) = a$. 因此, 在 $(x,t) = (2,2)$ 处, 当 $R = T = 1$ 时, (4.6.6) 的左右两端分别为 a 和 $c(1+a)$. 显然, 当 a 充分大时, 它们等价.

证明定理 4.6.2 的总的想法是仿照 [LY] 中的思想, 即对 $|\nabla \ln u|^2$ 满足的方程应用极大值原理和截断函数, 其中 u 是热方程的正解.然而, 我们采用的量与 [LY] 中的有显著差别. 我们用的是 $|\nabla \ln(M - \ln u)|^2$, 其中 M 是 u 的上界.这个量也与 [Ha5] 中用的量 $|\nabla u|^2/u$ 非常不同. 事实上, 按常规地局部化 Hamilton 的方法在这里不起作用.因为正如早先指出的一样, 这会导致错误的非紧情形下的结果.

定理 4.6.2 的证明 假设 u 是定理表述中的热方程在抛物方体 $Q_{R,T}=B(x_0,R)\times[t_0-T,t_0]$ 上的解. 显然, 定理 4.6.2 中的梯度估计在伸缩变换 $u\to u/M$ 下不变. 因此, 我们可假定 $0<u\leqslant 1$.

记

$$f=\ln u,\quad w\equiv|\nabla\ln(1-f)|^2=\frac{|\nabla f|^2}{(1-f)^2}. \tag{4.6.8}$$

由于 u 是热方程的解, 简单的计算表明

$$\Delta f+|\nabla f|^2-f_t=0. \tag{4.6.9}$$

我们将推导 w 所满足的方程. 首先注意到,

$$\begin{aligned}w_t&=\frac{2\nabla f(\nabla f)_t}{(1-f)^2}+\frac{2|\nabla f|^2f_t}{(1-f)^3}\\&=\frac{2\nabla f\nabla(\Delta f+|\nabla f|^2)}{(1-f)^2}+\frac{2|\nabla f|^2(\Delta f+|\nabla f|^2)}{(1-f)^3}.\end{aligned}$$

在局部法坐标系下, 这可写为

$$w_t=\frac{2f_jf_{iij}+4f_if_jf_{ij}}{(1-f)^2}+2\frac{f_i^2f_{jj}+|\nabla f|^4}{(1-f)^3}. \tag{4.6.10}$$

这里及此后, 我们采用约定 $u_i^2=|\nabla u|^2$, $u_{ii}=\Delta u$.

又

$$\nabla w=\Big[\frac{f_i^2}{(1-f)^2}\Big]_j=\frac{2f_if_{ij}}{(1-f)^2}+2\frac{f_i^2f_j}{(1-f)^3}, \tag{4.6.11}$$

由此推出

$$\begin{aligned}\Delta w&=\Big[\frac{f_i^2}{(1-f)^2}\Big]_{jj}\\&=\frac{2f_{ij}^2}{(1-f)^2}+\frac{2f_if_{ijj}}{(1-f)^2}+\frac{4f_if_{ij}f_j}{(1-f)^3}\\&\quad+\frac{4f_if_{ij}f_j}{(1-f)^3}+2\frac{f_i^2f_{jj}}{(1-f)^3}+6\frac{f_i^2f_j^2}{(1-f)^4}.\end{aligned} \tag{4.6.12}$$

根据 (4.6.12) 和 (4.6.10), 有

$$\Delta w-w_t=\frac{2f_{ij}^2}{(1-f)^2}+2\frac{f_if_{ijj}-f_jf_{iij}}{(1-f)^2}$$

$$+6\frac{|\nabla f|^4}{(1-f)^4}+8\frac{f_if_{ij}f_j}{(1-f)^3}+2\frac{f_i^2f_{jj}}{(1-f)^3}$$
$$-4\frac{f_if_{ij}f_j}{(1-f)^2}-2\frac{f_i^2f_{jj}}{(1-f)^3}-2\frac{|\nabla f|^4}{(1-f)^3}.$$

上面等式右端中的第 5 项和第 7 项相互抵消. 此外, 由 Bochner 恒等式, 得

$$f_if_{ijj}-f_jf_{iij}=f_j(f_{jii}-f_{iij})=R_{ij}f_if_j\geqslant -k|\nabla f|^2,$$

其中 R_{ij} 是 Ricci 曲率. 因此,

$$\begin{aligned}\Delta w-w_t\geqslant&\frac{2f_{ij}^2}{(1-f)^2}+6\frac{|\nabla f|^4}{(1-f)^4}+8\frac{f_if_{ij}f_j}{(1-f)^3}\\&-4\frac{f_if_{ij}f_j}{(1-f)^2}-2\frac{|\nabla f|^4}{(1-f)^3}-\frac{2k|\nabla f|^2}{(1-f)^2}.\end{aligned}\tag{4.6.13}$$

而由 (4.6.11), 知

$$\nabla f\nabla w=\frac{2f_if_{ij}f_j}{(1-f)^2}+2\frac{f_i^2f_j^2}{(1-f)^3},$$

因此,

$$0=4\frac{f_if_{ij}f_j}{(1-f)^2}-2\nabla f\nabla w+4\frac{|\nabla f|^4}{(1-f)^3},\tag{4.6.14}$$

$$0=-4\frac{f_if_{ij}f_j}{(1-f)^3}+\left[2\nabla f\nabla w-4\frac{|\nabla f|^4}{(1-f)^3}\right]\frac{1}{1-f}.\tag{4.6.15}$$

将 (4.6.13), (4.6.14) 和 (4.6.15) 相加, 得

$$\begin{aligned}\Delta w-w_t\geqslant&\frac{2f_{ij}^2}{(1-f)^2}+2\frac{|\nabla f|^4}{(1-f)^4}+4\frac{f_if_{ij}f_j}{(1-f)^3}\\&+\frac{2}{1-f}\nabla f\nabla w-2\nabla f\nabla w+2\frac{|\nabla f|^4}{(1-f)^3}-\frac{2k|\nabla f|^2}{(1-f)^2}.\end{aligned}$$

由于

$$\frac{2f_{ij}^2}{(1-f)^2}+2\frac{|\nabla f|^4}{(1-f)^4}+4\frac{f_if_{ij}f_j}{(1-f)^3}\geqslant 0,$$

因此, 我们有

$$\Delta w-w_t\geqslant\frac{2f}{1-f}\nabla f\nabla w+2\frac{|\nabla f|^4}{(1-f)^3}-\frac{2k|\nabla f|^2}{(1-f)^2}.$$

再由 $f \leqslant 0$, 知

$$\Delta w - w_t \geqslant \frac{2f}{1-f}\nabla f \nabla w + 2(1-f)\frac{|\nabla f|^4}{(1-f)^4} - \frac{2k|\nabla f|^2}{(1-f)^2},$$

即

$$\Delta w - w_t \geqslant \frac{2f}{1-f}\nabla f \nabla w + 2(1-f)w^2 - 2kw. \tag{4.6.16}$$

由此用熟知的 Li-Yau 截断函数来导出所要的界.我们提请读者注意, 由于一阶项不同, 因此计算与 [LY] 中不一样.

令 $\psi = \psi(x,t)$ 为支于 $Q_{R,T}$ 上的光滑截断函数, 满足

(i) $\psi = \psi(d(x,x_0),t) \equiv \psi(r,t), 0 \leqslant \psi \leqslant 1$; 在 $Q_{R/2,T/4}$ 上, $\psi(x,t) = 1$;

(ii) ψ 是空间变量的径向减函数;

(iii) 当 $0 < a < 1$ 时, $\dfrac{|\partial_r \psi|}{\psi^a} \leqslant \dfrac{C_a}{R}, \dfrac{|\partial_r^2 \psi|}{\psi^a} \leqslant \dfrac{C_a}{R^2}$;

(iv) $\dfrac{|\partial_t \psi|}{\psi^{1/2}} \leqslant \dfrac{C}{T}$.

则由 (4.6.16), 通过直接计算得

$$\begin{aligned}
&\Delta(\psi w) + b \cdot \nabla(\psi w) - 2\frac{\nabla \psi}{\psi} \cdot \nabla(\psi w) - (\psi w)_t \\
&\geqslant 2\psi(1-f)w^2 + (b \cdot \nabla \psi)w - 2\frac{|\nabla \psi|^2}{\psi}w \\
&\quad +(\Delta \psi)w - \psi_t w - 2kw\psi,
\end{aligned} \tag{4.6.17}$$

其中

$$b = -\frac{2f}{1-f}\nabla f.$$

假设 ψw 的最大值在 (x_1,t_1) 处达到, 根据 [LY], 我们可不失一般性地假设 x_1 不在 x_0 的割迹上, 则在该点 x_1 处有

$$\Delta(\psi w) \leqslant 0, \quad (\psi w)_t \geqslant 0, \quad \nabla(\psi w) = 0,$$

因此,

$$2\psi(1-f)w^2(x_1,t_1) \leqslant -\Big[(b \cdot \nabla \psi)w - 2\frac{|\nabla \psi|^2}{\psi}w + (\Delta \psi)w - \psi_t w + 2kw\psi \Big](x_1,t_1). \tag{4.6.18}$$

我们需要找出 (4.6.18) 右端每一项的上界. 首先有,

$$
\begin{aligned}
|(b\cdot\nabla\psi)w| &\leqslant \frac{2|f|}{1-f}|\nabla f|w|\nabla\psi| \leqslant 2w^{3/2}|f|\ |\nabla\psi| \\
&= 2[\psi(1-f)w^2]^{3/4}\ \frac{|f||\nabla\psi|}{[\psi(1-f)]^{3/4}} \\
&\leqslant \psi(1-f)w^2 + c\frac{(f|\nabla\psi|)^4}{[\psi(1-f)]^3}.
\end{aligned}
$$

由此得

$$
|(b\cdot\nabla\psi)w| \leqslant (1-f)\psi w^2 + c\frac{f^4}{R^4(1-f)^3}. \tag{4.6.19}
$$

对 (4.6.18) 右端的第二项, 处理如下:

$$
\begin{aligned}
&\frac{|\nabla\psi|^2}{\psi}w = \psi^{1/2}w\frac{|\nabla\psi|^2}{\psi^{3/2}} \\
&\qquad\leqslant \frac{1}{8}\psi w^2 + c\Big(\frac{|\nabla\psi|^2}{\psi^{3/2}}\Big)^2 \leqslant \frac{1}{8}\psi w^2 + c\frac{1}{R^4}.
\end{aligned} \tag{4.6.20}
$$

进而, 由 ψ 的性质和关于 Ricci 曲率的假设, 有

$$
\begin{aligned}
-(\Delta\psi)w &= -\Big(\partial_r^2\psi + (n-1)\frac{\partial_r\psi}{r} + \partial_r\psi\partial_r\ln\sqrt{g}\Big)w \\
&\leqslant \Big(|\partial_r^2\psi| + 2(n-1)\frac{|\partial_r\psi|}{R} + \sqrt{k}|\partial_r\psi|\Big)w \\
&\leqslant \psi^{1/2}w\frac{|\partial_r^2\psi|}{\psi^{1/2}} + \psi^{1/2}w2(n-1)\frac{|\partial_r\psi|}{R\psi^{1/2}} + \psi^{1/2}w\frac{\sqrt{k}|\partial_r\psi|}{\psi^{1/2}} \\
&\leqslant \frac{1}{8}\psi w^2 + c\Big[\Big(\frac{|\partial_r^2\psi|}{\psi^{1/2}}\Big)^2 + \Big(\frac{|\partial_r\psi|}{R\psi^{1/2}}\Big)^2 + \Big(\frac{\sqrt{k}|\partial_r\psi|}{\psi^{1/2}}\Big)^2\Big].
\end{aligned}
$$

因此,

$$
-(\Delta\psi)w \leqslant \frac{1}{8}\psi w^2 + c\frac{1}{R^4} + ck\frac{1}{R^2}. \tag{4.6.21}
$$

接下来估计第三项, 如下:

$$
\begin{aligned}
|\psi_t|\ w &= \psi^{1/2}w\frac{|\psi_t|}{\psi^{1/2}} \\
&\leqslant \frac{1}{8}\Big(\psi^{1/2}w\Big)^2 + c\Big(\frac{|\psi_t|}{\psi^{1/2}}\Big)^2.
\end{aligned}
$$

这表明

$$|\psi_t|w \leqslant \frac{1}{8}\psi w^2 + c\frac{1}{T^2}. \tag{4.6.22}$$

最后, 对最后一项, 我们有

$$2kw\psi \leqslant \frac{1}{8}\psi w^2 + ck^2. \tag{4.6.23}$$

将 (4.6.19)–(4.6.23) 代入 (4.6.18) 的右端, 得

$$2(1-f)\psi w^2 \leqslant (1-f)\psi w^2 + c\frac{f^4}{R^4(1-f)^3} + \frac{1}{2}\psi w^2 + \frac{c}{R^4} + \frac{c}{T^2} + \frac{ck}{R^2} + ck^2.$$

由于 $f \leqslant 0$, 故上式蕴涵

$$\psi w^2(x_1,t_1) \leqslant c\frac{f^4}{R^4(1-f)^4} + \frac{1}{2}\psi w^2(x_1,t_1) + \frac{c}{R^4} + \frac{c}{T^2} + ck^2.$$

由于 $\frac{f^4}{(1-f)^4} \leqslant 1$, 上式表明, 对所有 $Q_{R,T}$ 中的 (x,t), 有

$$\begin{aligned}\psi^2(x,t)w^2(x,t) &\leqslant \psi^2(x_1,t_1)w^2(x_1,t_1)\\ &\leqslant \psi(x_1,t_1)w^2(x_1,t_1)\\ &\leqslant \frac{c}{R^4} + \frac{c}{T^2} + ck^2.\end{aligned}$$

注意到, 在 $Q_{R/2,T/4}$ 上, $\psi(x,t)=1$, 且 $w=|\nabla f|^2/(1-f)^2$.我们最终得到

$$\frac{|\nabla f(x,t)|}{1-f(x,t)} \leqslant \frac{c}{R} + \frac{c}{\sqrt{T}} + c\sqrt{k}.$$

由于 $f=\ln(u/M)$ 且 M 放缩为 1, 因此完成了定理中 (4.6.6) 的证明.

为证明 (4.6.7), 我们将 (4.6.6) 用于方体 $Q_{\sqrt{t},t/2} = B(x,\sqrt{t}) \times [t/2,t]$ 上, 根据 Li-Yau 不等式知

$$M = \sup_{Q_{\sqrt{t},t/2}} u \leqslant cu(x,2t).$$

从而, 不等式 (4.6.7) 可从第一个不等式 (4.6.6) 推出. □

定理 4.6.3 的证明容易从定理 4.6.2 得到.

习题 4.6.1　证明定理 4.6.3.

第五章 Ricci 流的基本知识

§5.1 解的局部存在性, 唯一性及基本恒等式

本节我们介绍 Hamilton 的 Ricci 流概念及其重要性质.由于主题庞大, 我们只能不给证明地触及基本的要点.有兴趣的读者可参考原始论文 [Ha1] 及书 [CK], [CLN] 和 [Cetc] 以获取更多的细节.

我们从介绍定义和记号开始, 它们将用于本章及以后的章节中.除非另有说明, 一般地, M 表示完备紧 (或非紧)Riemann 流形; g(或 g_{ij}), R_{ij} (或 Ric) 分别是度量和 Ricci 曲率; ∇, Δ 分别是相应的梯度和 Laplace-Beltrami 算子;带或不带指标的 c, C 代表一般的正常数, 它们在不同式子之间的值可能不一样; 如果度量 $g(t)$ 随时间演变, 则 $d(x,y,t)$ 或 $d(x,y,g(t))$ 将代表相应的距离函数; $dg(x,t)$, 或 $dg(t)$, 或 $d\mu(g(t))$ 代表 $g(t)$ 的体积元; 我们将用 $B(x,r,t)$或 $B(x,r,g(t))$ 表示在度量 $g(t)$ 下, 以 x 为心, 半径为 r的测地球; $|B(x,r,t)|_s$ 表示按度量 $g(s)$ 计算的 $B(x,r,t)$的体积. 我们仍用 ∇, Δ 分别表示 $g(t)$ 的梯度和 Laplace-Beltrami 算子, 在不会有混淆时不指明时间 t.

定义 5.1.1 设 M 是 Riemann 流形, $g(t)=g_{ij}(t)$ 是区间 $[T_0,T)\subset\mathbf{R}$ 上的一族与时间 t 有关的度量. 令 R_{ij} 为相应的 Ricci 曲率, 如果

$$\frac{\partial g_{ij}}{\partial t}=-2R_{ij}, \tag{5.1.1}$$

则称 $(M,g_{ij}(t))$ 是 Ricci**流**.

这个由 Richard Hamilton 于 1982 年引进的方程组是退化的拟线性二阶抛物方程组. Hamilton 对于 3 维紧流形证明了, 如果初始度量的 Ricci 曲率为正, 则 Ricci 流在有限时间内以一致方式产生奇点, 通过仔细研究奇点的形成, 他证明了具有正 Ricci 曲率的 3 维紧流形微分同胚于标准 3 维球.

我们以讨论Einstein 流形上的 Ricci 流这个简单例子作为准备. 通

常, Ricci 流太复杂, 以致仅有很少以 Ricci 孤立子形式出现的例子 (参见定义 5.4.2).

设 M 是配备一族度量的 Riemann 流形. 这族度量满足

$$R_{ij}(x,0) = \lambda g_{ij}(x,0),$$
$$g_{ij}(x,t) = \rho^2(t) g_{ij}(x,0).$$

这里, λ 是常数, $\rho > 0$ 是由 Ricci 流确定的函数. 由于 Ricci 曲率张量 R_{ij} (相对于局部基 $dx^i \otimes dx^j$ 的系数)在伸缩变换下不改变, 我们有

$$R_{ij}(x,t) = R_{ij}(x,0) = \lambda g_{ij}(x,0).$$

因此, Ricci 流方程化为

$$\frac{\partial \rho^2(t) g_{ij}(x,0)}{\partial t} = -2\lambda g_{ij}(x,0),$$

其解为

$$\rho^2 = 1 - 2\lambda t.$$

从而, 演变的度量由显式公式

$$g_{ij}(x,t) = (1-2\lambda t) g_{ij}(x,0)$$

给出.

如果 $\lambda > 0$, 则初始度量的 Ricci 曲率为正, Ricci 流在 $t = 1/(2\lambda)$ 时出现奇性. 而当 $\lambda < 0$ 时, Ricci 流在全部时间内都存在.

Ricci 流是度量 g_{ij} 的二阶弱抛物方程组. 最初, Hamilton[Ha1] 借助于 Nash-Moser 隐函数定理对紧流形上的 Ricci 流证明了局部存在性和唯一性. 然后, De Turck 给出了一个简单得多的证明. De Turck 通过用一族与时间有关的微分同胚将 Ricci 流转化为严格抛物方程组.而通常的严格抛物方程组理论蕴涵转化后的方程组和原来的 Ricci流的存在性和唯一性. 在非紧情形, 施皖雄 [Shi] 证明了曲率算子有界的流形上的 Ricci 流的局部存在性. 陈兵龙和朱熹平 [ChZ2] 在相同条件下证明了唯一性. 田刚和吕鹏 [LT] 各自独立地证明了 $\mathbf{R}^3$ 上径向对称度量的非紧 Ricci 流的唯一性, 即 Ricci流标准解的唯一性. 我们将这些结果总结为下面三个定理.

定理 5.1.1 (R. Hamilton [Ha1]) 设 $(M, g^0_{ij}(x))$ 是紧 Riemann 流形, 则存在常数 $T>0$, 使得 Ricci 流的初值问题

$$\begin{cases}\partial_t g_{ij}(x,t) = -2R_{ij}(x,t),\\ g_{ij}(x,0) = g^0_{ij}(x)\end{cases} \tag{5.1.2}$$

在 $M\times[0,T)$ 上有唯一光滑解 $g_{ij}(x,t)$.

证明 我们将证明分成三步.

第一步 构造修改后的 Ricci 流对应的严格抛物方程组.

仿照 De Turck, 考虑抛物方程组, 它在与时间无关的局部法坐标系 $\{x^1,\cdots,x^n\}$下可写成

$$\begin{cases}\partial_t g_{ij}(x,t) = -2R_{ij}(x,t) + [L_{V(t)}g]_{ij}(x,t),\\ g_{ij}(x,0) = g^0_{ij}(x).\end{cases} \tag{5.1.3}$$

上述方程组中各项的定义如下:

(i) $L_{V(t)}g$ 是 $g=g(t)=g_{ij}(\cdot,t)$ 关于下列向量场的 Lie 导数:

$$V=V(t)=V^k(x,t)\partial_k,\quad \partial_k=\partial/\partial x^k,\quad V^k=g^{pq}(\Gamma^k_{pq}-\Gamma^k_{pq}(0)). \tag{5.1.4}$$

(ii) R_{ij} 和 Γ^k_{pq} 分别是 $g=g(t)$ 的 Ricci 曲率和 Christoffel 符号.

(iii) $\Gamma^k_{pq}(0)$ 是初始度量 g^0 的 Christoffel 符号.

往证 (5.1.3) 是度量的严格抛物方程组.

利用命题 3.1.3 知, 对向量场 X 和 Y, 成立

$$\partial_t g(t)(X,Y) = -2Ric_{g(t)}(X,Y) + g(t)(\nabla_X V(t), Y) + g(t)(X, \nabla_Y V(t)).$$

因此, 在局部坐标系下, 有

$$\partial_t g_{ij} = -2R_{ij} + \nabla_i V_j + \nabla_j V_i. \tag{5.1.5}$$

这里, $\nabla_i V_j$ 代表 V 关于 g 的对偶 1- 形式的协变导数的第 j 个分量, 即 $\nabla_{\partial/\partial x^i}V^*$ 的第 j 个分量, 其中 $V^*=V_i dx^i$, $V_i=g_{ik}V^k$.

(5.1.5) 右端的主项是那些含度量 g 的二阶导数的项, 在局部坐标系下, 利用下面的局部公式将它们写出来:

$$R_{ij} = \partial_k\Gamma^k_{ij} - \partial_i\Gamma^k_{kj} + \Gamma^k_{kp}\Gamma^p_{ij} - \Gamma^k_{ip}\Gamma^p_{kj}.$$

由 (3.1.3),

$$\Gamma_{jk}^{i}=\frac{1}{2}g^{il}(\partial_j g_{kl}+\partial_k g_{lj}-\partial_l g_{jk}),$$

从而,

$$\begin{aligned}R_{ij}&=-\frac{1}{2}\partial_i(g^{kl}\partial_j g_{kl})+\frac{1}{2}\partial_k\Big[g^{kl}(\partial_i g_{jl}+\partial_j g_{il}-\partial_l g_{ij})\Big]+\text{低阶项}\\&=-\frac{1}{2}g^{kl}\Big(\partial_i\partial_j g_{kl}-\partial_k\partial_i g_{jl}-\partial_k\partial_j g_{il}+\partial_k\partial_l g_{ij}\Big)+\text{低阶项}.\end{aligned}\tag{5.1.6}$$

此处及以后证明中的低阶项是那些至多包含 g的一阶导数的项.

利用 (5.1.4) 知,

$$\nabla_j V_i=g_{ik}g^{pq}\partial_j\Gamma_{pq}^{k}+\text{低阶项},$$

从而,

$$\begin{aligned}\nabla_j V_i&=\frac{1}{2}g_{ik}g^{pq}\partial_j\Big[g^{kl}(\partial_q g_{pl}+\partial_p g_{ql}-\partial_l g_{pq})\Big]+\text{低阶项}\\&=\frac{1}{2}g^{pq}(\partial_j\partial_q g_{pi}+\partial_j\partial_p g_{qi}-\partial_j\partial_i g_{pq})+\text{低阶项}.\end{aligned}$$

将指标 p,q 改为 k,l, 并将 i,j 互换, 得

$$\begin{aligned}\nabla_i V_j+\nabla_j V_i=&\frac{1}{2}g^{kl}(\partial_j\partial_l g_{ki}+\partial_j\partial_k g_{li}-\partial_j\partial_i g_{kl})\\&+\frac{1}{2}g^{kl}(\partial_i\partial_l g_{kj}+\partial_i\partial_k g_{lj}-\partial_i\partial_j g_{kl})+\text{低阶项}.\end{aligned}$$

结合 (5.1.6) , 得

$$-2R_{ij}+\nabla_i V_j+\nabla_j V_i=g^{kl}\partial_k\partial_l g_{ij}+\text{低阶项}.$$

因此, (5.1.5) 可写为

$$\partial_t g_{ij}=g^{kl}\partial_k\partial_l g_{ij}+\text{低阶项}=\Delta g_{ij}+\text{低阶项},\tag{5.1.7}$$

从而, (5.1.3) 是半线性严格抛物方程组. 标准的抛物方程理论表明, (5.1.3) 至少在短时间内有光滑解.

第二步　证明修改后的方程组的解通过一族微分同胚产生最初的 Ricci流的解.

令 $g=g(t)$ 为 (5.1.3) 的光滑解, 用方程

$$\frac{d\phi_t}{dt}=\hat{V}(\phi_t,t)\equiv(\phi_{t*}V)(\phi_t,t),\quad \phi_0=I \tag{5.1.8}$$

定义一族微分同胚 ϕ_t, 其中 V 是 (5.1.4) 中定义的向量场. 注意, 对 M 上的光滑函数 f以及点 $p\in M$, 有

$$\hat{V}(\phi_t(p),t)(f)=(\phi_{t*}V)(\phi_t(p),t)(f)=V(p,t)(f\circ\phi_t).$$

我们证明度量

$$\hat{g}(t)\equiv(\phi_t^*)^{-1}(g(t)) \tag{5.1.9}$$

是最初的 Ricci 流方程的解. 由于 $g(t)=\phi_t^*\hat{g}(t)$, 计算得

$$\begin{aligned}\partial_t g(t)&=\phi_t^*\partial_t\hat{g}(t)+\partial_t[\phi_t^*\hat{g}(l)]\big|_{l=t}\\&=\phi_t^*\partial_t\hat{g}(t)+\phi_t^*(L_{\hat{V}(t)}\hat{g}(t))\quad(\text{命题}3.1.4(\text{ii}))\\&=\phi_t^*\partial_t\hat{g}(t)+L_{(\phi_{t*})^{-1}\hat{V}(t)}\phi_t^*(\hat{g}(t))\quad(\text{注解}3.1.8)\\&=\phi_t^*\partial_t\hat{g}(t)+L_{V(t)}(g(t)).\end{aligned} \tag{5.1.10}$$

另一方面, 由 (5.1.3), 得

$$\partial_t g(t)=-2Ric_{g(t)}+L_{V(t)}g(t)=-2\phi_t^*(Ric_{\hat{g}(t)})+L_{V(t)}g(t).$$

因此,

$$\partial_t\hat{g}(t)=-2Ric_{\hat{g}(t)}.$$

这就证明了最初的 Ricci 流 (5.1.2) 的短时间存在性.

第三步 证明唯一性.

首先, 注意到上述过程可逆. 即若 $\hat{g}=\hat{g}(t)$ 是 (5.1.2) 的解, 则可由 (5.1.8) 构造一族微分同胚 ϕ_t, 使得 $g(t)\equiv\phi_t^*\hat{g}(t)$ 是 (5.1.3) 的解.

为证明这个断言, 我们只需要说明在度量 $g(t)$ 下, (5.1.8) 存在短时间的光滑解. 这可在局部坐标系下方便地做到. 令 $x=\{x^1,\cdots,x^n\}$ 是第一步中给出的与时间无关的法坐标系, 假设 ϕ_t(目前未知) 由

$$\phi_t(x)=(y^1(x,t),\cdots,y^n(x,t))$$

给出. 令 $\hat{\Gamma}_{jl}^k$ 为已给的 $\hat{g}(t)$ 的 Christoffel符号, 则由常规的计算, $g(t) = \phi_t^*\hat{g}(t)$ 的 Christoffel 符号 Γ_{jl}^k 为

$$\Gamma_{jl}^k = \frac{\partial y^\alpha}{\partial x^j}\frac{\partial y^\beta}{\partial x^l}\frac{\partial x^k}{\partial y^\gamma}\hat{\Gamma}_{\alpha\beta}^\gamma + \frac{\partial x^k}{\partial y^\alpha}\frac{\partial^2 y^\alpha}{\partial x^j \partial x^l}.$$

将其代入 (5.1.4), 得

$$V = V^k\frac{\partial}{\partial x^k} = g^{jl}\Big(\frac{\partial y^\alpha}{\partial x^j}\frac{\partial y^\beta}{\partial x^l}\frac{\partial x^k}{\partial y^\gamma}\hat{\Gamma}_{\alpha\beta}^\gamma + \frac{\partial x^k}{\partial y^\alpha}\frac{\partial^2 y^\alpha}{\partial x^j \partial x^l} - \Gamma_{jl}^k(0)\Big)\frac{\partial}{\partial x^k}.$$

由于对任何光滑函数 f, $(\phi_{t*}V)(f) = V(f\circ\phi_t)$.因此,

$$\begin{aligned}(\phi_{t*}V)(f) &= V^k\frac{\partial(f\circ\phi_t)}{\partial x^k} = V^k\frac{\partial f}{\partial y^\eta}\frac{\partial y^\eta}{\partial x^k}\\ &= g^{jl}\Big(\frac{\partial y^\alpha}{\partial x^j}\frac{\partial y^\beta}{\partial x^l}\frac{\partial x^k}{\partial y^\gamma}\hat{\Gamma}_{\alpha\beta}^\gamma + \frac{\partial x^k}{\partial y^\alpha}\frac{\partial^2 y^\alpha}{\partial x^j \partial x^l} - \Gamma_{jl}^k(0)\Big)\frac{\partial f}{\partial y^\eta}\frac{\partial y^\eta}{\partial x^k}\\ &= g^{jl}\Big(\frac{\partial y^\alpha}{\partial x^j}\frac{\partial y^\beta}{\partial x^l}\hat{\Gamma}_{\alpha\beta}^\eta + \frac{\partial^2 y^\eta}{\partial x^j \partial x^l} - \Gamma_{jl}^k(0)\frac{\partial y^\eta}{\partial x^k}\Big)\frac{\partial f}{\partial y^\eta}.\end{aligned}$$

由此, (5.1.8) 可写为

$$\begin{cases}\partial_t y^\eta = g^{jl}\Big(\dfrac{\partial^2 y^\eta}{\partial x^j \partial x^l} + \hat{\Gamma}_{\gamma\beta}^\eta\dfrac{\partial y^\beta}{\partial x^j}\dfrac{\partial y^\gamma}{\partial x^l} - \Gamma_{jl}^k(0)\dfrac{\partial y^\eta}{\partial x^k}\Big),\\ y^\eta(x,0) = x^\eta.\end{cases}$$

注意, 这里 $g_{jl} = \hat{g}_{\alpha\beta}\frac{\partial y^\alpha}{\partial x^j}\frac{\partial y^\beta}{\partial x^l}$, 且 $(g^{jl}) = (g_{jl})^{-1}$. 因此, (5.1.8) 是拟线性严格抛物方程组, 有唯一的短时间光滑解. 从 (5.1.10) 倒推知, $g(t) = (\phi_t)^*\hat{g}(t)$ 是修改后的 Ricci 流 (5.1.3) 的解.

假设 $\hat{g}^{(1)}(t)$ 和 $\hat{g}^{(2)}(t)$ 是最初的 Ricci 流 (5.1.2) 的两个解. 令 $\phi_t^{(1)}$ 和 $\phi_t^{(2)}$分别为对应于 $\hat{g}^{(1)}(t)$ 和 $\hat{g}^{(2)}(t)$ 的 (5.1.8)的两个解, 则度量 $g^{(1)}(t) = (\phi_t^{(1)})^*\hat{g}^{(1)}(t)$ 和 $g^{(2)}(t) = (\phi_t^{(2)})^*\hat{g}^{(2)}(t)$ 是修改后的 Ricci 流 (5.1.3) 的两个解, 它们有共同的初值 g^0, 由于方程 (5.1.3) 是严格抛物的, 具有同一初值的解只有一个. 因此, $g^{(1)}(t) = g^{(2)}(t)$, 这连同 (5.1.8) 蕴涵 $\hat{g}^{(1)}(t) = \hat{g}^{(2)}(t)$.

□

上面定理 5.1.1 中的度量 g_{ij}^0 称为初始度量, 有时需要适当伸缩度量, 使其成为规范度量. 下面我们就来定义规范度量.

定义 5.1.2 (规范度量和规范流形) Riemann 流形上的度量称为**规范度量**, 如果 $|Rm| \leqslant 1$处处成立且每个单位球的体积至少是欧氏单位球体积的一半. 配备规范化度量的 Riemann 流形称为**规范流形**.

显然, 总可用一个较大的数乘以紧流形上的度量, 使得配备放大了的度量的流形是一规范流形.

下面两个定理将上面的 Ricci流的存在性和唯一性的结果推广到某些非紧流形上.

定理 5.1.2 (施皖雄 [Shi]) 设 $(M, g_{ij}(x))$ 为曲率张量有界的完备非紧 Riemann流形, 则存在常数 $T > 0$, 使得 Ricci 流的初值问题

$$\begin{cases} \partial_t g_{ij}(x,t) = -2R_{ij}(x,t), \\ g_{ij}(x,0) = g_{ij}(x), \end{cases}$$

在 $M \times [0, T)$ 上有曲率张量一致有界的光滑解.

定理 5.1.3 (陈兵龙–朱熹平 [ChZ1]) 定理 5.1.2 中的解是唯一的.

由于一些技术性问题, 诸如控制曲率和单射半径等几何量在无穷远附近的性态, 这两个定理的证明非常长. 读者可参考原始论文以获知证明的基本细节.

在下一命题中, 我们将收集 R.Hamilton 所证明的一些公式, 这些公式描述了几何量沿 Ricci 流的演变.

命题 5.1.1 (几何量的演变: 数量曲率, 体积, 弧长, 联络, 曲率张量, Ricci 曲率, Laplace 算子) 设 $(M, g(t))$ 为 Ricci 流, 则下述结论为真:

(i) 令 $R(x,t)$ 为相对于 $g_{ij}(x,t)$ 的数量曲率, 则

$$\Delta R - \partial_t R + 2|Ric|^2 = 0. \tag{5.1.11}$$

(ii) 令 $d\mu(x,t)$ 为相对于 $g_{ij}(x,t)$ 的体积元, 则

$$\partial_t d\mu(x,t) = -R(x,t) d\mu(x,t). \tag{5.1.12}$$

(iii) 令 $x_0, x_1 \in M$, 且 $d(x_0, x_1, t)$ 为 x_0, x_1 在度量 $g(t)$ 下的距离. 假设距离 d 是 t 的光滑函数, 则

$$\frac{d}{dt}d(x_0,x_1,t) = -\inf\int_0^{d(x_0,x_1,t)} Ric(X(s),X(s))ds.$$

这里 "inf" 是对所有连接 x_0, x_1 的在度量 $g(t)$ 下以弧长为参数的最小测地线而取, 且 $X(s) = c'(s)$.

(iv) 设 Γ_{ij}^k 为 $g_{ij}(x,t)$ 在与时间无关的局部坐标 $\{x^1,\cdots,x^n\}$ 下的 Christoffel 符号, 则

$$\partial_t\Gamma_{ij}^k = -g^{kl}(\nabla_i R_{jl} + \nabla_j R_{il} - \nabla_l R_{ij}).$$

(v) 设 R_{ijkl} 为 $g_{ij}(t)$ 的曲率张量在与时间无关的局部坐标 $\{x^1,\cdots,x^n\}$ 下的分量, 则

$$\begin{aligned}\partial_t R_{ijkl} =& \Delta R_{ijkl} + 2(B_{ijkl} - B_{ijlk} - B_{iljk} + B_{ikjl})\\ &- g^{pq}(R_{pjkl}R_{qi} + R_{ipkl}R_{qj} + R_{ijpl}R_{qk} + R_{ijkp}R_{ql}).\end{aligned}$$

这里

$$B_{ijkl} = -g^{pr}g^{qs}R_{piqj}R_{rksl}, \tag{5.1.13}$$

R_{qi} 是 Ricci 曲率, 而 Δ 是关于 $g_{ij}(t)$ 的迹 Laplace 算子, 即

$$\Delta R_{ijkl} = g^{pq}\nabla_p\nabla_q R_{ijkl} \equiv g^{pq}\nabla_{p,q}^2 R_{ijkl}.$$

(vi) 设 R_{ij} 为 $g_{ij}(x,t)$ 在与时间无关的局部坐标 $\{x^1,\cdots,x^n\}$ 下的 Ricci 曲率, 则

$$\partial_t R_{ij} = \Delta R_{ij} + 2g^{pl}g^{qm}R_{pijq}R_{lm} - 2g^{pq}R_{pi}R_{qj}.$$

(vii) 对任何 M 上的光滑函数 $u = u(x)$, 有

$$\left(\frac{\partial\Delta_{g(t)}}{\partial t}\right)u = 2 < Ric, \mathrm{Hess}\, u > .$$

证明 在局部坐标系下, 所有这些公式都能从 Ricci 流方程直接但费力地推出.

(i) 可参见 (vi) 的证明.

(ii) 在与时间无关的局部法坐标系 $\{x^1,\cdots,x^n\}$ 中,

$$d\mu = \sqrt{g}dx^1\wedge\cdots\wedge dx^n \equiv \sqrt{\det(g_{ij}(t))}dx^1\wedge\cdots\wedge dx^n.$$

记 $G=(g_{ij}(t))$. 要证的公式可直接从

$$\frac{d}{dt}\det G=\det G\,\mathrm{trace}\left(G^{-1}\frac{d}{dt}G\right)$$

推出.

(iii) 只给出概要, 细节可在参考文献 [CK] 中找到. 令 $c=c(s)$为连接 x_0, x_1 的曲线, 参数为 $s\in[0,1]$. 微分弧长公式 $L(c)=\int_0^1\sqrt{g(c'(s),c'(s))}ds$, 再在所有这样的曲线中取极小.

(iv) 对固定的时间 t_0 和点 $p\in M$, 令 $\left\{\frac{\partial}{\partial x^i}\right\}$ 为在 $g(\cdot,t_0)$下的局部法坐标系 (参见定义 3.4.6). 对在 (p,t_0)的一小邻域中的 (x,t), $\Gamma_{ij}^k(x,t)$ 可写成如下形式:

$$\Gamma_{ij}^k(x,t)=\frac{1}{2}g^{kl}(x,t)(\partial_i g_{jl}+\partial_j g_{il}-\partial_l g_{ij})(x,t).$$

注意, 算子 $\partial_i=\frac{\partial}{\partial x^i}$ 等与时间无关.因此, 上式对时间求导得

$$\begin{aligned}\partial_t\Gamma_{ij}^k(x,t)=&\frac{1}{2}\partial_t g^{kl}(x,t)(\partial_i g_{jl}+\partial_j g_{il}-\partial_l g_{ij})(x,t)\\&+\frac{1}{2}g^{kl}(x,t)(\partial_i\partial_t g_{jl}+\partial_j\partial_t g_{il}-\partial_l\partial_t g_{ij})(x,t).\end{aligned}$$

由 Ricci 流方程, 上式化为

$$\begin{aligned}\partial_t\Gamma_{ij}^k(x,t)=&R^{kl}(x,t)(\partial_i g_{jl}+\partial_j g_{il}-\partial_l g_{ij})(x,t)\\&-g^{kl}(x,t)(\partial_i R_{jl}+\partial_j R_{il}-\partial_l R_{ij})(x,t).\end{aligned}$$

接下来取 $x=p$ 和 $t=t_0$. 在局部法坐标系的中心 p 处, $\partial_l g_{ij}$, Γ_{ij}^k 均为零 (参见定义 3.4.6 后的注解). 因此, 在 (p,t_0) 处, 由 3.1.13(iv) 中的公式, 知

$$\nabla_i R_{jl}=\partial_i R_{jl}-\Gamma_{ij}^k R_{kl}-\Gamma_{il}^k R_{jk}=\partial_i R_{jl}.$$

因此, 在 (p,t_0) 处,

$$\partial_t\Gamma_{ij}^k=-g^{kl}(\nabla_i R_{jl}+\nabla_j R_{il}-\nabla_l R_{ij}).$$

如 (iv) 所述, 结论成立.

(v) 我们再次假设下述所有计算都是在以固定点为中心的局部法坐标系下进行.在该固定点处, $\Gamma^i_{jk} = 0$. 因此, 对任何张量的偏导数, $\partial_i = \dfrac{\partial}{\partial x^i}$ 与协变导数 ∇_i 一样 (参见命题 3.1.1).

由于 (参见定义 3.2.2 后的第三个注解)

$$R^h_{ijk} = \partial_i \Gamma^h_{jk} - \partial_j \Gamma^h_{ik} + \Gamma^p_{jk}\Gamma^h_{ip} - \Gamma^p_{ik}\Gamma^h_{jp}.$$

因此,

$$\partial_t R^h_{ijk} = \partial_i \partial_t \Gamma^h_{jk} - \partial_j \partial_t \Gamma^h_{ik},$$

$$\begin{aligned}\partial_t R_{ijkl} = \partial_t (g_{hl} R^h_{ijk}) &= g_{hl}\partial_t R^h_{ijk} + \partial_t(g_{hl})R^h_{ijk} \\ &= g_{hl}(\partial_i \partial_t \Gamma^h_{jk} - \partial_j \partial_t \Gamma^h_{ik}) - 2R_{hl}R^h_{ijk}.\end{aligned}$$

根据 (iv), 上式化为

$$\begin{aligned}\partial_t R_{ijkl} =& g_{hl}\big[\partial_i\big(-g^{hm}(\nabla_j R_{km} + \nabla_k R_{jm} - \nabla_m R_{jk})\big) \\ &- \partial_j\big(-g^{hm}(\nabla_i R_{km} + \nabla_k R_{im} - \nabla_m R_{ik})\big)\big] - 2R_{hl}R^h_{ijk} \\ =& -\partial_i \nabla_j R_{kl} - \partial_i \nabla_k R_{jl} + \partial_i \nabla_l R_{jk} + \partial_j \nabla_i R_{kl} \\ &+ \partial_j \nabla_k R_{il} - \partial_j \nabla_l R_{ik} - 2R_{hl}R^h_{ijk} \\ \equiv& -R_{kl,ji} - R_{jl,ki} + R_{jk,li} + R_{kl,ij} + R_{il,kj} - R_{ik,lj} - 2R_{hl}R^h_{ijk}.\end{aligned}$$

这里, 为简化计算, 我们用记号 $R_{kl,ji}$ 来表示二阶协变导数 $\nabla_i\nabla_j R_{kl}$. 将上式最后一个等式右端的第一项和第四项合在一起, 并用命题 3.2.1 中的 Ricci恒等式, 得

$$\begin{aligned}\partial_t R_{ijkl} &= -R_{jl,ki} + R_{jk,li} + R_{il,kj} - R_{ik,lj} \\ &\quad + R^q_{ijk}R_{ql} + R^q_{ijl}R_{kq} - 2R_{hl}R^h_{ijk} \\ &= -R_{jl,ki} + R_{jk,li} + R_{il,kj} - R_{ik,lj} \\ &\quad + R_{ijkp}g^{pq}R_{ql} + R_{ijlp}g^{pq}R_{kq} - 2R_{ql}g^{qp}R_{ijkp}.\end{aligned}$$

由曲率张量 Rm 的反对称性, 上式化为

$$\begin{aligned}\partial_t R_{ijkl} =& -R_{jl,ki} + R_{jk,li} + R_{il,kj} - R_{ik,lj} \\ & -g^{pq}(R_{ijkp}R_{ql} + R_{ijpl}R_{kq}).\end{aligned} \tag{5.1.14}$$

下面计算 ΔR_{ijkl}. 根据命题 3.2.2 中的第二 Bianchi 恒等式, 得

$$\begin{aligned}\Delta R_{ijkl} &= g^{pq}\nabla_p\nabla_q R_{ijkl} = g^{pq}R_{ijkl,qp}\\ &= g^{pq}R_{qjkl,ip} - g^{pq}R_{qikl,jp}.\end{aligned}\tag{5.1.15}$$

下面交换右端的求导顺序. 实际上, 根据 Ricci 恒等式, 并利用 $g^{pq}R_{ipqm} = R_{im}$, 得

$$\begin{aligned}&g^{pq}R_{qjkl,ip}\\ &\quad= g^{pq}R_{qjkl,pi} + g^{pq}g^{mn}\Big(R_{ipqm}R_{njkl} + R_{ipjm}R_{qnkl}\\ &\qquad + R_{ipkm}R_{qjnl} + R_{iplm}R_{qjkn}\Big)\\ &\quad= g^{pq}R_{qjkl,pi} + g^{mn}R_{im}R_{njkl} + g^{pq}g^{mn}R_{ipmj}(R_{qkln} + R_{qlnk})\\ &\qquad (\text{第一 Bianchi 恒等式})\\ &\qquad + g^{pq}g^{mn}R_{ipkm}R_{qjnl} + g^{pq}g^{mn}R_{iplm}R_{qjkn}.\end{aligned}$$

因此,

$$g^{pq}R_{qjkl,ip} = g^{pq}R_{qjkl,pi} + g^{mn}R_{im}R_{njkl} - B_{ijkl} + B_{ijlk} - B_{ikjl} + B_{iljk}.$$

由第二 Bianchi 恒等式,

$$g^{pq}R_{qjkl,p} = g^{pq}R_{klqj,p} = -g^{pq}R_{lpqj,k} - g^{pq}R_{pkqj,l} = -R_{lj,k} + R_{kj,l}.$$

将上面两个等式合起来, 得

$$g^{pq}R_{qjkl,ip} = -R_{lj,ki} + R_{kj,li} + g^{mn}R_{im}R_{njkl} - B_{ijkl} + B_{ijlk} - B_{ikjl} + B_{iljk}.$$

互换上式中的 i 和 j, 又得

$$g^{pq}R_{qikl,jp} = -R_{li,kj} + R_{ki,lj} + g^{mn}R_{jm}R_{nikl} - B_{jikl} + B_{jilk} - B_{jkil} + B_{jlik},$$

利用对称性, 有

$$B_{ijkl} = B_{klij} = B_{jilk},$$

由 (5.1.15) 推得

$$\begin{aligned}\Delta R_{ijkl} &= g^{pq}R_{qjkl,ip} - g^{pq}R_{qikl,jp}\\ &= -R_{ki,lj} + R_{kj,li} - R_{lj,ki} + R_{li,kj}\\ &\quad - 2(B_{ijkl} - B_{ijlk} + B_{ikjl} - B_{iljk})\\ &\quad - g^{pq}R_{pikl}R_{jq} + g^{pq}R_{pjkl}R_{iq}.\end{aligned}$$

综合上式与 (5.1.14), 并注意到 (5.1.14) 式右端所有涉及二阶导数的项抵消掉, 便得曲率的演变公式.

(vi) 我们要推导 Ricci 张量 R_{ij} 的演变公式. 由 (v)开始部分的计算, 知

$$\begin{aligned}\partial_t R_{ij} &= \partial_t R^p_{pij} = (\partial_t\Gamma^p_{ij})_{,p} - (\partial_t\Gamma^p_{pj})_{,i}\\ &= -g^{pl}(R_{jl,ip}+R_{il,jp}-R_{ij,lp}) + g^{pl}(R_{jl,pi}+R_{pl,ji}-R_{pj,li})\\ &= \Delta R_{ij} - g^{pl}(R_{jl,ip}+R_{il,jp}) + R_{,ij}.\end{aligned} \tag{5.1.16}$$

这里, 我们仅仅用到 $g^{pl}(R_{jl,pi}-R_{pj,li})=0$. 再由 Ricci 恒等式, 知

$$\begin{aligned}g^{pl}R_{jl,ip} &= g^{pl}R_{jl,pi} + g^{pl}R^q_{ipj}R_{ql} + g^{pl}R^q_{ipl}R_{jq}\\ &= g^{pl}R_{jl,pi} + g^{pl}g^{qm}R_{ipjm}R_{ql} + g^{pl}g^{qm}R_{iplm}R_{jq}\\ &= g^{pl}R_{jl,pi} + g^{pl}g^{qm}R_{ipjm}R_{ql} + g^{pq}R_{ip}R_{jq}.\end{aligned}$$

互换上式中的 i 和 j, 得

$$g^{pl}R_{il,jp} = g^{pl}R_{il,pj} + g^{pl}g^{qm}R_{jpim}R_{ql} + g^{pq}R_{jp}R_{iq}.$$

综合上面两个等式, 并利用缩并两次后的 Bianchi 恒等式得

$$\begin{aligned}g^{pl}R_{jl,ip} + g^{pl}R_{il,jp} &= g^{pl}R_{jl,pi} + g^{pl}R_{il,pj}\\ &\quad +2g^{pl}g^{qm}R_{ipjm}R_{ql} + 2g^{pq}R_{ip}R_{jq}\\ &= R_{,ij} + 2g^{pl}g^{qm}R_{ipjm}R_{ql} + 2g^{pq}R_{ip}R_{jq}.\end{aligned} \tag{5.1.17}$$

这里利用了下面事实: $g^{pl}g^{qm}R_{ipjm}R_{ql} = g^{pl}g^{qm}R_{jpim}R_{ql}$, 它的证明可通过利用对称性 $R_{ipjm} = R_{jmip}$ 及重排指标得到. 将 (5.1.17) 代入 (5.1.16), 得

$$\partial_t R_{ij} = \Delta R_{ij} - 2g^{pl}g^{qm}R_{ipjq}R_{lm} - 2g^{pq}R_{ip}R_{jq}.$$

这就证明了 (vi).

(i) 中数量曲率的发展方程直接从 (vi) 得到. 实际上,

$$\begin{aligned}\partial_t R &= \partial_t(g^{jk}R_{jk}) = g^{jk}\partial_t R_{jk} + R_{jk}\partial_t g^{jk} = g^{jk}\partial_t R_{jk} + R_{jk}2R^{jk}\\ &= g^{jk}(\Delta R_{jk} + 2g^{pr}g^{qs}R_{pjkq}R_{rs} - 2g^{pq}R_{pj}R_{qk}) + 2|Ric|^2\\ &= \Delta R + 2|Ric|^2.\end{aligned}$$

这里最后一个等式是通过取 $g^{jk}=\delta^{jk}$ 而得.

(vii) 利用如 (vi) 中一样的局部坐标系, 根据 (3.3.5),

$$\Delta u=\partial_i\Big(g^{ij}\partial_j u\Big)+\frac{1}{\sqrt{g}}\partial_i\sqrt{g}g^{ij}\partial_j u.$$

这里 $g=g(t)$, 且 $\Delta=\Delta g(t)$. 对 t 微分, 得

$$\frac{d\Delta}{dt}u=\partial_i\Big(\partial_t g^{ij}\partial_j u\Big)+\partial_i\Big(\frac{\partial_t\sqrt{g}}{\sqrt{g}}\Big)g^{ij}\partial_j u+\frac{1}{\sqrt{g}}\partial_i\sqrt{g}\partial_t g^{ij}\partial_j u.$$

由于 $\partial_t g^{ij}=2R^{ij}$, 且由 (ii) 知, $\partial_t\sqrt{g}=-R\sqrt{g}$, 我们得

$$\frac{d\Delta}{dt}u=2\partial_i\Big(R^{ij}\partial_j u\Big)-\partial_i R g^{ij}\partial_j u+2\frac{1}{\sqrt{g}}\partial_i\sqrt{g}R^{ij}\partial_j u.$$

当 $t=t_0$ 时, 在法坐标系的中心 p 处, $g^{ij}=\delta^{ij}$ 且 $\partial_i\sqrt{g}=0$. 因此,

$$\frac{d\Delta}{dt}u=2\partial_i\Big(R^{ij}\partial_j u\Big)-\partial_i R\partial_i u=2R^{ij}\partial_i\partial_j u+2\partial_i R^{ij}\partial_j u-\partial_i R\partial_i u.$$

在 t_0 和 p 处, 由 Bianchi 恒等式的缩并形式 (命题 3.2.3), 得

$$2\partial_i R^{ij}=2\partial_i(g^{ik}g^{jl}R_{kl})=2g^{ik}g^{jl}\partial_i R_{kl}=2\partial_i R_{ij}=\partial_j R.$$

因此,

$$\frac{d\Delta}{dt}u=2R^{ij}\partial_i\partial_j u=2<Ric,\text{Hess }u>.$$

□

通过适当选取随时间变动的局部坐标系, 曲率张量和 Ricci曲率的发展方程可以显著简化. 这个方法常被称为 Uhlenbeck 技巧,下面介绍此技巧.

命题 5.1.2 (演变的单位正交标架) 令 $\{x^1,\cdots,x^n\}$ 为与时间无关的局部坐标系.假设 $F_a^i(ai=1,\cdots,n)$ 为满足方程

$$\partial_t F_a^i(x,t)=g^{ij}(x,t)R_{jk}(x,t)F_a^k(x,t)$$

的光滑函数, 这里 $g_{ij}(t)$ 满足 Ricci 流方程. 定义向量场

$$F_a=F_a^i\frac{\partial}{\partial x^i},\quad a=1,\cdots,n.$$

则下述性质成立:

(i) 假设在 $t=0$ 时, $\{F_a\}$ 是关于 $g(0)$ 的单位正交标架, 则在 t 时, $\{F_a\}$ 是关于 $g(t)$ 的单位正交标架.

(ii) 拉回度量的局部表示式

$$h_{ab} \equiv g_{ij}F_a^iF_b^j \tag{5.1.18}$$

与时间无关.

(iii) $\nabla_i F_b^j = 0$, $\nabla_i h_{ab} = 0$, 这里 $\nabla_i = \nabla_{\partial/\partial x^i}$.

(iv) $\Delta R_{abcd} = g^{ij}\nabla_i\nabla_j R_{abcd} = g^{ij}F_a^kF_b^lF_c^mF_d^n\nabla_i\nabla_j R_{klmn}$.

命题的证明是对时间求微分的简单练习, 留作习题.

习题 5.1.1　证明命题 5.1.2.

标架 $\{F_a\}$ 称为演变的单位正交标架. 我们将用 a,b,c,d,e,f记此标架下的曲率张量的分量.

命题 5.1.3　在演变的单位正交标架 $\{F_a\}$ 下, 曲率张量和 Ricci 曲率张量的发展方程分别为

$$\partial_t R_{abcd} = \Delta R_{abcd} + 2(B_{abcd} - B_{abdc} + B_{acbd} - B_{adbc}),$$

$$\partial_t R_{ab} = \Delta R_{ab} + 2R_{cabd}R_{cd}, \tag{5.1.19}$$

其中

$$B_{abcd} = -R_{aebf}R_{cedf}. \tag{5.1.20}$$

注解 5.1.1　由于标架是单位正交的, 因此, 在做求和时没有上升或下降指标.

证明　我们只证第一个方程, 第二个是类似的. 令 $\{x^1,\cdots,x^n\}$为不依赖时间的局部坐标. 由定义并利用命题 5.1.1(vi), 得

$$\begin{aligned}\partial_t R_{abcd} =& \partial_t(F_a^iF_b^jF_c^kF_d^lR_{ijkl})\\ =& F_a^iF_b^jF_c^kF_d^l\partial_t R_{ijkl} + (\partial_t F_a^i)F_b^jF_c^kF_d^lR_{ijkl}\\ &+\cdots+F_a^iF_b^jF_c^k(\partial_t F_d^l)R_{ijkl}\\ =& F_a^iF_b^jF_c^kF_d^l\Delta R_{ijkl} + 2F_a^iF_b^jF_c^kF_d^l(B_{ijkl}-B_{ijlk}-B_{iljk}+B_{ikjl})\\ &- g^{pq}F_a^iF_b^jF_c^kF_d^l(R_{pjkl}R_{qi}+R_{ipkl}R_{qj}+R_{ijpl}R_{qk}+R_{ijkp}R_{ql})\\ &+(\partial_t F_a^i)F_b^jF_c^kF_d^lR_{ijkl}+\cdots+F_a^iF_b^jF_c^k(\partial_t F_d^l)R_{ijkl}.\end{aligned}$$

利用 $g^{pq}R_{qi}F_a^i = \partial_t F_a^p$ 知, 上面表达式中的最后两行抵消掉. 而由前一命题 5.1.2 知

$$F_a^i F_b^j F_c^k F_d^l (B_{ijkl} - B_{ijlk} - B_{iljk} + B_{ikjl}) = B_{abcd} - B_{abdc} + B_{acbd} - B_{adbc}.$$

这就得到了所要的公式. □

曲率张量 Rm 的发展方程可按下述方式进一步简化.

令 V 为 M 上的切丛, $\Lambda^2(V)$ 是 M 上的 2–形式向量丛, $\Lambda^2(V)$ 上配备固定度量: 对 $\phi, \psi \in \Lambda^2(V)$,

$$< \phi, \psi > \equiv \phi_{ab}\psi_{ab}. \tag{5.1.21}$$

这里 (ϕ_{ab}) 和 (ψ_{ab}) 分别是在标架 $\{F_1, \cdots, F_a, \cdots, F_n\}$ 下 ϕ 和 ψ 的反对称矩阵表示. 向量丛 $\Lambda^2(V)$ 可看做 Lie 括号为

$$[\phi, \psi]_{ab} \equiv \phi_{ac}\psi_{bc} - \psi_{ac}\phi_{bc}$$

的 Lie 代数. 令 $\{\phi^\alpha\}$, $\alpha = 1, \cdots, n(n-1)/2$ 为在度量 (5.1.21) 下的单位正交基, 则存在 $C_\gamma^{\alpha\beta}$, 使得

$$[\phi^\alpha, \phi^\beta] = C_\gamma^{\alpha\beta}\phi^\gamma. \tag{5.1.22}$$

我们将由率张量 Rm 看做 $\Lambda^2(V)$ 上的对称双线性型, 定义为

$$Rm(\phi, \psi) = R_{abcd}\phi_{ab}\psi_{dc}. \tag{5.1.23}$$

令 $\phi^\alpha = \phi^\alpha_{ab}$, 记

$$R_{abcd} \equiv M_{\alpha\beta}\phi^\alpha_{ab}\phi^\beta_{dc}. \tag{5.1.24}$$

这等价于 $R_{abcd}\phi^\beta_{dc} = M_{\alpha\beta}\phi^\alpha_{ab}$.因此, 曲率张量 Rm 也可看做 $\Lambda^2(V) \equiv \Lambda^2(T^*(M))$上的对称算子.

定义 5.1.3 由

$$R_{abcd}\phi^\beta_{dc} = M_{\alpha\beta}\phi^\alpha_{ab}$$

定义的算子 $M_{\alpha\beta} : \Lambda^2(V) \to \Lambda^2(V)$称为**曲率算子**.

按照 Hamilton[Ha2], 有下述命题.

命题 5.1.4 令 $R_{abcd} \equiv M_{\alpha\beta}\phi^{\alpha}_{ab}\phi^{\beta}_{dc}$, 则在 Ricci 流下,

$$\partial_t M_{\alpha\beta} = \Delta M_{\alpha\beta} + M^2_{\alpha\beta} + M^{\sharp}_{\alpha\beta}, \tag{5.1.25}$$

其中 $M^2_{\alpha\beta} = M_{\alpha\gamma}M_{\beta\gamma}$ 为算子的平方, 而

$$M^{\sharp}_{\alpha\beta} = (C^{\gamma\eta}_{\alpha}C^{\delta\theta}_{\beta}M_{\gamma\delta}M_{\eta\theta})$$

为 Lie 代数的平方.

证明 证明的出发点是命题 5.1.3 中的第一个方程, 即

$$\begin{aligned}\partial_t R_{abcd} &= \Delta R_{abcd} + 2(B_{abcd} - B_{abdc}) + 2(B_{acbd} - B_{adbc}) \\ &\equiv \Delta R_{abcd} + \mathrm{I} + \mathrm{II}.\end{aligned} \tag{5.1.26}$$

利用第一 Bianchi恒等式和 (5.1.20), 我们有

$$\begin{aligned}-(B_{abcd} - B_{abdc}) &= R_{aebf}R_{cedf} - R_{aebf}R_{decf} = R_{aebf}(-R_{cefd} - R_{cfde}) \\ &= R_{aebf}R_{cdef}.\end{aligned}$$

又注意到

$$\begin{aligned}R_{aebf}R_{cdef} &= (-R_{abfe} - R_{afeb})R_{cdef} = R_{abef}R_{cdef} - R_{afeb}R_{cdef} \\ &= R_{abef}R_{cdef} - R_{afbe}R_{cdfe} = R_{abef}R_{cdef} - R_{aebf}R_{cdef}.\end{aligned}$$

因此,

$$R_{aebf}R_{cdef} = \frac{1}{2}R_{abef}R_{cdef},$$

且

$$\mathrm{I} = 2(B_{abcd} - B_{abdc}) = -R_{abef}R_{cdef} = M_{\alpha\gamma}M_{\beta\gamma}\phi^{\alpha}_{ab}\phi^{\beta}_{dc}. \tag{5.1.27}$$

接下来, 利用 (5.1.22) 并互换某些求和指标, 得

$$\begin{aligned}-(B_{acbd} - B_{adbc}) &= R_{aecf}R_{bedf} - R_{aedf}R_{becf} \\ &= M_{\gamma\delta}\phi^{\gamma}_{ae}\phi^{\delta}_{cf}M_{\eta\theta}\phi^{\eta}_{be}\phi^{\theta}_{df} - M_{\gamma\delta}\phi^{\gamma}_{ae}\phi^{\delta}_{df}M_{\eta\theta}\phi^{\eta}_{be}\phi^{\theta}_{cf} \\ &= M_{\gamma\delta}(\phi^{\eta}_{ae}\phi^{\gamma}_{be} + C^{\gamma\eta}_{\alpha}\phi^{\alpha}_{ab})\phi^{\delta}_{cf}M_{\eta\theta}\phi^{\theta}_{df} \quad (\text{对 } e \text{ 求和}) \\ &\quad - M_{\eta\theta}\phi^{\eta}_{ae}\phi^{\theta}_{df}M_{\gamma\delta}\phi^{\gamma}_{be}\phi^{\delta}_{cf} \quad (\text{互换 } \gamma,\eta;\delta,\theta) \\ &= M_{\gamma\delta}C^{\gamma\eta}_{\alpha}\phi^{\alpha}_{ab}\phi^{\delta}_{cf}M_{\eta\theta}\phi^{\theta}_{df} \\ &= M_{\gamma\delta}M_{\eta\theta}C^{\gamma\eta}_{\alpha}\phi^{\alpha}_{ab}\phi^{\delta}_{cf}\phi^{\theta}_{df}.\end{aligned}$$

再用 (5.1.22), 我们有

$$\begin{aligned}
&M_{\gamma\delta}M_{\eta\theta}C_\alpha^{\gamma\eta}\phi_{ab}^\alpha\phi_{cf}^\delta\phi_{df}^\theta \\
&\quad= M_{\gamma\delta}M_{\eta\theta}C_\alpha^{\gamma\eta}\phi_{ab}^\alpha(\phi_{cf}^\theta\phi_{df}^\delta + C_\beta^{\delta\theta}\phi_{cd}^\beta) \\
&\quad= M_{\gamma\theta}M_{\eta\delta}C_\alpha^{\gamma\eta}\phi_{ab}^\alpha\phi_{cf}^\delta\phi_{df}^\theta + M_{\gamma\delta}M_{\eta\theta}C_\alpha^{\gamma\eta}\phi_{ab}^\alpha C_\beta^{\delta\theta}\phi_{cd}^\beta \\
&\qquad(\text{第一项中互换 } \delta, \theta\ ) \\
&\quad= -M_{\gamma\delta}M_{\eta\theta}C_\alpha^{\gamma\eta}\phi_{ab}^\alpha\phi_{cf}^\delta\phi_{df}^\theta + C_\alpha^{\gamma\eta}C_\beta^{\delta\theta}M_{\gamma\delta}M_{\eta\theta}\phi_{ab}^\alpha\phi_{cd}^\beta. \\
&\qquad(\text{第一项中互换 } \gamma, \eta\ )
\end{aligned}$$

从而,

$$-(B_{acbd} - B_{adbc}) = M_{\gamma\delta}M_{\eta\theta}C_\alpha^{\gamma\eta}\phi_{ab}^\alpha\phi_{cf}^\delta\phi_{df}^\theta = \frac{1}{2}C_\alpha^{\gamma\eta}C_\beta^{\delta\theta}M_{\gamma\delta}M_{\eta\theta}\phi_{ab}^\alpha\phi_{cd}^\beta,$$

则

$$\mathrm{II} = 2(B_{acbd} - B_{adbc}) = C_\alpha^{\gamma\eta}C_\beta^{\delta\theta}M_{\gamma\delta}M_{\eta\theta}\phi_{ab}^\alpha\phi_{dc}^\beta. \tag{5.1.28}$$

由此以及 (5.1.27) 和 (5.1.26), 我们得 (5.1.25). □

在 3 维情形, 上述命题有很好的形式.

推论 5.1.1 如果是 3 维流形, 则

$$\partial_t M_{\alpha\beta} = \Delta M_{\alpha\beta} + M_{\alpha\beta}^2 + M_{\alpha\beta}^\sharp,$$

其中 $M^\sharp$ 是 $(M_{\alpha\beta})$ 的伴随矩阵.

习题 5.1.2 证明推论 5.1.1. 提示: 在 3×3 反对称矩阵的单位正交系中计算 C_{ab}^α, 并利用 Lie 括号是叉积的事实.

显然, 这个推论使曲率张量的发展方程看起来更容易处理. 在下一节讲 Hamilton-Ivey 夹挤定理时, 我们要用到这个推论. 在更高维情形, 类似但更复杂的曲率张量方程成立.

下面属于 Perelman[P1] 的结果与距离函数在 Ricci 流下所满足的微分不等式有关, 其中第一个可看做是经典 Laplace 比较定理依赖于时间的版本. 有趣的是, 由于 Ricci 流引起的相互抵消, 它比经典的情形要求更少的假设. 在做时空局部化时, 这两个不等式非常有用.在叙述结果前, 我们先约定要用到的记号. 令 $(M, g(t))$ 为 Ricci 流, $x \in M$ 且 $r > 0$, 则 $B(x, r, t)$ 表示在度量 $g(t)$ 下, 以 x 为心, r 为半径的测地球.

命题 5.1.5 令 $(M, g(t))$ 是 n 维流形 M 上的 Ricci 流, $x_0 \in M$, 且 t_0 是 Ricci 流的某一时刻.

(i) 假设对正常数 K 和 r_0, $Ric(\cdot, t_0) \leqslant (n-1)K$ 在 $B(x_0, r_0, t_0)$ 上成立, 则在 t_0 时刻和 $B(x_0, r_0, t_0)$之外, 距离函数 $d(x, x_0, t)$ 在弱意义下满足不等式

$$\Delta d - \partial_t d \leqslant (n-1)\Big(\frac{2}{3}Kr_0 + r_0^{-1}\Big).$$

(ii) 假设对 $x_0, x_1 \in M$, $Ric(\cdot, t_0) \leqslant (n-1)K$ 在 $B(x_0, r_0, t_0) \cup B(x_1, r_0, t_0)$ 上成立, 则在 $t = t_0$ 时刻, 有

$$\partial_t d(x_0, x_1, t) \geqslant -2(n-1)\Big(\frac{2}{3}Kr_0 + r_0^{-1}\Big).$$

如果距离函数不可微, 则左端理解为向前差商.

证明 (i) 我们仅假设 x 不是 x_0 的割点, 因此 $d(x, x_0, t)$ 关于 x光滑. 如果 x 是 x_0 的割点, 只需要应用熟知的 Calabi 技巧便得所要的不等式在弱意义下成立.

根据命题 3.4.6 知,

$$\Delta d(x, x_0, t) = \sum_{i=1}^{n-1} \int_0^L (|X_i'|^2 + R(X, X_i, X, X_i))ds, \tag{5.1.29}$$

其中 $L = d(x, x_0, t)$,向量场 X, X_i 如通常一样按下述方式定义. 令 $c : [0, L] \to M$为在度量 $g_{ij}(t_0)$ 下连接 x_0 和 x 的以弧长为参数的最短测地线. 定义 $X(0) = c'(0)$ 并且选取 e_i $(i = 1, \cdots, n-1)$, 使得 $\{e_1, \cdots, e_{n-1}, X(0)\}$ 构成 $T_{x_0}(M)$ 将上述基平行移动得 $T_{c(s)}(M)(s \in [0, L])$ 的单位正交基 $\{e_1(s), \cdots, e_{n-1}(s), X(s)\}$. 最后, $X_i(i = 1, \cdots, n-1)$ 是沿 $c = c(s)$ 的 Jacobi 场, 满足 $X_i(0) = 0$, 且 $X_i(L) = e_i(L)$.

注意, (5.1.29) 的右端是指标形式 $I(X_i, X_i)$ 的和. 由于 X_i 是 Jacobi 场, 指标定理 (定理 3.4.2) 表明 $I(X_i, X_i) \leqslant I(Y_i, Y_i)$, 其中

$$Y_i(s) = \begin{cases} \dfrac{s}{r_0} e_i(s), & s \in [0, r_0], \\ e_i(s), & s \in [r_0, L]. \end{cases}$$

因此,

$$\begin{aligned}\Delta d(x,x_0,t_0)&\leqslant\sum_{i=1}^{n-1}\int_0^L(|Y_i'|^2+R(X,Y_i,X,Y_i))ds\\&=\int_0^{r_0}\frac{1}{r_0^2}(n-1-s^2Ric(X,X))ds-\int_{r_0}^L Ric(X,X)ds\\&=-\int_0^L Ric(X,X)ds+\int_0^{r_0}\Big[\frac{n-1}{r_0^2}+\Big(1-\frac{s^2}{r_0^2}\Big)Ric(X,X)\Big]ds\\&\leqslant-\int_0^L Ric(X,X)ds+(n-1)\Big(\frac{2}{3}Kr_0+r_0^{-1}\Big)\\&=\partial_t d(x,x_0,t)|_{t=t_0}+(n-1)\Big(\frac{2}{3}Kr_0+r_0^{-1}\Big).\end{aligned}$$

这里用到, 当 $s\in[r_0,L]$ 时, $\{Y_1,\cdots,Y_{n-1},X\}$为单位正交基这个事实. 因此, 当 $s\in[r_0,L]$ 时, $\sum\limits_{i=1}^{n-1}R(X,Y_i,Y_i,X)=Ric(X,X)$. 这就证明了(i)中的不等式.

(ii) 证明类似于 (i) 的证明. 我们需要根据 x_0 和 x_1间的距离将证明分为三种情形. 不失一般性, 假设 x_1 不是 x_0的割点, c 为连接 x_0 和 x_1 的以弧长为参数的最短测地线.

情形 1 $d(x_0,x_1,t_0)\geqslant 2r_0$.

此时, 我们定义向量场 $Y_i(i=1,\cdots,n-1)$ 为

$$Y_i(s)=\begin{cases}\dfrac{s}{r_0}e_i(s), & s\in[0,r_0],\\ e_i(s), & s\in[r_0,d(x_0,x_1,t_0)-r_0],\\ \dfrac{d(x_0,x_1,t_0)-s}{r_0}e_i(s), & s\in[d(x_0,x_1,t_0)-r_0,d(x_0,x_1,t_0)].\end{cases}$$

由于测地线是最短的, 故由距离的第二变分公式知, $I(Y_i,Y_i)\geqslant 0$, 即

$$\int_0^L(|Y_i'|^2+R(X,Y_i,X,Y_i))ds\geqslant 0,$$

其中 $X(s)=c'(s)$. 由此及 $e_i'(s)=\nabla_{c'(s)}e_i(s)=0$, 得

$$\begin{aligned}&\int_0^{r_0}\frac{s^2}{r_0^2}Ric(X,X)ds+\int_{r_0}^{d(x_0,x_1,t_0)-r_0}Ric(X,X)ds\\&\quad+\int_{d(x_0,x_1,t_0)-r_0}^{d(x_0,x_1,t_0)}\frac{(d(x_0,x_1,t_0)-s)^2}{r_0^2}Ric(X,X)ds\leqslant\frac{2(n-1)}{r_0}.\end{aligned}$$

因此,

$$\partial_t d(x_0,x_1,t)|_{t=t_0} = -\int_0^{d(x_0,x_1,t_0)} Ric(X,X)ds$$

$$\geqslant -\int_0^{r_0}\left(1-\frac{s^2}{r_0^2}\right)Ric(X,X)ds$$

$$-\int_{d(x_0,x_1,t_0)-r_0}^{d(x_0,x_1,t_0)}\left[1-\frac{(d(x_0,x_1,t_0)-s)^2}{r_0^2}\right]Ric(X,X)ds-\frac{2(n-1)}{r_0}$$

$$\geqslant -2(n-1)\left(\frac{2}{3}Kr_0+r_0^{-1}\right).$$

情形 2 $\dfrac{2}{\sqrt{2K/3}} \leqslant d(x_0,x_1,t_0) \leqslant 2r_0.$

我们只需要将情形 1 中的 r_0 换为 $r_1 = \dfrac{1}{\sqrt{2K/3}}$ (小于 r_0), 并重复其中的证明.

情形 3 $d(x_0,x_1,t_0) \leqslant \min\{2r_0, \dfrac{2}{\sqrt{2K/3}}\}.$

证明几乎是平凡的:

$$\partial_t d(x_0,x_1,t)|_{t=t_0} = -\int_0^{d(x_0,x_1,t_0)} Ric(X,X)ds \geqslant -(n-1)K\frac{2}{\sqrt{2K/3}}$$

$$\geqslant -2(n-1)\left(\frac{2}{3}Kr_0+r_0^{-1}\right). \qquad \square$$

§5.2 沿 Ricci 流的极大值原理

本节我们介绍在 Ricci 流下, 某些张量或曲率所满足的极大值原理. 由于这些极大值原理能使我们用张量的当前信息控制其在未来时刻的定性行为, 因此它们是重要的工具.

在本节, 我们作如下约定及假设: 令 D 为 n 维完备流形 M 中的有界连通域, $g = g(t)$ 为 $D\times[0,T]$ 上的光滑 Ricci 流; V 为 D 上的 J 维向量丛, 其上配备与时间无关的度量 $h_{\alpha\beta}$; $\Gamma(V)$ 为 V 的 C^∞ 截面所构成的空间. 假设有一与时间有关, 且与度量 $h_{\alpha\beta}$ 相容的联络

$$\nabla(t):\Gamma(V)\to\Gamma(V\otimes T^*M), \quad t\in[0,T],$$

这意味着

$$\nabla_X h_{\alpha\beta} = 0, \tag{5.2.1}$$

即对所有 M 上的光滑向量场 X 和所有 V 的截面 σ, γ, 成立

$$X[h(\sigma,\gamma)] = h(\nabla_X \sigma, \gamma) + h(\sigma, \nabla_X \gamma).$$

令 σ 为 D 上 V 的 C^∞ 截面. 定义随时间改变的 Laplace 算子为

$$\Delta(t)\sigma = g^{pq}(x,t)\nabla_p(t)\nabla_q(t)\sigma, \quad \nabla_p(t)\nabla_q(t) \equiv \nabla^2_{pq}.$$

这里, $(g^{pq})=(g_{pq})^{-1}$ 且 (g_{pq}) 是度量 $g=g(t)$在局部坐标 $\{\partial_{x^1},\cdots,\partial_{x^n}\}$ 下的表示. 此外, $\nabla_i = \nabla_{\partial/\partial x^i}$. 在这节里, 如果不出现混淆, 我们将省略 ∇ 和 Δ 中的变量 t.

在许多应用中, 选取 V 为 M 上的 2–形式所构成的向量丛, 于是曲率张量可看做 V 上的对称双线性型 (泛函) (参见 (5.1.23)). 在命题 5.1.2 所给出的演变的单位正交标架下, 不随时间改变的度量 $h_{\alpha\beta}$ 由 (5.1.18) 给出.

定理 5.2.1 (张量的 Hamilton 强极值原理 [Ha2]) 令 $M_{\alpha\beta}$ 为按下述方程演变的 V 上的一族光滑对称双线性型:

$$\partial_t M_{\alpha\beta} = \Delta M_{\alpha\beta} + N_{\alpha\beta}, \quad \text{在 } D\times[0,T] \text{ 上}, \tag{5.2.2}$$

其中 Δ是作用在张量上的关于度量 $g=g(t)$ 的迹 Laplace 算子, $N_{\alpha\beta}$是通过 $(M_{\alpha\beta})$ 和度量 $h_{\alpha\beta}$ $(M_{\alpha\beta})$ 缩并所得的 $(M_{\alpha\beta})$ 的多项式, 满足当 $(M_{\alpha\beta})\geqslant 0$ 时, $(N_{\alpha\beta})\geqslant 0$. 假设在 $D\times[0,T]$ 上, $(M_{\alpha\beta})\geqslant 0$, 则存在 $\delta>0$, 使得在时空区域 $D\times(0,\delta)$ 上, $(M_{\alpha\beta})$ 的秩是常数. 而且 $(M_{\alpha\beta})$ 的零空间满足: 在平行移动下不变, 也不随时间改变, 且落在 $(N_{\alpha\beta})$ 的零空间内.

证明 为明晰起见, 我们将证明分成四步.

第一步 定义

$$l = \sup_{x\in D}\{M_{\alpha\beta}(x,0) \text{ 的秩}\}.$$

由线性代数理论知, 我们可找到在某处为正的光滑函数 $\rho_0=\rho_0(x)\geqslant 0$, 使得对 V_x 中任何 $J-l+1$ 个单位正交向量 $v_i (i=1,\cdots,J-l+1)$ 成立

$$\sum_{i=1}^{J-l+1} M_{\alpha\beta}(x,0)v_i^\alpha v_i^\beta \geqslant \rho_0(x),$$

其中 V_x 是 V 在 x 处的纤维. 这里及以后, 单位正交意味着 $h_{\alpha\beta}v_i^\alpha v_j^\beta = \delta_{ij}$. 注意, i是向量的指标, α 和 β 是向量分量的指标.

接下来, 我们定义函数 $\rho=\rho(x,t)$ 为 $D\times[0,T]$ 上满足 Dirichlet 边值条件且初值为 ρ_0 的热方程的解. 显然, 由经典的强极大值原理知, 对所有的 $(x,t)\in D\times(0,T]$, $\rho(x,t)>0$.

第二步　证明下述不等式: 对所有 $(x,t)\in D\times(0,T]$, 不等式

$$\sum_{i=1}^{J-l+1} M_{\alpha\beta}(x,t)v_i^\alpha v_i^\beta \geqslant \rho(x,t) \tag{5.2.3}$$

对 V_x 中任意 $J-l+1$ 个单位正交向量 $v_i(i=1,\cdots,J-l+1)$ 成立.

不等式 (5.2.3) 显然可由下述不等式得到: 对任何 $\varepsilon>0$ 以及所有 $(x,t)\in D\times(0,T]$, 不等式

$$\sum_{i=1}^{J-l+1} M_{\alpha\beta}(x,t)v_i^\alpha v_i^\beta + \varepsilon\mathrm{e}^t \geqslant \rho(x,t) \tag{5.2.4}$$

对任意 $J-l+1$个单位正交向量 $v_i(i=1,\cdots,J-l+1)$ 成立.

用反证法. 假设 (5.2.4) 不成立, 则对某个 $\varepsilon>0$, 存在第一时间 $t_0>0$, 某个点 $x_0\in M$ 及 V_{x_0} 中的一组单位正交向量 $v_i(i=1,\cdots,J-l+1)$, 使得

$$\sum_{i=1}^{J-l+1} M_{\alpha\beta}(x_0,t_0)v_i^\alpha v_i^\beta + \varepsilon\mathrm{e}^{t_0} = \rho(x_0,t_0).$$

在度量 $g(t_0)$ 下, 沿着从 x_0 出发的测地线平行移动, 将每个 v_i 延拓为 x_0 的邻域内的光滑向量场, 仍用 v_i 记这些向量场. 由关于度量 h 的假设知, 对 M 上的任何切向量,

$$\nabla_X[h(v_i,v_j)] = h(\nabla_X v_i, v_j) + h(v_i, \nabla_X v_j) = 0.$$

因此, v_i 仍然在度量 h 下正交. 记

$$F(x,t) = \sum_{i=1}^{J-l+1} M_{\alpha\beta}v_i^\alpha v_i^\beta + \varepsilon\mathrm{e}^t - \rho.$$

根据 x_0, t_0 及 $v_i(i=1,\cdots,J-l+1)$ 的选择知, $F(x_0,t_0)=0$, $F(x,t_0)=0$, 且当 $t<t_0$ 时, $F(x,t)\geqslant 0$, $x\in M$. 因此, 在 (x_0,t_0) 处,

$$\partial_t F\leqslant 0,\quad \Delta F\geqslant 0.$$

利用 $M_{\alpha\beta}$ 和 ρ 满足的方程, 我们有

$$\begin{aligned}\partial_t F&=\partial_t\Big(\sum_{i=1}^{J-l+1}M_{\alpha\beta}v_i^\alpha v_i^\beta+\varepsilon\mathrm{e}^t-\rho\Big)\\&=\sum_{i=1}^{J-l+1}(\Delta M_{\alpha\beta}+N_{\alpha\beta})v_i^\alpha v_i^\beta+\varepsilon\mathrm{e}^t-\Delta\rho.\end{aligned}$$

根据假设知, $(M_{\alpha\beta})\geqslant 0$ 蕴涵 $(N_{\alpha\beta})\geqslant 0$, 因此,

$$\begin{aligned}\partial_t F&\geqslant\sum_{i=1}^{J-l+1}(\Delta M_{\alpha\beta}v_i^\alpha v_i^\beta)+\varepsilon\mathrm{e}^t-\Delta\rho\\&=\Delta F+\varepsilon\mathrm{e}^t\geqslant\varepsilon\mathrm{e}^t>0.\end{aligned}$$

这个矛盾表明, (5.2.4) 以及由此而得的 (5.2.3) 为真.

从而在 $D\times(0,T]$ 中, $M_{\alpha\beta}(x,t)$ 的秩至少为 l. 由于秩是整数, 因此, 存在 $\delta>0$, 使得在 $D\times(0,\delta]$ 内, $M_{\alpha\beta}(x,t)$ 的秩为常数.

第三步 取 $t\in(0,\delta]$, 其中 δ为在第二步末尾处给出的数. 下面证明关于 $M_{\alpha\beta}$ 的零空间 $\mathrm{null}(M_{\alpha\beta})$ 的断言.

由第二步知, $M_{\alpha\beta}$ 的秩为常数, 因此, 存在 $\mathrm{null}(M_{\alpha\beta})$ 的光滑截面. 令 $v\in V$ 是 V 的属于 $\mathrm{null}(M_{\alpha\beta})$ 的光滑截面,则由计算可得

$$\begin{aligned}0&=\partial_t(M_{\alpha\beta}v^\alpha v^\beta)=\partial_t(M_{\alpha\beta})v^\alpha v^\beta+2M_{\alpha\beta}v^\alpha\partial_t v^\beta\\&=\partial_t(M_{\alpha\beta})v^\alpha v^\beta.\end{aligned}\tag{5.2.5}$$

此外,

$$\begin{aligned}0&=\Delta(M_{\alpha\beta}v^\alpha v^\beta)\\&=\Delta(M_{\alpha\beta})v^\alpha v^\beta+4g^{pq}\nabla_p(M_{\alpha\beta})\,v^\alpha\nabla_q v^\beta\\&\quad+2M_{\alpha\beta}g^{pq}\nabla_p v^\alpha\nabla_q v^\beta+2M_{\alpha\beta}v^\alpha\Delta v^\beta.\end{aligned}$$

上式右端中的最后一项为 0, 这是因为 v 在 $\mathrm{null}(M_{\alpha\beta})$ 内. 从而,

$$0=\Delta(M_{\alpha\beta})v^\alpha v^\beta+4g^{pq}\nabla_p(M_{\alpha\beta})\,v^\alpha\nabla_q v^\beta+2M_{\alpha\beta}g^{pq}\nabla_p v^\alpha\nabla_q v^\beta.$$

注意到,

$$0=\nabla_p(M_{\alpha\beta}v^\alpha)=\nabla_p(M_{\alpha\beta})v^\alpha+M_{\alpha\beta}\nabla_p v^\alpha.$$

综合上述两等式以及 (5.2.5), 并利用方程 (5.2.2), 得

$$N_{\alpha\beta}v^\alpha v^\beta+2M_{\alpha\beta}g^{pq}\nabla_p v^\alpha\nabla_q v^\beta=0.$$

在使上述等式成立的任一点处取法坐标系, 得

$$N_{\alpha\beta}v^\alpha v^\beta+2M_{\alpha\beta}\nabla_p v^\alpha\nabla_p v^\beta=0.$$

由于 $M_{\alpha\beta}$ 和 $N_{\alpha\beta}$ 非负, 我们有

$$v\in \mathrm{null}(N_{\alpha\beta}),\quad \nabla_p v\in \mathrm{null}(M_{\alpha\beta}),\quad p=1,2,\cdots.$$

因此, $\mathrm{null}(M_{\alpha\beta})\subset \mathrm{null}(N_{\alpha\beta})$, 且 $\mathrm{null}(M_{\alpha\beta})$ 平移不变.

第四步 证明当 $t\in(0,\delta]$ 时, $\mathrm{null}(M_{\alpha\beta})$ 不随时间而改变.

这可通过证明 $\partial_t v\in \mathrm{null}(M_{\alpha\beta})$ 来做到, 其中 v 是 V 的属于 $\mathrm{null}(M_{\alpha\beta})$ 的光滑截面. 我们还是在点 $x\in M$ 的邻域内取法坐标系. 根据二阶协变导数的定义, 对任何 M上的切向量 X 和 Y,

$$\nabla_X\nabla_Y v\equiv\nabla^2_{XY}v=\nabla_X(\nabla_Y v)-\nabla_{\nabla_X Y}v.$$

根据第三步, 由 $v\in \mathrm{null}(M_{\alpha\beta})$ 知,

$$\nabla_X v,\nabla_Y v,\nabla_{\nabla_X Y}v\in \mathrm{null}(M_{\alpha\beta}).$$

而这又蕴涵

$$\nabla_p\nabla_q v\equiv\nabla^2_{pq}v\in \mathrm{null}(M_{\alpha\beta}).$$

因此,

$$\Delta v=g^{pq}\nabla_p\nabla_q v\in \mathrm{null}(M_{\alpha\beta}).$$

由此得

$$g^{pq}\nabla_p M_{\alpha\beta}\nabla_q v^\alpha=g^{pq}\nabla_p(M_{\alpha\beta}\nabla_q v^\alpha)-M_{\alpha\beta}\Delta v^\alpha=0.$$

这表明

$$\begin{aligned}0=\Delta(M_{\alpha\beta}v^\alpha)&=\Delta(M_{\alpha\beta})v^\alpha+2g^{pq}\nabla_p M_{\alpha\beta}\nabla_q v^\alpha+M_{\alpha\beta}\Delta v^\alpha\\&=(\Delta M_{\alpha\beta})v^\alpha.\end{aligned}$$

从而,

$$0 = \partial_t(M_{\alpha\beta}v^\alpha) = (\Delta M_{\alpha\beta} + N_{\alpha\beta})v^\alpha + M_{\alpha\beta}\partial_t v^\alpha = M_{\alpha\beta}\partial_t v^\alpha,$$

即

$$\partial_t v^\alpha \in \mathrm{null}(M_{\alpha\beta}).$$

这就证明了在 $t \in (0, \delta]$ 中, $\mathrm{null}(M_{\alpha\beta})$ 不变. □

由强极值原理立即可得下面重要的定理.

定理 5.2.2 (Hamilton [Ha2]) 令 $g = g(t)(t \in [0, T))$ 为完备流形上的 Ricci 流且对任何固定的 t, $g(t)$ 的曲率有界. 假设初始度量的曲率算子 (定义 5.1.3) 非负, 则在一时间段 $(0, \delta] \subset (0, T)$内, $M_{\alpha\beta}$ 的像是 $so(n)$ 的具有常数秩的 Lie 子代数, 不随平行移动和时间而改变.

证明 将弱极大值原理 (定理 4.5.2) 以及强极值原理 (定理 5.2.1) 应用于方程 (5.1.25). 细节留作习题. □

习题 5.2.1 证明定理 5.2.2.

注解 5.2.1 $M_{\alpha\beta}$ 的秩在整个时间段 $(0, T)$ 内可能不是常数, 参见 [CLN] 中第 248 页的习题 6.63.

下一个结果称为 Hamilton 的高级极大值原理.它容许用常微分方程组来控制按非线性热方程演变的张量.这个定理适用于一般的发展方程, 但为明晰起见, 我们仅讲述 Ricci流的版本.

设 $g = g(t)$ 为 $M \times [0, T]$ 上的光滑 Ricci 流, 其中 M 为曲率张量有界的完备流形. 令 V 为 M 上的向量丛, 其上赋予不随时间改变的度量 $h = h_{\alpha\beta}$ 以及与 $h_{\alpha\beta}$ 相容的联络 $\nabla = \nabla(t) = \{\Gamma^\alpha_{i\beta}\}$.

令 $N : V \times [0, T] \to V$ 为关于变量 (x, t) 连续的保纤维映射, 即 $N(x, \sigma, t)$ 是定义在向量丛 V 上的依赖于时间的向量场, 满足

$$N(x, \sigma, t) \in V_x, \quad \text{如果}\sigma \in V_x.$$

这里 V_x 是 V 在 x 处的纤维. 此外, 我们假设对所有 $x \in M$, $t \in [0, T]$ 及 $|\sigma_i| \leqslant B(i = 1, 2)$, 成立

$$|N(x, \sigma_1, t) - N(x, \sigma_2, t)| \leqslant C_B|\sigma_1 - \sigma_2|,$$

其中 C_B 是仅依赖于 B 的正常数.

所要考虑的偏微分方程 (简称 PDE), 是

$$\Delta\sigma(x,t)-\partial_t\sigma(x,t)+u\nabla\sigma(x,t)+N(x,\sigma(x,t),t)=0, \tag{5.2.6}$$

其中 Δ 仍是度量 $g=g(t)$ 作用在张量上的迹 Laplace 算子, u 是 M 上的有界光滑向量场, $u\nabla\sigma(x,t)$在局部坐标系下定义为 $u^i\nabla_i\sigma(x,t)$. 假设 $\sigma=\sigma(x,t)$ 是上述 PDE 在 $M\times[0,T]$ 上的光滑解.

定理 5.2.3 (Hamilton 的高级极大值原理 [Ha2]) 令 K 为 V 的闭子集, 满足

(i) 对每个 t, K 在联络 $\nabla(t)$ 所定义的平行移动下不变;

(ii) 在每个纤维 V_x 内, 集合 $K_x\equiv V_x\cap K$ 是闭凸集.

并假设对任意 $x\in M$, 常微分方程 (简称 ODE)

$$\frac{d}{dt}b_x=N(x,b_x,t) \tag{5.2.7}$$

的任何在 $t_0\in[0,T]$ 时刻从 K_x 内出发的解始终留在 K_x 内. 且 (5.2.6) 的初值满足: 对所有 $x\in M,\sigma(x,t_0)\in K$. 则 (5.2.6) 的任何解 $\sigma(x,t)$, $t\in[t_0,T]$, 仍留在 K 内, 且 σ 按从度量 h_{ab} 在 $M\times[t_0,T]$ 内一致有界.

定理 5.2.3 的证明依赖于下面两个微积分引理. 它们的证明留作习题.

引理 5.2.1 令 $f:[a,b]\subset\mathbf{R}\to\mathbf{R}$ 为 Lipschitz函数. 假设 $f(a)\leqslant 0$, 且存在某个常数 C, 使得对在区间 (a,b) 上满足 $f(t)\geqslant 0$ 的点, 有

$$\frac{d^+f}{dt}\equiv\limsup_{h\to 0^+}\frac{f(t+h)-f(t)}{h}\leqslant Cf(t).$$

则在 $[a,b]$ 上, $f(t)\leqslant 0$.

引理 5.2.2 设 X 为完备光滑流形, Y 是 X 的紧子集. 令 $f(x,t)$ 为 $X\times[a,b]$ 上的光滑函数, 其中 $[a,b]\subset\mathbf{R}$.定义

$$h(t)=\sup\{f(y,t)\mid y\in Y\}.$$

则 h 是 Lipschitz 函数, 且

$$\frac{d}{dt}h(t)\leqslant\sup\left\{\frac{\partial}{\partial t}f(y,t)\mid y\in Y,\ f(y,t)=h(t)\right\}\ \text{a.e.}.$$

习题 5.2.2 证明上述两个引理.

接下来我们将给出定理 5.2.3 的证明.

定理 5.2.3 的证明 定理的表述在时空上是局部的. 不失一般性, 可假设 K 是紧的. 假设 PDE (5.2.6) 有一个解 $\sigma(x,t)$ 满足: 对所有 $x\in M$, $\sigma(x,t_0)\in K_x$, 并且在其后的某个时刻 t_2 跑出 K. 由于 K 是闭的, 因此存在时刻 $t_1>t_0$, 使得对所有 $x\in M$, $\sigma(x,t_1)\in K_x$, 而对任何 $t\in(t_1,t_2]$, 存在 x, 使得 $\sigma(x,t)\in K_x^c$.

为简化论述, 我们再引进两个记号: 给定 $v_1,v_2\in V_x$, $x\in M$, 我们用 $|v_1-v_2|$ 表示 v_1 和 v_2 在不随时间改变的度量 h下的距离; 用 $v_1\cdot v_2$ 表示 $h(v_1,v_2)$.

考虑函数

$$f(t)=\sup_{x\in M}\operatorname{dist}(\sigma(x,t),K_x)\equiv\sup_{x\in M}\inf_{v\in K_x}|\sigma(x,t)-v|,\quad t\in[t_1,t_2].$$

由假设知, f 连续且满足

$$f(t_1)=0;\quad f(t)>0,\quad t\in(t_1,t_2].\tag{5.2.8}$$

对任何 $v\in\partial K_x$, 令 S_v 是 V_x 的子集, 它由 K_x在 v 处的支撑超平面的单位外法向量组成, 则可证

$$f(t)=\sup_{x\in M}\sup_{v\in\partial K_x}\sup_{n\in S_v}[n\cdot(\sigma(x,t)-v)].$$

根据引理 5.2.2,

$$\frac{d^+f(t)}{dt}\leqslant\sup\frac{\partial}{\partial t}[n\cdot(\sigma(x,t)-v)],\tag{5.2.9}$$

其中 sup是对所有使得 $n\cdot(\sigma(x,t)-v)=f(t)$ 的 $x\in M,v\in\partial K_x,n\in S_v$ 而取. 根据 (5.2.6), 计算可得

$$\begin{aligned}\frac{\partial}{\partial t}[n\cdot(\sigma(x,t)-v)]&=n\cdot\frac{\partial}{\partial t}\sigma(x,t)\\&=n\cdot\Delta\sigma(x,t)+n\cdot u\nabla\sigma(x,t)+n\cdot N(x,\sigma(x,t),t).\end{aligned}\tag{5.2.10}$$

由关于 ODE (5.2.7)的假设, 我们断言

$$v+N(x,v,t)\in C_vK_x,$$

其中 C_vK_x 是 K_x 的以 v 为顶点的切锥, 即顶点为 v 的包含 K_x 的最小凸锥. 事实上, 选取 $v\in\partial K_x$ 和时刻 t_0,令 $b=b(t)$ 是 ODE (5.2.7) 的以 $b(t_0)$ 为初值的解. 由凸锥 C_vK_x 的定义及假设 $b(t)\in K_x\subset C_vK_x$ 知, 射线

$$\{v+s(b(t)-v)\,|\,s\in[0,\infty)\}$$

落在 C_vK_x 内. 取 $s=1/(t-t_0)$ 并令 $t\to t_0^+$ 知, $v+N(x,v,t_0)\in C_vK_x$. 由于 t_0 任意, 因此断言为真.

因此, 对任意 $n\in S_v$ 及任意 $t\in(t_1,t_2)$,

$$n\cdot N(x,v,t)\leqslant 0.$$

这表明

$$\begin{aligned}n\cdot N(x,\sigma(x,t),t)&\leqslant n\cdot N(x,\sigma(x,t),t)-n\cdot N(x,v,t)\\&\leqslant |N(x,\sigma(x,t),t)-N(x,v,t)|\\&\leqslant C|\sigma(x,t)-v|\\&=Cf(t).\end{aligned}$$

假设我们能证明

$$n\cdot[\Delta\sigma(x,t)]\leqslant 0,\qquad n\cdot[u\nabla\sigma(x,t)]=0,\tag{5.2.11}$$

则由此及 (5.2.9) 和 (5.2.10), 我们将得到

$$\frac{d^+f(t)}{dt}\leqslant Cf(t),\quad t\in(t_1,t_2).$$

而引理 5.2.1 蕴涵, 当 $t\in(t_1,t_2)$ 时, $f(t)\leqslant 0$, 这与 (5.2.8) 矛盾. 定理便获证.

因此, 我们要证明 (5.2.11) 成立. 取一包含 x 的小邻域 $O_x\subset M$, 对任何 $y\in O_x$, 令 $v_y,n_y\in K_y$ 分别是 $v,n\in K_x$ 沿连接 x,y 的唯一极小测地线的平行移动. 由于 ∇与度量 h 相容, 且 K 在平行移动下不变, 因此, 仍有 $v_y\in\partial K_y$ 和 $n_y\in S_{v_y}$(K_y 在 v_y 处的支撑超平面). 由 $f(t)$ 的极大性, 得

$$n_y\cdot(\sigma(y,t)-v_y)\leqslant f(t),\quad y\in O_x.$$

从而, 函数 $n_y \cdot (\sigma(y,t) - v_y)$ 在 $y = x$ 处达到局部极大值.因此,

$$\frac{\partial}{\partial y^i}[n_y \cdot (\sigma(y,t) - v_y)] = 0, \quad y = x,$$

$$\Delta[n_y \cdot (\sigma(y,t) - v_y)] \leqslant 0, \quad y = x.$$

这里 $\{y^1, \cdots, y^n\}$ 是以 y 为中心的局部坐标. 由于 n_y 和 v_y 是由平行移动所得, 因此,

$$\nabla n_y = \nabla v_y = 0, \quad \Delta n_y = \Delta v_y = 0, \quad y = x.$$

利用 h 和 ∇ 相容的假设 (参见 (5.2.1)), 得

$$\begin{aligned} 0 = \frac{\partial}{\partial y^i}[n_y \cdot (\sigma(y,t) - v_y)] &= \frac{\partial}{\partial y^i} h(n_y, \sigma(y,t) - v_y) \\ &= h(\nabla_{\partial/\partial y^i} n_y, \sigma(y,t) - v_y) + h(n_y, \nabla_{\partial/\partial y^i}(\sigma(y,t) - v_y)) \\ &= n_y \cdot \nabla_{\partial/\partial y^i} \sigma(y,t), \quad y = x. \end{aligned}$$

因此,

$$n(u(x,t)\nabla\sigma(x,t)) = n(u^i(x,t)\nabla_{\partial/\partial x^i}\sigma(x,t)) = u^i(x,t) n \nabla_{\partial/\partial x^i}\sigma(x,t) = 0.$$

类似地, 我们也可得到

$$n\Delta\sigma(x,t) \leqslant 0.$$

这样, 我们就完成了 (5.2.11) 及定理的证明. □

高级极大值原理的一个重要结论是下面给出的定理.

定理 5.2.4 (Hamilton-Ivey 夹挤定理 [Ha7] 和 [Iv]) 令 $(M, g(t))$, $t \in [0,T]$ 为 3 维完备紧 (或非紧) 流形上的 Ricci 流, 满足对任何 $t \in [0,T]$, 流形的曲率有界. 令 $\nu = \nu(x,t)$ ($x \in M$, $t \in [0,T]$) 为曲率算子在点 (x,t) 处的最小特征值. 假设 $t = 0$ 时, $\nu \geqslant -1$. 如果在 (x,t) 处, $\nu = \nu(x,t) < 0$, 则数量曲率 $R = R(x,t)$满足

$$R \geqslant -\nu(\ln(-\nu) - 3).$$

注解 5.2.2 定理 5.2.4 的要点是: 数量曲率要远大于最负的截面曲率的绝对值.这个定理在 3 维 Ricci 流的奇性分析中有非常根本的重要性.

证明 由于流形的维数是 3, 由推论 5.1.1 知, 曲率算子 $M_{\alpha\beta}$ 服从方程

$$\partial_t M_{\alpha\beta} = \Delta M_{\alpha\beta} + M_{\alpha\beta}^2 + M_{\alpha\beta}^{\sharp},$$

其中 $M^{\sharp}$ 是 $(M_{\alpha\beta})$ 的伴随矩阵. 在给定点, 譬如 $x \in M$ 处, 可对角化 $M_{\alpha\beta}$, 使得

$$(M_{\alpha\beta}) = \mathrm{diag}(\lambda, \mu, \nu),$$

其中 $\lambda \geqslant \mu \geqslant \nu$. 于是,

$$(M_{\alpha\beta}^2) = \mathrm{diag}(\lambda^2, \mu^2, \nu^2),$$

$$(M_{\alpha\beta}^{\sharp}) = \mathrm{diag}(\mu\nu, \lambda\nu, \lambda\mu).$$

因此, 与上述曲率方程相伴的 ODE 是

$$\begin{cases} \dfrac{d}{dt}\lambda = \lambda^2 + \mu\nu, \\ \dfrac{d}{dt}\mu = \mu^2 + \lambda\nu, \\ \dfrac{d}{dt}\nu = \nu^2 + \lambda\mu. \end{cases} \tag{5.2.12}$$

令 f 为 $\mathbf{R}$ 上的单变量函数

$$f = f(a) = a(\ln a - 3).$$

引入集合 K, 它由特征值 $\lambda \geqslant \mu \geqslant \nu$ 满足

$$\begin{cases} \lambda + \mu + \nu \geqslant -3, \\ \lambda + \mu + \nu \geqslant f(-\nu) \end{cases} \tag{5.2.13}$$

的矩阵组成. 由于函数连续且凸, 容易看出集合 K 是闭凸集, 由方程 (5.2.12) 可推出

$$\frac{d}{dt}(\lambda + \mu + \nu) = \lambda^2 + \mu^2 + \nu^2 + \mu\nu + \lambda\nu + \lambda\mu \geqslant 0.$$

从而, (5.2.13) 中的第一个条件在 ODE (5.2.12)下保持.

若 $\nu < 0$, 考虑函数

$$H = \frac{\lambda + \mu + \nu}{-\nu} - \ln(-\nu).$$

由 (5.2.12) 通过直接计算, 有

$$\nu^2\frac{dH}{dt} = -\nu^3 - \nu(\lambda^2+\mu^2+\lambda\mu) + (\lambda+\mu)\lambda\mu.$$

如果 $\mu < 0$, 则

$$\nu^2\frac{dH}{dt} = -\nu^3 - \mu^3 + (\mu-\nu)(\lambda^2+\mu^2+\lambda\mu) \geqslant -\nu^3.$$

如果 $\mu \geqslant 0$, 则

$$\nu^2\frac{dH}{dt} = -\nu^3 - \nu\mu^2 + (\mu-\nu)(\lambda^2+\lambda\mu) \geqslant -\nu^3.$$

因此, 在任何情形都有

$$\frac{dH}{dt} \geqslant -\nu.$$

由此, 如果 $\nu \leqslant 0$, 则

$$\frac{d}{dt}(H+3) = \frac{d}{dt}\left(\frac{\lambda+\mu+\nu}{-\nu} - \ln(-\nu) + 3\right) \geqslant 0.$$

由初始条件, 当 $t=0$ 时, $0 \geqslant \nu \geqslant -1$ 且 $R \geqslant 3\nu$, 知

$$H(0)+3 = (-\nu)^{-1}[R - (-\nu)\ln(-\nu) - 3\nu] \geqslant 0.$$

因此, 只要 $t>0$ 且 $\nu<0$, 就有

$$\frac{\lambda+\mu+\nu}{-\nu} - \ln(-\nu) + 3 \geqslant 0.$$

这表明 K 为 ODE (5.2.12) 所保持. 从而, 由高级极大值原理 (定理 5.2.3) 知, 定理成立. □

周培能和吕鹏将定理 5.2.3 推广到凸集 K 依赖于时间的情形.

定理 5.2.5 (Chow 和 Lu[CL2]) 令 $K(t)(t\in[0,T])$ 为 V 的闭集, 满足

(i) 对任何 $t\in[0,T]$, $K(t)$ 在由联络 $\nabla(t)$定义的平行移动下不变;

(ii) 在每个纤维 V_x 中, 集合 $K_x(t)\equiv V_x\cap K(t)$ 对任何 $t\in[0,T]$ 是闭凸集;

(iii) 时空轨道 $\bigcup\limits_{t\in[0,T]}(\partial K(t)\times\{t\})$ 是 $V\times[0,T]$ 的闭子集.

并假设对任何 $x \in M$, 常微分方程

$$\frac{d}{dt}b_x = N(x, b_x, t)$$

的任何在 $t_0 \in [0, T]$ 时刻从 $K_x(t_0)$ 出发的解将始终留在 $K_x(t)$内. 则 (5.2.6) 的任何解 $\sigma(x,t)(t \in [t_0, T])$ 将留在 $K_x(t)$ 内, 前提是: 对所有 $x \in M$, $\sigma(x, t_0) \in K(t_0)$ 且 σ 在从度量 h_{ab} 下在 $M \times [0, T]$ 内一致有界.

实际上, 周培能和吕鹏证明了允许 σ 为某种无界解的更为一般的结果. 然而, 所述结果已可用来证明改进的 Hamilton-Ivey 夹挤定理. 它在人们考虑 Ricci 流的长时间行为时有用.

定理 5.2.6 ([Ha9] 定理 4.1) 令 $(M, g(t))$, $t \in [0, T]$ 为 3维完备紧 (或非紧) 流形上的 Ricci 流, 满足对任何 $t \in [0, T]$, 流形的曲率有界. 令 $\nu = \nu(x, t)$ $(x \in M,\ t \in [0, T])$为曲率算子在 (x, t) 处的最小特征值. 假设在 $t = 0$ 时刻, $\nu \geqslant -1$.如果在点 (x, t) 处, $\nu = \nu(x, t) < 0$, 则数量曲率 $R = R(x, t)$ 满足

$$R \geqslant -\nu(\ln(-\nu) + \ln(1 + t) - 3).$$

证明 有了定理 5.2.5, 本定理的证明和定理 5.2.4 的证明几乎一样. 只不过将那里的函数 $f(a) = a(\ln a - 3)$ 换为

$$f_1(a) \equiv a(\ln a + \ln(1 + t) - 3). \qquad \square$$

作为本节的结束, 我们叙述

定理 5.2.7 (Hamilton 球形定理) 设 (M, g_0) 为具有正 Ricci 曲率的紧 3 维流形, 则规范 Ricci 流

$$\frac{d}{dt}g = -2Ric + g, \quad g(0) = g_0$$

在 $t \in [0, \infty)$ 上有唯一光滑解. 而且, 当 $t \to \infty$ 时, 度量 $g(t)$ 按任何 C^k 范数以指数函数的速度收敛到具有常正截曲率的 C^∞ 度量 g_∞.

因此, 具有正 Ricci 曲率的紧 3 维流形微分同胚于 3 维球 $\mathbf{S}^3$ 或 $\mathbf{S}^3$ 模掉有限群所得的商空间.

关于原始的证明, 读者可参考 [Ha1]. 书 [CLN] 有最新的证明, 其中极大值原理起着根本的作用.

§5.3 定性的性质: 梯度估计, Harnack 不等式, 紧性, κ 非坍塌

在这节中, 我们讨论 Ricci 流的一些定性的性质.它们是由上节中的发展方程所得的结论.

第一个结果属于施皖雄, 说的是曲率张量的界蕴涵曲率张量的协变导数的界. 这个结果将经典的 Bernstien 梯度估计推广到 Ricci 流的情形. 证明的主要想法是构造一个涉及曲率及其导数的量, 然后证明这个量满足的方程类似热方程, 且极大值原理适用于此方程.

定理 5.3.1 (施皖雄的导数估计 [Shi]) 如果 Ricci流的完备解的曲率直到时刻 t 满足

$$|Rm| \leqslant A,$$

其中 $0 < t \leqslant A^{-1}$. 则存在正常数 $C_m(m = 1, 2, \cdots)$, 使得第 m 阶协变导数对于 $0 < t \leqslant A^{-1}$, 满足

$$|\nabla^m Rm| \leqslant C_m A/t^{m/2},$$

其中曲率张量的范数是关于演变的度量而取.

证明 我们只处理紧流形上 $m = 1$ 的情形, 其余情形可用归纳法得到.分别以 Rm 和 ∇Rm 记曲率张量和它的协变导数. 根据命题 5.1.1,

$$\partial_t Rm = \Delta Rm + Rm * Rm, \tag{5.3.1}$$

其中 $Rm * Rm$ 是某些张量积的和的缩写. 由命题 3.1.1 知, 在单位正交坐标系 $\{x^1, \cdots, x^n\}$ 中,

$$R_{i_1 \cdots i_4, k} = \partial_{x_k} R_{i_1 \cdots i_4} - \sum_{r=1}^{4} \Gamma_{i_r k}^{l} R_{i_1 i_{r-1} l i_{r+1} i_4}.$$

因此, 在坐标系的中心, 有

$$\partial_t R_{i_1 \cdots i_4, k} = \partial_{x_k} \partial_t R_{i_1 \cdots i_4} - \sum_{r=1}^{4} \partial_t \Gamma_{i_r k}^{l} R_{i_1 i_{r-1} l i_{r+1} i_4}.$$

再由命题 5.1.1, 得

$$\partial_t\Gamma_{ij}^k = -g^{kl}(\nabla_i R_{jl} + \nabla_j R_{il} - \nabla_l R_{ij}).$$

由于 $\partial_t\Gamma_{ij}^k$ 是 ∇Rm 的分量的线性组合, 我们有

$$\partial_t \nabla Rm = \Delta\nabla Rm + Rm * (\nabla Rm), \tag{5.3.2}$$

由此及 (5.3.1), 得不等式

$$\partial_t|Rm|^2 \leqslant \Delta|Rm|^2 - 2|\nabla Rm|^2 + c|Rm|^3, \tag{5.3.3}$$

$$\partial_t|\nabla Rm|^2 \leqslant \Delta|\nabla Rm|^2 - 2|\nabla^2 Rm|^2 + c|Rm|\,|\nabla Rm|^2. \tag{5.3.4}$$

这里 c 是仅依赖于维数 n 的常数.选取常数 $a > 0$, 并令

$$F = t|\nabla Rm|^2 + a|Rm|^2,$$

则

$$\partial_t F \leqslant \Delta F + |\nabla Rm|^2(1 + tc|Rm| - 2a) + ca|Rm|^3.$$

取 $a \geqslant c+1$, 利用 $t \leqslant A^{-1}$, $|Rm| \leqslant A$, 得

$$\partial_t F \leqslant \Delta F + c_1A^3,$$

其中 c_1 是只与维数 n 有关的常数. 极大值原理表明

$$F(x,t) \leqslant \sup F(\cdot,0) + c_1A^3t \leqslant (a+c_1)A^2,$$

由此得

$$|\nabla Rm|^2(x,t) \leqslant (a+c_1)A^2/t. \qquad \square$$

通过构造适当的截断函数, 施皖雄也证明了局部梯度估计.

定理 5.3.2 (施皖雄的局部导数估计 [Shi]) 给定 $\theta > 0, A > 0$. 假设 Ricci 流 (M,g)的解的曲率满足

$$|Rm| \leqslant A, \quad \text{在 } U\times[0,\theta A^{-1}]\text{上}, \tag{5.3.5}$$

其中 U 是包含 $B(p,r,0)$ $(p\in M,\ r>0)$ 的开集. 则存在依赖于维数 n 和 θ 的正常数 C_m $(m=1,2,\cdots)$, 使得第 m 阶协变导数满足：对 $0<t\leqslant\theta A^{-1}$, 成立

$$|\nabla^m Rm(p,t)| \leqslant C_mA\Big(\frac{1}{r^m} + \frac{1}{t^{m/2}} + A^{m/2}\Big),$$

这里曲率张量的范数是关于演变度量而取的.

证明 我们只证主要情形 $m=1$, 其他情形的细节可参考原始论文 [Shi] 和 [Ha7] 或 [CZ] 的第 192 页. 至于简化的证明, 可看 [Tao], 其中陶哲轩找到比 (5.3.6) 更简单的辅助函数. 定理的证明分为三步. 不失一般性, 假设

$$r \leqslant \theta/\sqrt{A}.$$

第一步 构造 Bernstein 型辅助函数.

关键是考虑量

$$F = \frac{b}{A^4}(BA^2 + |Rm|^2)|\nabla Rm|^2, \tag{5.3.6}$$

其中 b 和 B 是满足 $b < c/(1+B)^2$ 的正常数, c 是只依赖于维数 n 的常数. 通过直接计算知, 可选适当小的 c, 使得 (5.3.3) 和 (5.3.4) 蕴涵不等式

$$\partial_t F \leqslant \Delta F - F^2 + A^2. \tag{5.3.7}$$

第二步 构造截断函数.

我们构造支在 $B(p,r,0)$ 上的沿空间方向的光滑截断函数 ϕ, 使得对 $t \in [0, \theta A^{-1}]$,

$$\phi(x) = r, \quad \text{当 } d(p,x,0) \leqslant r/2 \text{时},$$
$$0 \leqslant \phi \leqslant C_0 r,$$

其中 C_0 是正常数. 事实上, 可取

$$\phi(x) = r\lambda(d(p,x,0)/r),$$

其中 λ 是适当的单变量函数.

接下来, 在时空区域 $B(p,r,0)\times[0,\theta A^{-1}]$上定义闸函数

$$H = \frac{a^2}{\phi^2} + \frac{1}{t} + A, \tag{5.3.8}$$

其中 a 是一正常数. 注意, H 在抛物边界

$$\partial B(p,r,0)\times[0,\theta A^{-1}] \cup B(p,r,0)\times\{0\}$$

上为 ∞. 由连续性, 存在 $S \in [0, \theta A^{-1}]$, 使得在 $B(p, r, 0) \times [0, S]$ 上,

$$F \leqslant H. \tag{5.3.9}$$

令 T 为使 (5.3.9) 成立的 S 的上确界. 我们断言, 当 a充分大时, $T = \theta A^{-1}$. 由此断言, 定理便可获证.

我们证明存在依赖于 θ, b, B, 但不依赖于 a 的正常数 σ_1, 使得

$$|\nabla\phi|_{g(t)} \leqslant \sigma_1, \quad \phi|\nabla^2\phi|_{g(t)} \leqslant \sigma_1(1+a), \quad t \leqslant T, \tag{5.3.10}$$

其中, 对所有 $t \in (0, T]$, 协变导数是关于 $g(t)$ 的. 利用所假设的曲率的界 (5.3.5) 及 $r \leqslant \theta/\sqrt{A}$, 很容易验证, (5.3.10) 中导数的界在 $t = 0$时成立. 如果 $t > 0$, 采用命题 5.1.2 中给出的演变的正交标架 $\left\{F_a^i(x,t)\dfrac{\partial}{\partial x^i}\right\}$, 这里 $\left\{\dfrac{\partial}{\partial x^i}\right\}$ 是 p 点附近关于 $g(0)$ 的单位正交标架. 根据命题 5.1.2, 有

$$\partial_t \nabla_a \phi = \partial_t(F_a^i \nabla_i \phi) = F_a^i \nabla_i \partial_t \phi + \nabla_i \phi R_k^i F_a^k = R_{ab} \nabla_b \phi,$$

这里 $R_k^i = g^{ij} R_{jk}$. 从所假设的曲率的界 (5.3.5) 推得

$$\partial_t |\nabla\phi|^2 \leqslant CA|\nabla\phi|^2.$$

因此, 如果在 $t = 0$ 时, $|\nabla\phi| \leqslant C_1$ 对某个 $C_1 > 0$ 成立, 则对所有 $t \in [0, \theta/A]$, 成立

$$|\nabla\phi|^2 \leqslant C_1^2 \mathrm{e}^{tCA} \leqslant \mathrm{e}^{C\theta} C_1^2 \equiv \sigma_1^2. \tag{5.3.11}$$

接下来, 由命题 5.1.1 (iv) 和命题 5.1.2, 得恒等式

$$\begin{aligned}\partial_t(\nabla_{ab}^2 \phi) &= \partial_t(F_a^i F_b^j \nabla_{ij}^2 \phi) = \partial_t\left[F_a^i F_b^j \left(\frac{\partial^2 \phi}{\partial x^i \partial x^j} - \Gamma_{ij}^k \frac{\partial \phi}{\partial x^k}\right)\right] \\ &= R_{ac} \nabla_{bc}^2 \phi + R_{bc} \nabla_{ac}^2 \phi - (\nabla_c R_{ab} - \nabla_a R_{bc} - \nabla_b R_{ac}) \nabla_c \phi.\end{aligned}$$

由此导出

$$\partial_t |\nabla^2 \phi| \leqslant C|Rm|\,|\nabla^2\phi| + C|\nabla Rm|\,|\nabla\phi|.$$

由上式, (5.3.11) 及假设 (5.3.5) 蕴涵下述不等式

$$\partial_t |\nabla^2 \phi| \leqslant CA|\nabla^2 \phi| + C\sigma_1 |\nabla Rm|, \quad t \in (0, \theta/A].$$

对于 $t \in [0, T]$, 我们已假设 (5.3.9) 成立, 即 $F \leqslant H$. 因此,

$$|\nabla Rm|^2 \leqslant \frac{A^2}{bB}\Big(\frac{a^2}{\phi^2} + \frac{1+\theta}{t}\Big).$$

从而,

$$\partial_t(\phi|\nabla^2 \phi|) \leqslant CA\phi|\nabla^2\phi| + CA\Big(\frac{r(1+\theta)}{\sqrt{t}} + \frac{a}{\sqrt{bB}}\Big)\sigma_1.$$

将上述不等式从 0 到 T 积分, 由于 $T \leqslant \theta/A$ 及 $r \leqslant \theta/\sqrt{A}$, 我们推出

$$\phi|\nabla^2\phi| \leqslant C_2 \sigma_1 (1+a),$$

这里 C_2 不依赖于 a. 因此, 在调整常数后, (5.3.10) 成立.

第三步 应用极大值原理.

根据直接计算, 可知

$$\begin{aligned}\Delta H - H^2 &= a^2 \frac{6|\nabla\phi|^2 - 2\phi\Delta\phi}{\phi^4} - \Big(\frac{a^2}{\phi^2} + \frac{1}{t} + A\Big)^2 \\ &\leqslant \frac{a^2}{\phi^4}\Big(6|\nabla\phi|^2 + 2\phi|\nabla^2\phi|\Big) - \Big(\frac{a^4}{\phi^4} + \frac{1}{t^2} + A^2\Big).\end{aligned}$$

当 a 选得充分大时, 注意到 $\partial_t H = -1/t^2$, 这连同 (5.3.10)中的界蕴涵

$$\Delta H - H^2 \leqslant \frac{a^2}{\phi^4} 6[\sigma_1^2 + \sigma_1(1+a)] + \partial_t H - A^2 - \frac{a^4}{\phi^4} \leqslant \partial_t H - A^2.$$

从而, 在$B(p, r, 0) \times [0, T]$ 中,

$$\partial_t H \geqslant \Delta H - H^2 + A^2.$$

由此及 (5.3.7) 推得, 在$B(p, r, 0) \times [0, T]$中,

$$\partial_t(F - H) \leqslant \Delta(F - H) - (F + H)(F - H).$$

又注意到, 在 $B(p,r,0)\times[0,T]$ 的抛物边界上, $H>F$. 事实上, 在抛物边界上, $H=\infty$. 因此, 由热方程的极大值原理知, 在 $B(p,r,0)\times[0,T]$ 上, $F<H$. 这与假设 T 是使 $F\leqslant H$ 成立的所有时刻的上确界矛盾, 除非 $T=\theta A$, 这是假设 $|Rm|\leqslant A$ 成立的最后时刻. 这就证明了当 $m=1$ 时的界.

高阶导数的界可由归纳法得到. □

如果初始曲率有更多的导数控制, 则有下述改进的局部导数估计.至于更一般的结果, 可参见田刚和吕鹏的论文 [LT] 中的附录 B.

命题 5.3.1 给定 $\theta>0, A>0$, 令 (M,g) 为定义在时间段 $[0,\theta A^{-1}]$ 上的 Ricci 流. 令 Rm 为曲率张量, $\nabla^l Rm$ 为 Rm 的 l 阶协变导数 $(l=1,\cdots,m)$. 令 U 为包含球 $B(p,r,0)(r>0)$的开集. 假设对正常数 A,B 和 $x\in U$, 成立

$$|Rm|\leqslant A, \quad 在U\times[0,\theta A^{-1}] 内,$$

$$|\nabla^l Rm(x,0)|\leqslant \frac{B}{r^l}, l=1,\cdots,m.$$

则存在仅依赖于维数 n, A, B 和 θ 的正常数 C_l $(l=1,2,\cdots,m)$, 使得对 $l=1,2,\cdots,m$, 成立

$$|\nabla^l Rm(x,t)|\leqslant \frac{C_l}{r^l},$$

其中 $0<t\leqslant\theta A^{-1}$, 且 $x\in B(p,r/2,0)$.这里张量的模是关于演变度量而取的.

证明 我们只给情形 $m=1$ 的证明, 高阶导数的证明类似, 留做习题. 证明几乎与定理 5.3.2 的证明一样, 然而由于初始数据的导数有界, (5.3.8) 给出的闸函数 H 可用定义在 $B(p,r,0)\times[0,\theta A^{-1}]$ 中的函数

$$J=\frac{a^2}{\phi^2}+A$$

取代. 通过适当选取 a, 可推得在 $B(p,r,0)\times[0,T]$ 内,

$$0=\partial_t J\geqslant \Delta J-J^2+A^2,$$

其中 T 是使 $F \leqslant J$ 成立的最后时刻. 由此及 (5.3.7) 知, 在$B(p,r,0) \times [0,T]$ 内, 成立

$$\partial_t(F-J) \leqslant \Delta(F-J) - (F+J)(F-J).$$

由 ∇Rm 的初始的界及在侧面 $\partial B(p,r,0) \times [0,\theta A^{-1}]$ 上, $J=\infty$ 知, 在 $B(p,r,0) \times [0,\theta A^{-1}]$ 的抛物边界上,

$$J > F.$$

这里 J 中的常数 $a = a(A,B,\theta)$ 选得充分大. 由强极大值原理知, 在 $B(p,r,0) \times [0,T]$ 上, $F < J$, 这蕴涵 $T = \theta A^{-1}$. 这就推得所要的当 $m=1$ 时的不等式.

□

习题 5.3.1 证明命题 5.3.1 中的 $m>1$ 的情形.

根据第 4 章介绍的 [LY], [Ha5] 中的结果, 我们知道热方程的正解满足微分 Harnack 不等式. 沿 Ricci 流的数量曲率是非线性热方程的解, 它满足 Harnack 不等式吗? Hamilton [Ha6] 说明, 如果曲率算子非负, 则回答是肯定的.

定理 5.3.3 (数量曲率的 Harnack 不等式) 令 $g(t)$ $(t \in (0,T))$ 为流形 M 上的 Ricci 流的完备解. 假设 $g(t)$ $(t \in (0,T))$ 的曲率算子非负且有界, 则在演变的单位标架下, 对任何 1- 形式 W_a 及 2- 形式 U_{ab}, 有

$$M_{ab}W_aW_b + 2P_{abc}U_{ab}W_c + R_{abcd}U_{ab}U_{dc} \geqslant 0.$$

这里

$$M_{ab} = \Delta R_{ab} - \frac{1}{2}\nabla_a\nabla_b R + 2R_{cabd}R_{cd} - R_{ac}R_{bc} + \frac{1}{2t}R_{ab},$$
$$P_{abc} = \nabla_a R_{bc} - \nabla_b R_{ac}.$$

注解 5.3.1 可想而知, 这个 Harnack 不等式的证明要求相当大量的技术性计算, 尽管根本的想法仍是极大值原理. 我们请读者参考原始论文 [Ha6] 和书 [Cetc] 以获得证明的细节及动机. Hamilton 首先在 [Ha5] 中, 对具有固定度量的热方程的正解建立了类似的 Harnack 不等式.

曲率算子非负的假设指的是, 对任何 2-形式 U, $R_{abcd}U_{ab}U_{dc} \geqslant 0$, 请参看定义 5.1.3. 注意, U 上指标 d, c 的顺序颠倒过来了. 这是由我们采用的张量缩并的规定引起的. 初看起来, 曲率算子非负的假设似乎限制过大. 然而, 在 3 维情形, 这对于奇性分析已足够. 最近, S. Brendle [Br] 能在一定程度上放松曲率的条件.

在许多应用中, 定理 5.3.3 的下述迹形式已经足够.

推论 5.3.1 (沿 Ricci 流的迹 Harnack 不等式) 在和定理 5.3.3 的假设下, 对任何 1-形式 V_a, 成立

$$\partial_t R + \frac{R}{t} + 2\nabla_a R V_a + 2R_{ab}V_aV_b \geqslant 0.$$

证明 取

$$U_{ab} = \frac{1}{2}(V_aW_b - V_bW_a),$$

并在前面定理 5.3.3 中对 W_a 取迹. □

让我们叙述一个由 Hamilton 给出的古代解的分类结果, 它不过是迹 Harnack 不等式的一个应用.

定理 5.3.4 令 $(M, g(t))$ $(t \in (-\infty, 0))$ 是 Ricci 流的具有非负曲率算子及正 Ricci 曲率为正的完备解. 假设数量曲率 R, 满足条件: $\sup\limits_{M\times(-\infty,0)} R$ 在时空上某点处取到, 则 $(M, g(t))$ 是梯度稳定孤立子.

证明可在 [Ha4] 或 [CLN] 定理 10.48 中找到.梯度孤立子的概念在下面的定义 5.4.2 中给出.

接下来, 我们转向讨论 Ricci 流的收敛性和紧性的概念. 它们根植于由 Cheeger, Gromov 和其他人所发展的流形收敛性的经典理论. 它们在分析 Ricci 流的奇性, 即需要从一伸缩后的度量序列抽取收敛子序列时, 非常有用.

定义 5.3.1 (流形的 $C^\infty_{\rm loc}$ 收敛) 令 (M_k, g_k, p_k) 为一完备标记 Riemann流形序列, $B(p_k, r_k)$ 为 M_k 中的测地球序列, 且当 $k \to \infty$ 时，$r_k \to r_\infty \leqslant \infty$. 我们称 $B(p_k, r_k)$ 按 $C^\infty_{\rm loc}$**拓扑收敛**到一标记流形

$(M_\infty, g_\infty, p_\infty) = \{p \mid d(p_\infty, p, g_\infty) < r_\infty\}$, 如果存在包含 p_∞ 的穷竭开集序列 $O_k \subset M_\infty$，以及微分同胚序列

$$f_k : O_k \to V_k \subset B(p_k, r_k) \subset M_k,$$

满足下列条件: $f_k(p_\infty) = p_k$, 且当 $k \to \infty$ 时, 拉回度量 $\tilde{g}_k = (f_k)^* g_k$ 在 M_∞ 的每个紧子集上按 C^∞ 拓扑收敛到 g_∞. 称标记流形 (M_k, g_k, p_k) 按 C^∞_{loc} **拓扑收敛**到 $(M_\infty, g_\infty, p_\infty)$, 如果当 k 充分大时, $f_k(O_k)$ 还包含半径为 $r > 0$ 的任意测地球 $B(p_k, r) \subset M_k$.

注解 5.3.2 这个收敛概念也称为 Cheeger-Gromov **收敛**或**几何收敛**.

上述收敛性的定义可按下述方式修改, 使之适合沿 Ricci 流演变的度量.

定义 5.3.2 (演变流形的 C^∞_{loc} 收敛性) 令 $(M_k, g_k(t), p_k)$ 为一完备标记 Riemann 流形序列, 其中 $g_k(t)$ 在时间段 $t \in (a, b]$ $(a < 0 < b)$ 中沿 Ricci 流光滑演变, 令

$$B(p_k, r_k, 0) = \{p \mid d(p, p_k, g_k(0)) < r_k\}$$

为 M_k 中的一测地球序列, 满足当 $k \to \infty$ 时, $r_k \to r_\infty \leqslant \infty$. 称标记序列 $\{B(p_k, r_k, 0), g_k(t), p_k\}$ $(t \in (a, b])$ 按 C^∞_{loc} **拓扑收敛**到一演变的标记流形 $(M_\infty, g_\infty(t), p_\infty)$ $(t \in (a, b])$, 如果存在一包含 p_∞ 的穷竭开集序列 $O_k \subset M_\infty$ 及微分同胚序列

$$f_k : O_k \to V_k \subset B(p_k, r_k, 0) \subset M_k,$$

满足下列条件: $f_k(p_\infty) = p_k$, 且当 $k \to \infty$ 时, 拉回度量 $\tilde{g}_k(t) = (f_k)^* g_k(t)$ 在 $M_\infty \times (a, b]$ 的每个紧子集上按 C^∞ 拓扑收敛到度量 $g_\infty(t)$. 称演变标记流形 $(M_k, g_k(t), p_k)$ 按 C^∞_{loc} **拓扑收敛**到流形 $(M_\infty, g_\infty(t), p_\infty)$, 如果当 k 充分大时, $f_k(O_k)$ 还包含半径为 $r > 0$ 的任意球 $B(p_k, r, 0) \subset M_k$.

注解 5.3.3 在三元组 $\{B(p_k, r_k, 0), g_k(t), p_k\}$ 中, 球 $B(p_k, r_k, 0)$ 是按度量 $g_k(0)$ 定义的. 但它配备演变度量 $g_k(t)$, 所有的几何对象都是在 $g_k(t)$ 下计算.

在 [Ha8] 中, Hamilton 证明了下面的 Ricci 流的紧性结果.这个结果大致说的是, 如果曲率张量在一紧集上一致有界, 且在一时间层面

上, 单射半径在标记点有一致下界, 则 Ricci 流序列按 C_{loc}^{∞} 拓扑为紧序列. 要了解详细证明, 请读者参考 [Ha8] 或 [CZ] 中的 4.1 节.

定理 5.3.5 (Ricci 流的 Hamilton 紧性定理)　令 $(M_k, g_k(t), p_k)$, $(t \in (a, b], -\infty \leqslant a < 0 < b \leqslant \infty)$ 为一完备标记 Riemann 流形序列, 其中度量 $g_k(t)$ 沿 Ricci 流光滑演变. 令 $B(p_k, r_k, 0) = \{p \mid d(p, p_k, g_k(0)) < r_k\}$ 为 M_k 中的测地球序列, 且当 $k \to \infty$ 时, $r_k \to r_\infty \leqslant \infty$. 假设下面条件成立:

(i) 对每个 $r \in (0, r_\infty)$, 存在不依赖于 k 的正常数 $C(r)$, 使得当 k 充分大时, 曲率张量 $Rm_{g_k(t)}$ 在 $B(p_k, r, 0) \times (a, b]$ 上满足

$$|Rm_{g_k(t)}| \leqslant C(r);$$

(ii) 存在常数 $\delta > 0$, 使得在度量 $g_k(0)$ 下, M_k 在点 p_k的单射半径满足

$$\text{inj}(M_k, p_k, g_k(0)) \geqslant \delta > 0, \quad k = 1, 2, \cdots.$$

则在时间段 $t \in (a, b]$ 上存在演变标记序列 $((B(p_k, r_k, 0), g_k(t), p_k)$ 的子序列, 它按 C_{loc}^{∞}拓扑收敛到一演变标记流形 $(M_\infty, g_\infty(t), p_\infty)$, 其中度量 $g_\infty(t)$ 在时间段 $(a, b]$ 上沿 Ricci 流光滑演变.

此外, 在 $t = 0$ 时, M_∞ 是以 p_∞ 为心, 以 r_∞为半径的开测地球, 且如果 $r_\infty = \infty$, 则 M_∞ 完备.

在 Ricci 流的奇性研究中, 常常需要在奇点附近对 Ricci 流作伸缩变换并取极限. 因此, 如果有所要求的单射半径下界, 则紧性定理相当有用. 历史上, 在 Ricci 流下找出这样的下界非常困难. 下面由 Perelman [P1] 引进的 κ 非坍塌性质蕴涵单射半径的下界 (参考定理 3.6.2). 在下一章中, 我们将证明 Perelman 的一个定理, 它断言：任何 Ricci 流在有限时间内满足这个性质.

定义 5.3.3 (非坍塌或 κ 非坍塌)　令 $(M, g(t))$ 为定义在时间段 $[a, b]$ 上的 Ricci 流, κ 为正常数. 令 $x_0 \in M$, $t_0 \in [a, b]$, $r > 0$ 且假设 $t_0 - r^2 \geqslant a$.如果在

$$P(x_0, t_0, r, -r^2) = \{(x, t) \mid x \in M, t \in (t_0 - r^2, t_0), d(x, x_0, t) < r\}$$

上, $|Rm| \leqslant r^{-2}$ 且 $|B(x_0, r, t_0)|_{g(t_0)} \geqslant \kappa r^n$, 这里 n 是流形的维数, 则称 M 在 (x_0, t_0) 处, 在尺度 r 上**非坍塌或** κ**非坍塌**.

§5.4 特殊情形: 孤立子, 古代解, 奇性模型

一般来说, 偏微分方程的显式解或特殊解非常有用, 其中的部分原因是因为它们不是很多. $\mathbf{R}^n$ 中热方程的基本解就是一个这样的例子. 在 Ricci 流的情形, 也就是 Ricci 孤立子和古代解这两类特解, 提供了 Ricci 流方程在奇点附近解的结构以及流形拓扑的重要信息. 下面 Perelman 的一个结果的简单描述. 当 Ricci 流的解在时间 T 出现奇性时, 在时刻 t 的曲率张量的模当 $t \to T^-$ 时将趋于无穷.通过适当伸缩度量, 人们得到极限度量, 它们构成新的时间变量 s 下的新 Ricci 流的解. 这个解在 s 为 $-\infty$ 与一固定时间 $s=0$ 之间存在, 因此称它为古代解. 古代解已经是特解. 在 3 维情形, 当 $s \to -\infty$ 时, 人们可再次伸缩度量以抽取子序列收敛到更为特殊的解 ——Ricci 孤立子. 这些 Ricci 孤立子实际上由数量函数的梯度生成, 这使得它们愈加特别. 事实上, 只有在很少的特殊流形 (如 $\mathbf{S}^3, \mathbf{S}^2 \times \mathbf{R}$ 等) 上, 有极少量的梯度 Ricci 孤立子. Perelman 然后证明, 3 维 Ricci 流在奇点附近的性态就像这些梯度 Ricci 孤立子. 显然, 由这个结果可推出重要的拓扑结论.

让我们叙述这些特解的形式定义.

定义 5.4.1 (古代解, κ 解) 如果紧或非紧的光滑 Ricci 流完备且存在的时间是 $(-\infty, T)$, 其中 T 是某个有限数, 则称此 Ricci 流为**古代解**. κ**解**或 κ**古代解**是满足下述条件的古代解:

(i) 它在所有尺度上是 κ 非坍塌的;

(ii) 它有非负曲率算子;

(iii) 它在每个时间层面上的曲率有界;

(iv) 它非平坦, 亦即曲率张量不恒为零.

毕竟 Ricci 孤立子 $g(t) = g_{ij}(x,t)$ 是 Ricci 流方程的解, 它的特殊性在于：除去一个只与时间有关的伸缩函数, $g(t)$ 是初始度量通过微分同胚 ϕ_t 拉回而得到的度量. 因此, Ricci 流方程迫使初始度量满足某个与时间无关的方程. 微分同胚 ϕ_t 也不能任意, 它们由一与时间无关的向量场产生. 另一方面, 任何满足这个与时间无关的方程的初始度量都产生 Ricci 孤立子. 由于这个原因, 人们不必区分初始值 $g(0)$ 和它所产生的 Ricci 孤立子.

定义 5.4.2 (Ricci 孤立子) 令 M 为配备度量 g_0 的 Riemann 流形, $g = g(t)$为以 g_0 为初值产生的 Ricci 流. 假设存在数 $\lambda \in \mathbf{R}$及向量场 V, 使得 g_0 满足方程

$$2Ric + L_V g_0 + 2\lambda g_0 = 0. \tag{5.4.1}$$

则根据 $\lambda = 0, \lambda < 0$ 和 $\lambda > 0$的不同情形, 分别称 g_0 或 $g(t)$ 为**稳定**, **收缩**和**扩张** Ricci **孤立子**. 如果 V 是梯度向量场, 即存在 M 上的数量函数 f, 使得 $V = \operatorname{grad} f$, 则分别称 g_0 或 $g = g(t)$ 为**稳定**, **收缩和扩张梯度**Ricci**孤立子**.

注解 5.4.1 由命题 3.1.3, 对 M 上任何向量场 Y, Z, 有

$$(L_V g_0)(Y, Z) = g_0(\nabla_Y V, Z) + g_0(Y, \nabla_Z V).$$

因此, 在局部坐标系 $\{x^1, \cdots, x^n\}$ 下, Ricci 孤立子方程 (5.4.1) 可写为

$$2R_{ij} + g_{ik}\nabla_j V^k + g_{jk}\nabla_i V^k + 2\lambda g_{ij} = 0.$$

这里 V^k 由 $V = V^k \dfrac{\partial}{\partial x^k}$ 给出, 而 $\nabla_j V^k$ 由 $\nabla_{\frac{\partial}{\partial x^j}} V = \nabla_j V^k \dfrac{\partial}{\partial x^k}$ 给出.

注解 5.4.2 根据 f 的 Hessian 的计算公式知, 对于梯度 Ricci 孤立子, g_0 满足

$$R_{ij} + \nabla_i \nabla_j f + \lambda g_{ij} = 0.$$

命题 5.4.1 令 g_0 和 $g(t)$ 为定义 5.4.2 中给出的 Ricci 孤立子, ϕ_t 为由向量场 $(1+2\lambda t)^{-1}V$ 生成的单参数微分同胚族, 即

$$\frac{d}{dt}\phi_t(x) = (1+2\lambda t)^{-1} V(\phi_t(x)), \quad \phi_0 = I,$$

则

$$g(t) = (1+2\lambda t)\phi_t^* g_0.$$

证明 为证明这个恒等式, 我们只要验证它的右端满足 Ricci 流方程. 由命题 3.1.4 (ii) 及 ϕ_t 的半群性质知, 对于 (M, g_0) 上的向量场 Y, Z, 有

$$\begin{aligned}&(1+2\lambda t)\left(\frac{d}{dt}\phi_t^* g_0\right)(Y, Z)\\&= (1+2\lambda t)\,\phi_t^*(L_{(1+2\lambda t)^{-1}V}\, g_0)(Y, Z)\end{aligned}$$

$$
\begin{aligned}
&= L_V g_0((\phi_t)_* Y, (\phi_t)_* Z) \\
&= -2Ric_{g_0}((\phi_t)_* Y, (\phi_t)_* Z) - 2\lambda g_0((\phi_t)_* Y, (\phi_t)_* Z) \quad (\text{根据}(5.4.1)) \\
&= -2(\phi_t^* Ric_{g_0})(Y, Z) - 2\lambda(\phi_t^* g_0)(Y, Z).
\end{aligned}
$$

这表明

$$
\begin{aligned}
\frac{d}{dt}[(1+2\lambda t)\phi_t^* g_0] &= 2\lambda\phi_t^* g_0 + (1+2\lambda t)\frac{d}{dt}\phi_t^* g_0 \\
&= 2\lambda\phi_t^* g_0 - (2Ric_{\phi_t^* g_0} + 2\lambda\phi_t^* g_0) \\
&= -2Ric_{\phi_t^* g_0} = -2Ric_{(1+2\lambda t)\phi_t^* g_0}.
\end{aligned}
$$

在最后一步, 我们用了 Ricci 曲率张量在度量伸缩常数倍下不改变这个事实. □

有趣的是, 3 维非坍塌的梯度收缩孤立子并不多, 它们全部被 Perelman [P1] 分了类.

命题 5.4.2 (3 维梯度收缩孤立子的分类) 令 $(M, g(t))$ 为非平坦的 3 维梯度收缩孤立子. 又设 $(M, g(t))$具有非负有界截面曲率且在所有尺度上对某个 $\kappa > 0$ 是 κ非坍塌的. 则 $(M, g(t))$ 要么是

(i) 标准 3 维球 $\mathbf{S}^3$, 或它的某个度量商空间; 要么是

(ii) 标准 $\mathbf{S}^2 \times \mathbf{R}$, 或它的某个 $\mathbf{Z}_2$ 商空间.

注意, $\mathbf{S}^2 \times \mathbf{R}$ 的 $\mathbf{Z}_2$ 商空间为 $\mathbf{RP}^2 \times \mathbf{R}$ 和扭转积 $\mathbf{S}^2 \tilde{\times} \mathbf{R}$, 其中群 $\mathbf{Z}_2$, 既翻转 $\mathbf{S}^2$, 也翻转 $\mathbf{R}$.

证明 根据截面曲率是否取到零值及流形 M 的紧性, 分三种情形讨论.

情形 1 截面曲率在某处为 0.

考虑拉回到万有覆盖的孤立子 $(\tilde{M}, \tilde{g})$, 它是截面曲率在某些地方为 0 的单连通 (由万有覆盖的定义) 的非平坦的 κ 解. 根据定理 5.2.1, 拉回孤立子 $(\tilde{M}, \tilde{g})$分裂为 2 维 κ 解和 $\mathbf{R}$ 的度量积. 由 [Ha3], 2 维 κ 解只有标准 $\mathbf{S}^2$ 或 $\mathbf{RP}^2$. 由于 $\tilde{M}$ 是单连通而 $\mathbf{RP}^2$ 不是, 因此, $\tilde{M} = \mathbf{S}^2 \times \mathbf{R}$ 且 2 维球的半径在 $t < 0$ 时可选为 $\sqrt{-2t}$. 从而, 最初的梯度孤立子是圆柱的度量商空间 $M = \mathbf{S}^2 \times \mathbf{R}/\Gamma$. 如果 M 紧, 则在远古时刻 t, 数量曲率为 $c/|t|$. 由于 M 在 $\mathbf{R}$ 方向的大小不随时间改变,

因此半径为 $\sqrt{|t|}$的球的体积相当于 $c|t|$，即在远古时刻 t 的 2 维球的体积, 但这与 κ 解是在任何时刻在所有尺度上 κ 非坍塌的事实矛盾, 因此 M 非紧. 由于 Γ 在因子 $\mathbf{R}$ 上的投影 Γ_2 是 $\mathbf{R}$ 的等距群, 且 $\mathbf{R}$ 在 Γ_2 下的像非紧, 由此 Γ_2 为 $\{1\}$或 $\mathbf{Z}_2$. 从而存在 Γ 不变的横截球面, 譬如说 $\mathbf{S}^2\times\{0\}$, Γ 在其上等距作用且没有不动点, 这蕴涵 Γ 本身为 $\{1\}$ 或 $\mathbf{Z}_2$. 由此得出, M 为 $\mathbf{S}^2\times\mathbf{R}$ 或它的某个 $\mathbf{Z}_2$ 商空间.

情形 2 M 为紧且截面曲率处处为正.

令 t_0 为某个远古时刻. 以 $(M,g(t_0))$ 为初值, Hamilton 的球形定理 5.2.7 表明, $(M,g(t))$ $(t>t_0)$ 随着 t 的增加越来越圆. 这意味着最大最小截面曲率的比值趋于 1, 从而 $(M,g(0))$ 比 $(M,g(t_0))$ 更圆. 但这两者在模去微分同胚后仅差一相似伸缩变换. 因此, M 必为标准 $\mathbf{S}^3$ 或它的度量商.

情形 3 M 非紧且截面曲率处处为正.

这样的梯度收缩孤立子实际上不存在. 它的证明是命题中最困难的部分, 我们将剩下的证明分成五步.

第一步 位势函数的性质.

不失一般性, 我们可假设孤立子在 $t=0$ 时刻变为奇异. 根据梯度收缩孤立子的定义 5.4.2, 存在位势函数 $f=f(x,t)$，使得在局部法坐标系下, 成立

$$\nabla_i\nabla_j f+R_{ij}+\frac{1}{2t}g_{ij}=0,\qquad -\infty<t<0. \tag{5.4.2}$$

上式取散度 (参考定义 3.3.2), 我们得到

$$\Delta\nabla_j f+\nabla_i R_{ij}=0.$$

由命题 3.2.3 及 Bochner 公式，有

$$\nabla_i R_{ij}=\frac{1}{2}\nabla_j R,$$

$$\Delta\nabla_j f=\nabla_j\Delta f+R_{jk}\nabla_k f=\nabla_j(-R-\frac{3}{2t})+R_{jk}\nabla_k f.$$

因此,

$$\nabla_i R=2R_{ij}\nabla_j f. \tag{5.4.3}$$

将时间固定在 $t=-1$ 时刻，并选取基点 x_0, 令 $c=c(s)$ 为连接点 x_0 和 x 的以弧长为参数的极小测地线. 记 $d(x_0,x,-1)=l$, $X(s)=c'(s)$.为节省记号, 我们仍用 f 来记函数 $f(\cdot,-1)$, 则由 (5.4.2) 得

$$\frac{d^2f(c(s))}{ds^2}=\frac{d}{ds}<\nabla f,c'(s)>=<\nabla_X\nabla f,X>=-Ric(X,X)+\frac{1}{2}.$$

因此,

$$\frac{df(c(s))}{ds}\Big|_{s=l}=\frac{df(c(s))}{ds}\Big|_{s=0}+\frac{1}{2}l-\int_0^l Ric(X,X)ds.$$

由于曲率整体有界, 根据命题 5.1.5, 存在不依赖于 l 的界, 即

$$\int_0^l Ric(X,X)ds\leqslant C.$$

因此,

$$\frac{df(c(s))}{ds}\Big|_{s=l}\geqslant\frac{1}{2}l-C. \tag{5.4.4}$$

接下来, 令 $Y=Y(s)$ 为沿 $c=c(s)$ 且垂直于 $X=X(s)$ 的单位平行向量场, 则同样由方程 (5.4.2) 知

$$\frac{d}{ds}Y(f(c(s)))=\frac{d}{ds}<\nabla f,Y>=<\nabla_X\nabla f,Y>=-Ric(X,Y).$$

对上式积分得

$$Y(f)(x)=Y(f)(x_0)-\int_0^l Ric(X,Y)ds.$$

根据 Cauchy-Schwarz 不等式, 有

$$\begin{aligned}\Big(\int_0^l|Ric(X,Y)|ds\Big)^2&\leqslant l\int_0^l|Ric(X,Y)|^2ds\\&\leqslant l\int_0^l|Ric(Y,Y)|\,|Ric(X,X)|ds\\&\leqslant Cl\int_0^l|Ric(X,X)|ds\leqslant Cl.\end{aligned}$$

因此,

$$|Y(f)(x)|\leqslant C(\sqrt{l}+1). \tag{5.4.5}$$

由此及 (5.4.4) 知

$$\begin{aligned} \frac{l}{2} - C \leqslant <X, \nabla f> (x) \leqslant \frac{l}{2} + C, \\ |<Y, \nabla f>(x)| \leqslant C\sqrt{l} + C, \quad d(x_0, x, -1) = l. \end{aligned} \tag{5.4.6}$$

当 l 大时, 这两个不等式蕴涵 f 没有临界点, 且 f 的梯度越来越平行于极小测地线的切向. 因此, 梯度收缩孤立子在无穷远处看上去像圆柱.

第二步 证明数量曲率 R 在无穷远处趋于 1.

根据 (5.4.6), 对于大的 l, 成立

$$|f(x) - \frac{l^2}{4}| \leqslant C(l+1). \tag{5.4.7}$$

因此, M 在 (相对于 x_0 的) 无穷远附近的部分可由 $\bigcup_{a>1}^{\infty}\{x \mid f(x) \geqslant a\}$ 覆盖. 令 $q = q(s)$ 为梯度流 $q'(s) = \nabla f(q(s))$ 的积分曲线, 则由 (5.4.3), 有

$$\frac{dR(q(s))}{ds} =< \nabla R, q'(s) >= 2Ric(\nabla f, \nabla f) > 0. \tag{5.4.8}$$

这表明

$$\overline{R} \equiv \limsup_{d(x_0, x, -1)\to\infty} R(x, -1) > 0.$$

取点列 $(x_k, -1)$, 使得 $R(x_k, -1) \to \overline{R}$. 根据 κ 非坍塌的假设知, 可用 Hamilton 的紧性定理 5.3.5 . 因此, 有一标记流形的子序列, 仍记做 $(M, (x_k, -1))$, 它按 C^{∞}_{loc} 拓扑收敛到一古代解 $(\overline{M}, \overline{g})$. 由命题 7.1.1, 极限解分裂出一直线, 即 $\overline{M} = \overline{M}_2 \times \mathbf{R}$. 注意到, $\overline{M}_2$ 是 2 维古代解, 也在所有尺度上 κ 非坍塌. 根据 [Ha3](定理 7.1.3), $\overline{M}_2$ 为标准 $\mathbf{S}^2$ 或 $\mathbf{RP}^2$. 注意到, M 具有严格正的截面曲率, 由 [CG2], 它是可定向的. 因此, $\overline{M}_2 = \mathbf{S}^2$ 且 $\overline{M}$ 是通常的收缩圆柱 $\mathbf{S}^2 \times \mathbf{R}$, 它存在的时间为 $(-\infty, 0]$. 极限流在时刻 $t = -1$ 的数量曲率为 $\overline{R}$, 从而 $\overline{R} \leqslant 1$, 因为否则极限流将在时刻 $t = 0$ 前爆破.

由于假设孤立子 (M, g) 在时刻 $t = 0$ 出现奇性, 命题 5.4.1 表明

$$g(t) = -t\phi_t^* g(-1),$$

其中 ϕ_t 是由 ∇f 生成的单参数微分同胚族. 因此,

$$\inf R(x,t) = |t|^{-1} \inf R(x,-1) > C|t|^{-1} > 0.$$

这蕴涵极限孤立子 $(\overline{M}, \overline{g})$ 一定在时刻 $t=0$ 爆破. 由 $\overline{R}$ 的定义, 极限孤立子是通常的收缩圆柱, 且在 $t=-1$ 时刻数量曲率为 $\overline{R}$. 为了恰好在 $t=0$ 时刻爆破, 除了 $\overline{R}=1$ 外没有其他的选择. 我们可对任何趋于无穷且满足 $R(x_k,-1)$ 有极限的点列 x_k 实行相同的论证. 因此,

$$\lim_{d(x_0,x,-1)\to\infty} R(x,-1) = 1,$$

并且当 $d(x_0,x,-1)$充分大时, $R(x,-1) < 1$. 最后一个断言是因为 (5.4.8).

第三步 我们证明, 当 a 很大时,

$$Area\{f=a\} < 8\pi, \tag{5.4.9}$$

其中 $\{f=a\}$ 是 f 在值 a 处的水平曲面.如果有多过一个的连通分支, 则只挑其中一个.

令 $\{e_1, e_2\}$ 为 $\{f=a\}$ 的单位正交基, 而 e_3 为单位外法向量, 则 $\{e_1,e_2,e_3\}$ 是 M 的单位正交基. 令 $\nabla^2 f \equiv (f_{ij})$ 为 f 在这个基下的 Hessian. 在剩下的证明里, 涉及导数以及曲率张量的分量的表达式全部是在这个基下考虑.

水平集的第二基本形式为

$$h_{ij} \equiv < \nabla_i e_3, e_j > = < \nabla_i \frac{\nabla f}{|\nabla f|}, e_j > = \frac{f_{ij}}{|\nabla f|}, \quad i,j=1,2. \tag{5.4.10}$$

这里我们用了 $< \nabla f, e_j > = 0$ $(j=1,2)$. 注意到, 由 $t=-1$, (5.4.2) 以及当 $d(x_0, x_1-1)$ 充分大时, $R(x,-1) < 1$ 知, 当 a 很大时,

$$f_{ii} = \frac{1}{2} - Ric(e_i, e_i) \geqslant \frac{1}{2} - \frac{R}{2} > 0, \quad i=1,2.$$

这里我们也用了性质 $Rg \geqslant 2Ric$, 在 3 维时, 它等价于截面曲率的正性. 下面的计算证实了这点, 这些计算是在使 Ricci曲率对角化的局部单位正交坐标系中进行的.

由于 $Ric_{ij} = R_{ikkj}$, 我们有

$$Ric_{11} = R_{1221}+R_{1331}, \quad Ric_{22} = R_{2112}+R_{2332}, \quad Ric_{33} = R_{3113}+R_{3223}.$$

因此,

$$R = Ric_{11} + Ric_{22} + Ric_{33} = 2R_{1221} + 2R_{1331} + 2R_{2332}.$$

这表明 $Rg \geqslant 2Ric$, 且

$$R - 2Ric_{33} = 2R_{1221}. \tag{5.4.11}$$

根据面积的第一变分公式 (可参见 [CLN] 的第一章第 8 节), 当 a 很大时,

$$\frac{d}{da}\text{Area}\{f=a\} = \int_{\{f=a\}} \frac{f_{11}+f_{22}}{|\nabla f|} \geqslant \int_{\{f=a\}} \frac{1-R}{|\nabla f|} > 0.$$

因此, Area$\{f=a\}$ 对大的 a 是增函数. 我们断言

$$\lim_{a\to\infty} \text{Area}\{f=a\} = 8\pi. \tag{5.4.12}$$

而这蕴涵 (5.4.9) 并完成了第三步的证明.

由第二步, 可取序列 $a_i \to \infty$ 和点 x_i 趋于无穷, 使得 $x_i \in \{f=a_i\}$ 且 $(M, x_i, g(t))$ 收敛到标准的收缩圆柱, 它在时刻 $t=-1$的数量曲率为 1. 考虑函数

$$F_i(x) \equiv 2\sqrt{f(x)} - 2\sqrt{f(x_i)}.$$

根据 (5.4.6), (5.4.7) 和 (5.4.2),

$$|\nabla F_i| = |\nabla f|/\sqrt{f} \to 1, \quad |\nabla^2 F_i| = \left|\frac{\nabla^2 f}{f^{1/2}} - \frac{1}{2}\frac{|\nabla f|^2}{f^{3/2}}\right| \leqslant \frac{C}{f^{1/2}} \to 0, \quad a\to\infty.$$

再由 (5.4.2), $|\nabla^3 f| = |\nabla Ric| \leqslant C$, 通过直接计算知, 这蕴涵当 $a\to\infty$ 时, $|\nabla^3 F_i| \to 0$. 因此, 函数 F_i 收敛到一个 C^2 函数 F_∞, 且满足

$$\nabla^2 F_\infty = 0, \quad |\nabla F_\infty| = 1.$$

由通常的椭圆方程理论知, F_∞ 是定义在极限孤立子, 即标准的收缩圆柱上的 C^∞ 函数. 而我们知道, F_∞ 是径向函数, 且 $F_\infty^{-1}(a)$ 是具有常曲率的全测地 2 维球 $\mathbf{S}^2$. 由于 $\{f=a\}$ 的每个分支收敛到数量曲率为

1 的 2 维球 $\mathbf{S}^2$, 而半径为 r的球的数量曲率是 $2/r^2$. 因此, 2 维球 $\mathbf{S}^2$ 的半径为 $\sqrt{2}$, 面积为 8π. 即断言为真. 这就完成了第三步的证明.

第四步 得到与 Gauss-Bonnet 公式相矛盾的结果.

以 N 记水平曲面 $\{f = a\}$, X 为它的单位法向量, R_N 为内蕴 (Gauss) 曲率, 它是数量曲率的 1/2. 令 h_{ij} 为第二基本形式. 根据 Gauss-Codazzi 方程和第三步中的 (5.4.2) 和 (5.4.11), 我们有

$$\begin{aligned} R_N &= R_{1221} + det(h_{ij}) \\ &= \frac{1}{2}(R - 2Ric(X,X)) + \frac{f_{11}f_{22} - f_{12}^2}{|\nabla f|^2} \\ &\leqslant \frac{1}{2}(R - 2Ric(X,X)) + \frac{1}{4|\nabla f|^2}(f_{11} + f_{22})^2 \\ &= \frac{1}{2}(R - 2Ric(X,X)) + \frac{1}{4|\nabla f|^2}[1 - (R - Ric(X,X))]^2 \\ &= \frac{1}{2}\Big[1 - Ric(X,X) - (1 - R + Ric(X,X)) + \frac{(1 - R + Ric(X,X))^2}{2|\nabla f|^2}\Big]. \end{aligned}$$

当 a 充分大时, 我们已知 $1 - R + Ric(X,X)$ 有界且为正. 又由 (5.4.6) 知, $|\nabla f|$ 很大, 由此推得

$$R_N < \frac{1}{2}.$$

接下来由 Gauss-Bonnet 公式

$$4\pi = \int_N R_N dA < \frac{1}{2}\mathrm{Area}(N).$$

因此,

$$\mathrm{Area}(N) > 8\pi.$$

这和 (5.4.9) 矛盾. 这就证明了命题. □

详细证明也可在 [Cetc], [CZ], [KL] 和 [MT] 中找到. 这个结果的推广和改进出现在 [Ni3], [NW], [PW] 和 [Nab] 中.

像许多非线性发展方程一样, Ricci 流可能在有限时间内出现奇点.奇性分析对于理解方程和底流形是重要的.

定义 5.4.3 (极大解, 几乎极大点) 令 $g(t) = g_{ij}(x,t)$ 为 $M \times [0,T)$ 上的 Ricci 流, 其中 M 为紧或 $(M, g(t))$完备且曲率有界, $T \leqslant \infty$.

如果当 $t \to T$ 时, Rm 在 $g(t)$ 下的模的上确界变为无界, 则称 $g = g(t)$ 为**极大解**. 如果存在正常数 a和 $\alpha \in (0,1]$, 使得

$$|Rm(x,t)| \geqslant aK_{\max}(s), \qquad s \in \left[t - \frac{\alpha}{K_{\max}(t)}, t\right],$$

其中

$$K_{\max}(s) \equiv \sup_{x \in M} |Rm(x,s)|_{g(s)}.$$

则称点 $(x,t) \in M \times [0,T)$ 为**几乎极大点**.

Hamilton [Ha7] 根据曲率张量趋于无穷的速率, 对极大解引进了下面的概念, 由此分类了所有极大解.

定义 5.4.4 (极大解的类型) Ricci 流在 $[0,T)$ 中的极大解称为

第I型, 如果 $T < \infty$, 且 $\sup\limits_{[0,T)} (T-t)K_{\max}(t) < \infty$;

第II型(a), 如果 $T < \infty$, 但 $\sup\limits_{[0,T)} (T-t)K_{\max}(t) = \infty$;

第II型(b), 如果 $T = \infty$, 且 $\sup\limits_{[0,T)} tK_{\max}(t) = \infty$;

第III型(a), 如果 $T = \infty$, $\sup\limits_{[0,T)} tK_{\max}(t) < \infty$, 且

$$\limsup_{t \to \infty} tK_{\max}(t) > 0;$$

第III型(b), 如果 $T = \infty$, $\sup\limits_{[0,T)} tK_{\max}(t) < \infty$, 且

$$\limsup_{t \to \infty} tK_{\max}(t) = 0.$$

下面的定理 5.4.1 说的是, 如果单射半径具有一定界, 那么极大解可以经伸缩变换化为下面定义的奇点模型.

定义 5.4.5 (奇点模型) 令 $g(t) = g_{ij}(x,t)$ 为 M 上的 Ricci 流, M为紧流形或 $(M, g(t))$ 完备且曲率有界. 称 $g(t)$ 为**奇点模型**, 如果它非平坦且是下述三种类型之一:

第 I 型: 对某个常数$T \in (0,\infty)$, 解对于所有$t \in (-\infty, T)$存在, 且

$$|Rm(x,t)| \leqslant T/(T-t), \quad (x,t) \in M \times (-\infty, T),$$

等号在 $t = 0$ 时的某点 $x \in M$ 处成立.

第 II 型: 解对于所有 $t \in (-\infty, +\infty)$ 存在, 且

$$|Rm(x,t)| \leqslant 1, \quad (x,t) \in M \times (-\infty, +\infty),$$

等号在 $t=0$ 时的某点 $x \in M$ 处成立.

第 III 型: 对某个正常数 A, 解对于所有 $t \in (-A,+\infty)$ 存在, 且

$$|Rm(x,t)| \leqslant A/(A+t), \quad (x,t) \in M \times (-A,+\infty),$$

等号在 $t=0$ 时的某点 $x \in M$ 处成立.

定理 5.4.1 (伸缩极大解成奇点模型) 令 M 为紧流形. 假设 $(M,g(t))(t \in [0,T))$ 为第 I, II(a), (b) 或 III(a) 型极大解, 且满足单射半径条件: 对任何几乎极大点序列 $\{(x_k,t_k)\}(t_k \to T,\ k \to \infty)$, 存在常数 $c>0$, 使得

$$\mathrm{inj}(M,x_k,g(t_k)) \geqslant \frac{c}{\sqrt{K_{\max}(t_k)}}, \quad k=1,2,\cdots,$$

则存在由解在点 (x_k,t_k) 附近伸缩得到的序列, 它按 C^∞_{loc}拓扑收敛到相应类型的奇点模型.

证明 我们只给出第 I 型和第 II(a) 型极大解这两种情形的证明,其余情形类似. 我们模仿 [CZ] 中定理 4.3.4 的证明, 其余情形的证明细节也请参考 [CZ].

第 I 型情形. 定义

$$\omega \equiv \limsup_{t \to T}(T-t)K_{\max}(t).$$

注意到, ω 是有限正数, 它的有限性来自于第 I 型极大解的假设. ω为正数可通过将极大值原理应用于曲率的发展方程得到. 事实上, 由命题 5.1.1(v), 容易看出

$$\partial_t|Rm| \leqslant \Delta|Rm| + c|Rm|^2.$$

由于 M 是紧流形, $K_{\max}(t)$ 为 $|Rm|$ 在某点处的值, 因此,

$$\partial_t K_{\max} \leqslant cK^2_{\max}.$$

积分上式得, $K_{\max}(t) \geqslant c/(T-t) > 0$. 它表明, $\omega > 0$. 只要多做一点假设和工作, 上述论证实际上也可用于某些非紧流形.

接下来, 取点列 $\{(x_k,t_k)\}(t_k \to T)$, 使得

$$\omega = \limsup_{k \to \infty}(T-t_k)K_{\max}(t_k).$$

利用伸缩因子

$$\varepsilon_k = |Rm(x_k, t_k)|^{-1/2},$$

我们引入伸缩度量

$$g^{(k)}(\cdot, \tilde{t}) = \varepsilon_k^{-2} g(\cdot, t_k + \varepsilon_k^2 \tilde{t}), \quad \tilde{t} \in [-t_k/\varepsilon_k^2, (T-t_k)/\varepsilon_k^2).$$

显然, $g^{(k)}$ 也是 Ricci 流, 即

$$\partial_{\tilde{t}} g^{(k)}(\cdot, \tilde{t}) = -2Ric_{g^{(k)}(\cdot, \tilde{t})}.$$

当 $k \to \infty$ 时, 由于

$$t_k/\varepsilon_k^2 = t_k|Rm(x_k, t_k)| \to \infty, \quad (T-t_k)/\varepsilon_k^2 = (T-t_k)|Rm(x_k, t_k)| \to \omega.$$

故 $g^{(k)}$ 的时间跨度变为 $(-\infty, \omega)$. 又由于 $\omega = \limsup\limits_{t \to T}(T-t)K_{\max}(t)$, 因此, 对任何 $\delta > 0$, 存在 $S < T$, 使得

$$|Rm(x, t)| \leqslant (\omega + \delta)/(T-t)$$

对所有 $t \in [S, T]$ 成立. 注意到, 当 k 充分大时, 有

$$[t_k - K_{\max}^{-1}(t_k), t_k] \subset [S, T).$$

因此, 对 $t \in [t_k - K_{\max}^{-1}(t_k), t_k]$ 及充分小的 δ, 成立

$$\begin{aligned} K_{\max}(t) &= \sup_{x \in M} |Rm(x, t)| \\ &\leqslant (\omega + \delta)/(T-t) \leqslant (\omega + \delta)/(T-t_k) \leqslant C|Rm(x_k, t_k)|. \end{aligned}$$

而对 $t \leqslant S$, 成立

$$(T-t)^{-1} \leqslant (T-S)^{-1} \leqslant (T-t_k)^{-1}.$$

因此也有

$$K_{\max}(t) \leqslant C/(T-S) \leqslant C|Rm(x_k, t_k)|.$$

这两个 $K_{\max}$ 的界意味着 (x_k, t_k) 是极大解 $g(t)(t \leqslant t_k)$ 的几乎极大点. 关于单射半径的假设表明

$$\operatorname{inj}(M, x_k, g(t_k)) \geqslant \frac{c}{\sqrt{K_{\max}(t_k)}} \geqslant C\varepsilon_k.$$

因此, 对于伸缩后的度量 $g^{(k)}$, 成立

$$\mathrm{inj}(M, x_k, g^{(k)}(0)) \geqslant C.$$

以 $Rm^{(k)}$ 记 $g^{(k)}$ 的曲率张量, 则对于 $\tilde{t} \in [(S-t_k)/\varepsilon_k^2, (T-t_k)/\varepsilon_k^2)$, 有

$$\begin{aligned}
|Rm^{(k)}(x,\tilde{t})| &= \varepsilon_k^2 |Rm(x,t)| \\
&\leqslant (\omega+\delta)[(T-t)\,|Rm(x_k,t_k)|]^{-1} \\
&= (\omega+\delta)[(T-t_k)\,|Rm(x_k,t_k)| + (t_k-t)\,|Rm(x_k,t_k)|]^{-1} \\
&\to (\omega+\delta)/(\omega-\tilde{t}) \quad (\text{当} k\to\infty \text{时}).
\end{aligned}$$

曲率的这个界和上述单射半径的下界使得我们可用 Hamilton 的紧性定理 5.3.5 得出下述结论: 存在子序列, 仍记做 $\{g^{(k)}(\tilde{t})\}$, 按 $C_{\mathrm{loc}}^{\infty}$ 拓扑收敛到极限流形 $\widetilde{M}$ 上的极限度量 $g^{(\infty)}(\tilde{t})$, 并且 $g^{(\infty)}(\tilde{t})$ 是存在的时间为 $\tilde{t} \in (-\infty, \omega)$ 的完备解, 且它在 $\widetilde{M} \times (-\infty, \omega)$ 上处处满足

$$|Rm^{(\infty)}(\tilde{t})| \leqslant \omega/(\omega-\tilde{t}),$$

等号在 $\tilde{t}=0$ 时的某处成立.

第 II(a) 型极大解情形. 此时 $g=g(t)$ 存在的时间为 $t\in[0,T)$, 但

$$\limsup_{t\to T}(T-t)K_{\max}(t)=\infty.$$

选取 $x_k\in M$ 和时刻 t_k, T_k, 使得 $t_k<T_k\leqslant T$, 且当 $k\to\infty$ 时, $t_k\to T$. 我们还要求有一数列 $a_k\to 1-$, 使得当 $k\to\infty$ 时,

$$(T_k-t_k)|Rm(x_k,t_k)| \geqslant a_k \sup_{x\in M, t\leqslant T_k}(T_k-t)|Rm(x,t)| \to \infty.$$

如同前一情形, 取 $\varepsilon_k = |Rm(x_k,t_k)|^{-1/2}$, 并定义伸缩度量

$$g^{(k)}(\cdot,\tilde{t}) = \varepsilon_k^{-2} g(\cdot, t_k+\varepsilon_k^2\tilde{t}), \quad \tilde{t}\in[-t_k/\varepsilon_k^2, (T-t_k)/\varepsilon_k^2).$$

注意, 当 $k\to\infty$ 时,

$$t_k/\varepsilon_k^2 = t_k|Rm(x_k,t_k)| \to \infty, \quad (T-t_k)/\varepsilon_k^2 = (T-t_k)|Rm(x_k,t_k)| \to \infty.$$

这意味着 $g^{(k)}$ 的时间跨度趋于 $(-\infty,\infty)$.

对于 $\tilde{t}\in[-t_k\varepsilon_k^{-2},(T_k-t_k)\varepsilon_k^{-2})$, 利用 $t=t_k+\varepsilon_k^2\tilde{t}$, 推得

$$
\begin{aligned}
|Rm^{(k)}(x,\tilde{t})| &= \varepsilon_k^2|Rm(x,t)| \\
&\leqslant a_k^{-1}(T_k-t_k)(T_k-t)^{-1} \\
&= a_k^{-1}(T_k-t_k)\,\frac{|Rm(x_k,t_k)|}{(T_k-t_k)|Rm(x_k,t_k)|-\tilde{t}} \to 1\ (\text{当}k\to\infty\text{时}).
\end{aligned}
$$

如同前一情形, (x_k,t_k) 为几乎极大点. 再由 Hamilton 的紧性定理 5.3.5知, 存在子序列, 仍记做 $\{g^{(k)}(\tilde{t})\}$, 按 C^∞_{loc} 拓扑收敛到极限流形 $\widetilde{M}$ 上的极限度量 $g^{(\infty)}(\tilde{t})$. 此外, $g^{(\infty)}(\tilde{t})$ 为完备解, 存在于 $\tilde{t}\in(-\infty,\infty)$, 且在 $\widetilde{M}\times(-\infty,\infty)$ 上处处满足

$$|Rm^{(\infty)}|\leqslant 1,$$

等号在 $\tilde{t}=0$ 时的某处成立. □

奇点模型要比一般的 Ricci 流简单得多, 这是因为前者反映了后者的微观结构. 这个信念为下述 Hamilton的结果所部分证实.

定理 5.4.2 (具有非负曲率的第 II 型奇点模型) Ricci 流的任何具有非负曲率算子且正 Ricci 曲率的第 II 型奇点模型必为稳定 Ricci 孤立子.

证明 参见 [Ha4] 和 [CLN] 命题 9.29. □

在 3 维情形, Hamilton-Ivey 夹挤定理 5.2.4 告诉我们, 第 I, II 型奇点模型的曲率算子非负. 因此, 一个自然的问题是：关于这些奇点模型的结构能说些什么？当然, 定理 5.4.1 还取决于单射半径的下界, 至今为止它仅是假设.这两个问题曾是 Ricci 流研究中的大障碍. 还有, 当“爆破”点处的曲率和最大曲率不可比时, 极限解的结构也是一个问题.所有这些困难都在 2002 年被 Perelman [P1] 所克服.我们将在下一章中开始解释 Perelman 的工作.

需要指出的是, 对于具有正 Ricci 曲率的 3 维流形这个特殊情形, 上述问题基本上已为 Hamilton 所完全理解. 参见定理 5.2.7.

第六章 Ricci 流的 Perelman 熵和 Sobolev 不等式, 光滑情形

§6.1 Perelman 熵及其单调性

在堪称非凡的论文 [P1] 中, Perelman 发现了几个沿 Ricci 流单调的量. 这些量是分析上的重大进展, 并导致他证明了 Poincaré 猜想和几何化猜测. 其中一个单调量是 F 熵, 它的单调性蕴涵算子 $-4\Delta+R$ 的第一特征值的单调性, 或一族对时间一致的 Poincaré 不等式. 另一个单调量名为 W 熵, 它本质上是一族对数 Sobolev 不等式, 它的单调性蕴涵至关重要的沿 Ricci 流非坍塌的结果.

Perelman 熵是借助人为地附加到 Ricci 流上的共轭热方程

$$H^*u \equiv \Delta u - Ru + \partial_t u = 0 \tag{6.1.1}$$

的解构造出来的. 这里 Δ 是度量 $g=g(t)$ 的 Laplace-Beltrami 算子, 而 R 是 $g=g(t)$ 的数量曲率. Perelman [P1] 提到他是受弦理论中类似公式的启发. 我们要提出另一个源于经典 Boltzmann 熵的动机, 这在 [Cetc] 和 [To] 中已提到. 这一观点似乎更自然且导致稍微简单的证明. 在本节的后面, 我们将对 W 熵的一个小推广给出 Perelman 的原始证明.

令 u 为共轭热方程的正解. 经典的 Boltzmann 熵是

$$\mathbf{B} = \int_M u \ln u d\mu(g(t)). \tag{6.1.2}$$

我们的第一个观察是下面的命题.

命题 6.1.1 令 u 为 (6.1.1) 的正解, 则

$$H^*(u\ln u) = \frac{|\nabla u|^2}{u} + Ru.$$

证明 通过具体的计算, 我们有

$$\begin{aligned}
H^*(u\ln u) &= \Delta(u\ln u) - Ru\ln u + \partial_t(u\ln u)\\
&= (\Delta u)\ln u + 2\nabla u\nabla\ln u + u\Delta\ln u - Ru\ln u + (\partial_t u)\ln u + \partial_t u\\
&= 2\frac{|\nabla u|^2}{u} + u\mathrm{div}\Big(\frac{\nabla u}{u}\Big) + \partial_t u\\
&= 2\frac{|\nabla u|^2}{u} - \frac{|\nabla u|^2}{u} + \Delta u + \partial_t u\\
&= \frac{|\nabla u|^2}{u} + Ru.
\end{aligned}$$

□

命题 6.1.2 令 u 为 (6.1.1) 的正解, 则

$$\begin{aligned}
&H^*\Big(\frac{|\nabla u|^2}{u} + Ru\Big)\\
&\quad = \frac{2}{u}\Big(u_{ij} - \frac{u_i u_j}{u}\Big)^2 + 2\nabla R\nabla u + \frac{4}{u}Ric(\nabla u, \nabla u)\\
&\qquad + 2|Ric|^2 u + 2\nabla R\nabla u + 2u\Delta R,
\end{aligned}$$

其中 $\Big(u_{ij} - \dfrac{u_i u_j}{u}\Big)^2 \equiv \Big|\mathrm{Hess}\ u - \dfrac{du\otimes du}{u}\Big|^2$, $\nabla R\nabla u = g(\nabla R, \nabla u)$.

证明 类似于 [Ha5] 中的证明, 在那里, Hamilton 考虑了 $\dfrac{|\nabla u|^2}{u}$ 的发展方程, 其中 u 是线性热方程的正解.

记 $v = \sqrt{u}$, 则

$$\Delta\Big(\frac{|\nabla u|^2}{u}\Big) = 4\Delta(|\nabla v|^2) = 4(v_i^2)_{kk} = 8(v_{ik}v_i)_k = 8v_{ikk}v_i + 8v_{ik}^2,$$

$$\partial_t\Big(\frac{|\nabla u|^2}{u}\Big) = 4\partial_t(g^{ij}v_iv_j) = 8v_iv_{ti} + 8Ric(\nabla v, \nabla v).$$

注意, 这里及以后, 如有必要我们采用法坐标系. 由于 u 是共轭热方程的解, 容易验证

$$v_t = -\Delta v - \frac{|\nabla v|^2}{v} + Rv/2.$$

因此,

$$\partial_t\Big(\frac{|\nabla u|^2}{u}\Big) = 8v_i(-v_{kk} - v_k^2v^{-1})_i + 8v_i(Rv/2)_i + 8Ric(\nabla v, \nabla v).$$

综合上述等式并利用 Bochner 公式, 得

$$
\begin{aligned}
H^*\Big(\frac{|\nabla u|^2}{u}\Big) =& 8v_i(v_{ikk}-v_{kki})+8\Big(v_{ik}^2-\frac{2v_iv_kv_{ki}}{v}+\frac{v_k^2v_i^2}{v^2}\Big)\\
&+4v_iR_iv+8Ric(\nabla v,\nabla v)\\
=&16Ric(\nabla v,\nabla v)+8\Big(v_{ik}-\frac{v_kv_i}{v}\Big)^2+4v_iR_iv.
\end{aligned}
$$

又由于

$$
H^*(Ru)=2|Ric|^2u+2\nabla R\nabla u+2u\Delta R,
$$

所以, 代回 $u=v^2$ 后, 有

$$
\begin{aligned}
H^*\Big(\frac{|\nabla u|^2}{u}+Ru\Big) =& \frac{2}{u}\Big(u_{ij}-\frac{u_iu_j}{u}\Big)^2+2\nabla R\nabla u+\frac{4}{u}Ric(\nabla u,\nabla u)\\
&+2|Ric|^2u+2\nabla R\nabla u+2u\Delta R.
\end{aligned}
$$

□

定义 6.1.1(F 熵和 W 熵) Perelman F **熵**是 $H^*(u\ln u)$ 的积分, 即

$$
\mathbf{F}=\int_M\Big(\frac{|\nabla u|^2}{u}+Ru\Big)d\mu(g(t)). \tag{6.1.3}
$$

而 Perelman W **熵**是 F 熵, Boltzmann 熵及尺度因子的组合, 定义如下: 令 τ 满足 $\frac{d\tau}{dt}=-1$, 定义

$$
\mathbf{W}=\tau\mathbf{F}-\mathbf{B}-\frac{n}{2}\ln(4\pi\tau)-n, \tag{6.1.4}
$$

即

$$
\mathbf{W}=\int_M\Big[\tau\Big(\frac{|\nabla u|^2}{u}+Ru\Big)-u\ln u-\frac{n}{2}\ln(4\pi\tau)\ u-nu\Big]d\mu(g(t)).
$$

有了上述准备, 便可给出下面定理 6.1.1 的简短证明.

定理 6.1.1([P1]) 若 u 是共轭热方程 (6.1.1) 的正解, 则 Perelman F 熵和 W 熵不随时间减少, 而且下面的公式成立:

$$
\frac{d}{dt}\mathbf{F}=2\int_M|Ric-\mathrm{Hess}(\ln u)|^2\ u\ d\mu(g(t)),
$$

$$
\frac{d}{dt}\mathbf{W}=2\tau\int_M\Big[Ric-\mathrm{Hess}(\ln u)-\frac{1}{2\tau}g\Big]^2\ u\ d\mu(g(t)).
$$

证明 注意到,

$$\frac{d}{dt}\mathbf{F}=\int_M(\partial_t-R)\Big(\frac{|\nabla u|^2}{u}+Ru\Big)d\mu(g(t))=\int_M H^*\Big(\frac{|\nabla u|^2}{u}+Ru\Big)d\mu(g(t)),$$

根据命题 6.1.2, 我们有

$$\frac{d}{dt}\mathbf{F}=\int_M\Big[\frac{2}{u}\Big(u_{ij}-\frac{u_iu_j}{u}\Big)^2+2\nabla R\nabla u+\frac{4}{u}Ric(\nabla u,\nabla u)+2|Ric|^2u\Big]d\mu(g(t)),$$

其中我们用到恒等式

$$\int_M(2\nabla R\nabla u+2u\Delta R)d\mu(g(t))=0.$$

借助于命题 3.2.3 中第二 Bianchi 恒等式的缩并形式, 即 $\nabla_iR=2\nabla_jR_{ij}$ (在法坐标系下) 以及分部积分, 我们有

$$\begin{aligned}\int_M\nabla R\nabla ud\mu(g(t))&=2\int_M\nabla_jR_{ij}\nabla_iud\mu(g(t))\\&=-2\int_M< Ric,\ \text{Hess }u> d\mu(g(t)).\end{aligned}$$

所以,

$$\begin{aligned}\frac{d}{dt}\mathbf{F}=&\int_M\Big[\frac{2}{u}\Big(u_{ij}-\frac{u_iu_j}{u}\Big)^2+4R_{ij}\Big(\frac{u_iu_j}{u}-u_{ij}\Big)+2R_{ij}^2u\Big]d\mu(g(t))\\=&2\int_M\Big[\frac{1}{\sqrt{u}}\Big(u_{ij}-\frac{u_iu_j}{u}\Big)-R_{ij}\sqrt{u}\Big]^2d\mu(g(t))\\=&2\int_M|Ric-\text{Hess}(\ln u)|^2ud\mu(g(t)).\end{aligned}\tag{6.1.5}$$

对于 W 熵, 注意到, 根据命题 6.1.1 知, $\frac{d}{dt}\mathbf{B}=\mathbf{F}$, 因此,

$$\frac{d}{dt}\mathbf{W}=-\mathbf{F}+\tau\frac{d}{dt}\mathbf{F}-\mathbf{F}+\frac{n}{2\tau}.$$

由 (6.1.5), 得

$$\begin{aligned}\frac{d}{dt}\mathbf{W}=&2\tau\int_M|Ric-\text{Hess}(\ln u)|^2ud\mu(g(t))\\&-2\int_M\Big(\frac{|\nabla u|^2}{u}+Ru\Big)d\mu(g(t))+\int_M\frac{n}{2\tau}ud\mu(g(t)).\end{aligned}$$

又

$$\int_M g^{ij}(R_{ij}-(\ln u)_{ij})ud\mu = \int_M \Big(R-\frac{\Delta u}{u}+\frac{|\nabla u|^2}{u^2}\Big)ud\mu$$
$$= \int_M \Big(\frac{|\nabla u|^2}{u}+Ru\Big)d\mu,$$

这里 $d\mu = d\mu(g(t))$. 把上式代入 $\frac{d}{dt}\mathbf{W}$ 的公式, 得

$$\frac{d}{dt}\mathbf{W} = 2\tau\int_M \Big(Ric - \mathrm{Hess}(\ln u) - \frac{1}{2\tau}g\Big)^2 \ u\ d\mu. \qquad \square$$

W 熵的单调性的一个直接推论是 Perelman 的有限时间 κ 非坍塌定理. 这是一个有根本重要性的结果.

定理 6.1.2 (局部非坍塌定理) 令 $(M,g(t))(t\in[0,T))$ 为闭流形 $\boldsymbol{M}$ 上的光滑 Ricci 流. 如果 $T<\infty$, 则对任何 $r>0$, 存在 $\kappa=\kappa(g(0),T,r)>0$, 使得 Ricci 流 $(M,g(t))$ 在尺度小于 r 上, 对所有 $t\in[0,T)$ κ 非坍塌 (按定义 5.3.3 的含义).

我们在此不重复 Perelman 最初给出的定理证明, 而是指出此定理是下面的 Sobolev 嵌入定理 6.2.1 以及定理 4.1.2 的直接推论.

作为比较, 我们简述 Perelman ([P1]) 最初用变分法给出的 F 熵单调性的证明. 详细的证明可在 [CZ] 的 1.5 节找到.

引理 6.1.1 令 $g=g(t)$ 为 Ricci 流的解, 而 f 为方程

$$\Delta f + R + \partial_t f = |\nabla f|^2$$

的解, 则由 $F(g,f) := \int_M (R+|\nabla f|^2)\mathrm{e}^{-f}\,d\mu$ 定义的 F 熵满足

$$\frac{\partial F(g,f)}{\partial t} = 2\int_M |Ric+\mathrm{Hess}f|^2\mathrm{e}^{-f}\,d\mu \geqslant 0, \tag{6.1.6}$$

这里 $d\mu = d\mu(g(t))$.

证明 (概要) 令 $\delta g_{ij}=v_{ij}$ 及 $\delta f = h$ 分别为 g_{ij} 和 f 的变分. 首先我们说明 F 熵的第一变分为

$$\delta F(v_{ij},h) = \int_M \Big[-v_{ij}(R_{ij}+(\mathrm{Hess}f)_{ij})+\Big(\frac{v}{2}-h\Big)(2\Delta f-|\nabla f|^2+R)\Big]\mathrm{e}^{-f}\,d\mu, \tag{6.1.7}$$

这里 $v \equiv g^{ij}v_{ij}$.

通过直接的计算, 我们有

$$\delta R = -\Delta v + \nabla_i\nabla_j v_{ij} - R_{ij}v_{ij},$$

$$\delta|\nabla f|^2 = -v^{ij}\nabla_i f\nabla_j f + 2 < \nabla f, \nabla h >,$$

以及

$$\delta(\mathrm{e}^{-f}d\mu) = \Big(\frac{v}{2} - h\Big)\mathrm{e}^{-f}d\mu.$$

由此可得变分公式 (6.1.7).

接下来, 在 (6.1.7) 中取 $v_{ij} = -2R_{ij}$, $v = -2R$ 及 $h = \partial_t f$. 利用分部积分及第二 Bianchi 不等式的缩并形式, 便可证明引理. □

下面属于 Perelman [P1] 的逐点成立的不等式显然蕴涵 W 熵的单调性. 该不等式还在人们试图局部化时有用. 下面的量 P 初看起来很神秘, 然而, 它产生于与 W 熵有关的 Euler-Lagrange 方程.

命题 6.1.3 令

$$u \equiv \frac{\mathrm{e}^{-f}}{(4\pi\tau)^{\frac{n}{2}}}$$

为共轭热方程 (6.1.1) 的正解, 其中 τ 满足 $d\tau/dt = -1$. 定义

$$\begin{aligned} P &\equiv [\tau(2\Delta f - |\nabla f|^2 + R) + f - n]u \\ &= \tau\Big(-2\Delta u + \frac{|\nabla u|^2}{u} + Ru\Big) - u\ln u - \frac{n}{2}(\ln 4\pi\tau)u - nu, \end{aligned}$$

则

$$H^*P = 2\tau\left|Ric + \mathrm{Hess} f - \frac{g}{2\tau}\right|^2 u. \tag{6.1.8}$$

这里, H^* 仍是共轭热算子 $\Delta - R + \partial_t$.

证明 注意到,

$$\begin{cases} f = -\ln u - \dfrac{n}{2}\ln(4\pi\tau), \\ \nabla f = -\dfrac{\nabla u}{u}, \\ \Delta f = -\dfrac{\Delta u}{u} + |\nabla f|^2, \\ \dfrac{\partial f}{\partial t} = -\dfrac{u_t}{u} + \dfrac{n}{2\tau}. \end{cases} \tag{6.1.9}$$

由此得 f 的发展方程

$$\frac{\partial f}{\partial t} = -\Delta f + |\nabla f|^2 - R + \frac{n}{2\tau}. \tag{6.1.10}$$

记 $P = \frac{P}{u}u$, 则

$$H^*P = H^*\Big(\frac{P}{u}u\Big) = \frac{P}{u}H^*u + u\Big(\frac{\partial}{\partial t}+\Delta\Big)\Big(\frac{P}{u}\Big) + 2\Big\langle\nabla\Big(\frac{P}{u}\Big), \nabla u\Big\rangle.$$

由于 $H^*u = 0$, 且 $\nabla f = -\frac{\nabla u}{u}$, 因此,

$$\frac{H^*P}{u} = \Big(\frac{\partial}{\partial t}+\Delta\Big)\Big(\frac{P}{u}\Big) - 2\Big\langle\nabla\Big(\frac{P}{u}\Big), \nabla f\Big\rangle. \tag{6.1.11}$$

对于上式右端的第一项, 有

$$\begin{aligned}
-\Big(\frac{\partial}{\partial t}+\Delta\Big)\Big(\frac{P}{u}\Big) &= -\Big(\frac{\partial}{\partial t}+\Delta\Big)[\tau(2\Delta f - |\nabla f|^2 + R) + f - n] \\
&= (2\Delta f - |\nabla f|^2 + R) \\
&\quad - \tau\Big(\frac{\partial}{\partial t}+\Delta\Big)(2\Delta f - |\nabla f|^2 + R) - \Big(\frac{\partial}{\partial t}+\Delta\Big)f.
\end{aligned}$$

对上式右端最后一项用 (6.1.10) 中的发展方程, 上式化为

$$\begin{aligned}
-\Big(\frac{\partial}{\partial t}+\Delta\Big)\Big(\frac{P}{u}\Big) &= 2\Delta f - 2|\nabla f|^2 + 2R - \frac{n}{2\tau} \\
&\quad - \tau\Big(\frac{\partial}{\partial t}+\Delta\Big)(2\Delta f - |\nabla f|^2 + R).
\end{aligned}$$

由命题 5.1.1, 得

$$\begin{aligned}
&\Big(\frac{\partial}{\partial t}+\Delta\Big)(2\Delta f - |\nabla f|^2 + R) \\
&\quad = 4\langle Ric, \mathrm{Hess} f\rangle + \Delta|\nabla f|^2 - 2Ric(\nabla f, \nabla f) \\
&\quad\quad - 2\langle \nabla f, \nabla(-\Delta f + |\nabla f|^2 - R)\rangle + 2|Ric|^2.
\end{aligned} \tag{6.1.12}$$

又

$$2\Big\langle \nabla\frac{P}{u}, \nabla f\Big\rangle = 2\tau\langle \nabla(2\Delta f - |\nabla f|^2 + R), \nabla f\rangle + 2|\nabla f|^2.$$

综合所有上述表达式, 得

$$-\frac{H^*P}{u} = 2\Delta f + 2R - \frac{n}{2\tau} - \tau(4\langle Ric, \text{Hess} f\rangle + 2|Ric|^2)$$
$$+ \tau[-\Delta|\nabla f|^2 + 2Ric(\nabla f, \nabla f) + 2\langle \nabla f, \nabla(\Delta f)\rangle].$$

由于上式右端方括号中的三项简化为 $-2|\text{Hess}f|^2$, 因此, 上式化为

$$\begin{aligned}
-\frac{H^*P}{u} &= 2\Delta f + 2R - \frac{n}{2\tau} \\
&\quad - \tau[4\langle Ric, \text{Hess} f\rangle + 2|Ric|^2 + 2|\text{Hess} f|^2] \\
&= 2\Delta f + 2R - \frac{n}{2\tau} - 2\tau|Ric + \text{Hess} f|^2 \\
&= 2\langle Ric + \text{Hess} f, g_{ij}\rangle - \frac{g_{ij}^2}{2\tau} - 2\tau|Ric + \text{Hess} f|^2 \\
&= -2\tau|Ric + \text{Hess} f - \frac{g}{2\tau}|^2.
\end{aligned}$$

□

注解 6.1.1 我们也可通过用命题 6.1.1, 6.1.2 以及直接计算 $H^*(-2\tau\Delta u)$, 证明命题 6.1.3.

习题 6.1.1 根据上述注解 6.1.1 的提示, 给出命题 6.1.3 的另一个证明.

推论 6.1.1 令 $u = u(x,t) = G(x,t;y,T)(t < T)$ 为共轭热方程 (6.1.1) 的基本解, 而 f 由 $u = \mathrm{e}^{-f}/(4\pi(T-t))^{n/2})$ 给出. 令 $P = P(u)$ 同前一命题 6.1.3 中所定义, 则 $P \leqslant 0$. 此外, 对任何 M 上的光滑曲线 $c = c(t)$, 成立

$$-\frac{d}{dt}f(c(t),t) \leqslant \frac{1}{2}[R(c(t),t) + |c'(t)|^2] - \frac{1}{2(T-t)}f(c(t),t).$$

证明 当 $t \to T^-$ 时, 基本解 G 渐近于 $\mathbf{R}^n$ 中热方程的基本解, 对于后者, 相应的量 P 为零. 根据命题 6.1.3, $P(u)$ 是共轭热方程的下解, 因此极值原理蕴涵 $P \leqslant 0$. 详细的证明可在 [Ni2] 中找到. 注意, 在 [Ni2] 的证明中用了约化距离. 然而, 同样的方法对测地距离也适用. 例如, 参看 [LX].

不等式 $P(u) \leqslant 0$ 用函数 f 可写为

$$(T-t)(2\Delta f - |\nabla f|^2 + R) + f - n \leqslant 0.$$

由于 u 是共轭热方程的解, 因此由 (6.1.10) 知, f 是

$$\partial_t f = -\Delta f + |\nabla f|^2 - R + \frac{n}{2(T-t)}$$

的解. 这两个式子表明

$$\partial_t f + \frac{1}{2}R - \frac{1}{2}|\nabla f|^2 - \frac{f}{2(T-t)} \geqslant 0.$$

另一方面

$$\begin{aligned}-\frac{d}{dt}f(c(t),t) &= -\partial_t f - <\nabla f, c'(t)> \\ &\leqslant -\partial_t f + \frac{1}{2}|\nabla f|^2 + \frac{1}{2}|c'(t)|^2.\end{aligned}$$

将最后两不等式相加便得所要的不等式. □

作为比较, 本节接下来介绍 W 熵的一个小推广, 并概述用 Perelman 的原创方法给出的证明. 此结果首次出现在 [Lj] 中.

对 Ricci 流, 定义一族广义 W 熵为

$$W(g,f,\tau) := \int_M \Big(\frac{a^2}{2\pi}\tau(R + |\nabla f|^2) + f - n\Big)u\, d\mu, \tag{6.1.13}$$

其中 R 为数量曲率, $\tau = T - t > 0$, 且

$$u = \frac{\mathrm{e}^{-f}}{(4\pi\tau)^{\frac{n}{2}}}$$

满足 $\int_M u\, d\mu = 1$, $d\mu = d\mu(g(t))$.

定理 6.1.3 令 $g(t)$ 为 Ricci 流的解, 即对 $t \in [0,T)$, $\frac{\partial g}{\partial t} = -2Ric$ 在一闭流形 M 上成立, 而 $u: M \times [0,T) \to (0,\infty)$, $u = \frac{\mathrm{e}^{-f}}{(4\pi\tau)^{\frac{n}{2}}}$ 为共轭热方程 (6.1.1) 的正解. 则对 $0 \leqslant a^2 \leqslant 2\pi$, 有

$$\frac{\partial}{\partial t}W(g,f,\tau) \geqslant \frac{a^2\tau}{\pi}\int_M |Ric + \mathrm{Hess} f - \frac{g}{2\tau}|^2 u\, d\mu \geqslant 0, \tag{6.1.14}$$

即 (6.1.13) 中定义的泛函随时间递增.

证明 注意到,

$$\begin{aligned}W(g,f,\tau)&=\int_M\Big[\frac{a^2}{2\pi}\tau(R+|\nabla f|^2)+f-n\Big]u\,d\mu\\&=\frac{a^2}{2\pi}\int_M[\tau(R+|\nabla f|^2)+f-n]ud\mu\\&\quad+\Big(1-\frac{a^2}{2\pi}\Big)\Big(\int_M fud\mu\Big)-\Big(1-\frac{a^2}{2\pi}\Big)n.\end{aligned}$$

这里的 f 在叙述定理时已给出. 将 W 关于时间的导数分为两部分

$$\begin{aligned}\frac{\partial}{\partial t}W(g,f,\tau)&=\frac{a^2}{2\pi}\frac{\partial}{\partial t}\Big(\int_M[\tau(R+|\nabla f|^2)+f-n]ud\mu\Big)\\&\quad+\Big(1-\frac{a^2}{2\pi}\Big)\frac{\partial}{\partial t}\Big(\int_M f\,u\,d\mu\Big)\\&=\frac{a^2}{2\pi}\frac{\partial}{\partial t}\int_M P\,d\mu+\Big(1-\frac{a^2}{2\pi}\Big)\frac{\partial}{\partial t}\Big(\int_M f\,u\,d\mu\Big),\end{aligned}$$

其中量 P 已在命题 6.1.3 中给出. 计算上式右端的第一项, 得

$$\begin{aligned}\frac{a^2}{2\pi}\frac{\partial}{\partial t}\int_M P\,d\mu&=\frac{a^2}{2\pi}\int_M\Big(P_t\,d\mu+P\frac{\partial d\mu}{\partial t}\Big)=\frac{a^2}{2\pi}\int_M\Big[P_t\,d\mu+P(-R)\,d\mu\Big]\\&=\frac{a^2}{2\pi}\int_M H^*P\,d\mu-\frac{a^2}{2\pi}\int_M\Delta P\,d\mu=\frac{a^2}{2\pi}\int_M H^*P\,d\mu,\end{aligned}$$

其中最后一个等式来自于对闭流形 M, $\int_M\Delta P\,d\mu=0$. 根据命题 6.1.3, 我们有

$$\frac{a^2}{2\pi}\frac{\partial}{\partial t}\int_M P\,d\mu=\frac{a^2\tau}{\pi}\int_M|Ric+\mathrm{Hess}f-\frac{g}{2\tau}|^2u\,d\mu\geqslant 0\,.$$

因此, 只要证明 $\frac{\partial}{\partial t}\Big(\int_M f\,u\,d\mu\Big)$ 非负. 由直接计算, 得

$$\begin{aligned}\frac{\partial}{\partial t}\Big(\int_M f\,u\,d\mu\Big)&=\int_M\Big(f_t\,u\,d\mu+f\,u_t\,d\mu+f\,u\,\frac{\partial(d\mu)}{\partial t}\Big)\\&=\int_M\Big(-\Delta f+|\nabla f|^2-R+\frac{n}{2\tau}\Big)u\,d\mu\\&\quad+\int_M[f(-\Delta u+Ru)-Rfu]d\mu.\end{aligned}$$

利用分部积分, 我们有

$$\begin{aligned}\frac{\partial}{\partial t}\Big(\int_M f\,u\,d\mu\Big) &= \int_M(-2\Delta f+|\nabla f|^2)u\,d\mu+\int_M\Big(\frac{n}{2\tau}-R\Big)u\,d\mu\\ &= \int_M\Big(2\frac{\Delta u}{u}-|\nabla f|^2\Big)u\,d\mu+\int_M\Big(\frac{n}{2\tau}-R\Big)u\,d\mu\\ &= \int_M(-|\nabla f|)^2\,u\,d\mu+\int_M\Big(\frac{n}{2\tau}-R\Big)u\,d\mu\\ &= \frac{n}{2\tau}-\int_M(|\nabla f|^2+R)\,u\,d\mu.\end{aligned} \tag{6.1.15}$$

接下来转而估计 $F(g,\tau)=\int_M(|\nabla f|^2+R)u\,d\mu$. 根据引理 6.1.1, 我们有

$$\begin{aligned}\frac{\partial F}{\partial t} &= 2\int_M|Ric+\mathrm{Hess}f|^2u\,d\mu=2\int_M\Big(\sum_{i,j}|R_{ij}+f_{ij}|^2\Big)u\,d\mu\\ &\geqslant 2\int_M\Big(\sum_{i=j}|R_{ij}+f_{ij}|^2\Big)u\,d\mu\geqslant 2\int_M\frac{1}{n}\Big(\sum_i R_{ii}+\sum_i f_{ii}\Big)^2u\,d\mu\\ &= \frac{2}{n}\int_M(R+\Delta f)^2\,u\,d\mu.\end{aligned}$$

最后一个不等式得自 $n(a_1^2+\cdots+a_n^2)\geqslant(a_1+\cdots+a_n)^2$. 而由 Cauchy-Schwarz 不等式, 有

$$\int_M(R+\Delta f)\sqrt{u}\,\sqrt{u}\,d\mu\leqslant\Big(\int_M(R+\Delta f)^2u\,d\mu\Big)^{\frac12}\Big(\int_M u\,d\mu\Big)^{\frac12}.$$

由于 $\int_M u\,d\mu=1$, 上述不等式可简化为

$$\Big(\int_M(R+\Delta f)u\,d\mu\Big)^2\leqslant\int_M(R+\Delta f)^2u\,d\mu.$$

于是, F 沿时间 t 的演变可估计如下:

$$\frac{\partial F}{\partial t}\geqslant\frac{2}{n}\Big(\int_M(R+\Delta f)u\,d\mu\Big)^2=\frac{2}{n}\Big(\int_M(R+|\nabla f|^2)u\,d\mu\Big)^2.$$

这是由于在闭流形 M 上, 成立下述等式:

$$\int_M (\Delta f - |\nabla f|^2)u\,d\mu = \int_M \Big(-\frac{\Delta u}{u} + |\nabla f|^2 - |\nabla f|^2 \Big) u\,d\mu$$
$$= -\int_M \Delta u\,d\mu = 0.$$

由此得

$$\int_M (\Delta f)\,u\,d\mu = \int_M |\nabla f|^2 u\,d\mu\,.$$

根据定义 $F = \displaystyle\int_M (R + |\nabla f|^2)u\,d\mu$, 得

$$\frac{\partial F}{\partial t} \geqslant \frac{2}{n}F^2 \geqslant 0\,.$$

我们断言,

$$F(t) \leqslant \frac{n}{2(T-t)}\,.$$

事实上,

$$\frac{dF}{dt} \geqslant \frac{2}{n}F^2 \Rightarrow \frac{dF}{F^2} \geqslant \frac{2}{n}dt \;\Rightarrow\; \int_t^T \frac{dF}{F^2} \geqslant \frac{2}{n}(T-t)$$
$$\Rightarrow -\Big(\frac{1}{F(T)} - \frac{1}{F(t)}\Big) \geqslant \frac{2}{n}(T-t)$$
$$\Rightarrow \frac{1}{F(t)} \geqslant \frac{2}{n}(T-t) + \frac{1}{F(T)}\,.$$

如果 $F(T) > 0$, 则 $\dfrac{1}{F(t)} \geqslant \dfrac{2}{n}(T-t)$, 即 $F(t) \leqslant \dfrac{n}{2(T-t)}$; 如果 $F(T) \leqslant 0$, 由于 $\dfrac{dF}{dt} \geqslant 0$, 故对所有 $t \in [0,T)$, $F(t) \leqslant 0 \leqslant \dfrac{n}{2(T-t)}$. 所以,

$$F(t) = \int_M (R + |\nabla f|^2)u\,d\mu \leqslant \frac{n}{2(T-t)} = \frac{n}{2\tau}.$$

把上述结果代入 (6.1.15), 得

$$\frac{\partial}{\partial t}\Big(\int_M f\,u\,d\mu\Big) = \frac{n}{2\tau} - \int_M (|\nabla f|^2 + R)\,u\,d\mu \geqslant 0\,.$$

这便完成了定理 6.1.3 的证明. □

最后, 我们简单地提及 Perelman 引进的约化距离和约化体积的概念. 约化距离是以数量曲率为权的时空距离函数. 由约化距离导出的

约化体积是另一个在 Ricci 流下的不变量. 这两个量在 Perelman 所给出的 Poincaré 猜测的证明中至关重要. 尽管本书中没有用这两个量, 为完备起见, 我们还是在这里介绍它们.

令 M 为紧 Riemann 流形或曲率有界的 Riemann 流形. 在此, 将 Ricci 流写成 $\partial_\tau g = 2Ric$ 的形式是方便的, 其中 τ 是倒向时间, 即对某个固定的 T, $\tau = T - t$. 给定 M 上以 τ 为参数的光滑曲线 $c = c(\tau)(\tau \in [\tau_1, \tau_2])$, 它的 L 长度定义为

$$L(c) = \int_{\tau_1}^{\tau_2} \sqrt{\tau}\,[R(c(\tau), \tau) + g(\tau)(c'(\tau), c'(\tau))]\, d\tau. \tag{6.1.16}$$

定义 6.1.2(L 距离和约化距离) 令 (p, τ_1) 和 (q, τ_2) 为 Ricci 流在其上定义的 $M \times [a, b]$ 中的两个时空点. L **距离**是使得 $c(\tau_1) = p$ 和 $c(\tau_2) = q$ 的光滑曲线 $c = c(\tau)$ 的 L 长度的下确界, 记做 $L(p, \tau_1, q, \tau_2)$. **约化距离**, 记做 $l(p, \tau_1, q, \tau_2)$, 定义为

$$l(p, \tau_1, q, \tau_2) = \frac{L(p, \tau_1, q, \tau_2)}{2\sqrt{|\tau_2 - \tau_1|}}.$$

定义 6.1.3(约化体积) 固定时空中的点 (p_0, τ_0) 及 $\tau < \tau_0$, 则与之相关联的**约化体积**为

$$\widetilde{V}(p_0, \tau_0, \tau) \equiv \int_M [4\pi(\tau - \tau_0)]^{-n/2} \exp(-l(p_0, \tau_0, p, \tau))d\mu(g(\tau)).$$

Perelman 的约化距离和 [LY] 中 (在度量固定的情形下) 对于 Schrödinger 热方程引进的加权距离有关. 对于约化距离和体积, Perelman 发现了许多令人惊奇的最优微分不等式, 甚至等式, 这些不等式和等式没有被期望对这些复杂的量成立. 例如, Perelman 证明了约化体积关于 τ 非减, 且等号仅在梯度收缩孤立子上成立. 建议读者参见 [P1] 和 [CZ], [KL] 以及 [MT], 以了解详情.

§6.2 沿 Ricci 流的对数 Sobolev 不等式和 Sobolev 不等式

在本节, 我们将 Perelman W 熵的单调性加强为沿 Ricci 流的一致 Sobolev 不等式. 这个结果首先出现在 [Z2] 的 arxiv 版本出现 (2007 年

6 月), 但对于充分大的时间, 其中的 Sobolev 系数有错, 这个错误在补正中改过来了. 后来, 包含同样错误的结果在 [Y] 的第一版本和 [Hs] 中出现. 我们知道, Sobolev 不等式包含大量的分析和几何信息. 例如, 它们包含非坍塌性及等周不等式, 它是研究流形上椭圆和抛物微分方程的重要工具. 在 [CH], [Se2] 和 [Ru1] 等论文中已找到这个不等式对 Kähler Ricci 流的一些应用.

定理 6.2.1(光滑 Ricci 流的 Sobolev 不等式)　令 M 为维数 $n \geqslant 3$ 的紧 Riemann 流形, 且度量 $g = g(t)$ 沿 Ricci 流 $\partial_t g = -2Ric$ 演变. 令 A 和 B 为使 L^2-Sobolev 不等式对 $(M, g(0))$ 成立的正数, 即对任何 $v \in W^{1,2}(M)$,

$$\left(\int_M v^{2n/(n-2)} d\mu(g(0))\right)^{(n-2)/n} \leqslant A\int_M |\nabla v|^2\, d\mu(g(0)) + B\int_M v^2\, d\mu(g(0)).$$

令 λ_0 为 Perelman F 熵的第一特征值, 即

$$\lambda_0 = \inf_{\|v\|_2=1} \int_M (4|\nabla v|^2 + Rv^2) d\mu(g(0)).$$

则下面结论为真:

(i) 假设 Ricci 流对于 $t \in (0, T_0)$ 光滑, 其中 $T_0 \leqslant \infty$ 为 Ricci 流的时间跨度. 则存在正函数 $A(t), B(t)$, 它们仅依赖于由初始度量 $g(0)$ 给出的 A, B, 以及 t, 使得对所有 $v \in W^{1,2}(M, g(t))(t \in [0, T_0))$, 成立

$$\begin{aligned}&\left(\int_M v^{2n/(n-2)} d\mu(g(t))\right)^{(n-2)/n}\\ &\quad\leqslant A(t)\int_M \left(|\nabla v|^2 + \frac{1}{4}Rv^2\right) d\mu(g(t)) + B(t)\int_M v^2 d\mu(g(t)),\end{aligned}$$

其中 R 是关于 $g(t)$ 的数量曲率.

此外, 如果 $\lambda_0 > 0$(特别地, 如果对任意 $x \in M$, $R(x, 0) > 0$), 则 $A(t)$ 不依赖于 t, 而 $B(t) = 0$, 即存在不依赖于时间的常数 A_0, 使得对所有 $v \in W^{1,2}(M, g(t))(t \in [0, T_0))$, 成立

$$\left(\int_M v^{2n/(n-2)} d\mu(g(t))\right)^{(n-2)/n} \leqslant A_0 \int_M \left(|\nabla v|^2 + \frac{1}{4}Rv^2\right) d\mu(g(t)).$$

(ii) 假设 Ricci 流对 $t \in (0, 1)$ 光滑, 而在 $t = 1$ 处奇异. 令 $\tilde{t} = -\ln(1-t)$ 以及 $\tilde{g}(\tilde{t}) = \dfrac{1}{1-t} g(t)$. 若 $\tilde{g}(\tilde{t})$ 满足规范 Ricci 流

$$\partial_{\tilde{t}}\tilde{g} = -2\widetilde{Ric} + \tilde{g},$$

则存在仅依赖于初始度量 $g(0)$ 的正常数 $\tilde{A}, \tilde{B}$, 使得对所有 $v \in W^{1,2}(M, \tilde{g}(\tilde{t}))(\tilde{t} > 0)$, 成立

$$\left(\int_M v^{2n/(n-2)} d\mu(\tilde{g}(\tilde{t}))\right)^{(n-2)/n}$$
$$\leqslant \tilde{A}\int_M \left(|\tilde{\nabla} v|^2 + \frac{1}{4}\tilde{R}v^2\right) d\mu(\tilde{g}(\tilde{t})) + \tilde{B}\int_M v^2 d\mu(\tilde{g}(\tilde{t})).$$

这里 $\tilde{R}$ 为关于 $\tilde{g}(\tilde{t})$ 的数量曲率.

注解 6.2.1 在 (ii) 中, 如果初始度量满足

$$\lambda_0 = \inf_{v \in W^{1,2}(M), \|v\|_2 = 1} \int_M (4|\tilde{\nabla} v|^2 + \tilde{R}v^2) d\mu(g(0)) > 0,$$

则 $\tilde{B} = 0$.

证明 由于情形 (ii) 是情形 (i) 经过伸缩变换后的直接推论, 我们只证明情形 (i). 证明分为以下三步.

第一步 证明 Perelman W 熵的单调性蕴涵下面对数 Sobolev 不等式 (6.2.8).

假设 Ricci 流在时间段 $[0, t_0]$ 上存在. 借助伸缩后的时间 $\tilde{t} = t/t_0$ 和度量 $\tilde{g} = g/t_0$ 来论证是方便的. 显然, $\tilde{g}(\tilde{t})$ 仍满足 Ricci 流方程.

对任何 $\varepsilon > 0$, 取

$$\tau = \tau(\tilde{t}) = \varepsilon^2 + 1 - \tilde{t},$$

使得 $\tau_1 = 1 + \varepsilon^2$, 而 $\tau_2 = \varepsilon^2$ (通过取 $\tilde{t}_1 = 0$ 及 $\tilde{t}_2 = 1$).

由于 Perelman W 熵为

$$W(\tilde{g}, f, \tau) = \int_M [\tau(\tilde{R} + |\tilde{\nabla} f|^2) + f - n] u \, d\mu(\tilde{g}(\tilde{t})),$$

其中 $u = \dfrac{\mathrm{e}^{-f}}{(4\pi\tau)^{n/2}}$. 在所有满足 $\displaystyle\int_M u d\mu(\tilde{g}(\tilde{t}_2)) = 1$ 的 u 中, 令 u_2 为熵 $W(\tilde{g}, f, \tau_2)$ 的极小化子, 以 u_2 在 $\tilde{t} = \tilde{t}_2$ 时的值为终值, 解倒向热方程并令 u_1 为倒向热方程的解在 $\tilde{t} = \tilde{t}_1$ 时的值. 像通常一样, 用关系 $u_i = \mathrm{e}^{-f_i}/(4\pi\tau_i)^{n/2} (i = 1, 2)$ 定义函数 $f_i (i = 1, 2)$. 则由 W 熵的单调性, 有

$$\inf_{\int_M u_0 d\mu(\tilde{g}(\tilde{t}_1))=1} W(\tilde{g}(\tilde{t}_1), f_0, \tau_1) \leqslant W(\tilde{g}(\tilde{t}_1), f_1, \tau_1) \leqslant W(\tilde{g}(\tilde{t}_2), f_2, \tau_2)$$
$$= \inf_{\int_M u d\mu(\tilde{g}(\tilde{t}_2))=1} W(\tilde{g}(\tilde{t}_2), f, \tau_2), \quad (6.2.1)$$

其中 f_0, f 由下面的公式给出

$$u_0 = \mathrm{e}^{-f_0}/(4\pi\tau_1)^{n/2}, \qquad u = \mathrm{e}^{-f}/(4\pi\tau_2)^{n/2}.$$

利用这些记号, (6.2.1) 可重写为

$$\begin{aligned}&\inf_{\|u\|_1=1} \int_M \left[\varepsilon^2(\tilde{R} + |\tilde{\nabla} \ln u|^2) - \ln u - \ln(4\pi\varepsilon^2)^{n/2}\right] u \, d\mu(\tilde{g}(\tilde{t}_2)) \\ &\quad \geqslant \inf_{\|u_0\|_1=1} \int_M \left[(1+\varepsilon^2)(\tilde{R} + |\tilde{\nabla} \ln u_0|^2) \right. \\ &\quad \left. - \ln u_0 - \ln(4\pi(1+\varepsilon^2))^{n/2}\right] u_0 \, d\mu(\tilde{g}(0)).\end{aligned}$$

注意到, 上面不等式两端的项 $\ln(4\pi)^{n/2}$ 可以抵消. 记 $\tilde{v} = \sqrt{u}$ 及 $\tilde{v}_0 = \sqrt{u_0}$, 我们得

$$\begin{aligned}&\inf_{\|\tilde{v}\|_2=1} \int_M \left[\varepsilon^2(\tilde{R}\tilde{v}^2 + 4|\tilde{\nabla}\tilde{v}|^2) - \tilde{v}^2 \ln \tilde{v}^2\right] d\mu(\tilde{g}(\tilde{t}_2)) - n \ln \varepsilon \\ &\quad \geqslant \inf_{\|\tilde{v}_0\|_2=1} \int_M \left[(1+\varepsilon^2)(\tilde{R}\tilde{v}_0^2 + 4|\tilde{\nabla}\tilde{v}_0|^2) - \tilde{v}_0^2 \ln \tilde{v}_0^2\right] d\mu(\tilde{g}(0)) \\ &\quad - \ln(1+\varepsilon^2)^{n/2}. \end{aligned} \quad (6.2.2)$$

接下来, 我们要回到原来的度量 g 和时间 t. 利用转换公式

$$\tilde{R} = t_0 R, \quad d\mu(\tilde{g}) = d\mu(g)/t_0^{n/2}, \quad v = \tilde{v}/t_0^{n/4}, \quad v_0 = \tilde{v}_0/t_0^{n/4},$$

得

$$\begin{aligned}&\inf_{\|v\|_2=1} \int_M [t_0\varepsilon^2(Rv^2 + 4|\nabla v|^2) - v^2 \ln v^2] \, d\mu(g(t_0)) - \ln(t_0\varepsilon^2)^{n/2} \\ &\quad \geqslant \inf_{\|v_0\|_2=1} \int_M [t_0(1+\varepsilon^2)(Rv_0^2 + 4|\nabla v_0|^2) - v_0^2 \ln v_0^2] d\mu(g(0)) \\ &\quad - \ln[t_0(1+\varepsilon^2)]^{n/2}.\end{aligned}$$

由于 ε 任意, 我们可把 $\sqrt{t_0}\varepsilon$ 当成 ε, 则上述不等式化为

$$\inf_{\|v\|_2=1} \int_M [\varepsilon^2(Rv^2 + 4|\nabla v|^2) - v^2 \ln v^2] \, d\mu(g(t_0)) - \frac{n}{2} \ln \varepsilon^2$$

$$\geqslant \inf_{\|v_0\|_2=1} \int_M [(t_0+\varepsilon^2)(Rv_0^2 + 4|\nabla v_0|^2) - v_0^2 \ln v_0^2] d\mu(g(0)) \\ - \frac{n}{2}\ln(t_0+\varepsilon^2). \tag{6.2.3}$$

由于 $(M, g(0))$ 是紧 Riemann 流形, 因此 4.1 节中描述的 Sobolev 不等式成立. 即对任何 $v_0 \in W^{1,2}(M)$, 存在仅依赖于 $g(0)$ 的正常数 A 和 B, 使得

$$\left(\int_M v_0^{2n/(n-2)} d\mu(g(0))\right)^{(n-2)/n} \leqslant A\int_M |\nabla v_0|^2 d\mu(g(0)) + B\int_M v_0^2\, d\mu(g(0)).$$

由 [Heb1] 中的工作知, A 可为任何严格大于欧氏 Sobolev 常数的数, 而 B 仅依赖于 A, 单射半径及 $(M, g(0))$ 的 Ricci 曲率的下界.

由于

$$\lambda_0 = \inf_{\|v_0\|_2=1} \int_M (4|\nabla v_0|^2 + Rv_0^2) d\mu(g(0)),$$

它是 $(M, g(0))$ 的 Perelmean F 熵的下确界, 则可将上述 Sobolev 不等式转换为

$$\left(\int_M v_0^{2n/(n-2)}\, d\mu(g(0))\right)^{(n-2)/n} \\ \leqslant A_0 \int_M (4|\nabla v_0|^2 + Rv_0^2)\, d\mu(g(0)) + B_0 \int_M v_0^2\, d\mu(g(0)), \tag{6.2.4}$$

其中常数 A_0 和 B_0 分别为

$$\begin{cases} A_0 = A4^{-1} + B\lambda_0^{-1} + A4\lambda_0^{-1} \sup R^-(\cdot, 0), B_0 = 0, & \text{如果} \lambda_0 > 0; \\ A_0 = A4^{-1}, B_0 = A4^{-1} \sup R^-(\cdot, 0) + B, & \text{如果} \lambda_0 \leqslant 0. \end{cases} \tag{6.2.5}$$

下面的论证类似于命题 4.2.1(I) 到 (II) 的证明. 应用 Hölder 和 Jensen 不等式知, 对所有满足 $\|v_0\|_2 = 1$ 的 $v_0 \in W^{1,2}(M)$, 成立

$$\int_M v_0^2 \ln v_0^2\, d\mu(g(0)) \leqslant \frac{1}{2} n \ln\left(A_0 \int_M (4|\nabla v_0|^2 + Rv_0^2)\, d\mu(g(0)) + B_0\right).$$

根据初等不等式 $\ln z \leqslant qz - \ln q - 1 (q, z > 0)$, 知

$$\int_M v_0^2 \ln v_0^2\, d\mu(g(0)) \\ \leqslant \frac{n}{2} q\left(A_0 \int_M (4|\nabla v_0|^2 + Rv_0^2)\, d\mu(g(0)) + B_0\right) - \frac{n}{2}\ln q - \frac{n}{2}.$$

在上式中取 q, 使得 $\frac{n}{2}qA_0 = t_0 + \varepsilon^2$, 即 $q = 2(t_0+\varepsilon^2)/(nA_0)$, 则

$$\int_M v_0^2 \ln v_0^2\, d\mu(g(0)) \leqslant (t_0+\varepsilon^2)\int_M (4|\nabla v_0|^2 + Rv_0^2)\, d\mu(g(0)) + \frac{(t_0+\varepsilon^2)B_0}{A_0} - \frac{n}{2}\ln\frac{2(t_0+\varepsilon^2)}{nA_0} - \frac{n}{2}.$$

移项得

$$\begin{aligned}(t_0+\varepsilon^2) &\int_M (4|\nabla v_0|^2 + Rv_0^2)\, d\mu(g(0)) \\ &- \int_M v_0^2 \ln v_0^2\, d\mu(g(0)) - \frac{n}{2}\ln(t_0+\varepsilon^2) \\ &\geqslant -(t_0+\varepsilon^2)B_0A_0^{-1} - n2^{-1}\ln(nA_02^{-1}) + n2^{-1}. \quad (6.2.6)\end{aligned}$$

将对数 Sobolev 不等式 (6.2.6) 代入 (6.2.3) 的右端, 得

$$\begin{aligned}\inf_{\|v\|_2=1} &\int_M [\varepsilon^2(Rv^2+4|\nabla v|^2) - v^2\ln v^2]\, d\mu(g(t_0)) - n\ln\varepsilon \\ &\geqslant -(t_0+\varepsilon^2)B_0A_0^{-1} - n2^{-1}\ln(nA_02^{-1}) + n2^{-1}. \quad (6.2.7)\end{aligned}$$

所以, 我们得到一致对数 Sobolev 不等式

$$\begin{aligned}\int_M v^2\ln v^2\, d\mu(g(t_0)) \leqslant& \varepsilon^2\int_M (4|\nabla v|^2 + Rv^2) d\mu(g(t_0)) - n\ln\varepsilon \\ &+ (t_0+\varepsilon^2)B_0A_0^{-1} + n2^{-1}\ln(nA_02^{-1}) - n2^{-1}. \quad (6.2.8)\end{aligned}$$

第二步 固定 Ricci 流的某个时刻 t_0 或规范 Ricci 流的某个时刻 $\tilde{t}_0$. 假设在 $(M, g(t_0))$ 或 $(M, \tilde{g}(\tilde{t}_0))$ 上, 对数 Sobolev 不等式 (6.2.8) 成立. 我们将证明, 在度量 $g(t_0)$ 或 $\tilde{g}(\tilde{t}_0)$ 下, 方程

$$\Delta u(x,t) - \frac{1}{4}R(x,t_0)u(x,t) - \partial_t u(x,t) = 0 \quad (6.2.9)$$

的热核 (基本解) 有上界. 我们要强调指出, 这里的时间 t 不再是被固定在 t_0 时刻的 Ricci 流的时间.

上界的证明可仿照 Davies [Da] 的原始思想, 它在 Ricci 流和规范 Ricci 流的情形没有差别. 这里只有一个额外的问题需要处理, 即数量曲率的负部可能使得由 $\Delta - \frac{1}{4}R$ 产生的半群不是压缩的. 然而, 由于

数量曲率最负的值在定理中的 Ricci 流或规范 Ricci 流下不减. 因此, 证明不需要做大的改变. 数量曲率最负的值在 Ricci 流或规范 Ricci 流下不减可通过将极值原理用于方程

$$\Delta R - \partial_t R + 2|\mathrm{Ric}|^2 = 0$$

而得到. 由于这个原因, 我们将只作简单的介绍.

令 u 为 (6.2.9) 的正解. 给定 $T>0$ 及 $t\in(0,T)$, 取

$$p(t) = T/(T-t),$$

使得 $p(0)=1$ 及 $p(T)=\infty$. 由直接计算知,

$$\begin{aligned}
\partial_t \|u\|_{p(t)} &= \partial_t \Big(\int_M u^{p(t)}(x,t)dx \Big)^{1/p(t)} \\
&= -\frac{p'(t)}{p^2(t)} \|u\|_{p(t)} \ln \int_M u^{p(t)}(x,t)dx \\
&\quad + \frac{1}{p(t)} \Big(\int_M u^{p(t)}(x,t)dx \Big)^{(1/p(t))-1} \\
&\quad \times \Big[\int_M u^{p(t)}(\ln u)p'(t)dx + p(t)\int_M u^{p(t)-1}(\Delta u - \frac{1}{4}Ru)dx \Big].
\end{aligned}$$

这里 dx 是关于 $g(t_0)$ 的积分元, 我们采用这个记号以强调 $g(t_0)$ 不随时间而改变. 对包含 Δu 的项采用分部积分并两边同乘 $p^2(t)\|u\|_{p(t)}^{p(t)}$, 得

$$\begin{aligned}
&p^2(t)\|u\|_{p(t)}^{p(t)} \partial_t \|u\|_{p(t)} \\
&\quad = -p'(t)\|u\|_{p(t)}^{p(t)+1} \ln \int_M u^{p(t)}(x,t)dx \\
&\qquad + p(t)\|u\|_{p(t)} p'(t) \int_M u^{p(t)} \ln u(x,t)dx \\
&\qquad - p^2(t)(p(t)-1)\|u\|_{p(t)} \int_M u^{p(t)-2}|\nabla u|^2(x,t)dx \\
&\qquad - p^2(t)\|u\|_{p(t)} \int_M \frac{1}{4}R(x,t_0)u^{p(t)}(x,t)dx.
\end{aligned}$$

上式两边同除以 $\|u\|_{p(t)}$, 得

$$\begin{aligned}
&p^2(t)\|u\|_{p(t)}^{p(t)} \partial_t \ln \|u\|_{p(t)} \\
&\quad = -p'(t)\|u\|_{p(t)}^{p(t)} \ln \int_M u^{p(t)}(x,t)dx + p(t)p'(t)\int_M u^{p(t)} \ln u(x,t)dx
\end{aligned}$$

$$
\begin{aligned}
&-4(p(t)-1)\int_M |\nabla(u^{p(t)/2})|^2(x,t)dx\\
&-p^2(t)\int_M \frac{1}{4}R(x,t_0)(u^{p(t)/2})^2(x,t)dx.
\end{aligned}
$$

先将上述等式右端的前两项合并, 然后作代换 $v=u^{p(t)/2}/\|u^{p(t)/2}\|_2$, 再除以 $\|u\|_{p(t)}^{p(t)}$, 得

$$
\begin{aligned}
&p^2(t)\partial_t \ln\|u\|_{p(t)}\\
&=p'(t)\int_M v^2\ln v^2(x,t)dx-4(p(t)-1)\int_M |\nabla v|^2(x,t)dx\\
&\quad -p^2(t)\int_M \frac{1}{4}R(x,t_0)v^2(x,t)dx\\
&=p'(t)\int_M v^2\ln v^2(x,t)dx\\
&\quad -4(p(t)-1)\int_M [|\nabla v|^2(x,t)+\frac{1}{4}R(x,t_0)v^2]dx\\
&\quad +[4(p(t)-1)-p^2(t)]\int_M \frac{1}{4}R(x,t_0)v^2(x,t)dx.
\end{aligned}
$$

容易验证, $\|v\|_2=1$, 且

$$
\frac{4(p(t)-1)}{p'(t)}=\frac{4t(T-t)}{T}\leqslant T,
$$

$$
-T\leqslant \frac{4(p(t)-1)-p^2(t)}{p'(t)}=\frac{4t(T-t)-T^2}{T}\leqslant 0.
$$

因此,

$$
\begin{aligned}
&p^2(t)\partial_t \ln\|u\|_{p(t)}\\
&\leqslant p'(t)\Big[\int_M v^2\ln v^2(x,t)dx-\frac{4(p(t)-1)}{p'(t)}\\
&\quad \cdot\int_M (|\nabla v|^2(x,t)+\frac{1}{4}R(x,t_0)v^2)dx+T\sup R^-(x,t_0)\Big].
\end{aligned}
$$

在对数 Sobolev 不等式 (6.2.8) 中, 取 ε 使得

$$
\frac{\varepsilon^2}{\pi}=\frac{4(p(t)-1)}{p'(t)}\leqslant T,
$$

则

$$p^2(t)\partial_t \ln \|u\|_{p(t)} \leqslant p'(t)[-n \ln \sqrt{\pi 4(p(t)-1)/p'(t)} + L + T \sup R^-(x,0)],$$

其中

$$\begin{aligned} L &\equiv (t_0+\varepsilon^2)B_0A_0^{-1} + n2^{-1}\ln(nA_0 2^{-1}) - n2^{-1} \\ &\leqslant (t_0+\pi T)B_0A_0^{-1} + n2^{-1}\ln(nA_0 2^{-1}) - n2^{-1}. \end{aligned} \tag{6.2.10}$$

这里, 我们也用到了 $\sup R^-(x,t_0) \leqslant \sup R^-(x,0)$ 这个事实.

注意到,

$$p'(t)/p^2(t) = 1/T, \quad 4(p(t)-1)/p'(t) = 4t(T-t)/T,$$

因此,

$$\partial_t \ln \|u\|_{p(t)} \leqslant \frac{1}{T}\Big[-\frac{n}{2}\ln(4\pi t(T-t)/T) + L + T\sup R^-(x,0)\Big].$$

上式两端从 $t=0$ 到 $t=T$ 积分, 得

$$\ln \frac{\|u(\cdot,T)\|_\infty}{\|u(\cdot,0)\|_1} \leqslant -\frac{n}{2}\ln(4\pi T) + L + T\sup R^-(x,0). \tag{6.2.11}$$

以 $p=p(x,t,y)$ 记 (6.2.9) 的热核. 由于

$$u(x,T) = \int_M p(x,T,y)u(y,0)dy,$$

则 (6.2.11) 表明

$$p(x,T,y) \leqslant \frac{\exp(L+T\sup R^-(x,0))}{(4\pi T)^{n/2}}. \tag{6.2.12}$$

又

$$L \leqslant (t_0+\pi T)B_0A_0^{-1} + n2^{-1}\ln(nA_0 2^{-1}) - n2^{-1}, \tag{6.2.13}$$

其中当 $\lambda_0>0$ 时, $B_0=0$ (参考 (6.2.5)), 因此, 上述 (6.2.12) 的界变为

$$\begin{aligned} p(x,T,y) &\leqslant \frac{\exp(n2^{-1}\ln(nA_0 2^{-1}) - n2^{-1})}{(4\pi T)^{n/2}} \mathrm{e}^{T\sup R^-(x,0)} \\ &\leqslant \frac{c_1(A+B\lambda_0^{-1}+1)^{c_2}}{T^{n/2}} \mathrm{e}^{T\sup R^-(x,0)}, \end{aligned} \tag{6.2.14}$$

其中 c_1 和 c_2 为常数. 最后一个不等式是因为 (6.2.5), 其中给出了 A_0 的值.

利用分部积分和 Perelman F 熵的单调性 (定理 6.1.1), 容易看到

$$\begin{aligned}
&\frac{d}{ds}\int_M p^2(y,s,x)dy = 2\int_M p(\Delta p - Rp/4)dy\\
&= -\frac{1}{2}\int_M (4|\nabla p|^2 + Rp^2)dy = -\frac{1}{2}\frac{\int_M (4|\nabla p|^2 + Rp^2)dy}{\|p\|_2^2}\int_M p^2(y,s,x)dy\\
&\leqslant -\frac{1}{2}\int_M p^2(y,s,x)dy\cdot\inf\{F(v)\ |v\in W^{1,2}(M,g(t_0)),\ \|v\|_2=1\}\\
&\leqslant -\frac{\lambda_0}{2}\int_M p^2(y,s,x)dy.
\end{aligned}$$

这里 $F(v)$ 是 F 熵. 因此, 对 $s>1$,

$$\begin{aligned}
p(x,2s,x) &= \int_M p^2(y,s,x)dy \leqslant \mathrm{e}^{-\lambda_0(s-1)/2}\int_M p^2(y,1,x)dy\\
&= \mathrm{e}^{-\lambda_0(s-1)/2}p(x,2,x).
\end{aligned}$$

由热核 P 的再生公式, 容易看出

$$p(x,2s,y)\leqslant\sqrt{p(x,2s,x)}\sqrt{p(y,2s,y)}.$$

综合最后两不等式, 得

$$p(x,2s,y)\leqslant \mathrm{e}^{-\lambda_0(s-1)/2}\sqrt{p(x,2,x)}\sqrt{p(y,2,y)}.$$

根据 (6.2.14) 知, 对 $s\geqslant 1$, 成立

$$p(x,2s,y)\leqslant\frac{c_1(A+B\lambda_0^{-1}+1)^{c_2}}{2^{n/2}}\mathrm{e}^{2\sup R^-(x,0)}\ \mathrm{e}^{-\lambda_0(s-1)/2}.$$

从而得到热核的一致界, 它仅依赖于初始度量 $g(0)$, 而不依赖度量 $g(t_0)$, 即

(i) 如果 $\lambda_0>0$, 则对所有 $T>0$, 成立

$$p(x,T,y)\leqslant\frac{c_1(A+B\lambda_0^{-1}+1)^{c_2}}{T^{n/2}}\mathrm{e}^{2\sup R^-(x,0)}\mathrm{e}^{-\lambda_0 T/5};\tag{6.2.15}$$

(ii) 如果 $\lambda_0\leqslant 0$, 根据 (6.2.12) 和 (6.2.13), 有

$$p(x,T,y)\leqslant\frac{\exp(c_1[(BA^{-1}+\sup R^-(\cdot,0))\ (t_0+T)+A^{c_2}+1)]}{T^{n/2}};\tag{6.2.16}$$

第三步 证明上述热核的上界蕴涵定理 6.2.1 中的 Sobolev 嵌入. 这差不多是常规的.

情形 1 假设 $\lambda_0 < 0$.

令 t_0 为 Ricci 流中某个固定的时刻, $F = \sup R^-(x,0)$, p_F 为算子 $\Delta - \frac{1}{4}R(x,t_0) - F - 1$ 的热核. 由于 $R^-(x,t_0) \leqslant F$, 由 (6.2.16) 中 p 的上界知, p_F 有整体上界, 即

$$p_F(x,t,y) \leqslant \frac{\Lambda}{t^{n/2}}, \quad t > 0.$$

这里 Λ 仅依赖于 (6.2.10) 中的 L 以及 F. 此外, p_F 是压缩的. 根据 Hölder 不等式, 对任何 $f \in L^2(M)$, 有

$$\left|\int_M p_F(x,t,y)f(y)dy\right| \leqslant \left(\int_M p_F^2(x,t,y)dy\right)^{1/2} \|f\|_2 \leqslant \Lambda^{1/2} t^{-n/4} \|f\|_2.$$

于是, 定理 6.2.1 中的 Sobolev 不等式可由 [Da] 中的定理 2.4.2 得出 (参见本书中的定理 4.2.1), 即存在仅依赖于初始度量 (通过 Λ) 及 t_0 的正常数 $A(t_0)$, $B(t_0)$, 使得对所有 $v \in W^{1,2}(M, g(t_0))$, 成立

$$\left(\int_M v^{2n/(n-2)} d\mu(g(t_0))\right)^{(n-2)/n}$$
$$\leqslant A(t_0)\int_M \left(|\nabla v|^2 + \frac{1}{4}Rv^2\right) d\mu(g(t_0)) + B(t_0)\int_M v^2 d\mu(g(t_0)).$$

同样的结果也对规范 Ricci 流成立. 由于 $t_0 \in [0, T_0)$ 任意, 因而完成此情形的证明.

情形 2 假设 $\lambda_0 > 0$.

(6.2.15) 中的界不依赖于 t_0, 还是考虑 p_F. 定理 4.2.1 中有关热核界中的常数与 Sobolev 不等式的关系的陈述表明:

对于 $v \in C^\infty(M)$, 以及不依赖于 t_0 的正常数 A_0 和常数 C, 有

$$\left(\int_M v^{2n/(n-2)} d\mu(g(t_0))\right)^{(n-2)/n}$$
$$\leqslant A_0\int_M \left(|\nabla v|^2 + \frac{1}{4}Rv^2\right) d\mu(g(t_0)) + C(\sup R^-(x,0)+1)\int_M v^2 d\mu(g(t_0)).$$

根据上面提到的 F 熵的单调递增性, 我们有

$$\int_M v^2 d\mu(g(t_0)) \leqslant \lambda_0^{-1}\int_M (4|\nabla v|^2 + Rv^2) d\mu(g(t_0)).$$

由此知, 存在常数, 仍记做 A_0, 使得

$$\left(\int_M v^{2n/(n-2)}d\mu(g(t_0))\right)^{(n-2)/n} \leqslant A_0\int_M \left(|\nabla v|^2+\frac{1}{4}Rv^2\right)d\mu(g(t_0)),$$

即定理 (i) 中的最后陈述为真. □

我们也可以通过先建立 Nash 型不等式, 并应用 [BCLS] 中的论证得到 Sobolev 嵌入的证明.

§6.3 临界及局部 Sobolev 不等式

本节我们叙述并证明沿 Ricci 流的临界和局部 Sobolev 不等式. 它们并没有在 Poincaré 猜想的证明中用到.

我们首先证明沿 Ricci 流的一致临界 Sobolev 不等式. 这可看做是定理 2.2.1 中描述的 $W_0^{1,n}(\Omega)$ 嵌入到某个 Orlicz 空间的推广. 在 [Fo] 中, 将这个欧氏嵌入推广到具有固定度量的紧流形. 下述定理中的 Sobolev 常数通常没有度量固定的情形和定理 6.2.1 中的常数那样好.

定理 6.3.1 令 M 为维数 $n\geqslant 3$ 的紧流形且度量 $g=g(t)$ 按 Ricci 流 $\partial_t g=-2Ric$ 演变. 令 A 和 B 为使得 L^2-Sobolev 不等式对 $(M,g(0))$ 成立的正数, 即对任何 $v\in W^{1,2}(M)$,

$$\left(\int_M v^{2n/(n-2)}\,d\mu(g(0))\right)^{(n-2)/n}\leqslant A\int_M |\nabla v|^2\,d\mu(g(0))+B\int_M v^2\,d\mu(g(0)).$$

定义 λ_0 为 F 熵的第一特征值, 即

$$\lambda_0=\inf_{\|v\|_2=1}\int_M(4|\nabla v|^2+Rv^2)d\mu(g(0)).$$

给定 $\alpha>0$ 和 $\rho>0$, 又定义

$$\Phi(\rho)=\mathrm{e}^{\alpha\rho^{n/(n-1)}}-\sum_{k=0}^{n-1}\frac{\alpha^k}{k!}\rho^{nk/(n-1)}.$$

假设 Ricci 流对 $t\in[0,T_0)$ 存在, 其中 $T_0\leqslant\infty$ 为时间跨度, 则在前提条件

$$\alpha<\frac{b}{[\Theta(M)h_2\exp(th_1)]^{n/(n-1)}}$$

下, 对任何 $u\in W^{1,n}(M,g(t))$, 有

$$\int_M \Phi\left(\frac{|u(x)|}{\|\nabla u\|_n + \|\sqrt{\frac{1}{4}R^+ + h}\ u\|_n}\right) d\mu(g(t)) \leqslant C(n, \alpha).$$

这里的常数定义如下:

(i) $b > 0$ 为数值常数;

(ii) $h_1 = \begin{cases} 0, & \text{如果}\lambda_0 > 0, \\ h_1(A, B, \lambda_0, \sup R^-(\cdot, 0)) \geqslant 0, & \text{如果}\lambda_0 < 0; \end{cases}$

(iii) $h_2 = h_2(A, B, \lambda_0) > 0$;

(iv) $h = \begin{cases} 1, & \text{如果}\lambda_0 > 0, \\ (h_1 - b_2\lambda_0) + 1(\text{对一正常数}b_2), & \text{如果}\lambda_0 < 0; \end{cases}$

(v)

$$\Theta(M) = \sup_{\beta \in (1, n/(n-1))} \sup_x \left([n - \beta(n-1)] \int_M \frac{\exp(-e_0 d(x, y, t))}{d(x, y, t)^{\beta(n-1)}} d\mu(g(t)) \right)^{1/\beta},$$

其中 $e_0 > 0$ 为充分小的正数.

上述定理的陈述在两种特殊情形下特别简洁. 第一种情形是 Ricci 曲率以一负常数为下界, 这是由于经典的体积比较定理; 另一种是 3 维情形, 将在下面的推论 6.3.1 中介绍, 并给予证明.

推论 6.3.1 令 M 为 3 维可定向紧流形, 且度量 $g = g(t)$ 按 Ricci 流 $\partial_t g = -2Ric$ 演变, 其中初始度量已规范化. 假设 $g(0)$ 的数量曲率非负, 则存在仅依赖于初始度量的正数 α, 使得临界 Sobolev 嵌入对 Ricci 流存在的时间段中的所有 t 都成立, 即对任何 $u \in W^{1,n}(M, g(t))$, 存在仅依赖于 α 和 $g(0)$ 的正常数 $C(\alpha, g(0))$, 使得

$$\int_M \Phi\left(\frac{|u(x)|}{\|\nabla u\|_n + \|\sqrt{\frac{1}{4}R + 1}\ u\|_n}\right) d\mu(g(t)) \leqslant C(\alpha, g(0)).$$

这里 $n = 3$, 且

$$\Phi(\rho) = \mathrm{e}^{\alpha\rho^{3/2}} - \sum_{k=0}^{2} \frac{\alpha^k}{k!}\rho^{3k/2}.$$

证明 根据极值原理, 我们知道, 除非流形为 Ricci 平坦, 否则数量曲率在 $t > 0$ 的瞬间变为正. 在 Ricci 平坦这个特殊情形, 度量不变, 结论熟知 (参见 [Fo]). 因此, 我们可假设初始数量曲率为正.

由于初始条件已规范化, 我们知道 Ricci 流在一固定的时间段内, 譬如说 $[0,\delta]$, 被初值以明确的方式控制. 因此, 我们只要证明当 $t \geqslant \delta$ 时, 结论成立. 为方便起见, 就取 $\delta = 1$ 并假设 $t \geqslant 1$. 由于数量曲率为正, 因此 Ricci 流的时间跨度有限.

根据初始数量曲率的假设知, 定理中的 $\lambda_0 > 0, h = 1, h_1 = 0$. 因此, 一旦我们能够证明下面的量 $\Theta(M)$ 当 $t \geqslant 1$ 时一致有界, 则此推论就可由定理 6.3.1 得出. 这里

$$\Theta(M) = \sup_{\beta \in (1, n/(n-1))} \sup_x J(x,t,\beta),$$

其中

$$J(x,t,\beta) \equiv \left([n-\beta(n-1)] \int_M \frac{\exp(-e_0 d(x,y,t))}{d(x,y,t)^{\beta(n-1)}} d\mu(g(t)) \right)^{1/\beta}. \tag{6.3.1}$$

为使论证继续下去, 我们需要跳到第七章先看定理 7.5.1. 定理 7.5.1 确立了 3 维 Ricci 流的标准邻域性质. 对一固定的充分小的正数 ε 及 Ricci 流的整个有限时间跨度, 令 τ_0 为标准邻域性质中的精度为 ε 的参数. 对 $t \geqslant 1, r_0 > 0$ 及 $x \in M$, 考虑球 $B(x, r_0, t)$, 我们有三种情形需要处理.

情形 1 数量曲率在球中以 $1/r_0^2$ 为上界.

由 Hamilton-Ivey 夹挤定理5.2.4 知, 对某个正常数 C, 成立

$$|Ric(y,t)| \leqslant 2R(y,t) + C \leqslant 2/r_0^2 + C, \quad y \in B(x, r_0, t).$$

由通常的体积比较定理, 对任何 $r \in (0, r_0]$, 有

$$|B(x_0, r, t)|_{g(t)} \leqslant \mathrm{e}^{c(r_0^{-1}+1)r} c_n r^n, \quad n = 3.$$

所以,

$$\begin{aligned}
&[n-\beta(n-1)] \int_M \frac{\exp(-e_0 d(x,y,t))}{d(x,y,t)^{\beta(n-1)}} d\mu(g(t)) \\
&\leqslant [n-\beta(n-1)] \Big[\int_{d(x,y,t) \leqslant r_0} \frac{1}{d(x,y,t)^{\beta(n-1)}} d\mu(g(t)) \\
&\quad + \int_{d(x,y,t) > r_0} \frac{1}{d(x,y,t)^{\beta(n-1)}} d\mu(g(t)) \Big] \\
&\leqslant [n-\beta(n-1)] \int_{d(x,y,t) \leqslant r_0} \frac{1}{d(x,y,t)^{\beta(n-1)}} d\mu(g(t))
\end{aligned}$$

$$+ r_0^{-\beta(n-1)}\mathrm{Vol}(M, g(t)).$$

注意到,

$$\begin{aligned}
&\int_{d(x,y,t)\leqslant r_0} \frac{1}{d(x,y,t)^{\beta(n-1)}} d\mu(g(t)) \\
&\quad = \sum_{i=0}^{\infty} \int_{2^{-(i+1)}r_0 \leqslant d(x,y,t) \leqslant 2^{-i}r_0} \frac{1}{d(x,y,t)^{\beta(n-1)}} d\mu(g(t)) \\
&\quad \leqslant \sum_{i=0}^{\infty} \left[(2^{i+1}/r_0)^{(n-1)\beta} \int_{d(x,y,t)\leqslant 2^{-i}r_0} d\mu(g(t))\right] \\
&\quad \leqslant c_n \mathrm{e}^{c(r_0^{-1}+1)r_0} \sum_{i=0}^{\infty} (2^i/r_0)^{(n-1)\beta}(2^{-i}r_0)^n \\
&\quad \leqslant c_n \mathrm{e}^{c(r_0^{-1}+1)r_0} r_0^{n-(n-1)\beta} \frac{1}{n-(n-1)\beta},
\end{aligned}$$

这里倒数第二个不等式是根据上面提到的体积上界而得. 综合上面两个不等式, 我们得

$$[n-\beta(n-1)] \int_M \frac{\exp(-e_0 d(x,y,t))}{d(x,y,t)^{\beta(n-1)}} d\mu(g(t)) \leqslant c(r_0)[1+\mathrm{Vol}(M, g(0))]. \tag{6.3.2}$$

这里我们只是用了数量曲率非负导致 M 的体积随时间递减的事实, 所以在这种情形, 有

$$J(x,t,\beta) \leqslant C(r_0, g(0)).$$

根据定理 7.5.1, r_0 仅依赖于 ε, 初始度量和 Ricci 流的时间跨度. 时间跨度以一个仅牵涉 $\min R(\cdot, 0)$ 的量为上界. 所以在这种情形, $J(x,t,\beta)$ 仅依赖于初值.

情形 2 球 $B(x, r_0, t)$ 包含一点 y, 使得 $R(y,t) = \dfrac{1}{r_0^2}$.

根据 Perelman 的奇点结构定理 [P1] (本书定理 7.5.1), 在伸缩后的度量 $r_0^{-2}g(t)$ 下, 球 $B(x, r_0, t)$ 按 $C^{[\varepsilon^{-1}]}$ 拓扑 ε 接近于 (古代) κ 解的相应球. 用 $\tilde{g}$ 和 $\tilde{d}$ 分别记度量 $r_0^{-2}g(t)$ 和相应的距离. 则

$$\begin{aligned}
&\int_{d(x,y,t)\leqslant r_0} \frac{1}{d(x,y,t)^{\beta(n-1)}} d\mu(g(t)) \\
&\quad = r_0^{n-(n-1)\beta} \int_{\tilde{d}(x,y,t)\leqslant 1} \frac{1}{\tilde{d}(x,y,t)^{\beta(n-1)}} d\mu(\tilde{g}).
\end{aligned}$$

$\tilde{g}$ 在单位球中的 Ricci 曲率以一仅依赖于 ε 的负常数为下界, 这是因为附近的 κ 解具有非负截曲率. 因此, 根据和上述相同的计算, 我们有

$$\int_{d(x,y,t)\leqslant r_0} \frac{1}{d(x,y,t)^{\beta(n-1)}} d\mu(g(t)) \leqslant C(\varepsilon) r_0^{n-(n-1)\beta} \frac{1}{n-(n-1)\beta}.$$

固定一充分小的 ε, 这表明, 如同情形 1 一样,

$$\begin{aligned} J(x,t,\beta)^\beta &= [n-\beta(n-1)] \int_M \frac{\exp(-e_0 d(x,y,t))}{d(x,y,t)^{\beta(n-1)}} d\mu(g(t)) \\ &\leqslant c(r_0)[1+\mathrm{Vol}(M,g(0))]. \end{aligned} \tag{6.3.3}$$

情形 3 球 $B(x,r_0,t)$ 中的每个点满足 $R(y,t) > \dfrac{1}{r_0^2}$.

根据定理 7.5.1, 这个球要么为一具有正曲率的紧流形, 要么包含在 ε 尖角或带盖子的 ε 尖角内. 这两个概念可在定义 8.1.1 中找到. 如果 $B(x,r_0,t)$ 为具有正曲率的紧流形, 则我们还是能用经典的体积比较定理证明

$$J(x,t,\beta) \leqslant C(r_0, g(0)).$$

接下来, 我们假设 $B(x,r_0,t)$ 包含在 ε 尖角内. 我们断言: 存在常数 $C>0$, 使得

$$|B(x,r,t)|_{g(t)}/r^3 \leqslant C, \quad r\in[0,r_0].$$

如果球 $B(x,r,t)$ 包含在一个 ε 颈中, 则断言显然为真. 假设对某个 $k\geqslant 3$, 球 $B(x,r,t)$ 包含 $k-2$ 个 ε 颈, 且 $B(x,r,t)$ 包含在 k 个 ε 颈的并中, 令 x_i 在第 i 个 ε 颈的中心, 其中 $i=1,\cdots,k$. 则

$$r \sim \varepsilon^{-1} \sum_{i=1}^k R(x_i)^{-1/2}.$$

注意, 第 i 个 ε 颈的体积为 $CR(x_i)^{-3/2}\varepsilon^{-1}$. 因而,

$$|B(x,r,t)|_{g(t)} \sim \varepsilon^{-1} \sum_{i=1}^k R(x_i)^{-3/2} \leqslant \varepsilon^2 \Big[\varepsilon^{-1} \sum_{i=1}^k R(x_i)^{-1/2}\Big]^3 \leqslant Cr^3.$$

断言获证.

接下来的论证可以像情形 1 中的证明一样进行, 用断言取代那里的体积比较定理, 推得

$$J(x,t,\beta)\leqslant C(r_0,g(0)).$$

最后, 如果 $B(x,r_0,t)$ 包含在带盖子的 ε 尖角中, $J(x,t,\beta)$ 的界可以类似地证明.

这样我们证明了: 在所有情形, $J(x,t,\beta)$ 有一仅依赖于初始度量的界. 由 (6.3.1), 这个界蕴涵 $\Theta(M)$ 的界和推论. □

定理 6.3.1 的证明 定理 6.3.1 沿用定理 6.2.1 中的记号. 假设 Ricci 流存在于时间段 $[0,t_0]$ 中. 证明分为以下三步.

第一步 证明 $\Delta-R/4$ 的热核 p 在时刻 t_0 的偏离对角线的界.

我们在此步证明, 在度量 $g(t_0)$ 下, $\Delta-R/4$ 的热核 p 的 Gauss 型上界. 注意, 这里 Δ 和 R 是关于固定度量 $g(t_0)$ 的. 仍用 dx, $d(x,y)$, 和 $B(x,r)$ 分别记 $g(t_0)$ 下的体积元, 距离和测地球. 如果没有数量曲率, 则由对角线上的界 (6.2.12) 及 Grigoryan 的论文 [Gr] 中的主要定理立即可得 Gauss 上界. 在当前的情形, 我们将综合 Grigoryan 的方法和 Perelman F 熵的单调性来处理数量曲率项. 这一步分为两个小步骤.

步骤 1 解的加权 L^2 模的单调性.

令 u 为方程

$$\Delta u-\frac{1}{4}Ru-\partial_s u=0$$

的正解, 其中底流形是 $(M,g(t_0))$. 给定待定的权函数 $e^{\xi(x,s)}$, 通过计算得

$$\frac{d}{ds}\int_M u^2e^{\xi}dx=\int_M u^2e^{\xi}\partial_s\xi dx+\int_M 2u(\Delta u-\frac{1}{4}Ru)e^{\xi}dx. \tag{6.3.4}$$

注意到,

$$\begin{aligned}\int_M u\Delta u e^{\xi}dx&=-\int_M\nabla u\nabla(ue^{\xi})dx\\&=-\int_M\nabla u\nabla(ue^{\xi/2}e^{\xi/2})dx\\&=-\int_M\nabla u\left[\nabla(ue^{\xi/2})e^{\xi/2}+ue^{\xi/2}\nabla e^{\xi/2}\right]dx\\&=-\int_M|\nabla(ue^{\xi/2})|^2dx+\int_M u^2|\nabla e^{\xi/2}|^2dx.\end{aligned}$$

将其代入 (6.3.4) 的右端, 得

$$\frac{d}{ds}\int_M u^2 \mathrm{e}^{\xi} dx = \int_M (\partial_s \xi + \frac{1}{2}|\nabla \xi|^2) u^2 \mathrm{e}^{\xi} dx - 2\int_M \left[|\nabla(u\mathrm{e}^{\xi/2})|^2 + \frac{1}{4} R (u\mathrm{e}^{\xi/2})^2 \right] dx.$$

令

$$\lambda(t_0) = \inf_{u\neq 0} \frac{\int_M \left[4|\nabla(u\mathrm{e}^{\xi/2})|^2 + R(u\mathrm{e}^{\xi/2})^2 \right] dx}{\int_M u^2 \mathrm{e}^{\xi} dx}.$$

由于 dx 实际上是体积元 $d\mu(g(t_0))$, 其中 t_0 是 Ricci 流中的某时刻, 所以 $\lambda(t_0)$ 实际上是 Perelman F 熵在时刻 t_0 的下确界. 根据 Perelman [P1] (本书中的定理 6.1.1), 成立

$$\lambda(t_0) \geqslant \lambda(0) = \lambda_0.$$

因而,

$$\frac{d}{ds}\int_M u^2 \mathrm{e}^{\xi} dx \leqslant \int_M (\partial_s \xi + \frac{1}{2}|\nabla \xi|^2) u^2 \mathrm{e}^{\xi} dx - \frac{1}{2}\lambda_0 \int_M u^2 \mathrm{e}^{\xi} dx.$$

如果我们选取 ξ, 使得

$$\partial_s \xi + \frac{1}{2}|\nabla \xi|^2 \leqslant 0,$$

则推得

$$\int_M u^2 \mathrm{e}^{\xi} dx\big|_{s_1} \leqslant \mathrm{e}^{-\lambda_0 (s_1 - s_2)/2} \int_M u^2 \mathrm{e}^{\xi} dx\big|_{s_2}, \tag{6.3.5}$$

其中 $s_2 < s_1$.

步骤 2 一旦有了上述单调性公式, 我们就可用 [Gr] 中的想法证明 Gauss 上界. 由于 (6.3.5) 中出现指数项, 证明和 [Gr] 中的不尽相同. 因此, 我们在这里对证明作一介绍.

取点 $x \in M$ 及 $s, r > 0$, 定义

$$I_r(s) = \int_{M-B(x,r)} u^2(y,s) dy. \tag{6.3.6}$$

我们的目标是证明对 $u(y,s) = p(y,s,x)$, $I_r(s)$ 有一定的指数衰减. 取两个数 A 和 σ_0, 使得 $A \geqslant 2$ 而 $\sigma_0 > s$, 选

$$\xi = \xi(y,s) = \begin{cases} -\dfrac{(r-d(x,y))^2}{A(\sigma_0 - s)}, & d(x,y) \leqslant r, \\ 0, & d(x,y) > r, \end{cases}$$

则对 $y \in B(x,r)$, 有

$$\partial_s \xi + \frac{1}{2}|\nabla\xi|^2 = -\frac{(r-d(x,y))^2}{A(\sigma_0 - s)^2} + \frac{2(r-d(x,y))^2}{A^2(\sigma_0 - s)^2} \leqslant 0.$$

根据 (6.3.5), 对 $s_2 < s_1 < s_0$, 我们有,

$$\int_M u^2 \mathrm{e}^{\xi} dx\big|_{s_1} \leqslant \mathrm{e}^{-\lambda_0(s_1-s_2)/2} \int_M u^2 \mathrm{e}^{\xi} dx\big|_{s_2}.$$

由于当 $d(x,y) \geqslant r$ 时, $\xi(y,s) = 0$, 这蕴涵

$$\begin{aligned} I_r(s_1) = \int_{M-B(x,r)} u^2(y,s_1)dy &\leqslant \int_M u^2(y,s_1)\mathrm{e}^{\xi(y,s_1)}dy \\ &\leqslant \mathrm{e}^{-\lambda_0(s_1-s_2)/2} \int_M u^2(y,s_2)\mathrm{e}^{\xi(y,s_2)}dy. \end{aligned}$$

对于数 $\rho < r$, 上述不等式可写为

$$\begin{aligned} I_r(s_1) \leqslant{}& \mathrm{e}^{-\lambda_0(s_1-s_2)/2} \int_{B(x,\rho)} u^2(y,s_2)\mathrm{e}^{\xi(y,s_2)}dy \\ &+ \mathrm{e}^{-\lambda_0(s_1-s_2)/2} \int_{M-B(x,\rho)} u^2(y,s_2)\mathrm{e}^{\xi(y,s_2)}dy. \end{aligned}$$

这表明

$$I_r(s_1) \leqslant \mathrm{e}^{-\lambda_0(s_1-s_2)/2} \left(I_\rho(s_2) + \mathrm{e}^{-(r-\rho)^2/(A(\sigma_0-s_2))} \int_{B(x,\rho)} u^2(y,s_2)dy \right).$$

至此, 这个界对方程 $\Delta u - Ru/4 - \partial_s u = 0$ 的所有正解都成立. 接下来, 取 $u(y,s) = p(y,s,x)$ 为热核. 对于这个 u, 成立

$$\int_{B(x,\rho)} u^2(y,s_2)dy \leqslant \int_M p^2(y,s_2,x)dy = p(x,2s_2,x) \leqslant \frac{1}{f(2s_2)}.$$

这里 f 由 (6.2.15) 和 (6.2.16) 中的右端给出的对角线上的界确定. 实际上, 我们知道有两个正常数 h_1 和 h_2, 使得对所有 $T > 0$, 成立

$$\frac{1}{f(T)} = \frac{h_2 \exp((T+t_0)h_1)}{T^{n/2}}, \tag{6.3.7}$$

其中

$$h_2 = h_2(A, B, \lambda_0),$$

而

$$h_1 = \begin{cases} 0, & \text{如果}\lambda_0 > 0, \\ h_1(A, B, \lambda_0, \sup R^-(\cdot, 0)) \geqslant 0, & \text{其他情况}. \end{cases} \tag{6.3.8}$$

从而, 我们得到不等式

$$I_r(s_1) \leqslant \mathrm{e}^{-\lambda_0(s_1-s_2)/2}\left(I_\rho(s_2) + \mathrm{e}^{-(r-\rho)^2/(A(\sigma_0-s_2))}\ \frac{1}{f(2s_2)}\right).$$

注意, 上述不等式仅指数项依赖于 σ_0, 而 σ_0 是 ξ 的定义中的参数. 因此, 我们就取 $\sigma_0 = s_1$, 得

$$I_r(s_1) \leqslant \mathrm{e}^{-\lambda_0(s_1-s_2)/2}\left(I_\rho(s_2) + \mathrm{e}^{-(r-\rho)^2/(A(s_1-s_2))}\ \frac{1}{f(2s_2)}\right), \tag{6.3.9}$$

其中 $r > \rho$, $s_1 > s_2$, 而 $A \geqslant 2$.

接下来, 固定 $r, s > 0$, 如 [Gr] 中一样, 定义序列

$$r_k = \left(\frac{1}{2} + \frac{1}{k+2}\right) r, \quad s_k = \frac{s}{a^k}, \quad k = 0, 1, 2, \cdots,$$

其中 $a > 1$ 将在后面选取. 应用 (6.3.9), 推得

$$\begin{aligned} I_{r_k}(s_k) \leqslant & \mathrm{e}^{-\lambda_0(s_k-s_{k+1})/2}\Big(I_{r_{k+1}}(s_{k+1}) \\ & + \mathrm{e}^{-(r_k-r_{k+1})^2/(A(s_k-s_{k+1}))}\ \frac{1}{f(2s_{k+1})}\Big). \end{aligned} \tag{6.3.10}$$

还记得

$$I_{r_k}(s_k) = \int_{M-B(x,r_k)} p^2(y, s_k, x)dy.$$

由于当 $k \to \infty$ 时, $s_k \to 0$ 且 $p(y, s_k, x) \to \delta(y, x)$ 集中在点 x. 因此, $\lim\limits_{k\to\infty} I_{r_k}(s_k) = 0$. 这个论证容易通过用初值支在 $B(x, r/2)$ 中的正则解逼近 p 而严密化.

通过迭代 (6.3.10), 得

$$I_r(s) = I_{r_0}(s_0) \leqslant \sum_{k=0}^{\infty} \frac{1}{f(2s_{k+1})}\mathrm{e}^{-(r_k-r_{k+1})^2/(A(s_k-s_{k+1}))}\mathrm{e}^{-\lambda_0(s_0-s_{k+1})/2}.$$

利用关系

$$r_k - r_{k+1} \geqslant r/(k+3)^2, \qquad s_k - s_{k+1} = (a-1)s/a^{k+1},$$

得

$$I_r(s) \leqslant \sum_{k=0}^{\infty} \frac{1}{f(2s_{k+1})} \exp\left(-\frac{a^{k+1}\ r^2}{(k+3)^4\ (a-1)\ As}\right) \mathrm{e}^{-\lambda_0(s-s_{k+1})/2}.$$

利用 (6.3.7), 得

$$\frac{1}{f(2s_{k+1})} \leqslant \frac{a^{(k+1)n/2} h_2 \exp((s+t_0)h_1)}{s^{n/2}}.$$

将其代入有关 $I_r(s)$ 的最后一个不等式, 推得

$$I_r(s) \leqslant \frac{h_2 \exp((s+t_0)h_1)}{s^{n/2}} \mathrm{e}^{-\lambda_0 sc(a)} \sum_{k=0}^{\infty} a^{(k+1)n/2} \exp\left(-\frac{a^{k+1}\ r^2}{(k+3)^4(a-1)As}\right).$$

通过使常数变得足够大, 容易验证, 对某个数值常数 $h_3 > 0$, 成立

$$I_r(s) = \int_{M-B(x,r)} p^2(y,s,x)dy \leqslant \frac{h_2 \exp((s+t_0)h_1)}{s^{n/2}} \mathrm{e}^{-\lambda_0 sc(a)} \mathrm{e}^{-h_3 r^2/s}. \tag{6.3.11}$$

对充分小的正数 $m < h_3$, 定义

$$E_m(s) = \int_M p^2(y,s,x) \mathrm{e}^{md^2(y,x)/s} dy.$$

取 $r = \sqrt{s}$ 并对积分估计如下: $E_m(s)$ 分为

$$\begin{aligned} E_m(s) \leqslant & \mathrm{e}^m \int_{B(x,r)} p^2(y,s,x)dy \\ & + \sum_{k=0}^{\infty} \int_{2^k r < d(x,y) \leqslant 2^{k+1} r} p^2(y,s,x) \mathrm{e}^{md^2(y,x)/s} dy \\ \leqslant & \mathrm{e}^m \int_{B(x,r)} p^2(y,s,x)dy \\ & + \sum_{k=0}^{\infty} \mathrm{e}^{m 2^{2(k+1)}} \int_{2^k r < d(x,y) \leqslant 2^{k+1} r} p^2(y,s,x)dy. \end{aligned} \tag{6.3.12}$$

利用分部积分及 Perelman F 熵的单调性, 容易看到

$$\begin{aligned}\frac{d}{ds}\int_M p^2(y,s,x)dy &= 2\int_M p(\Delta p - Rp/4)dy\\ &= -2\int_M (|\nabla p|^2 + Rp^2/4)dy\\ &\leqslant -\frac{\lambda_0}{2}\int_M p^2(y,s,x)dy.\end{aligned}$$

因此,

$$\begin{aligned}\int_M p^2(y,s,x)dy &\leqslant \mathrm{e}^{-\lambda_0 s/4}\int_M p^2(y,s/2,x)dy\\ &= \mathrm{e}^{-\lambda_0 s/4}p(x,s,x) \leqslant \mathrm{e}^{-\lambda_0 s/4}/f(s).\end{aligned}$$

将上面的不等式和 (6.3.11) 用于 (6.3.12) 的最后两项得, 对充分小的 $m>0$, 成立

$$E_m(s) = \int_M p^2(y,s,x)\mathrm{e}^{md^2(y,x)/s}dy \leqslant \frac{c_1 h_2 \exp((s+t_0)h_1)}{s^{n/2}}\mathrm{e}^{-c_2\lambda_0 s}, \tag{6.3.13}$$

其中 c_1, c_2 为正的数值常数; h_1, h_2 如 (6.3.8) 所给, 仅依赖于初始度量. 熟知 (可参见 [Gr]) (6.3.13) 蕴涵不等式

$$p(x,s,y) \leqslant b_1 h_2 \mathrm{e}^{t_0 h_1}\mathrm{e}^{(h_1 - b_2\lambda_0)s}\frac{\mathrm{e}^{-b_3 d^2(x,y)/s}}{s^{n/2}}, \tag{6.3.14}$$

这里 b_1, b_2, b_3 为正数值常数.

第二步 证明 Green 函数的梯度的积分界.

考虑算子

$$L_h = \Delta - \frac{R^+}{4} - h$$

的 Green 函数 $\Gamma = \Gamma(x,y)$, 其中 $h = (h_1 - b_2\lambda_0)^+ + 1$. 这里 h_1, b_2, λ_0 和 (6.3.14) 中的一样. 以 p_h 记 L_h 的热核. 则 (6.3.14) 表明

$$p_h \leqslant p\mathrm{e}^{-hs} \leqslant b_1 h_2 \mathrm{e}^{t_0 h_1}\mathrm{e}^{-s}\ \frac{\mathrm{e}^{-b_3 d^2(x,y)/s}}{s^{n/2}}. \tag{6.3.15}$$

所以, 存在常数 $C>0$ 和 $b_4>0$, 使得

$$\Gamma(x,y) = \int_0^\infty p_h(y,s,x)ds \leqslant C h_2 \mathrm{e}^{t_0 h_1}\frac{\mathrm{e}^{-b_4 d(x,y)}}{d(x,y)^{n-2}}. \tag{6.3.16}$$

当 $y \neq x$ 时, Green 函数 $\Gamma(x,y)$ 作为 y 的函数满足方程

$$\Delta\Gamma - \frac{R^+}{4}\Gamma - h\Gamma = 0.$$

以 $\Gamma\phi^2$ 为试验函数, 应用常规的论证方法知,

$$\int_{2^k \leqslant d(x,y) \leqslant 2^{k+1}} |\nabla\Gamma(x,y)|^2 dy + \int_{2^k \leqslant d(x,y) \leqslant 2^{k+1}} \Big(\frac{R^+}{4} + h\Big)\Gamma^2(x,y)dy$$
$$\leqslant \frac{c}{2^{2k}} \int_{2^{k-1} \leqslant d(x,y) \leqslant 2^{k+2}} \Gamma^2(x,y)dy. \tag{6.3.17}$$

在上式中, ϕ 为截断函数, 而 c 为正常数.

对任何数 $\beta \in (0,2)$, 由 Hölder 不等式和 (6.3.17) 知,

$$\int_{2^k \leqslant d(x,y) \leqslant 2^{k+1}} |\nabla\Gamma(x,y)|^\beta dy$$
$$\leqslant \Big(\int_{2^k \leqslant d(x,y) \leqslant 2^{k+1}} |\nabla\Gamma(x,y)|^2 dy\Big)^{\beta/2} \Big(\int_{2^k \leqslant d(x,y) \leqslant 2^{k+1}} dy\Big)^{1-(\beta/2)}$$
$$\leqslant \Big(\frac{c}{2^{2k}} \int_{2^{k-1} \leqslant d(x,y) \leqslant 2^{k+2}} \Gamma^2(x,y)dy\Big)^{\beta/2} |B(x,2^{k+1}) - B(x,2^k)|^{1-(\beta/2)}.$$

对上式最后一个不等式利用 (6.3.16), 推得

$$\int_{2^k \leqslant d(x,y) \leqslant 2^{k+1}} |\nabla\Gamma(x,y)|^\beta dy \leqslant \frac{c h_2^\beta \exp(t_0 h_1 \beta)\ \exp(-2^{(k-2)}\beta b_4)}{2^{k\beta} 2^{(k-1)(n-2)\beta}}$$
$$\times \Big(\int_{2^{k-1} \leqslant d(x,y) \leqslant 2^{k+2}} dy\Big)^{\beta/2} |B(x,2^{k+1}) - B(x,2^k)|^{1-(\beta/2)}$$
$$\leqslant \frac{c h_2^\beta \exp(t_0 h_1 \beta)\ \exp(-2^{(k-2)}\beta b_4)}{2^{k\beta} 2^{(k-1)(n-2)\beta}} |B(x,2^{k+2}) - B(x,2^{k-1})|.$$

对所有整数 k 求和, 得

$$\int_M |\nabla\Gamma(x,y)|^\beta dy$$
$$\leqslant c h_2^\beta \exp(t_0 h_1 \beta) \sum_{k=-\infty}^{\infty} \frac{\exp(-2^{(k-2)}\beta b_4)}{2^{k\beta} 2^{(k-1)(n-2)\beta}} |B(x,2^{k+2}) - B(x,2^{k-1})|.$$

由于

$$|B(x,2^{k+2}) - B(x,2^{k-1})|$$
$$= |B(x,2^{k+2}) - B(x,2^{k+1})| + |B(x,2^{k+1}) - B(x,2^k)|$$
$$+ |B(x,2^k) - B(x,2^{k-1})|,$$

因此, 可将上述和分为三项, 再变换指标, 得

$$\begin{aligned}&\int_M |\nabla\Gamma(x,y)|^\beta dy\\&\leqslant c\exp(t_0h_1\beta)\sum_{k=-\infty}^{\infty}\Big[\frac{\exp(-2^{(k-4)}\beta b_4)}{2^{(k-2)\beta}2^{(k-3)(n-2)\beta}}\\&\quad+\frac{\exp(-2^{(k-3)}\beta b_4)}{2^{(k-1)\beta}2^{(k-2)(n-2)\beta}}+\frac{\exp(-2^{(k-2)}\beta b_4)}{2^{k\beta}2^{(k-1)(n-2)\beta}}\Big]\\&\quad\times|B(x,2^k)-B(x,2^{k-1})|\,h_2^\beta.\end{aligned}$$

这表明

$$\begin{aligned}&\int_M |\nabla\Gamma(x,y)|^\beta dy\\&\leqslant ch_2^\beta\exp(t_0h_1\beta)\sum_{k=-\infty}^{\infty}\frac{\exp(-2^{-2}2^{(k-2)}\beta b_4)}{2^{k\beta}2^{(k-1)(n-2)\beta}}|B(x,2^k)-B(x,2^{k-1})|\\&=ch_2^\beta\exp(t_0h_1\beta)\sum_{k=-\infty}^{\infty}\int_{2^{k-1}\leqslant d(x,y)\leqslant 2^k}\frac{\exp(-2^{-3}2^{(k-1)}\beta b_4)}{2^{\beta k(n-1)-\beta(n-2)}}dy\\&\leqslant ch_2^\beta\exp(t_0h_1\beta)\sum_{k=-\infty}^{\infty}\int_{2^{k-1}\leqslant d(x,y)\leqslant 2^k}\frac{\exp(-2^{-3}d(x,y)\beta b_4)}{d(x,y)^{\beta(n-1)}}dy.\end{aligned}$$

所以,

$$\int_M |\nabla\Gamma(x,y)|^\beta dy\leqslant ch_2^\beta\exp(t_0h_1\beta)\int_M\frac{\exp(-2^{-3}d(x,y)\beta b_4)}{d(x,y)^{\beta(n-1)}}dy. \tag{6.3.18}$$

根据 (6.3.17), 有

$$\begin{aligned}&\int_{2^k\leqslant d(x,y)\leqslant 2^{k+1}}(\sqrt{R^+/4+h}\,\Gamma(x,y))^\beta dy\\&\leqslant\Big(\int_{2^k\leqslant d(x,y)\leqslant 2^{k+1}}(\sqrt{R^+/4+h}\,\Gamma(x,y))^2dy\Big)^{\beta/2}\Big(\int_{2^k\leqslant d(x,y)\leqslant 2^{k+1}}dy\Big)^{1-(\beta/2)}\\&\leqslant\Big(\frac{c}{2^{2k}}\int_{2^{k-1}\leqslant d(x,y)\leqslant 2^{k+2}}\Gamma^2(x,y)dy\Big)^{\beta/2}|B(x,2^{k+1})-B(x,2^k)|^{1-(\beta/2)}.\end{aligned}$$

至此, 可用和前段中完全相同的论证得到

$$\int_M(\sqrt{R^+/4+h}\,\Gamma(x,y))^\beta dy\leqslant ch_2^\beta\exp(t_0h_1\beta)\int_M\frac{\exp(-2^{-3}d(x,y)\beta b_4)}{d(x,y)^{\beta(n-1)}}dy. \tag{6.3.19}$$

第三步 临界 Sobolev 不等式的证明.

一旦得到了梯度的积分的界 (6.3.18) 和 (6.3.19), 定理的证明可如同第二章一样按常规的方式完成.

令 u 为 M 上的光滑函数, 则

$$\Delta u-\Big(\frac{1}{4}R^{+}+h\Big)u=\Delta u-\Big(\frac{1}{4}R^{+}+h\Big)u.$$

由于 Γ 为基本解, 所以,

$$u=-\int_M \Gamma(x,y)\Big[\Delta u-\Big(\frac{1}{4}R^{+}+h\Big)u\Big](y)dy.$$

对上式右端分部积分, 得

$$u=\int_M \nabla\Gamma(x,y)\nabla u(y)dy+\int_M \Gamma(x,y)\Big(\frac{1}{4}R^{+}+h\Big)u(y)dy.$$

对任何 $q>n$, 应用 Young 不等式, 推得

$$\begin{aligned}\|u\|_q\leqslant &\sup_x\|\nabla\Gamma(\cdot,x)\|_\beta\|\nabla u\|_n\\ &+\sup_x\|\Gamma(\cdot,x)\sqrt{R^{+}/4+h}\|_\beta\cdot\|\sqrt{R^{+}/4+h}u\|_n,\end{aligned}$$

其中参数满足

$$\frac{1}{n}+\frac{1}{\beta}=1+\frac{1}{q}.$$

根据 (6.3.18) 和 (6.3.19) 知, 这蕴涵

$$\begin{aligned}\|u\|_q\leqslant ch_2\exp(t_0h_1)\ &\sup_x\Big(\int_M\frac{\exp(-2^{-3}d(x,y)\beta b_4)}{d(x,y)^{\beta(n-1)}}dy\Big)^{1/\beta}\\ &\times\Big(\|\nabla u\|_n+\|\sqrt{R^{+}/4+h}\ u\|_n\Big).\end{aligned}$$

注意到, $\beta\in(1,n/(n-1))$, 因此, $\beta\leqslant 2$. 从而, 存在正数 e_0, 使得

$$\begin{aligned}\|u\|_q\leqslant ch_2\exp(t_0h_1)\ &\sup_x\Big(\int_M\frac{\exp(-e_0d(x,y))}{d(x,y)^{\beta(n-1)}}dy\Big)^{1/\beta}\\ &\times\Big(\|\nabla u\|_n+\|\sqrt{R^{+}/4+h}u\|_n\Big).\end{aligned}\tag{6.3.20}$$

由于

$$\Theta(M)=\sup_{\beta\in(1,n/(n-1))}\sup_x\left([n-\beta(n-1)]\int_M\frac{\exp(-e_0d(x,y))}{d(x,y)^{\beta(n-1)}}dy\right)^{1/\beta},\tag{6.3.21}$$

则 (6.3.20) 蕴涵

$$\|u\|_q\leqslant c\Theta(M)h_2\exp(t_0h_1)[n-\beta(n-1)]^{-1/\beta}\left(\|\nabla u\|_n+\|\sqrt{\frac{1}{4}R^++h}u\|_n\right).\tag{6.3.22}$$

给定整数 $k=n,(n+1),\cdots$, 取 $q=nk/(n-1)$, 则上式化为

$$\begin{aligned}&\int_M\left(\frac{|u|(y)}{(\|\nabla u\|_n+\|\sqrt{R^+/4+h}u\|_n)}\right)^{nk/(n-1)}dy\\&\leqslant(c\Theta(M)h_2\exp(t_0h_1))^{nk/(n-1)}\left(\frac{k+1}{n}\right)^{k+1}.\end{aligned}$$

对于数 $\alpha>0$, 上述不等式表明

$$\begin{aligned}&\int_M\sum_{k=n}^{\infty}\frac{\alpha^k}{k!}\left(\frac{|u|(y)}{(\|\nabla u\|_n+\|\sqrt{R^+/4+h}u\|_n)}\right)^{nk/(n-1)}dy\\&\leqslant\sum_{k=n}^{\infty}\frac{\alpha^k}{k!}[c\Theta(M)h_2\exp(t_0h_1)]^{nk/(n-1)}\left(\frac{k+1}{n}\right)^{k+1}.\end{aligned}$$

根据 Stirling 公式, 存在常数 $b=b(n)$, 使得只要

$$\alpha<\frac{b}{[\Theta(M)h_2\exp(t_0h_1)]^{n/(n-1)}},\tag{6.3.23}$$

就有上一个不等式的右端收敛. □

下一定理 6.3.2 是沿 Ricci 流的 Sobolev 嵌入 (定理 6.2.1) 的一种局部化. 它指出, 如果 Sobolev 嵌入在某一时刻的测地球上成立, 则这个嵌入在后续时间的更大的测地球上成立, 前提是曲率张量在一个时空区域上有界. 由此及定理 4.1.2 立即推出 Perelman 的局部非坍塌定理 II ([P1] 中的定理 8.2).

定理 6.3.2 给定常数 $r_0>0$ 和 $A>0$, 对 $t\in[0,r_0^2]$, 设 $g=g(t)$ 是光滑的 Ricci 流. 假定 $|B(x_0,r_0,0)|_{g(0)}\geqslant A^{-1}r_0^n$, 且 $|Rm|\leqslant1/(nr_0^2)$

在所有点 $(x,t)\in B(x_0,r_0,0)\times[0,r_0^2]$ 成立. 则以下 Sobolev 嵌入成立: 对任何 $v\in W_0^{1,2}(B(x_0,Ar_0,r_0^2))$, 存在常数 $A_2=C(A,n)$, 使得在时刻 $t=r_0^2$, 有

$$\left(\int_M v^{2n/(n-2)}d\mu(g(t))\right)^{(n-2)/n}$$
$$\leqslant A_2\int_M(4|\nabla v|^2+Rv^2)d\mu(g(t))+\frac{A_2}{r_0^2}\int_M v^2d\mu(g(t)).$$

证明 定理的证明分四步.

第一步 因为定理的条件和结论都是伸缩不变的, 我们就取 $r_0=1$. 给定 $\sigma>0$, 定义

$$\begin{aligned}\Lambda&=\Lambda_{\sigma^2}(g(1))\\&=\inf\Big\{\int_{B(x_0,A,1)}[\sigma^2(4|\nabla v|^2+Rv^2)-v^2\ln v^2]\ d\mu(g(1))-n\ln\sigma\\&\qquad\qquad\mid v\in C_0^\infty(B(x_0,A,1)),\ \|v\|_2=1\Big\}.\end{aligned}\tag{6.3.24}$$

我们的目的是找到 Λ 的下界, 它对所有 $\sigma\in[0,1]$ 成立. 所以, 不失一般性, 假设 $\Lambda\leqslant 0$. 设 v_1 是 (6.3.24) 中的泛函的一个极小化函数. 对紧的无边流形, 该泛函的极小化函数的存在性和光滑性在文章 [Ro] 中得到了证明. 我们现在遇到的是带 Dirichlet 边界条件的情形. 用类似的方法可以证明, v_1 在球 $B(x_0,A,1)$ 中是光滑的正函数, 且满足方程

$$\begin{cases}\sigma^2(4\Delta v_1-Rv_1)+2v_1\ln v_1+\Lambda v_1+n(\ln\sigma)v_1=0,\\ v_1(x)=0,\quad x\in\partial B(x_0,A,1).\end{cases}\tag{6.3.25}$$

这里的每一项都对应于度量 $g(1)$.

下面我们定义

$$P(v_1)=[\sigma^2(-4\Delta v_1+Rv_1)-2v_1\ln v_1-n(\ln\sigma)v_1]v_1=\Lambda v_1^2.\tag{6.3.26}$$

在这里 v_1 和 $P(v_1)$ 被认为是整个流形 $(M,g(1))$ 上的函数, 它们在球 $B(x_0,A,1)$ 之外取值为零. 我们断言, v_1 是 $W^{1,\infty}(M)$ 中的函数. 因为 $\partial B(x_0,A,1)$ 是 Lipschitz 边界, 我们可以用 [Ro] 中的方法证明该

断言. 基本的想法是把球 $B(x_0, A, 1)$ 分为两个区域 D_1 和 D_2. 在 D_1 中, 我们有 $v_1 < 1$. 由于 $v_1 \ln v_1$ 在 D_1 中有界, 我们可以把它当做 Laplace 方程的非齐次项. 因此, v_1 在 D_1 中是 Lipschitz 函数. 在 D_2 中, 我们有 $v_1 \geqslant 1$. 根据 Jensen 不等式和假设 $\|v_1\|_2 = 1$, 我们知道, $\ln v_1 \in L^p(D_2)$ 对任何 $p \geqslant 1$ 成立. 椭圆方程的标准理论指出, v_1 在 D_2 中也是 Lipschitz 函数. 我们将证明的细节留做练习.

设 u 是共轭热方程在整个流形和时间段 $t \in (0,1)$ 上的解, 它满足

$$\begin{cases} H^* u \equiv \Delta u - Ru + \partial_t u = 0, \\ u(x,1) = v_1^2(x). \end{cases} \tag{6.3.27}$$

记 $v = \sqrt{u}$, 并定义 Perelman 的微分量

$$\begin{aligned} P(v) &= P(v)(x,t) \\ &= \Big[(\sigma^2 + 1 - t)(-4\Delta v + Rv) - 2v \ln v - \frac{n}{2}(\ln(\sigma^2 + 1 - t))v\Big] v. \end{aligned} \tag{6.3.28}$$

当 $t > 0$ 时, 显然 $P(v)$ 是光滑函数.

第二步 证明 $P(v) \leqslant 0$.

根据 [P1] 中的命题 9.1 (本书的命题 6.1.3), 我们有

$$\Delta P(v) - RP(v) + \partial_t P(v) \geqslant 0. \tag{6.3.29}$$

因为 $P(v)|_{t=1} = P(v_1) = \Lambda v_1^2 \leqslant 0$, 利用极大值原理, 我们断言:

$$P(v) \leqslant 0 \tag{6.3.30}$$

对所有 $x \in M$ 和 $t \in [0,1]$ 成立.

注意, Δv_1 不是 M 上的连续函数, 所以函数 $P(v)$ 在时刻 $t = 1$ 附近的性状比较复杂, 因此必须对上述断言给予严格证明. 将共轭热方程的解 u 代入 (6.3.28), 得

$$P(v)(x,t) = (\sigma^2 + 1 - t)\Big(-2\Delta u + \frac{|\nabla u|^2}{u} + Ru\Big) - u \ln u - \frac{n}{2}(\ln(\sigma^2 + 1 - t))u. \tag{6.3.31}$$

因为 $P(v)$ 满足 (6.3.29), 一旦证明了

$$\lim_{t \to 1} \int_M P(v)(x,t)\theta(x) d\mu(g(t)) = \int_M P(v_1)(x)\theta(x) d\mu(g(1)) \leqslant 0$$

对任意光滑函数 $\theta \geqslant 0$ 成立, 我们就可以用极大值原理来证明 (6.3.30).

任选一个正的光滑函数 $\theta = \theta(x)$ 和 $t > 0$, 我们有

$$\begin{aligned}&\int_M P(v)(x,t)\theta(x)d\mu(g(t))\\&\quad=\int_M \Big[(\sigma^2+1-t)\Big(-2u\Delta\theta(x)+\frac{|\nabla u|^2}{u}\theta(x)+Ru\theta(x)\Big)\\&\qquad-\theta(x)u\ln u-\frac{n}{2}(\ln(\sigma^2+1-t))u\theta(x)\Big]d\mu(g(t)).\end{aligned}$$

注意, $u(x,1) = v_1^2(x)$, 其中 v_1 是 (6.3.25) 的解, 而且 $v_1 \in W^{1,\infty}(M)$. 于是当 $t \to 1$ 时, $u(x,t) \to v_1^2(x)$. 因此,

$$\begin{aligned}&\lim_{t\to 1}\int_M P(v)(x,t)\theta(x)d\mu(g(t))\\&\quad=\int_M \Big[\sigma^2(-2v_1^2\Delta\theta(x)+Rv_1^2\theta(x))\\&\qquad-\theta(x)v_1^2\ln v_1^2-\frac{n}{2}(\ln\sigma^2)v_1^2\theta(x)\Big]d\mu(g(1))\\&\qquad+\lim_{t\to 1}\int_M \frac{|\nabla u|^2}{u}\theta(x)d\mu(g(t)).\end{aligned}\tag{6.3.32}$$

当 x 不属于球 $B(x_0,A,1)$ 的边界时, 我们知道,

$$\lim_{t\to 1}\frac{|\nabla u|^2}{u}(x,t) = 4|\nabla v_1(x)|^2.$$

如果能够证明 $\dfrac{|\nabla u|^2}{u}$ 对 $(x,t) \in M\times[0,1)$ 是有界函数, 我们就能将极限和积分互换. 为了证明这个有界性, 我们可根据命题 6.1.2, 它指出:

$$\begin{aligned}&H^*\Big(\frac{|\nabla u|^2}{u}+Ru\Big)\\&\quad=\frac{2}{u}\Big(u_{ij}-\frac{u_iu_j}{u}\Big)^2+2\nabla R\nabla u+\frac{4}{u}Ric(\nabla u,\nabla u)\\&\qquad+2|Ric|^2u+2\nabla R\nabla u+2u\Delta R.\end{aligned}$$

因此,

$$H^*\Big(\frac{|\nabla u|^2}{u}+Ru\Big)\geqslant -K_1\Big(|\nabla u|+|u|+\frac{|\nabla u|^2}{u}\Big),$$

其中的常数 $K_1(\geqslant 0)$ 依赖于 $|\nabla R|$ 和 $|\Delta R|$ 的上界以及 Ricci 曲率的下界. 因为

$$|\nabla u| \leqslant \frac{|\nabla u|^2}{u}+u,$$

由此导出

$$H^*\Big(\frac{|\nabla u|^2}{u}+Ru\Big)\geqslant -K_1\Big(\frac{|\nabla u|^2}{u}+Ru\Big)-K_2. \tag{6.3.33}$$

这里的常数 K_2 依赖于 K_1, 以及 $|R|$ 和 u 的上界. 由于这里的 Ricci 流是光滑的, 因此以上的曲率项都是有界的. 根据极大值原理, 因为 $u(x,1)=v_1^2$ 有界, 所以 u 也是有界的. 另外, 当 $t=1$ 时,

$$\frac{|\nabla u|^2}{u}=4|\nabla v_1|^2$$

是有界的. 把极大值原理用于 (6.3.33), 我们推出, $\dfrac{|\nabla u|^2}{u}$ 对所有 $t\in[0,1]$ 是一致有界的. 以上的论证可以通过考虑逼近 u 的函数列 $\{u_k\}$ 而严格化, 其中 u_k 以下面的方式定义:

$$H^*u_k=0,\quad u_k(x,1)=v_1^2+k^{-1},\quad k=2,3,\cdots.$$

显然, u_k 是严格正的, 并逐点趋于 u.

既然已知 $\dfrac{|\nabla u|^2}{u}$ 是有界函数, 于是可以对 (6.3.32) 取极限, 从而得到

$$\lim_{t\to 1}\int_M P(v)(x,t)\theta(x)d\mu(g(t))=\int_M P(v_1)(x)\theta(x)d\mu(g(1))<0. \tag{6.3.34}$$

由于 u 和 $\dfrac{|\nabla u|^2}{u}$ 都是有界函数, 我们知道 ∇u 也是有界函数. 从 $P(v)$ 的表达式 (6.3.31) 知, $P(v)\in L^\infty([0,1],W^{-1,2}(M))$. 把极大值原理的一个积分形式用到 (6.3.29), 我们推出 $P(v)\leqslant 0$, 即 (6.3.30) 成立. 具体证明如下.

选择两个时刻 $t_1,t_2\in[0,1)$, 且 $t_2>t_1$. 设 $\eta=\eta(x)$ 是一个正的光滑函数. 又设 $f=f(x,t)$ 是热方程的初值问题的解:

$$\begin{cases}\Delta f-\partial_t f=0, & t\in[t_1,t_2],\ x\in M,\\ f(x,t_1)=\eta(x), & x\in M.\end{cases}$$

则 f 也是正的光滑函数. 容易看出,

$$\begin{aligned}\frac{d}{dt}\int_M P(v)fd\mu(g(t)) &= \int_M \big[(\partial_t P(v) - RP(v))f + P(v)\partial_t f\big]d\mu(g(t)) \\ &= \int_M [\partial_t P(v) - RP(v) + \Delta P(v)]fd\mu(g(t)) \geqslant 0.\end{aligned}$$

让 $t_2 \to 1$, 并利用 (6.3.34) (在那里的 $\theta(x)$ 由 $f(x,1)$ 取代), 我们得知

$$\int_M P(v)\eta(x)d\mu(g(t_1)) \leqslant \int_M P(v)f(x,1)d\mu(g(1)) < 0.$$

因为 η 和 t_1 是任意的, 所以 $P(v) \leqslant 0$.

第三步 证明一个局部化的熵的单调性公式.

设 h 是热方程在区域

$$\{(x,t) \mid d(x_0,x,t) \leqslant 1 + (2A-1)t,\ t \in [0,1]\}$$

中满足如下条件的解:

$$\begin{cases} \Delta h - \partial_t h = 0, \\ h(x,t) = 0, \quad 当 d(x_0,x,t) = 1 + (2A-1)t, \\ h(x,0) = h_0(x), \quad 当 d(x_0,x,0) \leqslant 1. \end{cases} \tag{6.3.35}$$

这里的 h_0 是待定的非负函数.

令

$$J(t) = \int_M P(v)h(x,t)d\mu(g(t)), \tag{6.3.36}$$

则

$$J'(t) = \int_M (\partial_t P(v) - RP(v))hd\mu(g(t)) + \int_M P(v)\Delta hd\mu(g(t)). \tag{6.3.37}$$

在边界 $\partial B(x_0, 1 + (2A-1)t, t)$ 上, 我们知道 $P(v) \leqslant 0$, 且 $\dfrac{\partial h}{\partial n} \leqslant 0$, 其中 n 是外法向. 因此,

$$\begin{aligned}&\int_M P(v)\Delta hd\mu(g(t)) \\ &= \int_{\partial B(x_0,1+(2A-1)t,t)} P(v)\frac{\partial h}{\partial n}dS - \int_{\partial B(x_0,1+(2A-1)t,t)} \frac{\partial P(v)}{\partial n}hdS \\ &\quad + \int_M h\Delta P(v)d\mu(g(t)) \\ &\geqslant \int_M h\Delta P(v)d\mu(g(t)).\end{aligned}$$

将此式代入 (6.3.37), 并利用 (6.3.29), 我们推出

$$J'(t) \geqslant 0. \tag{6.3.38}$$

现在, 我们要为 h 找一个下界. 记 $\lambda = \lambda(\cdot)$ 为一个待定的一元非增函数. 定义

$$\phi = \lambda\big[d(x_0, x, t) - (1 + (2A - 1)t)\big]. \tag{6.3.39}$$

在分布的意义下, 我们有

$$(\Delta - \partial_t)\phi = \lambda'(\Delta - \partial_t)d + (2A - 1)\lambda' + \lambda''.$$

当 $d(x_0, x, 0) \geqslant 1$ 时, 引用 [P1] 中的引理 8.3 (本书的命题 5.1.5); 当 $d(x_0, x, 0) < 1$ 时, 利用标准的 Laplace 比较定理. 于是, 对所有 x, 我们得到

$$(\Delta - \partial_t)d(x_0, x, t) \leqslant s_0,$$

其中 s_0 是一个正常数, 它只依赖于 r_0 (这里取为 1) 和维数 n. 因为 λ 是非增函数, 所以

$$(\Delta - \partial_t)\phi \geqslant \lambda' s_0 + (2A - 1)\lambda' + \lambda''. \tag{6.3.40}$$

现在选定 λ, 使得

$$\lambda(s) = \begin{cases} 1, & s \leqslant -1/2, \\ 0, & s \geqslant 0; \end{cases} \quad \lambda''(s) \begin{cases} \leqslant 0, & s \in [-1/2, -1/4], \\ \geqslant 0, & s \in [-1/4, 0]; \end{cases} \quad \begin{cases} \|\lambda'\|_\infty \leqslant 8, \\ \|\lambda''\|_\infty \leqslant 8. \end{cases}$$

对 $s \in [-1/8, 0]$, 令

$$\lambda(s) = a_0[\mathrm{e}^{-(s_0 + 2A - 1)s} - 1]^2,$$

其中 a_0 是正常数, 它使得 $\lambda(-1/8) < \lambda(-1/4)$, 并且 λ 满足以上所有条件.

对这样的 λ, 显然有

$$\begin{aligned} &(\Delta - \partial_t)\phi(x, t) \\ &\geqslant \begin{cases} 0, & d(x_0, x, t) - [1 + (2A - 1)t] \leqslant -1/2, \\ -c(1 + s_0 + A), & -1/2 < d(x_0, x, t) - [1 + (2A - 1)t] \leqslant -1/8, \\ 0, & d(x_0, x, t) - [1 + (2A - 1)t] > -1/8. \end{cases} \end{aligned}$$

这里 c 是正常数. 因此, 存在常数 $Q=Q(s_0,A)>0$, 使得

$$(\Delta-\partial_t)\phi\geqslant -Q\phi.$$

根据极大值原理知, 如果 $h_0=\phi(x,0)$, 则

$$h(x,t)\geqslant \mathrm{e}^{-Qt}\phi(x,t).$$

由此推出, 当 $d(x_0,x,1)\leqslant A$ 时, $h(x,1)\geqslant \mathrm{e}^{-Q}$. 记得 $P(v)(x,1)=\Lambda v_1^2$, 并且 v_1 在球 $B(x_0,A,1)$ 之外是零. 由 (6.3.24) 及 $\Lambda<0$, 我们有

$$J(1)=\Lambda\int_M v_1^2 h(x,1)d\mu(g(1))\leqslant \Lambda\mathrm{e}^{-Q}. \tag{6.3.41}$$

这样, 根据 $J(t)$ 的单调性 (6.3.38), 得

$$\Lambda\geqslant \mathrm{e}^{Q}J(0). \tag{6.3.42}$$

下面我们为 $J(0)$ 找一个下界. 由定义可得

$$\begin{aligned}J(0)&=\int_M P(v)\phi(x,0)d\mu(g(0))\\&=\int_M\Big[(\sigma^2+1)(-4\Delta v+Rv)-2v\ln v\\&\quad-\frac{n}{2}(\ln(\sigma^2+1))v\Big]v\phi(x,0)d\mu(g(0)).\end{aligned}$$

对上式右端分部积分, 得

$$\begin{aligned}J(0)=&\int_M\Big[(\sigma^2+1)(4|\nabla(v\sqrt{\phi})|^2+R(v\sqrt{\phi})^2)-(v\sqrt{\phi})^2\ln(v\sqrt{\phi})^2\\&-\frac{n}{2}(v\sqrt{\phi})^2\ln(\sigma^2+1)\Big]d\mu(g(0))\\&-4(\sigma^2+1)\int_M|\nabla\sqrt{\phi}|^2v^2d\mu(g(0))\\&+\int_M v^2\Big(\sqrt{\phi}\Big)^2\ln(\sqrt{\phi})^2d\mu(g(0)).\end{aligned}$$

从 λ 的定义知, ϕ 满足

$$|\nabla\sqrt{\phi(x,0)}|^2\leqslant C,\qquad \sqrt{\phi}\ln\sqrt{\phi}(x,0)\geqslant -\mathrm{e}.$$

这里的 C 是正常数. 注意, v_1 的 L^2 模是 1, 并且 $u=v^2$ 是以 v_1^2 为终值的共轭热方程的解, 所以 $v=v(\cdot,t)$ 的 L^2 模总是 1. 因此,

$$\begin{aligned}J(0)\geqslant&\int_M\Big[(\sigma^2+1)(4|\nabla(v\sqrt{\phi})|^2+R(v\sqrt{\phi})^2)-(v\sqrt{\phi})^2\ln(v\sqrt{\phi})^2\\&-\frac{n}{2}(v\sqrt{\phi})^2\ln(\sigma^2+1)\Big]d\mu(g(0))-C.\end{aligned}$$

记 $w = v\sqrt{\phi(x,0)}/\|v\sqrt{\phi(\cdot,0)}\|_2$, 则 w 的 L^2 模也是 1, 且

$$\begin{aligned}J(0) \geqslant& \|v\sqrt{\phi(\cdot,0)}\|_2^2 \int_M [(\sigma^2+1)(4|\nabla w|^2 + Rw^2) - w^2 \ln w^2 \\&- \frac{n}{2} w^2 \ln(\sigma^2+1)] d\mu(g(0)) \\&- \|v\sqrt{\phi(\cdot,0)}\|_2^2 \ln \|v\sqrt{\phi(\cdot,0)}\|_2^2 - C.\end{aligned}$$

取上式右边的极小值, 得

$$J(0) \geqslant \|v\sqrt{\phi(\cdot,0)}\|_2^2 \Lambda_{\sigma^2+1}(g(0)) - C.$$

故

$$\Lambda = \Lambda_{\sigma^2}(g(1)) \geqslant \mathrm{e}^{Q}\left[\|v\sqrt{\phi(\cdot,0)}\|_2^2 \Lambda_{\sigma^2+1}(B(x_0,1,0),g(0)) - C\right], \tag{6.3.43}$$

其中

$$\begin{aligned}&\Lambda_{\sigma^2+1}(B(x_0,1,0),g(0)) \\&\quad= \inf\Big\{\int_{B(x_0,1,0)} [(\sigma^2+1)(4|\nabla v|^2 + Rv^2) - v^2 \ln v^2] d\mu(g(0)) \\&\qquad\quad - \frac{n}{2}\ln(\sigma^2+1) | v \in C_0^\infty(B(x_0,1,0)), \|v\|_2 = 1\Big\}.\end{aligned}$$

第四步 完成定理的证明.

在定理给出的曲率和体积条件下, 在时刻 $t=0$, 以下 Sobolev 不等式成立: 对任何 $v \in W_0^{1,2}(B(x_0,1,0))$, 存在 $S_i = S_i(A,n)(i=1,2)$, 使得

$$\begin{aligned}&\left(\int_M v^{2n/(n-2)} d\mu(g(0))\right)^{(n-2)/n} \\&\quad\leqslant S_1 \int_M (4|\nabla v|^2 + Rv^2) d\mu(g(0)) + S_2 \int_M v^2 d\mu(g(0)).\end{aligned}$$

这个结果是文献 [Au] 中的 Sobolev 不等式在有界区域的表现, 其证明与整个流形上的定理类似, 我们把它当做练习.

仿照定理 4.2.1 的证明可得, $W_0^{1,2}(B(x_0,1,0))$ 中的函数满足一个对数 Sobolev 不等式, 即

$$\Lambda_{\sigma^2+1}(B(x_0,1,0),g(0)) \geqslant -c_1(\sigma+1)^2 - c_2,$$

其中 c_1 和 c_2 是依赖于维数 n 和 A 的正常数. 利用 (6.3.43), 我们推出一系列对数 Sobolev 不等式: 对任何 $\sigma>0$, 有

$$\Lambda_{\sigma^2}(g(1)) \geqslant -c_3\sigma^2 - c_4,$$

其中 c_3 和 c_4 是仅依赖于维数 n 和 A 的正常数. 利用定理 4.2.1, 仿照定理 6.2.1 的证明, 最后得到要证的 $W_0^{1,2}(B(x_0,A,1))$Sobolev 不等式.

□

§6.4 共轭热方程的微分 Harnack 不等式

本节我们阐述共轭热方程正解的一个微分 Harnack 不等式. 它可以被看做是 [AB] 和 [LY] 中的梯度估计在 Ricci 流情形下的推广. Perelman [P1] (见本书命题 6.1.3) 给共轭热方程的基本解找到了一个微分 Harnack 不等式, 但是它不能对共轭热方程的所有正解成立. 比如, 在 Ricci 平坦的流形 $\mathbf{S}^1\times\mathbf{S}^1$ 上, 常数 1 是共轭热方程的正解, 但是它不满足 Perelman 的 Harnack 不等式. 这里我们描述 [KZ] 中的微分 Harnack 不等式, 它对所有正解成立, 可是它的系数不一定是精确的. 类似的结果也出现在 [CaH] 和 [Cx2].

本节的主要结果是下面的定理.

定理 6.4.1 设 $(M,g(t))$ 是一个光滑的 Ricci 流, 其中 M 是紧流形, 且 $t\in[0,\ T)$. 又设 $u: M\times[0,\ T)\to(0,\ \infty)$是共轭热方程 $H^*u=\Delta u+u_t-Ru=0$ 的 $C^{2,1}$ 正解. 定义 $u=\dfrac{\mathrm{e}^{-f}}{(4\pi\tau)^{\frac{n}{2}}}$ 和 $\tau=T-t$. 则以下不等式成立:

(i) 如果数量曲率 $R\geqslant0$, 则对所有 $t\in(0,T)$ 和流形上的所有的点, 成立

$$2\Delta f-|\nabla f|^2+R\leqslant\frac{2n}{\tau};\tag{6.4.1}$$

(ii) 如果数量曲率 R 变号, 则对所有 $t\in\left[\frac{T}{2},T\right)$ 和流形上的所有的点, 成立

$$2\Delta f-|\nabla f|^2+R\leqslant\frac{3n}{\tau}.\tag{6.4.2}$$

注解 6.4.1 因为 $f=-\ln u-\dfrac{n}{2}\ln(4\pi\tau)$, 如果我们把上面不等式中的 f 换成 u, 则 (6.4.1) 和 (6.4.2) 分别化成

$$\begin{aligned}&\frac{|\nabla u|^2}{u^2}-2\frac{u_\tau}{u}-R\leqslant\frac{2n}{\tau},\quad 若R\geqslant 0;\\&\frac{|\nabla u|^2}{u^2}-2\frac{u_\tau}{u}-R\leqslant\frac{3n}{\tau},\quad 若\ R\ 变号,并且t\geqslant T/2.\end{aligned}\tag{6.4.3}$$

它们类似于在 Ricci 曲率非负的流形上的 Li-Yau 梯度估计, 即

$$\frac{|\nabla u|^2}{u^2}-\frac{u_t}{u}\leqslant\frac{n}{2t},$$

其中 u 是热方程 $\Delta u-\partial_t u=0$ 的正解.

注解 6.4.2 在文献 [G] 和 [Ni] 中, 可以找到相关的依赖于某种曲率条件的梯度估计.

定理 6.4.1 的证明 根据标准的逼近方法 (参见 [Cetc] Vol. 2), 我们可以假设 $g=g(t)$ 在闭区间 $[0,T]$ 是光滑的, 而且 u 没有零点. 详情如下. 根据施皖雄所证明的一个定理 (参见 [Cetc] Vol. 2 定理 A.23), 曲率张量在时间段 $[0,T-\delta]$ 上是一致有界的, 并且只依赖于初始流形和 δ. 又数量曲率 R 的最小值是时间的非减函数, 这是因为 R 满足 (参见 [CK] 的 209 页)

$$\Delta R-\partial_t R+\frac{2}{n}R^2\leqslant 0.$$

这样, 我们只需要给出定理在时间段 $[0,T-\delta]$ 中的证明. 因为定理结论中的常数不依赖于曲率, 我们可以让 δ 趋于零, 从而得知定理在时间段 $[0,T)$ 成立.

(i) 由熟知的计算 (参见 [CK] 或本书的命题 5.1.1), 我们有

$$\begin{aligned}\Big(\frac{\partial}{\partial t}+\Delta\Big)(\Delta f)&=\Delta\frac{\partial f}{\partial t}+2\langle Ric,\mathrm{Hess}f\rangle+\Delta(\Delta f)\\&=\Delta\Big(-\Delta f+|\nabla f|^2-R+\frac{n}{2\tau}\Big)+2\langle Ric,\mathrm{Hess}f\rangle+\Delta(\Delta f)\\&=2\langle\mathrm{Ric},\mathrm{Hess}f\rangle+\Delta\left(|\nabla f|^2-R\right),\end{aligned}$$

$$\begin{aligned}\Big(\frac{\partial}{\partial t}+\Delta\Big)|\nabla f|^2&=2Ric(\nabla f,\nabla f)+2\Big\langle\nabla f,\nabla\frac{\partial f}{\partial t}\Big\rangle+\Delta|\nabla f|^2\\&=2\mathrm{Ric}(\nabla f,\nabla f)+2\langle\nabla f,\nabla(-\Delta f+|\nabla f|^2-R)\rangle\\&\quad+\Delta|\nabla f|^2,\end{aligned}$$

以及

$$\left(\frac{\partial}{\partial t}+\Delta\right)R=2\Delta R+2|Ric|^2. \tag{6.4.4}$$

将以上三个等式合并, 我们推出

$$\begin{aligned}&\left(\frac{\partial}{\partial t}+\Delta\right)(2\Delta f-|\nabla f|^2+R)\\&\qquad=4\langle\, Ric,\mathrm{Hess}f\rangle+\Delta|\nabla f|^2-2Ric(\nabla f,\nabla f)\\&\qquad\quad-2\langle\,\nabla f,\nabla(-\Delta f+|\nabla f|^2-R)\rangle+2|Ric|^2.\end{aligned} \tag{6.4.5}$$

令

$$q(x,t)=2\Delta f-|\nabla f|^2+R.$$

在局部坐标系下, 记 Hess $f=f_{ij}$, 利用 Bochner 恒等式, 有

$$\Delta|\nabla f|^2=2|f_{ij}|^2+2\nabla f\nabla(\Delta f)+2R_{ij}f_if_j.$$

我们得到

$$\begin{aligned}\left(\frac{\partial}{\partial t}+\Delta\right)q&=4R_{ij}f_{ij}+\big(2|f_{ij}|^2+2\nabla f\,\nabla(\Delta f)+2R_{ij}f_if_j\big)-2R_{ij}f_if_j\\&\quad-2\nabla f\,\nabla(-\Delta f+|\nabla f|^2-R)+2R_{ij}^2\\&=4R_{ij}f_{ij}+2|f_{ij}|^2+2R_{ij}^2+2\nabla f\,\nabla\big(2\Delta f-|\nabla f|^2+R\big)\\&=2|R_{ij}+f_{ij}|^2+2\nabla f\,\nabla q,\end{aligned}$$

即

$$\left(\frac{\partial}{\partial t}+\Delta\right)q-2\nabla f\,\nabla q=2|R_{ij}+f_{ij}|^2\geqslant\frac{2}{n}(R+\Delta f)^2. \tag{6.4.6}$$

注意, 此方程在 [Cetc] 中也可以找到.

由

$$q=2\Delta f-|\nabla f|^2+R=2(\Delta f+R)-|\nabla f|^2-R$$

知,

$$R+\Delta f=\frac{1}{2}(q+|\nabla f|^2+R),$$

故

$$\left(\frac{\partial}{\partial t}+\Delta\right)q-2\nabla f\,\nabla q\geqslant\frac{1}{2n}\big(q+|\nabla f|^2+R\big)^2. \tag{6.4.7}$$

显然, 对任意 $\varepsilon>0$,

$$\Big(\frac{\partial}{\partial t}+\Delta\Big)\frac{2n}{T-t+\varepsilon}-2\nabla f\,\nabla\Big(\frac{2n}{T-t+\varepsilon}\Big)=\frac{1}{2n}\Big(\frac{2n}{T-t+\varepsilon}\Big)^2.$$

将上面两个式子合并, 即可得到

$$\begin{aligned}&\Big(\frac{\partial}{\partial t}+\Delta\Big)\Big(q-\frac{2n}{T-t+\varepsilon}\Big)-2\nabla f\,\nabla\Big(q-\frac{2n}{T-t+\varepsilon}\Big)\\&\quad\geqslant\frac{1}{2n}\Big(q+\frac{2n}{T-t+\varepsilon}+|\nabla f|^2+R\Big)\Big(q-\frac{2n}{T-t+\varepsilon}+|\nabla f|^2+R\Big).\end{aligned}\tag{6.4.8}$$

我们考查以下两种情形:

情形 1 假设在某时空点 (x,t) 处,

$$q+\frac{2n}{T-t+\varepsilon}+|\nabla f|^2+R\leqslant 0,$$

则

$$q-\frac{2n}{T-t+\varepsilon}+|\nabla f|^2+R\leqslant 0.$$

于是,

$$\Big(\frac{\partial}{\partial t}+\Delta\Big)\Big(q-\frac{2n}{T-t+\varepsilon}\Big)-2\nabla f\,\nabla\Big(q-\frac{2n}{T-t+\varepsilon}\Big)\geqslant 0.$$

情形 2 假设在某时空点 (x,t) 处,

$$q+\frac{2n}{T-t+\varepsilon}+|\nabla f|^2+R>0,$$

则不等式 (6.4.8) 可以写成

$$\begin{aligned}&\Big(\frac{\partial}{\partial t}+\Delta\Big)\Big(q-\frac{2n}{T-t+\varepsilon}\Big)-2\nabla f\,\nabla\Big(q-\frac{2n}{T-t+\varepsilon}\Big)\\&\quad-\frac{1}{2n}\Big(q+\frac{2n}{T-t+\varepsilon}+|\nabla f|^2+R\Big)\Big(q-\frac{2n}{T-t+\varepsilon}\Big)\\&\geqslant\frac{1}{2n}(|\nabla f|^2+R)\Big(q+\frac{2n}{T-t+\varepsilon}+|\nabla f|^2+R\Big)\geqslant 0.\end{aligned}$$

定义位势函数

$$V=V(x,t)=\begin{cases}0,\\ \quad\text{若在 }(x,t)\text{ 处, }q+\dfrac{2n}{T-t+\varepsilon}+|\nabla f|^2+R\leqslant 0;\\ \dfrac{1}{2n}\Big(q+\dfrac{2n}{T-t+\varepsilon}+|\nabla f|^2+R\Big),\\ \quad\text{若在 }(x,t)\text{ 处, }q+\dfrac{2n}{T-t+\varepsilon}+|\nabla f|^2+R\geqslant 0.\end{cases}\tag{6.4.9}$$

容易验证 V 是连续的, 并且

$$\Big(\frac{\partial}{\partial t}+\Delta\Big)\Big(q-\frac{2n}{T-t+\varepsilon}\Big)-2\nabla f\nabla\Big(q-\frac{2n}{T-t+\varepsilon}\Big)-V\Big(q-\frac{2n}{T-t+\varepsilon}\Big)\geqslant 0.$$

根据假设, Ricci 流在时间段 $[0,T]$ 上是光滑的, 而且 $u(x,t)$ 是共轭热方程的 $C^{2,1}$ 正解, 所以

$$q=2\Delta f-|\nabla f|^2+R=\frac{|\nabla u|^2}{u^2}-\frac{2\Delta u}{u}+R$$

在时间段 $[0,T]$ 上是有界的. 把 ε 选得充分小, 我们有 $q(x,T)\leqslant\dfrac{2n}{\varepsilon}$. 由极大值原理 (参见 [CK]), 对任何 $t\in[0,T]$, 不等式

$$q(x,t)\leqslant\frac{2n}{T-t+\varepsilon}$$

成立. 让 $\varepsilon\to 0$, 则对任何 $t\in[0,T]$, 上式化成

$$q(x,t)\leqslant\frac{2n}{T-t}.$$

由于 $q=2\Delta f-|\nabla f|^2+R$, $\tau=T-t$, 于是,

$$2\Delta f-|\nabla f|^2+R\leqslant\frac{2n}{\tau}. \tag{6.4.10}$$

由 $f=-\ln u-\dfrac{n}{2}(4\pi\tau)$ 知, (6.4.10) 化为所要的不等式

$$\frac{|\nabla u|^2}{u^2}-\frac{2u_\tau}{u}-R\leqslant\frac{2n}{\tau}. \tag{6.4.11}$$

(ii) 这里不再假设数量曲率 R 是非负的. 设 $c\geqslant 2n$ 是一个待定常数. 记

$$B=|\nabla f|^2+R.$$

与不等式 (6.4.8) 的推导相仿, 我们有

$$\begin{aligned}&\Big(\frac{\partial}{\partial t}+\Delta\Big)\Big(q-\frac{c}{T-t+\varepsilon}\Big)-2\nabla f\,\nabla\Big(q-\frac{c}{T-t+\varepsilon}\Big)\\&\quad\geqslant\frac{1}{2n}\Big(q+B\Big)^2-\frac{c}{(T-t+\varepsilon)^2}\\&\quad=\frac{1}{2n}\Big[(q+B)^2-\frac{c^2}{(T-t+\varepsilon)^2}+\frac{c^2}{(T-t+\varepsilon)^2}-\frac{2cn}{(T-t+\varepsilon)^2}\Big]\\&\quad=\frac{1}{2n}\Big[\Big(q-\frac{c}{T-t+\varepsilon}+B\Big)\Big(q+\frac{c}{T-t+\varepsilon}+B\Big)+\frac{c(c-2n)}{(T-t+\varepsilon)^2}\Big].\end{aligned} \tag{6.4.12}$$

在每一个时空点 (x,t), 我们考查以下三种可能的情形.

情形 1 $B \geqslant 0$, 并且 $q+\dfrac{c}{T-t+\varepsilon}+B \leqslant 0$. 于是,

$$q-\frac{c}{T-t+\varepsilon}+B \leqslant 0,$$

而且,

$$\left(\frac{\partial}{\partial t}+\Delta\right)\left(q-\frac{c}{T-t+\varepsilon}\right)-2\nabla f\,\nabla\left(q-\frac{c}{T-t+\varepsilon}\right) \geqslant 0.$$

情形 2 $B \geqslant 0$, 并且 $q+\dfrac{c}{T-t+\varepsilon}+B>0$. 这时可以把不等式 (6.4.12) 写成

$$\begin{aligned}&\left(\frac{\partial}{\partial t}+\Delta\right)\left(q-\frac{c}{T-t+\varepsilon}\right)-2\nabla f\,\nabla\left(q-\frac{c}{T-t+\varepsilon}\right)\\&\quad-\frac{1}{2n}\left(q+\frac{c}{T-t+\varepsilon}+B\right)\left(q-\frac{c}{T-t+\varepsilon}\right)\\&\geqslant\frac{1}{2n}B\left(q+\frac{c}{T-t+\varepsilon}+B\right)\geqslant 0.\end{aligned}$$

情形 3 $B \leqslant 0$. 此时不等式 (6.4.12) 化为

$$\begin{aligned}&\left(\frac{\partial}{\partial t}+\Delta\right)\left(q-\frac{c}{T-t+\varepsilon}\right)-2\nabla f\,\nabla\left(q-\frac{c}{T-t+\varepsilon}\right)\\&\geqslant\frac{1}{2n}\left(q+\frac{c}{T-t+\varepsilon}+B\right)\left(q-\frac{c}{T-t+\varepsilon}\right)\\&\quad+\frac{1}{2n}B\left(q-\frac{c}{T-t+\varepsilon}\right)+\frac{1}{2n}\left(\frac{2Bc}{T-t+\varepsilon}+\frac{c(c-2n)}{(T-t+\varepsilon)^2}\right).\end{aligned}$$

下面我们需要数量曲率 R 满足不等式

$$R \geqslant -\frac{n}{2(t+\varepsilon)}, \tag{6.4.13}$$

其中 $\varepsilon>0$ 是依赖数量曲率的初始值的小常数. 把极大值原理用于不等式

$$\frac{\partial R}{\partial t} \geqslant \Delta R+\frac{2}{n}R^2,$$

即得 R 的下界 (参见 [CK]). 因此, 当 $t \geqslant \dfrac{T}{2}$ 时, 我们有

$$B=|\nabla f|^2+R \geqslant R \geqslant -\frac{n}{2(t+\varepsilon)} \geqslant -\frac{n}{2(T-t+\varepsilon)}.$$

这是因为

$$t \geqslant \frac{T}{2} \Rightarrow t \geqslant T-t \Rightarrow t+\varepsilon \geqslant T-t+\varepsilon \Rightarrow \frac{1}{t+\varepsilon} \leqslant \frac{1}{T-t+\varepsilon}.$$

由此得

$$\begin{aligned}
&\frac{1}{2n}\Big[\frac{2Bc}{T-t+\varepsilon}+\frac{c(c-2n)}{(T-t+\varepsilon)^2}\Big] \\
&\qquad \geqslant \frac{1}{2n}\Big(-\frac{n}{2(T-t+\varepsilon)}\,\frac{2c}{T-t+\varepsilon}+\frac{c(c-2n)}{(T-t+\varepsilon)^2}\Big) \\
&\qquad = \frac{c(c-3n)}{2n(T-t+\varepsilon)^2}.
\end{aligned}$$

从而,

$$\begin{aligned}
&\Big(\frac{\partial}{\partial t}+\Delta\Big)\Big(q-\frac{c}{T-t+\varepsilon}\Big)-2\nabla f\,\nabla\Big(q-\frac{c}{T-t+\varepsilon}\Big) \\
&\qquad -\frac{1}{2n}\Big(q+\frac{c}{T-t+\varepsilon}+2B\Big)\Big(q-\frac{c}{T-t+\varepsilon}\Big) \geqslant \frac{c\,(c-3n)}{2n(T-t+\varepsilon)^2}.
\end{aligned}$$

取 $c=3n$, 得

$$\Big(\frac{\partial}{\partial t}+\Delta\Big)\Big(q-\frac{2n}{T-t+\varepsilon}\Big)-2\nabla f\nabla\Big(q-\frac{2n}{T-t+\varepsilon}\Big)-V\Big(q-\frac{2n}{T-t+\varepsilon}\Big)\geqslant 0,$$

其中 $V=V(x,t)$ 是如下定义的有界函数:

$$V=\begin{cases} 0, & \text{若在}\,(x,t)\,\text{处},\ B\geqslant 0,\ q+\dfrac{2n}{T-t+\varepsilon}+B\leqslant 0, \\ \dfrac{1}{2n}\Big(q+\dfrac{2n}{T-t+\varepsilon}+B\Big), & \text{若在}\,(x,t)\,\text{处},\ B\geqslant 0,\ q+\dfrac{2n}{T-t+\varepsilon}+B>0, \\ \dfrac{1}{2n}\Big(q+\dfrac{2n}{T-t+\varepsilon}+2B\Big), & \text{若在}\,(x,t)\,\text{处},\ B<0. \end{cases} \tag{6.4.14}$$

与不等式 (6.4.1) 的证明类似, 利用极大值原理, 然后令 $\varepsilon\to 0$, 我们推出

$$2\Delta f-|\nabla f|^2+R\leqslant\frac{3n}{\tau},\quad \frac{|\nabla u|^2}{u^2}-\frac{2u_\tau}{u}-R\leqslant\frac{3n}{\tau},\quad t\geqslant T/2. \tag{6.4.15}$$

□

由以上定理立即得到下面的推论.

推论 6.4.1 (逐点 Harnack 不等式) 设 $(M,g(t))$ 是一个光滑的 Ricci 流, 其中 M 是紧流形, $t\in[0,T)$. 又设

$$u : M \times [0,T) \to (0,\infty)$$

是共轭热方程的 $C^{2,1}$ 正解.

(i) 假设在时间段 $[0,T)$ 内, 数量曲率 $R \geqslant 0$, 则对任何两个时空点 $(x,t_1),(y,t_2) \in M \times (0,T)(t_1 < t_2)$, 有不等式

$$u(y,t_2) \leqslant u(x,t_1)\Big(\frac{\tau_1}{\tau_2}\Big)^n \exp\left(\frac{\int_0^1 [4|\gamma'(s)|^2 + (\tau_1-\tau_2)^2 R]ds}{2(\tau_1-\tau_2)}\right),$$

其中 $\tau_i = T - t_i (i=1,2)$, $\gamma(s) : [0,1] \to M$ 是连接 x 和 y 的光滑曲线.

(ii) 如果数量曲率 R 变号, 则对任何 $t_2 > t_1 \geqslant T/2$, 有不等式

$$u(y,t_2) \leqslant u(x,t_1)\Big(\frac{\tau_1}{\tau_2}\Big)^{3n/2} \exp\left(\frac{\int_0^1 [4|\gamma'(s)|^2 + (\tau_1-\tau_2)^2 R]\,ds}{2(\tau_1-\tau_2)}\right).$$

这里

$$R = R(\gamma(s), T-\tau), \quad \tau = \tau_2 + (1-s)(\tau_1-\tau_2),$$
$$|\gamma'(s)|^2 = g(T-\tau)(\gamma'(s),\gamma'(s)).$$

证明　我们仅给出 (i) 的证明, 因为 (ii) 的证明类似.

记 $\tau(s) := \tau_2 + (1-s)(\tau_1-\tau_2)(0 \leqslant \tau_2 < \tau_1 \leqslant T)$, 并定义

$$\ell(s) := \ln u(\gamma(s), T-\tau(s)),$$

则 $\ell(0) = \ln u(x,t_1)$, $\ell(1) = \ln u(y,t_2)$. 通过计算, 得

$$\begin{aligned}
\frac{\partial \ell(s)}{\partial s} &= \frac{du/ds}{u} = \frac{\nabla u}{u}\frac{\partial \gamma}{\partial s} - \frac{u_\tau(\tau_1-\tau_2)}{u}\\
&= (\tau_1-\tau_2)\Big(\frac{\nabla u}{\sqrt{2}u}\cdot\frac{\sqrt{2}\,\gamma'(s)}{\tau_1-\tau_2} - \frac{u_\tau}{u}\Big)\\
&\leqslant (\tau_1-\tau_2)\Big(\frac{2|\gamma'(s)|^2}{(\tau_1-\tau_2)^2} + \frac{|\nabla u|^2}{2u^2} - \frac{u_\tau}{u}\Big)\\
&= \frac{2|\gamma'(s)|^2}{(\tau_1-\tau_2)} + \frac{\tau_1-\tau_2}{2}\Big(\frac{|\nabla u|^2}{u^2} - \frac{2u_\tau}{u}\Big).
\end{aligned}$$

根据定理 6.4.1, 若 $R \geqslant 0$, 则

$$\frac{|\nabla u|^2}{u^2} - \frac{2u_\tau}{u} \leqslant R + \frac{2n}{\tau}, \tag{6.4.16}$$

其中 $\tau = \tau_2 + (1-s)(\tau_1 - \tau_2)$. 因此,

$$\frac{\partial \ell(s)}{\partial s} \leqslant \frac{2|\gamma'(s)|^2}{(\tau_1 - \tau_2)} + \frac{\tau_1 - \tau_2}{2}\Big(R + \frac{2n}{\tau}\Big).$$

将上式在区间 $[0,1]$ 上积分, 得

$$\ell(1) - \ell(0) \leqslant \frac{2\displaystyle\int_0^1 |\gamma'(s)|^2\, ds}{(\tau_1 - \tau_2)} + \frac{(\tau_1 - \tau_2)\displaystyle\int_0^1 R\, ds}{2} + n \ln \frac{\tau_1}{\tau_2}.$$

因为 $\ell(0) = \ln u(x, t_1)$, $\ell(1) = \ln u(y, t_2)$, 上式化为

$$\ln \frac{u(y,t_2)}{u(x,t_1)} \leqslant \frac{\displaystyle\int_0^1 [\,4|\gamma'(s)|^2 + (\tau_1 - \tau_2)^2\, R\,]\, ds}{2(\tau_1 - \tau_2)} + \ln \Big(\frac{\tau_1}{\tau_2}\Big)^n,$$

即

$$u(y,t_2) \leqslant u(x,t_1)\Big(\frac{\tau_1}{\tau_2}\Big)^n \exp\left(\frac{\displaystyle\int_0^1 [\,4|\gamma'(s)|^2 + (\tau_1 - \tau_2)^2\, R\,]\, ds}{2(\tau_1 - \tau_2)}\right).$$

□

习题 6.4.1 证明推论 6.4.1 的 (ii).

§6.5 共轭热方程基本解的逐点估计

我们继续研究共轭热方程解的性质, 其中包括共轭热方程基本解的逐点上界. 如果 Ricci 曲率非负, 那么这个上界是 Gauss 型上界, 并且在长时间有效. 证明的开始用到了熟知的均值不等式和 Moser 迭代, 以及 Davies [Da] 的加权能量估计. 这个办法在后来遇到一个困难, 即我们缺少对距离的时间导数的控制. 解决的途径是利用下面定理 6.5.1 给出的插值不等式, 它是抛物方程的一个椭圆型 Harnack 不等式.

我们先给出本节常用的几个概念和术语: 用 $B(x,r,t)$ 代表度量 $g(t)$ 下, 中心为 x, 半径为 r 的球; $|B(x,r,t)|_s$ 是 $B(x,r,t)$ 在度量 $g(s)$ 下的体积; $d\mu(x,t)$ 是 $g(t)$ 在点 x 的体积元.

本节的主要结果是定理 6.5.2, 它的证明在 [Z1] 中首先给出. 在度量固定的情况下, 它与李伟光和丘成桐在 [LY] 中给出的著名的热核上

界吻合. 在定理中我们假设流形是紧的, 所以在基本解的上界中除了 Gauss 项以外还有一项包含系数 1. 这个现象在度量固定的情况下也会发生. 此定理容易被推广到某些非紧 Ricci 流的情形, 但是需要对流形在无穷远附近加上适当条件. 在非紧情形, 基本解的上界中只有 Gauss 项.

注解 6.5.1 如果仅假设 $Ric \geqslant -k$, 其中 $k > 0$ 是常数, 则用类似的方法可以证明基本解的 Gauss 型上界. 但是, 这时的上界将包含指数项 e^{kt}, 所以它不太精确. 如果要改进这个上界, 我们需要共轭热方程解的更精确的均值不等式.

这里我们叙述并证明 [Z1] 中的定理 3.3, 它在本节定理 7.2.1 的证明的第二步还会出现. 该定理也在 [CaH] 中被证明.

定理 6.5.1 设 M 是紧或非紧的完备流形, 并且其上的 Ricci 流 $\partial_t g = -2Ric(t \in [0,T])$ 具有一致有界的曲率张量. 又设 u 是热方程 $\Delta u - \partial_t u = 0$ 在 $M \times [0,T]$ 中的有界正解. 则

$$\frac{|\nabla u(x,t)|}{u(x,t)} \leqslant \sqrt{\frac{1}{t}}\sqrt{\ln \frac{M}{u(x,t)}},$$

其中 $M = \sup_{M\times[0,T]} u$, $(x,t) \in M \times [0,T]$. 此外, 以下插值不等式

$$u(y,t) \leqslant c_1 u(x,t)^{1/(1+\delta)} M^{\delta/(1+\delta)} \mathrm{e}^{c_2 d(x,y,t)^2/t}$$

对所有 $\delta > 0$, $x, y \in M$ 和 $0 < t \leqslant T$ 成立, 其中 c_1, c_2 是仅依赖于 δ 的正常数.

证明 证明的基本想法来自于 [Ha5] 中的定理 1.1, 但是 Ricci 流产生的抵消效应使得该结果不需要曲率假设. 直接计算得出

$$\Delta(u \ln \frac{M}{u}) - \partial_t\Big(u \ln \frac{M}{u}\Big) = -\frac{|\nabla u|^2}{u}, \tag{6.5.1}$$

$$(\Delta - \partial_t)\Big(\frac{|\nabla u|^2}{u}\Big) = \frac{2}{u}\Big|\partial_i\partial_j u - \frac{\partial_i u \partial_j u}{u}\Big|^2 \geqslant 0. \tag{6.5.2}$$

因为

$$t\frac{|\nabla u|^2}{u} - u \ln \frac{M}{u}$$

是热方程的一个下解, 由极大值原理立刻推出定理的第一个结论.

为了证明定理的第二个不等式, 我们定义

$$l(x,t) = \ln(M/u(x,t)).$$

由定理的第一个结论, 知

$$|\nabla\sqrt{l(x,t)}| \leqslant 1/\sqrt{t}.$$

固定两个点 x 和 y, 将上式沿着一最短测地线积分, 得

$$\sqrt{\ln(M/u(x,t))} \leqslant \sqrt{\ln(M/u(y,t))} + \frac{d(x,y,t)}{\sqrt{t}}.$$

两边取平方后就得到所要的插值不等式. □

习题 6.5.1 证明不等式 (6.5.2).

为了陈述方便, 在随后的定理中, 我们将时间逆转, 从而共轭热方程化为适定的方程.

定理 6.5.2 设 t 是逆转后的时间. 假设与紧 Ricci 流相联系的共轭热方程

$$\begin{cases} \Delta u - Ru - \partial_t u = 0, \\ \partial_t g = 2Ric \end{cases} \tag{6.5.3}$$

对 $t \in [0,T]$ 有光滑解. 令 G 是其基本解. 设 $Ric \geqslant 0$, 而且单射半径以一个正常数 i 为一致下界. 则以下结果成立: 对任何 $s,t \in (0,T)(s<t)$ 和 $x,y \in M$, 存在依赖维数的常数 c_n, 数值常数 c 和仅依赖 i 的常数 A, 使得

$$G(x,t;y,s) \leqslant c_n A\left(1 + \frac{1}{(t-s)^{n/2}} + \frac{1}{|B(x,\sqrt{t-s},t)|_s}\right)\mathrm{e}^{-cd(x,y,s)^2/(t-s)}.$$

注解 6.5.2 得益于 Perelman 的非坍塌定理, 单射半径下界的假设可以换成数量曲率上界的假设.

证明 我们把证明分为两步.

第一步 证明对角线上的界, 即没有指数项的上界.

我们先处理 $B(x,2\sqrt{t-s},s)$ 是流形的真子集的情形. 首先用 Moser 迭代法建立共轭热方程解的均值不等式. 这段的证明与 Moser 的原创

类似, 原因是由 Ricci 流所产生的额外项在 Ricci 曲率非负的假设下容易控制.

设 u 是 (6.5.3) 在区域

$$Q_{\sigma r}(x,t) \equiv \{(y,s) \mid y \in M, t-(\sigma r)^2 \leqslant s \leqslant t,\ d(y,x,s) \leqslant \sigma r\}$$

中的正解. 这里 $r>0$, $2 \geqslant \sigma \geqslant 1$. 给定 $p \geqslant 1$, 显然

$$\Delta u^p - pRu^p - \partial_t u^p \geqslant 0. \tag{6.5.4}$$

构造光滑函数 $\phi:[0,\infty) \to [0,1]$, 使它满足

$$\phi(\rho) = \begin{cases} 1, & \text{当 } 0 \leqslant \rho \leqslant r, \\ 0, & \text{当 } \rho \geqslant \sigma r, \end{cases}$$

$$|\phi'| \leqslant 2/((\sigma-1)r), \quad \phi' \leqslant 0.$$

再构造光滑函数 $\eta:[0,\infty) \to [0,1]$, 使得

$$\eta(s) = \begin{cases} 1, & \text{当} \tau - r^2 \leqslant s \leqslant \tau, \\ 0, & \text{当} s \leqslant \tau - (\sigma r)^2, \end{cases}$$

$$|\eta'| \leqslant 2/((\sigma-1)r)^2, \quad \eta' \geqslant 0, \quad \eta \geqslant 0.$$

定义截断函数

$$\psi = \psi(y,s) = \phi(d(x,y,s))\eta(s).$$

令 $w=u^p$ 并且用 $w\psi^2$ 作为 (6.5.4) 的试验函数, 我们有

$$\begin{aligned} &\int_{Q_{\sigma r}(x,t)} \nabla(w\psi^2)\nabla w dg(y,s)ds + p\int_{Q_{\sigma r}(x,t)} Rw^2\psi^2 dg(y,s)ds \\ &\quad \leqslant -\int_{Q_{\sigma r}(x,t)} (\partial_s w) w\psi^2 dg(y,s)ds. \end{aligned} \tag{6.5.5}$$

直接计算得出

$$\begin{aligned} \int_{Q_{\sigma r}(x,t)} \nabla(w\psi^2)\nabla w dg(y,s)ds = &\int_{Q_{\sigma r}(x,t)} |\nabla(w\psi)|^2 dg(y,s)ds \\ &- \int_{Q_{\sigma r}(x,t)} |\nabla\psi|^2 w^2 dg(y,s)ds. \end{aligned} \tag{6.5.6}$$

下面估计 (6.5.5) 的右边. 注意,

$$-\int_{Q_{\sigma r}(x,t)}(\partial_s w)w\psi^2 dg(y,s)ds=\int_{Q_{\sigma r}(x,t)} w^2\psi\partial_s\psi dg(y,s)ds$$
$$+\frac{1}{2}\int_{Q_{\sigma r}(x,t)}(w\psi)^2 Rdg(y,s)ds-\frac{1}{2}\int_{B(x,\sigma r,t)}(w\psi)^2 dg(y,t),$$

而且

$$\partial_s\psi=\eta(s)\phi'(d(y,x,s))\partial_s d(y,x,s)+\phi(d(y,x,s))\eta'(s)\leqslant\phi(d(y,x,s))\eta'(s).$$

这里我们用到了不等式 $\phi'\leqslant 0$ 和 $\partial_s d(y,x,s)\geqslant 0$, 其中第二个不等式来自命题 5.1.1 (iii) 以及 s 是时间的逆反. 因此,

$$-\int_{Q_{\sigma r}(x,t)}(\partial_s w)w\psi^2 dg(y,s)ds\leqslant\int_{Q_{\sigma r}(x,t)} w^2\psi\phi(d(y,x,s))\eta'(s)dg(y,s)ds$$
$$+\frac{1}{2}\int_{Q_{\sigma r}(x,t)}(w\psi)^2 Rdg(y,s)ds-\frac{1}{2}\int_{B(x,\sigma r,t)}(w\psi)^2 dg(y,t). \tag{6.5.7}$$

将 (6.5.5) 与 (6.5.7) 合并, 再利用 $p\geqslant 1$ 和 $R\geqslant 0$, 我们推出

$$\int_{Q_{\sigma r}(x,t)}|\nabla(w\psi)|^2 dg(y,s)ds+\frac{1}{2}\int_{B(x,\sigma r,t)}(w\psi)^2 dg(y,t)$$
$$\leqslant\frac{c}{(\sigma-1)^2 r^2}\int_{Q_{\sigma r}(x,t)} w^2 dg(y,s)ds. \tag{6.5.8}$$

由 Hölder 不等式, 得

$$\int_{B(x,\sigma r,t)}(\psi w)^{2(1+(2/n))},dg(y,s)\leqslant\Big(\int_{B(x,\sigma r,t)}(\psi w)^{2n/(n-2)}dg(y,s)\Big)^{(n-2)/n}$$
$$\cdot\Big(\int_{B(x,\sigma r,t)}(\psi w)^2 dg(y,s)\Big)^{2/n}. \tag{6.5.9}$$

因为 $B(x,\sigma r,s)$ 是 M 的真子集, 而且 Ricci 曲率非负, 故以下 Sobolev 嵌入成立 (参见 [Sal]):

$$\Big(\int_{B(x,\sigma r,t)}(\psi w)^{2n/(n-2)}dg(y,s)\Big)^{(n-2)/n}$$
$$\leqslant\frac{c_n\sigma^2 r^2}{|B(x,\sigma r,s)|_s^{2/n}}\int_{B(x,\sigma r,t)}[|\nabla(\psi w)|^2+r^{-2}(\psi w)^2]dg(y,s). \tag{6.5.10}$$

对 $s \in [t-(\sigma r)^2, t]$, 由假设 Ricci 曲率非负, 有

$$B(x,\sigma r,s) \supset B(x,\sigma r,t); \qquad |B(x,\sigma r,s)|_s \geqslant |B(x,\sigma r,t)|_{t-(\sigma r)^2}.$$

因此, 对 $s \in [t-(\sigma r)^2, t]$, 我们得到

$$\begin{aligned}&\Big(\int_{B(x,\sigma r,s)}(\psi w)^{2n/(n-2)}dg(y,s)\Big)^{(n-2)/n}\\&\quad\leqslant \frac{c_n\sigma^2 r^2}{|B(x,\sigma r,t)|^{2/n}_{t-(\sigma r)^2}}\int_{B(x,\sigma r,s)}[|\nabla(\psi w)|^2+r^{-2}(\psi w)^2]dg(y,s).\end{aligned} \tag{6.5.11}$$

将 (6.5.9) 和 (6.5.11) 代入 (6.5.8), 得不等式

$$\begin{aligned}&\int_{Q_r(x,t)} w^{2\theta}dg(y,s)ds\\&\quad\leqslant c_n\frac{r^2}{|B(x,\sigma r,t)|^{2/n}_{t-(\sigma r)^2}}\Big(\frac{1}{(\sigma-1)^2r^2}\int_{Q_{\sigma r}(x,t)}w^2dg(y,s)ds\Big)^{\theta},\end{aligned}$$

其中 $\theta = 1+(2/n)$. 现在我们对如下参数

$$\sigma_0 = 2, \quad \sigma_i = 2-\sum_{j=1}^{i}2^{-j}, \quad p_i = \theta^i, i=1,2,\cdots$$

反复应用上述不等式. 最后得到一个 L^2 均值不等式, 即

$$\sup_{Q_{r/2}(x,t)} u^2 \leqslant \frac{c_n}{r^2|B(x,r,t)|_{t-r^2}}\int_{Q_r(x,t)}u^2dg(y,s)ds. \tag{6.5.12}$$

因为测地球的体积满足体积加倍性质, 根据李伟光和 Schoen [LS] 的一个方法, 我们可以从 L^2 均值不等式推出 L^1 均值不等式, 即对 $r>0$,

$$\sup_{Q_{r/2}(x,t)} u \leqslant \frac{c_n}{r^2|B(x,r,t)|_{t-r^2}}\int_{Q_r(x,t)}udg(z,\tau)d\tau. \tag{6.5.13}$$

固定 $y \in M$ 和 $s<t$, 我们把 (6.5.13) 用到函数 $u = G(\cdot,\cdot;y,s)$ 上, 并取 $r=\sqrt{t-s}/2$. 由于 $\int_M u(z,\tau)dg(z,\tau)=1$, 从体积加倍性质得到, 当 $|B(x,\sqrt{t-s},s)|$ 是 M 的真子集时, 有

$$G(x,t;y,s) \leqslant \frac{c_n}{|B(x,\sqrt{t-s},t)|_s}. \tag{6.5.14}$$

下面我们断言: 存在常数 $A>0$, 使得

$$G(x,t;y,s)\leqslant\frac{A}{(t-s)^{n/2}}.\tag{6.5.15}$$

当 $|B(x,\sqrt{t-s},s)|$ 是 M 的真子集时, 该断言的证明与 (6.5.14) 的证明几乎一样. 唯一的区别是把 Sobolev 嵌入 (6.5.10) 换成下面的不等式:

$$\left(\int_{B(x,\sigma r,t)}(\psi w)^{2n/(n-2)}dg(y,s)\right)^{(n-2)/n}\leqslant s_0\int_{B(x,\sigma r,t)}[|\nabla(\psi w)|^2+(\psi w)^2]dg(y,s).$$

在 $Ric\geqslant 0$ 和单射半径有正下界的假设下, 熟知上述不等式是成立的. 参见 [Heb1].

我们指出, 如果 $B(x,\sqrt{t-s},s)$ 是整个流形 M, 则用上一段的方法可以证明

$$G(x,t;y,s)\leqslant A.$$

在此式的证明中, 我们只要把截断函数取成 1. 综上所述, G 的对角线上的界得证.

第二步 完整上界的证明.

不失一般性, 我们假设球 $B(x,2\sqrt{t-s},s)$ 是流形的真子集, 否则 $2\sqrt{t-s}\geqslant d(x,y,s)$ 对所有点 x,y 成立, 从而指数项不起作用. 显然, 我们还可以取 $s=0$. 这一段的证明从 [Da] 的指数加权法开始. 选择一点 $x_0\in M$, 一个常数 $\lambda<0$ 和函数 $f\in L^2(M,g(0))$. 考查按如下方式定义的函数 F 和 u:

$$\begin{aligned}F(x,t)&\equiv \mathrm{e}^{\lambda d(x,x_0,t)}u(x,t)\\&\equiv \mathrm{e}^{\lambda d(x,x_0,t)}\int_M G(x,t;y,0)\mathrm{e}^{-\lambda d(y,x_0,0)}f(y)dg(y,0).\end{aligned}$$

显然, u 是 (6.5.3) 的解. 由直接计算得知,

$$\begin{aligned}\partial_t\int F^2(x,t)dg(x,t)&=\partial_t\int \mathrm{e}^{2\lambda d(x,x_0,t)}u^2(x,t)dg(x,t)\\&=2\lambda\int \mathrm{e}^{2\lambda d(x,x_0,t)}\partial_t d(x,x_0,t)u^2(x,t)dg(x,t)\\&\quad+\int \mathrm{e}^{2\lambda d(x,x_0,t)}u^2(x,t)R(x,t)dg(x,t)\\&\quad+2\int \mathrm{e}^{2\lambda d(x,x_0,t)}(\Delta u-Ru)u(x,t)dg(x,t).\end{aligned}$$

因为 $Ric \geqslant 0$, 并且 $\lambda < 0$, 所以, $\lambda \partial_t d(x, x_0, t) \leqslant 0$. 于是

$$\partial_t \int F^2(x,t) dg(x,t) \leqslant 2 \int \mathrm{e}^{2\lambda d(x,x_0,t)} u \Delta u dg(x,t).$$

对上式分部积分后, 上式变成

$$\begin{aligned}\partial_t \int F^2(x,t) dg(x,t) \leqslant & -4\lambda \int \mathrm{e}^{2\lambda d(x,x_0,t)} u \nabla d(x,x_0,t) \nabla u dg(x,t) \\ & -2 \int \mathrm{e}^{2\lambda d(x,x_0,t)} |\nabla u|^2 dg(x,t).\end{aligned}$$

另外,

$$\begin{aligned}\int |\nabla F(x,t)|^2 dg(x,t) &= \int |\nabla (\mathrm{e}^{\lambda d(x,x_0,t)} u(x,t))|^2 dg(x,t) \\ &= \int \mathrm{e}^{2\lambda d(x,x_0,t)} |\nabla u|^2 dg(x,t) \\ &\quad + 2\lambda \int \mathrm{e}^{2\lambda d(x,x_0,t)} u \nabla d(x,x_0,t) \nabla u dg(x,t) \\ &\quad + \lambda^2 \int \mathrm{e}^{2\lambda d(x,x_0,t)} |\nabla d|^2 u^2 dg(x,t).\end{aligned}$$

将上面两个式子合并后就得到

$$\begin{aligned}\partial_t \int F^2(x,t) dg(x,t) \leqslant & -2 \int |\nabla F(x,t)|^2 dg(x,t) \\ & + \lambda^2 \int \mathrm{e}^{2\lambda d(x,x_0,t)} |\nabla d|^2 u^2 dg(x,t).\end{aligned}$$

由 F 和 u 的定义知,

$$\partial_t \int F^2(x,t) dg(x,t) \leqslant \lambda^2 \int F(x,t)^2 dg(x,t).$$

通过对上式积分, 我们得到以下的 L^2 估计

$$\int F^2(x,t) dg(x,t) \leqslant \mathrm{e}^{\lambda^2 t} \int F^2(x,0) dg(x,0) = \mathrm{e}^{\lambda^2 t} \int f(x)^2 dg(x,0). \tag{6.5.16}$$

因为 u 是 (6.5.3) 的解, 所以由 L^2 均值不等式 (6.5.12) 推出

$$u(x,t)^2 \leqslant \frac{c_n}{t|B(x,\sqrt{t/2},t)|_{t/2}} \int_{t/2}^t \int_{B(x,\sqrt{t/2},\tau)} u^2(z,\tau) dg(z,\tau) d\tau.$$

根据 F 和 u 的定义, 得

$$u(x,t)^2 \leqslant \frac{c_n}{t|B(x,\sqrt{t/2},t)|_{t/2}} \int_{t/2}^{t} \int_{B(x,\sqrt{t/2},\tau)} \mathrm{e}^{-2\lambda d(z,x_0,\tau)} \cdot F^2(z,\tau)dg(z,\tau)d\tau.$$

特别地, 上式对 $x = x_0$ 成立. 当 $z \in B(x_0, \sqrt{t/2}, \tau)$ 时, $d(z, x_0, \tau) \leqslant \sqrt{t/2}$. 由此及 $\lambda < 0$ 的假设知,

$$u(x_0,t)^2 \leqslant \frac{c_n \mathrm{e}^{-2\lambda\sqrt{t/2}}}{t|B(x_0,\sqrt{t/2},t)|_{t/2}} \int_{t/2}^{t} \int_{B(x_0,\sqrt{t/2},\tau)} F^2(z,\tau)dg(z,\tau)d\tau.$$

把上式和 (6.5.16) 合并, 得

$$u(x_0,t)^2 \leqslant \frac{c_n \mathrm{e}^{\lambda^2 t - \lambda\sqrt{2t}}}{|B(x_0,\sqrt{t/2},t)|_{t/2}} \int f(y)^2 dg(y,0),$$

即

$$\left(\int G(x_0,t;z,0)\mathrm{e}^{-\lambda d(z,x_0,0)} f(z)dg(z,0)\right)^2 \leqslant \frac{c_n \mathrm{e}^{\lambda^2 t - \lambda\sqrt{2t}}}{|B(x_0,\sqrt{t/2},t)|_{t/2}} \int f(y)^2 dg(y,0). \tag{6.5.17}$$

现在我们选定 y_0, 使得 $d(y_0, x_0, 0)^2 \geqslant 4t$. 由 $\lambda < 0$ 及三角不等式推出: 当 $d(z, y_0, 0) \leqslant \sqrt{t}$ 时, 有

$$-\lambda d(z,x_0,0) \geqslant -\frac{\lambda}{2} d(x_0,y_0,0).$$

在此情形, (6.5.17) 蕴涵

$$\left(\int_{B(y_0,\sqrt{t},0)} G(x_0,t;z,0)f(z)dg(z,0)\right)^2 \leqslant \frac{c_n \mathrm{e}^{\lambda d(x_0,y_0,0) + \lambda^2 t - \lambda\sqrt{2t}}}{|B(x_0,\sqrt{t/2},t)|_{t/2}} \int f(y)^2 dg(y,0). \tag{6.5.18}$$

取

$$\lambda = -\frac{d(x_0,y_0,0)}{bt},$$

其中 $b>0$ 是充分大的常数. 由 (6.5.18), 我们推出: 存在常数 $c>0$, 使得

$$\int_{B(y_0,\sqrt{t},0)} G^2(x_0,t;z,0)dg(z,0) \leqslant \frac{c_n \mathrm{e}^{-cd(x_0,y_0,0)^2/t}}{|B(x_0,\sqrt{t/2},t)|_{t/2}}.$$

因此, 存在 $z_0 \in B(y_0,\sqrt{t},0)$, 使得

$$G^2(x_0,t;z_0,0) \leqslant \frac{c_n \mathrm{e}^{-cd(x_0,y_0,0)^2/t}}{|B(x_0,\sqrt{t/2},t)|_{t/2}|B(x_0,\sqrt{t},0)|_0}.$$

根据测地球的体积加倍性质, 此式导出

$$G^2(x_0,t;z_0,0) \leqslant \frac{c_n \mathrm{e}^{-cd(x_0,y_0,0)^2/t}}{|B(x_0,\sqrt{t},t)|_0|B(x_0,\sqrt{t},0)|_0}. \tag{6.5.19}$$

最后注意到 $G(x_0,t;\cdot,\cdot)$ 是共轭热方程 (6.5.3) 的解, 即

$$\Delta_z G(x,t;z,\tau)+\partial_\tau G(x,t;z,\tau)=0.$$

经过时间逆转, 我们可以对这个方程应用定理 6.5.1. 所以, 对常数 $\delta>0, C>0$, 有

$$G(x_0,t;y_0,0) \leqslant CG^{1/(1+\delta)}(x_0,t,z_0,0)M^{\delta/(1+\delta)}, \tag{6.5.20}$$

其中 $M=\sup\limits_{M\times[0,t/2]} G(x_0,t;\cdot,\cdot)$. 由 (6.5.15), 有一个常数 $A>0$, 它仅依赖于单射半径的下界, 使得

$$M \leqslant A\max\left\{\frac{1}{t^{n/2}},1\right\}.$$

由此式, 及 (6.5.19) 和 (6.5.20) (取 $\delta=1$), 得

$$G(x_0,t;y_0,0)^2 \leqslant \max\left\{\frac{c_n}{t^{n/2}},1\right\}\frac{A\mathrm{e}^{-cd(x_0,y_0,0)^2/t}}{\sqrt{|B(x_0,\sqrt{t},t)|_0|B(x_0,\sqrt{t},0)|_0}}.$$

因为 $Ric \geqslant 0$, 经典体积比较定理说明

$$|B(x_0,\sqrt{t},t)|_0 \leqslant |B(x_0,\sqrt{t},0)|_0.$$

因此, $G^2(x_0,t;y_0,0) \leqslant \max\left\{\frac{c_n}{t^{n/2}},1\right\}\frac{A\mathrm{e}^{-cd(x_0,y_0,0)^2/t}}{|B(x_0,\sqrt{t},t)|_0}$.

由此得

$$G(x_0,t;y_0,0) \leqslant c_nA\left(1+\frac{1}{t^{n/2}}+\frac{1}{|B(x_0,\sqrt{t},t)|_0}\right)\mathrm{e}^{-cd(x_0,y_0,0)^2/t}.$$

因为 x_0 和 y_0 是任意的, 故定理得证. □

第七章　古代 κ 解的性质和 3 维 Ricci 流的奇性分析

本章的主要目的是用 Perelman 的 κ 非坍塌性定理 6.1.2 以及特别的归纳法证明: 3 维 Ricci 流的奇异点经过无限放大之后变成古代 κ 解. 为了解 Ricci 流奇异点附近的结构, 我们首先要研究古代 κ 解.

§7.1　预 备 知 识

本节我们介绍几个基本的且以后经常用到的几何结果和概念. 大部分证明将被省略.

引理 7.1.1 (选点引理)　设 M 为一个 Riemann 流形, R 是其数量曲率. 假设 $B(x,5r)(r>0)$ 是 M 的真子集. 则存在球 $B(y,\rho)\subset B(x,5r)(\rho\leqslant r)$, 使得

(i) 对所有 $z\in B(y,\rho)$, $R(z)\leqslant 2R(y)$ 成立;

(ii) $R(y)\rho^2\geqslant R(x)r^2$.

证明　我们用以下方式归纳地定义一序列点 $x_i\in B(x,5r)$ 和数 $r_i>0$. 取 $x_1=x$ 和 $r_1=r$. 对 $i>1$, 如果 $R(z)\leqslant 2R(x_i)$ 对所有 $z\in B(x_i,r_i)$ 成立, 则定义 $x_{i+1}=x_i$ 以及 $r_{i+1}=r_i$. 否则, 在 $B(x_i,r_i)$ 中选点 x_{i+1}, 使得 $R(x_{i+1})>2R(x_i)$, 并取 $r_{i+1}=r_i/\sqrt{2}$. 无论怎样, 有 $R(x_{i+1})r_{i+1}^2\geqslant R(x_i)r_i^2$.

由 $d(x,x_i)\leqslant r\displaystyle\sum_{k=0}^{\infty}(1/\sqrt{2})^k<4r$ 知, $B(x_i,r_i)\subset B(x,5r)$. 又由于 R 在球 $B(x,5r)$ 中有界, 故存在正整数 j, 使得 $x_i=x_j$ 和 $r_i=r_j$ 对所有 $i\geqslant j$ 成立. 取 $y=x_j$ 和 $\rho=r_j$, 则引理得证. □

定理 7.1.1 (经典分裂定理)　(i) Toponogov**分裂定理**[Topo]　如果一个 n 维完备 Riemann 流形具有非负截面曲率并包含测地直线, 则该流形是 $\mathbf{R}$ 和某个 $(n-1)$ 维具有非负截面曲率的 Riemann 流形的乘积.

(ii) Cheeger-Gromoll**分裂定理**[CG] 如果将非负截面曲率改为非负 Ricci 曲率, 则以上结论仍然成立.

在此, 测地直线指的是长度为无穷的, 无端点的最短测地线. 该定理允许我们把某些高维流形分解为低维流形的乘积, 从而易于研究. 这与将一个大的整数分解为素数的乘积是一个目的. 该定理的证明可在 [Pet]9.3.2 节中找到.

定理 7.1.2 (灵魂定理, Cheeger-Gromoll-Meyer) 若 M 是一个完备非紧且具有非负截面曲率的 n 维 Riemann 流形, 则 M 有一个灵魂: $S \subset M$, 它使得 M 同胚于 S 上的法向量丛. 这里, 灵魂 $S \subset M$ 指的是一个闭的全凸的子流形, 如果进一步假设截面曲率处处为正, 则 M 的灵魂是一个点, 即 M 同胚于 $\mathbf{R}^n$.

在此, 称一个子流形为**全凸的**, 如果连接其中任意两点的任何测地线都包含在该子流形中. 灵魂定理的证明请看 [CG2], 在 [Pet] 中给出了一个易于看懂的证明, 并介绍了该定理的有趣历史.

注解 7.1.1 Cheeger-Gromoll 曾猜想: 如果仅假设截面曲率处处非负并在某一点为正, 则完备非紧的流形 M 仍然同胚于 $\mathbf{R}^n$. G. Perelman [P4] 曾对此猜想给出了一个惊人的简洁证明.

下一个结果也来源于 Toponogov 和 Cheeger-Gromol 的经典分裂定理.

命题 7.1.1 设 (M,g) 为一截面曲率非负的完备 Riemann 流形. 假设有两个序列 $\{P_k\} \subset M$ 和 $\{\lambda_k\} \subset (0,\infty)$, 使得当 $k \to \infty$ 时, $d(P_1,P_k) \to \infty$ 和 $\lambda_k d(P_1,P_k) \to \infty$. 再假设标记流形 $(M,\lambda_k^2 g,P_k)$ 按 $C_{\rm loc}^\infty$ 拓扑收敛于 Riemann 流形 M_∞, 则 M_∞ 分裂为一个度量乘积 $M_\infty = N \times \mathbf{R}$. 这里, N 是一截面曲率非负的 Riemann 流形.

证明 由经典分裂定理知, 只需要证明 M_∞ 包含测地直线.

设 γ_k 和 σ_k 分别是连接 P_1 与 P_k 和 P_k 与 P_{k+1} 的最短测地线. 如果有必要, 可通过选择子序列, 使得以下性质成立:

$$\begin{aligned} &d(P_1,P_{k+1}) \geqslant 2d(P_1,P_k)+1, \\ &\delta_k \equiv \angle(\gamma_k(0),\gamma_{k+1}(0)) \leqslant 1/k. \end{aligned} \tag{7.1.1}$$

这里 $\angle(\gamma_k(0),\gamma_{k+1}(0))$ 是 γ_k 和 γ_{k+1} 在点 P_1 的切向量之间的角度. 根据命题假设并通过取适当子序列, 可以认为某标记 (子) 序列, 仍然记为

$(M, \lambda_k^2 g, P_k)$, 按 C^∞_{loc} 拓扑收敛于截面曲率非负的标记流形 $(\tilde{M}, \tilde{g}, \tilde{P})$, 并且测地线 γ_k 和 σ_k 分别收敛于测地射线 $\tilde{\gamma}$ 和 $\tilde{\sigma}$.

选择任意两点 $\tilde{A} \in \tilde{\gamma}$ 和 $\tilde{B} \in \tilde{\sigma}$. 记 $a = \tilde{d}(\tilde{A}, \tilde{P})$, $b = \tilde{d}(\tilde{B}, \tilde{P})$ 和 $c = \tilde{d}(\tilde{A}, \tilde{B})$, 这里 $\tilde{d}$ 是极限度量 $\tilde{g}$ 下的距离. 如果

$$a + b = c, \tag{7.1.2}$$

则 $\tilde{\gamma} \cup \tilde{\sigma}$ 为测地直线. 下面我们给出该等式的证明.

由 $\tilde{M}$ 的定义, 存在点列 $A_k \in \gamma_k$ 及 $B_k \in \sigma_k$, 使得当 $k \to \infty$ 时, 有

$$\lambda_k d(A_k, P_k) \to a, \quad \lambda_k d(B_k, P_k) \to b, \quad \lambda_k d(A_k, B_k) \to c.$$

考查 M 中的测地线三角形 $\Delta P_k P_1 P_{k+1}$, $\Delta P_k A_k B_k$ 以及它们在 $\mathbf{R}^2$ 中的比较三角形 $\Delta \bar{P}_k \bar{P}_1 \bar{P}_{k+1}$, $\Delta \bar{P}_k \bar{A}_k \bar{B}_k$. 注意到,

$$d(P_k, P_1) = |\bar{P}_k \bar{P}_1|, \quad d(P_k, P_{k+1}) = |\bar{P}_k \bar{P}_{k+1}|, \quad d(P_1, P_{k+1}) = |\bar{P}_1 \bar{P}_{k+1}|,$$

$$d(P_k, A_k) = |\bar{P}_k \bar{A}_k|, \quad d(P_k, B_k) = |\bar{P}_k \bar{B}_k|, \quad d(A_k, B_k) = |\bar{A}_k \bar{B}_k|.$$

由 Toponogov 比较定理 (见 [CE]) 知,

$$\angle \bar{A}_k \bar{P}_k \bar{B}_k \geqslant \angle \bar{P}_1 \bar{P}_k \bar{P}_{k+1},$$

$$\angle \bar{P}_k \bar{P}_1 \bar{P}_{k+1} \leqslant \angle P_k P_1 P_{k+1} = \delta_k \leqslant 1/k.$$

根据 (7.1.1), 有

$$\angle \bar{P}_k \bar{P}_{k+1} \bar{P}_1 \leqslant \angle \bar{P}_k \bar{P}_1 \bar{P}_{k+1} \leqslant 1/k.$$

因此,

$$\angle \bar{A}_k \bar{P}_k \bar{B}_k \geqslant \pi - (2/k).$$

由欧氏空间的余弦定理得

$$|\bar{A}_k \bar{B}_k|^2 \geqslant |\bar{A}_k \bar{P}_k|^2 + |\bar{P}_k \bar{B}_k|^2 - 2|\bar{A}_k \bar{P}_k|\ |\bar{P}_k \bar{B}_k|\ \cos(\pi - (2/k)),$$

即

$$d(A_k, B_k)^2 \geqslant d(A_k, P_k)^2 + d(P_k, B_k)^2 - 2d(A_k, P_k) d(P_k, B_k)\ \cos(\pi - (2/k)).$$

在该不等式两边乘上 λ_k^2 并让 $k \to \infty$, 我们推出

$$c \geqslant a + b \geqslant c.$$

这表明 $\tilde{\gamma}\cup\tilde{\sigma}$ 是测地直线. 所以经典分裂定理告知: $M=N\times\mathbf{R}$. 命题证毕. □

前面提到, 对 Ricci 流奇异性的研究依赖于对 κ 解 (定义 5.4.1) 的研究. 如果 3 维 κ 解 M 能被分裂为 $N\times\mathbf{R}$, 则 N 是 2 维 κ 解. 有趣的是, 只有两个 2 维 κ 解.

定理 7.1.3 (2 维 κ 解)　仅有的 2 维 κ 解是配有圆球形度量的 $\mathbf{S}^2$ 和实投影空间 $\mathbf{RP}^2$. 这里, 圆球形度量是标准度量的常数倍.

Hamilton 在 [Ha7]26 节证明了此定理 (参见 [CZ]369 页). 显然此定理和分裂定理对理解高维 κ 解很有用.

在分析 Ricci 流的奇异性时, 我们经常遇到某些特殊流形, 其中之一称为 ε 颈.

定义 7.1.1 (ε 颈及其中心点)　给定 $\varepsilon>0$, 一个以点 x 为中心的 ε **颈** U 是 3 维流形 (M,g) 的子区域, 它满足:

(i) $x\in U$;

(ii) 存在从圆柱 $\mathbf{S}^2\times(-\varepsilon^{-1},\varepsilon^{-1})$ 到 U 的微分同胚 ϕ, 使得 $\phi^{-1}(x)\in\mathbf{S}^2\times\{0\}$;

(iii) 规范化的拉回度量$R(x)\phi^*g$ 按 $C^{[\varepsilon^{-1}]}$ 拓扑 ε 接近于圆柱上的标准度量, 这里 $R(x)$ 是 (M,g) 在点 x 处的数量曲率.

(iv) 称集合 $\phi(\mathbf{S}^2\times\{0\})$ 为 ε **颈的中心(集)**, 或**中心** 2 **维球**, 且该球上的每一点称为 ε **颈的中心点**.

注解 7.1.2　用 z 表示 $(-\varepsilon^{-1},\varepsilon^{-1})$ 中的数, 则 $(\theta,z)(\theta\in\mathbf{S}^2)$ 是由微分同胚 ϕ 给定的 U 的坐标系. 我们可以把 U 上的度量 g 视为其在圆柱上的拉回度量 ϕ^*g.

命题 7.1.2 (不存在任意细的 ε 颈)　设 M 是具有非负截面曲率的完备 3 维流形, 则存在 $\varepsilon_0>0$, 使得对任意 $\varepsilon\in(0,\varepsilon_0]$, M 不包含截面半径任意小的 ε 颈.

证明　直观来看, 如果 M 有截面半径任意小的 ε 颈, 则它有一个月牙状的尖角, 所以其截面曲率在某点是负的. 本命题的证明可以在 [CZ]357 页或 [MT] 第二章找到. 前一个用比较定理和 Buseman 函数; 后者用灵魂定理和 Buseman 函数.

在此我们介绍 [MT] 中给出的证明的主要步骤, 而省略一些直观上较为明显的细节.

如果命题不对, 则可以找到一序列 ε 颈 $N_i(i=1,2,\cdots)$, 它们的截面半径收敛于 0. 在此序列中, 取两个分开的 ε 颈 N_1 和 $N_i(i=2,3,\cdots)$. 根据灵魂定理 7.1.2, 若 ε 充分小, 则可以证明 N_1 和 N_i 的中心 2 维球是某一个区域 X 的边界的两个连通分支, 而且 X 同胚于 $\mathbf{S}^2\times[-1,1]$. 要了解该结论的详细证明, 请看 [MT] 的 2.5 节.

设 $c=c(t)$ 是一测地射线, 它的出发点是 X 之外的一点 p, 而且它穿过 N_1 和 $N_i(i=2,3,\cdots)$. 在此, t 代表弧长参数. 令 B 是由此射线生成的 Buseman 函数, 即

$$B(x)=\lim_{t\to\infty}(d(c(t),x)-t). \tag{7.1.3}$$

因为截面曲率非负, 我们熟知: 在弱的意义下, $\Delta B\leqslant 0$, 即 B 是上调和函数 (参见 [SY] 第一章).

接下来, 我们构造 Lipschitz 截断函数 $\lambda\in C_0^\infty(M)$, 它满足以下条件:

(i) $\mathrm{supp}\lambda\subset X$; 对 N_1,N_i 中的点 m, $\lambda(m)=\lambda(z)$, 其中 z 是 m 的径向坐标 (见注解 7.1.2).

(ii) 设 ϕ_1 和 ϕ_i 分别是 ε 颈 N_1 和 N_i 定义中的微分同胚, 并设 $\{z=0\}$ 为 N_1 的中心 2 维球. 我们令 $\lambda(z)=0$, 当 $z<0$; 令 $\lambda(z)$ 是线性函数, 当 $z\in[0,1]$; 令 $\lambda(m)=1$, 当 m 介于 $\phi_1(\mathbf{S}^2\times\{1\})$ 和 $\phi_i(\mathbf{S}^2\times\{-1\})$ 之间.

(iii) 当 m 介于 $\phi_i(\mathbf{S}^2\times\{-1\})$ 和 N_i 的中心 2 维球之间时, 令 $\lambda(m)=\lambda(z)$ 是 z 的线性函数; 当 m 处在该中心 2 维球的另外一边时, 令 $\lambda(m)=0$.

如果作为测地射线的起点 p, 离 ε 颈 N_1 和 N_i 充分远, 则 ∇B 与 ∇z 为 ε 接近 (参见 [MT] 的 2.5 节). 因为 B 是上调和函数, 且 $\nabla\lambda=\lambda'\nabla z$, 故

$$\begin{aligned}0\leqslant\int_M<\nabla B,\nabla\lambda>d\mu&=\int_{\mathrm{supp}\nabla\lambda}<\nabla B,\nabla\lambda>d\mu\\&=(a_iR(x_i)^{-1}-a_1R(x_1)^{-1})|\mathbf{S}^2|,\end{aligned}$$

其中当 $\varepsilon\to 0$ 时, 数列 a_1 和 a_i 收敛到同一个正数 a_0. 因此, 只要 ε 充分小, 就有 $R(x_i)^{-1}\geqslant\dfrac{1}{2}R(x_1)^{-1}$. 注意, x_1 和 x_i 分别是 N_1 和 N_i

的中心点. 所以 N_i 的截面半径作为和 $R(x_i)^{-1/2}$ 可比的数, 不可能任意小. □

定义 7.1.2 (锥) Riemann 流形 (N,g) 上的一个 (**开**)**锥**是赋予下述度量

$$\tilde{g}(x,s)=s^2g(x)+ds^2$$

的流形 $J(N)\equiv N\times(0,\infty)$.

命题 7.1.3 (锥的曲率) 设 N 是 n 维 Riemann 流形, $(x^1,\cdots,x^n)$ 是其局部坐标. 再设 $(x^1,\cdots,x^n,x^0)$ 为锥流形 $J(N)$ 的局部坐标, Rm_g 为 (N,g) 的曲率张量, $\widetilde{Rm}_{\tilde{g}}$ 为 $J(N)$ 的曲率张量. 则以下等式成立:

$$\widetilde{Rm}_{\tilde{g}}(\partial_i,\partial_j)\partial_0=0,\quad 0\leqslant i,j\leqslant n,$$

$$\widetilde{Rm}_{\tilde{g}}(\partial_i,\partial_j)\partial_i=Rm_g(\partial_i,\partial_j)+g_{ij}\partial_j-g_{ji}\partial_i,\quad 1\leqslant i,j\leqslant n.$$

用 $\lambda_k(k=1,\cdots,n(n-1)/2)$ 代表 Rm_g 在点 $p\in N$ 的特征值, 则对任意 $s>0$, $\widetilde{Rm}_{\tilde{g}}$ 在点 $(p,s)\in J(N)$ 处有 n 个零特征值, 其他的特征值为 $s^{-2}(\lambda_k-1)(k=1,\cdots,n(n-1)/2)$.

习题 7.1.1 证明命题 7.1.3.

§7.2 κ 解上的共轭热方程的热核

我们考查 3 维古代 κ 解上的共轭热方程. 主要结果是相关热核的 Gauss 上界.

证明的方法和第六章最后一节的办法类似. 在那里我们研究的是具有非负 Ricci 曲率的 Ricci 流上的共轭热方程. 由于古代 κ 解的性质更特殊, 本节中的热核的上界将有所改进. 在下一节, 我们将用热核的上下界和 Perelman W 熵的单调性来证明 3 维古代 κ 解的向后极限是梯度收缩孤立子. 本节和下节的内容取自 [Z5].

我们引进一个记号: 设 $(M,g(t))$ 为一 Ricci 流, 定义时空区域

$$P(x_0,t_0,r,-r^2)\equiv\{(x,t)\ |d(x,x_0,t)<r,\ t_0-r^2<t<t_0\},$$

其中 $r>0$, (x_0,t_0) 是时空中的一点.

先回顾 κ 解的概念 (定义 5.4.1).

定义 7.2.1 n 维流形 M 上的 Ricci 流 $\partial_t g = -2Ric$ 称做 κ **解或古代**κ**解**, 如果它满足以下条件:

(i) 它是存在于某古代时间段 $(-\infty, T_0](T_0 \geqslant 0)$ 之内的紧或非紧的完备 Ricci 流;

(ii) 它有非负曲率算子并且其曲率在每一时刻有界;

(iii) 对某一正常数 κ 和任意的尺度, 它是 κ 非坍塌的, 即对任意 $x_0 \in M$, $t_0 \in (-\infty, T_0]$ 和任意 $r > 0$, 如果在 $P(x_0, t_0, r, -r^2)$ 上, $|Rm| \leqslant r^{-2}$, 则 $|B(x_0, r, t_0)|_{t_0} \geqslant \kappa r^n$;

(iv) 它是非平坦的.

注意, 有时我们会使用名称 "非平坦的 κ 解", 以强调解的曲率非零.

为了简化叙述, 我们在本节将古代 κ 解定义中的 T_0 取为 0. 把共轭热方程写成

$$\Delta u - Ru - \partial_\tau u = 0. \tag{7.2.1}$$

这里, $\tau = -t$, Δ 和 R 分别是由度量 $g(t)$ 给定的 Laplace-Beltrami 算子和数量曲率. 如果 M 是紧的, 或曲率有界, 并且初始值 u_0 有界, 则该方程以 $u_{\tau=0} = u_0$ 为初值的问题是适定的 (参见 [G]).

我们用 $G = G(x, \tau; x_0, \tau_0)$ 代表 (7.2.1) 的热核 (基本解), 这里 $\tau > \tau_0$, $x, x_0 \in M$. 热核估计是一个活跃的研究领域, 其应用十分广泛. 共轭热方程的热核的存在性在 [G] 中得到证明. 有关 G 的上下界的几个结果可在 [G], [P1] 第 9 节, [Ni], [Cetc] 和 [Z1] 中找到. 本节的主要结论是以下定理.

定理 7.2.1 (i) 设 $(M, g(t))$ 为 n 维古代 κ 解. 假设对某一 $D_0 > 0$ 和 $t \in [-T, 0]$, $R(x,t) \leqslant \dfrac{D_0}{1+|t|}$ 成立, 这里 T 是正数或 $T = \infty$. 则存在仅依赖于 n, κ 和 D_0 的正常数 a 和 b, 使得以下结果成立: 对所有 $x, x_0 \in M$,

$$G(x, \tau; x_0, \tau_0) \leqslant \frac{a}{(\tau - \tau_0)^{n/2}},$$

而且

$$G(x, \tau; x_0, \tau_0) \leqslant \frac{a}{|B(x, \sqrt{\tau - \tau_0}, t_0)|_{t_0}} \mathrm{e}^{-bd^2(x, x_0, t_0)/(\tau - \tau_0)},$$

其中 $\tau=-t,\ \tau_0=-t_0,\ \tau>\tau_0\geqslant 0,\ t\in[-T,0]$.

(ii) 如果 $R(x,t)\leqslant\dfrac{D_0}{1+|t|}$ 对所有 $t\leqslant 0$ 成立, 即 $(M,g(t))$ 是第一类古代 κ 解, 则存在仅依赖于 n, κ 和 D_0 的正常数 a_1 和 b_1, 使得以下结果成立: 对所有 $x,x_0\in M$ 和 $\tau=-t>0$, 有

$$\frac{1}{a_1\tau^{n/2}}\mathrm{e}^{-d^2(x,x_0,t)/(b_1\tau)}\leqslant G(x,\tau;x_0,\tau/2)\leqslant\frac{a_1}{\tau^{n/2}}\mathrm{e}^{-b_1d^2(x,x_0,t)/\tau}.$$

注解 7.2.1　一个自然的问题是: 当 $\tau/2$ 由 0 取代后, 结论 (ii) 是否成立?

证明　我们将证明分成三步. 前两步用来证明结论 (i). 假设 $t\geqslant -T$, 因此, $R(\cdot,t)\leqslant\dfrac{D_0}{1+|t|}$ 恒成立. 定理的证明与定理 6.5.2 的证明类似. 由于古代 κ 解满足任何尺度的非坍塌性且数量曲率有上界, 因此本定理中 G 的上界较为精确. 不失一般性, 假设 $G(x,\tau;x_0,\tau_0)$ 中的 τ_0 为 0. 注意, τ 是逆向时间. Ricci 流对 τ 是逆向的, 但是共轭热方程对 τ 是正向和适定的.

第一步　因为 $Ric\geqslant 0$, 熟知 (见 [Heb2] 的定理 3.7) 以下 Sobolev 不等式成立: 设球 $B(x,r,t)$ 为 $(M,g(t))$ 的真子区域, 则对所有 $v\in W^{1,2}(B(x,r,t))$, 存在仅依赖于维数 n 的常数 $c_n>0$, 使得

$$\begin{aligned}&\left(\int_{B(x,r,t)}v^{2n/(n-2)}dg(t)\right)^{(n-2)/n}\\&\qquad\leqslant\frac{c_nr^2}{|B(x,r,t)|_t^{2/n}}\int_{B(x,r,t)}\left(|\nabla v|^2+r^{-2}v^2\right)dg(t).\end{aligned}\tag{7.2.2}$$

在定理的证明中, 只要取 $r=c\sqrt{|t|}(c\leqslant 1)$. 根据假设 $R(x,t)\leqslant\dfrac{D_0}{1+|t|}$ 和 κ 非坍塌性, 我们有

$$|B(x,\sqrt{|t|},t)|_t\geqslant\kappa D_0^{-n}|t|^{n/2}.$$

因此, 以上 Sobolev 不等式变成

$$\left(\int_{B(x,r,t)}v^{2n/(n-2)}dg(t)\right)^{(n-2)/n}\leqslant\frac{c_nD_0^2}{\kappa^{2/n}}\int_{B(x,r,t)}\left(|\nabla v|^2+|t|^{-1}v^2\right)dg(t),\tag{7.2.3}$$

这里 $v \in W^{1,2}(B(x, \sqrt{|t|}, t))$.

在此, 我们先澄清一个技术性问题: 在 κ 非坍塌性的定义 7.2.1 中, 是否需要假设球 $B(x, r, t)$ 是流形 M 的真子区域. 当 M 是非紧流形时, $B(x, r, t)$ 总是真子区域; 当 M 是紧流形且 r 充分大时, $B(x, r, t) = M$. 所以, 当 r 充分大时, $|B(x, r, t)|_t < \kappa r^n$. 如果要求 κ 非坍塌性在球 $B(x, r, t)$ 上成立, 则在相应的抛物球的某点, $|Rm| > 1/r^2$. 因此, 如果不假设此定义中的球 $B(x, r, t)$ 是流形 M 的真子区域, 则 κ 非坍塌性对流形有更强的限制.

在此我们规定: κ 解定义中的 κ 非坍塌性对所有球 $B(x, r, t)(r>0)$ 成立. 这也是文献中的普遍观点. 因为 Ricci 曲率非负, 由式 (7.2.3) 之前两行的体积下界和经典体积比较定理知, $(M, g(t))$ 的直径至少是 $c\sqrt{|t|}$. 所以 Sobolev 嵌入 (7.2.3) 在球 $B(x, \sqrt{|t|}, t)$ 中成立, 而不需另外假设该球是 M 的真子区域.

自然要问: 如果在 κ 非坍塌性的定义中, 规定球 $B(x, r, t)$ 必须是真子区域, 则情况有什么不同? 当然, 在本定理中, 我们必须假设相关的球是真子区域. 但是, 这个额外的假设不影响该定理对 Poincaré 猜想证明的应用. 原因是当 M 是紧流形时, 我们可以考查乘积流形 $M \times \mathbf{R}$. 见定理 7.3.1 的证明, 特别是情况 4.

下面我们证明, 在本定理的假设下, $(M, g(t))$ 具有时空翻倍性质, 即假如 t_1 和 t_2 可比, 则空间两点在时刻 t_1 和 t_2 的距离是可比的. 证明很简单. 给定 $x_1, x_2 \in M$, 令 r 为连接它们的最短测地线, 有

$$\partial_t d(x_1, x_2, t) = -\int_r Ric(\partial_r, \partial_r) ds.$$

因为截面曲率非负, 我们有

$$|Ric(x, t)| \leqslant R(x, t) \leqslant \frac{D_0}{1 + |t|}.$$

所以

$$-\frac{D_0}{1 + |t|} d(x_1, x_2, t) \leqslant \partial_t d(x_1, x_2, t) \leqslant 0.$$

对上式积分, 得

$$(|t_1/|t_2|)^{D_0} \leqslant d(x_1, x_2, t_1)/d(x_1, x_2, t_2) \leqslant 1 \tag{7.2.4}$$

对所有 $t_2 < t_1 < 0$ 成立. 如果距离函数 $d(x_1, x_2, t)$ 对时间不可微, 以上推导在 Lipschitz 意义下成立.

类似地, 我们有

$$\begin{aligned}0 \geqslant \partial_t \int_{B(x,\sqrt{|t_1|},t_1)} dg(t) &= -\int_{B(x,\sqrt{|t_1|},t_1)} R(y,t)dg(t)\\&\geqslant -\frac{D_0}{1+|t|}\int_{B(x,\sqrt{|t_1|},t_1)} dg(t).\end{aligned}$$

通过对上式积分, 我们知道, 在 t_1 和 t_2 可比的前提下, 对所有 $t_3, t_4, t_5 \in [t_2, t_1]$, 以下球的体积

$$|B(x, \sqrt{|t_3|}, t_4)|_{t_5} \tag{7.2.5}$$

是可比的.

设 u 是方程 (7.2.1) 的正解, 它存在于区域

$$Q_{\sigma r}(x,\tau) \equiv \{(y,s) \mid y \in M, \tau - (\sigma r)^2 \leqslant s \leqslant \tau,\ d(y,x,-s) \leqslant \sigma r\},$$

其中 $r = \sqrt{|t|}/8 > 0, 2 \geqslant \sigma \geqslant 1$. 给定 $p \geqslant 1$, 容易推出

$$\Delta u^p - pRu^p - \partial_\tau u^p \geqslant 0. \tag{7.2.6}$$

构造光滑函数 $\phi : [0,\infty) \to [0,1]$, 使它满足

$$\phi(\rho) = \begin{cases} 1, & \text{当 } 0 \leqslant \rho \leqslant r,\\ 0, & \text{当 } \rho \geqslant \sigma r,\end{cases}$$

以及

$$|\phi'| \leqslant 2/((\sigma-1)r), \quad \phi' \leqslant 0.$$

再取光滑函数 $\eta : [0,\infty) \to [0,1]$, 使得

$$\eta(s) = \begin{cases} 1, & \text{当 } \tau - r^2 \leqslant s \leqslant \tau,\\ 0, & \text{当 } s \leqslant \tau - (\sigma r)^2,\end{cases}$$

以及

$$|\eta'| \leqslant 2/((\sigma-1)r)^2, \quad \eta' \geqslant 0, \quad \eta \geqslant 0.$$

定义截断函数

$$\psi = \phi(d(x,y,-s))\eta(s).$$

记 $w=u^p$ 并以 $w\psi^2$ 为试验函数, 则由 (7.2.6) 得

$$\begin{aligned}&\int_{Q_{\sigma r}(x,\tau)}\nabla(w\psi^2)\nabla w dg(y,-s)ds\\&\quad+p\int_{Q_{\sigma r}(x,\tau)}Rw^2\psi^2dg(y,-s)ds\leqslant-\int_{Q_{\sigma r}(x,\tau)}(\partial_s w)w\psi^2dg(y,-s)ds.\end{aligned}\tag{7.2.7}$$

注意, 从此直到本节末, 我们用 $dg(\cdot,\cdot)$ 代表在时空点 $(\cdot,\cdot)$ 处的体积元. 通过直接计算, 可得

$$\begin{aligned}&\int_{Q_{\sigma r}(x,\tau)}\nabla(w\psi^2)\nabla w dg(y,-s)ds\\&\quad=\int_{Q_{\sigma r}(x,\tau)}|\nabla(w\psi)|^2dg(y,-s)ds-\int_{Q_{\sigma r}(x,\tau)}|\nabla\psi|^2w^2dg(y,-s)ds.\end{aligned}$$

下面估计 (7.2.7) 的右端:

$$\begin{aligned}&-\int_{Q_{\sigma r}(x,\tau)}(\partial_s w)w\psi^2dg(y,-s)ds\\&\quad=\int_{Q_{\sigma r}(x,\tau)}w^2\psi\partial_s\psi dg(y,-s)ds+\frac{1}{2}\int_{Q_{\sigma r}(x,\tau)}(w\psi)^2Rdg(y,-s)ds\\&\qquad-\frac{1}{2}\int_{d(y,x,-\tau)\leqslant\sigma r}(w\psi)^2dg(y,-\tau).\end{aligned}$$

注意到, 因为 $\phi'\leqslant 0$, 且 $\partial_s d(y,x,-s)\geqslant 0$, 所以有

$$\begin{aligned}\partial_s\psi=&\eta(s)\phi'(d(y,x,-s))\partial_s d(y,x,-s)\\&+\phi(d(y,x,-s))\eta'(s)\leqslant\phi(d(y,x,-s))\eta'(s).\end{aligned}$$

这一不等式是 Ricci 流在非负 Ricci 曲率条件下的特性. 因此,

$$\begin{aligned}&-\int_{Q_{\sigma r}(x,\tau)}(\partial_s w)w\psi^2dg(y,-s)ds\\&\quad\leqslant\int_{Q_{\sigma r}(x,\tau)}w^2\psi\phi(d(y,x,-s))\eta'(s)dg(y,-s)ds\\&\qquad+\frac{1}{2}\int_{Q_{\sigma r}(x,\tau)}(w\psi)^2Rdg(y,-s)ds-\frac{1}{2}\int_{d(y,x,-\tau)\leqslant\sigma r}(w\psi)^2dg(y,-\tau).\end{aligned}\tag{7.2.8}$$

将 (7.2.7) 与 (7.2.8) 合并, 由 $p\geqslant 1$ 及 $R\geqslant 0$, 我们得到,

$$\int_{Q_{\sigma r}(x,\tau)} |\nabla(w\psi)|^2 dg(y,-s)ds + \frac{1}{2}\int_{d(y,x,-\tau)\leqslant\sigma\tau} (w\psi)^2 dg(y,-\tau)$$
$$\leqslant \frac{c}{(\sigma-1)^2 r^2}\int_{Q_{\sigma r}(x,\tau)} w^2 dg(y,-s)ds. \tag{7.2.9}$$

根据 Hölder 不等式,

$$\int_{d(y,x,-s)\leqslant\sigma r} (\psi w)^{2(1+(2/n))} dg(y,-s)$$
$$\leqslant \left(\int_{d(y,x,-s)\leqslant\sigma r} (\psi w)^{2n/(n-2)} dg(y,-s)\right)^{(n-2)/n}$$
$$\left(\int_{d(y,x,-s)\leqslant\sigma r} (\psi w)^2 dg(y,-s)\right)^{2/n}. \tag{7.2.10}$$

由 κ 非坍塌性, 我们有 $|B(x,\sqrt{|t|},t)|_t \geqslant \kappa c_2 r^n$, 其中 $r=\sqrt{|t|}/8$. 因为 M 有非负 Ricci 曲率, 所以对某一 $c=c_n>0$, M 在时间 t 的直径至少是 $c\sqrt{|t|}$. 因此, 由距离翻倍条件 (7.2.4) 推出, 当 $s\in[\tau-(\sigma r)^2,\tau]$ 时, 球 $B(x,\sigma r,-s)$ 是 M 的真子集. 在此, 我们只是简单地取数字 8, 如果 8 不够大, 则只要取充分大的数 D 和 $r=\sqrt{|t|}/D$ 即可. 由 Sobolev 不等式 (7.2.3) 知, 对所有 $s\in[t-(\sigma r)^2,t]$, 成立

$$\left(\int_{d(y,x,-s)\leqslant\sigma r} (\psi w)^{2n/(n-2)} dg(y,-s)\right)^{(n-2)/n}$$
$$\leqslant c(\kappa,D_0)\int_{d(y,x,-s)\leqslant\sigma r} [|\nabla(\psi w)|^2 + r^{-2}(\psi w)^2] dg(y,-s).$$

把上式和 (7.2.9) 代入 (7.2.10), 我们得到估计

$$\int_{Q_r(x,\tau)} w^{2\theta} dg(y,-s)ds$$
$$\leqslant c(\kappa,D_0)\left(\frac{1}{(\sigma-1)^2 r^2}\int_{Q_{\sigma r}(x,\tau)} w^2 dg(y,-s)ds\right)^{\theta},$$

其中 $\theta=1+(2/n)$. 接下来, 我们引进参数 $\sigma_0=2, \sigma_i=2-\sum\limits_{j=1}^{i}2^{-j}$ 和 $p_i=\theta^i$, 并反复应用上述不等式, 便得到 L^2 均值不等式

$$\sup_{Q_{r/2}(x,\tau)} u^2 \leqslant \frac{c(\kappa,D_0)}{r^{n+2}}\int_{Q_r(x,\tau)} u^2 dg(y,-s)ds. \tag{7.2.11}$$

以上技巧称为 Moser **迭代法**.

如果将 r 换成小于 r 的正数 r', 则上述 L^2 均值不等式仍然成立. 原因是: 由经典体积比较定理可推出

$$|B(x,r',t)| \geqslant kc_n|B(x,r,t)|(r'/r)^n \geqslant cr'^n.$$

因此, Moser 迭代法依然有效.

从 L^2 均值不等式和体积加倍性质, 用李伟光和 Schoen 的技巧 ([LS]), 我们推出 L^1 均值不等式

$$\sup_{Q_{r/2}(x,\tau)} u \leqslant \frac{c(\kappa,D_0)}{r^{n+2}}\int_{Q_r(x,\tau)} udg(z,-s)ds.$$

注意, 由于 Ricci 曲率非负, 因此体积加倍常数是一致的.

现在我们取 $u(x,\tau)=G(x,\tau;x_0,0)$, 则由 $\int_M u(z,s)dg(z,-s)=1$ 和 $r=\sqrt{|t|}/8$ 知,

$$G(x,\tau;x_0,0)\leqslant \frac{c(\kappa,D_0)}{|t|^{n/2}}. \tag{7.2.12}$$

第二步 Gauss 型上界的证明.

我们以 Davies[Da] 的指数加权法作为重要工具. 取点 $x_0\in M$, 数 $\lambda<0$ 和函数 $f\in C_0^\infty(M,g(0))$. 考查由以下等式定义的函数 F 和 u:

$$\begin{aligned}F(x,\tau) &\equiv e^{\lambda d(x,x_0,t)}u(x,\tau)\\ &\equiv e^{\lambda d(x,x_0,t)}\int G(x,\tau;y,0)e^{-\lambda d(y,x_0,0)}f(y)dg(y,0),\end{aligned} \tag{7.2.13}$$

这里 $\tau=-t$. 显然, u 是 (7.2.1) 的解. 直接计算可得

$$\begin{aligned}&\partial_\tau\int F^2(x,\tau)dg(x,t)\\ &=\partial_\tau\int e^{2\lambda d(x,x_0,t)}u^2(x,\tau)dg(x,t)\\ &=2\lambda\int e^{2\lambda d(x,x_0,t)}\partial_\tau d(x,x_0,t)u^2(x,\tau)dg(x,t)\\ &\quad+\int e^{2\lambda d(x,x_0,t)}u^2(x,\tau)R(x,t)dg(x,t)\\ &\quad+2\int e^{2\lambda d(x,x_0,t)}[\Delta u-R(x,t)u(x,\tau)]u(x,\tau)dg(x,t).\end{aligned}$$

由假设 $Ric \geqslant 0$, $\lambda < 0$ 及上式, 得

$$\partial_\tau \int F^2(x,\tau)dg(x,t) \leqslant 2\int \mathrm{e}^{2\lambda d(x,x_0,t)} u\Delta u(x,\tau)dg(x,t).$$

用分部积分, 该不等式化为

$$\begin{aligned}\partial_\tau \int F^2(x,\tau)dg(x,t) &\leqslant -4\lambda \int \mathrm{e}^{2\lambda d(x,x_0,t)} u\nabla d(x,x_0,t)\nabla u dg(x,t)\\ &\quad - 2\int \mathrm{e}^{2\lambda d(x,x_0,t)}|\nabla u|^2 dg(x,t).\end{aligned}$$

又

$$\begin{aligned}\int |\nabla F(x,\tau)|^2 dg(x,t) &= \int |\nabla(\mathrm{e}^{\lambda d(x,x_0,t)}u(x,\tau))|^2 dg(x,t)\\ &= \int \mathrm{e}^{2\lambda d(x,x_0,t)}|\nabla u|^2 dg(x,t)\\ &\quad + 2\lambda \int \mathrm{e}^{2\lambda d(x,x_0,t)} u\nabla d(x,x_0,t)\nabla u dg(x,t)\\ &\quad + \lambda^2 \int \mathrm{e}^{2\lambda d(x,x_0,t)}|\nabla d|^2 u^2 dg(x,t).\end{aligned}$$

将以上两个不等式合并, 得

$$\begin{aligned}&\partial_\tau \int F^2(x,\tau)dg(x,t)\\ &\quad \leqslant -2\int |\nabla F(x,\tau)|^2 dg(x,t) + \lambda^2 \int_M \mathrm{e}^{2\lambda d(x,x_0,t)}|\nabla d|^2 u^2 dg(x,t).\end{aligned}$$

根据 F 和 u 的定义, 这意味着

$$\partial_\tau \int F^2(x,\tau)dg(x,t) \leqslant \lambda^2 \int_M F(x,\tau)^2 dg(x,t).$$

通过对上式积分, 我们得到如下的 L^2 估计:

$$\int F^2(x,\tau)dg(x,t) \leqslant \mathrm{e}^{\lambda^2\tau}\int F^2(x,0)dg(x,0) = \mathrm{e}^{\lambda^2\tau}\int f(x)^2 dg(x,0). \tag{7.2.14}$$

因为 u 是 (7.2.1) 的解, 由 L^2 均值不等式 (7.2.11) 可给出

$$u(x,\tau)^2 \leqslant \frac{c(\kappa,D_0)}{\tau^{1+n/2}}\int_{\tau/2}^{\tau}\int_{B(x,\sqrt{|t|/2},-s)} u^2(z,s)dg(z,-s)ds.$$

再根据 F 和 u 的定义, 该不等式可变成

$$u(x,\tau)^2 \leqslant \frac{c(\kappa,D_0)}{\tau^{1+n/2}}\int_{\tau/2}^{\tau}\int_{B(x,\sqrt{|t|/2},-s)} \mathrm{e}^{-2\lambda d(z,x_0,-s)}F^2(z,s)dg(z,-s)ds.$$

在上式中取 $x = x_0$. 对 $z \in B(x_0,\sqrt{|t|/2},-s)$, 因为 $d(z,x_0,-s) \leqslant \sqrt{|t|/2}$ 且 $\lambda < 0$, 所以

$$u(x_0,\tau)^2 \leqslant \frac{c(\kappa,D_0)}{\tau^{1+n/2}}\mathrm{e}^{-\lambda\sqrt{2|t|}}\int_{\tau/2}^{\tau}\int_{B(x_0,\sqrt{|t|/2},-s)} F^2(z,s)dg(z,-s)ds.$$

由此及 (7.2.14), 得

$$u(x_0,\tau)^2 \leqslant \frac{c(\kappa,D_0)}{\tau^{n/2}}\mathrm{e}^{\lambda^2\tau-\lambda\sqrt{2|t|}}\int f(y)^2dg(y,0).$$

即

$$\left(\int G(x_0,\tau;z,0)\mathrm{e}^{-\lambda d(z,x_0,0)}f(z)dg(z,0)\right)^2 \leqslant \frac{c(\kappa,D_0)}{\tau^{n/2}}\mathrm{e}^{\lambda^2\tau-\lambda\sqrt{2|t|}}\int f(y)^2dg(y,0).$$

现在, 我们固定 y_0, 使得 $d(y_0,x_0,0)^2 \geqslant 4|t|$. 由 $\lambda < 0$ 和三角不等式知, 当 $d(z,y_0,0) \leqslant \sqrt{|t|}$ 时, 有

$$-\lambda d(z,x_0,0) \geqslant -\frac{\lambda}{2}d(x_0,y_0,0).$$

于是, 前一个积分不等式蕴涵

$$\left(\int_{B(y_0,\sqrt{|t|},0)} G(x_0,\tau;z,0)f(z)dg(z,0)\right)^2 \leqslant \frac{c(\kappa,D_0)\mathrm{e}^{\lambda d(x_0,y_0,0)+\lambda^2\tau-\lambda\sqrt{2|t|}}}{\tau^{n/2}}\int f(y)^2dg(y,0).$$

固定 t 和 τ, 令

$$\lambda = -\frac{d(x_0, y_0, 0)}{\beta\tau},$$

其中 $\beta > 0$ 充分大. 因为 f 是任意的, 这表明, 对某一 $b > 0$, 有

$$\int_{B(y_0,\sqrt{|t|},0)} G^2(x_0, \tau; z, 0) dg(z, 0) \leqslant \frac{c(\kappa, D_0)\mathrm{e}^{-bd(x_0,y_0,0)^2/\tau}}{\tau^{n/2}}.$$

所以, 存在 $z_0 \in B(y_0, \sqrt{|t|}, 0)$, 使得

$$G^2(x_0, \tau; z_0, 0) \leqslant \frac{c(\kappa, D_0)}{\tau^{n/2}\ |B(x_0, \sqrt{|t|}, 0)|_0}\mathrm{e}^{-bd(x_0,y_0,0)^2/\tau}.$$

为了得到在所有点的上界, 我们考查函数

$$v = v(z, l) \equiv G(x_0, \tau; z, l).$$

它是共轭热方程 (7.2.1) 的共轭方程的解, 即

$$\Delta_z G(x, \tau; z, l) + \partial_l G(x, \tau; z, l) = 0, \quad \partial_l g = 2Ric.$$

经过时间逆转, 我们可以对 $v = v(z, l)$ 应用定理 6.5.1. 尽管该定理是对紧流形证明的, 然而, 只要热方程的极大值原理有效, 它在非紧流形上依然成立. 而 κ 解正是这种情形, 因为它的曲率非负且有界.

于是, 对 $\delta > 0, C > 0$, 有

$$G(x_0, \tau; y_0, 0) \leqslant CG^{1/(1+\delta)}(x_0, \tau; z_0, 0)M^{\delta/(1+\delta)},$$

其中 $M = \sup\limits_{M\times[0,\tau/2]} G(x_0, \tau; \cdot, \cdot)$. 根据第一步, 存在常数 $c(\kappa, D_0) > 0$, 使得

$$M \leqslant \frac{c(\kappa, D_0)}{\tau^{n/2}}.$$

因此,

$$\begin{aligned} G^2(x_0, \tau; y_0, 0) &\leqslant \frac{c(\kappa, D_0)}{\tau^{n/2}|B(x_0, \sqrt{|t|}, 0)|_0}\ \mathrm{e}^{-bd(x_0,y_0,0)^2/t} \\ &\leqslant \frac{c(\kappa, D_0)}{|B(x_0, \sqrt{|t|}, 0)|_0^2}\ \mathrm{e}^{-bd(x_0,y_0,0)^2/t}. \end{aligned}$$

最后一步用到 Ricci 曲率非负的流形的体积比较定理.

由于 x_0 和 y_0 的任意性, 本定理的 (i) 部分得证.

第三步 对第一类古代解证明 $G(x,\tau;x_0,\tau/2)$ 的上下界. 根据距离和体积比较结果 (7.2.4), (7.2.5) 及体积下界 $|B(x,\sqrt{|t|},t)|_t \geqslant c(\kappa, D_0)|t|^{n/2}$, 我们已经完成了上界的证明. 现在证明下界.

对某一待定的常数 $\beta>0$, 由 G 的上界导出

$$\begin{aligned}
&\int_{B(x_0,\sqrt{\beta|t|},t)} G^2(x,\tau;x_0,\tau/2)dg(x,t)\\
&\geqslant \frac{1}{|B(x_0,\sqrt{\beta|t|},t)|_t}\left(\int_{B(x_0,\sqrt{\beta|t|},t)} G(x,\tau;x_0,\tau/2)dg(x,t)\right)^2\\
&=\frac{1}{|B(x_0,\sqrt{\beta|t|},t)|_t}\left(1-\int_{B(x_0,\sqrt{\beta|t|},t)^c} G(x,\tau;x_0,\tau/2)dg(x,t)\right)^2\\
&\geqslant \frac{1}{|B(x_0,\sqrt{\beta|t|},t)|_t}\left(1-\int_{B(x_0,\sqrt{\beta|t|},t)^c} \frac{c(\kappa,D_0)}{\tau^{n/2}}\right.\\
&\qquad\qquad \left.\cdot\, \mathrm{e}^{-bd(x_0,x,t)^2/t}dg(x,t)\right)^2.
\end{aligned}$$

由于 Ricci 曲率非负, 流形有体积加倍性质. 经过计算得出, 当 β 充分大时, 有

$$\int_{B(x_0,\sqrt{\beta|t|},t)^c} \frac{c(\kappa,D_0)}{\tau^{n/2}}\ \mathrm{e}^{-bd(x_0,x,t)^2/t}dg(x,t)\leqslant 1/2.$$

在此, 我们强调所有常数不依赖于 t. 由经典体积比较定理知,

$$|B(x_0,\sqrt{\beta|t|},t)|_t\leqslant c_n(\beta|t|)^{n/2},$$

从而,

$$\int_{B(x_0,\sqrt{\beta|t|},t)} G^2(x,\tau;x_0,\tau/2)dg(x,t)\geqslant \frac{c(\kappa,D_0)}{|t|^{n/2}}.$$

因此, 存在 $x_1\in B(x_0,\sqrt{\beta|t|},t)$, 使得

$$G(x_1,\tau;x_0,\tau/2)\geqslant \frac{c(\kappa,D_0)}{|t|^{n/2}}.$$

以上证明很容易被推广为: 对任意数 $\lambda\in[3/4,4]$ 及某一 $x_\lambda\in B(x_0,\sqrt{\beta|t|},t)$, 有

$$G(x_\lambda, \lambda\tau; x_0, \tau/2) \geqslant \frac{c(\kappa, D_0)}{|t|^{n/2}}.$$

我们熟知, 如果适当的 Harnack 不等式成立, 则该下界即可导出所要的 G 的下界. 现在我们可由共轭热方程的热核的 Harnack 不等式得到 (见 [P1] 第 9 节或本书推论 6.1.1 或参见 [KZ] 的推论 2.1(a) 和 [CaH]),

$$\begin{aligned} &G(x_{3/4}, \frac{3}{4}\tau; x_0, \tau/2)\\ &\quad \leqslant G(x, \tau; x_0, \tau/2) \left(\frac{\tau}{\tau 3/4}\right)^n \exp\left(\frac{\int_0^1 [\,4|\gamma'(s)|^2 + (\tau/4)^2 R\,]\, ds}{2(\tau/4)}\right), \end{aligned}$$

其中 γ 为 M 上的光滑曲线, 它使得 $\gamma(0) = x_{3/4}$, $\gamma(1) = x$. 这里

$$|\gamma'(s)|^2 = g_{-l}(\gamma'(s), \gamma'(s)), \quad 其中\ l = 3\tau/4 + s\tau/4.$$

由上述不等式以及 R 的上界和距离的可比性得

$$G(x, \tau; x_0, \tau/2) \geqslant \frac{c(\kappa, D_0)}{|t|^{n/2}} \mathrm{e}^{-b_1 d(x, x_0, t)^2/\tau}.$$

定理证毕. □

§7.3 κ 解的向后极限

在本节我们利用定理 7.2.1 与热核的 W 熵来证明关于 κ 解的向后极限的 Perelman 分类定理. 该方法与 Perelman 的基于约化距离的方法不同, 它更类似于 [Cx] 和 [Se1] 中研究规范化 Ricci 流向前极限的办法. 将本节的方法与第八章结合, 并应用陈兵龙和朱熹平证明绝对非坍塌性的方法 [ChZ1], 我们可以给出 Poincaré 猜想的一个简化证明, 它不需要约化距离和约化体积. 在第九章, 我们将对此予以详细解释. 本节的方法似乎适用于高维情形, 特别是对第一类古代 κ 解.

定理 7.3.1 (Perelman [P1]) 给定 $\kappa > 0$, 设 $(M, g(\cdot, t))(t \in (-\infty, 0])$ 为 3 维古代 κ 解. 则存在一序列点 $\{q_k\} \subset M$ 和时刻 $t_k \to -\infty (k = 1, 2, \cdots)$, 使得伸缩后的以 q_k 为中心的度量

$$g_k(x, s) \equiv R(q_k, t_k) g(x, t_k + sR^{-1}(q_k, t_k))$$

按 C^∞_{loc} 拓扑收敛于非平坦的梯度收缩孤立子.

证明 我们分 4 种情况给出定理的证明.

情况 1 M 非紧且其截面曲率在某点为零.

由张量的 Hamilton 强极大值原理, M 的万有覆盖 $\tilde{M} = M_2 \times \mathbf{R}$, 其中 M_2 是 2 维古代 κ 解. 详细证明请见 [CLN] 的第 249 页. 根据 Hamilton[Ha3], M_2 是 $\mathbf{S}^2$ 或 $\mathbf{RP}^2$. 因为 $\tilde{M}$ 是单连通的, 所以 $M_2 = \mathbf{S}^2$. 故定理在此情况下成立. 另外, 情况 1 也可以和情况 4 统一处理.

情况 2 M 紧且其截面曲率在某点为零.

还是用极大值原理, Hamilton(见 [CLN] 定理 6.64) 证明了, M 是配有标准度量的 $\mathbf{R}^3$ 或 $\mathbf{S}^2 \times \mathbf{R}$ 的商流形. 故定理在此情况下也成立.

情况 3 截面曲率处处为正, 并且 M 是第二类古代解, 即

$$\sup_{t<0} |t|\ R(\cdot, t) = \infty.$$

此种情况在 Perelman 的文章 [P1] 出现之前已经得到证明. 事实上, Hamilton[Ha4] 用伸缩的办法和他的矩阵 Harnack 不等式 (本书定理 5.3.3) 证明了向后极限是梯度稳定孤立子. 参见 [CLN] 的命题 9.29, 其中给出了非紧情况的证明, 而紧的情况在 κ 非坍塌性假设下可同样证明. 已知梯度稳定孤立子的适当的伸缩极限是梯度收缩孤立子 (见 [CLN] 的定理 9.66), 因此在情况 3, 定理得证.

在此我们提供证明的一些细节, 它们取自 [CLN] 的命题 9.29. 选取一序列时刻 $T_i \to -\infty$ 和正数 $\varepsilon_i \to 0 (i = 1, 2, \cdots)$. 设 $(x_i, t_i) \in M \times [T_i, 0]$ 为时空点, 它们满足

$$|t_i|(t_i - T_i)R(x_i, t_i) \geqslant (1 - \varepsilon_i) \sup_{M \times [T_i, 0]} |t|(t - T_i)R(x, t). \tag{7.3.1}$$

记

$$R_i \equiv R(x_i, t_i), \quad a_i \equiv (T_i - t_i)R_i, \quad b_i = -t_i R_i.$$

注意到, 当 $i \to \infty$ 时, 有

$$\begin{aligned}
\frac{1}{-a_i^{-1} + b_i^{-1}} &= \frac{|t_i|(t_i - T_i)R_i}{|T_i|} \\
&\geqslant (1 - \varepsilon_i)|T_i^{-1}| \sup_{M \times [T_i, 0]} |t|(t - T_i)R(x, t) \\
&\geqslant (1 - \varepsilon_i)|T_i^{-1}| \sup_{M \times [T_i/2, 0]} |t|(t - T_i)R(x, t) \\
&\geqslant \frac{1 - \varepsilon_i}{2} \sup_{M \times [T_i/2, 0]} |t|R(x, t) \to \infty.
\end{aligned}$$

上式中的最后一个不等式来自第二类古代解的定义. 因此,

$$\lim_{i\to\infty} b_i = -\lim_{i\to\infty} a_i = \infty.$$

下面考查伸缩后的度量

$$g^{(i)}(\cdot, s) \equiv R_i g(\cdot, t_i + R_i^{-1} s),$$

它们定义于时间段 $(-\infty, b_i]$ 上. 对 $s \in [a_i, b_i]$, 从 (7.3.1) 得知,

$$R_{g^{(i)}}(\cdot, s) \leqslant \frac{a_i b_i}{(1-\varepsilon_i)(a_i - s)(b_i - s)},$$

其中 $R_{g^{(i)}}$ 是 $g^{(i)}$ 的数量曲率. 所以, 当 s 在紧区间内取值时, 有

$$\limsup_{i\to\infty} R_{g^{(i)}}(\cdot, s) \leqslant 1,$$

且

$$R_{g^{(i)}}(\cdot, 0) \leqslant \frac{1}{1-\varepsilon_i}.$$

由 κ 非坍塌性, 我们知道, 在时刻 $s=0$ 的单射半径以正常数为下界. 由此, 从 Hamilton 紧性定理 5.3.5 知, 可找到标记子序列 $(M, g^{(i)}, x_i)$, 它按 C_0^∞ 拓扑收敛于极限 Ricci 流 $(M_\infty, g_\infty(s), x_\infty)$. 该极限 Ricci 流的数量曲率 R_{g_∞} 界于 0 和 1 之间, 并且

$$R_{g_\infty}(x_\infty, 0) = \lim_{i\to\infty} R_{g^{(i)}}(x_i, 0) = 1.$$

由定理 5.3.4 知, M_∞ 是梯度稳定孤立子. 而由 [CLN] 的定理 9.66 知, M_∞ 的某一伸缩极限是梯度收缩孤立子. 所以, 原来的 Ricci 流 $(M, g(t))$ 的某个向后极限也是梯度收缩孤立子.

Hamilton[Ha4] 证明了, 如果古代 κ 解起源于第二类奇异点的伸缩极限, 则 M 本身就是梯度稳定孤立子; 若 M 还是紧的, 则 M 是 Einstein 流形, 即 $Ric = \lambda g$ 对某常数 λ 成立. 要了解这个事实的证明, 请看 [CZ] 中的命题 1.1.1. 因为曲率是正的, M 必须是 $\mathbf{S}^3$.

于是只剩一种情况需要处理:

情况 4 M 是第一类古代解, 其截面曲率处处为正.

特别地, N. Sesum[Se1] 证明了, 如果 M 是紧的且起源于第一类奇异点的伸缩极限, 则 M 本身就是梯度收缩孤立子 (参见 [CZ] 的 302

页和 [Cx]). 如果 M 非紧, 类似结果由 A. Naber[Nab] 获得. 可是不知道该非紧梯度孤立子是否平坦.

以下的证明对紧和非紧情况都适用, 因为若 M 是紧的, 我们只要处理 $M \times \mathbf{R}$ 上的 Ricci 流.

根据 κ 非坍塌性假设和 $R(\cdot,t) \leqslant \dfrac{D_0}{1+|t|}$, 应用定理 5.3.5, 我们可以找到一序列时刻 t_k, 使得 $\tau_k \equiv |t_k| \to \infty$, 而且以下结论成立: 对任意固定的点 $x_0 \in M$, 标记流形 (M, g_k, x_0), 其中

$$g_k \equiv \tau_k^{-1} g(\cdot, -s\tau_k), \quad s > 0$$

按 C_0^∞ 拓扑收敛到某标记流形 $(M_\infty, g_\infty(\cdot,s), x_\infty)$.

往证 g_∞ 是梯度收缩孤立子. 虽然我们以 τ_k^{-1} 为伸缩系数, 但是这与用数量曲率为伸缩系数等价. 这是因为, 我们处理的是第一类 κ 解, 而且 M_∞ 最终是非平坦的. 对 $x \in M$ 和 $s \geqslant 1$, 定义函数

$$u_k = u_k(x,s) \equiv \tau_k^{n/2}\, G(x, s\tau_k; x_0, 0).$$

这里 G 是共轭热方程的热核, x_0 是一固定点. 此处维数 n 是 3, 但是对任意 $n \geqslant 3$ 证明仍有效. 由定理 7.2.1(实际上 (7.2.12) 足够) 知,

$$u_k(x,s) \leqslant U_0 \tag{7.3.2}$$

对所有 $k = 1, 2, \cdots$, $x \in M$ 和紧区间内的 s 一致成立, 其中 U_0 是正常数. 注意, u_k 是 $(M, g_k(s))$ 上的共轭热方程的解, 即

$$\Delta_{g_k} u_k - R_{g_k} u_k - \partial_s u_k = 0.$$

当 s 在紧区间内时, 我们已知 u_k 和 R_{g_k} 一致有界, 并且 Ricci 曲率非负, 曲率张量有界. 抛物方程的经典理论指出, u_k 在紧集上按度量 g_k 一致 Hölder 连续. 因此我们可找到子序列, 仍记为 $\{u_k\}$, 它经过微分同胚, 在 C^α_{loc} 意义下收敛于 C^α_{loc} 函数 u_∞, 后者在 $(M_\infty, g_\infty(s), y_\infty)$ 上定义.

通过分部积分, 容易看出 u_∞ 是 $(M_\infty, g_\infty(s))$ 上的共轭热方程的弱解, 即对所有 $\phi \in C_0^\infty(M_\infty \times (-\infty, 0])$, 成立

$$\int_M \int_M (u_\infty \Delta\phi - R_\infty u_\infty \phi + u_\infty \partial_s \phi)\, dg_\infty(s) ds = 0.$$

这里 R_∞ 是极限流形的数量曲率.

因为函数 u_∞ 有界, 由抛物方程的经典理论, 它是共轭热方程在 $(M_\infty, g_\infty(s), y_\infty)$ 上的光滑解. 我们要证明 u_∞ 不为零.

记 $u = u(x,\tau) = G(x,\tau;x_0,0)$. 我们断言, 对某一常数 $a>0$ 和所有 $\tau \geqslant 1$, 成立

$$u(x_0,\tau) \geqslant \frac{a}{\tau^{n/2}}.$$

事实上, 设 f 由下式给定

$$(4\pi\tau)^{-n/2}\mathrm{e}^{-f} = u.$$

引用 [P1] 的推论 9.4(本书推论 6.1.1) 可知, 对 $\tau = -t$, 有

$$-\partial_t f(x_0,t) \leqslant \frac{1}{2}R(x_0,t) - \frac{1}{2\tau}f(x_0,t).$$

因为 $R(x_0,t) \leqslant c/\tau$, 所以

$$\partial_t(\sqrt{\tau}f(x_0,t)) = \sqrt{\tau}\partial_t f(x_0,t) - \frac{1}{2\sqrt{\tau}}f(x_0,t) \geqslant -\frac{c}{2\sqrt{\tau}}.$$

将上式从 $\tau = 1$ 开始积分, 得

$$f(x_0,\tau) \leqslant c + \frac{f(x_0,1)}{\tau} \leqslant C.$$

在此我们用到了 $f(x_0,1)$ 的有界性, 它是 $G = G(x_0,1;x_0,0)$ 熟知的下界的明显推论 (参见 [G]). 因此以上断言成立. 因为 u_k 是从伸缩 u 得来, 所以当 $s \in [1,4]$ 时, $u_k(x_0,s) \geqslant b > 0$, 这里 b 不依赖 k, 于是 $u_\infty(x_0,s) \geqslant b > 0$. 由极大值原理得, u_∞ 处处大于零.

我们记得关于 u_k 的 Perelman W 熵是

$$W_k(s) = W(g_k,u_k,s) = \int_M \left[s(|\nabla f_k|^2 + R_k) + f_k - n\right] u_k dg_k(s),$$

其中 R_k 是 g_k 的数量曲率, f_k 由下式决定:

$$(4\pi s)^{-n/2}\mathrm{e}^{-f_k} = u_k.$$

从 u_k 的一致上界 (7.3.2) 知, 可以找到常数 $c_0 > 0$, 使得不等式

$$f_k = -\ln u_k - \frac{n}{2}\ln(4\pi s) \geqslant -c_0 \tag{7.3.3}$$

对所有 $k = 1, 2, \cdots$ 和 $s \in [1, 3]$ 成立. 此处的时间段 $[1, 3]$ 可以由任何有限时间段代替.

因为 M 非紧, 我们必须证明 $W_k(s)$ 有限. 对固定的 k, u_k 具有 (非一致的)Gauss 上下界, 其中的系数依赖 τ_k, 曲率张量及其导数的界见 [G]. 由于流形有非负 Ricci 曲率和有界的曲率及其导数, 所以 $f_k u_k$ 是可积函数, 其主项为 $-u_k \ln u_k$. 另外 $|\nabla f_k|^2 u_k = |\nabla u_k|^2/u_k$ 也是可积函数. 证明方法如下: 首先证明 u_k 满足一个类似于定理 6.5.1 的不等式, 并由此得出 $|\nabla f_k|^2 u_k$ 在某一时刻可积; 然后用不等式 (6.3.33) 和极大值原理证明 $|\nabla f_k|^2 u_k$ 在其他时刻可积. 我们把细节留做练习. 读者还可参考论文 [CTY] 和书 [Cetc]. 总之, $W_k(s)$ 是有意义的.

从 $\int_M u_k dg_k = 1$ 和 (7.3.3) 知, 对所有 $k = 1, 2 \cdots$ 和 $s \in [1, 3]$, 成立

$$W_k(s) \geqslant -c_0 - n. \tag{7.3.4}$$

经过伸缩, 容易看出

$$W_k(s) = W(g, u, s\tau_k),$$

其中 $u = u(x, l) = G(x, l; x_0, 0)$. 根据 [P1](见本书 6.1 节), 有

$$\frac{dW_k(s)}{ds} = -2s\int_M |Ric_{g_k} + \text{Hess}_{g_k} f_k - \frac{1}{2s}g_k|^2 u_k dg_k(s) \leqslant 0. \tag{7.3.5}$$

上式等号右端的积分也是有限的. 这个断言的证明与 $W_k(s)$ 的有限性的证明类似. 所以, 对固定的 s, $W_k(s) = W(g, u, s\tau_k)$ 是 k 的非增函数. 因为 $W_k(s)$ 有下界 (7.3.4), 所以可以找到函数 $W_\infty(s)$, 使得

$$\lim_{k\to\infty} W_k(s) = \lim_{k\to\infty} W(g, u, s\tau_k) = W_\infty(s).$$

现在取 $s_0 \in [1, 2]$, 则存在趋于无穷的子序列 $\{\tau_{n_k}\}$, 使得

$$W(g, u, s_0\tau_{n_k}) \geqslant W(g, u, (s_0+1)\tau_{n_k}) \geqslant W(g, u, s_0\tau_{n_{k+1}}).$$

因为

$$\lim_{k\to\infty} W(g, u, s_0\tau_{n_k}) = \lim_{k\to\infty} W(g, u, s_0\tau_{n_{k+1}}) = W_\infty(s_0),$$

所以

$$\lim_{k\to\infty}[W(g,u,s_0\tau_{n_k})-W(g,u,(s_0+1)\tau_{n_k})]=0,$$

即

$$\lim_{k\to\infty}[W_{n_k}(s_0)-W_{n_k}(s_0+1)]=0.$$

将 (7.3.5) 从 s_0 到 s_0+1 积分, 则由上面的等式得到

$$\lim_{k\to\infty}\int_{s_0}^{s_0+1}\int_M s|Ric_{g_{n_k}}+\mathrm{Hess}_{g_{n_k}}f_{n_k}-\frac{1}{2s}g_{n_k}|^2u_{n_k}dg_{n_k}(s)ds=0.$$

因此,

$$Ric_\infty+\mathrm{Hess}_\infty f_\infty-\frac{1}{2s}g_\infty=0.$$

故 $(M,g(\cdot,t))$ 的向后极限是梯度收缩孤立子.

最后我们需要证明此孤立子不是平坦的. 用反证法. 如果此梯度收缩孤立子的度量 g_∞ 是平坦的, 则 (M_∞,g_∞) 是 $\mathbf{R}^3$. 证明如下. 对平坦的 g_∞, 我们有

$$\mathrm{Hess}_\infty f_\infty=\frac{1}{2s}g_\infty.$$

注意, (M_∞,g_∞) 的万有覆盖等距同胚于 $\mathbf{R}^3$. 以 $\tilde{f}$ 记 f_∞ 到万有覆盖的提升, 则 $\partial_i\partial_j\tilde{f}=\frac{1}{2s}\delta_{ij}$. 这里的所有导数都是 $\mathbf{R}^3$ 上标准直角坐标系中的偏导数. 因此, $\tilde{f}-\frac{1}{4s}|x|^2$ 是线性函数. 设 G 为 M_∞ 的基本群, 则 G 自由作用在 $\mathbf{R}^3$ 上. 我们知道, 如果群 G 满足以下条件, 则称 G 自由作用在集合 X 上: 若 $g(x)=x$ 对某一 $x\in X$ 和 $g\in G$ 成立, 则 $g=e$. 因为 $\tilde{f}$ 有唯一的极小点, 所以它与任意 $g\in G(g\neq e)$ 的复合不能保持不变, 故 $G=\{e\}$. 因此, $\mathbf{R}^3$ 作为平凡的万有覆盖, 等于 M_∞.

我们假设古代解 $(M,g(\cdot,t))$ 不是梯度收缩孤立子, 否则证明已经结束. 于是

$$W_k(s)<W_k(0)=W_0=0,$$

其中 W_0 是欧氏空间中标准 Gauss 核的 W 熵. 从 u_k 的上界 (7.3.2), 我们推出 $W_k(s)(s\in[1,3])$ 中的被积函数以负常数为下界. 通过将一

个大的正常数加到被积函数上, 我们可以用 Fatou 引理导出下述结论: 若 $\int_{M_\infty} u_\infty dg_\infty = 1$, 则

$$W(g_\infty, u_\infty, s) \leqslant W_k(s) < W_0 = 0. \tag{7.3.6}$$

现在假设 $\int_{M_\infty} u_\infty < 1$. 注意到, u_k 是 (M, g_k) 上的基本解, 根据 [P1] 中的推论 9.3 知,

$$\begin{aligned}&[s(2\Delta f_k - |\nabla f_k|^2 + R_k) + f_k - n]u_k\\&\quad = s\left(-2\Delta u_k + \frac{|\nabla u_k|^2}{u_k} + R_k u_k\right) - u_k \ln u_k - \frac{n}{2}(\ln 4\pi s)u_k - nu_k \leqslant 0.\end{aligned}$$

因为 u_k 在 C^∞_{loc} 意义下收敛于 u_∞, 所以由上式可得

$$s\left(-2\Delta u_\infty + \frac{|\nabla u_\infty|^2}{u_\infty}\right) - u_\infty \ln u_\infty - \frac{n}{2}(\ln 4\pi s)u_\infty - nu_\infty \leqslant 0.$$

由于 $R_\infty = 0$, $M_\infty = \mathbf{R}^n$, $u_\infty = (4\pi s)^{-n/2}\mathrm{e}^{-\frac{1}{4s}|y|^2 - b(s)\cdot y - c(s)}$, 将上式积分便得下述结论: 若 $\int_{M_\infty} u_\infty < 1$, 则

$$W(g_\infty, u_\infty, s) = \int_{M_\infty} \left(s|\nabla f_\infty|^2 + f_\infty - n\right) u_\infty d\mu_{g_\infty(s)} \leqslant 0. \tag{7.3.7}$$

由于在欧氏空间中, 对数 Sobolev 不等式的最佳常数由 Gauss 核达到, 故 Gauss 核的 W 熵为 0. 令 $\hat{u} = u_\infty/\|u_\infty\|_1$, 因此 $\hat{u}$ 的 W 熵非负, 即

$$W(g_\infty, \hat{u}, s) = \int_{M_\infty} \left[s\frac{|\nabla \hat{u}|^2}{\hat{u}} - \hat{u}\ln\hat{u} - \frac{n}{2}(\ln 4\pi s)\hat{u} - n\hat{u}\right] dx \geqslant 0.$$

因为 $u_\infty = \|u_\infty\|_1\, \hat{u}$, 并且

$$W(g_\infty, u_\infty, s) = \int_{M_\infty} \left[s\frac{|\nabla u_\infty|^2}{u_\infty} - u_\infty \ln u_\infty - \frac{n}{2}(\ln 4\pi s)u_\infty - nu_\infty\right] dx,$$

所以

$$W(g_\infty, u_\infty, s) = \|u_\infty\|_1 W(g_\infty, \hat{u}, s) - \|u_\infty\|_1 \ln \|u_\infty\|_1.$$

因此, 当 $\int_{M_\infty} u_\infty < 1$ 时, $W(g_\infty, u_\infty, s) > 0$; 当 $\int_{M_\infty} u_\infty = 1$ 时, $W(g_\infty, u_\infty, s) \geqslant 0$. 这与 (7.3.6) 或 (7.3.7) 矛盾, 于是 g_∞ 不是平坦的. □

注解 7.3.1 情况 4 的另一个处理办法可在 [CL] 中找到.

§7.4 κ 解的性质

这一节我们描述 κ 解的结构性质, 特别是其中的标准邻域性质. 所有这些结果都由 Perelman 在 [P1] 和 [P2] 中给出了证明. 这里的证明有些取自 [Tao] 和 [MT] 第九章.

第一个结果是: κ 解的大球的体积远小于欧氏空间中同等半径的球的体积, 即渐近体积比例是 0.

命题 7.4.1 设 $(M, g(t))$ 为 3 维 κ 解, 则对任意时刻 t 和 $p \in M$, 有

$$\lim_{r\to\infty} \frac{|B(p,r,t)|_t}{r^3} = 0.$$

证明 根据 Perelman 的分类结果 (命题 5.4.2) 知, 所有 3 维梯度收缩孤立子满足该命题的结论. 由定理 7.3.1, 对任意 $\varepsilon > 0$, 我们可以找到任意古老的时刻 t_k, 点 x_k 和半径 r_k, 使得 $|B(x_k, r_k, t_k)|/r_k^3 \leqslant \varepsilon$. 注意, 该比例在伸缩后不变. 由经典体积比较定理 3.5.1, 该比例是半径的非增函数, 于是

$$\lim_{r\to\infty} |B(x_k, r, t_k)|_{t_k}/r^3 \leqslant \varepsilon.$$

由此式和三角不等式可得

$$\lim_{r\to\infty} |B(p, r, t_k)|_{t_k}/r^3 \leqslant \varepsilon.$$

固定时刻 t, 我们选 t_k, 使得 $t_k < t$. 从命题 5.1.5 和截面曲率界于 0 和正常数之间知,

$$d(p,x,t_k) - c|t-t_k| \leqslant d(p,x,t) \leqslant d(p,x,t_k).$$

因此, $B(p,r,t) \subset B(p, r+c|t-t_k|, t_k)$, 进而

$$|B(p,r,t)|_t \leqslant |B(p,r+c|t-t_k|,t_k)|_t \leqslant |B(p,r+c|t-t_k|,t_k)|_{t_k}.$$

在此我们利用了体积元随时间递减的性质，后者是数量曲率为正的推论 (见命题 5.1.1(ii)). 所以

$$\lim_{r\to\infty}\frac{|B(p,r,t)|_t}{r^3}\leqslant\varepsilon.$$

由 ε 的任意性，命题获证. □

下一个命题断言：在无穷远点附近，数量曲率远大于距离平方的倒数.

命题 7.4.2 设 $(M,g(t))$ 是 3 维非紧 κ 解，则对任意时刻 t 和 $p\in M$，有

$$\limsup_{d(x,p,t)\to\infty} R(x,t)d^2(p,x,t)=\infty.$$

证明 用反证法. 假设该命题不对，则存在点 p，时刻 t 和常数 $c>0$，使得 $R(x,t)\leqslant c/d(p,x,t)^2$ 对所有 $x\in M$ 成立. 由 Hamilton 的迹 Harnack 不等式知，$\partial_t R(x,t)\geqslant 0$，所以 $R(x,s)\leqslant c/d(p,x,t)^2$，其中 $s\leqslant t$. 从 κ 非坍塌性，我们知道 $|B(x,d(p,x,t),t)|\geqslant c\kappa d(p,x,t)^3$. 当 x 离 p 很远时，这与上一个命题 7.4.1 矛盾. □

将前两个命题合并，我们得到以下结果，它可被认为是 κ 非坍塌性的逆命题.

命题 7.4.3 (体积非坍塌蕴涵曲率上界) 设 $(M,g(t))$ 是 3 维 κ 解. 假设对正常数 $b>0$，有 $|B(x_0,r,t)|_t\geqslant br^3$. 则对每一个 $A>0$，存在仅依赖 b,A 的正常数 $C=C(b,A)$，使得

$$R(x,t)\leqslant Cr^{-2},\quad x\in B(x_0,Ar,t).$$

证明 不失一般性，令 $t=0$. 对每一个 $x\in B(x_0,r,0)$ 有包含关系：$B(x_0,r,0)\subset B(x,(A+1)r,0)$，因此 $|B(x,(A+1)r,0)|_0\geqslant br^3$. 于是可将命题的条件和结论中的所有的球换成球 $B(x,(A+1)r,0)$. 不失一般性，我们可以取 $A=1$，并且只要证明 $R(x_0,0)$ 满足命题结论中的上界.

用反证法. 假设命题不对，则存在一序列标记 κ 解 $(M_k,g_k(t),x_k)$ 和 $r_k\to\infty$，使得

$$r_k^2R_k(x_k,0)\to\infty,\quad |B(x_k,r_k,g_k(0))|_{g_k(0)}\geqslant cbr_k^3,\tag{7.4.1}$$

其中, c 是正常数; $B(x_k,l,g_k(0))$ 是流形 $(M_k,g_k(0))$ 上半径为 l 的球; $l=r_k$ 或其他正数; 以上 κ 解的非坍塌系数可以变动.

不失一般性, 我们假设 $B(x_k,5r_k,g_k(0))$ 是 M_k 的真子集. 由选点引理 7.1.1 知, 存在 $y_k\in B(x_k,5r_k,g_k(0))$ 和依赖于 k 的 $\rho>0$, 使得

$$\begin{aligned}&\rho^2R(y_k,0)\geqslant r_k^2R(x_k,0)\to\infty;\\ &R(z,0)\leqslant 2R(y_k,0),\quad \text{对任意的 } z\in B(y_k,\rho,g_k(0))\subset B(x_k,5r_k,g_k(0)).\end{aligned}\tag{7.4.2}$$

因为 $B(y_k,\rho,g_k(0))\subset B(x_k,5r_k,g_k(0))\subset B(y_k,8r_k,g_k(0))$, 而且截面曲率非负, 故由经典体积比较定理得

$$\begin{aligned}|B(y_k,\rho,g_k(0))|_{g_k(0)}&\geqslant\left(\frac{\rho}{8r_k}\right)^3|B(y_k,8r_k,g_k(0))|_{g_k(0)}\\ &\geqslant\left(\frac{\rho}{8r_k}\right)^3|B(x_k,r_k,g_k(0))|_{g_k(0)}.\end{aligned}$$

由此及假设 (7.4.1) 知,

$$|B(y_k,\rho,g_k(0))|_{g_k(0)}\geqslant cb\rho^3.\tag{7.4.3}$$

现在考查伸缩后的度量 $\tilde g_k=R(y_k,0)g_k$. 在度量 $\tilde g_k$ 下, 球 $B(y_k,\rho,g_k(0))$ 变成 $B(y_k,\rho_k,\tilde g_k(0))$. 其中, 根据 ρ 和 r_k 在 (7.4.2) 的性质, 有

$$\rho_k=R(y_k,0)^{1/2}\rho\to\infty,\quad k\to\infty.$$

令 $\tilde R_k$ 为 $\tilde g_k$ 的数量曲率. 从 (7.4.2) 和 (7.4.3) 我们得到

$$\tilde R_k(x,0)\leqslant 2,\quad z\in B(y_k,\rho_k,\tilde g_k(0));$$

$$\frac{|B(y_k,\rho_k,\tilde g_k(0))|_{\tilde g_k(0)}}{\rho_k^3}=\frac{|B(y_k,\rho,g_k(0))|_{g_k(0)}}{\rho^3}\geqslant cb.$$

根据单调性 $\partial_tR_k\geqslant0$, 这里的数量曲率的上界在任何负的时刻依然成立. 因此, 从 Hamilton 紧性定理 5.3.5得知: $(M_k,\tilde g_k(t),y_k)$ 的一个子序列, 按 $C^\infty_{\rm loc}$ 拓扑收敛到 κ 解 $(M_\infty,\tilde g_\infty(t),y_\infty)$. 可是该极限流形在时刻 0 的渐近体积比例大于零, 与命题 7.4.1 矛盾. 从而命题得证. □

注解 7.4.1 该命题中的常数 $C(b,A)$ 不依赖非坍塌常数 κ. 这个性质在以后将被用于证明非圆形的 κ 解的绝对非坍塌性. 这里, κ 解为圆球形指的是: 它在某一时刻是标准 $\mathbf{S}^3$ 的商的常数倍伸缩.

下一个结果讲的是数量曲率的比例在有界区域内一致有界. 它也可以被看成是数量曲率的一种 Harnack 不等式.

命题 7.4.4 (在有界距离内曲率有界) 设 $(M,g(t))$ 是 3 维 κ 解, 则对每一 $A>0$ 和 $x_0\in M$, 存在依赖于 κ,A 的正常数 $C=C(\kappa,A)$, 使得

$$R(x,t)\leqslant C(\kappa,A)R(x_0,t),\quad x\in B(x_0,AR(x_0,t)^{-1/2},t).$$

证明 不失一般性, 我们再取 $t=0$. 若命题不对, 则存在 $A_0>0$, 取一序列标记 κ 解 $(M_k,g_k(t),x_k)$ 和 $y_k\in B(x_k,\rho_k,g_k(0))$, 使得

$$R_k(y_k,0)/R_k(x_k,0)\to\infty. \tag{7.4.4}$$

这里

$$\rho_k\equiv A_0R_k(x_k,0)^{-1/2}. \tag{7.4.5}$$

根据命题 7.4.3, 我们有

$$|B(x_k,\rho_k,g_k(0))|_{g_k(0)}/\rho_k^3\to 0,\quad k\to\infty.$$

由熟知的等式

$$\lim_{\rho\to 0}|B(x_k,\rho,g_k(0))|_{g_k(0)}/\rho^3=w_3=4\pi/3$$

知, 可以找到 $r_k=o(\rho_k)$, 使得

$$|B(x_k,r_k,g_k(0))|_{g_k(0)}/r_k^3=w_3/2. \tag{7.4.6}$$

经过伸缩, 可取 $r_k=1$. 为了叙述的简明, 仍用 g_k 代表伸缩后的度量, R_k 代表伸缩后的数量曲率. 我们断言

$$R_k(x_k,0)\to 0,\quad k\to\infty.$$

假设断言不对, 则存在正常数 c 和子序列, 还是记为 $\{R_k(x_k,0)\}$, 使得对所有充分大的 k, 有

$$R_k(x_k,0)\geqslant c.$$

于是 (7.4.5) 蕴涵 ρ_k 有界. 再次利用命题 7.4.3 和 (7.4.6) 知, 对任意 $A>0$, 有 $R_k(x,0)\leqslant C(A)$, 其中 $x\in B(x_k,A,g_k(0))$. 于是 $R_k(y_k,0)$ 有界, 原因是 $d(y_k,x_k,0)<\rho_k\leqslant A$ 对某一固定的充分大的 A 成立. 因此, $R_k(y_k,0)/R_k(x_k,0)$ 一致有界, 进而与 (7.4.4) 产生矛盾. 从而断言得证.

由于当 $k\to\infty$ 时, $R_k(x_k,0)\to 0$, 利用 Hamilton 紧性定理 5.3.5, 我们得到一个极限解 $(M_\infty,g_\infty(t),x_\infty)$, 它满足 $R_\infty(x_\infty,0)=0$. 由此及 Hamilton 强极大值原理知, M_∞ 是平坦的, 又因为 M_∞ 在任何尺度下 κ 非坍塌, 所以它必须是 $\mathbf{R}^3$. 该熟知的结论的证明可在 [Pet] 的第 301 页中找到. 因此, $B_{g_\infty}(x_\infty,1,0)=w_3$, 这与 (7.4.6) 矛盾. □

从这个命题立刻导出:

定理 7.4.1 (κ 解的紧性) 对任意固定的 $\kappa>0$, 3 维古代 κ 解的集合按如下的意义是紧的: 假设一序列 3 维古代 κ 解的数量曲率在某时空点 $(x_k,0)$ 满足 $R(x_k,0)=1$, 则存在以 $(x_k,0)$ 为标记的一个子列, 它按 $C^\infty_{\rm loc}$ 拓扑收敛到一个古代 κ 解.

推论 7.4.1 假设 $(M,g(t))(-\infty<t\leqslant 0)$ 是 3 维古代 κ 解, 其非坍塌常数是固定的 $\kappa>0$. 则存在依赖于 κ 的正的递增函数 $w:[0,\infty)\to[0,\infty)$ 和依赖于 κ 的正常数 η, 使得以下结论成立:

(i) 对任何 $x,y\in M$ 及 $t\in(-\infty,0]$, 有

$$R(x,t)\leqslant R(y,t)\,w(R(y,t)d^2(x,y,t)).$$

(ii) 对任何 $x\in M$ 和 $t\in(-\infty,0]$, 有

$$|\nabla R(x,t)|\leqslant \eta R^{3/2}(x,t),\qquad |\partial_t R(x,t)|\leqslant \eta R^2(x,t).$$

(iii) 假设对某一时空点 (y,t_0) 和常数 $\zeta>0$, 成立不等式

$$\frac{|B(y,R(y,t_0)^{-1/2},t_0)|_{t_0}}{R(y,t_0)^{-3/2}}\geqslant\zeta,$$

则存在仅依赖 ζ 的正函数 Z, 使得对所有 $x\in M$, 有

$$R(x,t_0)\leqslant R(y,t_0)\,Z(R(y,t_0)d^2(x,y,t_0)).$$

证明 结论 (i) 其实就是命题 7.4.4 的翻版: 仅需通过在该命题中取 $A=d(x_0,x,t)R(x_0,t)^{1/2}$ 和平移时间 t 便得结论 (i).

结论 (ii) 可由结论 (i), Hamilton 迹 Harnack 不等式(推论 5.3.1) 及局部导数估计 (定理 5.3.2) 得到.

而结论 (iii) 其实就是命题 7.4.3. 这是因为, 只要在该命题中取 $r = R(y,t_0)^{-1/2}$ 和 $A = R(y,t_0)d^2(x,y,t_0)$ 便得结论 (iii). □

注解 7.4.2 本推论的结论 (i) 和 (ii) 中的函数和常数都依赖 κ 解的非坍塌常数. 有趣的是, 所有 κ 解有一致的非坍塌常数, 除非它们是圆球 $\mathbf{S}^3$ 的度量商. 这里, 圆球 $\mathbf{S}^3$ 指的是赋于标准度量的 3 维球. 此结果稍后将以命题 7.4.6 的形式出现. 如果 M 是圆球 $\mathbf{S}^3$ 或它的度量商, 则结论 (i) 和 (ii) 显然对某个通用的函数 w 和常数 η 成立. 因此, 函数 w 和常数 η 对所有古代 κ 解是一致的.

现在我们描述 κ 解的拓扑结构.

命题 7.4.5 (非紧 κ 解的结构) 设 $\kappa > 0$, $(M, g(t))$ 为非紧 3 维 κ 解.

情形 1 如果截面曲率在某处为零, 则 M 或者是 $\mathbf{S}^2 \times \mathbf{R}$, 或者是它的 $\mathbf{Z}_2$ 商: $\mathbf{RP}^2 \times \mathbf{R}$ 或 $\mathbf{S}^2$ 与 $\mathbf{R}$ 的扭曲乘积, 其中 $\mathbf{Z}_2$ 群同时翻转 $\mathbf{S}^2$ 和 $\mathbf{R}$;

情形 2 如果截面曲率处处为正, 则对任意 $\varepsilon > 0$, 存在仅依赖 ε 的常数 $C = C(\varepsilon)$ 和子集 M_ε, 它们具有以下性质:

(i) M_ε 之外的每一点都是某 ε 颈的中心点; M_ε 之内的任一点都不是 ε 颈的中心点.

(ii) M_ε 是紧的, 而且存在 $x_0 \in \partial M_\varepsilon$, 使得对所有 $x \in M_\varepsilon$, 成立

$$\operatorname{diam}(M_\varepsilon, g(t)) \leqslant CR(x_0,t)^{-1/2}, \quad C^{-1} \leqslant R(x,0)/R(x_0,t) \leqslant C.$$

(iii) 球 $B(x_0, CR(x_0,0)^{-1/2})$ 包含 M_ε, 并且该球同胚于欧氏空间中的 3 维球.

证明 **情形 1** 我们知道对 3 维流形, 截面曲率在某处为零等价于曲率算子的特征值在该处为零. 如果曲率算子的特征值在某处为零, 则 M 的万有覆盖 $\tilde{M}$ 分裂为 2 维 κ 解与 $\mathbf{R}$ 的乘积. 这也是 Hamilton 强极大值原理 (定理 5.2.1) 的推论. 于是定理 7.1.3 告诉我们, $\tilde{M} = \mathbf{S}^2 \times \mathbf{R}$. 因此, $M = \mathbf{S}^2 \times \mathbf{R}/\Gamma$, 即圆柱的度量商. 实际上, 无需任何假设便知, 流形 M 是非紧的, 否则当 t 非常古老的时候, κ 非坍塌性不能成立. 原

因如下. 若 t 非常古老, 则数量曲率为 $O(1/|t|)$, 流形 M 的直径和体积分别为 $O(\sqrt{|t|})$ 和 $O(|t|)$. 但是 κ 解必须是非坍塌的, 故 M 非紧.

所以, 正如命题 5.4.2 所证明的那样, M 或者是 $\mathbf{S}^2\times\mathbf{R}$ 或者是它的 $\mathbf{Z}_2$ 商.

情形 2　假设曲率处处为正, 我们只需对时刻 $t=0$ 给出证明. 首先, 注意到 M_ε 非空, 否则 M 完全被 ε 颈覆盖, 因此它不能同胚于 $\mathbf{R}^3$, 从而与灵魂定理矛盾. 其次, 我们用反证法证明 M_ε 是紧的. 假设 M_ε 非紧, 则存在序列 $\{z_k\}$, 它按度量 $g(0)$ 趋于无穷, 但是 z_k 不是 ε 颈的中心点. 选择点 $z_0\in M$, 根据推论 7.4.1(i), 存在依赖于 κ 的正的递增函数 $w:[0,\infty)\to(0,\infty)$, 使得

$$0<R(z_0,0)\leqslant R(z_k,0)\,w(R(z_k,0)d^2(z_0,z_k,0)).$$

因此,

$$\lim_{k\to\infty}R(z_k,0)d^2(z_0,z_k,0)=\infty,$$

否则有 $\{R(z_k,0)\}$ 的子序列趋于 0, 从而导致 $R(z_0,0)$ 为零. 于是我们可以用命题 7.1.1 和定理 7.1.3 得出以下结论: 对充分大的 k, 点 z_k 有一个邻域 U_k, 它在伸缩后 ε 接近于圆柱 $\mathbf{S}^2\times[-\varepsilon^{-1},\varepsilon^{-1}]$ 或 $\mathbf{RP}^2\times\mathbf{R}$. 因为 M 的截面曲率处处为正, 灵魂定理指出 M 同胚于 $\mathbf{R}^3$, 因而 M 不包含嵌入其中的具有平凡法向量丛的 $\mathbf{RP}^2$. 所以, U_k ε 接近于圆柱 $\mathbf{S}^2\times[-\varepsilon^{-1},\varepsilon^{-1}]$, 即 z_k 是 ε 颈的中心点. 这与 z_k 的定义矛盾. 因此, M_ε 是紧的, 进而 $M-M_\varepsilon$ 非空.

任取 $x_0\in\partial M_\varepsilon$, 我们断言

$$R(x_0,0)^{1/2}\mathrm{diam}M_\varepsilon\leqslant C=C(\varepsilon),\tag{7.4.7}$$

其中 C 仅依赖于 ε. 用反证法. 假设该断言不对, 则存在一序列 κ 解 $(M^k,g_k(t))$, 它们有以下性质: 设 M_ε^k 为 M^k 中所有不在 ε 颈中心的点组成的集合, 则存在 $x_{k,0}\in\partial M_\varepsilon^k$, 使得

$$R_k(x_{k,0},0)^{1/2}\mathrm{diam}M_\varepsilon^k\to\infty,\qquad k\to\infty.\tag{7.4.8}$$

注意, 我们没有假设 M^k 的非坍塌常数是一致的, 所以不能用刚才的紧性定理, 但是 $x_{k,0}\in\partial M_\varepsilon^k$, 因此存在任意接近 $x_{k,0}$ 的点, 它是

某 ε 颈的中心点. 由此得知, $x_{k,0}$ 是某 2ε 颈的中心点. 这表明, 有一个绝对常数 $\zeta>0$, 它仅由 $\mathbf{S}^2\times\mathbf{R}$ 的非坍塌常数决定, 使得

$$|B_{g_k}(x_{k,0},R_k(x_{k,0},0)^{-1/2},0)|_{g_k(0)}\geqslant\zeta R_k(x_{k,0},0)^{-3/2}. \tag{7.4.9}$$

接下来我们可以引用推论 7.4.1(iii) 来找到一致的正函数 Z, 它仅依赖 ζ, 使得对所有 $x\in M^k$,

$$R_k(x,0)\leqslant R_k(x_{k,0},0)\,Z(R_k(x_{k,0},0)d_k^2(x_{k,0},x,0)). \tag{7.4.10}$$

根据 (7.4.9), (7.4.10) 和 Hamilton 紧性定理 5.3.5 知, 可找到标记流形序列 $(M^k,R_k(x_{k,0},0)g_k,x_{k,0})$ 的子序列, 它按 $C^\infty_{\rm loc}$ 拓扑收敛到流形 $(M_\infty,g_\infty,x_\infty)$. 从 (7.4.8), 我们知道极限流形 M_∞ 包含测地直线. 故由 Toponogov 分裂定理 7.1.1 知, $M_\infty=N\times\mathbf{R}$. 又因为 M_∞ 是可定向的, 并且 N 是 2 维 κ 解, 所以 $N=\mathbf{S}^2$. 这与 $x_{k,0}$ 不是 ε 颈中心点的假设矛盾. 因此, 直径的上界 (7.4.7) 得证. 结论 (ii) 中关于数量曲率比例的界可以从推论 7.4.1(iii) 和直径的界获得.

本命题的结论 (iii) 来自灵魂定理 7.1.2, 即 M 同胚于 $\mathbf{R}^3$. □

注解 7.4.3 以上的证法仿照陈兵龙和朱熹平的文章 [ChZ1] 中的 3.2 节, 他们证明了类似的 4 维结果. 与 Perelman 的原创证明不同, 这个证明不需要非紧 κ 解的绝对非坍塌性. 事实上, 后者是本命题的副生品.

命题 7.4.6 (非紧 κ 解的绝对非坍塌性) 存在正常数 κ_0, 使得每个 3 维非紧古代 κ 解在任何尺度下都是 κ_0 非坍塌的.

证明 不失一般性, 我们取 $t=0$. 给定 $r>0$ 和 $x\in M$, 假设在 $B(x,r,0)$ 中, $R\leqslant 1/r^2$. 我们要证明

$$|B(x,r,0)|_{g(0)}\geqslant\kappa_0r^3,$$

其中 κ_0 是一绝对正常数.

在以下的证明中, 命题 7.4.5 将起关键作用. 对固定的充分小的 $\varepsilon>0$, 设 M_ε 是命题 7.4.5 中给出的集合, ρ 是 M_ε 的直径, $x\in M_\varepsilon$. 因为截面曲率非负, 由经典体积比较定理(定理 3.5.1) 知,

$$|B(x,\rho,0)|\geqslant b|B(x,4\rho,0)|. \tag{7.4.11}$$

这里 $b=4^{-3}$ 并且体积是由 $g(0)$ 确定的. 由三角不等式知, 可以找到点 $y\in B(x,4\rho,0)$, 使得

$$B(y,\rho,0)\subset B(x,4\rho,0)\cap N, \tag{7.4.12}$$

其中 N 是与 M_ε 相邻的 ε 颈. 根据命题 7.4.5, 存在仅依赖 ε 的常数 c, 使得对所有 $z\in M_\varepsilon$, 成立

$$c^{-1}\leqslant R(z,0)\rho^2\leqslant c.$$

因为 N 与 M_ε 相邻, 所以存在仅依赖 ε 的常数 c_1, 使得对所有 $z\in M_\varepsilon\cup N$, 成立

$$c_1^{-1}\leqslant R(z,0)\rho^2\leqslant c_1.$$

因此, 球 $B(y,\rho,0)$ 作为 ε 颈 N 的一部分, 满足

$$|B(y,\rho,0)|\geqslant c_2\rho^3,$$

其中 c_2 是一绝对常数, 它仅依赖于 $\mathbf{S}^2\times\mathbf{R}$ 的非坍塌常数. 将此不等式与 (7.4.11) 及 (7.4.12) 合并, 我们得到

$$|B(x,\rho,0)|\geqslant bc_2\rho^3.$$

由上述不等式和定理 3.5.1 可推出

$$|B(x,r,0)|\geqslant c_3r^3,\quad 0<r\leqslant\rho. \tag{7.4.13}$$

这里 c_3 是绝对正常数.

现在选定 $r>0$ 和 $x\in M$, 使得当 $y\in B(x,r,0)$ 时, $R(y,0)\leqslant 1/r^2$. 我们需要找到 $|B(x,r,0)|$ 的一致下界.

如果 $x\in M_\varepsilon$, 则 $c^{-1}\leqslant R(x,0)\rho^2\leqslant c$, 并且 $R(x,0)\leqslant 1/r^2$. 这里, 如命题 7.4.5 所述, c 仅依赖于 ε. 因此, $r\leqslant\sqrt{c}\rho$. 若 $r\in[\rho,\sqrt{c}\rho]$, 则

$$|B(x,r,0)|\geqslant|B(x,\rho,0)|\geqslant c_3\rho^3\geqslant c_3/c^{3/2}\ r^3.$$

若 $r\leqslant\rho$, 则 (7.4.13) 成立. 无论如何, 存在绝对常数 κ_0, 使得

$$|B(x,r,0)|\geqslant\kappa_0r^3.$$

如果 $x\in M-M_\varepsilon$, 则 x 位于某 ε 颈的中心. 所以存在绝对常数 c_4, 使得

$$|B(x,R(x,0)^{-1/2},0)| \geqslant c_4 R(x,0)^{-3/2}.$$

由不等式 $R(x,0) \leqslant 1/r^2 (r \leqslant R(x,0)^{-1/2})$ 和经典体积比较定理3.5.1, 得

$$\frac{|B(x,r,0)|}{r^3} \geqslant \frac{|B(x,R(x,0)^{-1/2},0)|}{R(x,0)^{-3/2}} \geqslant \kappa_0,$$

其中 $\kappa_0 > 0$ 是绝对常数. 命题证毕. □

类似于非紧情形, 对紧 κ 解我们有以下结果.

命题 7.4.7 (包含 ε 颈的紧 κ 解的结构) 设 $(M,g(t))$ 为紧的 3 维 κ 解. 对任何固定的 $\varepsilon > 0$ 和 t, 假设 $(M,g(t))$ 包含一个 ε 颈. 则存在仅依赖 ε 的常数 $C = C(\varepsilon)$ 和 $M_\varepsilon \subset M$, 使得以下性质成立:

(i) M_ε 之外的每一点都是某 ε 颈的中心点; M_ε 之内的任一点都不是 ε 颈的中心点.

(ii) $M_\varepsilon = M_1 \cup M_2$, 其中 M_1 和 M_2 是两个不相交的紧区域, 并且存在点 $x_i \in \partial M_i$, 使得对所有 $x \in M_i (i=1,2)$, 成立

$$\mathrm{diam}(M_i, g(t)) \leqslant CR(x_i,t)^{-1/2}, \quad C^{-1} \leqslant R(x,t)/R(x_i,t) \leqslant C.$$

(iii) $M_i (i=1,2)$ 同胚于 $\mathbf{R}^3$ 中的单位球 B^3 或 $\mathbf{RP}^3 - \bar{B}^3$.

证明 (i) 和前面一样, 我们取 $t=0$. 用 M_ε 代表 M 中不在 ε 颈中心的点所组成的集合. 下面我们证明 M_ε 非空. 用反证法. 假设 M_ε 是空集, 则 M 的每一点都是 ε 颈的中心点. 由于 M 是紧的, 它是 $\mathbf{S}^1$ 上以 $\mathbf{S}^2$ 为纤维的纤维丛, 因此其基本群无限. 如果 M 的截面曲率在某处为 0, 则由定理 7.3.1 情况 2 的证明知, M 是平坦的 $\mathbf{R}^3$ 或 $\mathbf{S}^2 \times \mathbf{R}$ 的商. 因为 M 不是平坦的, 它不能是 $\mathbf{R}^3$ 的度量商. 在命题 7.4.5 情况 1 的证明中我们提到, 如果 $|t|$ 很大, 则 $\mathbf{S}^2 \times \mathbf{R}$ 的紧的商流形在尺度 $\sqrt{|t|}$ 下不是 κ 非坍塌的. 因此, M 的截面曲率处处为正, 从而由 Meyer 定理知, M 的基本群是有限的. 这个矛盾证明 M_ε 非空. 由假设, M 包含 ε 颈, $M_\varepsilon = M_1 \cup M_2$, 其中 M_1 和 M_2 是被某些 ε 颈的并集所隔离的区域.

(ii) 只需对 M_2 证明. 设 $x_0 \in \partial M_2$, 我们要证明

$$R(x_0,0)^{1/2}\mathrm{diam} M_2 \leqslant C = C(\varepsilon), \tag{7.4.14}$$

其中 C 仅依赖 ε. 假设该不等式不成立, 则存在一序列紧的 κ 解 $(M^k, g_k(t))$, 它们有以下性质: 用 M_ε^k 记 M^k 中不在 ε 颈中心的点

所组成的集合, 且 $M_\varepsilon^k = M_1^k \cup M_2^k$ 是被某些 ε 颈的并集所隔离的两个区域的并. 则存在 $x_{k,0} \in \partial M_2^k$, 使得

$$R_k(x_{k,0},0)^{1/2}\mathrm{diam}M_2^k \to \infty, \quad k \to \infty. \tag{7.4.15}$$

正如非紧情形, 因为 $x_{k,0} \in \partial M_2^k$, 所以存在一个任意接近 $x_{k,0}$ 的点, 它是某 ε 颈的中心点. 从而 $x_{k,0}$ 是 2ε 颈的中心点. 于是存在由 $\mathbf{S}^2 \times \mathbf{R}$ 的非坍塌常数决定的绝对常数 $\zeta > 0$, 使得

$$|B_{g_k}(x_{k,0}, R_k(x_{k,0},0)^{-1/2}, 0)|_{g_k(0)} \geqslant \zeta R_k(x_{k,0},0)^{-3/2}. \tag{7.4.16}$$

接下来我们可以用推论 7.4.1(iii) 找到仅依赖 ζ 的正函数 Z, 使得对所有 $x \in M^k$, 有

$$R_k(x,0) \leqslant R_k(x_{k,0},0)\, Z(R_k(x_{k,0},0)d_k^2(x_{k,0},x,0)). \tag{7.4.17}$$

由 (7.4.16) 和 (7.4.17) 知, 我们能引用 Hamilton 紧性定理 5.3.5. 因此, 存在标记流形 $(M^k, R_k(x_{k,0},0)g_k, x_{k,0})$ 的子序列, 它按 C^∞_{loc} 拓扑收敛于某非紧 κ 解 $(M_\infty, g_\infty, x_\infty)$.

我们将讨论以下 3 种情况.

情况 1 极限流形 M_∞ 包含测地直线, 即长度为无穷的无端点的最短测地线.

根据 Toponogov 分裂定理 7.1.1, $M_\infty = N \times \mathbf{R}$. 因为 M_∞ 是可定向的, 并且 N 是 2 维 κ 解, 所以 $N = \mathbf{S}^2$. 这与 $x_{k,0}$ 不是 ε 颈的中心点的假设矛盾.

情况 2 M_∞ 不包含测地直线, 但 x_∞ 是某 $\varepsilon/2$ 颈的中心点.

当 k 充分大时, 容易看出 $x_{k,0}$ 是 ε 颈的中心点, 这与 $x_{k,0} \in \partial M_2^k$ 的选择矛盾.

情况 3 M_∞ 不包含测地直线, 而且 x_∞ 不是某 $\varepsilon/2$ 颈的中心点.

因为 M_∞ 非紧, 命题 7.4.5 指出: 存在仅依赖 $\varepsilon/2$ 的常数 C, 使得以 $g_\infty(0)$ 为度量的球 $B(x_\infty, C)$ 之外的每一点都是 $\varepsilon/2$ 颈的中心点. 所以, 对充分大的 k, 以 $R_k(x_{k,0},0)g_k(0)$ 为度量的区域 $B(x_{k,0},3C) - B(x_{k,0},2C)$ 中的每一点都是 ε 颈的中心点. 因此, M_2^k 的直径在度量 $R_k(x_{k,0},0)g_k(0)$ 下一致有界. 因为 ε 是固定的, 这与 (7.4.15) 矛盾.

由于以上每种情况都导致矛盾, 故 (7.4.14) 得证. 命题结论 (ii) 关于数量曲率比例的上界可由推论 7.4.1(iii) 和 (7.4.14) 推出.

(iii) 证明留做练习. □

习题 7.4.1 证明命题 7.4.7(iii).

回忆注解 7.4.1, 称一个紧 κ 解为圆球形的, 如果在某一时刻它是标准 $\mathbf{S}^3$ 的度量商的常数倍伸缩. 下面讨论非圆球形的紧 κ 解的绝对非坍塌性.

命题 7.4.8 (非圆球形的紧 κ 解的绝对非坍塌性) 存在正常数 κ_0, 使得每个 3 维非圆球形的紧 κ 解在任何尺度下的 κ 非坍塌常数都是 κ_0.

证明 因为我们假设 M 不是圆球形的, 它的向后极限是非紧梯度孤立子 $\mathbf{S}^2\times\mathbf{R}$ 或其 $\mathbf{Z}_2$ 商, 即 $\mathbf{RP}^2\times\mathbf{R}$ 或扭曲乘积 $\mathbf{S}^2\tilde{\times}\mathbf{R}$(见命题 5.4.2). 原因是, 如果向后极限是紧的, 则由命题 5.4.2 可知, 它必须是圆球形的. 根据 Hamilton 的定理 5.2.7, 我们知道 M 也是圆球形的.

如果向后极限是 $\mathbf{S}^2\times\mathbf{R}$, 则对任意小的 $\varepsilon>0$ 和充分负的 t, $(M,g(t))$ 的某一点 x 是 ε 颈的中心点.

如果向后极限是 $\mathbf{S}^2\tilde{\times}\mathbf{R}$, 则同样的结论成立. 证明如下: $\mathbf{S}^2\tilde{\times}\mathbf{R}$ 可以被看做是正实数轴 $(0,\infty)$ 与 $\mathbf{S}^2$ 的乘积空间在其一端附带盖子 $\mathbf{RP}^2\times\{0\}$ 而得, 因此, 当一个点列 z_k 与盖子 $\mathbf{RP}^2\times\{0\}$ 的距离趋于无穷时, 标记流形 $(\mathbf{S}^2\tilde{\times}\mathbf{R},z_k)$ 按 C^∞_{loc} 拓扑收敛于 $\mathbf{S}^2\times\mathbf{R}$. 于是对充分负的 t, $(M,g(t))$ 的某一点 x 也是 ε 颈的中心点. 感谢周培能告诉我们这个证明.

如果向后极限是 $\mathbf{RP}^2\times\mathbf{R}$, 则 $(M,g(t))$ 包含一个区域, 它经过适当伸缩, ε 接近于 $\mathbf{RP}^2\times[-\varepsilon^{-1},\varepsilon^{-1}]$. 而由下面一段取自 [Tao] 的第 17 节的拓扑论证知, 这是不可能的. 在上一个命题 7.4.7 的证明开始部分, 我们指出 M 的截面曲率处处为正. 定理 5.2.7 表明, M 同胚于圆球形空间形式且其基本群是有限的. 因为 $\mathbf{RP}^2\times[-\varepsilon^{-1},\varepsilon^{-1}]$ 的 Euler 示性数为 1, 它不能将 M 分割成不连通的两部分, 所以 M 中的某个闭圈与 $\mathbf{RP}^2\times\{0\}$ 有非平凡的相交数. 于是包含 $\mathbf{RP}^2\times[-\varepsilon^{-1},\varepsilon^{-1}]$ 的紧流形 M 的基本群是无限的, 从而产生矛盾. 我们将证明的细节留做练习.

综上所述, 存在任意负的 t, 使得 $(M,g(t))$ 的某一点 x 是 ε 颈的中心点. 由前一命题 7.4.7 知, 在度量 $g(t)$ 下, 我们有

$$M=M_1\cup M_2\cup N,$$

其中 $M_1 \cup M_2 = M_\varepsilon$ 中的点不是 ε 颈的中心点; N 中的点是 ε 颈的中心点. 下面我们首先证明, 当 t 充分负时, $(M, g(t))$ 是绝对非坍塌的; 然后证明, 对所有时刻 $s \in [t, 0]$, $(M, g(s))$ 是绝对非坍塌的.

对充分小的 ε, 我们断言: 存在绝对正常数 A, 使得以下 Sobolev 不等式对所有 $(M, g(t))$ 上的光滑函数 v 成立:

$$\left(\int_M v^6 d\mu(g(t))\right)^{1/3} \leqslant A \int_M (4|\nabla v|^2 + Rv^2) d\mu(g(t)). \qquad (7.4.18)$$

此不等式的证明与第八章命题 8.2.1 的证明类似, 在那里, 我们将证明带盖子的 ε 尖角满足相同的不等式. 我们省略与那个命题的证明相重复的部分.

取 $x_i \in M_i (i = 1, 2)$. 根据前一个命题, 存在仅依赖于 ε 的常数 $C_0 = C_0$ 和 C_1^{-1}, 使得 $(M_i, R(x_i, t)g(t))$ 的直径小于 C_0, 并且其数量曲率 R_i 界于 C_1^{-1} 和 C_1 之间. 因为 ε 可以任意小, C_1^{-1} 和 C_1 实际上是绝对常数. 此外我们还知道截面曲率为正. 对 M_i 和与其相邻的 ε 颈应用经典体积比较定理可知, 伸缩后的体积 $|B(x_i, C_0)| \geqslant \zeta$, 其中 ζ 为绝对正常数. 这表明 M_i 的单射半径大于一个正的绝对常数 (见定理 3.6.2). 由 [Heb1](参见 [Au]), 存在绝对正常数 A_1 和 B_1, 使得对所有 $v \in C_0^\infty(M_i)(i = 1, 2)$, 成立

$$\left(\int_{M_i} v^6 d\mu(g_i(t))\right)^{1/3} \leqslant A_1 \int_{M_i} |\nabla v|^2 d\mu(g_i(t)) + B_1 \int_{M_i} v^2 d\mu(g_i(t)),$$

其中 $g_i(t) = R(x_i, t)g(t)$. 于是, 对所有 $v \in C_0^\infty(M_i)(i = 1, 2)$, 成立

$$\left(\int_{M_i} v^6 d\mu(g_i(t))\right)^{1/3} \leqslant A_1 \int_{M_i} 4|\nabla v|^2 d\mu(g_i(t)) + B_1 C_1 \int_{M_i} R_i v^2 d\mu(g_i(t)),$$

这里 R_i 是 (M_i, g_i) 的数量曲率, 它界于 C_1^{-1} 和 C_1 之间. 回到原来的度量 $g(t)$, 我们知 (7.4.18) 对所有 $v \in C_0^\infty(M_i)$ 成立, 其中 $A = \max\{A_1, B_1 C_1\}$.

仿照命题 8.2.1 的证明, 我们知道 (7.4.18) 对所有 $v \in C^\infty(N)$ 成立. 用简单的截断函数, 我们推出 (7.4.18) 对所有 $v \in C^\infty(M)$ 成立, 其中的常数 A 可能变大. 而从定理 6.2.1(i) 的最后的结论, 我们得到

(7.4.18) 对所有 $(M, g(s))$ 成立, 其中 $s \geqslant t$. 将 (7.4.18) 和定理 4.1.2 用到 κ 非坍塌性定义中的测地球上, 我们推出, 该 κ 解在任何尺度下是 κ 非坍塌的. □

习题 7.4.2　给出以上命题最后一段的详细证明.

将以上几个命题合并, 我们得到下面的定理.

定理 7.4.2 (κ 解的标准邻域)　设 $(M, g(t))$ 是除去 $\mathbf{RP}^2 \times \mathbf{R}$ 之外的 3 维 κ 解. 则对任意充分小的 $\varepsilon > 0$, 存在正常数 $\beta = \beta(\varepsilon)$, 使得以下性质成立: 任给时空点 (x, t), 存在 $r \in (0, \beta R(x,t)^{-1/2})$ 和开集 B, 满足 $B(x, r, t) \subset B \subset B(x, 2r, t)$, 且 B 是以下三种类型之一:

(i) B 是演变的 ε 颈. 即经过伸缩 $R(x,t)$ 倍并且平移时刻 t 到 0 之后, 时空区域

$$\{(y, s) \,|\, y \in B, s \in [t - \varepsilon^{-2} R(x,t)^{-1}, t]\}$$

按 $C^\infty_{\rm loc}$ 拓扑 ε 接近于演变的标准圆柱 $\mathbf{S}^2 \times \mathbf{R}$ 的一个区域, 后者在时刻 0 是数量曲率为 1 的 $\mathbf{S}^2 \times [-\varepsilon^{-1}, \varepsilon^{-1}]$.

(ii) B 是演变的 ε 盖子. 即 $B = K \cup J$, 其中 K 微分同胚于 $\mathbf{R}^3$ 中的标准球, 或微分同胚于有一个洞的 $\mathbf{RP}^3$; J 是演变的 ε 颈.

(iii) $B = M$ 是无边的截面曲率处处为正的紧流形.

(iv) 存在绝对常数 $\eta > 0$, 使得对所有 $x \in B$ 和 t, 以下梯度界成立:

$$|\nabla R(x,t)| \leqslant \eta R^{3/2}(x,t), \quad |\partial_t R(x,t)| \leqslant \eta R^2(x,t).$$

(v) 存在正常数 $C = C(\varepsilon)$, 使得对任意 $y \in B$, 有

$$C^{-1} R(x,t) \leqslant R(y,t) \leqslant C R(x,t).$$

而且在 (i) 和 (ii) 中 B 的体积满足 $(CR(x,t))^{-3/2} \leqslant |B|_{g(t)} \leqslant c\varepsilon r^3$, 这里 c 是绝对常数.

§7.5　3 维 Ricci 流的奇性分析

本节的主要结果是下面的定理 7.5.1, 它指出: 如果 3 维 Ricci 流在某一时空点的数量曲率充分大, 则该点有一个邻域在伸缩后接近 κ 解的一个邻域. 直观地看, 用 Perelman 的 κ 非坍塌性定理 6.1.2 和 Hamilton 紧性定理, 这个结果可以通过以数量曲率为倍数地伸缩度量

的方法证明. 如果该点的数量曲率接近于在此之前的数量曲率的极大值, 则这个简单的伸缩方法是有效的, 因为伸缩后的度量的极限趋于 κ 解. 可是, 如果该点的数量曲率远小于极大值, 则以它为倍数的伸缩法会遇到困难, 原因是伸缩后的数量曲率会变得无界. Perelman 创造了一个巧妙的归纳法来克服这个困难, 它以数量曲率的大小为顺序, 从数量曲率最大的点开始向其他点递推.

在陈述定理之前, 我们引入另外一个记号. 设 (x,t) 是 Ricci 流 (M,g) 中的一个时空点, 对 $r>0$, 记

$$P(x,t,r)=\{(y,s)\,|\,d(x,y,t)<r,\ t-r^2\leqslant s\leqslant t\},$$

则称这个区域为以 (x,t) 为中心, r 为半径的抛物块.

定理 7.5.1 (奇性结构或标准邻域性质[P1]) 设 $(M,g(t))(t\in[0,T_0),\ T_0>1)$ 是光滑 3 维 Ricci 流, 其初始流形是紧的, 可定向的, 且其初始度量是规范化的. 对任意 $\varepsilon>0$, 存在 $r_0=r_0(\varepsilon,T_0)>0$, 使得以下结果成立: 假设

$$Q\equiv R(x_0,t_0)\geqslant r_0^{-2},$$

其中 $x_0\in M$, $t_0\in(1,T_0)$, 则该 Ricci 流的时空区域

$$\{(x,t)\mid d^2(x_0,x,t_0)<\varepsilon^{-2}Q^{-1},\ t_0-\varepsilon^{-2}Q^{-1}\leqslant t\leqslant t_0\}$$

经过伸缩 Q 倍后, 按 $C^{[\varepsilon^{-1}]}$ 拓扑 ε 接近于可定向的 κ 解的一个区域.

证明 定理的证明分为五步.

第一步 归纳论证的主体框架.

假设定理不对. 则对某一 $\varepsilon>0$, 存在初始度量规范化了的一序列 Ricci 流 $(M_k,g_k(t))$, 它们存在于时间段 $[0,T_k)(T_k\in(1,T_0))$, 并且满足以下三个条件:

(i) 存在一序列正数 $r_k\to 0$, 点 $x_k\in M_k$ 及时刻 $t_k\in[1,T_k)$, 使得

$$Q_k\equiv R_k(x_k,t_k)\geqslant r_k^{-2},$$

其中 R_k 是度量 g_k 的数量曲率.

(ii) 对每一个 $(M_k,g_k(t))$ 和某常数 $a(\varepsilon)\in(0,\varepsilon^2]$, 时空区域

$$\begin{aligned}&P(x_k,t_k,(a(\varepsilon)Q_k)^{-1/2})\\&\quad\equiv\{(x,t)\in M_k\times[0,T_k)\mid d^2(x_k,x,t_k)<(a(\varepsilon)Q_k)^{-1},\\&\qquad t_k-(a(\varepsilon)Q_k)^{-1}\leqslant t\leqslant t_k\}\end{aligned}$$

伸缩 Q_k 倍以后, 不会 ε 接近于可定向的 κ 解的某区域.

(iii) 对任意点 $(x,t)\in M_k\times[t_k-h_kQ_k^{-1},t_k]$, 如果 $R_k(x,t)\geqslant 2Q_k$, 则定理的结论对该点成立. 这里

$$h_k=1/(2r_k)^2.$$

事实上, 条件 (i) 和 (ii) 是显然的, 但是条件 (iii) 本身也需要证明, 而且证明的办法还是归纳法. 固定 k, 容易找到一点 $(x_{0,k},t_{0,k})$, 在此点的数量曲率为 $Q_{0,k}=R_k(x_{0,k},t_{0,k})$, 使得条件 (i), (ii) 成立. 假设条件 (iii) 不成立, 否则该点已经满足所有反证条件, 它就是我们所要的点 (x_k,t_k). 这里的条件 (i)—(iii), 指的是上一段的条件 (i)—(iii), 但是其中的点 (x_k,t_k) 和 Q_k 分别被换成 $(x_{0,k},t_{0,k})$ 和 $Q_{0,k}$. 因此, 存在点

$$(x_{1,k},t_{1,k})\in M_k\times[t_{0,k}-h_kQ_{0,k}^{-1},t_{0,k}],$$

它满足不等式

$$Q_{1,k}=R_k(x_{1,k},t_{1,k})\geqslant 2Q_{0,k}.$$

但 Ricci 流 (M_k,g_k) 在时空块 $P(x_{1,k},t_{1,k},(a(\varepsilon)Q_{1,k})^{-1/2})$ 的部分经过伸缩 $Q_{1,k}$ 倍后, 不会 ε 接近于可定向的 κ 解.

注意, 关于点 $(x_{1,k},t_{1,k})$ 的条件 (i)—(ii) 是成立的. 如果关于点 $(x_{1,k},t_{1,k})$ 的条件 (iii) 也成立, 则该点就是我们所要的点 (x_k,t_k). 这里的条件 (iii) 和开始定义的相同, 但是其中的点 (x_k,t_k) 和 Q_k 分别被换成 $(x_{1,k},t_{1,k})$ 和 $Q_{1,k}$. 如果关于点 $(x_{1,k},t_{1,k})$ 的条件 (iii) 不成立, 我们重复以上的步骤来选择下一个时空点. 在每一步中所选的点的数量曲率至少是前一步中所选的点的数量曲率的两倍. 因为 M_k 是紧的, 经过有限步后, 我们将选到点 $(x_{m,k},t_{m,k})$. 该点的数量曲率 $Q_{m,k}=R_k(x_{m,k},t_{m,k})$ 至少是 $M_k\times[0,t_{1,k}]$ 中的数量曲率的极大值的四分之一. 因为 $t_{1,k}\geqslant t_{2,k}\geqslant\cdots$, 所以 $Q_{m,k}$ 至少是 $(M_k,g_k(t))(t\leqslant t_{m,k})$ 中的数量曲率的极大值的四分之一. 现在, 用本节开始所描述的伸缩方法, 我们知道, 如果 $Q_{m,k}\geqslant r_k^{-2}$ 且 r_k 充分小, 则对点 $(x_{m,k},t_{m,k})$ 的条件 (iii) 成立. 我们选该点作为 (x_k,t_k), 它满足条件 (i), (ii) 和 (iii).

接下来, 我们定义伸缩后的标记 Ricci 流 $(M_k,\tilde{g}_k(t),x_k,0)$, 其中

$$\tilde{g}_k(t)=Q_kg_k(tQ_k^{-1}+t_k).$$

为了简化叙述, 我们仍用 t 表示伸缩后的时间. 我们的目的是证明该标记 Ricci 流序列的某子序列按 C^∞_{loc} 拓扑收敛于可定向的 κ 解. 当 k 很大时, 这与条件 (ii) 矛盾, 从而完成定理的证明.

作为准备, 我们先验证关于 $\tilde{g}_k$ 的两个断言:

断言 1 $\tilde{g}_k(t)(t \leqslant 0)$ 有一致的 κ 非坍塌常数, 且当 $k \to \infty$ 时, 其非坍塌尺度趋于 ∞.

这是因为, g_k 有规范化的初始度量 $g_k(0)$. 由 Perelman 的非坍塌性定理知, g_k 的 κ 非坍塌常数和尺度只依赖于 T_0. 但非坍塌常数是伸缩不变量, 而 $\tilde{g}_k$ 的非坍塌尺度是 $\sqrt{Q_k}$ 乘以 g_k 的非坍塌尺度. 因此断言 1 成立.

断言 2 当 $k \to \infty$ 时, 度量 $\tilde{g}_k$ 在点 $(x_k, 0)$ 的负的截面曲率趋于 0.

因为当 $k \to \infty$ 时, $Q_k = R_k(x_k, t_k) \to \infty$, 根据 Hamilton-Ivey夹挤定理 5.2.4, g_k 在点 (x_k, t_k) 的负的截面曲率的大小是 $o(Q_k)$. 经过伸缩 Q_k 倍, 断言 2 得证.

第二步 证明 $\tilde{g}_k(t)$ 的曲率在点 $(x_k, 0)$ 周围的某个时空区域内一致有界.

我们先证明下面的命题 7.5.1.

命题 7.5.1 令 $Q_k = R_k(x_k, t_k)$, 对每一点 $(y, s) \in M_k \times [t_k - (4r_k^2 Q_k)^{-1}, t_k]$, 存在绝对常数 $c_0 > 0$, 使得

$$R_k(x,t) \leqslant 4\bar{Q}_k, \quad (x,t) \in P(y, s, (c_0 \bar{Q}_k^{-1})^{1/2}),$$

其中 $\bar{Q}_k = Q_k + R_k(y, s)$.

证明 (细节见 [KL] 第 70 节) 任取 $(x,t) \in P(y, s, (c_0 \bar{Q}_k^{-1})^{1/2})$. 如果 $R_k(x,t) \leqslant 2Q_k$, 则证明结束. 所以我们假设 $R_k(x,t) > 2Q_k$. 我们将 (x,t) 和 (y,s) 用一条时空曲线 L 以如下方式来连接: L 在 (x,t) 和 (x,s) 之间是直线, 在 (x,s) 和 (y,s) 之间是对应于 $g_k(s)$ 的最短测地线. 设 (y_0, s_0) 是 L 上离 (x,t) 最近的, 并且数量曲率是 $2Q_k$ 的点. 如果这样的点不存在, 则取 $(y_0, s_0) = (y, s)$. 用 L_1 代表曲线 L 从 (y_0, s_0) 到 (x,t) 的部分, 则 L_1 上的点的数量曲率至少是 $2Q_k$. 由条件 (iii), 当 c_0 充分小时, L_1 完全被一组抛物块覆盖, 而且 (M_k, g_k) 在其中每个抛

物块的部分经过伸缩后都 ε 接近于 κ 解的相应区域. 根据 κ 解的标准邻域定理 7.4.2 知, 沿着 L_1, 我们有梯度的界:

$$|\nabla R_k^{-1/2}| \leqslant \eta, \quad |\partial_t R_k^{-1}| \leqslant \eta.$$

这里 η 是绝对常数, 而且该不等式是伸缩不变的. 将梯度的这个界沿着 L_1 积分, 若 c_0 适当小, 则命题得证. □

从这个命题, 我们得知, 如果 $(x,t) \in P(x_k,t_k,(c_0Q_k^{-1})^{1/2})$, 则 $R_k(x,t) \leqslant 8R_k(x_k,t_k)$. 因此伸缩后的 Ricci 流 $(M_k,\tilde{g}_k,x_k)$ 的数量曲率 $\tilde{R}_k$ 在以 $(x_k,0)$ 为中心的, 有固定半径的抛物块中一致有界. 第二步的目的达到. 下几步我们将证明这样的抛物块的半径可以任意大.

第三步 证明在度量 $\tilde{g}_k(\cdot,0)$ 下, 如果一个点到中心点 x_k 的距离一致有界, 则在该点的曲率也一致有界.

此后的讨论将针对伸缩后的度量 $\tilde{g}_k$. 除非另外声明, 所有几何量都对应于 $\tilde{g}_k$. 比如, $\tilde{R}_k$ 代表 $\tilde{g}_k$ 的数量曲率; 关于 $\tilde{g}_k$ 的时刻 $t=0$, 则对应于伸缩前的时刻 t_k.

对所有 $\rho>0$, 定义

$$J(\rho)=\sup\{\tilde{R}_k(x,0)\,|\,k\geqslant 1, x\in B(x_k,\rho,\tilde{g}_k(0))\}, \quad \rho_0=\sup\{\rho\,|\,J(\rho)<\infty\}.$$

由第二步知, $\rho_0>0$. 我们的目的是证明 $\rho_0=\infty$.

仍用反证法. 假设 $\rho_0<\infty$, 则通过取适当子序列知, 可以找到 $y_k\in M_k$, 使得 $d(x_k,y_k,\tilde{g}_k(0))\to\rho_0$, 且 $\tilde{R}_k(y_k,0)\to\infty$. 设 α_k 是连接 x_k 和 y_k 的最短测地线. 因为 $\tilde{R}_k(x_k,0)=1$, 所以存在离 y_k 最近的点 $z_k\in\alpha_k$, 使得 $\tilde{R}_k(z_k,0)=2$. 用 β_k 代表 α_k 上连接 z_k 和 y_k 的那一段. 显然, 沿着 β_k, 数量曲率 $\tilde{R}_k\geqslant 2$. 由第二步我们知道, β_k 的长度以某个正常数为一致下界. Hamilton-Ivey夹挤定理 5.2.4 声称: 如果曲率张量有上界, 则它也有下界. 于是, 对每一个固定的 $\rho<\rho_0$, M_k 的曲率张量在球 $B(x_k,\rho,\tilde{g}_k(0))$ 中一致有界, 且由 Perelman 非坍塌定理知, 它们的单射半径以某个正常数为一致下界. 所以, 由 Hamilton 紧性定理导出: 存在一个标记子序列, 仍然记为 $(B(x_k,\rho_0,0),\tilde{g}_k(0),x_k)$, 它按 C_0^∞ 拓扑收敛到不完备的标记流形 $(B_\infty,\tilde{g}_\infty,x_\infty)$; 测地线 α_k 收敛到测地线 $\alpha_\infty\subset B_\infty$; β_k 收敛到 β_∞. 我们把 α_∞ 和 β_∞ 的共同端点记为 y_∞.

易知, 沿着 β_∞ 的数量曲率 $\tilde{R}_\infty$ 至少是 2. 根据条件 (iii), 对任意 $q_0\in\beta_\infty$, $\tilde{g}_\infty$ 限制在球

$$D_\infty(q_0) \equiv \{q \in B_\infty \mid d^2(q_0,q)|_{\tilde{g}_\infty} < 1/(\varepsilon^2 \tilde{R}_\infty(q_0))\}$$

中的部分 2ε 接近于 κ 解的一个区域. 从定理 7.4.2 得知, 这个区域是 2ε 颈, 2ε 盖子或紧的无边流形. 由于当 α_∞ 上的点趋于端点 y_∞ 时, $\tilde{R}_\infty$ 变得无界, 所以 $D_\infty(q_0)$ 不会 2ε 接近于紧的无边流形. 由于 α_∞ 是最短测地线, 我们知道, $D_\infty(q_0)$ 也不会 2ε 接近于一个 2ε 盖子. 原因是, 一个长的, 穿过 2ε 盖子顶端的测地线不可能是最短测地线. 于是, 仅剩下一种可能, 即 $D_\infty(q_0)$ 必须 2ε 接近于 2ε 颈.

于是, 极限流形 $(B_\infty, \tilde{g}_\infty, x_\infty)$ 是 2ε 颈的并集, 并且它同胚于 $\mathbf{S}^2 \times (0,1)$. 由 Hamilton-Ivey 夹挤定理 5.2.4知, 其截面曲率非负, 而且其数量曲率在端点 y_∞ 趋于无穷.

现在我们引用度量几何的一个基本结果, 它断言: $(B_\infty, \tilde{g}_\infty, x_\infty)$ 在端点 y_∞ 处有一个切锥, 它是 3 维的度量锥. 直观地看, 如果把度量 $\tilde{g}_\infty$ 在 y_∞ 附近放大, 则它趋于一个锥上的度量.

命题 7.5.2 设 $\{\lambda_j\}$ 为一趋于无穷的正数序列, 则存在一序列点 $\{y_j\} \subset B_\infty$, 使得 $d(y_j, y_\infty)|_{\tilde{g}_\infty} = \lambda_j^{-1/2}$, 并且标记流形 $(B_\infty, \lambda_j \tilde{g}_\infty, y_j)$ 按 C^∞_{loc} 拓扑收敛于一个开的锥.

证明 请见 [BBI] 第 10 章或 [MT] 第 10 章.

我们用 $J(x_\infty)$ 表示命题 7.5.2 中的锥, 用 y_∞ 记它的顶点, 用 g_J 代表它的度量. 设 γ 为以 y_∞ 为端点的径向最短测地线, 又设 V 是 γ 的切向量. 熟知, $Ric(V,V)|_{g_J} = 0$. 另一方面, 固定一点 $p \in \gamma$, 如果它不是端点 y_∞, 则存在常数 $c > 0$, 使得 $(B(p,c)|_{g_J}, g_J)$ 是一个不完备 Ricci 流的时间层, 该 Ricci 流是球 $B(z_k, c_k, t)|_{\tilde{g}_k} \subset M_k$ 在某时间段的伸缩极限. 注意, 这里有两个极限过程: 一个是 $\tilde{g}_\infty$ 作为 $\tilde{g}_k$ 的极限, 另一个是 g_J 作为 $\tilde{g}_\infty$ 在顶点附近的伸缩极限. 容易看出, g_J 是 $\tilde{g}_k$ 的子列按 C^∞_{loc} 拓扑的伸缩极限.

根据 Hamilton 强极大值原理, 我们知道, $(B(p,c)|_{g_J}, g_J)$ 沿着径向局部分裂为乘积流形. 但是非平坦的锥流形不可能这样分裂. 这个矛盾说明 $\rho_0 = \infty$, 即 $(M_k, \tilde{g}_k(0), x_k)$ 的数量曲率 $\tilde{R}_k$ 在球 $B(x_k, A, 0)|_{\tilde{g}_k(0)}$ 中一致有界, 其中 A 是任意正数. 以 $B(A)$ 记这些数量曲率的一致上界. 根据命题 7.5.1 的第二步, 存在依赖于 $B(A)$ 的常数 $\delta > 0$, 使得数量曲率 $\tilde{R}_k$ 在时空区域 $B(x_k, A, 0)|_{\tilde{g}_k(0)} \times [-\delta, 0]$ 上一致有界. 由定理

5.3.2 知, $(M_k, \tilde{g}_k)$ 的曲率的导数在以上区域的相对紧子区域内一致有界.

由于 $\tilde{g}_k(t)(t \geqslant 0)$ 是 κ 非坍塌的 (见第一步末尾处的断言 1), 所以可用 Hamilton 紧性定理 5.3.5, 找到 C^∞_{loc} 拓扑下的极限 Ricci 流 $(M_\infty, \tilde{g}_\infty, x_\infty)$. 该极限 Ricci 流存在于 $M_\infty \times (-\infty, 0]$ 的一个相对开集中, 它包含时间层 $M_\infty \times \{0\}$. 但是目前我们还不知道该极限 Ricci 流是否存在于一个正的时间段, 原因是当一个点很接近无穷时, 该 Ricci 流的存在时间可能很短. 但是我们知道以下性质对 $(M_\infty, \tilde{g}_\infty(0), x_\infty)$ 成立:

(i) 它在任何尺度下 k 非坍塌;

(ii) 它有非负截面曲率.

性质 (i) 成立是因为 $\tilde{g}_k$ 是 g_k 的放大, 因此非坍塌尺度也被放大 (见第一步末尾处的断言 1).

性质 (ii) 是 Hamilton-Ivey 夹挤定理 5.2.4 的推论. 设 $\nu_k(x,0)$, $\tilde{\nu}_k(x,0)$ 分别是 $g_k(0)$, $\tilde{g}_k(0)$ 在时空点 $(x,0)$ 处的负的截面曲率. 对固定的 x, 我们在第二步证明了 $\tilde{R}_k(x,0) \leqslant C$, 其中 C 是依赖于 x 的常数. 因此对未伸缩的度量 g_k, 我们有

$$R_k(x, t_k) \leqslant C R_k(x_k, t_k) \to \infty, \qquad k \to \infty.$$

如果 $R_k(x,t_k) = O(R_k(x_k,t_k))$, 则 $|\tilde{\nu}_k(x,0)| = o(1)$, 原因是 Hamilton-Ivey 夹挤定理指出 $|\nu_k(x,t_k)| = o(R_k(x,t_k))$. 如果 $R_k(x,t_k) = o(R_k(x_k, t_k))$, 由 Hamilton-Ivey 夹挤定理得到 $|\nu_k(x,t_k)| \leqslant c + R_k(x,t_k)$, 再经过伸缩 $Q_k = R_k(x_k,t_k)$ 倍, 我们得知, $\tilde{\nu}_k(x,0) \to 0$. 总之, 性质 (ii) 成立.

下一步的任务是证明以上极限流在每一点的存在时间 (寿命) 大于某正常数, 并且上面的性质 (i) 和 (ii) 在极限流存在的时间段上成立. 我们先证明 M_∞ 在 $\tilde{g}_\infty(0)$ 下的数量曲率有界, 然后利用命题 7.5.1 来达到目的.

第四步 证明 $(M_\infty, \tilde{g}_\infty(0), x_\infty)$ 中的每一点的曲率一致有界.

既然已知截面曲率非负, 我们只需证明 $\tilde{R}_\infty$ 的数量曲率有界. 用反证法. 假设数量曲率无界, 则 M_∞ 包含具有任意小半径的 ε 颈, 这与命题 7.1.2 矛盾. 详细证明如下.

假设 $\tilde{R}_\infty$ 是无界函数, 则用类似引理 7.1.1 的选点办法知, 存在一序列点 $\{p_j\} \subset M_\infty$, 它们趋于 ∞, 并且使得

$$\begin{aligned}&\tilde{R}_\infty(p_j,0) \to \infty, \quad \tilde{R}_\infty(x,0) \leqslant 4\tilde{R}_\infty(p_j,0),\\ &d(x,p_j,0)|_{\tilde{g}_\infty(0)} \leqslant j[\tilde{R}_\infty(p_j,0)]^{-1/2}.\end{aligned} \tag{7.5.1}$$

根据 κ 非坍塌性和 Hamilton 紧性定理, 标记流形 $(M_k, \tilde{R}_\infty(p_j,0)\tilde{g}_\infty(0), p_j)$ 的某子序列按 C^∞_{loc} 拓扑收敛于一个光滑的非平坦流形. 而由命题 7.1.1 知, 该极限流形等距于乘积流形 $N \times \mathbf{R}$, 其中 N 是 2 维流形.

另一方面, 对充分大的 j, $\tilde{R}_\infty(p_j,0) \geqslant 4$. 这意味着对充分大的 k, 有一个点 $y_k \in M_k$, 使得未伸缩的数量曲率 $R_k(y_k,t_k) \geqslant 2Q_k$. 由第一步的条件 (iii) 知, y_k 有一个标准邻域, 它或者是 ε 颈, 或者是 ε 盖子, 或者是无边的紧流形. 从 $(M_\infty, \tilde{g}_\infty)$ 的定义知, 对固定的 $r>0$, 球 $B(y_k, r/Q_k, g_k(t_k))$ 在伸缩 Q_k 倍以后, 按 C^∞_{loc} 拓扑收敛到 $B(p_j,r,0)|_{\tilde{g}_\infty(0)}$. 因此, p_j 也有一个标准邻域, 它或者是 2ε 颈, 或者是 2ε 盖子, 或者是无边的紧流形. 用第三步的办法知, 该标准邻域一定是半径为 $[R_\infty(p_j,0)]^{-1/2}$ 的 2ε 颈. 当 $j \to \infty$ 时, 这组半径趋于 0, 于是与命题 7.1.2 矛盾. 这样, $\tilde{R}_\infty(\cdot,0)$ 必须是有界函数.

第五步　证明 $(M_\infty, \tilde{g}_\infty(t), x_\infty)$ 对任何 $t \leqslant 0$ 存在, 并且其曲率一致有界.

仍用命题 7.5.1, 我们得知, 对某一 $a>0$, 极限流 $(M_\infty, \tilde{g}_\infty(t), x_\infty)$ 在时间段 $(-a,0]$ 内有定义, 且 $\tilde{R}_\infty(\cdot,t)$ 有界. 我们要证明 a 可以延长到 ∞.

为了导出矛盾, 假设 $(-a,0]$ 是该极限流存在 (有定义) 的最大时间段. 则命题 7.5.1 指出, 当 $t \to -a$ 时, 数量曲率 $\tilde{R}_\infty(\cdot,t)$ 的极大值趋于无穷. 同时, 数量曲率的极小值作为时间 t 的非减函数, 必须一致有界. 从数量曲率几乎达到极小值的点出发, 我们用前几步的方法证明数量曲率在其他点一致有界, 从而得出矛盾.

由 Hamilton 的迹 Harnack 不等式 (推论 5.3.1), 即

$$\partial_t \tilde{R}_\infty + (\tilde{R}_\infty/(t+a)) \geqslant 0$$

可导出

$$\tilde{R}_\infty(x,t) \leqslant Qa/(t+a),$$

其中 Q 是 $\tilde{R}_\infty(\cdot,0)$ 的极大值.

在命题 5.1.5(ii) 中取 $r_0=[Qa/(t+a)]^{-1/2}$, 并由截面曲率非负知, 可以找到常数 $c>0$, 使得

$$-c\sqrt{Qa/(t+a)}\leqslant \partial_t d(x,y,\tilde{g}_\infty(t))\leqslant 0.$$

这里 $d(x,y,\tilde{g}_\infty(t))$ 是 x 和 y 在度量 $\tilde{g}_\infty(t)$ 下的距离. 对上式积分得到, 对所有 $x,y\in M_\infty$ 和 $t\in(-a,0]$, 成立

$$d(x,y,\tilde{g}_\infty(0))\leqslant d(x,y,\tilde{g}_\infty(t))\leqslant d(x,y,\tilde{g}_\infty(0))+ca\sqrt{Q}. \tag{7.5.2}$$

由极限流 $\tilde{g}_\infty$ 的构造知, $\tilde{R}_\infty(x_\infty,0)=1$. 所以, 对任意固定的 $h>0$, 存在依赖 h 的点 y_∞, 使得

$$\tilde{R}_\infty(y_\infty,-a+h)\leqslant 1. \tag{7.5.3}$$

否则 $\tilde{R}_\infty$ 在时刻 $-a+h$ 的极小值会大于等于 1, 这与非平凡 Ricci 流的数量曲率的极小值是时间 t 的非减函数这一事实矛盾. 这个事实的证明可通过将极大值原理用于方程

$$\Delta R-\partial_t R+2|Ric|^2=0$$

而得到. 极大值原理在此有效的原因是曲率在每一时间层有界. 为了把 $\tilde{g}_\infty$ 延拓到时刻 $-a$ 之前, 我们先回到序列 $\{(M_k,\tilde{g}_k)\}$, 它们在时刻 $-a$ 之前有定义, 并且它们的极限是 $(M_\infty,\tilde{g})$.

由 (7.5.3) 知, 当 k 充分大时, 存在点 $y_k\in M_k$, 使得

$$\tilde{R}_k(y_k,-a+h)\leqslant 2.$$

选定 $h\leqslant c_0/2$, 其中 c_0 是命题 7.5.1 中的常数, 则当 k 充分大时, 我们可以在时刻 $-a+h$ 应用命题 7.5.1, 于是,

$$\tilde{R}_k(y_k,t)\leqslant 12,\qquad t\in[-a-h,-a+h].$$

重复第三步的推导知: 对任意 $A>0$ 和充分小的 $\delta_0\in(0,h]$, 存在正常数 $C(A,\delta_0)$, 使得

$$\tilde{R}_k(x,-a+\delta_0)\leqslant C(A,\delta_0),\qquad d(x,y_k,\tilde{g}_k(-a+\delta_0))\leqslant A.$$

再由命题 7.5.1 知, 对所有 $\delta\in[0,\delta_0]$, 成立不等式

$$\tilde{R}_k(x,-a+\delta)\leqslant 2C(A,\delta_0),\qquad d(x,y_k,\tilde{g}_k(-a+\delta_0))\leqslant A.$$

令 $k\to\infty$, 我们导出, 对所有 $\delta\in(0,\delta_0]$,

$$\tilde{R}_\infty(x,-a+\delta)\leqslant 2C(A,\delta_0),\qquad d(x,y_\infty,\tilde{g}_\infty(-a+\delta_0))\leqslant A.$$

因为 $d(y_\infty,x_\infty,\tilde{g}_\infty(-a+h))$ 不依赖于时间, 由 (7.5.2) 知, 存在正常数 $c=c(a,Q)$, 使得

$$\tilde{R}_\infty(x,-a+\delta)\leqslant cC(A,\delta_0),\qquad d(x,x_\infty,\tilde{g}_\infty(0))\leqslant A.$$

于是对固定的 $\delta\leqslant\delta_0$ 和充分大的 k, 有

$$\tilde{R}_k(x,-a+\delta)\leqslant 2cC(A,\delta_0),\qquad d(x,x_k,\tilde{g}_k(0))\leqslant A.$$

取 $\delta<<cC(A,\delta_0)$, 根据命题 7.5.1, 存在 $c_1>0$, 使得

$$\tilde{R}_k(x,t)\leqslant 8cC(A,\delta_0),\quad d(x,x_k,\tilde{g}_k(0))\leqslant A,\quad t\in[-a-c_1C(A,\delta_0)^{-1},0].$$

这里, 我们利用了 $\tilde{R}_k(\cdot,t)$ 在固定的紧集和时刻 $-a+\delta_0$ 后是一致有界的断言. 注意, 如果该断言不对, 则极限流 $\tilde{g}_\infty$ 的数量曲率在时刻 $-a+\delta_0$ 以后不能有界, 从而产生矛盾.

因此, $\{(M_k,\tilde{g}_k(t),x_k)\}$ 的一个子序列按 C^∞_{loc} 拓扑收敛到 $(M_\infty,\tilde{g}_\infty(t),x_\infty)$. 该极限流的存在区域是 $M_\infty\times(-\infty,0]$ 的相对开子集, 它包含 $M_\infty\times[-a,0]$. 重复第四步的推导知, $\tilde{R}_\infty$ 在 $M_\infty\times[-a,0]$ 中有界, 这与 a 的定义矛盾. 所以 $(M_\infty,\tilde{g}_\infty(t),x_\infty)$ 是 κ 解. 于是对充分大的 k, 在区域 $P(x_k,t_k,[a(\varepsilon)Q_k]^{-1/2})$ 中的 Ricci 流 (M_k,g_k), 经过伸缩 Q_k 倍以后, 按 $C^{[\varepsilon^{-1}]}$ 拓扑 ε 接近于可定向的 κ 解的相应区域. 这与第一步中的条件 (ii) 矛盾. 定理终于得证. □

习题 7.5.1 证明 (7.5.1).

定义 7.5.1 在定理 7.5.1 中, r 称为**标准邻域性质的参数或尺度**, ε 称为**标准邻域性质的精度**.

在理解了 3 维 Ricci 流的奇性结构以后, 就可以开始研究含手术的 Ricci 流了.

第八章　Sobolev 不等式和 3 维 Ricci 流, 含手术的情形

§8.1　手术的定义

Ricci 流在某个时刻可能在流形的一部分产生奇性, 而在其他部分仍保持光滑. 为了将 Ricci 流的存在时间延长, 我们需要切除某些曲率很大的区域, 然后用一个标准的盖子形状的区域取而代之. 这个过程叫做手术. 以手术后的流形作为初始流形, 这个 Ricci 流将继续存在一段时间. 我们希望在有限次手术之后, 该 Ricci 流的拓扑结构变得清楚. 根据标准邻域定理 7.5.1, 对 3 维 Ricci 流, 曲率很大的区域 (奇性区域) 具有简单的拓扑和几何结构. 最重要的奇性区域是 ε 尖角, 它是手术发生的地方. 在手术中, 我们把 ε 尖角的尖端沿着一个截面 (中心 2 维球) 切掉, 然后用一个同胚于 3 维欧氏球体的盖子将截面封上.

现在, 我们叙述含手术的 3 维 Ricci 流的一些基本事实. 这部分内容取自 Perelman 的文章 [P2], Hamilton 的文章 [Ha7] 以及 [CZ], [KL] 和 [MT]. 本章中的 Ricci 流都是 3 维的.

我们先回忆并引入手术中遇到的几个典型的几何对象.

定义 8.1.1 (ε颈, ε尖角, 双ε尖角, ε管子, ε盖子和有盖的ε尖角)

(i) 一个半径为 r 的 ε**颈**是一个不完备的流形, 其上的度量在伸缩 r^{-2} 倍以后按 $C^{[\varepsilon^{-1}]}$ 拓扑 ε 接近于标准的圆颈 $\mathbf{S}^2\times(-\varepsilon^{-1},\varepsilon^{-1})$.

(ii) 设 I 是 $\mathbf{R}$ 中的开区间. 一个半径为 r 的 ε**尖角**是流形 $\mathbf{S}^2\times I$, 其上的度量使得以下性质成立: 该流形上的每一点都含在某个 ε 颈中; 流形的一端包含在半径为 r 的 ε 颈中; 在流形的另一端, 其数量曲率趋于无穷.

(iii) 一个 ε**管子**是 $\mathbf{S}^2\times I$, 其上的度量使得以下性质成立: 该流形上的每一点都含在某个 ε 颈中, 并且数量曲率在流形的两端有界.

(iv) 一个**双**ε**尖角**是 $\mathbf{S}^2\times I$, 其上的度量使得该流形上的每一点都含在某个 ε 颈中, 并且数量曲率在流形的两端趋于无穷.

(v) 一个 ε**盖子**是一个不完备的流形 $B = K \cup J$, 其中 K 同胚于 $\mathbf{R}^3$ 中的标准球体, 或同胚于有一个洞的 $\mathbf{RP}^3(\mathbf{RP}^3 - \bar{B}^3)$; J 是 ε 颈.

(vi) 一个**有盖的**ε**尖角**是 ε 盖子和 ε 尖角的并集, 它们沿某 ε 颈的截面 (2 维球面) 粘合, 并且度量在粘合处光滑.

定义 8.1.2 (截面半径为 h 的 (r,δ) 手术) 设 $(M, g(t))(t \in [T_0, T))$ 是光滑 Ricci 流, 它在时刻 T 产生奇性. 假设它满足参数为 r, 精度为 ε 的标准邻域性质 (见定义 7.5.1). 给定 $\delta \in (0, \varepsilon)$, 一个发生在时刻 T, **截面半径为**h**的**(r,δ)**手术**是在流形的 δ 颈处进行切除和粘结的过程, 它满足以下条件:

(i) 拓扑条件.

在时刻 T, 设 N 是一个半径为 h 的 δ 颈, 它是一个 ε 尖角的一部分. 该手术把 ε 尖角的尖端沿着 N 的一个截面 (中心 2 维球) 切掉, 然后用一个同胚于 3 维欧氏球体的盖子将截面封上.

(ii) 几何条件.

根据定义, $(N, h^{-2}g)$ 按 $C^{[\delta^{-1}]}$ 拓扑 δ 接近于数量曲率为 1 的标准圆颈 $\mathbf{S}^2 \times (-\delta^{-1}, \delta^{-1})$. 在 δ 接近性的定义中, 从标准圆颈到 N 的微分同胚记做 Π. 对 $\theta \in \mathbf{S}^2$ 和 $z \in (-\delta^{-1}, \delta^{-1})$, (θ, z) 是微分同胚 Π 确定的 N 的坐标. 我们将 N 的度量等同于它通过 Π 拉回的在标准圆颈上的度量.

在手术后的瞬间, 度量 $\tilde{g} = \tilde{g}(T)$ 由以下公式给定:

$$\tilde{g} = \begin{cases} \bar{g}, & z \leqslant 0, \\ \mathrm{e}^{-2f}\bar{g}, & z \in [0,2], \\ \phi \mathrm{e}^{-2f}\bar{g} + (1-\phi)\mathrm{e}^{-2f}h^2 g_0, & z \in [2,3], \\ \mathrm{e}^{-2f}h^2 g_0, & z \in [3,4]. \end{cases} \tag{8.1.1}$$

这里 $\bar{g} = \lim\limits_{t \to T^-} g(t)$(若极限存在); g_0 是标准圆颈 $\mathbf{S}^2 \times \mathbf{R}$ 上数量曲率为 1 的度量; ϕ 是光滑截断函数, 它满足 $\phi(z) = 1$, 若 $z \leqslant 2$; $\phi(z) = 0$, 若 $z \geqslant 3$; $f = f(z)$ 是满足如下条件的光滑函数:

$$\begin{aligned} & f(z) = 0, \quad z \leqslant 0, \\ & f(z) = q_0 \mathrm{e}^{-p_0/z}, \quad z \in (0,3], \\ & f''(z) > 0, \quad z \in [3, 3.9], \\ & f(z) = -\frac{1}{2}\ln(16 - z^2), \quad z \in [3.9, 4], \end{aligned} \tag{8.1.2}$$

其中 $q_0>0$ 和 $p_0>0$ 是常数.

注解 8.1.1 一个 (r,δ) 手术包含三个参数. 一是手术精度参数 δ. 二是标准邻域性质的尺度参数: 如果某点的数量曲率大于 $1/r^2$, 则该点的一个邻域 ε 接近于 κ 解的相应区域. 我们也可以将它看做手术截面所在的 ε 尖角的最大截面半径. 第三个参数是手术截面的半径 h, 它是切割截面所在的 δ 颈的半径. 在命题 8.1.1 中, 我们将证明, 当 ε 和 δ 充分小的时候, ε 尖角包含一个强 δ 颈. 后者的定义将在稍候给出.

上面关于手术的定义取自 [CZ] 的 424 页, 它源于 [Ha7].

定义 8.1.3 (标准有盖无限圆柱, 典型标准有盖无限圆柱)

(i) 一个**标准有盖无限圆柱**是拓扑为 $\mathbf{R}^3$ 的流形, 它的度量是轴对称的, 具有非负截面曲率和正的数量曲率, 并且在一个紧集之外, 该流形是数量曲率为 1 的标准圆柱 $\mathbf{S}^2\times(-\infty,0)$.

(ii) **典型标准有盖无限圆柱**是流形 (N_0,g_s), 其中的度量 g_s 由以下公式给定:

$$g_s=\begin{cases} g_0, & z\leqslant 0,\\ \mathrm{e}^{-2f}g_0, & z\in(0,4]. \end{cases}$$

这里, g_0 为 $N_0\equiv\mathbf{S}^2\times(-\infty,4)$ 上数量曲率为 1 的标准乘积度量, z 和 f 分别是定义 8.1.2 中给出的坐标和函数.

定义 8.1.4 (标准解, 典型标准解) 称一个非紧 Ricci 流为**标准解**, 如果它满足: 其初始流形是一个标准有盖无限圆柱, 并且其曲率在每一时间层上有界. 称一个非紧 Ricci 流为**典型标准解**, 如果它满足: 其初始流形是典型标准有盖无限圆柱, 并且其曲率在每一时间层上有界.

注解 8.1.2 由施皖雄的定理 5.1.2 知, 标准解在一个有限时间段内光滑且完备. 见后面的引理 8.1.3.

下面我们证明, 若手术定义中的常数 q_0 和 p_0 被适当选择, 则 Hamilton-Ivey 夹挤定理 5.2.4 经过手术后仍然成立. 这对理解手术后重新启动的 Ricci 流的奇性结构十分重要. 我们对 3 维 Ricci 流奇性的了解很大程度上基于以下性质: 从 Ricci 流奇异点伸缩得到的古代解具有非负截面曲率. 这个性质当然是 Hamilton-Ivey 夹挤定理的推论.

为了简化计算, 我们先回顾一下 3 维流形曲率张量的一个特性.

引理 8.1.1 在 3 维流形的每一点, 存在切空间的正交基 $\{e_1, e_2, e_3\}$, 使得曲率算子 Rm 在基 $\{e_1 \wedge e_2, e_3 \wedge e_1, e_2 \wedge e_3\}$ 下是对角化的. 按照定义 3.2.2 中的记号, 曲率算子的特征值由以下公式决定:

$$\lambda = 2 < Rm(e_1, e_2)e_2, e_1 >= 2R_{1221},$$

$$\mu = 2 < Rm(e_3, e_1)e_1, e_3 >= 2R_{3113},$$

$$\nu = 2 < Rm(e_2, e_3)e_3, e_2 >= 2R_{2332}.$$

习题 8.1.1 证明引理 8.1.1.

引理 8.1.2 (含手术的 Hamilton-Ivey 夹挤定理) 存在绝对正常数 δ_0, q_0, p_0, 使得以下性质成立. 假设在时刻 T 和一个半径为 h 的 δ 颈处, 发生了一个半径为 h 的 (r, δ) 手术. 这里 $\delta \leqslant \delta_0$, $h^2 \leqslant 1/(2\mathrm{e}^2 \ln(1+T))$, q_0 和 p_0 通过 (8.1.2) 决定了手术定义中的函数 f.

(i) 设 $\tilde{R}$ 是度量 $\tilde{g}$ 的数量曲率, $\tilde{\nu}$ 是 $\tilde{g}$ 的曲率算子的最小特征值. 则当 $\tilde{\nu} < 0$ 时, 有

$$\tilde{R} \geqslant (-\tilde{\nu})[\ln(-\tilde{\nu}) + \ln(1+T) - 3].$$

(ii) 如果点 p 在手术盖子中, 则经过伸缩 h^{-2} 倍后, 球 $B(p, \delta^{-1/2}h, \tilde{g})$ 按 $C^{[\delta^{-1/2}]}$ 拓扑 δ 接近于典型标准有盖无限圆柱的相应球.

证明 (i) 证明可由对手术盖子附近的曲率算子进行直接计算得到. 分两步进行证明.

第一步 令 $\tilde{R}_{ijkl}$ 是 $\tilde{g} = \mathrm{e}^{-2f}\bar{g}$ 的曲率张量. 我们在 $0 \leqslant z \leqslant 2$ 的情形计算 $\tilde{R}_{ijkl}$.

设 $\{e_1, e_2, e_3\}$ 是点 x 处的切空间的正交基 (按度量 $\bar{g}$). 利用 (3.2.4) 和 (3.1.3), 通过直接计算, 我们得到

$$\begin{aligned}\tilde{R}_{abcd} = \mathrm{e}^{-2f}\big[&\bar{R}_{abcd} - |\bar{\nabla} f|^2(\bar{g}_{ad}\bar{g}_{bc} - \bar{g}_{ac}\bar{g}_{bd}) - (f_{ac} + f_a f_c)\bar{g}_{bd} \\ &-(f_{bd} + f_b f_d)\bar{g}_{ac} + (f_{ad} + f_a f_d)\bar{g}_{bc} + (f_{bc} + f_b f_c)\bar{g}_{ad}\big]. \quad (8.1.3)\end{aligned}$$

这里, $\bar{\nabla} f$ 是按度量 $\bar{g}$ 的 f 的梯度; 在由 $\{e_1, e_2, e_3\}$ 所确定的局部坐标下, f_a, f_b 等是 df 的分量, f_{ac}, f_{bd} 等是 Hessian$f$ 的分量.

注意,

$$\{\hat{e}_a \equiv \mathrm{e}^f e_a, \quad a = 1,2,3\}$$

是度量 $\tilde{g}$ 下的正交基, 于是,

$$\hat{R}_{abcd} = \tilde{R}_{klmn}\mathrm{e}^{4f}\delta_a^k\delta_b^l\delta_c^m\delta_d^n$$

是曲率张量在由 $\{\hat{e}_a,\ a = 1,2,3\}$ 确定的局部坐标下的分量. 将 (8.1.3) 代入上式, 则在点 x 处有

$$\begin{aligned}\hat{R}_{abcd} = \mathrm{e}^{2f}\big[&\bar{R}_{abcd} - |\bar{\nabla} f|^2(\delta_{ad}\delta_{bc} - \delta_{ac}\delta_{bd}) - (f_{ac} + f_a f_c)\delta_{bd} \\ &-(f_{bd} + f_b f_d)\delta_{ac} + (f_{ad} + f_a f_d)\delta_{bc} + (f_{bc} + f_b f_c)\delta_{ad}\big],\end{aligned} \tag{8.1.4}$$

$$\tilde{R} = \mathrm{e}^{2f}(\bar{R} + 4\bar{\Delta} f - 2|\bar{\nabla} f|^2), \tag{8.1.5}$$

其中 $\bar{\Delta}$ 是度量 $\bar{g}$ 下的 Laplacian(拉普拉斯算子).

从 δ 颈的定义, 我们知道, 伸缩后的度量 $h^{-2}\bar{g}$ 可以被认为是定义在圆柱 $\mathbf{S}^2 \times \mathbf{R}$ 的一段上的度量. 设 x 是其中一点, 又设 $\{e_1, e_2, e_3\}$ 是关于 $\bar{g}$ 的正交基, 它使得曲率算子 $\bar{R}m$ 在 $\{e_1 \wedge e_2, e_3 \wedge e_1, e_2 \wedge e_3\}$ 下对角化 (见引理 8.1.1). 我们用 $\bar{\lambda}$, $\bar{\mu}$ 和 $\bar{\nu}$ 代表 $\bar{R}m$ 的特征值, 它们按递减顺序排列.

设 g_0 为 $\mathbf{S}^2 \times \mathbf{R}$ 的标准乘积度量, 它的曲率算子的特征值是 $1/2, 0, 0$. 因为 $h^{-2}\bar{g}$ 在 $C^{[\delta^{-1}]}$ 拓扑下 δ 接近于 g_0, 我们有

$$|\bar{R}_{3113}| + |\bar{R}_{2332}| = O(\delta)h^{-2}, \qquad |\bar{R}_{1221} - \frac{1}{2h^2}| = O(\delta)h^{-2}. \tag{8.1.6}$$

由于 z 方向是圆柱 $\mathbf{S}^2 \times \mathbf{R}$ 的平直方向, 所以我们可以把 $e_i (i = 1, 2, 3)$ 适当排列, 使得

$$\begin{aligned}&|e_3 - h^{-1}\frac{\partial}{\partial z}|_{g_0} = O(\delta)h^{-1}, \quad |\bar{\nabla}_3 z - h^{-1}| = O(\delta)h^{-1}, \\ &|\bar{\nabla}_1 z| + |\bar{\nabla}_2 z| = O(\delta)h^{-1}, \quad |\bar{\nabla}^2_{a,b} z| = O(\delta)h^{-2}, \quad a, b = 1, 2, 3.\end{aligned}$$

这里, $\bar{\nabla}_a z$ 是协变导数 $\bar{\nabla}_{e_a} z$, $\bar{\nabla}^2_{a,b} z$ 是 Hessian$\bar{\nabla}^2_{e_a,e_b} z$(见定义 3.2.1). 显然,

$$\bar{\nabla}_a f(z) = f'(z)\bar{\nabla}_a z, \quad \bar{\nabla}^2_{a,b} f(z) = f'(z)\bar{\nabla}^2_{a,b} z + f''(z)\bar{\nabla}_a z\bar{\nabla}_b z,$$

并且

$$f'(z) = q_0 \mathrm{e}^{-p_0/z} p_0 z^{-2}, \quad f''(z) = q_0 \mathrm{e}^{-p_0/z} (p_0^2 z^{-4} - 2p_0 z^{-3}).$$

因此, 对任意小的 $\theta > 0$, 可以取 $q_0 > 0$ 充分小和 $p_0 > 0$ 充分大, 使得

$$|\mathrm{e}^{2f(z)} - 1| + |f'(z)| + |f'(z)|^2 < \theta f''(z), \qquad f''(z) < \theta, \quad z \in [0,3]. \tag{8.1.7}$$

由此推出,

$$\begin{aligned} &|\bar{\nabla}_a f(z)| \leqslant 2\theta h^{-1} f''(z), \qquad a = 1,2,3, \\ &|\bar{\nabla}^2_{a,b} f(z)| = O(\delta) h^{-2} f''(z), \quad \text{除非 } a = b = 3, \\ &|\bar{\nabla}^2_{3,3} f(z) - h^{-2} f''(z)| = O(\delta) h^{-2} f''(z). \end{aligned} \tag{8.1.8}$$

将 (8.1.4), (8.1.5), (8.1.6) 与 (8.1.8) 合并, 我们得到估计: 对充分小的 $\theta, \delta > 0$, 有

$$\begin{aligned} &\hat{R}_{1221} = \bar{R}_{1221} - (O(\theta) + O(\delta)) h^{-2} f''(z), \\ &\hat{R}_{3113} = \bar{R}_{3113} - (O(\theta) + O(\delta)) h^{-2} f''(z) + h^{-2} f''(z), \\ &\hat{R}_{2332} = \bar{R}_{2332} - (O(\theta) + O(\delta)) h^{-2} f''(z) + h^{-2} f''(z), \\ &\hat{R}_{abcd} = (O(\theta) + O(\delta)) h^{-2} f''(z), \quad \text{当 } abcd \text{ 是其他下标.} \end{aligned} \tag{8.1.9}$$

设 $\tilde{\lambda}, \tilde{\mu}$ 和 $\tilde{\nu}$ 是 $\widetilde{Rm}$ 的按递减顺序排列的特征值. 因为 $\{\hat{e}_a, a = 1,2,3\}$ 是关于 $\tilde{g}$ 的正交系, 从注解 3.2.5 得知,

$$\tilde{R} = 2(\hat{R}_{1221} + \hat{R}_{3113} + \hat{R}_{2332}).$$

所以

$$\begin{aligned} &\tilde{R} \geqslant \bar{R} + [4 - (O(\theta) + O(\delta))] h^{-2} f''(z) \geqslant \bar{R}, \\ &\tilde{\nu} \geqslant \bar{\nu} + [2 - (O(\theta) + O(\delta))] h^{-2} f''(z) \geqslant \bar{\nu}. \end{aligned}$$

如果 $\tilde{\nu} \geqslant -\mathrm{e}^2$, 则从假设 $h^{-2} \geqslant 2\mathrm{e}^2 \ln(1+t)$ 推出,

$$\tilde{R} \geqslant \bar{R} \geqslant \frac{1}{2} h^{-2} \geqslant \mathrm{e}^2 \ln(1+t) \geqslant (-\tilde{\nu})[\ln(-\tilde{\nu}) + \ln(1+t) - 3].$$

在此, 我们用到了 $\mathbf{S}^2 \times \mathbf{R}$ 的数量曲率是 1 和 $\bar{R}h^2$ 接近于 1 这两个事实.

如果 $\tilde{\nu} < -\mathrm{e}^2$, 则由 $\bar{R}$ 的夹挤性质和 $-\tilde{\nu} \leqslant -\bar{\nu}$ 推出,

$$\tilde{R} \geqslant \bar{R} \geqslant (-\bar{\nu})[\ln(-\bar{\nu}) + \ln(1+t) - 3] \geqslant (-\tilde{\nu})[\ln(-\tilde{\nu}) + \ln(1+t) - 3].$$

这里我们利用了函数 $x\ln x$ 当 $x>\mathrm{e}$ 是递增的性质. 因此, 当 $0\leqslant z\leqslant 2$ 时, 该引理得证.

第二步 $2\leqslant z\leqslant 4$ 的情形.

因为 $h^{-2}\bar{g}$ 按 $C^{[\delta^{-1}]}$ 拓扑 δ 接近于 g_0, 所以

$$\tilde{g}=\mathrm{e}^{-2f}h^2g_0+\phi h^2\mathrm{e}^{-2f}O(\delta).$$

对 $z\in[2,4]$, $f''(z)$ 有正的下界. 如果 q_0 充分小并且 p_0 充分大, 通过直接计算知, 度量 $\mathrm{e}^{-2f}g_0$ 的曲率算子是正定的. 我们将细节留做习题 8.1.2. 因此, 当 δ 充分小时, 曲率算子 $\widetilde{Rm}$ 也是正定的. 从而, 夹挤性质自动成立.

从手术的定义, 引理的最后的结论显然成立. □

习题 8.1.2 证明: 当 $z\in[2,4]$, q_0 充分小且 p_0 充分大时, 度量 $\mathrm{e}^{-2f}g_0$ 的曲率算子是正定的.

下一个引理指出, 任何标准解的存在时间段是 $[0,1)$, 而且当时间趋于 1 时, 每一点的数量曲率趋于无穷. 有趣的是, 所有标准解的寿命都是 1, 尽管它们的初始度量在紧集上各不相同.

引理 8.1.3 任何标准解 $g=g(t)$ 满足以下性质:

(i) 在它的存在时间段内, 曲率算子非负, 并且数量曲率处处为正.

(ii) 它的存在时间段是 $[0,1)$.

(iii) 它的数量曲率在每一时间层上有下界, 即

$$R(x,t)\geqslant C/(1-t),\quad t\in[0,1),$$

其中 C 是仅依赖于初始值的正常数.

证明 (i) 这个结果是 Ricci 流的强极大值原理 (定理 5.2.2) 的明显推论.

(ii) 设 $[0,T_s)$ 是一个标准解的存在时间段. 首先, 我们证明 $T_s\leqslant 1$. 用反证法. 假设 $T_s>1$, 则存在一个点列 $x_i\in M(i=1,2,\cdots)$, 它按度量 $g(0)$ 趋于无穷. 根据 Hamilton 紧性定理 5.3.5, 存在标记流形 $(M,x_i,g(t))$ 的子序列, 它按 C^∞_{loc} 拓扑收敛于标记 Ricci 流 $(M_\infty,x_\infty,g_\infty(t))(t\in[0,1))$. 证明收敛所需要的单射半径下界来自 κ 非坍塌性定理. 尽管我们只在紧情形下对该定理给过证明, 但是这个证明对标准解仍然适用, 原因是曲率在每一时间层有界.

注意到, $g_\infty(0)$ 是 $\mathbf{S}^2\times\mathbf{R}$ 上的标准乘积度量. 因此, 从标准解的唯一性 ([ChZ2], [LT]) 得知, $(M_\infty, x_\infty, g_\infty(t))$ 就是 $\mathbf{S}^2\times\mathbf{R}$ 上的标准 Ricci 流, 即标准收缩圆柱. 后者的存在时间段是 $[0,1)$, 并且当 $t\to 1$ 时, 其曲率一致趋于无穷. 因此, 存在 x_i 和 $t_i\to 1$, 使得 (M,g) 的曲率在点 (x_i,t_i) 充分大. 这表明 $T_s\leqslant 1$.

现在假设 $T_s<1$. 则存在序列 $\{x_i\}\subset M$ 和 $t_i\to T_s$, 使得 $\lim\limits_{i\to\infty}R(x_i,t_i)=\infty$. 我们断言: $d(x_i,x_1,0)$ 一致有界. 否则, 按照上一段的推导, 存在一个子序列, 仍然记做 $\{x_i\}$, 使得标记流形 $(M_\infty, x_\infty, g_\infty(t))$ 按 $C^\infty_{\rm loc}$ 拓扑收敛于标准收缩圆柱. 但是, 后者的曲率在时刻 $t=1$ 之前有上界 $C/(1-t)$. 因此, 当 i 充分大时, (M,g) 在点 (x_i,t_i) 处的曲率有上界 $2C/(1-T_s)$. 这与 (x_i,t_i) 的定义矛盾. 所以断言成立, 即 $\{x_i\}$ 被包含在一个区域, 它按照初始度量是紧的. 因此, 我们可以应用关于奇性结构的定理 7.5.1. 注意, 该定理对标准解的紧区域仍然有效, 因为它是一个局部结果, 而且它的证明只涉及奇点附近的信息. 于是存在 $\varepsilon_i\to 0$ 和 $i\to\infty$, 使得时空区域

$$\{(x,t)\mid d^2(x_i,x,t_i)<\varepsilon_i^{-2}Q_i^{-1},\ t_0-\varepsilon_i^{-2}Q_i^{-1}\leqslant t\leqslant t_0\},\quad Q_i=R(x_i,t_i)$$

在伸缩 Q_i 倍之后, 按 $C^{[\varepsilon_i^{-1}]}$ 拓扑 ε_i 接近于可定向 κ 解的相应部分. 根据命题 7.4.1, κ 解的渐近体积比是 0. 因此, 对任意小的 $\delta>0$, 存在 $A>1$, 使得

$$|B(x_i,(\sqrt{Q_i})^{-1}A,t_i)|_{g(t_i)}\,[(\sqrt{Q_i})^{-1}A]^{-3}<\delta.$$

由于曲率算子非负, 经典体积比较定理 (定理 3.5.1)指出, 对任何 $r>(\sqrt{Q_i})^{-1}A$, 有不等式

$$|B(x_i,r,t_i)|_{g(t_i)}\,r^{-3}<\delta.$$

因为 $Q_i\to\infty$, 这表明, 对任意固定的 $r>0$, 成立

$$\lim_{i\to\infty}|B(x_i,r,t_i)|_{g(t_i)}\,r^{-3}=0.$$

选定一个充分大的 r 和点 y, 使得 $d(x_1,y,0)=r$, 并且

$$x_i\in B(y,r,0).$$

则从经典体积比较定理 (定理 3.5.1), 我们得到

$$\lim_{i\to\infty}|B(y,r/2,t_i)|_{g(t_i)}\,r^{-3}=0.$$

用前一段的反证法, 我们知道, 当 y 离 x_1 充分远时, 对 $z\in B(y,r/2,t_i)$, 数量曲率 $R(z,t_i)$ 是一致有界的. 这与标准解的 κ 非坍塌性矛盾. 标准解的 κ 非坍塌性的证明与定理 6.1.2 的证明基本一样, 原因是标准解的曲率在每一时间层有界. 这个矛盾说明, $T_s=1$. 引理的结论 (ii) 得证.

(iii) 我们断言: $\lim\limits_{t\to 1^-}R(x,t)=\infty$ 对任意 $x\in M$ 成立.

用反证法. 假设断言不对, 则存在 $\{x_i\}\subset M$ 和 $t_i\to 1^-$, 使得 $R(x_i,t_i)\leqslant C_0<\infty(i=1,2,3,\cdots)$. 我们先说明 $\{x_i\}\subset D$, 其中 D 按度量 $g(0)$ 是紧集. 否则存在子序列, 仍然记为 $\{x_i\}$, 它趋于 ∞, 但是 $R(x_i,t_i)\leqslant C_0$. 从引理结论 (ii) 的证明知, 对任意 $\delta>0$ 和 $A>0$, 当 i 充分大时, 在区域 $B(x_i,A,0)\times[0,1-\delta]$ 中的标准解接近于标准收缩圆柱的相应区域. 注意, 标准收缩圆柱在时刻 t 的数量曲率大于 $a/(1-t)$, 其中 $a>0$ 是某一常数. 所以 $R(x_i,t_i)>2a/(1-t_i)$, 这和 $R(x_i,t_i)\leqslant C_0$ 的假设矛盾. 因此, $\{x_i\}$ 被包含在一个紧集 D 中. 于是存在一个点 z 和 $\{t_i\}$ 的子序列, 仍然记为 $\{t_i\}$, 使得

$$R(z,t_i)\leqslant C_0,\quad i=1,2,\cdots.$$

根据在有界距离内曲率有界的原则 (见定理 7.5.1 的证明的第三步) 知, 如果 $d(z,y,t_i)$ 有界, 则 $R(y,t_i)$ 有界. 由定理 7.5.1 的证明的第四步, 我们推出 $R(x,1)$ 对所有 $x\in M$ 一致有界. 因此, 该标准解在 $t=1$ 之后依然存在. 这与引理的结论 (ii) 矛盾. 断言由此得证.

在引理结论 (ii) 的证明中, 我们解释了奇性结构定理 7.5.1 对标准解仍然成立. 因此, 标准解的曲率很大的区域接近于 κ 解的相应区域. 由此及定理 7.4.2(iv) 知, 以下梯度估计对标准解成立: 设 $x\in M$, $t\in[0,1)$, 若 $R(x,t)$ 充分大, 则存在常数 $\eta>0$, 使得

$$|\partial_t R(x,t)|\leqslant \eta R^2.$$

因为 $\lim\limits_{t\to 1^-}R(x,t)=\infty$, 将上式积分得到 $R(x,t)>c/(1-t)$. 引理证毕. □

以上证明基于 [KL] 的 61 节, 亦参见 [CZ] 的 7.4 节和 [MT] 的第 12 章.

引理 8.1.4 标准解 $(\mathbf{R}^3, g(t))$ 满足以下标准邻域性质. 对任意充分小的 $\varepsilon > 0$, 存在正常数 $C(\varepsilon)$, 使得每一点 $(x,t) \in \mathbf{R}^3 \times [0,1)$ 有一个邻域 B, 它满足 $B(x,r,t) \subset B \subset B(x,2r,t)(r \in (0, C(\varepsilon)R(x,t)^{-1/2}))$, 并且属于以下两种类型之一:

(i) B 是 ε 盖子;

(ii) B 是 ε 颈.

此外, 类型 (ii) 的 B 是抛物区域

$$B(x, \varepsilon^{-1}R(x,t)^{-1/2}, t) \times [t - \min\{R(x,t)^{-1}, t\}, t]$$

在时刻 t 的一个时间层. 该抛物区域在伸缩 $R(x,t)$ 倍和把时刻 t 平移到 0 之后, 按 $C^{[\varepsilon^{-1}]}$ 拓扑 ε 接近于标准演变圆柱 $\mathbf{S}^2 \times \mathbf{R}$ 在时间段 $[-\min\{tR(x,t), 1\}, 0]$ 的相应区域.

证明 该引理的证明与定理 7.5.1 的证明类似. 我们将它留做练习, 详情请见 [CZ] 的 427 页. □

习题 8.1.3 证明引理 8.1.4.

现在, 我们给出 3 维 Ricci 流手术过程的确切定义. 设 $(M, g(t))$ 是紧的 Ricci 流, 它在时间段 $[S,T)$ 是光滑的, 但是在时刻 T 有奇性. 记

$$\Omega = \{x \in M \mid \limsup_{t \to T^-} R(x,t) < \infty\}.$$

根据施皖雄的局部导数估计 (定理 5.3.2), 我们知道, 当 $x \in \Omega$ 时, $\lim\limits_{t \to T^-} R(x,t)$ 存在. 设 r 为时间段 $[S,T)$ 内的标准邻域性质中的统一参数. 对某一 $\rho < r$, 记

$$\Omega_\rho = \{x \in \Omega \mid \lim_{t \to T^-} R(x,t) \leqslant 1/\rho^2\}.$$

定义 8.1.5 (手术过程) Ricci 流 $(M, g(t))$ 在时刻 T 的**手术过程**是由以下四个步骤组成的:

(i) 对所有与 Ω_ρ 相连的 ε 尖角进行 (r, δ) 手术.

(ii) 丢弃每一个截面曲率为正的紧的无边界的连通区域.

(iii) 丢弃每一个位于 $\Omega - \Omega_\rho$ 中的有盖子的尖角和双尖角.

(iv) 丢弃每一个位于 $\Omega - \Omega_\rho$ 中的紧的无边界的区域.

注解 8.1.3 在手术过程中所丢弃掉的区域的拓扑结构是已知的. 由 Hamilton 的 [Ha1] 知, 在步骤 (ii) 中丢弃掉的区域同胚于 $\mathbf{S}^3$ 或它

的商流形. 因为 $\rho < r$, 根据标准邻域性质, 在接近时刻 T 时, 在步骤 (iv) 中丢弃掉的区域完全被标准邻域所覆盖. 如果这些被丢弃掉的区域是紧的, 并且其截面曲率为正, 则它们和步骤 (ii) 中的区域相同; 否则它们完全被 ε 颈或 ε 盖子覆盖.

设 N 是这样一个被 ε 颈或 ε 盖子覆盖的连通区域. 我们考查两个情形. 第一种情形是 N 包含一个盖子. 此时, 与这个盖子相邻的标准邻域 J 是盖子或颈. 如果 J 是盖子, 则 N 同胚于 $\mathbf{S}^3$, $\mathbf{RP}^3$ 或两个 $\mathbf{RP}^3$ 的连通和; 如果 J 是颈, 我们再看与 J 相连的标准邻域是盖子还是颈. 这个过程必须在有限步终止, 并且最终出现的是盖子, 否则 N 是一个有盖子的尖角. 因此, N 还是同胚于 $\mathbf{S}^3$, $\mathbf{RP}^3$ 或两个 $\mathbf{RP}^3$ 的连通和. 第二种情形是 N 不包含盖子, 这样它完全被 ε 颈所覆盖. 因为 N 是光滑的, 紧的, 可定向的, 这些颈必须重复. 所以, N 同胚于 $\mathbf{S}^2 \times \mathbf{S}^1$.

现在, 我们定义含手术的 Ricci 流 (M, g) 的先验假设 (条件). 我们的目标是证明, 经过适当手术, 先验假设对 Ricci 流总是成立的.

定义 8.1.6 (含手术的 Ricci 流的精度为 ε 的先验假设)

1. 夹挤假设. 数量曲率 R 和曲率算子的特征值 s$\lambda \geqslant \mu \geqslant \nu$ 在每一时空点满足: 若 $\nu < 0$, 则

$$R \geqslant -\nu[\ln(-\nu) + \ln(1+t) - 3].$$

2. 参数 (尺度) 为 r, 精度为 ε 的强标准邻域性质 (假设).

对任意固定的充分小的 $\varepsilon > 0$, 存在正的非增函数 $r = r(t)$, 使得每一个满足 $R(x,t) \geqslant r^{-2}(t)$ 的时空点 (x,t) 都有一个邻域 B 满足 $B(x,\sigma,t) \subset B \subset B(x,2\sigma,t)$, 其中 $\sigma \in (0, cR^{-1/2}(x,t))(c = c(\varepsilon) > 0)$. 此外, B 属于以下三种类型之一并满足两个性质:

(i) B 是强 (演变的)ε 颈, 即经过伸缩 $R(x,t)$ 倍和将时刻 t 平移到 0 以后, 时空区域

$$\{(y,s) \,|\, y \in B, s \in [t - R(x,t)^{-1}, t]\}$$

按 $C^{[\varepsilon^{-1}]}$ 拓扑 ε 接近于演变的标准圆柱 $\mathbf{S}^2 \times \mathbf{R}$ 在时间段 $[-1, 0]$ 的相应区域, 这里演变的标准圆柱在时刻 0 是 $\mathbf{S}^2 \times [-\varepsilon^{-1}, \varepsilon^{-1}]$, 并且其数量曲率是 1.

(ii) B 是演变的 ε 盖子, 即在一个同胚于标准 3 维球或者穿孔 $\mathbf{RP}^3$ 的紧的区域之外, B 是演变的 ε 颈.

(iii) B 是截面曲率为正的无边紧流形.

(iv) 存在正常数 $C = C(\varepsilon)$, 使得对任意 $y \in B$, 有

$$C^{-1}R(x,t) \leqslant R(y,t) \leqslant CR(x,t).$$

而且在 (i) 和 (ii) 中的 B 的体积满足

$$(CR(x,t))^{-3/2} \leqslant |B|_{g(t)} \leqslant \varepsilon\sigma^3.$$

(v) 存在绝对常数 $\eta > 0$, 使得以下梯度的界对任何点 $x \in B$ 成立

$$|\nabla R(x,t)| \leqslant \eta R^{3/2}, \quad |\partial_t R(x,t)| \leqslant \eta R^2.$$

注解 8.1.4 演变的 ε 盖子在经过其定义中的伸缩后, 其存在时间可能小于 1. 相比之下, 强 ε 颈在经过其定义中的伸缩后, 其存在时间是 1. 这个性质将有助于证明有限时间内只有有限个手术的断言.

Perelman 证明了一个小的 ε 尖角包含一个强的 δ 颈, 条件是 δ 充分小.

命题 8.1.1 ([P2] 的引理 4.3) 设 (M,g) 是 3 维含手术的 Ricci 流; 它的初始度量是规范化的; 它在时间段 $[0,T)$ 是光滑的并满足精度为 ε 的先验假设; 它在时刻 T 有奇性. 用 $r(T)$ 记强标准邻域性质中的尺度. 选择 $\delta \in (0,1)$, 并且定义 $\rho = \delta r(T)$. 假设 (x,T) 位于一个 ε 尖角, 其边界包含在 Ω_ρ 中. 这里 $\varepsilon < \varepsilon_0$, 其中 ε_0 为一个充分小的正常数. 则存在 $h \in (0,\delta\rho)$, 它仅依赖于 δ, ε_0 和 $r(T)$, 使得以下结果成立: 如果 $R(x,T) \geqslant h^{-2}$, 则时空区域

$$\begin{aligned}&P(x,T,\delta^{-1}R(x,T)^{-1/2},T-R(x,t)^{-1},T)\\&\quad\equiv\{(y,s)\,|\,d(x,y,s)<\delta^{-1}R(x,T)^{-1/2},\ s\in(T-R(x,t)^{-1},T)\}\end{aligned}$$

中的 Ricci 流是一个强 δ 颈.

证明 证明的方法是用伸缩法推出矛盾, 这与定理 7.5.1 的证明的第三步到第五步类似. 参见 [CZ] 中的引理 7.3.2, [KL] 中的引理 71.1 和 [MT] 中的定理 11.29.

假设命题不对. 则有一个固定的 $\delta \in (0,\varepsilon)$ 和一序列满足命题条件的含手术的 Ricci 流 $\{(M^k, g^k)\}(k=1,2,\cdots)$, 以及存在位于 M^k 的 ε 尖角中的点 $x^k \in M^k$ 和正数 $h(x^k) \to 0^+$, 使得 $R(x^k,T) = h(x^k)^{-2}$, 但是时空区域

$$P^k(x^k, T, \delta^{-1}h(x^k), T - h^2(x^k), T), \quad k = 1, 2, \cdots$$

不是强 δ 颈.

考查伸缩后的 Ricci 流

$$\tilde{g}^k(\cdot, s) = h^{-2}(x^k) g^k(\cdot, h^2(x^k)s + T).$$

根据先验假设, 由于 $h(x^k) \to 0$, 因此当 k 很大时, x^k 位于 ε 尖角的深处, 于是它有一个强 ε 颈作为其标准邻域. 于是, 对每一个固定的 $A > 0$, 当 k 很大时, 球 $B(x^k, A, \tilde{g}^k(\cdot, 0))$ 在某个一致的时间段 $[-s_0(A), 0]$ 内不受手术影响. 这里的一致性指的是 $s_0(A)$ 不依赖于大的 k.

现在, 我们可以借用定理 7.5.1 第三步 (在有界距离内曲率有界) 的证明方法得到: 存在 $J(A) > 0$, 使得

$$|Rm_{\tilde{g}^k}(y, 0)| \leqslant J(A), \quad y \in B(x^k, A, \tilde{g}^k(\cdot, 0)).$$

因此, $\tilde{g}^k$ 的一个子序列按 C_0^∞ 拓扑收敛到一个极限 Ricci 流 $(M^\infty, \tilde{g}^\infty(\cdot, s))$. 该极限流存在于 $M^\infty \times (-\infty, 0]$ 的一个时空子区域, 它包含时间层 $M^\infty \times \{0\}$.

根据先验假设中的夹挤假设, 我们推出该极限流有非负曲率. 因为 x^k 位于强 ε 颈的中部, 我们知道, M^∞ 有两个末端, 于是它包含测地直线. 从 Toponogov 分裂定理 (定理 7.1.1 的第一部分) 得知, $M^\infty = N \times \mathbf{R}$, 其中 N 是紧的, 具有正曲率的 2 维流形. 注意, N 同胚于 $\mathbf{S}^2$, 原因是 M^∞ 的一段是 ε 颈的极限. 由先验假设, 极限流 $(M^\infty, \tilde{g}^\infty)$ 作为伸缩后的强 ε 颈的极限, 存在于时间段 $[-1, 0]$. 仿照定理 7.5.1 第五步的证明, 我们推出, $(M^\infty, \tilde{g}^\infty)$ 存在于时间段 $(-\infty, 0]$ 并且是一个 κ 解. 于是 $(N, g^\infty|_N)$ 是 2 维 κ 解. 这里 $g^\infty|_N$ 是 g^∞ 在 N 上的限制. 因为 N 同胚于 $\mathbf{S}^2$, 所以定理 7.1.3 指出 $M^\infty = \mathbf{S}^2 \times \mathbf{R}$.

因此, 当 k 很大时, 区域 $P^k(x^k, T, \delta^{-1}h(x^k), T - h^2(x^k), T)$ 是强 δ 颈. 此矛盾表明命题成立. □

§8.2 含手术的 W 熵, Sobolev 不等式和小圈猜想

Perelman 证明 Poincaré 猜想和几何化猜想的关键一步是证明 Ricci 流的 κ 非坍塌性结果, 见 [P1] 和 [P2]. 该结果在手术情形的证明比较艰深和漫长, 它用到约化距离, 容许曲线, 勉强容许曲线, 以及数量曲率的梯度估计等. 详细的解释请看 [CZ], [KL], [MT] 和 [Tao].

在本节, 我们介绍 [Z4] 的主要结果: Ricci 流的不依赖手术个数的一致 Sobolev 不等式. 我们熟知, Sobolev 不等式包含流形的重要的几何与分析信息, 其中包括非坍塌性, 等周不等式等. 作为推论, 我们证明一个强非坍塌性结果, 在手术情形的 Perelman κ 非坍塌性是它的一个特例. 该结果的证明需要较少的假设, 比如, 它不需要整个流形上的标准邻域性质及数量曲率的梯度估计 (见注解 8.2.1).

在强非坍塌性的证明中, 我们仅需要用到 Perelman W 熵以及 W 熵的极小化方程在尖角上的分析. 因此, 证明过程相对简单易懂. 更重要的是, 强非坍塌性导出手术情形 Hamilton 小圈猜想的证明. 我们知道, 光滑情形的小圈猜想是由 Perelman 证明的, 但是含手术的情形在 [Z4] 之前并没有解决. 参见本节后面的注解 8.2.3.

给定紧 Riemann 流形 (M,g), 如果它的维数 $n \geqslant 3$, 则以下 Sobolev 不等式成立: 存在正常数 A, B, 使得对所有 $v \in W^{1,2}(M,g)$, 成立

$$\left(\int_M v^{2n/(n-2)} d\mu(g)\right)^{(n-2)/n} \leqslant A\int_M |\nabla v|^2 d\mu(g) + B\int_M v^2 d\mu(g). \tag{8.2.1}$$

此不等式的证明由 Aubin[Au] 给出, 其中 $A = K^2(n)+\varepsilon(\varepsilon > 0)$; B 依赖于流形的单射半径、截面曲率的界以及 ε; $K(n)$ 是 $\mathbf{R}^n$ 中 Sobolev 嵌入的最佳常数. Hebey[Heb1] 证明了 B 仅依赖于 ε, 单射半径的下界和 Ricci 曲率的下界. Hebey 和 Vaugon[HV] 进一步证明: 在以上 Sobolev 嵌入中可以取 $\varepsilon = 0$, 但这时的常数 B 还将依赖于曲率张量的导数. 因此, 表面上看, 我们不能沿着 Ricci 流控制 Sobolev 嵌入中的常数. 可是定理 8.2.1 指出: 如果手术半径适当小, 以上 Sobolev 嵌入沿着 3 维 Ricci 流在有限时间内一致成立, 并且其常数不依赖于手术的个数.

为陈述定理, 我们首先回忆并引入几个常用的名称和概念. 我们用 $(M, g(t))$ 代表 Hamilton 的 Ricci 流

$$\frac{dg}{dt} = -2Ric.$$

如果在时刻 t 有手术, 则 $(M, g(t^-))$ 代表手术发生前瞬间的流形; $(M, g(t^+))$ 代表手术发生后瞬间的流形. 和往常一样, 在度量 $g(t)$ 下, 以点 x 为中心, r 为半径的球记为 $B(x, r, t)$; 数量曲率的记号是 $R = R(x, t)$, 并且记 $R_0^- = \sup R^-(x, 0)$; Rm 代表曲率张量; $d\mu(g(t))$ 代表体积元; $\mathrm{Vol}(M(g(t))$ 或 $|M(g(t))|$ 表示 M 在度量 $g(t)$ 下的体积; 对时空中的一点 (x_0, t_0) 和 $r > 0$, 定义半径为 r 的抛物块为:

$$P(x_0, t_0, r, -r^2) = \{(x, t) \,|\, d(x_0, x, t) < r,\ t \in (t_0 - r^2, t_0)\}.$$

定义 8.2.1 (受影响区域) 称一个时空区域为**受影响区域**, 如果有手术切除该区域中的某点. 否则, 称该区域**不受手术影响**.

我们回顾手术情形的 κ 非坍塌性 (Perelman[P2]), 参见 [KL] 中的定义 77.9.

定义 8.2.2 (手术情形的 (弱) κ 非坍塌性) 设 $(M, g(t))$ 是定义在时间段 $[a, b]$ 中的含手术的 3 维 Ricci 流. 假设 $x_0 \in M$, $t_0 \in [a, b]$ 和 $r > 0$ 满足 $t_0 - r^2 \geqslant a$, 而且 $B(x_0, r, t_0) \subset M$ 是真子集. 又假设抛物块 $P(x_0, t_0, r, -r^2)$ 不受手术影响. 给定正数 κ, 如果在 $P(x_0, t_0, r, -r^2)$ 上, $|Rm| \leqslant r^{-2}$, 并且 $|B(x_0, r, t_0)| \geqslant \kappa r^3$, 我们称 M 在点 (x_0, t_0) 按尺度 r**(弱)** κ **非坍塌**.

现在, 我们引入强 κ 非坍塌性的概念.

定义 8.2.3 (强 κ 非坍塌性) 设 $(M, g(t))$ 是定义在时间段 $[a, b]$ 中的含手术的 3 维 Ricci 流. 假设 $x_0 \in M$, $t_0 \in [a, b]$ 和 $r > 0$ 满足 $t_0 - r^2 \geqslant a$, 而且 $B(x_0, r, t_0) \subset M$ 是真子集. 给定正数 κ, 如果在 $B(x_0, r, t_0)$ 上, $R \leqslant r^{-2}$, 并且 $|B(x_0, r, t_0)| \geqslant \kappa r^3$, 我们称 M 在点 (x_0, t_0) 按尺度 r **强** κ **非坍塌**.

强 κ 非坍塌性在两方面改进了 (弱) κ 非坍塌性: 一是, 它只需要 Ricci 流在一个时间层的信息, 因此绕开了抛物块可能被手术切割的麻烦; 二是, 它仅要求数量曲率的上界.

本节的主要结果是下面定理.

定理 8.2.1 给定实数 $T_1 < T_2$, 设 $(M, g(t))$ 是在时间段 $[T_1, T_2]$ 上的 3 维 Ricci 流, 它的初始度量是规范化的. 假设以下条件成立:

(i) 在 $[T_1, T_2]$ 中, 只有有限个 (r, δ) 手术, 它们发生在半径为 r 的 ε 尖角. 这里 $r \leqslant r_0$ 并且 $\varepsilon \leqslant \varepsilon_0$, 其中 r_0 和 ε_0 是固定的充分小的正数. 手术半径满足 $h \leqslant \delta^2 r$, 即手术截面位于半径为 h 的 δ 颈, 而且 $h \leqslant \delta^2 r$. 这里 $0 < \delta \leqslant \delta_0$, 其中 $\delta_0 = \delta_0(r_0, \varepsilon_0) > 0$ 充分小. 在这些 ε 尖角之外, Ricci 流是光滑的.

(ii) 在手术前的瞬间, 对某个常数 $c > 0$ 及上述 ε 尖角中的所有点 x, 存在区域 U, 它满足

$$B(x, c\varepsilon^{-1}R^{-1/2}(x)) \subset U \subset B(x, 2c\varepsilon^{-1}R^{-1/2}(x)),$$

并且在伸缩 $R(x)$ 倍以后, U 按 $C^{[\varepsilon^{-1}]}$ 拓扑 ε 接近于 $\mathbf{S}^2 \times (-\varepsilon^{-1}, \varepsilon^{-1})$. 在手术后的瞬间, 对手术盖子上的任意点 x, 球 $B(x, \varepsilon^{-1}R^{-1/2}(x))$ 在伸缩 $R(x)$ 倍以后, 按 $C^{[\varepsilon^{-1}]}$ 拓扑 ε 接近于典型标准有盖无限圆柱的相应球. 后者的中心位于标准有盖无限圆柱的盖子上.

(iii) 存在常数 $A_1 > 0$, 使得维数 $n = 3$ 的 Sobolev 嵌入

$$\left(\int_M v^{2n/(n-2)} d\mu(g(T_1))\right)^{(n-2)/n}$$
$$\leqslant A_1 \int_M (4|\nabla v|^2 + Rv^2) d\mu(g(T_1)) + A_1 \int_M v^2 d\mu(g(T_1))$$

对所有 $v \in W^{1,2}(M, g(T_1))$ 成立. 则对任意 $t \in (T_1, T_2]$, 以下 Sobolev 嵌入

$$\left(\int_M v^{2n/(n-2)} d\mu(g(t))\right)^{(n-2)/n}$$
$$\leqslant A_2 \int_M (4|\nabla v|^2 + Rv^2) d\mu(g(t)) + A_2 \int_M v^2 d\mu(g(t))$$

对所有 $v \in W^{1,2}(M, g(t))$ 成立, 其中

$$A_2 = C(A_1, \sup R^-(x,0), T_2, T_1, \sup_{t \in [T_1, T_2]} \mathrm{Vol}(M(g(t))) \ )$$

不依赖于手术的个数和 r. 此外, 该 Ricci 流在时间段 $[T_1, T_2]$ 上是强 κ 非坍塌的, 其非坍塌尺度为 1, 非坍塌常数 κ 仅依赖于 A_2. 最后, 以上的手术半径 h 可以取为任何 $h \leqslant z_0 r^p$, 其中 $p = p(\varepsilon)$ 是任何大于 1 的数, $z_0 = z_0(\varepsilon, p) > 0$ 充分小.

根据 Hebey[Heb1] 的工作, Sobolev 嵌入对任何紧流形成立, 并且其常数依赖于 Ricci 曲率和单射半径的下界. 因此, 我们可以把定理中的条件 (iii) 换成以下条件: $(M, g(T_1))$ 是强 κ 非坍塌的, 并且尺度为 $r_0 > 0$, 精度为 $\varepsilon_0 > 0$ 的标准邻域性质成立.

回忆在每次手术中, 我们扔掉以下各种区域: 截面曲率为正的紧的无边的连通区域; 有盖的尖角; 双尖角; 处处满足 $R > r^{-2}$ 的无边的紧连通区域, 这里 r 是标准邻域性质的尺度. 当我们假设 Ricci 流在 ε 尖角之外是光滑的时候, 我们已经排除了这些扔掉的区域.

我们可以对常数 A_2 的大小进行估计. 容易看出, $\text{Vol}(M(g(t)) \leqslant C(1 + t^{3/2})$. 如果初始流形的数量曲率处处非负, 则 A_2 是不依赖 Ricci 流存在时间的常数. 原因是: 这时的体积是时间的非增函数, 并且光滑情形的 Sobolev 常数不依赖于时间 (见定理 6.2.1).

注解 8.2.1 定理 8.2.1 的证明用的是 Perelman W 熵的单调性和 W 熵的极小化方程在尖角上的特征值分析. 对 (r, δ) 手术来说, 假设 (ii) 显然弱于标准邻域性质, 比如, 它不需要数量曲率的梯度估计, 并且手术截面也不用坐落在强 δ 颈上. 在第九章, 我们将讨论此定理在 Poincaré 猜想证明中的应用. 然而, 要证明几何化猜想, 我们还需要一个局部化的弱 κ 非坍塌定理, 直到现在它还只能用 Perelman 的约化距离和体积来证明.

注解 8.2.2 在文章 [Z2] 中, 我们证明了关于 Ricci 流的依赖于手术个数的 Sobolev 不等式. 类似的结果在叶如钢的文章 (The Logarithmic Sobolev inequality along the Ricci flow, arXiv: 0707.2424v4, 2007) 中也被提到, 但是, 证明没有在该文中给出.

注解 8.2.3 以上定理中的强 κ 非坍塌性结果显然推出手术情形的 Hamilton 小圈猜想, 即如果数量曲率在半径为 W 的测地球中有上界 const./W^2, 则该球中心点的单射半径有下界 const.W. 参见 [Ha7] 的第 15 节.

对光滑 Ricci 流, 该猜想是由 Perelman 证明的 (见 [P1]). 对含手术的 3 维 Ricci 流, 用约化体积等工具, Perelman[P2] 证明了一个较弱的结果, 那就是弱 κ 非坍塌性, 即如果曲率张量在一个尺度为 W 的抛物块内以 const./W^2 为界, 且该抛物块不受手术影响, 则在该抛物块的端点, 单射半径有下界 const.W. 可是, 实际上很难验证一个给定抛物块是否受手术影响.

在证明定理 8.2.1 之前, 我们先描述一下证明的思路. 从第六章得知, Perelman W 熵的单调性事实上是一组含有参数的对数 Sobolev 不等式的最佳常数的单调性. 如果 Ricci 流在一个有限时间段是光滑的, 则这些对数 Sobolev 不等式的最佳常数不会变小 (变坏). 如果 Ricci 流经过一个 (r,δ) 手术并且 δ 充分小, 我们将证明这些对数 Sobolev 不等式的最佳常数的变化小于流形的体积在手术中的变化值的常数倍. 由于后者可以取得很小, 这就证明了沿着含手术的 Ricci 流, W 熵的最小值是几乎单调的 (见 (8.2.36) 和 (8.2.37)). 因为这个结果可能有别的应用, 我们把它单独写成一个定理.

在 Ricci 流 $(M,g(t))$ 的给定时刻 t, 对 $\sigma>0$, 定义

$$\begin{aligned}&\lambda_{\sigma^2}(g(t))\\&\quad=\inf\left\{\int_M\left[\sigma^2(4|\nabla v|^2+Rv^2)-v^2\ln v^2\right]d\mu(g(t))\right.\\&\qquad\qquad\left.-n\ln\sigma \mid v\in C^\infty(M),\ \|v\|_2=1\right\}.\end{aligned}\tag{8.2.2}$$

通过代换 $u=v^2$, 容易看出

$$\lambda_{\sigma^2}-\frac{n}{2}\ln(4\pi)$$

是参数为 σ^2 的 W 熵的最小值. 另外, $\lambda_{\sigma^2}(g(t))$ 也是参数为 σ^2 的对数 Sobolev 不等式的最佳常数. 如果 t 是一个手术时间, 我们用

$$\lambda_{\sigma^2}(g(t^+))$$

代表在手术后瞬间的流形上成立的, 参数为 σ^2 的对数 Sobolev 不等式的最佳常数. 类似地, 我们定义

$$\lambda_{\sigma^2}(g(t^-)) \equiv \lim_{s\to t^-} \lambda_{\sigma^2}(g(s)).$$

在证明定理 8.2.1 中的主要工作是证明下面的定理.

定理 8.2.2 假设 Ricci 流 (M,g) 满足定理 8.2.1 的条件 (i) 和 (ii). 假如有一个 (r,δ) 手术在时刻 T 发生, 并且 $\sigma\in(0,1]$. 则存在正常数 Λ_0 和 h_0, 它们不依赖于 T 和 σ, 使得以下结果成立: 假如 $\lambda_{\sigma^2}(g(T^+))\leqslant -\Lambda_0$, 并且手术半径小于 h_0, 则有

$$\lambda_{\sigma^2}(g(T^-)) \leqslant \lambda_{\sigma^2}(g(T^+)) + c|\mathrm{Vol}(M(T^-)) - \mathrm{Vol}(M(T^+))|.$$

这里 $\mathrm{Vol}(M(T^-))$ 是手术前瞬间的流形的体积, $\mathrm{Vol}(M(T^+))$ 是手术后瞬间的流形的体积; c 是正常数.

定理 8.2.2 的证明办法是利用 W 熵的极小化方程的 Agmon 型加权估计. 此方法是受 [P2] 和 [KL] 启发得到的, 在这两篇文章的最后一节, 线性算子 $4\Delta - R$ 的特征值在手术下的变化得到了估计. 由于此处的算子是非线性的, 而且包含一个参数, 我们需要更多的估计. 最后我们证明, 一组对数 Sobolev 不等式 (见 [G]) 的最佳常数在有限时间内存在一个下界, 它不依赖于手术的个数. 由熟知的理论, 这一组对数 Sobolev 不等式立刻推出含手术的 Sobolev 不等式和强 κ 非坍塌性.

在证明定理之前, 我们还需要三个引理 (引理 8.2.1—引理 8.2.3). 因为计算将集中在 ε 尖角和手术盖子附近, 我们这里再回忆一下有关这两个区域的性质. 在以下的陈述中, 我们用 c 或带下标的 c 代表正常数, 它们的大小可以改变.

我们记得, (r,δ) 手术发生在一个半径为 r 的 ε 尖角, 且手术截面位于该尖角的半径是 h 的横截面上, 其中 $h\leqslant\delta^2 r$. 沿着手术截面, 将一个手术盖子粘上, 并且使得粘接处有光滑度量. 手术后瞬间的流形记做 M^+, 同时, 经过手术改变的 ε 尖角叫做有盖子的 ε 尖角.

设 D 是一个有盖子的 ε 尖角. 根据尖角的定义, 一个包含 ∂D 的区域 N 在赋予度量 $cr^{-2}g$ 之后, 按 $C^{[\varepsilon^{-1}]}$ 拓扑 ε 接近于标准圆颈 $\mathbf{S}^2\times(-\varepsilon^{-1},\varepsilon^{-1})$. 这里, c 是这样的正常数, 它使得 cr^{-2} 等于 ∂D 中一点的数量曲率. 通常我们取 $c=1$.

设 Π 是从标准圆颈到 N 的微分同胚, 并且在此微分同胚 Π 下, $(N,cr^{-2}g)$ 与标准圆颈 ε 接近. 用 z 代表 $(-\varepsilon^{-1},\varepsilon^{-1})$ 中的数. 对 $\theta\in\mathbf{S}^2$,

(θ,z) 是微分同胚 Π 确定的 N 上的坐标. 我们将区域 N 上的度量等同于它通过 Π 拉回的在标准圆颈上的度量. 我们可以假设 ε 尖角位于 $z\geqslant 0$ 的一侧.

令 $g=g(x)$ 为 $D\cup N$ 上的度量. 定义

$$Y(D)=\inf\left\{\frac{\displaystyle\int_M(4|\nabla v|^2+Rv^2)d\mu(g)}{\left(\displaystyle\int_M v^{2n/(n-2)}d\mu(g)\right)^{(n-2)/n}}\mid v\in C_0^\infty(D\cup N), v>0\right\}, \tag{8.2.3}$$

其中 n 是维数.

命题 8.2.1 对充分小的 $\varepsilon>0$, 存在正常数 C_1, C_2, 使得

$$C_1\leqslant Y(D)\leqslant C_2. \tag{8.2.4}$$

证明 因为 R 在区域 $D\cup N$ 中是正的, $Y(D)$ 与 Yamabe 常数 $Y_0(D)$ 的比值位于两个正常数之间, 其中

$$Y_0(D)=\inf\left\{\frac{\displaystyle\int_M(4\frac{n-1}{n-2}|\nabla v|^2+Rv^2)d\mu(g)}{\left(\displaystyle\int_M v^{2n/(n-2)}d\mu(g)\right)^{(n-2)/n}}\mid v\in C_0^\infty(D\cup N), v>0\right\}.$$

在这一节维数 $n=3$. 因此, 我们只需要证明这个 Yamabe 常数 $Y_0(D)$ 以正常数为上下界.

由保角不变性, 只需计算 $Y_0(D)$ 在度量 $g_1(x)=R(x)g(x)$ 下的值. 考查流形 $(D\cup N, g_1)$. 根据 (r,δ) 手术的定义, 有一个固定的 $r_0>0$, 使得对任意 $x\in D\cup N$, 以 $g_2(y)=R(x)g(y)$ 为度量的球 $B(x,r_0)$ 按 $C^{[\varepsilon^{-1}]}$ 拓扑 ε 接近于典型标准有盖无限圆柱的相应区域. 这里 $y\in B(x,r_0)$. 于是在 y 点的伸缩后的数量曲率

$$R^{-1}(x)R(y)$$

按 $C^{[\varepsilon^{-1}-2]}$ 模 ε 接近于典型标准有盖无限圆柱的数量曲率. 后者界于两个正常数之间. 因此,

$$R(y)=R(x)[h(y)+\xi(y,\varepsilon)],$$

其中, 当 y 在手术盖子之外时, $h(y)=1$, 而当 y 在手术盖子之内时, $h(y)$是手术盖子在该点的数量曲率; 函数 ξ 的 $C^{[\varepsilon^{-1}-2]}$ 模小于const. ε.

于是, 球 $B(x,r_0)$ 在手术盖子之外的部分在度量 $g_1(y)=R(y)g(y)$ 下, 按 $C^{[\varepsilon^{-1}-2]}$ 拓扑 ε 接近于典型标准有盖无限圆柱的相应区域. 因为 $h=h(y)$ 的 C^2 模有界, 如果点 y 位于手术盖子, 则该点在度量 $g_1(y)=R(y)g(y)$ 下的曲率也是有界的.

由于 ε 充分小, 我们知道, $(D\cup N,g_1)$ 的单射半径以正常数为下界, 它的 Ricci 曲率以一个负常数为下界. 容易看出, 在比 $(D\cup N,g_1)$ 大的区域, 单射半径和 Ricci 曲率的界仍然成立. 这只要在 N 的另一端粘上一个 ε 颈即可. 根据 [Heb1] 的命题 6, 存在正常数 C, 使得对所有 $v\in C_0^\infty(D\cup N)$, 成立

$$\left(\int_M v^{2n/(n-2)}d\mu(g_1)\right)^{(n-2)/n}\leqslant C\int_M|\nabla_1 v|^2d\mu(g_1)+C\int_M v^2d\mu(g_1).$$

从上一段, 我们已知 $(D\cup N,g_1)$ 在手术盖子之外的部分, 其数量曲率界于正常数之间; 而它在手术盖子之内的部分, 其数量曲率以某个负常数为下界. 因此存在常数, 仍然记为 C, 使得对所有 $v\in C_0^\infty(D\cup N)$, 成立

$$\begin{aligned}&\left(\int_M v^{2n/(n-2)}d\mu(g_1)\right)^{(n-2)/n}\\&\qquad\leqslant C\int_M\left(4\frac{n-1}{n-2}|\nabla_1 v|^2+R_1v^2\right)d\mu(g_1)+C\int_M v^2\alpha^2d\mu(g_1).\end{aligned}$$

这里 α 是非负的光滑函数, 它的支集是包含手术盖子的一个邻域, 它的上界是一个绝对常数. 另外, ∇_1 和 R_1 分别是度量 g_1 下的梯度和数量曲率. 注意, R_1 在手术盖子内可能是负的.

现在, 我们返回原来的度量 $g=R^{-1}(y)g_1(y)$. 上一段的不等式除了不等号右边第二项之外是保角不变的, 经过代换 $R^{(n-2)/4}v\to v$, 此不等式变成

$$\begin{aligned}&\left(\int_M v^{2n/(n-2)}d\mu(g)\right)^{(n-2)/n}\\&\qquad\leqslant C\int_M\left(4\frac{n-1}{n-2}|\nabla v|^2+Rv^2\right)d\mu(g)+C\int_M v^2(x)R(x)\alpha^2(x)d\mu(g),\end{aligned}$$

其中 $v \in C_0^\infty(D \cup N)$. 注意, 数量曲率现在处处为正.

由此我们知道, $Y_0(D)$ 以正常数为下界, 它的上界是 $\mathbf{S}^n$ 的 Yamabe 常数. 因为 $Y_0(D)$ 和 $Y(D)$ 可比, 所以当 ε 充分小时,

$$0 < \text{const}_1. \leqslant Y(D) \leqslant \text{const}_2.. \tag{8.2.5}$$

命题由此得证. □

引理 8.2.1 设 (M^+, g) 是 (r, δ) 手术后瞬间的流形, $D \subset M^+$ 是手术后有盖子的 ε 尖角, 其半径为 r. 这里 ε 是充分小的正数. 假设 u 满足 $\|u\|_{L^2(M^+)} = 1$, 且是方程

$$\sigma^2(4\Delta u - Ru) + 2u \ln u + \Lambda u + n(\ln \sigma)u = 0 \tag{8.2.6}$$

的正解. 这里 $\sigma > 0$, $\Lambda \leqslant 0$ 是常数. 则存在仅依赖于 $Y(D)$ 和 n, 但不依赖于 ε 的正常数 C, 使得

$$\sup_D u^2 \leqslant C \max\{r^{-n}, \sigma^{-n}\}.$$

证明 经过伸缩变换

$$g_1 = \sigma^{-2} g, \quad R_1 = \sigma^2 R, \quad u_1 = \sigma^{n/2} u.$$

我们看出, u_1 满足方程

$$4\Delta_1 u_1 - R_1 u_1 + 2u_1 \ln u_1 + \Lambda u_1 = 0,$$

其中 Δ_1 是度量 g_1 的 Laplace 算子. 因为引理的结论在此伸缩变换下不变, 我们只对 $\sigma = 1$ 的情形证明.

于是, 我们假设 u 是方程

$$4\Delta u - Ru + 2u \ln u + \Lambda u = 0$$

在 M^+ 中的正解, 它的 L^2 模是 1. 对任何 $p \geqslant 1$, 容易得到

$$-4\Delta u^p + pRu^p \leqslant 2pu^p \ln u. \tag{8.2.7}$$

取光滑的截断函数 ϕ, 它在 D 中为 1, 在 $D \cup N$ 之外为 0. 记 $w = u^p$, 并且用 $w\phi^2$ 作为 (8.2.7) 的试验函数, 得

$$4 \int_{M^+} \nabla(w\phi^2)\nabla w + p \int_{M^+} R(w\phi)^2 \leqslant 2p \int_{M^+} (w\phi)^2 \ln u.$$

因为度量是固定的, 在本引理以及下一引理 8.2.2 的证明中, 我们将省略积分号中的体积元. 因为数量曲率 R 在 ϕ 的支集中为正, 故由 $p \geqslant 1$ 得

$$4 \int_{M^+} \nabla(w\phi^2)\nabla w + \int_{M^+} R(w\phi)^2 \leqslant p \int_{M^+} (w\phi)^2 \ln u^2.$$

经过分部积分, 上式变成

$$4 \int_{M^+} |\nabla(w\phi)|^2 + \int_{M^+} R(w\phi)^2 \leqslant 4 \int_{M^+} |\nabla\phi|^2 w^2 + p \int_{M^+} (w\phi)^2 \ln u^2. \tag{8.2.8}$$

我们需要将 (8.2.8) 不等号右边第二项用其左边的项控制住. 设 a 是待定的正数, 显然有不等式

$$\ln u^2 \leqslant u^{2a} + c(a).$$

对任意固定的 $q > n/2$, 由 Hölder 不等式知,

$$\begin{aligned} &p \int_M (w\phi)^2 \ln u^2 \\ &\quad \leqslant p \int_M (w\phi)^2 u^{2a} + pc(a) \int_M (w\phi)^2 \\ &\quad \leqslant p \left(\int_M u^{2aq}\right)^{1/q} \left(\int_M (w\phi)^{2q/(q-1)}\right)^{(q-1)/q} + pc(a) \int_M (w\phi)^2. \end{aligned}$$

取 $a = 1/q$, 从而 $2aq = 2$. 因为 u 的 L^2 模是 1, 由上述不等式导出

$$p \int_M (w\phi)^2 \ln u^2 \leqslant p \left(\int_M (w\phi)^{2q/(q-1)}\right)^{(q-1)/q} + pc(a) \int_M (w\phi)^2.$$

根据插值不等式 (参见 [HL] 的 84 页), 对任意 $b > 0$, 我们有

$$\begin{aligned} &\left(\int_M (w\phi)^{2q/(q-1)}\right)^{(q-1)/q} \\ &\quad \leqslant b \left(\int_M (w\phi)^{2n/(n-2)}\right)^{(n-2)/n} + c(n,q) b^{-n/(2q-n)} \int_M (w\phi)^2. \end{aligned}$$

所以

$$\begin{aligned} p \int_M (w\phi)^2 \ln u^2 \leqslant{}& pb \left(\int_M (w\phi)^{2n/(n-2)}\right)^{(n-2)/n} \\ &+ c(n,q) p b^{-n/(2q-n)} \int_M (w\phi)^2 + pc(a) \int_M (w\phi)^2. \end{aligned} \tag{8.2.9}$$

从 (8.2.3) 中 $Y(D)$ 的定义及 (8.2.8) 知,

$$Y(D)\left(\int_M (w\phi)^{2n/(n-2)}\right)^{(n-2)/n} \leqslant 4\int_M |\nabla\phi|^2 w^2 + p\int_M (w\phi)^2 \ln u^2. \tag{8.2.10}$$

将 (8.2.9) 代入 (8.2.10) 的右边, 得

$$\begin{aligned} &Y(D)\left(\int_M w^{2n/(n-2)}\right)^{(n-2)/n} \\ &\leqslant 4\int_M |\nabla\phi|^2 w^2 + pb\left(\int_M (w\phi)^{2n/(n-2)}\right)^{(n-2)/n} \\ &\quad + c(n,q)pb^{-n/(2q-n)}\int_M (w\phi)^2 + pc(a)\int_M (w\phi)^2. \end{aligned}$$

现在选 b, 使得 $pb = Y(D)/2$. 于是有正常数 $c = c(Y(D), n, q)$ 和 $\alpha = \alpha(n,q)$, 使得

$$\left(\int_M (w\phi)^{2n/(n-2)}\right)^{(n-2)/n} \leqslant c(p+1)^\alpha \int_M (|\nabla\phi|^2 + 1)w^2. \tag{8.2.11}$$

用 Moser 迭代法, 我们可以从上述不等式 (8.2.11) 推出所需要的 u^2 的界. 设 (θ, z) 是命题 8.2.1 之前所定义的 D 的坐标. 对 z_1, $z_2 \in [-1, 0)(z_2 < z_1)$, 构造 z 的光滑函数 ξ, 它满足

$$\xi(z) = \begin{cases} 1, & \text{当 } z \geqslant z_1, \\ 0, & \text{当 } z < z_2, \end{cases}$$

而对其他的 $z, \xi(z) \in (0,1)$. 令截断函数 $\phi = \xi(z) = \xi(z(x))$, 则

$$|\nabla\phi| \leqslant \frac{c}{r(z_1 - z_2)}. \tag{8.2.12}$$

记

$$D_i = \{x \in M^+ \mid z(x) > z_i\}, \quad i = 1, 2.$$

由 (8.2.11) 和 (8.2.12) 知,

$$\left(\int_{D_1} w^{2n/(n-2)}\right)^{(n-2)/n} \leqslant c\max\left\{\frac{1}{[(z_1 - z_2)r]^2}, 1\right\}(p+1)^\alpha \int_{D_2} w^2. \tag{8.2.13}$$

由于 $w=u^p$, 取 $p=(n/(n-2))^i$,

$$z_1=-(1/2+1/2^{i+2}),\quad z_2=-(1/2+1/2^{i+1}),\quad i=0,1,2,\cdots,$$

并反复应用 (8.2.13). 仿照 Moser 的论证, 我们导出

$$\sup_D u^2\leqslant C\max\{r^{-n},1\}\int_M u^2.$$

□

注解 8.2.4 我们可以绕过 (8.2.5) 并分别在每一个 ε 颈和手术盖子上证明 u^2 的界. 类似于这个引理, 我们可以得到

$$u^2(x)\leqslant C\max\{R^{n/2}(x),\sigma^{-n}\}.$$

这个上界比引理 8.2.1 中的上界来得弱, 但是它对本节主要定理 8.2.2 的证明已经够用了.

下一个引理将 [P2] 最后一节的结果和 [KL] 中引理 92.10 推广到非线性情形. 穷其根源, 证明的想法来自 Laplace 算子的特征函数的 Agmon 型加权估计.

引理 8.2.2 设 (M,g) 为紧的无边流形, u 是以下不等式的正解:

$$4\Delta u-Ru+2u\ln u+\Lambda u\geqslant 0,\tag{8.2.14}$$

其中 $\Lambda\leqslant 0$ 是常数.

给定非负函数 $\phi\in C^\infty(M)(\phi\leqslant 1)$, 假设存在光滑函数 f, 使得在 ϕ 的支集上, 有 $R\geqslant 0$, 且

$$4|\nabla f|^2\leqslant R-2\ln^+u+\frac{|\Lambda|}{2}.$$

则

$$\frac{|\Lambda|}{2}\|\mathrm{e}^f\phi u\|_2\leqslant 8\left[\sup_{x\in\mathrm{supp}\nabla\phi}\mathrm{e}^f\sqrt{R-2\ln^+u+\frac{|\Lambda|}{2}}+\|\mathrm{e}^f\nabla\phi\|_\infty\right]\|u\|_2.$$

证明 本引理的意义在于, 它的加权估计的右边仅依赖于函数 $\nabla\phi$ 的支集所包含的信息.

由分部积分得到,

$$\begin{aligned}&\int_M\mathrm{e}^f\phi u\left(-4\Delta+R-2\ln u-\Lambda-4|\nabla f|^2\right)(\mathrm{e}^f\phi u)\\&\quad=4\int_M|\nabla(\mathrm{e}^f\phi u)|^2+\int_M(\mathrm{e}^f\phi u)^2(R-2\ln u-\Lambda-4|\nabla f|^2).\end{aligned}$$

根据假设, 我们有

$$R - 2\ln u - \Lambda - 4|\nabla f|^2 \geqslant |\Lambda|/2.$$

因此,

$$\int_M \mathrm{e}^f \phi u \left(-4\Delta + R - 2\ln u - \Lambda - 4|\nabla f|^2\right) (\mathrm{e}^f \phi u) \geqslant \frac{|\Lambda|}{2} \int_M (\mathrm{e}^f \phi u)^2. \tag{8.2.15}$$

通过直接计算, 得

$$\begin{aligned}
&(8.2.15)\ \text{的左边}\\
&= \int_M (\mathrm{e}^f \phi)^2 u \left(-4\Delta u + Ru - 2u\ln u - \Lambda u\right)\\
&\quad - \int_M \mathrm{e}^f \phi u \left[8\nabla(\mathrm{e}^f \phi)\nabla u + 4\Delta(\mathrm{e}^f \phi)u\right] - 4\int_M (\mathrm{e}^f \phi u)^2 |\nabla f|^2\\
&\leqslant - \int_M \mathrm{e}^f \phi u \left[8\nabla(\mathrm{e}^f \phi)\nabla u + 4\Delta(\mathrm{e}^f \phi)u\right] - 4\int_M (\mathrm{e}^f \phi u)^2 |\nabla f|^2.
\end{aligned}$$

这里的最后一步来自 (8.2.14). 将此式与 (8.2.15) 合并, 得

$$\frac{|\Lambda|}{2}\int_M (\mathrm{e}^f \phi u)^2 \leqslant - \int_M \mathrm{e}^f \phi u \left[8\nabla(\mathrm{e}^f \phi)\nabla u + 4\Delta(\mathrm{e}^f \phi)u\right] - 4\int_M (\mathrm{e}^f \phi u)^2 |\nabla f|^2.$$

对上式含有 Δ 的项进行分部积分, 得

$$\begin{aligned}
\frac{|\Lambda|}{2}\int_M (\mathrm{e}^f \phi u)^2 \leqslant& -8\int_M \mathrm{e}^f \phi u \nabla(\mathrm{e}^f \phi)\nabla u\\
&+ \int_M 4\nabla(\mathrm{e}^f \phi)\nabla(\mathrm{e}^f \phi u^2) - 4\int_M (\mathrm{e}^f \phi u)^2 |\nabla f|^2.
\end{aligned}$$

这表明

$$\frac{|\Lambda|}{2}\int_M (\mathrm{e}^f \phi u)^2 \leqslant 4\int_M |\nabla(\mathrm{e}^f \phi)|^2 u^2 - 4\int_M (\mathrm{e}^f \phi u)^2 |\nabla f|^2.$$

因此,

$$\begin{aligned}
\frac{|\Lambda|}{2}\int_M (\mathrm{e}^f \phi u)^2 \leqslant& 4\int_M \left[(\mathrm{e}^f \phi)^2 |\nabla f|^2 + 2\mathrm{e}^{2f}(\nabla f \nabla \phi)\phi + \mathrm{e}^{2f}|\nabla \phi|^2\right] u^2\\
&- 4\int_M (\mathrm{e}^f \phi u)^2 |\nabla f|^2.
\end{aligned}$$

上式右端的第一项和最后一项抵消后变成

$$\frac{|\Lambda|}{2}\int_M(\mathrm{e}^f\phi u)^2\leqslant 8\int_M \mathrm{e}^{2f}(\nabla f\nabla\phi)\phi u^2+4\int_M \mathrm{e}^{2f}|\nabla\phi|^2u^2.$$

注意, 上式的右端只在 $\nabla\phi$ 的支集上积分. 所以, 根据 $|\nabla f|^2$ 的假设, 我们得到

$$\begin{aligned}\frac{|\Lambda|}{2}\int_M(\mathrm{e}^f\phi u)^2&\leqslant 4\int_{\mathrm{supp}\nabla\phi}\mathrm{e}^{2f}|\nabla f|^2\phi^2u^2+8\int \mathrm{e}^{2f}|\nabla\phi|^2u^2\\&\leqslant\int_{\mathrm{supp}\nabla\phi}\mathrm{e}^{2f}\left(R-2\ln^+u+\frac{|\Lambda|}{2}\right)\phi^2u^2+8\int_M \mathrm{e}^{2f}|\nabla\phi|^2u^2.\end{aligned}$$

于是,

$$\begin{aligned}&\frac{|\Lambda|}{2}\int_M(\mathrm{e}^f\phi u)^2\\&\quad\leqslant\sup_{x\in\mathrm{supp}\nabla\phi}\mathrm{e}^{2f}\left(R-2\ln^+u+\frac{|\Lambda|}{2}\right)\int_M u^2+8\sup_M(\mathrm{e}^{2f}|\nabla\phi|^2)\int_M u^2.\end{aligned}$$

□

引理 8.2.3 设 (M,g) 是紧的无边流形, X 是 M 的子区域. 定义

$$\lambda_X=\inf\left\{\int_M(4|\nabla v|^2+Rv^2-v^2\ln v^2)\mid v\in C_0^\infty(X),\ \|v\|_2=1\right\},\tag{8.2.16}$$

$$\lambda_M=\inf\left\{\int_M(4|\nabla v|^2+Rv^2-v^2\ln v^2)\mid v\in C^\infty(M),\ \|v\|_2=1\right\}.\tag{8.2.17}$$

并设 $u>0$ 是对应于 λ_M 的极小化函数, 则对任意的光滑截断函数 $\eta\in C_0^\infty(X)(0\leqslant\eta\leqslant 1)$, 我们有不等式

$$\lambda_X\leqslant\lambda_M+4\frac{\displaystyle\int_M u^2|\nabla\eta|^2}{\displaystyle\int_M(u\eta)^2}-\frac{\displaystyle\int_M(u\eta)^2\ln\eta^2}{\displaystyle\int_M(u\eta)^2}.$$

证明 注意到, $\dfrac{\eta u}{\|\eta u\|_2}\in C_0^\infty(X)$, 且它的 L^2 模是 1, 得

$$\lambda_X\leqslant\int_M\left[4\frac{|\nabla(\eta u)|^2}{\|\eta u\|_2^2}+R\frac{(\eta u)^2}{\|\eta u\|_2^2}-\frac{(\eta u)^2}{\|\eta u\|_2^2}\ln\frac{(\eta u)^2}{\|\eta u\|_2^2}\right],$$

即

$$\lambda_X\|\eta u\|_2^2 \leqslant \int_M \left[4|\nabla(\eta u)|^2 + R(\eta u)^2 - (\eta u)^2\ln(\eta u)^2\right] + \|\eta u\|_2^2 \ln\|\eta u\|_2^2. \tag{8.2.18}$$

另一方面, u 是方程

$$4\Delta u - Ru + 2u\ln u + \lambda_M u = 0$$

的光滑正解 (见 [Ro]). 用 $\eta^2 u$ 作为该方程的检验函数, 得

$$\lambda_M \int_M (\eta u)^2 = -4\int_M (\Delta u)\eta^2 u + \int_M R(\eta u)^2 - 2\int_M (\eta u)^2 \ln u.$$

经过直接计算, 我们得到

$$-4\int_M (\Delta u)\eta^2 u = 4\int_M |\nabla(\eta u)|^2 - 4\int_M u^2|\nabla\eta|^2.$$

所以

$$\lambda_M \int_M (\eta u)^2 = 4\int_M |\nabla(\eta u)|^2 - 4\int_M u^2|\nabla\eta|^2 + \int_M R(\eta u)^2 - 2\int_M (\eta u)^2 \ln u. \tag{8.2.19}$$

将 (8.2.19) 与 (8.2.18) 相比较, 并利用 $\|\eta u\|_2 < 1$, 我们推出

$$\lambda_X\|\eta u\|_2^2 \leqslant \lambda_M\|\eta u\|_2^2 + 4\int_M |\nabla\eta|^2 u^2 - \int_M (\eta u)^2\ln\eta^2.$$

□

现在, 我们给出定理 8.2.1 的证明, 同时, 在证明过程中, 我们也将给出定理 8.2.2 的证明.

定理 8.2.1 的证明(我们将同时给出定理 8.2.1 和定理 8.2.2 的证明) 设 Ricci 流 $(M, g(t))$ 在时刻 t 是光滑的. 给定 $\sigma > 0$, 在 (8.2.2) 中定义了

$$\begin{aligned}
&\lambda_{\sigma^2}(g(t)) \\
&\quad = \inf\left\{ \int_M \left[\sigma^2(4|\nabla v|^2 + Rv^2) - v^2\ln v^2\right] d\mu(g(t)) \right. \\
&\qquad\qquad \left. - n\ln\sigma \mid v \in C^\infty(M),\ \|v\|_2 = 1 \right\}.
\end{aligned}$$

我们的主要任务是找到 $\lambda_{\sigma^2}(g(t))$ 的一致下界, 其中 $t \in [T_1, T_2]$, $\sigma \in (0,1]$. 所以不失一般性, 我们假设 $\lambda_{\sigma^2}(g(t))$ 是负的. 以下的证明分为五步.

第一步 估计 $\lambda_{\sigma^2}(t)$ 经过一个 (r,δ) 手术后的变化.

在一个时刻 T, 也许会有多个手术, 但是下面的证明不依赖于手术个数. 所以, 我们只讨论一个 ε 尖角上的手术.

设 $(M^+, g(T^+))$ 是在时刻 T 的手术后瞬间的流形, 令

$$\Lambda \equiv \lambda_{\sigma^2}(g(T^+))$$

是该流形上的对数 Sobolev 不等式的最佳常数, 其定义已在 (8.2.2) 中给出.

根据 [Ro], 存在光滑的正函数 u, 它取到 (8.2.2) 中的极小值, 而且 u 是下面方程的解:

$$\sigma^2(4\Delta u - Ru) + 2u\ln u + \Lambda u + n(\ln\sigma)u = 0. \tag{8.2.20}$$

经过度量和函数的下述伸缩变换:

$$g_1 = \sigma^{-2}g(T^+), \quad R_1 = \sigma^2 R, \quad d_1 = \sigma^{-1}d, \quad u_1 = \sigma^{n/2}u.$$

我们看出, u_1 满足

$$4\Delta_1 u_1 - R_1 u_1 + 2u_1\ln u_1 + \Lambda u_1 = 0, \tag{8.2.21}$$

其中 Δ_1 是度量 g_1 的 Laplace 算子, 并且

$$\Lambda = \inf\left\{\int_{M^+}(4|\nabla_{g_1}v|^2 + R_1 v^2 - v^2\ln v^2)d\mu(g_1) \mid v \in C^\infty(M^+),\ \|v\|_2 = 1\right\}. \tag{8.2.22}$$

用 U 记手术盖子 C 在度量 g_1 下的 $\sigma^{-1}h$ 邻域, 即

$$U = \{x \in (M^+, g_1(T^+)) \mid d_1(x,C) < \sigma^{-1}h\} = \{x \in M^+ \mid d(x,C) < h\}.$$

因为 $U - C$ 位于一个不受手术影响的 ε 颈的部分, 所以它在伸缩后的度量 $\sigma^2 h^{-2} g_1$ 下, ε 接近于标准圆颈的相应部分. 实际上, 如果 $U - C$ 是强 δ 颈的一部分, 它还可以 $\delta(<\varepsilon)$ 接近标准圆颈. 但是, 我们不需要这个事实. 在本节开始部分, 我们定义了 $U - C$ 的坐标系 (θ, z), 其

中 z 是径向的坐标, 它把 $U-C$ 映到 $(-1,0)\subset(-\varepsilon^{-1},\varepsilon^{-1})$. 现构造一个递减的光滑函数 $\zeta:[-1,0]\to[0,1]$, 使得 $\zeta(-1)=1$ 和 $\zeta(0)=0$. 则 $\eta\equiv\zeta(z(x))$ 将 $U-C$ 映到 $(0,1)$. 在 M^+-U 上, 令 $\eta=1$; 在 C 上, 令 $\eta=0$. 这样就把 η 延拓为整个流形上的截断函数.

定义

$$\Lambda_X=\inf\left\{\int_{M^+}(4|\nabla_{g_1}v|^2+R_1v^2 -v^2\ln v^2)d\mu(g_1)\ |v\in C_0^\infty(M^+-C),\ \|v\|_2=1\right\}. \tag{8.2.23}$$

显然,

$$\lambda_{\sigma^2}(g(T^-))\leqslant\Lambda_X.$$

由引理 8.2.3 知,

$$\Lambda_X\leqslant\Lambda+4\frac{\displaystyle\int_{M^+}u_1^2|\nabla_{g_1}\eta|^2d\mu(g_1)}{\displaystyle\int_{M^+}(u_1\eta)^2d\mu(g_1)}-\frac{\displaystyle\int_{M^+}(u_1\eta)^2\ln\eta^2d\mu(g_1)}{\displaystyle\int_{M^+}(u_1\eta)^2d\mu(g_1)}.$$

注意到, $\nabla_{g_1}\eta$ 和 $\eta\ln\eta$ 的支集包含在 $U-C$, 并且

$$|\nabla_{g_1}\eta|\leqslant\frac{c\sigma}{h},\quad -\eta^2\ln\eta^2\leqslant c.$$

因此,

$$\lambda_{\sigma^2}(g(T^-))\leqslant\Lambda_X\leqslant\Lambda+\frac{4c\sigma^2}{h^2}\frac{\displaystyle\int_U u_1^2d\mu(g_1)}{1-\displaystyle\int_U u_1^2d\mu(g_1)}+c\frac{\displaystyle\int_U u_1^2d\mu(g_1)}{1-\displaystyle\int_U u_1^2d\mu(g_1)}. \tag{8.2.24}$$

在上面的式子中, $\Lambda=\lambda_{\sigma^2}(g(T^+))$. 所以, 为了找到 Λ 的下界, 我们需要证明 $\displaystyle\int_U u_1^2d\mu(g_1)$ 很小. 为此, 我们引用引理 8.2.1 和引理 8.2.2.

设在度量 $g(T^+)$ 下, D 是半径为 r 的手术后的有盖子的 ε 尖角, 则在度量 $g_1=\sigma^{-2}g$ 下, D 是半径为 $r_1=\sigma^{-1}r$ 的手术后的有盖子的

ε 尖角. 用前面讲到的 z 作为 D 的径向坐标, 我们可以构造截断函数 $\phi=\phi(z(x))(x\in M^+)$, 它满足以下条件:

(i) $\{x\in M^+ \mid z(x)=0\}$ 是 D 的边界.

(ii) 若 $z\leqslant 0$, 则 $\phi(z)=0$; 若 $z\geqslant 1$, 则 $\phi(z)=1$.

(iii) $0\leqslant\phi\leqslant 1$; $|\nabla_{g_1}\phi|\leqslant\dfrac{c}{r_1}$.

(iv) ϕ 在 D 以外及集合

$$\{x\in M^+ \mid z(x)=1\}$$

的右侧被定义为 0, 这里的右侧指的是 z 变大的方向.

注意到, 在 $\nabla\phi$ 的支集, 有 $z\in[0,1]$. 又因为 u_1 满足方程 (8.2.21), 故从引理 8.2.1 得到

$$u_1(x)\leqslant c\max\left\{\frac{1}{r_1^{n/2}},1\right\},\quad x\in D.$$

所以, 存在一个绝对值充分大的负数 Λ_0, 使得以下不等式成立:

$$\begin{aligned}
&R_1(x)-2\ln^+u_1(x)+\frac{|\Lambda_0|}{2}\leqslant cr_1^{-2}+\frac{|\Lambda_0|}{2},\quad x\in\operatorname{supp}\nabla_{g_1}\phi;\\
&R_1(x)-2\ln^+u_1(x)+\frac{\Lambda_0}{2}\\
&\quad\geqslant\frac{R_1(x)}{2}+cr_1^{-2}-c_1\ln^+\max\left\{\frac{1}{r_1},1\right\}+\frac{|\Lambda_0|}{2}\\
&\quad\geqslant\frac{R_1(x)}{2}+\frac{|\Lambda_0|}{4},\quad x\in D.
\end{aligned}\tag{8.2.25}$$

我们强调 Λ_0 不依赖于 $r_1=\sigma^{-1}r$ 的大小. 由于伸缩常数 σ 在变, 故 r_1 的大小不确定.

因为我们的目的是证明 Λ 有下界, 如果 $\Lambda=\lambda_{\sigma^2}(g(T^+))\geqslant\Lambda_0$, 则证明已完成. 所以, 我们从此假设 $\Lambda\leqslant\Lambda_0$. 从 (8.2.21), 我们有

$$4\Delta_1u_1-R_1u_1+2u_1\ln u_1+\Lambda_0u_1\geqslant 0.\tag{8.2.26}$$

受 [P2] 的最后一节和 [KL] 中引理 92.10 的启发, 我们定义函数 $f=f(x)$ 为点 x 与集合 $z^{-1}(0)$ 按照下面的度量计算的距离:

$$\frac{1}{4}\left[R_1(x)-2\ln^+u_1(x)+\frac{|\Lambda_0|}{2}\right]g_1(x),\quad x\in D.$$

根据 (8.2.25) 的第一个不等式, 在 $\nabla_{g_1}\phi$ 的支集中, 成立不等式

$$4|\nabla_{g_1} f|^2 \leqslant cr_1^{-2} + \frac{|\Lambda_0|}{2}; \tag{8.2.27}$$

而在 D 中, 成立不等式

$$4|\nabla_{g_1} f|^2 \leqslant R_1(x) - 2\ln^+ u_1(x) + \frac{|\Lambda_0|}{2}. \tag{8.2.28}$$

从 (8.2.25) 的第二个不等式, 我们知道 (8.2.28) 的右端是正的.

由不等式 (8.2.26) 和 (8.2.28) 以及引理 8.2.2(将引理中的 Λ 换成 Λ_0), 可推出

$$\begin{aligned}&\frac{|\Lambda_0|}{2}\|\mathrm{e}^f\phi u_1\|_2\\ &\quad\leqslant 8\left(\sup_{x\in \mathrm{supp}\nabla_{g_1}\phi}\mathrm{e}^f\sqrt{R_1 - 2\ln^+ u_1 + \frac{|\Lambda_0|}{2}} + \|\mathrm{e}^f\nabla_{g_1}\phi\|_\infty\right)\|u_1\|_2,\end{aligned}$$

其中, 上式中的范数是按度量 g_1 计算. 从上式和 (8.2.25) 中的第一个式子, 我们得到

$$\frac{|\Lambda_0|}{2}\|\mathrm{e}^f\phi u_1\|_2 \leqslant c\sup_{x\in \mathrm{supp}\nabla_{g_1}\phi}\mathrm{e}^f\sqrt{\left(\frac{1}{r_1^2} + |\Lambda_0|\right)}\ \ \|u_1\|_2. \tag{8.2.29}$$

从 (8.2.29) 出发, 我们将推出 $\|u_1\|_{L^2(U)}$ 的上界, 它对所有有限的 σ 成立. 这里 $\|u_1\|_{L^2(U)}$ 是度量 g_1 下的 L^2 模.

首先, 由 (8.2.29) 知,

$$\frac{|\Lambda_0|}{2}\inf_U \mathrm{e}^f\|u_1\|_{L^2(U)} \leqslant c\sup_{x\in \mathrm{supp}\nabla_{g_1}\phi}\mathrm{e}^f\ \sqrt{\left(\frac{\sigma^2}{r^2} + |\Lambda_0|\right)}\ \ \|u_1\|_2. \tag{8.2.30}$$

由于 U 位于 ε 尖角 D 的深处, 故从 ∂D(即 $z^{-1}(0)$) 到 U, 要经过一些不重叠的 ε 颈. 而数量曲率在一个 ε 颈的两端的比值有上界 $\mathrm{e}^{c_2\varepsilon}$, 其中 $c_2>0$ 是常数. 在 ∂U 和 ∂D 中的数量曲率的比值是 $c_3r^2h^{-2}$, 且它不依赖于伸缩常数 σ. 所以, 在 ∂U 和 ∂D 之间至少有

$$K \equiv \frac{1}{c_2\varepsilon}\ln(c_3r^2h^{-2}) \tag{8.2.31}$$

个不重叠的 ε 颈. 注意, K 不依赖于 σ.

设 G_i 是其中的一个 ε 颈. 在度量 g 之下, 它两端间的距离与 $2\varepsilon^{-1}R^{-1/2}(x_i)$ 可比, 其中 x_i 是 G_i 中的一点. 因此, 在度量

$$\frac{1}{4}\left(R_1(x) - 2\ln^+ u_1(x) + \frac{|\Lambda_0|}{2}\right) g_1(x)$$

之下, 它两端间的距离至少是

$$c_4 \inf_{x\in G_i} \sqrt{\frac{1}{4}\left(R_1(x) - 2\ln^+ u_1(x) + \frac{|\Lambda_0|}{2}\right)} R_1^{-1/2}(x_i)\varepsilon^{-1} \geqslant c_5\varepsilon^{-1}.$$

这里我们用到了 (8.2.25) 中的第二个不等式. 因此, 在经过一个 ε 颈之后, 函数 f 的值至少增加 $c_5\varepsilon^{-1}$.

由于 $\nabla_{g_1}\phi$ 的支集包含在第一个 ε 颈 G_1 中, 故有

$$\inf_{G_2} f \geqslant \sup_{\mathrm{supp}\nabla_{g_1}\phi} f.$$

于是,

$$\inf_U f \geqslant c_5\varepsilon^{-1}(K-2) + \inf_{G_2} f \geqslant c_5\varepsilon^{-1}(K-2) + \sup_{\mathrm{supp}\nabla_{g_1}\phi} f.$$

将此式代入 (8.2.30), 我们推出

$$\|u_1\|_{L^2(U)} \leqslant 2c|\Lambda_0^{-1}|\mathrm{e}^{-c_5\varepsilon^{-1}(K-2)} \sqrt{\left(\frac{\sigma^2}{r^2} + |\Lambda_0|\right)} \quad \|u_1\|_2.$$

再根据 K 的公式 (8.2.31), 得到

$$\|u_1\|_{L^2(U)} \leqslant c_6|\Lambda_0^{-1}|(r^{-2}h^2)^{c_7\varepsilon^{-2}} \sqrt{\left(\frac{\sigma^2}{r^2} + |\Lambda_0|\right)} \quad \|u_1\|_2.$$

从假设 $r \leqslant 1$, 得

$$\begin{aligned}\|u_1\|_{L^2(U)} &\leqslant c_8 C(\Lambda_0)(\sigma+1)r^{-1}(r^{-2}h^2)^{c_7\varepsilon^{-2}} \|u\|_2 \\ &= c_8 C(\Lambda_0)h^5\|u\|_2 \frac{h^{2c_7\varepsilon^{-2}-5}}{r^{2c_7\varepsilon^{-2}+1}},\end{aligned}$$

这里 ε 是固定的充分小的正数. 因为 $h \leqslant \delta^2 r \leqslant 1$, 我们可以将 δ 选为 r 的适当函数, 使得

$$\|u\|_{L^2(U,d\mu(g))} = \|u_1\|_{L^2(U)} \leqslant c_9(\sigma+1)h^5\|u\|_2. \tag{8.2.32}$$

例如, 我们可以取 $\delta \leqslant r^{1/2}$.

将 (8.2.32) 代入 (8.2.24), 我们发现

$$\lambda_{\sigma^2}(g(T^-)) \leqslant \Lambda + c_{10}(\sigma+1)^3 h^3 \frac{1}{1-c_9(\sigma+1)h^5}.$$

因此, 对固定的 $\sigma_0 > 0$ 和所有的 $\sigma \in (0, \sigma_0)$, 在前提条件 $h \leqslant [2(\sigma_0 + 1)c_9]^{-1/5}$ 下, 不是

$$\lambda_{\sigma^2}(g(T^+)) \geqslant \Lambda_0,$$

就是

$$\lambda_{\sigma^2}(g(T^-)) \leqslant \Lambda + c_{11}(\sigma+1)^3 h^3 = \lambda_{\sigma^2}(g(T^+)) + c_{11}(\sigma+1)^3 h^3.$$

于是, 对所有 $\sigma \in (0, \sigma_0]$, 或者成立 $\lambda_{\sigma^2}(g(T^+)) \geqslant \Lambda_0$, 或者成立

$$\lambda_{\sigma^2}(g(T^-)) \leqslant \lambda_{\sigma^2}(g(T^+)) + c_{12}|\mathrm{Vol}(M(T^-)) - \mathrm{Vol}(M(T^+))|. \tag{8.2.33}$$

这里 $\mathrm{Vol}(M(T^-))$ 是在时刻 T 的手术前的流形的体积; $\mathrm{Vol}(M(T^+))$ 是在时刻 T 的手术后的流形的体积.

这就证明了定理 8.2.2. 现在我们继续证明定理 8.2.1.

从 (8.2.32) 前后的计算得知, 当 $\varepsilon > 0$ 充分小, 手术半径 h 可以是

$$h = z_0 r^2, \tag{8.2.34}$$

其中 z_0 是小于 1 的正常数. 实际上, 我们可以将 r 的幂取为任何大于 1 的数.

第二步 我们估计对数 Sobolev 不等式的最佳常数在不含手术的时间段上的变化.

假设 Ricci 流在时间段 (t_1, t_2) 上是光滑的. 取 $t \in (t_1, t_2)$ 和 $\sigma > 0$. 我们回忆: 对 $(M, g(t))$, Perelman 的以 τ 为参数的 W 熵是

$$W(g,f,\tau) = \int_M \left[\tau(R+|\nabla f|^2) + f - n\right] \tilde{u}\, d\mu(g(t)),$$

其中$\tilde{u} = \dfrac{\mathrm{e}^{-f}}{(4\pi\tau)^{n/2}}$ 是 $W^{1,2}(M, g(t))$ 中积分为 1 的正函数. 这里, 我们用记号 $\tilde{u}$ 的目的是为了与第一步的极小化函数 u 相区别.

现在定义

$$\tau = \tau(t) = \sigma^2 + t_2 - t.$$

在上式中分别取 $t = t_1$ 和 $t = t_2$, 我们有 $\tau_1 = \sigma^2 + t_2 - t_1$ 和 $\tau_2 = \sigma^2$.

设 $\tilde{u}_2$ 为 $W(g(t), f, \tau_2)$ 的极小化函数. 我们用 $\tilde{u}_2$ 做为共轭热方程的解在最终时刻 $t = t_2$ 的值. 设 $\tilde{u}_1$ 是共轭热方程的解在时刻 $t = t_1$ 的值. 设 f_i 是通过关系式 $\tilde{u}_i = \mathrm{e}^{-f_i}/(4\pi\tau_i)^{n/2}(i = 1, 2)$ 所定义的函数. 从 W 熵的单调性 (参见 [P1] 或本书 6.1 节), 得

$$\begin{aligned}\inf_{\int_M \tilde{u}_0 d\mu(g(t_1))=1} W(g(t_1), f_0, \tau_1) &\leqslant W(g(t_1), f_1, \tau_1) \leqslant W(g(t_2), f_2, \tau_2)\\ &= \inf_{\int_M \tilde{u} d\mu(g(t_2))=1} W(g(t_2), f, \tau_2).\end{aligned}$$

这里 f_0 和 f 由以下公式给定:

$$\tilde{u}_0 = \mathrm{e}^{-f_0}/(4\pi\tau_1)^{n/2}, \qquad \tilde{u} = \mathrm{e}^{-f}/(4\pi\tau_2)^{n/2}.$$

因此, 我们可以将上式写成

$$\begin{aligned}&\inf_{\|\tilde{u}\|_1=1} \int_M \left[\sigma^2(R + |\nabla \ln \tilde{u}|^2) - \ln \tilde{u} - \ln(4\pi\sigma^2)^{n/2}\right] \tilde{u}\, d\mu(g(t_2))\\ &\quad\geqslant \inf_{\|\tilde{u}_0\|_1=1} \int_M \Big[(\sigma^2 + t_2 - t_1)(R + |\nabla \ln \tilde{u}_0|^2)\\ &\qquad\qquad - \ln \tilde{u}_0 - \ln(4\pi(\sigma^2 + t_2 - t_1))^{n/2}\Big] \tilde{u}_0\, d\mu(g(t_1)).\end{aligned}$$

令 $v = \sqrt{\tilde{u}}$ 和 $v_0 = \sqrt{\tilde{u}_0}$, 则这个不等式变成

$$\begin{aligned}&\inf_{\|v\|_2=1} \int_M \left(\sigma^2(Rv^2 + 4|\nabla v|^2) - v^2 \ln v^2\right) d\mu(g(t_2)) - \ln(4\pi\sigma^2)^{n/2}\\ &\quad\geqslant \inf_{\|v_0\|_2=1} \int_M \left[4(\sigma^2 + t_2 - t_1)(\frac{1}{4} R v_0^2 + |\nabla v_0|^2) - v_0^2 \ln v_0^2\right] d\mu(g(t_1))\\ &\qquad - \ln(4\pi(\sigma^2 + t_2 - t_1))^{n/2},\end{aligned}$$

即

$$\lambda_{\sigma^2}(g(t_2)) \geqslant \lambda_{\sigma^2 + t_2 - t_1}(g(t_1)). \tag{8.2.35}$$

第三步 估计对数 Sobolev 不等式的最佳常数在含有手术的时间段 $[T_1, T_2]$ 上的变化.

设

$$T_1 \leqslant t_1 < t_2 < \cdots < t_k \leqslant T_2,$$

并且 $t_i(i=1,2,\cdots,k)$ 是从 T_1 到 T_2 的所有的手术时刻. 不失一般性, 我们假设 T_1 和 T_2 不是有手术的时刻, 否则, 我们只要对 T_1 和 T_2 应用第一步. 取

$$\sigma_0 = T_2 - T_1 + 1,$$

这里 σ_0 是参数 σ 在第一步中的上界, 见 (8.2.33).

对任意 $\sigma \in (0,1]$, 根据 (8.2.35), 我们有

$$\lambda_{\sigma^2}(g(T_2)) \geqslant \lambda_{\sigma^2+T_2-t_k}(g(t_k^+)).$$

从第一步中的 (8.2.33), 我们知道只有两种情况发生: 一是

$$\lambda_{\sigma^2+T_2-t_k}(g(t_k^+)) \geqslant \Lambda_0;$$

二是

$$\lambda_{\sigma^2+T_2-t_k}(g(t_k^+)) \geqslant \lambda_{\sigma^2+T_2-t_k}(g(t_k^-)) - c_{12}|\mathrm{Vol}(M(t_k^-) - \mathrm{Vol}(M(t_k^+))|.$$

在第一种情况, 我们有

$$\lambda_{\sigma^2}(g(T_2)) \geqslant \Lambda_0.$$

这样, 我们已经找到所要的一致下界. 在第二种情况, 我们有

$$\lambda_{\sigma^2}(g(T_2)) \geqslant \lambda_{\sigma^2+T_2-t_k}(g(t_k^-)) - c_{12}|\mathrm{Vol}(M(t_k^-) - \mathrm{Vol}(M(t_k^+))|.$$

再从 $\lambda_{\sigma^2+T_2-t_k}(g(t_k^-))$ 开始, 递推以上的估计. 将 (8.2.35) 中的 σ^2 换成 $\sigma^2+T_2-t_k$, 我们得到

$$\lambda_{\sigma^2+T_2-t_k}(g(t_k^-)) \geqslant \lambda_{\sigma^2+T_2-t_{k-1}}(g(t_{k-1}^+)).$$

重复上面的步骤直到 T_1, 得

$$\lambda_{\sigma^2}(g(T_2)) \geqslant \lambda_{\sigma^2+T_2-T_1}(g(T_1)) - c_{12}\sum_{i=1}^{k}|\mathrm{Vol}(M(t_i^-) - \mathrm{Vol}(M(t_i^+))|, \tag{8.2.36}$$

或者

$$\lambda_{\sigma^2}(g(T_2)) \geqslant \Lambda_0 - c_{12}\sum_{i=1}^{k}|\mathrm{Vol}(M(t_i^-) - \mathrm{Vol}(M(t_i^+))|. \tag{8.2.37}$$

注意, 在推导过程中, 我们用到了 $\lambda \leqslant \sigma_0$ 的假设.

容易看出,

$$\sum_{i=1}^{k}|\mathrm{Vol}(M(t_i^-)-\mathrm{Vol}(M(t_i^+))|\leqslant\sup_{t\in[T_1,T_2]}\mathrm{Vol}(M(t)).$$

所以

$$\lambda_{\sigma^2}(g(T_2))\geqslant\lambda_{\sigma^2+T_2-T_1}(g(T_1))-c_{12}\sup_{t\in[T_1,T_2]}\mathrm{Vol}(M(t)),\tag{8.2.38}$$

或

$$\lambda_{\sigma^2}(g(T_2))\geqslant\Lambda_0-c_{12}\sup_{t\in[T_1,T_2]}\mathrm{Vol}(M(t)).\tag{8.2.39}$$

无论如何, 这个下界不依赖于手术个数.

如果 (8.2.38) 成立, 我们还需要找到 $\lambda_{\sigma^2+T_2-T_1}(g(T_1))$ 的不依赖于 σ 的下界. 为此要用到定理的假设之一: $(M,g(T_1))$ 满足常数为 A_1 的 Sobolev 不等式, 即

$$\begin{aligned}&\left(\int_M v^{2n/(n-2)}d\mu(g(T_1))\right)^{(n-2)/n}\\&\quad\leqslant A_1\int_M(4|\nabla v|^2+Rv^2)d\mu(g(T_1))+A_1\int_M v^2d\mu(g(T_1)),\end{aligned}$$

其中 $v\in W^{1,2}(M,g(T_1))$. 由 Hölder 不等式和 Jensen 不等式知, 对 $v\in W^{1,2}(M,g(T_1))$, 如果 $\|v\|_2=1$, 则有

$$\int_M v^2\ln v^2d\mu(g(T_1))\leqslant\frac{n}{2}\ln\left(A_1\int_M(4|\nabla v|^2+Rv^2)d\mu(g(T_1))+A_1\right).\tag{8.2.40}$$

利用 (8.2.40) 和初等不等式: 对所有 $z,q>0$,

$$\ln z\leqslant qz-\ln q-1.$$

我们得到

$$\begin{aligned}&\int_M v^2\ln v^2d\mu(g(T_1))\\&\quad\leqslant\frac{n}{2}q\left[A_1\int_M(4|\nabla v|^2+Rv^2)d\mu(g(T_1))+A_1\right]-\frac{n}{2}\ln q-\frac{n}{2}.\end{aligned}$$

选取 q, 使得 $\frac{n}{2}qA_1 = \sigma^2 + T_2 - T_1$. 因为 $\sigma \leqslant 1$, 所以存在常数

$$B = B(A_1, T_1, T_2, n) = c\ (T_2 - T_1) + c > 0,$$

使得

$$\begin{aligned}
&\lambda_{\sigma^2+T_2-T_1}(g(T_1)) \\
&\quad \equiv \inf_{\|v\|_2=1} \int_M [\ (\sigma^2 + T_2 - T_1)(4|\nabla v|^2 + Rv^2) - v^2 \ln v^2] d\mu(g(T_1)) \\
&\quad\quad - \frac{n}{2} \ln(\sigma^2 + T_2 - T_1) \\
&\quad \geqslant -B.
\end{aligned}$$

从此式, 及 (8.2.38) 和 (8.2.39), 我们得出, 对所有 $\sigma \in (0,1]$, 成立

$$\lambda_{\sigma^2}(g(T_2)) \geqslant \min\{-B, \Lambda_0\} - c_{12} \sup_{t\in[T_1,T_2]} \mathrm{Vol}(M(t)) \equiv A_2.$$

由定义 8.2.2, 这就是 $(M, g(T_2))$ 的对数 Sobolev 不等式, 即

$$\int_M v^2 \ln v^2 d\mu(g(T_2)) \leqslant \sigma^2 \int_M (4|\nabla v|^2 + Rv^2) d\mu(g(T_2)) - \frac{n}{2} \ln \sigma^2 - A_2, \tag{8.2.41}$$

其中 $\sigma \in (0,1]$. 显然, 由此式可立刻推出以下的对数 Sobolev 不等式: 对所有 $\varepsilon > 0$, 成立

$$\int_M v^2 \ln v^2 d\mu(g(T_2)) \leqslant \varepsilon^2 \int_M (4|\nabla v|^2 + Rv^2) d\mu(g(T_2)) - \frac{n}{2} \ln \varepsilon^2 + \varepsilon^2 - A_2 + C, \tag{8.2.42}$$

其中 C 是正常数.

第四步 对数 Sobolev 不等式 (8.2.41) 或 (8.2.42) 导出一个热核估计.

设 $p(x,t,y)$ 是 $(M, g(T_2))$ 上的算子 $\Delta - \frac{1}{4}R$ 的热核, 这里的度量被固定为 $g(T_2)$. 则由 (8.2.41) 或 (8.2.42) 推出: 对 $t \in (0,1]$, 成立

$$p(x,t,y) \leqslant \exp(4(T_2+1) + \frac{n}{2}|\ln|A_2|| + c + R_0^-) \frac{1}{(4\pi t)^{n/2}} \equiv \frac{\Lambda}{t^{n/2}}, \tag{8.2.43}$$

其中 $R_0 = \sup R^-(x,0)$. 此式的证明正如定理 6.2.1 的证明那样, 用的是 Davies 的方法 [Da].

第五步 热核估计 (8.2.43) 推出 Sobolev 不等式和强 κ 非坍塌性.

这一步在定理 6.2.1 的证明中已经解释过. 用 [Da] 中的插值法, 由 (8.2.43) 导出 $(M, g(T_2))$ 的 Sobolev 不等式: 对所有 $v \in W^{1,2}(M, g(T_2))$, 存在 $B_2 > 0$, 使得

$$\left(\int_M v^{2n/(n-2)} d\mu(g(T_2))\right)^{(n-2)/n} \leqslant B_2 \int_M (4|\nabla v|^2 + Rv^2) d\mu(g(T_2)) + B_2 \int_M v^2 d\mu(g(T_2)).$$

正如第四章所讲, 强 κ 非坍塌性是以上不等式的推论, 参见 Carron [Ca] 和 Akutagawa[Ak]. 从 (8.2.34) 立即得到本定理的最后结论. □

第九章　关于 Poincaré 猜想的证明

这一章我们利用强非坍塌结果 (定理 8.2.1) 来澄清和简化 Poincaré 猜想证明中的一个关键步骤, 即有限时间内只有有限个手术. 主要任务是证明含手术的 Ricci 流的 (强) 标准邻域性质, 即定理 9.2.1 (1). 该定理是定理 7.5.1 在手术情况下的推广. 在本章, 除非另外说明, 标准邻域性质或强标准邻域性质是由先验假设 (定义 8.1.6) 中所设定的.

我们的证明在逻辑和技巧上简化并澄清了 Perelman 的原创证明. Perelman (见 [P2]) 对定理 9.2.1 (1) 的证明可以归纳为以下几步: 首先假设强标准邻域性质对某一含手术的 Ricci 流成立, 但精确度为 2ε; 然后证明下面的引理 9.1.1 ([P2] 的引理 4.5), 它描述了手术盖子沿 Ricci 流的演变; 再由此引理证明弱 κ 非坍塌性; 最后根据弱 κ 非坍塌性和引理 9.1.1, 以及定理 7.5.1 中的反证法, 证明精确度为 ε 的标准邻域性质.

相比之下, 定理 8.2.1 告诉我们, 只要 (r,δ) 手术的参数 δ 充分小, 则 κ 非坍塌性成立. 由此, 我们可以直接证明引理 9.1.1. Perelman 在 [P2] 给出了该引理的一个证明, 但是它好像需要进一步说明. 详情请见引理 9.1.1 的证明的第二步, 即断言 9.1.1. 根据强 κ 非坍塌性和引理 9.1.1, 以及定理 7.5.1 中的反证法, 我们进而证明精确度为 ε 的标准邻域性质. 另外, 这里的证明只需要关于非紧 Ricci 流的初等唯一性定理, 从而绕开了 [ChZ2] 中高深的唯一性定理. 见下面的注解 9.1.2.

§9.1　手术盖子沿 Ricci 流的演变

我们从含手术的 Ricci 流的两个预备结果开始. 一个是在有界距离内曲率有界的性质, 另一个是手术情形的 Hamilton 紧性定理.

命题 9.1.1(在有界距离内曲率有界, 含手术的 Ricci 流) ([P2] 4.2 的断言 II 或 [MT] 定理 10.2 或 [KL] 的第 70 节)　设 (M,g) 为一含手术的 Ricci 流, 满足先验假设 (定义 8.1.6). 其中的标准邻域参数为

$r=r(t)$, 精度为 ε. 假设 $\varepsilon>0$ 充分小, 则对任意 $A>0$ 和 $t_0>0$, 存在正常数 $K=K(A,\varepsilon,r(t_0))$ 和 $E=E(A,\varepsilon,r(t_0))$, 使得以下结论成立: 如果 $Q\equiv R(x_0,t_0)\geqslant E$, 且对任意 $x\in M$, 时空段

$$\{x\}\times[t_0-(\max\{Q,R(x,t_0)\})^{-1},t_0]$$

不被手术影响, 则

$$R(x,t_0)\leqslant K(A,\varepsilon,r(t_0))R(x_0,t_0),\quad x\in B(x_0,AQ^{-1/2},t_0).$$

证明 奇性结构定理 7.5.1 的证明的第三步基本上包含了此命题. 当然手术对极限过程有影响, 但是此命题的假设保证在足够大的时空区域没有手术, 因此以前的办法仍然适用. 以下是证明的细节.

用反证法. 假设命题不对, 则存在一序列 Ricci 流 (M_k,g_k) 和时空点 (x_k,t_0), 它们具有下面的性质:

(i) 当 $k\to\infty$ 时, 数量曲率 $R_k(x_k,t_0)$ 趋于 ∞;

(ii) 存在 $A>0$ 和 $z_k\in B(x_k,A,g_k(t_0))$, 使得

$$R_k(z_k,t_0)R_k^{-1}(x_k,t_0)\to\infty,\quad k\to\infty.$$

用时空伸缩和平移, 我们可以取 $t_0=0$, 并假设

$$Q_k\equiv R_k(x_k,t_0)=1,\quad k=1,2,\cdots.$$

由 (i), 我们还可以假设: (伸缩后) 数量曲率大于 1 的任意点具备标准邻域性质. 在以后的证明中, 我们只处理伸缩后的 Ricci 流并使用同样的记号.

对所有 $\rho>0$, 定义

$$J(\rho)=\sup\{R_k(x,0)\ |x\in B(x_k,\rho,g_k(0)),k=1,2,\cdots\},$$

$$\rho_0=\sup\{\rho\mid J(\rho)<\infty\}.$$

正如定理 7.5.1 的证明的第二步, 通过积分先验假设中的空间方向的梯度的界, 我们推出 $\rho_0>0$.

既然假设命题不对, 则必有 $\rho_0<\infty$. 我们将由此推出矛盾, 从而证明命题 9.1.1. 由 $\rho_0<\infty$ 知, 存在 $y_k\in M_k$, 使得当 $k\to\infty$ 时, $d(x_k,y_k,g_k(0))\to\rho_0$ 以及 $R_k(y_k,0)\to\infty$. 用 α_k 代表在 M_k 中的连

接 x_k 和 y_k 的极小测地线. 因为 $R_k(x_k,0)=1$, 所以存在点 $z_k\in\alpha_k$, 它离 y_k 最近且满足 $R_k(z_k,0)=2$. 而用 β_k 表示 α_k 上连接 z_k 和 y_k 的那段曲线. 易见沿 β_k 的数量曲率满足 $R_k\geqslant 2$. 作为先验假设一部分的夹挤性质告诉我们, 曲率张量有下界. 因此, 对每一个固定的 $\rho<\rho_0$, (M_k,g_k) 的曲率张量在球 $B(x_k,\rho,g_k(0))$ 上是一致有界的. 根据第八章的强非坍塌性定理, 在球 $B(x_k,\rho,g_k(0))$ 上的单射半径有一致的正下界. 因此, 由 Hamilton 紧性定理 5.3.5 知, 标记 (子) 序列 $(B(x_k,\rho_0,g_k(0)),g_k(0),x_k)$ 按 C_0^∞ 拓扑收敛于一个不完备标记流形 $(B_\infty,\ g_\infty(0),x_\infty)$, 并且在区域

$$P_k\equiv\{(x,t)\,|\,d(x_k,x,g_k(0))<\rho_0,\,-(\max\{1,R_k(x,t_0)\})^{-1}<t\leqslant 0\}$$

中的不完备 Ricci 流 $(M_k,g_k,(x_k,0))$ 有子列收敛于一个不完备标记 Ricci 流. 极限度量 $g_\infty(t)$ 定义于区域

$$P_\infty\equiv\{(x,t)\,|\,x\in B_\infty,\,-(\max\{1,R_\infty(x,0)\})^{-1}<t\leqslant 0\}.$$

这里 R_∞ 是 g_∞ 的数量曲率. 根据命题假设, 区域 P_k 不受手术影响, 因此, 以上极限有意义. 注意, 测地线段 α_k 收敛于某测地线段 $\alpha_\infty\subset B_\infty$, 且 β_k 收敛于某 β_∞. 我们把 α_∞ 和 β_∞ 的共同端点记为 y_∞.

注意到, 数量曲率 R_∞ 沿 β_∞ 的值至少是 2. 根据先验假设, 当 k 充分大, 且 $t=0$ 时, Ricci 流 (M_k,g_k) 在 β_k 上的点具有精度为 ε 的强标准邻域性质. 所以, 对每一个点 $q_0\in\beta_\infty$, 球

$$D_\infty(q_0)\equiv\{q\in B_\infty\ |\ d^2(q_0,q,g_\infty(0))<\varepsilon^{-2}[R_\infty(q_0)]^{-1}\}$$

或者 2ε 接近于强 ε 颈的一个时间层, 或者 2ε 接近于 ε 盖子的一个时间层, 或者 2ε 接近于一个无边紧流形. 而且, 当曲线 α_∞ 上的点接近端点 y_∞ 时, R_∞ 变得无界. 这说明 $D_\infty(q_0)$ 不接近于无边紧流形. 因为 α_∞ 距离极小, 我们知道 $D_\infty(q_0)$ 也不接近 ε 盖子, 其原因是穿越 ε 盖子中心的长测地线不会距离极小. 因此, 唯一的可能是 $D_\infty(q_0)$ 2ε 接近于强 ε 颈的一个时间层.

极限流形 $(M_\infty,g_\infty(0),x_\infty)$ 作为 3ε 颈的并集, 同胚于 $\mathbf{S}^2\times(0,1)$. 根据 Hamilton-Ivey 夹挤定理 5.2.4, 其截面曲率非负, 并且当 B_∞ 上的点趋于端点 x_∞ 时, 其数量曲率趋于无穷.

剩下的证明与定理 7.5.1 的证明的第三步相同. 我们把 P_∞ 上的极限流通过伸缩变成一个度量锥. 由极大值原理, 此度量锥必须分裂为乘积流形. 但这是不可能的. 这说明假设 $\rho_0 < \infty$ 是错的, 因此 $\rho_0 = \infty$. □

以下结果是手术情形的 Hamilton 紧性定理, 它取自 [MT] 的定理 11.1.

命题 9.1.2 若 $(M^\alpha, g^\alpha, (x^\alpha, t^\alpha))$ 是一序列 3 维含手术的标记 Ricci 流, 并满足先验假设和以下五个条件:

(i) 对每一个 $y^\alpha \in M^\alpha$ 和 $t \leqslant t^\alpha$, 若 $R(y^\alpha, t) \geqslant 4R(x^\alpha, t^\alpha)$, 则存在强标准邻域, 其精度为 ε.

(ii) $\lim\limits_{\alpha\to\infty} Q_\alpha = \infty$, 这里 $Q_\alpha = R(x^\alpha, t^\alpha)$.

(iii) 对每一个 $A < \infty$, 如果 α 充分大, 则球 $B(x^\alpha, AQ_\alpha^{-1/2}, t^\alpha)$ 的闭包是 M^α 的紧子集.

(iv) Ricci 流 (M^α, g^α) 在球 $B(x^\alpha, AQ_\alpha^{-1/2}, t^\alpha)$ 中的每一点 κ 非坍塌, 而且非坍塌尺度至少为 r, 其中 κ 和 r 为一致常数.

(v) 有一 $\mu > 0$, 使得对每一个 $A > 0$, 任何 $y^\alpha \in B(x^\alpha, AQ_\alpha^{-1/2}, t^\alpha)$ 在时间段 $[t^\alpha - (\max\{Q_\alpha, R(y^\alpha, t^\alpha)\})^{-1}\mu, t^\alpha]$ 内都不受手术影响.

则有一子序列, 记为

$$(M^\alpha, Q_\alpha g^\alpha, (x^\alpha, t^\alpha)),$$

在把时间 t^α 平移到 0 后, 它按 C^∞_{loc} 拓扑收敛于一个完备的 Ricci 流 $(M^\infty, g^\infty, (x^\infty, 0))$. 该极限 Ricci 流存在于某一时间段 $[-t_0, 0]$ $(t_0 > 0)$, 并且具备有界非负曲率.

证明 由条件 (v) 知, 时空区域

$$\begin{aligned} P_A^\alpha \equiv & \{(x,t) \,|\, d(x^\alpha, x, g^\alpha(t^\alpha)) < AQ_\alpha^{-1/2}, \\ & t^\alpha - (\max\{Q_\alpha, R(y^\alpha, t^\alpha)\})^{-1}\mu \leqslant t \leqslant t^\alpha\} \end{aligned}$$

不受手术影响, 命题 9.1.1 在此适用, 因此, 存在正常数 $K = K(A)$, 使得

$$R(x, t^\alpha) \leqslant K(A)Q_\alpha, \quad d(x^\alpha, x, g^\alpha(t^\alpha)) < AQ_\alpha^{-1/2}.$$

由非坍塌性条件 (iv) 和定理 5.3.5 知, 可以找到一子序列, 记做

$$(M^\alpha, Q_\alpha g^\alpha, (x^\alpha, t^\alpha)),$$

在把时间 t^α 平移到 0 后, 该子列按 C^∞_{loc} 拓扑收敛于一个极限 Ricci 流 $(M^\infty, g^\infty, (x^\infty, 0))$. 此 Ricci 流存在于 $M^\infty \times (-\infty, 0]$ 的一个相对开的子区域, 它包含时间层 $M^\infty \times \{0\}$.

由定理 7.5.1 证明的第四步, 流形 $(M^\infty, g^\infty(0))$ 的数量曲率有界. 条件 (v) 指出, 该极限 Ricci 流至少存在于一个固定的时间段 $[-t_0, 0]$. 而由 Hamilton Ivey 夹挤定理知, 曲率张量非负. 最后由定理 7.5.1 的证明的第四步知, 曲率张量在时间段 $[-t_0, 0]$ 内有界. 命题得证. □

注解 9.1.1 注意, 条件 (iv) 规定, 对一固定的 κ 和固定的尺度, 球 $B(x^\alpha, AQ_\alpha^{-1/2}, t^\alpha)$ 中的每一点 κ 非坍塌. 这种条件对以后的应用是有利的.

如果仅假设在点 (x^α, t^α) 为 κ 非坍塌, 则可以用经典体积比较定理和命题 9.1.2 的曲率上界导出中心在其他点的球的体积下界. 可是如此获得的常数 κ, 不再是对 A 的一致常数, 而且可能存在的手术给体积比较定理的应用带来麻烦.

下一结果 ([P2] 的引理 4.5) 描述手术盖子沿 Ricci 流的演变. 它是证明含手术的 Ricci 流存在的关键引理. 实际上, 它是为证明标准邻域定理 9.2.1 做准备. 这里的证明与文献中已有的证明不同, 原因之一是有了第八章的强非坍塌性定理, 另一个不同是以下断言 9.1.1 的证明. 文章 [P2] 对此断言的证明似乎不全.

在介绍该引理之前, 我们引入另一个记号. 设 $(M, g(t))$ 为一 Ricci 流. 对 $x_0 \in M$, $r > 0$ 和两个时刻 t_0, t_1 $(t_1 > t_0)$, 记

$$P(x_0, t_0, r, t_0, t_1) \equiv \{(x, t) \mid x \in B(x_0, r, t),\ t \in [t_0, t_1]\}. \tag{9.1.1}$$

引理 9.1.1(手术盖子附近 Ricci 流的性质) 对任意充分小的 $\varepsilon > 0$, 任意 $A \geqslant 1$ 和 $\theta \in (0, 1)$, 存在 $\delta_0 = \delta_0(A, \theta, \varepsilon) > 0$, 使得以下结果成立. 设 $(M, g(t))$ 为一紧 Ricci 流, 其初始流形可定向, 并在时间段 $[0, T]$ 中经历有限个满足以下条件的 (r, δ) 手术:

(1) 参数为某一 $r_0 > 0$, 精度为 ε 的强标准邻域性质在 $[0, T]$ 上成立.

(2) 对所有在 $[0, T]$ 的 (r, δ) 手术, $\delta \leqslant \delta_0$.

(3) 有一半径为 h 的 (r,δ) 手术发生在某一时间 $T_0 \in (0,T)$.

(4) x_0 是条件 (3) 中手术盖子上的一个点.

则

(i) 存在一时刻 $T_1 \in (T_0, \min\{T_0+\theta h^2, T\}]$, 使得该 Ricci 流在时空区域

$$P(x_0,T_0,Ah,T_0,T_1) \equiv \{(x,t) \mid x \in B(x_0,Ah,t),\ t \in [T_0,T_1]\}$$

上不受手术影响. 而且, 经过伸缩 h^{-2} 倍和平移时间 T_0 到 0 后, 该 Ricci 流在区域

$$P(x_0,T_0,Ah,T_0,T_1)$$

中按 $C^{[A]}_{\text{loc}}$ 拓扑 A^{-1} 接近于标准解的相应区域. 该标准解的区域开始于时刻 0, 并且包含手术盖子的端点.

(ii) 如果 $T_1 < \min\{T_0+\theta h^2, T\}$, 并且 T_1 是使 (i) 中结论成立的极大时刻, 则该 Ricci 流在时刻 T_1 以后对所有 $B(x_0,Ah,T_0)$ 中的点没有定义. 即该球在时刻 T_1 被某一手术整体切除.

证明 证明分为三步.

第一步 证明结论 (i).

由引理 8.1.2, 在手术后的瞬间 T_0^+, 球 $B(x_0,\delta^{-1/2}h,T_0)$ 上的度量 $g(T_0^+)$ 经过伸缩 h^{-2} 倍以后, $\delta^{1/2}$ 接近于标准有盖无限圆柱中相应球的度量. 我们记得, 标准解是以标准有盖无限圆柱为初始流形的 Ricci 流. 选 δ 充分小, 使得 $A << \delta^{-1/2}$. 根据 Ricci 流在短时间的连续性知, 引理 9.1.1 的结论 (i) 在 $P(x_0,T_0,Ah,T_0,t_1)$ 中成立. 这里 $t_1 \in (T_0, \min\{T_0+\theta h^2, T\}]$ 充分接近 T_0.

若 Q 是标准解的数量曲率在时间段 $[0,\theta]$ 的极大值, 因为 ε 充分小, 我们有

$$R(x,t) \leqslant 2Qh^{-2}, \quad (x,t) \in P(x_0,T_0,Ah,T_0,t_1).$$

第二步 证明结论 (ii).

设 T_1 是第一步中 t_1 的极大值. 因而 Ricci 流 $(M,g(t))$ 满足引理中的条件 (1)–(4) 和结论 (i), 并且 T_1 是结论 (i) 成立的最大时间. 如果 $T_1 = \min\{T_0+\theta h^2, T\}$, 则证明已完成. 所以, 我们假设 $T_1 < \min\{T_0+\theta h^2, T\}$.

第二步的任务是证明以下断言.

断言 9.1.1　假设 $0<\delta\leqslant\delta_0(A,\theta,\varepsilon)$, 且 δ 充分小. 则在时刻 T_1 有一手术, 它至少切除闭球 $\bar{B}(x_0,Ah,T_0)$ 中的某一点.

我们指出, 在时间 T_1 之前, 其他手术也有可能发生, 但它们不影响球 $B(x_0,Ah,T_0)$. 在第三步, 我们将证明该球在时刻 T_1 被整体切除.

在文章 [P2] 对此引理的证明中 (第 10 页第二段), Perelman 用到这个断言, 但没有给出证明. 要证明它, 我们需要排除下面一种可能, 即在时刻 T_1 或稍后没有手术影响 $\bar{B}(x_0,Ah,T_0)$, 但是结论 (i) 中与标准解的 A^{-1} 接近的性质不成立.

直接用 [P2] (引理 4.5) 中的取极限办法来排除这种可能会遇到一点困难. 因为其中需要证明违反该断言的一序列 Ricci 流收敛于标准解. 可是证明收敛性的前提是在任意给定的距离内, 该序列中的 Ricci 流没有手术, 而且曲率一致有界. 这个前提我们无法假设. 在此我们给出以上断言的详细证明, 其新颖之处是证明: 如果数量曲率在某一时空点很大, 则它在该点的固定时空邻域内仍然很大. 因此标准邻域会持续一段固定的时间.

我们用反证法. 假设以上断言不对, 则对每一个 $\alpha=1,2,\cdots$, 存在 $\delta_0=\delta_0(\alpha)(\to 0)$ 和标记 Ricci 流

$$(M^\alpha,g^\alpha,x_0^\alpha,T_0),\tag{9.1.2}$$

且该标记Ricci流在一个最大时间段$[T_0,T_1]$中满足该引理的条件(1)–(4)和结论 (i). 这里 $T_0=T_0(\alpha)$, $T_1=T_1(\alpha)$. 但是在时刻 T_1 没有手术影响闭球 $\bar{B}(x_0^\alpha,Ah(\alpha),T_0(\alpha))$ 中的任意点, 这里 $h(\alpha)$ 是在时刻 $T_0(\alpha)$ 的手术半径. 由连续性, 以下结论成立: 存在 $T_2(\alpha)>T_1(\alpha)$, 使得球

$$B(x_0^\alpha,Ah(\alpha),T_0(\alpha))\tag{9.1.3}$$

在时间段 $[T_0(\alpha),T_2(\alpha)]$ 不受手术影响.

下面我们将第二步剩下的证明分为三小步.

步骤 2.1　证明以下断言.

断言 9.1.2　假设 (9.1.3) 成立, 并且 $T_2(\alpha)$ 充分接近 $T_1(\alpha)$, 则球 $B(x_0^\alpha,\delta_0^{-1/2}(\alpha)h(\alpha),T_0)$ 在所有时刻 $t\in[T_0(\alpha),T_2(\alpha)]$ 不受手术影响.

为简化论证, 如果不引起混淆, 在以下几段我们将省略参数 α. 一个有用的事实是, 我们可以选 $T_2(\alpha)(> T_1(\alpha))$ 任意接近于 $T_1(\alpha)$.

假设断言 9.1.2 在时间段 $[T_0, T_2]$ 上不成立, 即球 $B(x_0, \delta_0^{-1/2}h, T_0)$ 在上述时间段的某一时刻 t 受到手术影响. 则只有两种情况可能发生: 一是整个球被手术切掉; 二是手术截面和该球相交. 但是第一种情况不会发生, 否则 x_0 也会被切掉, 因而和时间 T_2 的定义矛盾, 见 (9.1.3). 所以存在第一时间 $t_3 \in [T_0, T_2]$, 在此时刻一个手术截面和球 $B(x_0, \delta_0^{-1/2}h, T_0)$ 相交. 因此, 存在一点

$$x_1 \in B(x_0, \delta_0^{-1/2}h, T_0), \tag{9.1.4}$$

它位于一个半径为 h_3 的 δ 颈的中心. 这里 h_3 是在时刻 t_3 的手术半径. 注意, h_3 与在时刻 T_0 的手术半径 h 无关.

我们将证明: 存在正常数 $C = C(\eta)$, 它仅依赖于强标准邻域性质中的梯度的界中的参数 η, 使得

$$R(x,t) \geqslant C(\eta)h^{-2}, \quad x \in B(x_0, \delta_0^{-1/2}h, T_0),\ t \in [T_0, t_3]. \tag{9.1.5}$$

这里 t_3 被视作手术发生前的瞬间.

从引理 9.1.1 的证明的第一步第一段知, 对充分小的 δ_0,

$$R(x, T_0) > \frac{\sigma_0}{2}h^{-2}, \quad x \in B(x_0, \delta_0^{-1/2}h, T_0).$$

这里 $\sigma_0 > 0$ 是标准解的数量曲率的下界. 由 Ricci 流的连续性, 存在时刻 $t_4 \in (T_0, t_3]$, 使得对所有 $x \in B(x_0, \delta_0^{-1/2}h, T_0)$, $t \in [T_0, t_4]$, 成立

$$R(x,t) \geqslant \frac{\sigma_0}{4}h^{-2}.$$

在此, 我们用到了 Ricci 流在时空间区域 $B(x_0, \delta_0^{-1/2}h, T_0) \times [T_0, t_3^-]$ 是光滑的事实, 这是因为 t_3 是手术影响此球的第一时间.

由于 h 比标准邻域尺度 r_0 小得多, 故上一段中的点 (x,t) 满足标准邻域性质. 因此, 以下梯度界成立:

$$\partial_t R(x,t) \geqslant -\eta R^2(x,t).$$

积分上式得

$$R(x,t) \geqslant \frac{R(x,T_0)}{1+\eta(t-T_0)R(x,T_0)}, \quad t \in [T_0, t_4].$$

由 $t - T_0 \leqslant \theta h^2 < h^2$ 和 $R(x,T_0) \geqslant \frac{\sigma_0}{2} h^{-2}$ 知,

$$R(x,t) \geqslant C(\eta) h^{-2}, \quad t \in [T_0, t_4].$$

注意, 只要 $t_4 - T_0 < h^2$, 上面的界就不依赖于 t_4. 所以, 我们可以重复以上过程任意多次, 从而证明 (9.1.5).

因为手术半径满足 $h \leqslant \delta^2 r_0$, 所以当 δ 很小时, $R(x,t_3) \geqslant C(\eta)h^{-2} \geqslant r_0^{-2}$. 因此, 每个时空点 (x, t_3) $(x \in B(x_0, \delta_0^{-1/2}h, T_0))$ 有一精度为 ε 的标准邻域. 于是, 在时刻 t_3, 球 $B(x_0, \delta_0^{-1/2}h, T_0)$ 完全被标准邻域覆盖. 由手术过程的定义, 我们已经扔掉具有正数量曲率的紧致无边的连通区域. 所以只有 ε 盖子和 ε 颈存在. 根据 T_1 的定义, 球 $B(x_0, Ah, T_0)$ 在每一时刻 $t \in [T_0, T_1]$ 和一个盖子相交. 因而球 $B(x_0, Ah, T_0)$ 在时刻 t_3 也和一个盖子相交, 原因是 $t_3 \leqslant T_1$ 或者 t_3 可以充分接近 T_1. 由此得知, 在时刻 t_3, 球 $B(x_0, \delta_0^{-1/2}h, T_0)$ 被一个 ε 盖子和一些 ε 颈覆盖.

从 (9.1.4) 得知, 存在点 $x_1 \in B(x_0, \delta_0^{-1/2}h, T_0)$, 它在时刻 t_3 位于一个手术截面. 后者是一个 δ 颈的中心. 因为 $\delta < \varepsilon$, 每一 δ 颈的中心也是 ε 颈的一部分, 所以在手术后的瞬间 t_3^+, 球 $B(x_0, Ah, T_0)$ 包含于一无边紧流形, 而且其数量曲率为正. 但这意味着整个球 $B(x_0, Ah, T_0)$ 在时刻 t_3 被扔掉, 从而与 (9.1.3) 产生矛盾. 断言 9.1.2 得证.

步骤 2.2 由断言 9.1.2 知, 对某一 $T_2 > T_1$, Ricci 流 (9.1.2) (其上标 α 已省略) 在以下时空区域中光滑:

$$B(x_0, \delta_0^{-1/2}h, T_0) \times [T_0, T_2].$$

因为我们总可以把 T_2 选得小一点, 不失一般性, 我们假设

$$T_2 \leqslant \min\{T_1 + (12\eta)^{-1}Q^{-1}h^2, T_0 + \theta h^2, T\}. \tag{9.1.6}$$

这里 η 是定义 8.1.6 中出现在梯度的界中的常数.

由 T_1 的定义知, 在球 $B(x_0, Ah, T_1)$ 中的度量 $g(T_1)$ 经过伸缩 h^{-2} 倍并把时间 T_0 移到 0 后, A^{-1} 接近于标准解在时刻 $(T_1 - T_0)h^{-2}$ 所

确定的流形上相应球中的度量. 从而, $R(x_0,T_1)\leqslant 2Qh^{-2}$. 下面我们证明, 类似的上界可以被延伸到时间 T_2, 即

$$R(x_0,t)\leqslant 3Qh^{-2},\quad t\in[T_1,T_2]. \tag{9.1.7}$$

上述不等式也是标准邻域性质的推论. 对 (9.1.7) 中的时刻 t, 如果 $R(x_0,t)\leqslant 2Qh^{-2}$, 则证明已完成. 所以, 我们假设 $R(x_0,t)\geqslant 2Qh^{-2}$. 设

$$\bar{t}=\inf\{l\ |l\in[T_0,t],\ R(x_0,l)\geqslant 2Qh^{-2}\}.$$

注意, h 作为手术半径, 远小于标准邻域性质中的尺度 r_0 . 因此, 我们知道每一点 (x_0,l) $(l\in[\bar{t},t])$ 有一标准邻域. 从而以下梯度估计成立:

$$\partial_l R(x_0,l)\leqslant 2\eta R(x_0,l)^2.$$

对上面的不等式从 $\bar{t}$ 到 t 积分, 并利用 $R(x_0,\bar{t})=2Qh^{-2}$, 得

$$R(x_0,t)\leqslant\frac{1}{0.5Q^{-1}h^2-2\eta(t-\bar{t})}\leqslant\frac{1}{0.5Q^{-1}h^2-2\eta(T_2-T_1)}.$$

所以, 若 T_2 满足 (9.1.6), 则上界 (9.1.7) 成立, 即

$$R(x_0,t)\leqslant 3Qh^{-2},\quad t\in[T_1,T_2].$$

根据步骤 2.1 知, 存在 $C>0$, 使得

$$R(x_0,t)\geqslant CQh^{-2},\quad t\in[T_0,T_2].$$

如果 $T_2\leqslant T_0+(12\eta)^{-1}Q^{-1}h^2$, 以上的论证对时空区域

$$B(x_0,\delta_0^{-1/2}h,T_0)\times[T_0,T_2]$$

仍然适用. 对这样的 T_2, 我们有

$$R(x,t)\leqslant CQh^{-2},\quad (x,t)\in B(x_0,\delta_0^{-1/2}h,T_0)\times[T_0,T_2]. \tag{9.1.8}$$

如果 $T_2\geqslant T_0+(12\eta)^{-1}Q^{-1}h^2$, 由 $R(x,t)$ 的上下界, 我们有足够长的无手术时间段来应用命题 9.1.1. 它指出, 对任意固定的 $D>0$, 存

在 $K(D,\varepsilon,r_0)>0$, 使得 (被省略的) α 充分大时, 数量曲率的一致上界成立, 即在 $B(x_0,Dh,t)\times\{t\}(t\in[T_0,T_2])$ 上, 成立

$$R(x,t)\leqslant K(D,\varepsilon,r_0)R(x_0,t). \tag{9.1.9}$$

这里的一致性是对 α 而言. 注意, 命题 9.1.1 中的 Ricci 流是无边的. 但是, 因为其结论和证明都是局部性的, 所以它在此仍然适用.

步骤 2.3 恢复指数 α, 并考查伸缩后的度量

$$\tilde{g}^\alpha(s)=h^{-2}(\alpha)g^\alpha(T_0(\alpha)+h^2(\alpha)s)$$

在时空区域

$$\begin{aligned}\tilde{P}(\alpha)\equiv&\{(x,s)\mid d(x,x_0^\alpha,\tilde{g}^\alpha(0))<\delta_0^{-1/2}(\alpha),\\&s\in[0,h^{-2}(\alpha)(T_2(\alpha)-T_0(\alpha))]\}\end{aligned}$$

中的性质.

对任意固定的 $D>0$, 我们要证明存在正常数 $K_1(D,\varepsilon,r_0)$, 使得数量曲率的一致界

$$\tilde{R}^\alpha\leqslant K_1(D,\varepsilon,r_0) \tag{9.1.10}$$

在以下紧集中成立:

$$\{(x,s)\mid d(x,x_0^\alpha,\tilde{g}^\alpha(0))<D,\ s\in[0,h^{-2}(\alpha)(T_2(\alpha)-T_0(\alpha))]\}.$$

此上界是 (9.1.9) 和命题 5.1.1 (iii) 的推论, 其证明如下: 设 $s_0\in[0,1]$ 是一个接近于 0 的数, 使得对所有 $s\in[0,s_0]$, 成立

$$B(x_0^\alpha,D,\tilde{g}^\alpha(0))\subset B(x_0^\alpha,2D,\tilde{g}^\alpha(s)).$$

对 $x\in B(x_0^\alpha,2D,\tilde{g}^\alpha(s))$ $(s\in[0,s_0])$, 由 Hamilton - Ivey 夹挤定理及 (9.1.9) 得知, 对某一 $c>0$, 成立

$$|Ric_{\tilde{g}^\alpha}(x,s)|\leqslant cK(2D,\varepsilon,r_0).$$

所以由命题 5.1.1 (iii) 推出

$$\partial_s d(x,x_0^\alpha,\tilde{g}^\alpha(s))\leqslant cK(2D,\varepsilon,r_0)d(x,x_0^\alpha,\tilde{g}^\alpha(s)).$$

因为 $s \leqslant 1$, 通过对上式积分可得

$$d(x, x_0^\alpha, \tilde{g}^\alpha(s)) \leqslant d(x, x_0^\alpha, \tilde{g}^\alpha(0))\mathrm{e}^{cK(2D,\varepsilon,r_0)}, \quad x \in B(x_0^\alpha, D, \tilde{g}^\alpha(0)).$$

由此得出, 对所有 $s \in [0, s_0]$, 成立

$$B(x_0^\alpha, D, \tilde{g}^\alpha(0)) \subset B(x_0^\alpha, D\mathrm{e}^{cK(2D,\varepsilon,r_0)}, \tilde{g}^\alpha(s)).$$

从 s_0 开始, 重复以上推理, 我们可得知, 上面球的包含关系对所有 $s \in [0,1]$ 成立. 于是, (9.1.10) 立刻由 (9.1.9) 经过伸缩得出.

根据前一章的定理 8.2.1, Ricci 流 $\tilde{g}^\alpha$ 在区域 $\tilde{P}(\alpha)$ 中和尺度 $h^{-1}(\alpha)$ 下是强 κ 非坍塌的. 注意, 由于在时刻 T_2 之前可能有手术, 我们不能引用 Perelman 的弱 κ 非坍塌性, 原因是 [P2] 中弱 κ 非坍塌性的证明依赖此引理.

下面我们处理两种情况.

情况 1 $\limsup\limits_{\alpha\to\infty} h^{-2}(\alpha)(T_2(\alpha) - T_0(\alpha)) = a > 0.$

由 (9.1.10) 和强 κ 非坍塌性, 我们可利用命题 9.1.2 找到 $\{\tilde{g}^\alpha(s)\}$ 的一个子序列, 它在时间段 $[0,a]$ 上按 C^∞_{loc} 拓扑收敛于一个完备 Ricci 流 $(\tilde{M}, \tilde{g}^\infty)$. 完备性来源于假设 $\delta_0(\alpha) \to 0$ 以及 $\tilde{P}(\alpha)$ 的每一时间层在度量 $\tilde{g}^\alpha(0)$ 下的半径为 $\delta_0^{-1/2}(\alpha)$. 容易看到, $\tilde{g}^\infty(0)$ 是标准解的初始度量. 重复定理 7.5.1 的证明的第四步, 我们知道, 数量曲率 $\tilde{R}^\infty$ 在每一时间层有界. 注意, 这里我们再次需要 κ 非坍塌性. 陈兵龙和朱熹平证明的唯一性定理 (本书定理 5.1.3) 知, $\tilde{g}^\infty(s)$ 就是在时间段 $[0,a]$ 中的标准解.

注解 9.1.2 根据强 κ 非坍塌性 (定理 8.2.1), $(\tilde{M}, \tilde{g}^\infty)$ 的单射半径大于一个正常数. 在这种情形下, 非紧 Ricci 流的唯一性的证明和紧的情形类似, 从而证明比较容易. 陈兵龙和朱熹平的文章 [ChZ2] 的主要工作是处理非紧 Ricci 流的单射半径可能趋于零的情况.

根据上一段, 对任意 $D > 1$, 存在充分大的 α, 使得 $\tilde{g}^\alpha(s)$ 在区域

$$\{(x,s) \mid d(x, x_0^\alpha, \tilde{g}^\alpha(0)) < D,\ s \in [0, h^{-2}(\alpha)(T_2(\alpha) - T_0(\alpha))]\}$$

中按 $C^{[A]}$ 拓扑 A^{-1} 接近于标准解的相应部分. 因为 $\theta < 1$, 对时间段 $[0,\theta]$ 中的标准解, 不同时刻的距离函数是可比的. 因此, 对每一个

$A \geqslant 1$, 我们可以找到 $D > 1$, 使得

$$\{(x,s) \mid d(x,x_0^\alpha,\tilde{g}^\alpha(s)) < A,\ s \in [0,h^{-2}(\alpha)(T_2(\alpha)-T_0(\alpha))]\}$$
$$\subset \{(x,s) \mid d(x,x_0^\alpha,\tilde{g}^\alpha(0)) < D,\ s \in [0,h^{-2}(\alpha)(T_2(\alpha)-T_0(\alpha))]\}.$$

所以, 在区域 $P(x_0,T_0,Ah,T_0,T_2)$ 中, 未被伸缩的 Ricci 流 g^α, 经过伸缩 h^{-2} 倍并平移时间 T_0 到 0 以后, 按 $C^{[A]}$ 拓扑 A^{-1} 接近于标准解. 但是 $T_2(\alpha) > T_1(\alpha)$, 这与 $T_1(\alpha)$ 是满足上述性质的极大时间矛盾. 因而, 在情况 1 我们已经证明在第二步开头处的断言 9.1.1.

情况 2 $\limsup\limits_{\alpha\to\infty} h^{-2}(\alpha)(T_2(\alpha)-T_0(\alpha)) = 0$.

从 (9.1.8) 得知, 对比较大的 α, 对应于度量 $\tilde{g}^\alpha$ 的数量曲率 $\tilde{R}^\alpha$ 在以下区域

$$\{(x,s) \mid d(x,x_0^\alpha,\tilde{g}^\alpha(0)) < \delta_0^{-1/2}(\alpha),\ s \in [0,h^{-2}(\alpha)(T_2(\alpha)-T_0(\alpha))]\}$$

中一致有界. 因此, 我们可以引用命题 5.3.1(它是施皖雄给出的局部梯度估计的改进), 得到数量曲率及其导数在紧区域一致有界. 再由强 κ 非坍塌性, 我们可以找到 $\{\tilde{g}^\alpha\}$ 的子序列, 使其在 C^∞_{loc} 意义下收敛于标准解的初始度量. 我们记得, 当 $\alpha\to\infty$ 时, $h^{-2}(\alpha)(T_2(\alpha)-T_0(\alpha)))$ 趋于零. 因此存在充分大的 α, 使得限制在区域 $P(x_0,T_0,Ah,T_0,T_2)$ 中的 $g^\alpha(s)$ 满足下述性质: 经过通常的伸缩和时间平移后, 按 $C^{[A]}$ 拓扑 A^{-1} 接近于标准解. 但是 $T_2(\alpha) > T_1(\alpha)$, 又与 $T_1(\alpha)$ 的极大性矛盾.

因此, 断言 9.1.1 得证, 即在时刻 T_1 的某一手术影响闭球 $\bar{B}(x_0,Ah,T_0)$.

第三步 现在我们回到引理 9.1.1 所讲的 Ricci 流 $(M,g(t))$. 由 T_1 的定义, 对任意 $s < T_1$, $(M,g(t))$ 的时空区域 $P(x_0,T_0,Ah,T_0,s)$ 经过伸缩 h^{-2} 倍和平移时间 T_0 到 0 后, 按 $C^{[A]}$ 拓扑 A^{-1} 接近于标准解的对应区域. 而且该区域的每一时间层包含标准解盖子的中心.

因此, 若时刻 s 接近于 T_1, 则存在一个点 $q \in B(x_0,Ah,T_0)$, 它作为盖子中的一点, 到 δ 颈的中心的距离和 $\delta^{-1}h$ 可比. 注意, 标准解在时刻 $s_1,s_2 \in [0,\theta]$ 的距离函数可比. 所以球 $B(x_0,Ah,T_0)$ 在度量 $g(s)$ 下的直径小于 $Q\delta^{-1/2}h$. 因而在时刻 s, 球 $B(x_0,Ah,T_0)$ 与 δ 颈中心的距离和 $\delta^{-1}h$ 可比. 这里的度量仍是 $g(s)$.

根据断言 9.1.1 的证明的步骤 2.2, 球 $\bar{B}(x_0, Ah, T_0)$ 中有一点在时刻 T_1 被手术切除. 从手术的定义, 我们知道, (r, δ) 手术的切割点位于一个 δ 颈的中心. 由上一段的推理, δ 颈的中心不能与球 $B(x_0, Ah, T_0)$ 相交. 因此, 整个球 $B(x_0, Ah, T_0)$ 被该手术切除. 引理证毕. □

§9.2 含手术的 Ricci 流的标准邻域性质

本节只有一个定理, 它断言 Ricci 流的强标准邻域性质经过适当的手术仍然成立. 尽管我们在定理中假设手术个数有限, 但是定理中的参数和结论不依赖手术个数, 只依赖于初始流形和时间. 该定理综合了 [P2] 中的命题 5.1 和本书中的定理 8.2.1, 对证明在有限时间内只有有限个手术的论断起关键作用. 它的证明和定理 7.5.1 类似, 当然手术的存在使证明更复杂.

在陈述定理之前, 我们记住强标准邻域性质是先验假设(定义 8.1.6) 的一部分.

定理 9.2.1(手术情形的标准邻域性质) 设 $(M, g(0))$ 是紧的可定向的规范化的 3 维流形. 对任意充分小的 $\varepsilon > 0$, 存在非增正数序列 δ_i, r_i 和 κ_i $(i = 0, 1, 2, \cdots)$, 使得以 $(M, g(0))$ 为初始值的 Ricci 流具备以下性质: 假设在时间段 $[i\varepsilon, (i+1)\varepsilon]$ $(i = 0, 1, 2, \cdots)$, 该 Ricci 流仅经过有限个发生在强 δ_i 颈上 (r_i, δ_i) 的手术. 则在时间段 $[i\varepsilon, (i+1)\varepsilon]$,

(1) 精度为 ε, 参数为 r_i 的强标准邻域性质成立;

(2) 该 Ricci 流是强 κ 非坍塌的, 其非坍塌常数为 κ_i, 尺度为 1.

证明 只要结论 (1) 得证, 结论 (2) 立即可以从定理 8.2.1 导出. 所以我们只要给出 (1) 的证明, 证明是用归纳法和反证法, 分七步完成.

第一步 归纳过程的准备工作.

因为初始流形是规范化的, 所以 Ricci 流在一固定时间段是光滑的. 根据光滑 Ricci 流的理论 (见 7.5 节), 在 $i = 0$ 的情形本定理成立. 假设本定理在时间段 $[(i-1)\varepsilon, i\varepsilon]$ 成立, 其参数为 r_i, δ_i, 而且手术半径 $h_i \leqslant \delta_i^2 r_i$.

为了导出矛盾, 假设本定理的结论 (1) 在时间段 $[i\varepsilon, (i+1)\varepsilon]$ 不成立. 则存在一序列 Ricci 流 $\{(M^\alpha, g^\alpha)\}$, 它们有如下性质:

(i) 直到时刻 $i\varepsilon$, 该序列的每一个 Ricci 流满足本定理的结论 (1).

(ii) 存在正数 $r^\alpha \to 0$, $\delta^\alpha \to 0$, $\alpha \to \infty$, 使得 (M^α, g^α) 在时间段 $[i\varepsilon, T^\alpha]$ 仅经历有限个 $(r^\alpha, \delta^\alpha)$ 手术. 这里 $i\varepsilon \leqslant T^\alpha \leqslant (i+1)\varepsilon$.

注意, r^α 和 δ^α 依赖于两个指标: α 和 i. 但是, 如果不引起混淆, 我们仅使用一个指标而省略定义时间段的指标 i. 有时我们也会省略所有指标.

(iii) 存在 $x^\alpha \in M^\alpha$, 使得精度为 ε, 参数为 r^α 的强标准邻域性质在某一时空点 (x^α, T^α) 不成立.

(iv) T^α 是 (ii) 和 (iii) 发生的最早时间.

以时空点 (x^α, T^α) 为基点并以 $R^\alpha(x^\alpha, T^\alpha)$ 为倍数, 伸缩 (M^α, g^α) 并且将时间平移 T^α 单位, 所得的 Ricci 流记为 $(\tilde{M}^\alpha, \tilde{g}^\alpha, (\tilde{x}^\alpha, 0))$, 则

$$\tilde{g}^\alpha(\tilde{t}) = Q^\alpha g^\alpha(T^\alpha + \tilde{t}(Q^\alpha)^{-1}.$$

其中

$$Q^\alpha = R^\alpha(x^\alpha, T^\alpha)$$

是度量 g^α 下的数量曲率. 我们将证明 $\{(\tilde{M}^\alpha, \tilde{g}^\alpha)\}$ 有子序列收敛于一个 κ 解, 这与归纳假设 (iii) 矛盾, 从而证明本定理.

下面我们收集 (M^α, g^α) 和伸缩后的 Ricci 流 $(\tilde{M}^\alpha, \tilde{g}^\alpha)$ 的 3 个性质:

性质 1 记得 T^α 是 Ricci 流 (M^α, g^α) 中精度为 ε 的强标准邻域性质失效的最早时刻. 由连续性, (M^α, g^α) 的精度为 2ε 的强标准邻域性质直到时刻 T^α 成立.

性质 2 根据定理 8.2.1, $(M^\alpha, g^\alpha(t))$ 在时刻 $t \in [0, T^\alpha]$ 满足强 κ 非坍塌性, 其尺度为 1, 非坍塌常数为某一 $k_{i+1} > 0$.

性质 3 记 $\tilde{R}^\alpha$ 为 $(\tilde{M}^\alpha, \tilde{g}^\alpha)$ 的数量曲率. 则有 $\tilde{R}^\alpha(\tilde{x}^\alpha, 0) = 1$, 而且

$$\tilde{r}^\alpha = r^\alpha \sqrt{R^\alpha(x^\alpha, T^\alpha)} \geqslant 1.$$

这里 $\tilde{r}^\alpha$ 和 r^α 分别是度量 $\tilde{g}^\alpha$ 和 g^α 的标准邻域尺度. 以上不等式成立的原因是, 我们假设了在时空点 (x^α, T^α) 处, 尺度为 r^α, 精度为 ε 的强标准邻域性质对 (M^α, g^α) 失效. 该假设蕴涵不等式

$$R^\alpha(x^\alpha, T^\alpha) \geqslant 1/(r^\alpha)^2 \to \infty.$$

在极限过程中, 我们将面对两种可能的情况.

情况 1 对每一个 $A>0$ 和 $b>0$, 存在充分大的 α, 使得球 $B(\tilde{x}^\alpha, A, \tilde{g}^\alpha(0))$ 中所有的点在时间段 $[-b,0]$ 有定义, 即没有手术切除该球中的任何点.

情况 2 存在 $A>0$ 和 $b=b(\alpha)>0$, 使得对每一个充分大的 α, 有点 $y^\alpha \in B(\tilde{x}^\alpha, A, \tilde{g}^\alpha(0))$, 它在时间段 $[-b,0]$ 之前没有定义, 即点 y^α 是作为手术盖子上的一点于时刻 $-b(\alpha)$ 加入的.

第二步 证明情况 1.

情况 1 较易处理. 我们知道 $(M^\alpha, g^\alpha(t))$ 在时刻 $t\in[0,T^\alpha]$ 强 κ 非坍塌, 其尺度为 1, 非坍塌常数为某一 $k_{i+1}>0$. 因此, 伸缩后的 Ricci 流 $(\tilde{M}^\alpha, \tilde{g}^\alpha(\tilde{t}))$ 在时刻 $\tilde{t}\leqslant 0$ 强 κ 非坍塌, 其尺度为 $\sqrt{R^\alpha(x^\alpha, T^\alpha)}$, 非坍塌常数仍为 k_{i+1}. 由于假设强标准邻域性质在 (x^α, T^α) 失效, 所以当 $\alpha\to\infty$ 时, $R(x^\alpha,T^\alpha)\geqslant 1/(r^\alpha)^2\to\infty$, $(\tilde{M}^\alpha, \tilde{g}^\alpha(\tilde{t}))$ 的强 κ 非坍塌尺度趋于 ∞, 且伸缩后的 Ricci 流在充分大的时空区域没有手术. 因此, 我们可以重复定理 7.5.1 (奇性结构定理) 的证明, 找出 $\{(\tilde{M}^\alpha, \tilde{g}^\alpha)\}$ 的子序列, 它收敛于一个 κ 解. 从而对充分大的 α, 未伸缩的 Ricci 流 (M^α, g^α) 在点 (x^α, T^α) 有一强标准邻域. 它的精度是 ε, 参数是 r^α. 这与第一步中的性质 (iii) 矛盾, 从而定理在此情形获证.

第三步 证明情况 2.

下面只需要处理情况 2, 即存在 $A>0$, $b=b(\alpha)>0$ 和球 $B(\tilde{x}^\alpha, A, \tilde{g}^\alpha(0))$ 中的点 y^α, 它是作为手术盖子上的一点于时刻 $-b(\alpha)$ 加入的.

这里我们仿照 [P2] 中的方法. 有些细节取自 [CZ], [KL] 和 [MT]. 剩下的部分将用来证明以下引理.

引理 9.2.1 假设对某一 $A>0$ 和 $b=b(\alpha)>0$, 球 $B(\tilde{x}^\alpha, A, \tilde{g}^\alpha(0))$ 中的一点 y^α 是作为手术盖子上的一点于时刻 $-b(\alpha)$ 加入的. 又假设数量曲率满足: 存在某一常数 $J>0$, 使得对所有充分大的 α 及 $\tilde{t}\in[-b(\alpha),0]$, 成立

$$\tilde{R}^\alpha(y^\alpha, \tilde{t})\leqslant J,$$

则对充分大的 α, 时空点 $(\tilde{x}^\alpha, 0)\in(\tilde{M}^\alpha, \tilde{g}^\alpha, (\tilde{x}^\alpha, 0))$ 有一个精度为 ε 的强标准邻域.

引理 9.2.1 的证明 在证明中, 所有的量都属于伸缩后的流形 $(\tilde{M}^\alpha, \tilde{g}^\alpha)$.

首先我们证明, 存在 $\theta_1 = \theta_1(\varepsilon, A, J, b(\alpha)) < 1$, 它依赖于 $b = b(\alpha)$ 的上界, 但不直接依赖于 α, 使得对所有充分大的 α, 成立

$$b(\alpha) \leqslant (\tilde{h}_0^\alpha)^2 \theta_1. \tag{9.2.1}$$

这里 $\tilde{h}_0^\alpha$ 是产生点 y^α 的手术的半径.

注意, 对任意 (r, δ) 手术, 参数 δ 不随伸缩改变. 根据第一步中的归纳假设 (ii) 知, 当 $\alpha \to \infty$ 时, (r, δ) 手术的参数 δ_α 趋于 0. 并且, 对固定的充分大的 α 和固定的 $\theta \in (0, 1)$, 若

$$-b(\alpha) + (\tilde{h}_0^\alpha)^2 \theta \leqslant 0, \tag{9.2.2}$$

则时空点 $(y^\alpha, -b(\alpha) + (\tilde{h}_0^\alpha)^2\theta)$ 不受手术影响. 因此, 我们可以引用引理 9.1.1, 由它导出如下结论: Ricci 流 $(\tilde{M}^\alpha, \tilde{g}^\alpha)$ 在以下区域

$$\begin{aligned} &P(y^\alpha, -b(\alpha), A\tilde{h}_0^\alpha, -b(\alpha), -b(\alpha) + (\tilde{h}_0^\alpha)^2\theta) \\ &\quad = \{(z, l) \mid d(z, y^\alpha, \tilde{g}^\alpha(l)) < A\tilde{h}_0^\alpha, \quad -b(\alpha) < l < -b(\alpha) + (\tilde{h}_0^\alpha)^2\theta\}, \end{aligned}$$

经过伸缩 $(\tilde{h}_0^\alpha)^{-2}$ 倍和时间平移后, 按 $C_{\mathrm{loc}}^{[A]}$ 拓扑 A^{-1} 接近于标准解的相应区域. 因而其数量曲率满足

$$\tilde{R}^\alpha(y^\alpha, -b(\alpha) + (\tilde{h}_0^\alpha)^2\theta) \geqslant \frac{1}{2} \min R_s(\cdot, \theta)(\tilde{h}_0^\alpha)^{-2}.$$

这里 R_s 是标准解的数量曲率. 由引理 8.1.3 (iii) 知, 对某一 $C > 0$, 成立

$$\min R_s(\cdot, \theta) \geqslant C/(1-\theta).$$

因此, 对任意固定的 $\theta \in (0, 1)$, 当 α 充分大时, 有

$$\tilde{R}^\alpha(y^\alpha, -b(\alpha) + (\tilde{h}_0^\alpha)^2\theta) \geqslant \frac{C}{2(1-\theta)(\tilde{h}_0^\alpha)^2}. \tag{9.2.3}$$

对任意 $\theta_1 \in (1/2, 1)$, 成立 $0 < 2\theta_1 - 1 < 1$, 所以我们可以找到这样的 θ_1, 使得

$$\tilde{R}^\alpha(y^\alpha, -b(\alpha) + (2\theta_1 - 1)(\tilde{h}_0^\alpha)^2) \geqslant 4b(\alpha)J(\tilde{h}_0^\alpha)^{-2}. \tag{9.2.4}$$

事实上, 任何满足 $\theta_1 \in (1/2, 1)$, 且

$$\theta_1 \geqslant 1 - \frac{C}{16b(\alpha)J}$$

的 θ_1 都合乎要求. 它们依赖于 $b(\alpha)$ 的上界, 但不直接依赖于 α.

如果 $b(\alpha) > \theta_1(\tilde{h}_0^\alpha)^2$, 则 $\theta_1 < b(\alpha)(\tilde{h}_0^\alpha)^{-2}$. 所以

$$\tilde{R}^\alpha(y^\alpha, -b(\alpha) + (2\theta_1 - 1)(\tilde{h}_0^\alpha)^2) \leqslant J \leqslant 2\theta_1 J < 2b(\alpha)J(\tilde{h}_0^\alpha)^{-2}.$$

但这与数量曲率在 (9.2.4) 中的界矛盾. 因此, 只要 (9.2.2) 成立, 则

$$b(\alpha) \leqslant \theta_1(\tilde{h}_0^\alpha)^2. \tag{9.2.5}$$

设 θ 由 (9.2.2) 给出. 若 $\theta > \theta_1$, 则 (9.2.2) 和 (9.2.5) 不能同时成立. 所以 $\theta \leqslant \theta_1$, 由此推出 (9.2.5) 成立, 从而 (9.2.1) 获证, 即

$$0 \leqslant -b(\alpha) + (\tilde{h}_0^\alpha)^2\theta_1.$$

有了这个不等式, 我们可以利用引理 9.1.1 导出以下结论: 对任意大的数 $A_1 > 0$, 若 α 充分大, 则在区域

$$P(y^\alpha, -b(\alpha), A_1\tilde{h}_0^\alpha, -b(\alpha), 0)$$

中的 Ricci 流 $(\tilde{M}^\alpha, \tilde{g}^\alpha)$ 经过伸缩 $(\tilde{h}_0^\alpha)^{-2}$ 倍和平移时间 $-b(\alpha)$ 单位后, 按 $C_{\mathrm{loc}}^{[A_1]}$ 拓扑 A_1^{-1} 接近于标准解在时间段 $[0, b(\alpha)(\tilde{h}_0^\alpha)^{-2}]$ 中的相应区域.

因为 A 和 ε 是固定的数, 我们可以选择 A_1 远大于 A 和 ε^{-1}. 由于在时刻 $-b(\alpha)$, y^α 位于手术盖子上, 根据手术的定义, 存在绝对常数 $c > 0$, 使得手术半径 $\tilde{h}_0^\alpha$ 满足

$$c^{-1}\tilde{R}^\alpha(y^\alpha, -b(\alpha))^{-1/2} \leqslant \tilde{h}_0^\alpha \leqslant c\tilde{R}^\alpha(y^\alpha, -b(\alpha))^{-1/2}.$$

由上一段, $(\tilde{h}_0^\alpha)^2\tilde{R}^\alpha(y^\alpha, 0)$ 作为一个数, 它 A_1^{-1} 接近于标准解在时刻 θ_2 的某一点的数量曲率. 这里 $\theta_2 \leqslant \theta_1$, 且 θ_1 严格小于 1. 于是, 存在常数 $C > 0$, 使得

$$(\tilde{h}_0^\alpha)^2\tilde{R}^\alpha(y^\alpha, 0) \geqslant \frac{C}{1 - \theta_1}.$$

根据假设 $\tilde{R}^\alpha(y^\alpha,0)\leqslant J$ 知, $\tilde{h}_0^\alpha$ 以一个正常数为下界. 因为 $d(\tilde{x}^\alpha,y^\alpha,\tilde{g}^\alpha(0))<A$, 且 $A<<A_1\tilde{h}_0^\alpha$, 所以球 $B(y^\alpha,A_1\tilde{h}_0^\alpha,\tilde{g}^\alpha(0))$ 包含点 $\tilde{x}^\alpha$.

在本节, 当我们称某一时空点 (z,l) 位于某标准邻域的顶端或中心, 其含义是: 点 z 在时刻 l 位于该标准邻域的顶端或中心.

由引理 8.1.4, 我们需要处理以下五种状况.

状况 1 $(y^\alpha,0)$ 位于一个演变的 A_1^{-1} 盖子的顶端, 并且 $(\tilde{x}^\alpha,0)$ 位于一个演变的 $2A_1^{-1}$ 盖子的顶端. 因为我们选取 $A_1>>\varepsilon^{-1}$, 该演变的 $2A_1^{-1}$ 盖子是精度至少为 ε 的强标准邻域. 忆及强标准邻域的定义对演变盖子的存在时间没有要求. 引理在状况 1 得证.

状况 2 $(y^\alpha,0)$ 位于一个演变的 A_1^{-1} 盖子的顶端, 且 $(\tilde{x}^\alpha,0)$ 位于一个强 $2A_1^{-1}$ 颈的中心. 由于 $2A_1^{-1}<\varepsilon$, 故引理在此状况也得证.

状况 3 $(y^\alpha,0)$ 位于一个演变的 A_1^{-1} 盖子的顶端, 并且 $(\tilde{x}^\alpha,0)$ 位于一个演变的 $2A_1^{-1}$ 颈的中心, 但是该 $2A_1^{-1}$ 颈不是强 $2A_1^{-1}$ 颈. 我们将其合并在状况 5 中一起处理.

状况 4 $(y^\alpha,0)$ 位于一演变的 A_1^{-1} 颈的中心. 因为 A_1^{-1} 远小于 A^{-1} 和 ε, 而且 $d(\tilde{x}^\alpha,y^\alpha,\tilde{g}^\alpha(0))\leqslant A$, 我们得知, $(\tilde{x}^\alpha,0)$ 位于一个演变的 $2A_1^{-1}$ 颈的中心. 如果该颈是强的, 则本引理得证. 否则该状况归于下面的状况 5.

状况 5 $(\tilde{x}^\alpha,0)$ 位于一演变的 $2A_1^{-1}$ 颈的中心, 但是该 $2A_1^{-1}$ 颈不是强 $2A_1^{-1}$ 颈, 即经伸缩后, 它存在的时间小于 1.

然而, 根据以下断言, 我们可以将该 $2A_1^{-1}$ 颈延伸到更早的时刻, 从而产生强 ε 颈.

断言([MT] 中的命题 15.2) 存在 $\beta\in(0,1/2)$, 使得以下结论对任意 $\varepsilon\in(0,1)$ 成立: 设 $(N_1\times[-t_1,0],g_1(t))$ 是演变 $\beta\varepsilon$ 颈, 其中心包含点 x, 且 $R(x,0)=1$. 又设 $(N_2\times[-t_2,-t_1],g_2(t))$ 是强 $\beta\varepsilon/2$ 颈, 其中心也包含点 x. 假设 $N_1\times\{-t_1\}\subset N_2\times\{-t_1\}$, 并且前者赋予诱导度量. 则并集

$$(N_2\times[-t_2,-t_1])\cup(N_1\times[-t_1,0])$$

包含一个强 ε 颈, 且点 x 在其中心.

先假设断言成立, 我们继续引理的证明. 选择 A_1, 使得 $2A_1^{-1}<\beta\varepsilon$, 这里 β 是上述断言中的参数. 注意, 对充分大的 α, 在手术前的瞬间

$-b(\alpha)$, 时空点 $(\tilde{x}^\alpha, -b(\alpha))$ 位于一个 $\beta\varepsilon/2$ 颈的中心. 实际上, 它位于强 δ 颈的中心. 该强 δ 颈的一个截面正是产生点 y^α 的手术的截面. 回忆在第一步证明的末尾处给出的 y^α 的定义. 因为 δ 小于 $\beta\varepsilon/2$, 该 $\beta\varepsilon/2$ 颈一定是强 $\beta\varepsilon/2$ 颈. 以 $-b(\alpha)$ 作为粘合时刻, 以上断言说明 $(\tilde{x}^\alpha, 0)$ 位于强 ε 颈的中心. 引理得证.

当然我们还需要给出以上断言的证明. 用反证法. 假设该断言不成立, 则有一序列 $\beta_i \to 0^+$ 和一序列反例: $\beta_i\varepsilon$ 颈 $(N_1^{(i)} \times [-t_1^{(i)}, 0], g_1^{(i)}(t))$ 和强 $\beta_i\varepsilon/2$ 颈 $(N_2^{(i)} \times [-t_2^{(i)}, -t_1^{(i)}], g_2^{(i)}(t))$, 它们满足断言中的条件, 但不满足其结论. 考查并集

$$U^i \equiv N_2^{(i)} \times [-t_2^{(i)}, -t_1^{(i)}] \cup N_1^{(i)} \times [-t_1^{(i)}, 0],$$

它们是不完备 Ricci 流, 并以 $-t_1^i$ 作为粘合时刻. 根据假设, $N_1^{(i)} \times \{-t_1\} \subset N_2^{(i)} \times \{-t_1\}$, 且在各自的时间段光滑, 故对 $N_1^{(i)}$ 的内部点 x 和 $k = 0, 1, 2, \cdots$, 有

$$\lim_{s \to (-t^{(i)})^-} \partial_s \nabla^k g_2^{(i)}(x, s) = \lim_{s \to (-t^{(i)})^+} \partial_s \nabla^k g_1^{(i)}(x, s).$$

因此, U^i 是不完备的光滑 Ricci 流. 当 β_i 充分小时, 演变的 $\beta_i\varepsilon$ 颈的数量曲率基本上沿时间递增到最大值 $1 + o(1)$, 而且它在时刻 0 达到最大值. 所以对 U^i 的每一个时空点, 其数量曲率有上界 $1 + o(1)$. 根据 Hamilton 紧性定理 5.3.5 知, 可以找到 $\{U^i, (x, 0)\}$ 的子序列, 它在 C^∞_{loc} 拓扑下收敛于某极限 Ricci 流. 因为 $\beta_i \to 0$, 该极限流是标准收缩圆柱 $(\mathbf{S}^2 \times \mathbf{R}) \times [-D, 0]$ 的一个完备子集. 注意到, $(N_2^{(i)} \times [-t_2^{(i)}, -t_1^{(i)}], g_2(t))$ 是强 $\beta_i\varepsilon$ 颈, 而且其数量曲率小于 $1 + o(1)$, 因而 $|t_2^{(i)} - t_1^{(i)}| \geqslant 1 - o(1)$. 于是 $D > 1$, 并且当 i 充分大时, U^i 包含强 ε 颈. 这与假设 U^i 不满足该断言的结论矛盾. 因此该断言成立. 引理证明完毕. □

第四步 证明以下断言.

断言 9.2.1 对任意 $A > 1$, 存在 $b(A) > 0$, 使得对所有充分大的 α, 时空间区域

$$B(\tilde{x}^\alpha, A, \tilde{g}^\alpha(0)) \times [-b(A), 0]$$

不受手术影响.

上述断言的关键是 $b(A)$ 对充分大的 α 是一致的.

步骤 4.1 我们先证明以下引理.

引理 9.2.2 对一个给定的数 $J \geqslant 1$, 假设在一点 $y^\alpha \in B(\tilde{x}^\alpha, A, \tilde{g}^\alpha(0))$, 有

$$\tilde{R}^\alpha(y^\alpha, 0) \leqslant J.$$

则对充分大的 α, 没有手术影响时空段

$$\{y^\alpha\} \times [-cJ^{-1}, 0].$$

即点 y^α 在时间段 $[cJ^{-1}, 0]$ 不是某手术盖子上的点. 这里 $c > 0$ 是绝对常数.

证明 我们还是用反证法. 假设引理不对, 则存在序列 $\{\alpha_k\}$, 它满足当 $k \to \infty$ 时, $\alpha_k \to \infty$, 以及一时间序列 $\{-b(\alpha_k)\}$, 使得

$$|b(\alpha_k)| \leqslant 1/(kJ). \tag{9.2.6}$$

并且 y^{α_k} 是在时刻 $-b(\alpha_k)$ 的某手术的盖子上的一点. 因此存在绝对常数 $c_1 > 0$, 使得

$$\tilde{R}^{\alpha_k}(y^{\alpha_k}, -b(\alpha_k)) \geqslant c_1/(\tilde{h}^{\alpha_k})^2.$$

这里 $\tilde{h}^{\alpha_k}$ 是手术半径. 下面分两种情况考虑.

情况 1 $\tilde{R}^{\alpha_k}(y^{\alpha_k}, -b(\alpha_k)) \geqslant 4J$.

在此情形, 存在时刻 $-b_1(\alpha_k) \in (-b(\alpha_k), 0)$, 它是离 0 最近的时刻, 使得

$$\tilde{R}^{\alpha_k}(y^{\alpha_k}, -b_1(\alpha_k)) = 4J. \tag{9.2.7}$$

由连续性, 存在时刻 $-b_2(\alpha_k) > -b_1(\alpha_k)$, 使得

$$\tilde{R}^{\alpha_k}(y^{\alpha_k}, s) \geqslant J, \qquad s \in (-b_1(\alpha_k), -b_2(\alpha_k)).$$

根据第一步里的性质 3, 我们有

$$J \geqslant 1 \geqslant 1/(\tilde{r}^{\alpha_k})^2.$$

这里 $\tilde{r}^{\alpha_k}$ 是精度为 2ε 的标准邻域性质中的参数. 因此, 下面的梯度的界对上述所有 s 成立

$$\partial_s \tilde{R}^{\alpha_k}(y^{\alpha_k}, s) \geqslant -\eta[\tilde{R}^{\alpha_k}(y^{\alpha_k}, s)]^2.$$

将上式从 $-b_1(\alpha_k)$ 到 $-b_2(\alpha_k)$ 积分, 并利用 (9.2.7) 得

$$\tilde{R}^{\alpha_k}(y^{\alpha_k}, -b_2(\alpha_k)) \geqslant \frac{4J}{1+\eta|b_1(\alpha_k)-b_2(\alpha_k)|4J}.$$

注意, 当 k 充分大的时, 有

$$|b_1(\alpha_k)-b_2(\alpha_k)| \leqslant b(\alpha_k) \leqslant 1/(kJ) \leqslant 1/(4\eta J).$$

因此,

$$\tilde{R}^{\alpha_k}(y^{\alpha_k}, -b_2(\alpha_k)) \geqslant 2J.$$

只要 $-b_2(\alpha_k) < 0$, 以上论证可以一直被重复. 由此我们得到

$$\tilde{R}^{\alpha_k}(y^{\alpha_k}, 0) \geqslant 2J.$$

这和假设 $\tilde{R}^{\alpha_k}(y^{\alpha_k}, 0) \leqslant J$ 矛盾. 故引理在情况 1 成立.

情况 2 $\tilde{R}^{\alpha_k}(y^{\alpha_k}, -b(\alpha_k)) < 4J$.

用反证法. 在此情形, 可假设对所有 $s \in [-b(\alpha_k), 0]$, 成立

$$\tilde{R}^{\alpha_k}(y^{\alpha_k}, s) \leqslant 4J, \tag{9.2.8}$$

否则会有时刻 $-b_1(\alpha_k) \in (-b(\alpha_k), 0]$, 使得

$$\tilde{R}^{\alpha_k}(y^{\alpha_k}, -b_1(\alpha_k)) = 4J.$$

这又回到了情况 1.

根据 (9.2.8) 和 (9.2.6), 我们可以利用引理 9.2.1 得出以下结论: 当 k 充分大时, 在未被伸缩的 Ricci 流 $(M^{\alpha_k}, g^{\alpha_k})$ 中的时空点 $(x^{\alpha_k}, T^{\alpha_k})$ 有一个精度为 ε 的强标准邻域. 这与定理的第一步证明中的归纳假设 (iii) 矛盾. 所以我们证明了引理 9.2.2. □

步骤 4.2 由步骤 4.1 中的引理 9.2.2 及命题 9.1.1 知, 对充分大的 α, 存在 $K = K(\varepsilon, A) > 0$, 使得对所有 $z^\alpha \in B(\tilde{x}^\alpha, A, \tilde{g}^\alpha(0))$, 成立

$$\tilde{R}^\alpha(z^\alpha, 0) \leqslant K(\varepsilon, A). \tag{9.2.9}$$

因此, 由引理 9.2.2 和 (9.2.9) 立即推出第四步开始处的断言 9.2.1, 即存在某一不依赖充分大的数 α 和数 $b(A) > 0$, 使得时空区域

$$B(\tilde{x}^\alpha, A, \tilde{g}^\alpha(0)) \times [-b(A), 0]$$

不受手术影响.

第五步 定义极限 Ricci 流 $(M^\infty, g^\infty, x^\infty)$.

由第四步中的断言 9.2.1 和强 κ 非坍塌性知, 我们可以应用有关紧性的命题 9.1.2. 因此存在子序列 α_k, 使得 Ricci 流 $(\tilde{M}^{\alpha_k}, \tilde{x}^{\alpha_k}, \tilde{g}^{\alpha_k})$ 按 C^∞_{loc} 拓扑收敛于一个光滑 Ricci 流 $(M^\infty, g^\infty, x^\infty)$. 该极限 Ricci 流存在于 $M^\infty \times (-\infty, 0]$ 的一个相对开的子集中, 且包含 $M^\infty \times \{0\}$. 这样我们回到了光滑情形的标准邻域定理 7.5.1 的第四步, 所以极限 Ricci 流 $(M^\infty, x^\infty, g^\infty(0))$ 的数量曲率有界.

第六步 证明上面第五步得到的极限 Ricci 流 $(M^\infty, g^\infty, x^\infty)$ 存在于时间段 $[-B, 0]$, 这里 B 是一个正常数.

用反证法. 假设该结论不对, 则存在趋于无穷的序列 $\{\alpha_k\}$, 它具有如下性质: 对任意小的 $\rho > 0$, 存在固定的 $A > 1$ 和任意大的 k, 使得 $y^{\alpha_k} (\in \tilde{M}^{\alpha_k})$ 满足 $d(\tilde{x}^{\alpha_k}, y^{\alpha_k}, \tilde{g}^{\alpha_k}(0)) < A$. 但是 y^{α_k} 位于发生在时刻 $-b(\alpha_k)$ 的一个手术的手术盖子上, 这里 $b(\alpha_k) < \rho$.

由第五步, $(M^\infty, g^\infty(0), x^\infty)$ 的数量曲率有一个常数上界 Q. 因此, 对所有充分大的 k, 成立

$$\tilde{R}^{\alpha_k}(y^{\alpha_k}, 0) \leqslant 2Q.$$

由引理 9.2.2, 存在绝对常数 c, 使得如果 $\rho < cQ^{-1}$, 则没有手术影响时空段 $\{y^{a_k}\} \times [-\rho, 0]$. 但是我们已经假设在时刻 $-b(\alpha_k) (\in [-\rho, 0])$, 点 y^{α_k} 位于一个手术盖子上. 这是一个矛盾. 第六步的证明至此结束.

第七步 证明极限 Ricci 流 $(M^\infty, g^\infty, x^\infty)$ 存在于时间段 $(-\infty, 0]$.

用反证法. 假设该结论不对. 设极限 Ricci 流 $(M^\infty, g^\infty, x^\infty)$ 存在于极大时间段 $[-B, 0]$, 而且 B 有限. 根据 Hamilton Ivey 夹挤定理, 该

极限流的曲率算子非负. 由 Harnack 迹不等式 (推论 5.3.1), 得

$$R^{\infty}(x,t) \leqslant \frac{B}{t+B}Q, \quad t \in [-B,0].$$

所以, 我们只需寻找数量曲率当 t 接近 $-B$ 时的上界. 仿照定理 7.5.1 第五步的证明知, $R^{\infty}(x,-B)$ 对每一个 $x \in M^{\infty}$ 有限. 注意, 由引理 9.2.1 知, Ricci 流 $(M^{\infty}, g^{\infty}, x^{\infty})$ 在充分大的时空区域没有手术, 所以定理 7.5.1 的证明的第五步在此仍然适用. 现在, 我们可以重复本定理证明的第五步, 从而证明极限 Ricci 流 $(M^{\infty}, g^{\infty}, x^{\infty})$ 存在于 $M^{\infty} \times (-\infty, 0]$ 的相对开子集, 且包含 $M^{\infty} \times [-B, 0]$. 再用本定理的证明的第六步得, 对某一 $s > 0$, 极限 Ricci 流 $(M^{\infty}, g^{\infty}, x^{\infty})$ 存在于 $M^{\infty} \times [-B-s, 0]$. 这与假设 $-B$ 是该极限 Ricci 流存在的最早时刻矛盾. 所以, 极限 Ricci 流 $(M^{\infty}, g^{\infty}, x^{\infty})$ 存在于时间段 $(-\infty, 0]$.

综上所述, 可知极限 Ricci 流 $(M^{\infty}, g^{\infty}, x^{\infty})$ 是一个 κ 解. 但是第一步中的归纳假设 (iii) 声称: 对于充分大的 α, Ricci 流 (M^{α}, g^{α}) 在时空点 (x^{α}, T^{α}) 不存在精度为 ε 的标准邻域. 这是一个矛盾. 定理证毕. □

§9.3 总　结

最后, 我们给出 Poincaré 猜想的一个简化证明的流程. 注意, 这个证明不需要约化距离或体积.

第一步　W 熵及其单调性. 参见 [P1], 亦可参见 [Cetc], [CZ], [KL], [MT] 或本书第六章.

第二步　κ 非坍塌性. 参见 [P1], 亦可参见 [Cetc], [CZ], [KL], [MT] 或本书第六章.

第三步　梯度收缩孤立子的分类. 参见 [P1] 和 [P2], 亦可参见 [Cetc], [CZ], [KL], [MT] 或本书 5.4 节.

第四步　(i) 证明古代 κ 解的向后极限是梯度收缩孤立子. 对第二类古代 κ 解, 见 Hamilton 的工作 [Ha2], 对第一类见本书第 7 章.

(ii) 某些古代 κ 解的绝对非坍塌性.

紧和非紧情形, 见本书第七章. 非紧情形的更早证明见 [ChZ1] 的 3.2 节.

(iii) 古代 κ 解的曲率和体积估计, 参见 [P1], 亦可参见 [Cetc], [CZ], [KL], [MT] 或本书第七章.

第五步 标准邻域性质 [P1].

根据 κ 非坍塌性和 Hamilton 紧性定理, 以及特别的归纳法导出: Ricci 流的奇异点经过无限放大之后变成古代 κ 解. 因此, 如果 Ricci 流在某一时空点的数量曲率很大, 则该点有一个标准邻域. 经过适当伸缩, 该邻域接近于几个标准模型. 参见 [Cetc], [CZ], [KL], [MT] 或本书第七章.

第六步 手术过程和标准解. 参见 [P2], 亦可参见 [CZ], [KL], [MT] 或本书第八章.

第七步 含手术的 Ricci 流在有限时间内的强 κ 非坍塌性. 参见 [Z4] 或本书第八章.

第八步 含手术的标准邻域性质. 参见本书第九章, 亦可参见 [P2] 或 [CZ], [KL], [MT].

第九步 含手术的 Ricci 流的存在性, 即有限时间内只有有限个手术. 参见 [P2], 亦可参见 [CZ], [KL], [MT] 或本节.

定理 9.3.1(含手术的 Ricci 流的存在性) 设 $(M, g(0))$ 为紧的可定向的 3 维规范化流形, 则对任何充分小的 $\varepsilon > 0$, 存在 $\mathbf{R}^+$ 上的非增正函数 $\delta = \delta(t)$, $r = r(t)$ 和 $\kappa = \kappa(t)$, 使得以 $(M, g(0))$ 为初始值的 Ricci 流具备以下性质:

(i) 对某一 $t_1 > 0$, 该 Ricci 流 $(M, g(t))$ 在时刻 $t \in [0, t_1)$ 光滑, 并且满足精度为 ε, 参数为 $r(t)$ 的强标准邻域性质.

(ii) 在时刻 t_1, 在强 δ_1 颈上发生有限个以 $(r(t_1), \delta(t_1))$ 为参数的手术. 以 t_1 时刻的手术后的流形作为初始值, 对某一 $t_2 > t_1$, 该 Ricci 流在时刻 $t (\in [t_1, t_2))$ 光滑, 并且满足精度为 ε, 参数为 $r(t)$ 的强标准邻域性质.

(iii) 该 Ricci 流以上面的方式延伸到一个极大时刻 T_0, 在此之前, 手术仅发生在离散的时间序列 $\{t_i\}$, 其参数为 $(r(t_i), \delta(t_i))$ $(i = 1, 2, \cdots)$, 并且在有限时间内的手术个数是有限的.

(iv) 该 Ricci 流在其存在的时刻 t 是强 κ 非坍塌的, 其非坍塌常数为 $\kappa(t)$, 尺度为 1.

(v) 如果 T_0 有限, 则初始流形同胚于由有限个 $\mathbf{S}^2 \times \mathbf{S}^1$ 和标准 3 维球 $\mathbf{S}^3$ 的度量商组成的连通和.

证明　经过前面的准备, 我们仅需要证明定理的 (iii) 和 (v). 设 $[0,T]$ 是该 Ricci 流存在的一个有限时间段.

根据极大值原理和方程

$$\Delta R - \partial_t R + 2|Ric|^2 = 0,$$

当 Ricci 流光滑时, 成立不等式

$$\inf_{x \in M} R(x,t) \geqslant -3/[2(t+(3/2)].$$

这里我们用到初始度量已规范化的假设. 因为手术仅在数量曲率为正的区域发生, 上述不等式在手术情形下仍然成立. 设 t 为一非手术时刻, $V = V(t)$ 为 $(M, g(t))$ 在此时刻的体积. 应用公式

$$\frac{d}{dt}V(t) = -\int_M R d\mu(g(t)),$$

以及手术后体积减小的性质知, 存在常数 $C > 0$, 使得

$$V(t) \leqslant C(1+t)^{3/2}.$$

设 $h(T)$ 为时间段 $[0,T]$ 内手术半径的极小值, 由定理 9.2.1 知, 标准邻域参数 (尺度) $r(T)$ 仅依赖于 T, ε 和初始度量. 而且我们可以使 $h(T)$ 的大小不依赖于手术个数. 经过每次手术, 流形的体积至少减少 $ch(T)^3$. 这里 $c > 0$ 是绝对常数. 因此, 在时间段 $[0,T]$ 内仅存在有限个手术. 定理的 (iii) 得证.

现在我们证明 (v). 假设该 Ricci 流在时刻 T_0 灭绝, 即该 Ricci 流在时刻 T_0 以后变成空集. 则经过有限个手术后, 流形完全被标准邻域覆盖. 所以初始流形同胚于由有限个 $\mathbf{S}^2 \times \mathbf{S}^1$ 和标准 3 维球 $\mathbf{S}^3$ 的度量商组成的连通和. □

证明 Poincaré 猜想的最后一关是:

第十步　单连通流形上的 Ricci 流在有限时间灭绝. 见 [P3].

定理 9.3.2 设 $(M,g(0))$ 是紧的可定向的 3 维规范流形. 假设 M 的基本群是有限群和无限循环群的自由乘积, 则以 $(M,g(0))$ 为初始值的, 由定理 9.3.1 给出的 Ricci 流在某一有限时刻 T_0 灭绝.

证明 证明的方法是运用曲线收缩流和某种极大极小泛函, 参见 [P3]. 详细证明请参考 [MT] 的第 18 章. 另外, 文章 [CM] 给出了用极小曲面为工具的证明. □

作为特例, 如果 M 是单连通流形, 其基本群是 $\{0\}$, 则 Ricci 流 $(M, g(t))$ 在有限时间灭绝. 由定理 9.3.1 (v) 知, 流形 M 同胚于 $\mathbf{S}^3$, 这正是 Henri Poincaré 所猜想的.

参考文献

[Ak] Akutagawa, Kazuo, *Yamabe metrics of positive scalar curvature and conformally flat manifolds.* Differential Geom. Appl. 4 (1994), no. 3, 239–258.

[Ad] Adams, Robert, A., *Sobolev spaces.* Pure and Applied Mathematics, Vol. 65. Academic Press [A subsidiary of Harcourt Brace Jovanovich, Publishers], New York-London, 1975.

[Au] Aubin, Thierry, *Problèmes isopérimétriques et espaces de Sobolev.* (French) J. Differential Geometry. 11 (1976), no. 4, 573–598.

[Au2] T. Aubin, *Equations diff érentielles non linéaires et probléme de Yamabe concernant la courbure scalaire*, J. Math. Pures Appl. 55 (1976) 269–296.

[AB] Aronson, Donald, G.and Bénilan, Philippe, *Régularité des solutions de l'équation des milieux poreux dans* R^N. (French. English summary) C. R. Acad. Sci. Paris Ser. A-B 288 (1979), no. 2, A103–A105.

[Br] Brendle, Simon, *A generalization of Hamilton's differential Harnack inequality for the Ricci flow.* J. Differential Geom. 82 (2009), no. 1, 207–227.

[BBI] Burago, D., Burago, Y., Ivanov, S. *A course in metric geometry*, AMS, Providence, RI, 2001.

[BCLS] Bakry, D., Coulhon, T., Ledoux, M.; Saloff-Coste, L. *Sobolev inequalities in disguise.* Indiana Univ. Math. J. 44 (1995), no. 4, 1033–1074.

[BSSG] Bai, Z. G., Shen, Y. B., Shui, N. S., Guo, X. Y., *An introduction to Riemann Geometry.* China High Education Press, 2004, in Chinese.

[Ca] Carron, Gilles, *Inégalités isopérimétriques de Faber-Krahn et conséquences.* (French) Actes de la Table Ronde de Géométrie Différentielle (Luminy, 1992), 205–232, Sémin. Congr., 1, Soc. Math. France, Paris, 1996.

[CC] Carleson, L. and Chang, S. Y. A., *On the existence of an extremal function for an inequality of J. Moser.* Bull. Sc. Math. vol. 110 (1986),

113–127.

[ChZ1] Chen, Bing-Long, Zhu, Xi-Ping, *Ricci flow with surgery on four-manifolds with positive isotropic curvature.* J. Differential Geom. 74 (2006), no. 2, 177–264.

[ChZ2] Chen, Bing-Long, Zhu, Xi-Ping, *Uniqueness of the Ricci flow on complete noncompact manifolds.* J. Differential Geom. 74 (2006), no. 1, 119–154.

[Cx] Cao, Xiaodong, *Dimension reduction under the Ricci flow on manifolds with nonnegative curvature operator.* Pacific J. Math. 232 (2007), no. 2, 263–268.

[Cx2] Cao, Xiaodong, *Differential Harnack estimates for backward heat equations with potentials under the Ricci flow.* J. Funct. Anal. 255 (2008), no. 4, 1024–1038.

[CaH] Cao, Xiaodong and Hamilton, Richard, *Differential Harnack Estimates for Time-dependent Heat Equations with Potentials*, arXiv:0807.0568, GAFA, to appear.

[Cetc] B. Chow, S-C Chu, D. Glickenstein, C. Guenter, J. Isenberg, T. Ivey, D. Knopf, P. Lu, F. Luo and L. Ni. *The Ricci flow, techniques and applications.* Part I, II, AMS 2007.

[Cha] Chavel, I., *Isoperimetric inequalities*, Cambridge U. Press, 2001.

[Cha2] Chavel, Isaac, *Riemannian geometry. A modern introduction. Second edition.* Cambridge Studies in Advanced Mathematics, 98. Cambridge University Press, Cambridge, 2006.

[CE] Cheeger, Jeff, Ebin, David G., *Comparison theorems in Riemannian geometry.* North-Holland Mathematical Library, Vol. 9. North-Holland Publishing Co., Amsterdam-Oxford; American Elsevier Publishing Co., Inc., New York, 1975.

[CG] Cheeger, Jeff, Gromoll, Detlef, *The splitting theorem for manifolds of nonnegative Ricci curvature.* J. Differential Geometry 6 (1971/1972), 119–128.

[CG2] Cheeger, J., Gromoll, Detlef, *On the structure of complete manifolds of nonnegative curvature*, Ann. Math., 46 (1972), 413–433.

[CGT] Cheeger, Jeff, Gromov, Mikhail, Taylor, Michael, *Finite propagation speed, kernel estimates for functions of the Laplace operator, and the geometry of complete Riemannian manifolds*. J. Differential Geom. 17 (1982), no. 1, 15–53.

[ChLi] Chen, Wen Xiong, Li, Congming, *Classification of solutions of some nonlinear elliptic equations*. Duke Math. J. 63 (1991), no. 3, 615–622.

[CH] Xiuxiong Chen, Weiyong He, *The Calabi flow on Kähler surface with bounded Sobolev constant–(I)*, arXiv:0710.5159.

[CwLx] Chen, Weihuan, Li, Xingxiao, *Riemanniann geometry, an introduction*, Beijing University Press, 2002, in Chinese.

[CK] B. Chow, D. Knopf, *The Ricci flow, an introduction*, AMS 2004.

[CL] Chow, Bennett, Lu, Peng, *On the asymptotic scalar curvature ratio of complete type I-like ancient solutions to the Ricci flow on noncompact 3-manifolds*. Comm. Anal. Geom. 12 (2004), no. 1–2, 59–91.

[CL2] Chow, Bennett, Lu, Peng, *The maximum principle for systems of parabolic equations subject to an avoidance set*. Pacific J. Math. 214 (2004), no. 2, 201–222.

[CaLo] E. A. Carlen, M. Loss, *Sharp constant in Nash's inequality*, Internat. Math. Res. Notices (1993), no. 7, 213–215.

[CLN] B. Chow, P. Lu, L. Ni, Hamilton's Ricci flow, Science Press Beijing and AMS, 2006.

[CLY] Cheng, Siu Yuen, Li, Peter, Yau, Shing Tung, *On the upper estimate of the heat kernel of a complete Riemannian manifold*. Amer. J. Math. 103 (1981), no. 5, 1021–1063.

[CM] Colding, Tobias H., Minicozzi, William P., II *Estimates for the extinction time for the Ricci flow on certain 3-manifolds and a question of Perelman*. J. Amer. Math. Soc. 18 (2005), no. 3, 561–569.

[CTY] Albert Chau, Luen-Fai Tam, Chengjie Yu, *Pseudolocality for the Ricci flow and applications*, arXiv:math/0701153.

[CY] Cheng, S. Y., Yau, S. T. *Differential equations and Riemannian manifolds and their geometric applications*, CPAM, vol. 28 (1975), 333–354.

[CZ] Huai-Dong Cao and Xi-Ping Zhu, *A Complete Proof of Poincare and Geometrization Conjectures-Application of the Hamilton-Perelman Theory of the Ricci Flow*, Asian J. Math. International Press Vol. 10, No. 2, 165–492, June 2006.

[Da] Davies, E. B., *Heat Kernel and Spectral Theory*, Cambridge University

Press, 1989.

[DT] DeTurck, Dennis M., *Deforming metrics in the direction of their Ricci tensors.* J. Differential Geom. 18 (1983), no. 1, 157–162.

[DiTi] Ding, W., Tian, G., *The generalized Moser-Trudinger inequality*, in Proceedings of the International Conference at Nankai Institute of Math. World Scientific 1992, 57–70.

[Fo] Fontana, Luigi, *Sharp borderline Sobolev inequalities on compact Riemannian manifolds.* Comment. Math. Helv. 68 (1993), no. 3, 415–454.

[G] Guenther, C. *The fundamental solution on manifolds with time-dependent metrics*, J. Geom. Anal. 12 (2002), 425–436.

[Gr] Grigoryan, Alexander, *Gaussian upper bounds for the heat kernel on arbitrary manifolds.* J. Differential Geom. 45 (1997), no. 1, 33–52.

[Gr2] Grigor'yan, A. A. *The heat equation on noncompact Riemannian manifolds.* (Russian) Mat. Sb. 182 (1991), no. 1, 55–87; translation in Math. USSR-Sb. 72 (1992), no. 1, 47–77.

[Gro] Gross, L., *Logarithmic Sobolev inequalities.* Amer. J. Math. 97 (1975), no. 4, 1061–1083.

[GHL] Gallot, Sylvestre, Hulin, Dominique, Lafontaine, Jacques, *Riemannian geometry.* Third edition. Universitext. Springer-Verlag, Berlin, 2004.

[GNN] Gidas, B., Ni, Wei Ming, Nirenberg, L., *Symmetry of positive solutions of nonlinear elliptic equations in R^n.* Mathematical analysis and applications, Part A, 369–402, Adv. in Math. Suppl. Stud., 7a, Academic Press, New York-London, 1981.

[GT] Gilbarg, David, Trudinger, Neil S., *Elliptic partial differential equations of second order.* Second edition. Grundlehren der Mathematischen Wissenschaften [Fundamental Principles of Mathematical Sciences], 224. Springer-Verlag, Berlin, 1983.

[Ha1] Hamilton, Richard S., *Three-manifolds with positive Ricci curvature.* J. Differential Geom. 17 (1982), no. 2, 255–306.

[Ha2] Hamilton, Richard S., *Four manifold with positive curvature operator* J. Differential Geom. 24 (1986), 153–179.

[Ha3] Hamilton, Richard S., *Ricci flow on surfaces.* Contemporary Math., 71 (1988), 237–261.

[Ha4] Hamilton, Richard S., *Eternal solutions to the Ricci flow.* J. Differential Geom. 38 (1993), no. 1, 1–11.

[Ha5] Hamilton, R., *A matrix Harnack estimate for the heat equation.* Comm. Analysis Geom., Vol. 1 (1993), 113–126.

[Ha6] Hamilton, Richard S., *The Harnack estimate for the Ricci flow.* J. Differential Geom. 37 (1993), no. 1, 225–243.

[Ha7] Hamilton, Richard S., *The formation of singularities in the Ricci flow.* Surveys in differential geometry, Vol. II (Cambridge, MA, 1993), 7–136, Int. Press, Cambridge, MA, 1995.

[Ha8] Hamilton, Richard S., *A compactness property for solutions of the Ricci flow.* Amer. J. Math. 117 (1995), no. 3, 545–572.

[Ha9] Hamilton, Richard S., *Nonsignular solutions of the Ricci flow on three manifolds.* Comm. Analysis and Geometry (1999) Vol. 7, 695–729.

[Heb1] Hebey, Emmanuel, *Optimal Sobolev inequalities on complete Riemannian manifolds with Ricci curvature bounded below and positive injectivity radius.* Amer. J. Math. 118 (1996), no. 2, 291–300.

[Heb2] Hebey, E. , *Nonlinear Analysis on Manifolds: Sobolev Spaces and Inequalities.* Courant Lecture Notes, 1999.

[HV] Hebey, Emmanuel and Vaugon, Michel, *Meilleures constantes dans le théoréme d'inclusion de Sobolev.* (French) Ann. Inst. H. Poincaré Anal. Non Lin. 13 (1996), no. 1, 57–93.

[HL] Han, Lin, *Elliptic Differential Equations.* Courant Lecture Notes, 1997.

[Hs] Hsu, Shu-Yu, *Uniform Sobolev inequalities for manifolds evolving by Ricci flow.* arXiv:0708.0893.

[Iv] Ivey. T., *Ricci solitons on compact three manifolds*, Diff. Geom. Appl. 3 (1993), 301–307.

[Je] Jerison, D., *The Poincaré inequality for vector fields satisfying Hörmander's condition*, Duke Math. J. vol 53 (1986), 503–523.

[Jo] Jost, Jürgen *Riemannian geometry and geometric analysis.* Fourth edition. Universitext. Springer-Verlag, Berlin, 2005. xiv+566.

[KaLi] Karp and P. Li, *The hent equation on complet Riemannian manifolds*, unpublished.

[KL] Bruce Kleiner, John Lott, *Notes on Perelman's papers*, http://arXiv.org/math.DG/0605667 v1(May 25, 2006).

[Ko] Kotschwar, Brett, *Hamilton's gradient estimate for the heat kernel on complete manifolds.* arXiv.org:math/0701335.

[KS] S. Kusuoka. D. Stroock,*Applications of the Malliavin calculus, Part II.* J. Fac. Sci. Univ. Tokyo Sect. IA Math. 32 (1985), 1–76.

[KZ] Kuang, Shilong. Zhang, Qi S.. *A gradient estimate for all positive solutions of the conjugate heat equation under Ricci flow.* J. Funct. Anal. 255 (2008), no. 4, 1008–1023.

[Lj] Li, Jun-Fang, *Eigenvalues and energy functionals with monotonicity formulae under Ricci flow.* Math. Ann. 338 (2007), no. 4, 927–946.

[LL] Lieb, Elliott H., Loss, Michael, *Analysis.* Second edition. Graduate Studies in Mathematics, 14. American Mathematical Society, Providence, RI, 2001.

[LS] Li, Peter, Schoen, Richard, *L^p and mean value properties of subharmonic functions on Riemannian manifolds.* Acta Math. 153 (1984), no. 3–4, 279–301.

[LT] Lu, Peng, Tian, Gang, *Uniqueness of standard solutions in the work of Perelman*, preprint 2005.

[LX] Junfang Li, Xiangjin Xu, *Notes on Perelman's differential Harnack inequality*, preprint.

[LY] Li, Peter, Yau, Shing-Tung, *On the parabolic kernel of the Schrödinger operator.* Acta Math. 156 (1986), no. 3–4, 153–201.

[LZ] Li, Junfang, Zhu, Meijun, *Sharp local embedding inequalities.* Comm. Pure Appl. Math. 59 (2006), no. 1, 122–144.

[Mo1] Moser, J., *A Harnack inequality for parabolic differential equations.* Comm. Pure Appl. Math. 17 (1964), 101–134. Correction in vol 20 (1967), 231–236.

[Mo2] Moser, J., *A sharp form of an inequality by N. Trudinger.* Indiana Univ. Math. J. 20 (1970/1971), 1077–1092.

[Maz] Mazya, Vladimir G., *Sobolev spaces* . Translated from the Russian by T. O. Shaposhnikova. Springer Series in Soviet Mathematics. Springer-Verlag, Berlin, 1985.

[MT] John W. Morgan, Gang Tian, *Ricci Flow and the Poincare Conjecture*, Clay Mathematics Monographs, 3. American Mathematical Society, Providence, RI; Clay Mathematics Institute, Cambridge, MA, 2007.

[Nab] A. Naber, *Noncompact shrinking 4-solitons with nonnegative curva-*

ture,2007, arXiv:0710.5579.

[Ni] Ni, Lei, *Ricci flow and nonnegativity of sectional curvature.* Math. Res. Lett. 11 (2004), no. 5–6, 883–904.

[Ni2] Ni, Lei, *A note on Perelman's Li-Yau-Hamilton inequality.* Comm. Anal. Geom. 14 (2006) 883-905.

[Ni3] Ni, Lei, *Ancient solutions to Kähler-Ricci flow.* Math. Res. Lett. 12 (2005), no. 5–6, 633–653.

[NW] Ni, Lei, Wallach, Nolan, *On a classification of gradient shrinking solitons.* Math. Res. Lett. 15 (2008), no. 5, 941–955.

[On] Onofri, E., *On the positivity of the effective action in a theory of random surfaces.* Comm. Math. Phys. 86 (1982), no. 3, 321–326.

[P1] Grisha Perelman, *The Entropy formula for the Ricci flow and its geometric applications*, 11 Nov. 2002, http://arXiv.org/math.DG/0211159v1.

[P2] Grisha Perelman, *Ricci flow with surgery on three manifolds*, arXiv.org/ math.DG/0303109.

[P3] Grisha Perelman, *Finite extinction time for the solutions to the Ricci flow on certain three-manifolds*, arXiv:math/0307245.

[P4] Grisha Perelman, *Proof of the soul conjecture of Cheeger and Gromoll*, J. Differential Geom. 40 (1994), 209–212.

[Pet] Petersen, P., *Riemannian Geometry*, Springer 1997.

[PW] P. Petersen, W. Wylie, *On the classification of gradient Ricci solitons*, preprint, 2007. arXiv: 0712.1298.

[Ro] Rothaus, O. S., *Logarithmic Sobolev inequalities and the spectrum of Schrödinger operators.* J. Funct. Anal. 42 (1981), no. 1, 110–120.

[Ru1] Yanir A. Rubinstein, *On the construction of Nadel multiplier ideal sheaves and the limiting behavior of the Ricci flow*, arXiv:0708.1590.

[Ru2] Rubinstein, Yanir A., *Some discretizations of geometric evolution equations and the Ricci iteration on the space of Kähler metrics.* Adv. Math. 218 (2008), no. 5, 1526–1565.

[Ru3] Rubinstein, Yanir A., *On energy functionals, Kähler-Einstein metrics, and the Moser-Trudinger-Onofri neighborhood.* J. Funct. Anal. 255 (2008), no. 9, 2641–2660.

[Sal] Saloff-Coste, Laurent, *Aspects of Sobolev-type inequalities.* London

Mathematical Society Lecture Note Series, 289. Cambridge University Press, Cambridge, 2002.

[Sal2] Saloff-Coste, L., *A note on Poincaré Sobolev, and Harnack inequalities.* Internat. Math. Res. Notices 1992, no. 2, 27–38.

[Sc] Schoen, Richard, *Conformal deformation of a Riemannian metric to constant scalar curvature.* J. Differential Geom. 20 (1984), no. 2, 479–495.

[Se1] Sesum, Natasa, *Limiting behaviour of the Ricci flow*, arXiv:math/0402194.

[Se2] Sesum, Natasa, *Compactness results for the Kähler-Ricci flow,* arXiv:0707.2974.

[Shi] Shi, Wan-Xiong, *Deforming the metric on complete Riemannian manifolds.* J. Differential Geom. 30 (1989), no. 1, 223–301.

[SZ] Souplet, Philippe, Zhang, Qi S., *Sharp gradient estimate and Yau's Liouville theorem for the heat equation on noncompact manifolds.* Bull. London Math. Soc. 38 (2006), no. 6, 1045–1053.

[SY] Schoen, R., Yau, S.-T., *Lectures on differential geometry.* Lecture notes prepared by Wei Yue Ding, Kung Ching Chang [Gong Qing Zhang], Jia Qing Zhong and Yi Chao Xu. Translated from the Chinese by Ding and S. Y. Cheng. Preface translated from the Chinese by Kaising Tso. Conference Proceedings and Lecture Notes in Geometry and Topology, I. International Press, Cambridge, MA, 1994.

[Tal] Talenti, Giorgio, *Best constant in Sobolev inequality.* Ann. Mat. Pura Appl. (4) 110 (1976), 353–372.

[Tao] Tao, Terence, *Poincaré conjecture, course Blog at UCLA*, terrytao.wordpress.com/2008.

[Tao2] Tao, Terence, *Perelman's proof of the Poincaré conjecture: a nonlinear PDE perspective*, arXiv:math/0610903.

[Topo] Toponogov, V. A., *The metric structure of Riemannian spaces of nonnegative curvature containing straight lines.* (Russian) Sibirsk. Mat. Z. 5 (1964), 1358–1369.

[To] Topping, Peter, *Lectures on the Ricci flow.* London Mathematical Society Lecture Note Series, 325. Cambridge University Press, Cambridge, 2006.

[Tr1] Trudinger, Neil S., *On imbeddings into Orlicz spaces and some applications.* J. Math. Mech. 17, 1967, 473–483.

[Tr2] Trudinger, Neil S., *Remarks concerning the conformal deformation of Riemannian structures on compact manifolds.* Ann. Scuola Norm. Sup. Pisa (3) 22 (1968), 265–274.

[Ya] Yamabe, Hidehiko, *On a deformation of Riemannian structures on compact manifolds.* Osaka Math. J. 12 (1960), 21–37.

[Y] Ye, Rugang., *The Logarithmic Sobolev inequality along the Ricci flow*, arXiv: 0707.2424v4, 2007.

[Yu] Yudovich, V. I., *Some estimates connected with integral operators and with solutions of elliptic equations.* (Russian) Dokl. Akad. Nauk SSSR 138 (1961), 805–808.

[Z1] Zhang, Qi S., *Some gradient estimates for the heat equation on domains and for an equation by Perelman*, IMRN, vol. 2006, Article ID 92314, 1–39, 2006.

[Z2] Zhang, Qi S., *A uniform Sobolev inequality under Ricci flow*, International Math. Research Notices, Vol. 2007, article id: rnm056, 1-17. ibid. erratum 2007.

[Z3] Zhang, Qi S., *Addendum to: A uniform Sobolev inequality under Ricci flow*, International Math. Research Notices, 2007.

[Z4] Zhang, Qi S., *Strong noncollapsing and uniform Sobolev inequalities for Ricci flow with surgeries,* Pacific J. Math. Vol. 239 (2009), No. 1, 179–200. Announcement, CRAS, 2008.

[Z5] Zhang, Qi S., *Heat kernel bounds, ancient κ solutions and the Poincaré conjecture*, J. Func. Analysis, 258 (2010), 1225–1246. arXiv:0812.2460.

[Zi] Ziemer, William P., *Weakly differentiable functions. Sobolev spaces and functions of bounded variation.* Graduate Texts in Mathematics, 120. Springer-Verlag, New York, 1989.

名 词 索 引